쉽게 배우는

기계요소설계

유주식 지음

교육과학사

이 책은 기계요소설계의 핵심 내용을 간결하게 정리하여 알기 쉽게 설명하였고, 공무원 및 중등교사 임용시험과 기사시험 등의 수준에 적합하도록 책의 내용을 구성하여 실질적으로 도움이 되게 하였다.

이 책의 목적은 기계요소설계의 기본 개념을 파악하게 하는 데 있다. 충분한 양의 예제와 연습문제를 수록하고 문제 풀이 과정을 상세히 기술함으로써 학생들이 쉽게 이해하고 스스로 공부할 수 있게 하였다.

연습문제는 주요 핵심 개념을 파악할 수 있게 하는 문제들로 구성되어 있으며, 특히 공무원 임용시험에 출제된 문제를 많이 수록하여 각종 시험 준비에도 도움이 되게 하였다. 그리고 학생들이 편리하게 관련 내용을 알고 이해하는 것을 목적으로 모든 문제의 정답을 수록하고 풀이 과정을 기술하였다.

끝으로 책의 출판에 도움을 주신 교육과학사 관계자분들께 감사드린다.

2022년 3월
유 주 식

차 례

제1부 기 초

제2부 응 용

제1부

기 초

제1장 서론

1.1 기계와 기계요소

기계에 대한 정의를 분명하게 하기는 어렵다. 대표적인 것은 프란츠 루울로오(Franz Realeaux)와 케네디(B. W. Kennedy)의 정의인데 그들은 "기계란 몇 개의 저항력이 있는 물체들의 조합으로 구성되고 각 물체는 일정하게 구속된 상대 운동을 하고 있으며, 그 일부에 동력을 주면 다른 부위에서 인간에게 유용한 일을 하는 것이다"라고 정의하였다.

여기에서 기계를 구성하는 저항력을 가진 각각의 물체를 기계요소라 한다. 기계에는 간단한 것에서부터 복잡한 것까지 여러 종류가 있다. 그러나 아무리 복잡한 기계라 할지라도 간단한 기계요소들의 조합으로 구성되어 있다.

기계의 종류에는 힘을 발생시키는 동력기관, 발생된 힘으로 문명 생활에 필요한 일을 하는 산업기계, 이러한 기계를 구성하는 부품을 가공하는 공작기계, 사람과 물자를 수송하는 수송기계, 보일러 및 용광로 등과 같은 열 기계 등이 있다.

한편 화력 발전소의 발전 장치는 보일러를 작동시켜 생성되는 고온 고압의 증기로써 터빈을 회전시키고, 그 회전력이 터빈에 연결된 발전기를 돌려서 전기를 발생시킨다. 이와 같은 장치는 차지하는 면적과 부피가 매우 크고 전반적으로 물리 화학적 공정이 내부에서 진행되므로 작업 운동이 눈에 띄는 기계와 구별하여 기계 장치 및 설비라 한다. 반면 시계, 사진기, 압력계, 유량계 등과 같이 사람의 감각 기능을 보조하는 미세한 일을 수행하거나 신호를 전달하는 도구는 기기라 한다. 기계장치나 기기는 일반적인 기계에 비하여 크기와 작업량에서 차이가 나지만 기능적인 면에서 보면 신호 또는 에너지를 받아서 이를 변환시켜 내는 일을 수행하므로 넓은 의미의 기계라 할 수 있다.

이상에서 몇 가지 용어의 의미를 설명하였다. 그런데 오늘날에는 학문이 더욱 더 다양해지고 복합적으로 응용되고 있으며, 이에 따라 각 학문 간의 경계마저도 불분명해지고 있다. 따라서 기계공학에서 기계, 기계장치, 기기 등을 엄밀하게 정의하고 구분한다는 것은 큰 의미가 없다고 하겠다. 특히 현대에는 기계 공학과 전자·컴퓨터 공학이 융합된 메카트로닉스 기술이 큰 관심을 받고 있으며 활발하게 연구되고 있다. 오늘날 일상생활 및 산업공장에서 사용하는 많은 기계에는 각종 전자 제어장치나 컴퓨터가 부착되어 이용되고 있다. 따라서 현대적 기계의 범위는 케네디와 프란츠 루울로오 등이 정의한 고전적 기계의 범위보다 훨씬 넓게 정의되어야 한다고 할 수 있다.[1)]

1.2 기계요소 분류

일반적으로 기계는 많은 부품으로 구성되어 있다. 이 부품들 중에서 볼트, 너트, 축, 베어링, 나사, 기어 등은 여러 종류의 기계에 같은 목적으로 사용되고 있다. 기계요소는 이와 같은 단일 부품과 비교적 간단한 기계 구성 부품을 포함하며, 사용 목적에 따라 다음과 같이 분류한다.

(1) **결합용 기계요소** : 두 개 이상의 기계 부품을 결합시키는 데 사용된다. 결합용 기계요소에는 나사, 볼트, 너트, 키, 핀, 코터, 리벳, 용접 등이 있다.
(2) **전동용 기계요소** : 마찰차, 기어, 벨트와 벨트 풀리, 체인, 로프 등과 같이 동력을 전달할 때 필요한 기계요소를 말한다.
(3) **축계 기계요소** : 축, 베어링, 클러치(clutch), 커플링(coupling), 축과 보스를 결합하는 키, 핀, 코터 등이 있다. 클러치는 운전 중에 축의 연결을 잇고 끊는 것을 자유롭게 할 수 있는 축 이음이고, 커플링은 운전 중에는 축의 연결을 끊을 수 없다.
(4) **운동제어용 기계요소** : 브레이크와 같은 제동요소와 스프링, 관성 차와 같은 완충요소가 있다.
(5) **관계 기계요소** : 유체 수송에 주로 이용된다. 관(주철관, 강관, 구리관 등)과 관이음(영구 이음, 나사이음, 플랜지 이음 등)이 있다.
(6) **자동화 기계요소** : 볼나사, 타이밍 벨트, 감속기, 제어용 모터 등이 있다.

1) '고전적 기계'는 케네디가 정의한 힘, 운동 및 에너지만 관련된 기계를 의미한다. 이 책에서 사용한 용어며 그냥 뜻을 참고만 하면 된다. 기계를 엄밀하게 정의할 필요는 없다.

1.3 표준규격

기계요소의 모양, 치수, 재료 등의 규격을 통일시키고 표준화시켜 놓으면 설계자의 수고를 줄일 수 있고, 제작 공정을 단순화 할 수 있다. 즉, 각 부품에 대한 전용 공작 기계의 사용이 가능하게 되고, 품질이 좋은 제품을 능률적으로 제작할 수 있기 때문에 원가를 절감하고 대량 생산을 할 수 있다.

특히 호환성이 생기므로 부품을 바꾸려 할 때 아주 편리하다. 이러한 이유로 오래 전부터 우리나라를 비롯하여 선진국에서는 각 나라 나름대로의 규격을 제정하여 사용해 왔다. [표 1.1]에 몇 나라의 산업규격을 나타내었다.

[표 1.1] 각 나라의 산업규격

규격 명칭	규격 기호
한국 산업 규격	KS(Korean Industrial Standards)
미국 산업 규격	ANSI(American National Standards Institute)
영국 산업 규격	BS(British Standards)
독일 산업 규격	DIN(Deutsche Industrie Norman)
프랑스 산업 규격	NF(Norman French)
일본 산업 규격	JIS(Japanese Industrial Standards)
캐나다 산업 규격	CSA(Canadian Standards Association)

[표 1.2] KS의 부문별 기호

분류기호	부문	분류기호	부문	분류기호	부문
KS A	기본	KS G	일용품	KS R	수송기계
KS B	기계	KS H	식료품	KS V	조선
KS C	전기	KS K	섬유	KS W	항공
KS D	금속	KS L	요업	KS X	정보산업
KS E	광산	KS M	화학		
KS F	토건	KS P	의료		

[표 1.2]는 KS의 부문별 기호이다.

한편 오늘날에는 문화 및 기술의 국제적 교류가 활발해짐에 따라 규격의 국제적 통일도 이루어져야 한다고 제창되어 국제표준화 기구(ISO : International Standardization of

Organization)를 설립하여 규격의 국제화에 노력하고 있다.

1.4 단위계

물리량의 성질을 표현하기 위해 사용되는 변수를 차원(dimension)이라 한다. 단위(unit)는 인위적으로 정한 크기를 기준으로 차원을 표현하기 위해 사용되는 것을 말하며, 여러 가지로 표현될 수 있다. 예를 들어 길이의 차원은 하나이지만, 길이의 단위에는 mm, cm, m, 자, 척, inch, feet 등 여러 가지가 있다. 따라서 인위적으로 정한 크기는 기준에 따라 다를 수가 있으므로 각 나라마다 사용하는 단위가 다양하게 나타나는데 최근에는 국제적으로 공인된 SI 단위(International System of Unit)를 많이 사용하는 추세에 있다.

[1] SI 단위

SI 단위는 국제표준화기구(국제 도량형 총회)에서 단위를 통일하여 국제적으로 통용되도록 채택한 단위를 말한다. SI 단위에는 7개의 기본 단위 [표 1.3]과 2개의 보조 단위 [표 1.4]가 있다.

[표 1.3] SI 기본 단위

기본량(차원)	기호	명칭	기본량(차원)	기호	명칭
질량	kg	킬로그램	물질량	mol	몰
길이	m	미터	전류	A	암페어
시간	s	초	광도	cd	칸델라
온도	K	켈빈			

[표 1.4] SI 보조 단위

기본량	기호	명칭
평면각	rad	라디안(radian)
입체각	sr	스테라디안(steradian)

† 각(평면각과 입체각)은 차원이 없는 무차원량이다.

[참고: 평면각과 입체각]

반지름 r인 원호의 길이가 l일 때 평면각은 $\theta = \frac{l}{r}$로 정의된다. [그림 1.1]의 (a)에서 반지름의 길이와 호($\widehat{AB}$)의 길이가 같을 때 중심각의 크기($\angle AOB$)를 1 rad (라디안)이라 한다. 반지름의 길이가 1인 부채꼴에서 호의 길이가 a 이면 중심각의 크기는 a rad 이다.

반지름 r인 구면을 원뿔이 잘라낸 면적을 S라 할 때 입체각은 $\frac{S}{r^2}$로 정의된다. 입체각의 단위는 sr(스테라디안)이다. [그림 1.1]의 (b)와 같이 원뿔이 잘라낸 구의 표면적이 r^2이 될 때 입체각은 1 sr이다. 따라서 구 전체의 표면적은 $4\pi r^2$이므로 폐구면의 입체각은 4π [sr]이 된다.

평면각과 입체각은 각각 길이 비와 면적 비이므로 모두 차원이 없는 무차원량이다. 따라서 각속도(ω)의 차원은 $1/T$이고 SI 단위는 [1/s]가 된다.

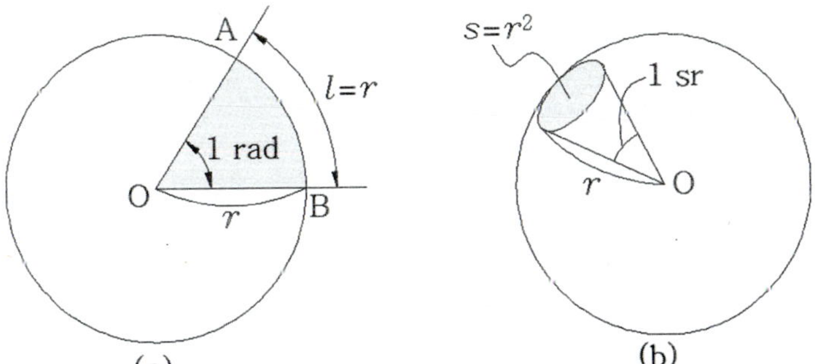

[그림 1.1] (a) 평면각(rad) (b) 입체각(sr)

[2] 절대단위계와 중력단위계

(1) 절대단위계(MLT 계)

기준량으로 질량(M), 길이(L), 시간(T)을 잡고 이들을 기본으로 하여 다른 단위를 나타내는 것이다.

예를 들어 속도(v), 가속도(a), 밀도(ρ)의 차원을 절대단위계로 나타내면 다음과 같다.

$$[v] = \left[\frac{\text{거리}}{\text{시간}}\right] = \frac{L}{T} = LT^{-1}$$

$$[a] = \left[\frac{\text{속도 변화}}{\text{시간}}\right] = \left[\frac{\text{속도}}{\text{시간}}\right] = \frac{L/T}{T} = LT^{-2}$$

$$[\rho]=\left[\frac{질량}{부피}\right]=\frac{M}{L^3}=ML^{-3}$$

(2) 중력단위계(FLT 계)

기준량으로 힘(F), 길이(L), 시간(T)을 잡고 이들을 기본으로 하여 다른 단위를 나타내는 것이다.

(3) 단위계 변환

뉴턴 운동법칙으로부터 질량(m)과 힘(F)의 관계를 구하여 단위계를 서로 변환할 수 있다. 질량이 일정한 경우에 대해 뉴턴 운동법칙을 간단하게 쓰면

$$F=ma$$

이다. 여기에서 힘의 차원 $[F]$는 다음과 같다.

$$[F]=[ma]=[m][a]=M\times(L/T^2)=MLT^{-2}$$

$$[F]=MLT^{-2}$$

그리고 질량(m) 대신에 힘 F를 기본량으로 취하면 질량의 차원 $[m]$은

$$[m]=\frac{[F]}{[a]}=\frac{F}{L/T^2}=FL^{-1}T^2$$

$$[m]=FL^{-1}T^2$$

이 된다. 위 두 식을 이용하면 중력단위계를 절대단위계로, 절대단위계를 중력단위계로 바꿀 수 있다.

[예제 1.1] 수직응력(σ)은 재료의 단위면적(A)에 수직으로 작용하는 힘(F)으로 정의된다. σ의 차원을 FLT계와 MLT계로 나타내어라.

풀이 수직응력 $\sigma=\frac{F}{A}$이므로 FLT계에서 σ의 차원은

$$[\sigma]=\left[\frac{F}{A}\right]=\frac{[F]}{[A]}=\frac{F}{L^2}=FL^{-2}$$

이고,

$$[F] = MLT^{-2}$$

이므로 MLT 계에서 σ의 차원은 다음과 같다.

$$[\sigma] = \frac{[F]}{[A]} = \frac{F}{L^2} = \frac{MLT^{-2}}{L^2} = ML^{-1}T^{-2}$$

[표 1.5]에 기계공학에서 주로 사용되는 기본차원을 나타내었다. 특히 역학이 주가 되는 기계공학에서 나타나는 거의 모든 물리량들의 차원은 질량(M), 길이(L), 시간(T)의 조합으로 표현된다.

[표 1.5] 기본차원과 SI 단위

물리량	차원	SI 단위	물리량	차원	SI 단위
질량	M	kg	온도	Θ	K
길이	L	m	평면각		rad
시간	T	s			

[3] 역학에 관한 단위계

(1) MKS 단위계(SI 단위계) : 길이 [m], 질량 [kg], 시간 [s]을 기본단위로 하는 단위계이다. 여기에서 힘의 단위는 N (Newton), 압력은 P a (Pascal), 일과 에너지는 J (Joule), 동력(일률)은 W (Watt)이고 각 단위의 정의는 다음과 같다.

① 1N : 1kg 의 물체에 1m/s^2의 가속도를 내게 하는 힘.

$$1\text{N} = 1\text{kg} \cdot \text{m/s}^2$$

② 1J : 1N 의 힘을 작용하여 1m 이동했을 때 한 일.

$$1\text{J} = 1\text{N} \cdot \text{m}$$

③ 1Pa : 1N 의 힘이 1m^2에 수직으로 작용할 때의 압력.

$$1\text{Pa} = 1\text{N/m}^2 \quad (1\text{bar} = 10^5\text{Pa})$$

④ 1W : 1 초에 1J 의 일을 할 때의 일률.

$$1\text{W} = 1\text{J/s} = 1\text{N} \cdot \text{m/s}$$

(2) **CGS 단위계** : 길이 [cm], 질량 [g)] 시간 [s] 을 기본단위로 하는 단위계이다. 여기에서 힘의 단위는 dyne, 일의 단위는 erg이고 각 단위의 정의는 다음과 같다.

① 1 dyne : 1g의 물체에 1cm/s^2의 가속도를 일으키는 힘.

$$1\text{dyne} = 1\text{g} \cdot \text{cm/s}^2 \quad (1\text{N} = 10^5\,\text{dyne})$$

② 1 erg : 1dyne의 힘을 작용하여 1cm 이동했을 때 한 일.

$$1\,\text{erg} = 1\,\text{dyne} \cdot \text{cm} \quad (1\text{J} = 10^7\,\text{erg})$$

일반적으로 기계공학의 주요 과목에서 나타나는 물리량들(힘, 토크, 속력, 일, 동력, 응력, 압력, 열량 등)은 비교적 큰 값을 가지므로 SI 단위계가 주로 사용되며 CGS 단위계는 거의 사용되지 않는다. 그러나 미소 물리량을 취급할 때는 CGS 단위계를 사용하는 것이 편리하다.

(3) **중력 단위계** : 길이 [m], 시간 [s]와 힘의 단위 [kgf]를 사용한다.

○ 1 kgf : 질량 1 kg 의 물체에 작용하는 중력(질량 1 kg 의 무게).

$$1\text{kgf} = 1\text{kg} \times 9.80665\text{m/s}^2 = 9.80665\text{N}$$

○ 1gf : 질량 1g(그램)의 무게.

$$1\text{gf} = 1\text{g} \times 980.665\text{cm/s}^2 = 980.665\text{dyne}$$

기계공학을 포함한 대부분의 공학 분야에서는 일반적으로 중력가속도의 값을 근사적으로 $g = 9.8\text{m/s}^2$로 하며, 이때 1kgf=9.8N, 1gf=980dyne이 된다.

한편 토목, 건축 등에서는 취급하는 무게가 크므로 무게의 단위로 tonf(tf)를 많이 사용한다. 1tonf는 질량 1ton=1000kg의 무게이다. 때로는 f를 생략하고 무게를 ton(t)으로 쓰기도 한다.

$$1\text{tonf} = 1\text{tf} = 1000\text{kgf} = 9800\text{N}$$

(4) **SI 단위의 접두사**

SI 단위계(Standard International unit)는 각국에서 사용하던 단위계를 표준화시키기 위하여 만든 것이다. 여기에서 매우 크거나 작은 물리량들을 편리하게 다루기 위하여 [표 1.6]과 같은 SI 단위의 접두사를 사용한다.

예를 들어,

$$4\,\text{mm} = 4 \times 10^{-3}\,\text{m}, \; 5\,\text{km} = 5 \times 10^{3}\,\text{m}, \; 7\,\text{MPa} = 7 \times 10^{6}\,\text{Pa}$$

이다. 재료역학과 기계요소설계(기계설계)에서는 m (milli), c(centi), k(kilo), M(mega), G (giga) 등의 접두사가 많이 사용된다.

[표 1.7]에 여러 가지 물리량들의 SI 단위를 나타내었다. SI 단위계에서 길이 [m], 질량 [kg], 시간 [s] 을 기본단위라 하고, 이들의 조합으로 표현되는 N (Newton), Pa(Pascal), J (Joule), W (Watt) 등을 유도단위 또는 조립단위라고 한다.

[표 1.6] SI 단위의 접두사

곱해지는 수	명칭	기호	곱해지는 수	명칭	기호
10^{12}	tera	T	10^{-3}	milli	m
10^{9}	giga	G	10^{-6}	micro	μ
10^{6}	mega	M	10^{-9}	nano	n
10^{3}	kilo	k	10^{-12}	pico	p
10^{-2}	centi	c	10^{-15}	femto	f

[표 1.7] 여러 가지 물리량들의 SI 단위

물리량	SI 단위
면적 A	m^2
부피 V	m^3
속도 v	m/s
가속도 a	m/s^2
각속도 ω	1/s
각가속도 α	$1/\text{s}^2$
진동수, 주파수 f	1/s 또는 Hz
회전속도 N	1/s
밀도 ρ	kg/m^3
비중량 γ	N/m^3
점성계수 μ	kg/m · s, N · s/m^2, Pa · s
동점성계수 ν	m^2/s
힘 F	kg · m/s^2 또는 N(Newton)
압력(p), 응력(σ, τ), 탄성계수(E)	N/m^2 또는 Pa(Pascal)

물리량	SI 단위
표면장력(σ), 스프링상수(k)	N/m
운동량 p	kg · m/s
각운동량 H	kg · m^2/s
질량관성모멘트 J	kg · m^2
단면2차모멘트(I), 극단면2차모멘트(I_p)	m^4
단면계수(Z), 극단면계수(Z_p)	m^3
토크(모멘트) T	N · m
일(W), 에너지(E), 열량(Q)	N · m 또는 J (Joule)
동력(일률) P, H, 전력	J/s 또는 W (Watt)

[예제 1.2] 중력 단위계의 응력 $\sigma = 10\,\text{kgf/cm}^2$을 SI 단위계의 Pa과 kPa로 환산하여라.

풀이 SI 단위계에서 $1\text{Pa} = 1\text{N/m}^2$이고, $1\text{kgf} = 9.8\text{N}$, $1\text{cm} = 10^{-2}\text{m}$이므로

$$\sigma = 10\frac{\text{kgf}}{\text{cm}^2} = 10 \times \frac{9.8\text{N}}{(10^{-2}\text{m})^2} = 9.8 \times 10^5 \frac{N}{\text{m}^2}$$

$$= 9.8 \times 10^5\,[\text{Pa}] = 980 \times 10^3\,[\text{Pa}]$$

$$= 980\,[\text{kPa}]$$

여기에서 $\text{N/m}^2 = \text{Pa}$, $1\text{kPa} = 10^3\text{Pa}$이다.

[예제 1.3] 단면적 A에 힘 F가 수직으로 작용할 때 수직응력 $\sigma = F/A$로 정의된다. $A = 10\,\text{cm}^2$, $F = 40\text{kN}$이면 수직응력(σ)은 몇 MPa인가?

풀이 $A = 10\,\text{cm}^2 = 10(10^{-2}\text{m})^2 = 10^{-3}\text{m}^2$, $F = 40\text{kN} = 40 \times 10^3\text{N}$이다.

$$\sigma = \frac{F}{A} = \frac{40\text{kN}}{10\text{cm}^2} = \frac{40 \times 10^3\text{N}}{10^{-3}\text{m}^2} = 40 \times 10^6 \frac{\text{N}}{\text{m}^2}$$

$$= 40 \times 10^6\,[\text{Pa}] = 40\,[\text{MPa}]$$

여기에서 $\text{N/m}^2 = \text{Pa}$, $1\text{MPa} = 10^6\text{Pa}$이다.

[예제 1.4] $A=4\text{mm}^2$, $F=80\text{N}$ 이면 $\sigma=F/A$는 몇 MPa인가?

풀이 $A=4\text{mm}^2=4(10^{-3}\text{m})^2=4\times10^{-6}\text{m}^2$ 이다.

$$\sigma=\frac{F}{A}=\frac{80\text{N}}{4\text{mm}^2}=\frac{80\text{N}}{4\times10^{-6}\text{m}^2}=20\times10^6\frac{\text{N}}{\text{m}^2}$$
$$=20\times10^6[\text{Pa}]=20[\text{MPa}]$$

[Note] $1\text{MPa}=10^6\text{Pa}=10^6\left(\frac{\text{N}}{\text{m}^2}\right)=10^6\left[\frac{\text{N}}{(10^3\text{mm})^2}\right]=1\left(\frac{\text{N}}{\text{mm}^2}\right)$이다. 특히 재료역학(고체역학)과 기계요소설계(기계설계)에서는 응력의 단위로 MPa을 많이 사용한다. 이때 $\text{MPa}=\frac{\text{N}}{\text{mm}^2}$이라는 것을 알아두면 편리하게 계산할 수 있다. [예제 1.4]는 $\sigma=F/A=80/4=20$[MPa]로 곧바로 계산된다.

[4] 단위 연산

차원이 있는 물리량을 계산할 때 단위 연산을 하는 경우, 단위를 문자와 같이 취급하여 연산한다.

[예제 1.5] 높이 $h=1960\text{cm}$에서 자유낙하한 공이 지면에 떨어지는 순간 공의 속력은 몇 m/s인가? 단, 중력가속도 $g=9.8\text{m/s}^2$이다.

풀이 지면에 떨어졌을 때 공의 처음 위치에너지 mgh가 전부 운동에너지 $\frac{1}{2}mv^2$으로 변환되므로

$$mgh=\frac{1}{2}mv^2$$

$$\therefore\ v=\sqrt{2gh}=\sqrt{2\times9.8\frac{\text{m}}{\text{s}^2}\times1960\text{cm}}=\sqrt{2\times9.8\frac{\text{m}}{\text{s}^2}\times19.6\text{m}}$$
$$=\sqrt{(19.6)^2\times\frac{\text{m}^2}{\text{s}^2}}=19.6\sqrt{\left(\frac{\text{m}}{\text{s}}\right)^2}$$
$$=19.6[\text{m/s}]$$

[예제 1.6] 토크 $T = 1\ \text{kgf} \cdot \text{mm}$은 몇 $\text{N} \cdot \text{m}$인가?

풀이 $T = 1\ \text{kgf} \cdot \text{mm} = (9.8\text{N}) \cdot \left(\dfrac{\text{m}}{1000}\right) = \dfrac{\text{N} \cdot \text{m}}{1000/9.8} = \dfrac{\text{N} \cdot \text{m}}{102}$

위 예제에서는 단위를 직접 대입하고 단위연산과 단위 변환을 하여 원하는 단위로 환산된 값을 구하였다. 그런데 차원이 있는 물리량의 계산에서 나타나는 모든 단위를 어느 한 단위계(SI 단위계, kg, m, s, N, Pa, J, W)로 통일해 주면 복잡한 단위 연산을 하지 않아도 구하고자 하는 값을 얻을 수 있다.

[예제 1.7] 넓이 A에 작용하는 수직 방향 힘이 F일 때 수직응력 $\sigma = \dfrac{F}{A}$이다. 넓이와 힘이 다음과 같을 때 수직응력 σ는 몇 Pa인가?

$A = 1\text{mm}^2,\ F = 1\text{kgf}$

풀이 (1) 단위연산 :

$$\sigma = \frac{F}{A} = \frac{1\text{kgf}}{1\text{mm}^2} = \frac{9.8\text{N}}{(10^{-3}\text{m})^2} = 9.8 \times 10^6 \frac{\text{N}}{\text{m}^2} = 9.8 \times 10^6\,[\text{Pa}]$$

여기에서 $1\text{N/m}^2 = 1\text{Pa}$ 이다.

(2) 주어진 단위를 MKS 단위계 N, m로 통일하여 계산 :

$$F = 1\text{kgf} = 9.8\text{N},\ \ A = 1\text{mm}^2 = (10^{-3}\text{m})^2 = 10^{-6}\text{m}^2$$

$$\therefore\ \ \sigma = \frac{F}{A} = \frac{9.8}{10^{-6}}[\text{Pa}] = 9.8 \times 10^6\,[\text{Pa}]$$

이상에서 길이와 힘의 단위를 각각 m, N으로 하면 단위연산을 하지 않아도 결과로 나오는 응력의 단위는 MKS 단위계의 Pa이다.

[예제 1.8] 탄성계수 $E=\dfrac{PL}{A\Delta L}$이다. 길이 $L=1.0\text{m}$, 면적 $A=8\text{cm}^2$, 축 방향 힘 $P=1600\text{kgf}$, 늘어난 길이 $\Delta L=0.1\text{mm}$일 때 탄성계수 E[GPa]를 구하여라. 단, 탄성계수의 SI 단위는 Pa이고, 중력가속도 $g=10\text{m/s}^2$이다.

풀이 주어진 단위를 SI단위 m, N으로 통일하여 계산한다.

$$L=1.0\text{m} \ ; \ A=8\text{cm}^2=8\times10^{-4}\text{m}^2,$$

$$P=1600\text{kgf}=1600\times10\text{N}=16\times10^3\text{N} \ ; \ \Delta L=0.1\text{mm}=10^{-4}\text{m}$$

$$\therefore \ E=\frac{PL}{A\Delta L}=\frac{(16\times10^3)\times(1)}{(8\times10^{-4})(10^{-4})}=200\times10^9[\text{Pa}]=200[\text{GPa}]$$

이상에서 L, A, P, ΔL을 모두 SI 단위 m, N로 나타내면 단위연산을 하지 않아도 나오는 탄성계수의 단위는 SI단위 Pa이다.

단위연산을 할 때는 특히 차원이 같은 물리량들을 어느 하나의 단위로 통일하여 나타내는 것이 중요하다.

[예제 1.9] 비틀림 모멘트 T를 받는 축의 지름(d)은 다음 식으로 결정된다. 허용전단응력 $\tau_a=160\text{kgf/cm}^2$, $T=8.1\text{kgf}\cdot\text{m}$일 때 축의 지름 d[cm]를 구하여라. 단, $\pi=3$으로 한다.

$$d=\sqrt[3]{\frac{16T}{\pi\tau_a}}$$

풀이 단위를 kgf, cm로 통일하여 계산한다.

$$T=8.1\text{kgf}\cdot\text{m}=8.1\text{kgf}\cdot10^2\text{cm}=810\text{kgf}\cdot\text{cm}$$

$$\therefore \ d=\sqrt[3]{\frac{16T}{\pi\tau_a}}=\sqrt[3]{\frac{16\times810}{3\times160}}\,[\text{cm}]$$

$$=\sqrt[3]{27}\,[\text{cm}]$$

$$=\sqrt[3]{3^3}=3\,[\text{cm}]$$

이상에서 $\sqrt[3]{\frac{[T]}{[\tau_a]}} = \sqrt[3]{\frac{\mathrm{kgf \cdot cm}}{\mathrm{kgf/cm^2}}} = \sqrt[3]{(\mathrm{cm})^3} = \mathrm{cm}$ 이다.

[예제 1.10] 압축 코일스프링의 처짐량(변위, δ)은 다음 식으로 결정된다. 스프링 전체의 평균지름 $D = 32\,\mathrm{mm}$, 축방향 하중 $P = 100\mathrm{N}$, 처짐량 $\delta = 2\,\mathrm{mm}$, 전단 탄성계수 $G = 80\,\mathrm{GPa}$, 유효 감김수 $N_a = 25$일 때 소선의 지름 d[mm]를 구하여라.

$$\delta = \frac{8N_a D^3 P}{Gd^4}$$

풀이 주어진 식에서 지름(d)을 구하면 $d^4 = \frac{8N_a D^3 P}{G\delta}$ 이다. 여기에서 단위를 N, mm로 환산하여 계산한다.

$$d^4 = \frac{8N_a D^3 P}{G\delta} = \frac{8(25)\left[(2^5)^3\right](100)}{(80\times 10^3)(2)}\ [\mathrm{mm}^4]$$

$$= \frac{25\times 2^{15}}{100\times 2}\ [\mathrm{mm}^4]$$

$$= \frac{2^{14}}{4} = 2^{12} = (2^3)^4\ [\mathrm{mm}^4]$$

$$\therefore\ d = 2^3 = 8[\mathrm{mm}]$$

이상에서 $32 = 2^5$, $1\,\mathrm{GPa} = 10^3\,\mathrm{MPa} = 10^3 \frac{\mathrm{N}}{\mathrm{mm}^2}$ 이다.

일반적으로 공학에서는 문자를 사용하여 현상을 해석한다. 그런데 실제의 물리량은 모두 단위를 가지고 있다. 특히 역학에서는 차원이 다른 여러 가지 물리량들이 여러 종류의 단위(mm, cm, km, mm^2, cm^2, dyne, N, kN, kgf, Pa, MPa, GPa, W, PS, ...)로 표현되므로 단위를 잘 알아야 한다. 문자변수로 표현된 결과 식을 알아도(예를 들어 $\Delta L = \frac{PL}{EA}$, $\sigma_b = \frac{M_b}{I}y$, $\theta = \frac{TL}{GI_p}$,...) 단위 환산을 잘못하여 틀리는 경우가 많으므로 단위에 대한 개념을 확실하게 파악해 두도록 한다.

1.5 동력

[1] 일

물체에 일정한 힘 F[N]이 작용하여 물체가 그 힘의 방향으로 s [m] 만큼 이동하였을 때 힘 F가 물체에 대하여 한 일 W [J]은 다음과 같다.

$$W = Fs[\mathrm{J}] \quad \cdots\cdots (1.1)$$

† '(일) = (힘) × (거리)'라고도 한다. 일반적으로 일의 정의는 $W = \int \vec{F} \cdot \vec{ds}$ 이다.

[2] 동력

단위 시간 동안에 한 일의 양을 동력(power, 일률)이라 한다. 시간 t[s] 동안에 한 일의 양이 W[J]이면 동력 H[W]는 다음과 같다.

$$H = \frac{W}{t}[\mathrm{W}] \quad \cdots\cdots (1.2)$$

(1) 직선 운동

속도 v[m/s]로 운동하는 물체에 같은 방향으로 F[N]의 힘이 작용할 때 동력 H[W]

$$H = Fv \ [\mathrm{W}] \quad \cdots\cdots (1.3)$$

(2) 회전 운동

각속도 ω[1/s]로 회전하는 물체에 회전 방향으로 T[N · m]의 토크가 작용할 때 동력 H[W][2)]

$$H = T\omega \ [\mathrm{W}] \quad \cdots\cdots (1.4)$$

2) 이 식은 기계설계에서 많이 사용되는 기본 공식 중 하나이다.

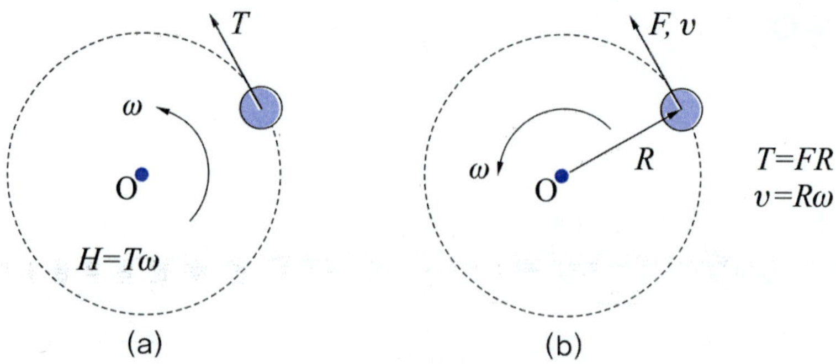

[그림 1.2] 회전체의 동력

설명 • 직선 운동 : $H=\dfrac{W}{t}=\dfrac{Fs}{t}=F\times\dfrac{s}{t}=Fv$

• 회전 운동 : 힘의 모멘트(토크 T)에 의해 각위치가 θ_1에서 θ_2로 이동하였을 때 한 일은

$$W=\int_{\theta_1}^{\theta_2}Td\theta$$

이다. 토크가 일정할 때 각 변위 $\Delta\theta=\theta_2-\theta_1$이면 일은

$$W=T\Delta\theta$$

이고 동력은 다음과 같다[그림 1.2(a)].

$$H=\frac{dW}{dt}=T\frac{d\theta}{dt}=T\omega$$

† [그림 1.2(b)]와 같이 물체에 작용하는 힘을 F, 회전 중심으로부터 거리를 R이라 하면 토크 $T=FR$이고, 물체의 선속도 $v=R\omega$이다. 따라서 동력은 다음과 같다.

$$H=Fv=F\times(R\omega)=(FR)\omega=T\omega$$

[3] 각속도와 동력 및 원주 속도

(1) 회전속도 N[rpm]으로 회전하는 물체의 각속도 ω[rad/s]는 다음과 같다.

$$\omega = \frac{2\pi N}{60} \text{ [rad/s]} \qquad \cdots\cdots (1.5)$$

(2) 토크 T[N · m]를 받고 회전속도 N[rpm]으로 회전하는 회전체의 동력 H[W]는 다음과 같다.

$$H = T\omega = T \times \frac{2\pi N}{60} \text{ [W]} \qquad \cdots\cdots (1.6)$$

이 식은 기계설계에서 아주 많이 사용하는 식이므로 꼭 알아두도록 한다.

(3) 지름 D[mm]인 원 위에서 회전속도 N[rpm]으로 회전하는 물체의 원주 속도 v[m/s]는 다음과 같다.

$$v = \frac{\pi DN}{60 \times 1000} \text{ [m/s]} \qquad \cdots\cdots (1.7)$$

설명

- 1분 동안에 N 바퀴를 회전하고, 한 바퀴(360°)는 2π[rad]이므로 1분 동안에 회전한 각은 $2\pi N$[rad]이다. 그리고 1분은 60초이므로 각속도는

$$\omega = \frac{\Delta\theta}{\Delta t} = \frac{2\pi N}{60} \text{ [rad/s]}$$

이고, 동력 $H = T\omega = T \times \dfrac{2\pi N}{60}$ [W]이다.

- 반지름 R일 때 원주 속도 $v = R\omega$이다. 1m = 1000mm, $R = \dfrac{D}{2}$이므로 단위를 환산하면

$$v = R\omega = \left(\frac{D}{2} \times \frac{1}{1000}\right) \times \frac{2\pi N}{60} = \frac{\pi DN}{60 \times 1000} \text{ [m/s]}$$

이다. 또는, 원 둘레가 πD이므로 N 바퀴 길이는 πDN이 되고, 단위를 환산하면 $v = \dfrac{\pi DN}{60 \times 1000}$[m/s]가 된다. rpm(revolution per minute)은 1분(60초) 동안 몇 바퀴를 회전하는가를 나타내는 단위이다.

[4] 동력의 단위

기계설계에서 자주 나타나는 중요한 물리량 중의 하나는 동력(일률, power)이며, 일반적으로 많이 사용하는 동력의 단위에는 [kW]와 마력[PS]이 있다.

$$1\,\text{kW} = 1000\left[\frac{\text{J}}{\text{s}}\right] = 1000\left[\frac{\text{N}\cdot\text{m}}{\text{s}}\right] = 102\left[\frac{\text{kgf}\cdot\text{m}}{\text{s}}\right]$$

$$1\,\text{PS} = 75\left[\frac{\text{kgf}\cdot\text{m}}{\text{s}}\right] = 735.5\,\text{W}$$

설명 $1\,\text{kgf} = 9.80665\,\text{N}$ 이므로

- $1\,\text{kW} = 1000\text{N}\cdot\frac{\text{m}}{\text{s}} = \left(1000\times\frac{\text{kgf}}{9.80665}\right)\cdot\frac{\text{m}}{\text{s}} = 102\left[\frac{\text{kgf}\cdot\text{m}}{\text{s}}\right]$
- $1\,\text{PS} = \frac{75\,\text{kgf}\cdot\text{m}}{\text{s}} = \frac{(75\times 9.80665\text{N})\cdot\text{m}}{\text{s}}$

$$= 735.5\frac{\text{N}\cdot\text{m}}{\text{s}} = 735.5\frac{\text{J}}{\text{s}} = 735.5\,\text{W}$$

[5] 동력의 단위 환산[3)]

(1) 힘(F)과 속도(v)로 동력(H)을 나타낼 때

[표 1.8] 힘(F)과 속도(v)의 단위에 따른 동력(H) 계산식

단위	F[N], v[m/s]	F[kgf], v[m/s]
kW	$H_{kW} = \frac{Fv}{1000}$ [kW]	$H_{kW} = \frac{Fv}{102}$ [kW]
PS	$H_{PS} = \frac{Fv}{735.5}$ [PS]	$H_{PS} = \frac{Fv}{75}$ [PS]

설명 (a) F[N]의 힘을 받고 v[m/s]로 운동할 때 동력 H.

$$H = F[\text{N}]\times v[\text{m/s}] = Fv[\text{N}\cdot\text{m/s}] = Fv\,[\text{W}] = \frac{Fv}{1000}\,[\text{kW}]$$

3) 여러 책에 나오는 식이므로 소개한다. 이 식들을 굳이 기억할 필요는 없다. 모두 기본적인 식 $H = Fv$, $H = T\omega$일 뿐이다. 단위 환산 과정을 잘 이해하도록 한다.

1PS = 735.5 W 이므로 $H = \frac{Fv}{735.5}$ [PS]

(b) F[kgf]의 힘을 받고 v[m/s]로 운동할 때 동력 H.

1 kgf = 9.8 N 이므로

$$H = F[\text{kgf}] \times v[\text{m/s}] = 9.8Fv[\text{N} \cdot \text{m/s}] = 9.8Fv[\text{W}]$$
$$= \frac{9.8Fv}{1000}[\text{kW}] = \frac{Fv}{102}[\text{kW}]$$

1PS = 75kgf · m/s 이므로

$$H = F[\text{kgf}] \times v[\text{m/s}] = Fv[\text{kgf} \cdot \text{m/s}] = \frac{Fv}{75}[\text{PS}]$$

(2) 토크(T)와 회전속도 N[rpm]으로 동력(H)을 나타낼 때

[표 1.9] 토크(T)의 단위에 따른 동력(H) 계산식

단위	T[N · mm], N[rpm]	T[kgf · mm], N[rpm]
kW	$H_{kW} = \frac{TN}{9.55 \times 10^6}$ [kW]	$H_{kW} = \frac{TN}{9.74 \times 10^5}$ [kW]
PS	$H_{PS} = \frac{TN}{7.02 \times 10^6}$ [PS]	$H_{PS} = \frac{TN}{7.16 \times 10^5}$ [PS]

설명 (a) T[N · mm]의 토크를 받고 N[rpm]의 회전속도로 운동할 때 동력 H.

'(동력) = (토크) × (각속도)'이고, 1mm = 10^{-3}m 이다.

$$H = T\omega = T[\text{N} \cdot \text{mm}] \times \frac{2\pi N}{60}\left[\frac{1}{\text{s}}\right]$$
$$= 10^{-3} \times \frac{2\pi}{60} TN \left[\frac{\text{N} \cdot \text{m}}{\text{s}}\right]$$
$$= 10^{-3} \times \frac{2\pi}{60} TN[\text{W}] = 10^{-3} \times \frac{2\pi}{60} \times \frac{1}{1000} TN[\text{kW}]$$
$$= \frac{TN}{9.55 \times 10^6}[\text{kW}]$$

1PS = 735.5W = 0.7355 kW 이므로

$$H = \frac{TN}{9.55\times10^6}\times\frac{1}{0.7355}\ [\mathrm{PS}] = \frac{TN}{7.02\times10^6}\ [\mathrm{PS}]$$

(b) T[kgf · mm]의 토크를 받고 N[rpm]의 회전속도로 운동할 때 동력 H.
$1\,\mathrm{kgf} = 9.8\,\mathrm{N}$, $1\mathrm{mm} = 10^{-3}\mathrm{m}$ 이다.

$$H = T\omega = T[\mathrm{kgf}\cdot\mathrm{mm}]\times\frac{2\pi N}{60}\left[\frac{1}{\mathrm{s}}\right]$$

$$= 9.8\times10^{-3}\times\frac{2\pi}{60}TN\left[\frac{\mathrm{N}\cdot\mathrm{m}}{\mathrm{s}}\right]$$

$$= 9.8\times10^{-3}\times\frac{2\pi}{60}\times\frac{1}{1000}TN\ [\mathrm{kW}]$$

$$= \frac{TN}{9.74\times10^5}\ [\mathrm{kW}]$$

$1\,\mathrm{PS} = 0.7355\,\mathrm{kW}$ 이므로

$$H = \frac{TN}{9.74\times10^5}\times\frac{1}{0.7355}\ [\mathrm{PS}] = \frac{TN}{7.16\times10^5}\ [\mathrm{PS}]$$

[회전체의 동력]

각종 기계요소는 회전에 의해 동력을 전달하고, 이 동력을 구하기 위해 주어진 단위에 따라 위의 표와 같은 여러 가지 동력 계산 공식들이 사용된다. 그러나 이들 공식들을 굳이 기억하지 않아도 된다. 회전체의 동력은

$$H = T\omega = T\times\frac{2\pi N}{60}$$

이라는 것만 알면 된다. 공식에 나오는 복잡한 숫자는 단위환산 결과로 나오는 값이다. 단위를 알고 단위 환산을 잘 하면 된다. 그리고 기계설계에서는 특히 동력의 단위로 마력[PS]을 많이 사용하므로 [PS]의 정의를 꼭 알아두도록 한다.

$$1\,\mathrm{PS} = \frac{75\mathrm{kgf}\cdot\mathrm{m}}{\mathrm{s}}$$

[6] 효율

일반적으로 효율은 일 또는 동력에 대해 $\left(\frac{\text{출력량}}{\text{입력량}}\right)$으로 정한다. 입력 동력 H_{in}, 출력 동력 H_{out}일 때 효율 η는 다음과 같다.

$$\eta = \frac{H_{out}}{H_{in}}, \quad \eta = \frac{H_{out}}{H_{in}} \times 100 \ [\%] \qquad \cdots\cdots (1.8)$$

동력은 단위시간당 일이므로 일을 기준으로 표현하면 다음과 같다.

$$\eta = \frac{W_{out}}{W_{in}}, \quad \eta = \frac{W_{out}}{W_{in}} \times 100 \ [\%] \qquad \cdots\cdots (1.9)$$

여기에서 W_{in}, W_{out}은 각각 입력 일과 출력 일을 나타낸다.

[예제 1.11] 300kgf의 힘을 받고 힘의 방향으로 2m/s로 운동하는 물체의 동력을 PS와 kW로 환산하여 나타내어라.

풀이

• $H_{PS} = Fv = (300\text{kgf}) \times 2\left(\frac{\text{m}}{\text{s}}\right) = (300 \times 2)\left(\frac{\text{kgf} \cdot \text{m}}{\text{s}}\right)$

$= (300 \times 2) \times \frac{1}{75}\ [\text{PS}] = 8\ [\text{PS}]$

• $H_{kW} = Fv = (300\text{kgf}) \times 2\left(\frac{\text{m}}{\text{s}}\right) = (300 \times 9.8\text{N}) \times 2\left(\frac{\text{m}}{\text{s}}\right)$

$= (300 \times 9.8 \times 2)\left(\frac{\text{N} \cdot \text{m}}{\text{s}}\right) = (300 \times 9.8 \times 2)[\text{W}]$

$= (300 \times 9.8 \times 2) \times \frac{1}{1000}[\text{kW}] = 5.88[\text{kW}]$

[예제 1.12] 각속도 $\omega = 40\text{rad/s}$는 몇 rpm인가?

풀이 각속도 $\omega = \frac{2\pi N}{60}$ [rad/s]에서

$$N = \frac{60\omega}{2\pi} = \frac{60 \times 40}{2\pi} = 382\ [\text{rpm}]$$

[예제 1.13] 회전속도 200rpm으로 30kW의 동력을 전달하는 축에 걸리는 토크[N · mm]를 구하여라.

풀이 동력 $H = T\omega = T \times \frac{2\pi N}{60}$에서 토크는 다음과 같이 구해진다. SI 단위 W, N, m로 통일하여 계산한다. 1kW=1000W, $1\text{m} = 10^3\text{mm}$이다.

$$T = \frac{60H}{2\pi N} = \frac{60 \times (30 \times 1000)}{2\pi \times 200} \text{ [N · m]}$$

$$= 1432 \text{ [N · m]} = 1.43 \times 10^6 \text{ [N · mm]} \cdots\cdots ①$$

혹은, 공식 $H_{kW} = \frac{TN}{9.55 \times 10^6}$ [kW]에서

$$T = \frac{9.55 \times 10^6 H_{kW}}{N} \text{ [N · mm]}$$

$$= \frac{9.55 \times 10^6 \times 30}{200} \text{ [N · mm]} = 1.43 \times 10^6 \text{ [N · mm]} \cdots\cdots ②$$

식 ②의 공식을 굳이 외워서 사용하지 말고 식 ①로써 토크를 구할 수 있도록 한다. 단위만 잘 알면 간단한 공식 $H = T\omega = T \times \frac{2\pi N}{60}$일 뿐이다.

[예제 1.14] 기중기를 사용하여 질량 12ton의 물체를 연직 상방으로 6m/min의 속도로 끌어올리고 있다. 기중기의 효율이 80%일 때 기중기에 공급해야 할 동력은 몇 마력[PS]인가?

풀이 1ton=1000kg이고 1kg의 무게는 1kgf이다. 속도 $v = 6\left(\frac{\text{m}}{\text{min}}\right) = \frac{6}{60}\left(\frac{\text{m}}{\text{s}}\right)$이고,

효율 $\eta = \frac{H_{out}}{H_{in}}$이므로 입력 동력($H_{in}$)은 다음과 같다.

$$H_{in} = \frac{H_{out}}{\eta} = \frac{Fv}{\eta} = \frac{(12 \times 1000) \times \frac{6}{60}}{0.8} \times \frac{1}{75} \text{[PS]} = 20 \text{ [PS]}$$

이상에서 $\frac{75\text{kgf} \cdot \text{m}}{\text{s}} = 1\text{PS}$이다.

연습문제 1

01 밀도 $2\,g/cm^3$은 몇 kg/m^3인가?

02 질량이 10kg인 물체의 무게는 몇 N인가?

03 응력 $1\,kgf/cm^2$은 몇 kPa인가?

04 어떤 물체에 100N의 힘을 가하여 4초 동안에 힘과 같은 방향으로 20m 이동하였을 때 일률은 몇 W인가?

05 기중기를 사용하여 질량 1000kg의 물체를 20cm/s의 일정속도로 연직 위 방향으로 끌어올리고 있다. 기중기의 동력을 구하여 W와 PS로 나타내어라.

06 동력이 4kW인 전동기를 10분 동안 작동하였을 때 전동기가 한 일은 몇 kJ인가?

07 분당 회전수 400rpm으로 회전하는 마찰차의 각속도는 몇 rad/s인가?

08 $2\times10^6\,N\cdot mm$의 토크를 받고 300rpm으로 회전하는 물체의 동력을 구하여 kW와 PS로 나타내어라.

09 회전속도 120rpm으로 400W의 동력을 전달하는 축에 걸리는 토크[N · mm]를 구하여라.

10 30kW의 동력을 전달하는 축에 걸리는 토크가 $10^5\,kgf\cdot mm$일 때 축의 분당 회전속도[rpm]을 구하여라.

11 반지름 R인 원형 단면축의 표면에 접선방향으로 힘 F가 작용할 때 축의 중심에 작용하는 토크 $T=FR$이다. 토크의 차원을 FLT계와 MLT계로 나타내어라.

12 동력(일률)은 단위 시간당 일로 정의된다. 동력의 차원을 MLT계로 나타내어라.

13 SI단위계에서 $1\,\mathrm{J}$의 일은 CGS단위계에서 몇 erg인가?

14 질량 $m = 400\,\mathrm{kg}$인 트럭이 $v = 72\,\mathrm{km/hr}$의 속도로 달리고 있다. 이때 트럭의 운동에너지 $E_k = \dfrac{mv^2}{2}$는 몇 kJ인가?

15 비틀림 모멘트 T를 받는 축의 지름은 $d = \sqrt[3]{\dfrac{16T}{\pi \tau_a}}$로 결정된다. 축의 전단강도 $\tau = 400\,\mathrm{MPa}$, 안전계수 $S = 2$, 비틀림 모멘트 $T = 100\mathrm{N \cdot m}$인 축의 지름 d[mm]를 구하여라. 단, 허용 전단응력 $\tau_a = \dfrac{\tau}{S}$이다.

16 굽힘 모멘트 $M = 1400[\mathrm{N \cdot m}]$, 단면 2차모멘트 $I = 4 \times 10^4[\mathrm{cm}^4]$일 때 최대 굽힘 인장응력 $\sigma_{\max} = \dfrac{M}{I} y_{\max}[\mathrm{Pa}]$을 구하여라. 단, 주어진 보의 단면에서 $y_{\max} = 0.2\mathrm{m}$이다.

17 지름이 d인 원형 축에 비틀림 모멘트 T가 작용할 때 축에서 발생하는 최대 비틀림 응력 $\tau_{\max}$는 다음 관계식을 따른다. $T = 25\pi[\mathrm{N \cdot m}]$, $d = 10[\mathrm{mm}]$일 때 $\tau_{\max}[\mathrm{MPa}]$를 구하여라.

$$\tau_{\max} = \frac{T}{I_p} \times r_{\max}, \quad I_p = \frac{\pi d^4}{32}, \quad r_{\max} = \frac{d}{2}$$

18 폭 b, 높이 h인 직사각형 단면 단순보의 중앙에 집중 하중 P가 작용할 때 보에서 발생하는 최대 처짐 $\delta_{\max}$은 다음 관계식으로 주어진다. 보 재료의 탄성계수 $E = 20{,}000\,\mathrm{kgf/mm^2}$, 집중 하중 $P = 12{,}000\,\mathrm{kgf}$, 보의 길이 $L = 2\mathrm{m}$, 폭 $b = 60\mathrm{mm}$, 높이 $h = 100\mathrm{mm}$일 때 $\delta_{\max}[\mathrm{mm}]$를 구하여라.

$$\delta_{\max} = \frac{PL^3}{48EI}, \quad I = \frac{bh^3}{12}$$

19 단면적 A에 힘 F가 수직으로 작용할 때 수직응력 $\sigma = F/A$로 정의된다. 가로가 4cm 이고 세로가 5cm인 직사각형 단면에 F=150kN의 힘이 수직으로 작용하면 수직응력(σ)은 몇 MPa인가?

20 힘(F)과 응력(σ) 및 변형률(ϵ)의 관계식은 다음과 같다. 탄성계수 $E = 200$GPa, 길이 $L = 0.4$m, 길이 변화 $\Delta L = 2$mm일 때 단면적 $A = 30\text{mm}^2$에 작용하는 힘 F[kN]를 구하여라.

$$\sigma = \frac{F}{A}, \quad \sigma = E\epsilon, \quad \epsilon = \frac{\Delta L}{L}$$

21 다음 단위 중 옳은 것은? [중등교사 임용시험-기계]

① $1\text{Pa} = 1\text{N/m}$ ② $1\text{J} = 1\text{N}\cdot\text{m/s}$
③ $1\text{kW} = 75\text{kgf}\cdot\text{m/s}$ ④ $1\text{N} = 10^5\text{dyne}$

22 다음 단위 중 어느 것이 옳은가? [중등교사 임용시험-기계]

① $1\text{N} = 1\text{kg}\cdot\text{m/s}$ ② $1\text{J} = 1\text{N}\cdot\text{m/s}$
③ $1\text{W} = 1\text{J/s}$ ④ $1\text{bar} = 10^6\text{N/m}^2$

23 400rpm으로 2.0kW를 전달하고 있는 축에 발생하는 비틀림모멘트[kgf · mm]는? [공무원 임용시험]

① 48,700 ② 4,870 ③ 487 ④ 48.7

24 반지름이 R[m]인 드럼이 N[rpm]으로 회전하면서 무게 F_W[N]인 추를 H[m] 들어 올리고자 할 때, 필요한 동력[W]은? [공무원 임용시험]

① $\dfrac{\pi R F_W N}{30}$ ② $\dfrac{\pi R F_W N}{60H}$ ③ $\dfrac{\pi R F_W N}{120H}$ ④ $\dfrac{\pi R F_W N}{735H}$

25 고속도로를 108km/h의 속도로 주행하던 승용차가 장애물을 보고 브레이크를 밟아서 5초 후에 완전히 정지하였다. 제동에 의해 발산되어야 할 동력[kW]은? (단, 승용차의 질량은 1,000kg이다.) [공무원 임용시험]

① 45 ② 90 ③ 180 ④ 450

26 다음 기계요소 중 동력전달용 요소에 속하지 않는 것은? [공무원 임용시험]

① 코터 ② 원추마찰차 ③ 헬리컬 기어 ④ V벨트

27 SI 기본단위에 의한 표시 중 일률(동력)에 해당되는 것은? [공무원 임용시험]

① $m \cdot kg \cdot s^{-2}$ ② $m^{-1} \cdot kg \cdot s^{-2}$ ③ $m^2 \cdot kg \cdot s^{-2}$ ④ $m^2 \cdot kg \cdot s^{-3}$

28 물체를 100N의 힘으로 2초 동안 힘과 동일한 방향으로 10m 이동하기 위해 필요한 동력(일률)[W]은? [공무원 임용시험]

① 2,000 ② 500 ③ 50 ④ 20

29 SI 기본단위인 길이는 m, 질량은 kg, 시간은 s로 물리량을 표시할 때, 다음 중 옳지 않은 것은? [공무원 임용시험]

① 동력 : $[m^3 \cdot kg \cdot s^{-3}]$ ② 응력 : $[m^{-1} \cdot kg \cdot s^{-2}]$
③ 에너지 : $[m^2 \cdot kg \cdot s^{-2}]$ ④ 힘 : $[m \cdot kg \cdot s^{-2}]$

30 300[rpm]으로 회전하는 축이 10π[J/s] 동력을 전달할 때, 축에 작용하는 비틀림 모멘트[N · m]는? [공무원 임용시험]

① π ② 10π ③ 1 ④ 10

31 100[N]의 하중을 50[cm] 들어 올리는 데, 8[초]동안 15[W]의 동력이 작용했다면, 이 전동 잭의 효율[%]은? [공무원 임용시험]

① 41.7 ② 33.3 ③ 44.5 ④ 39.7

32 물리량과 단위의 연결로 옳지 않은 것은? [공무원 임용시험]

① 일률-[N · m/s] ② 압력-$[N/m^2]$
③ 힘-$[kg \cdot m/s^2]$ ④ 관성모멘트-[kg · m/s]

33 물리량의 차원으로 옳지 않은 것은? (단, M은 질량, T는 시간, L은 길이이다.) [공무원 임용시험]

① 응력의 차원은 $MT^{-2}L^{-1}$ 이다. ② 에너지의 차원은 $MT^{-1}L^{-2}$이다.
③ 전단력의 차원은 $MT^{-2}L$이다. ④ 휨모멘트의 차원은 $MT^{-2}L^2$이다.

34 짝지어진 두 개의 물리량을 SI 기본단위[m, kg, s]로 환산할 경우, 동일한 단위로 연결되지 않은 것은? [지방공무원 9급(2021)]

① PS, J ② mmHg, Pa
③ kgf/m^2, N/m^2 ④ kgf · m/s, W

제2장 응력과 변형률

2.1 하중 분류

[1] 작용 상태에 따른 분류

(1) 인장하중(tensile load) : 재료를 양쪽에서 잡아당기도록 작용하는 하중.

(2) 압축하중(compressive load) : 재료를 양쪽에서 누르도록 작용하는 하중.

(3) 전단하중(shearing load) : 재료를 미끄러뜨려서 자르도록 작용하는 하중.

(4) 굽힘하중(bending load) : 재료가 휘어지도록 작용하는 하중.

(5) 비틀림하중(torsional load) : 재료가 비틀어지도록 작용하는 하중.

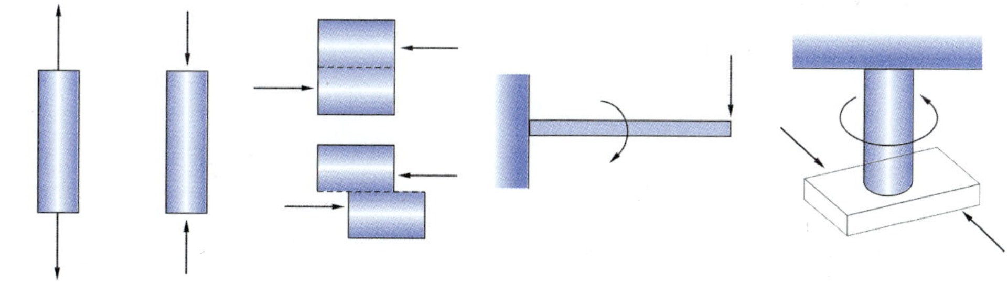

[인장하중] [압축하중] [전단하중] [굽힘하중] [비틀림하중]

[그림 2.1] 작용 상태에 따른 하중의 종류

설명 물체에 작용하는 외력을 하중(load)이라고 하며 하중의 작용상태에 따라 [그림 2.1]과 같이 분류한다. 여기에서 인장하중과 압축하중을 총칭하여 수직하중 또는 세로하중이라 하고, 전단하중(shearing load)을 가로하중이라고도 한다. 하중의 작용 상태에 따라 물체에는 인장응력, 압축응력, 전단응력, 굽힘 응력, 비틀림 응력이 발생한다.

[2] 하중 속도에 의한 분류

(1) 정하중(static load)

시간에 따른 변화가 없이 일정하게 유지되는 하중[그림 2.2(a)], 또는 매우 느린 속도로 조금씩 증가하면서 작용하는 하중.

(2) 동하중(dynamic load)

하중이 가해지는 속도가 빠르고 시간에 따라 크기, 방향, 작용점 등이 변하는 하중이다. 동하중은 크게 다음 3가지로 분류된다.

① 반복하중(repeated load) : 힘의 방향은 변하지 않고 주기적으로 반복하여 작용하는 하중[그림 2.2(b)].

② 교번하중(alternative load) : 힘의 크기와 방향이 주기적으로 변하는 하중[그림 2.2(c)].

③ 충격하중(impact load) : 순간적인 매우 짧은 시간에 작용하는 하중[그림 2.2(d)].

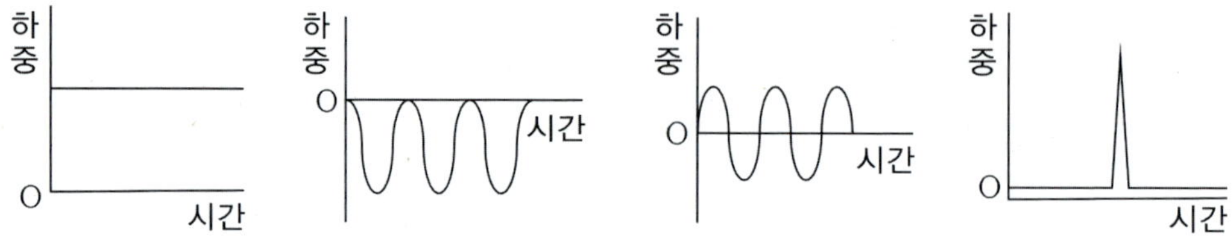

(a) 정하중 (b) 반복 하중 (c) 교번 하중 (d) 충격 하중

[그림 2.2] 하중 속도에 따른 하중의 종류

2.2 수직응력과 전단응력

물체가 외부로부터 힘(외력)을 받으면 물체 내부에는 그 외력에 저항하는 힘이 생기는데 이 저항력을 내력(internal force)이라 하고, 단위 면적당 내력을 응력(stress)이라 한다.

$$(\text{응력}) = \frac{(\text{내력})}{(\text{단면적})} \quad (\text{SI 단위} : \text{N/m}^2) \qquad \cdots\cdots (2.1)$$

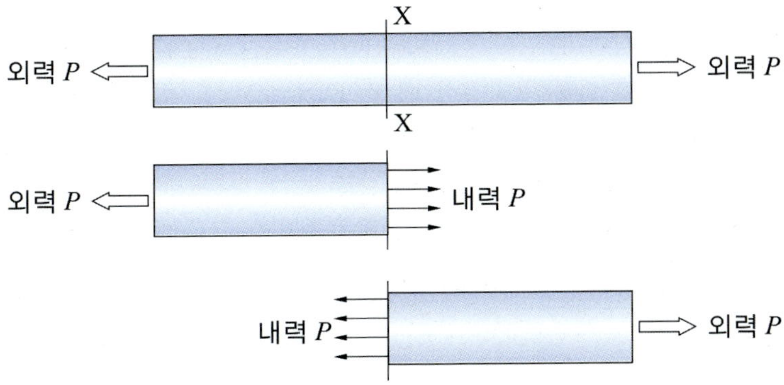

[그림 2.3] 외력과 내력

설명 고무줄의 양 끝을 손으로 잡아당기면 고무줄도 손의 힘과 같은 크기의 힘으로 손을 당기는 것을 느낄 수 있다. 이와 같이 모든 물체는 외부에서 힘을 작용하면 그 내부에는 이 힘에 저항하는 힘이 생기는데 이것을 내력이라 한다. [그림 2.3]과 같이 단면 X－X를 잘랐을 때 각 단면에는 외력 P와 평형을 이루는 내력 P가 발생한다. 작용-반작용 법칙에 의해 내력은 외력과 크기가 같고, 반대 방향으로 작용하며, 외력을 제거하면 없어진다. 물체에 작용하는 외력에 의해 발생하는 내력은 외력의 증가와 함께 증가하고, 재료가 견딜 수 있는 어느 한도 이상이 되면 외력에 저항할 수 없게 되어 그 재료는 마침내 파괴된다. 같은 크기의 하중이 단면적이 다른 재료에 작용하는 경우 재료에 발생하는 내력은 같다. 그러나 하중이 커질 때 단면적이 큰 재료는 파괴되지 않아도 단면적이 작은 재료는 파괴될 수 있다. 이것은 단면적이 작은 재료는 단위 면적이 지탱해야 할 힘이 커지기 때문이다. 따라서 재료의 강도(strength)를 판단하기 위해서는 재료의 단위 면적당 저항력을 고려해야 하는데 이것을 응력(stress) 또는 응력도(intensity of stress)라 한다. 외력에 의한 재료의 파손이 주 관심사가 되는 재료역학의 주요 물리량은 내력에 의한 응력이라고 할 수 있다. 응력의 단위로는 $\mathrm{N/mm^2}$, MPa 등이 많이 사용된다.

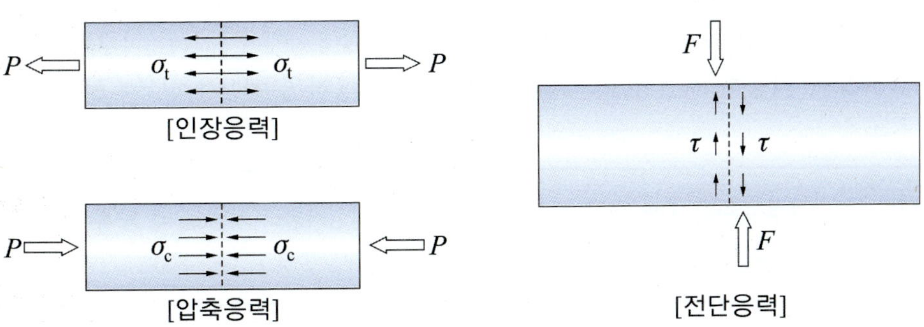

[그림 2.4] 수직응력과 전단응력

[1] 수직응력

재료의 단면에 수직으로 하중이 작용할 때 발생하는 응력을 수직응력(normal stress)이라 하며 인장응력과 압축응력으로 구분한다[그림 2.4]. 재료의 단면적을 A, 하중을 P라 하면 수직응력은 다음과 같이 정의된다.

$$\sigma = \frac{(\text{수직하중})}{(\text{재료의 단면적})} = \frac{P}{A} \quad \cdots\cdots (2.2)$$

설명 재료의 강도는 하중의 종류에 따라 서로 다르다. 예를 들어 목재는 압축력에 강하고 인장력에는 상대적으로 약하다. 따라서 수직응력을 두 종류의 응력으로 구분하여 [그림 2.4]와 같이 인장하중과 압축하중에 의해 발생하는 응력을 각각 인장응력(tensile stress), 압축응력(compressive stress)이라 한다. 일반적으로 인장응력을 σ_t, 압축응력을 σ_c로 나타내고, 응력에 부호를 붙여서 계산할 때는 인장응력을 양(+), 압축응력을 음(−)으로 하여 계산한다.

[2] 전단응력

재료의 단면에 평행하게 하중이 작용할 때 단면에 발생하는 응력을 전단응력(shear stress)이라 한다[그림 2.4]. 전단되는 단면의 면적을 A, 하중을 F라 하면 전단응력 τ는 다음과 같이 정의된다.

$$\tau = \frac{(\text{전단하중})}{(\text{전단되는 단면의 면적})} = \frac{F}{A} \quad \cdots\cdots (2.3)$$

설명 재료를 절단하려는 전단하중(shearing load)에 의해 절단면에 발생하는 절단방향의 응력을 전단응력이라 한다. 전단응력은 단면에 평행하게 발생하는 응력이므로 접선응력(tangential stress)이라고도 한다. [그림 2.4]에서 재료를 미끄러뜨려서 자르도록 작용하는 전단하중 F가 면적 A에 작용하면 전단응력 $\tau = F/A$이다.

[예제 2.1] **[수직응력]** 지름 30mm의 봉에 8kN의 인장하중이 작용할 때 봉에 발생하는 인장응력은 몇 MPa인가?

풀이 봉의 지름 $D = 30\text{mm}$, 인장하중 $P = 8\text{kN} = 8000\text{N}$이다. 봉에 발생하는 인장응력

(σ_t)은 다음과 같다.

$$\sigma_t = \frac{P}{A} = \frac{P}{\pi D^2/4} = \frac{4P}{\pi D^2}$$
$$= \frac{4 \times (8000\text{N})}{\pi \times (30 \times 10^{-3}\text{m})^2} = 1.132 \times 10^7 \text{N/m}^2 = 11.32\ [\text{MPa}]$$

[Note] $1\frac{\text{N}}{\text{mm}^2} = 1\frac{\text{N}}{(10^{-3}\text{m})^2} = 10^6\frac{\text{N}}{\text{m}^2} = 10^6\text{Pa} = 1\text{MPa}$이므로

$$\sigma_t = \frac{P}{A} = \frac{4P}{\pi D^2} = \frac{4 \times (8000\text{N})}{\pi \times (30\text{mm})^2} = 11.32\ [\text{MPa}]$$

응력을 계산할 때 힘과 면적의 단위를 각각 N, mm^2으로 하면 계산된 응력의 단위는 MPa이 된다.

[예제 2.2] **[전단응력]** [그림 2.5]와 같은 리벳 이음에서 판에 가한 하중 $F = 2\text{kN}$, 리벳의 지름 $D = 5\text{mm}$일 때 리벳에 발생하는 전단응력은 몇 MPa인가?

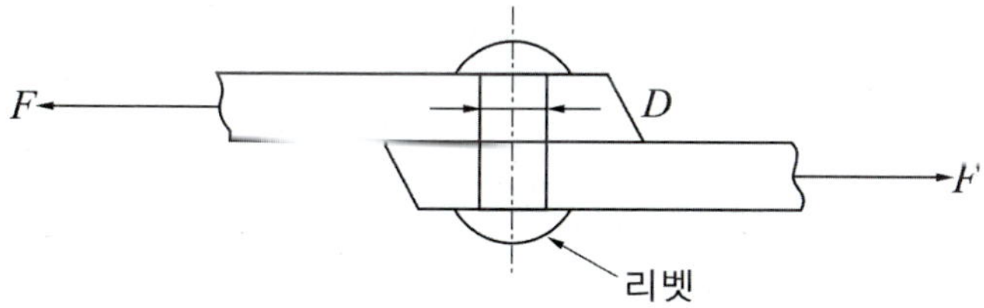

[그림 2.5] 리벳에 발생하는 전단응력

풀이 전단하중 $F = 2\text{kN} = 2000\text{N}$, 리벳의 지름 $D = 5\text{mm}$이다. 힘 F에 의해 전단되는 리벳의 전단면적 $A = \frac{\pi D^2}{4}$이므로 전단응력(τ)은 다음과 같다.

$$\tau = \frac{F}{A} = \frac{F}{\pi D^2/4} = \frac{4F}{\pi D^2}$$
$$= \frac{4 \times (2 \times 10^3\text{N})}{\pi \times (5 \times 10^{-3}\text{m})^2} = 101.86 \times 10^6 \text{N/m}^2 = 101.86\ [\text{MPa}]$$

2.3 굽힘 하중과 굽힘 응력

[그림 2.6]과 같이 재료가 굽힘 모멘트를 받을 경우 구부러지는 안쪽에는 수축으로 인하여 압축응력(σ_c)이 생기고, 바깥쪽에는 인장응력(σ_t)이 발생한다. 이와 같은 응력을 굽힘 응력 또는 휨 응력(bending stress)이라 한다. 선형 탄성 재료에서 굽힘 응력(σ_x)은 다음과 같이 굽힘 모멘트(M)에 비례한다.

$$\sigma_x = -\frac{M}{I} \times y \quad \cdots\cdots (2.4)$$

여기에서 y는 중립축으로부터 거리이고, I는 단면적의 관성모멘트(moment of inertia) 또는 단면 2차 모멘트(second moment of area)라 한다.

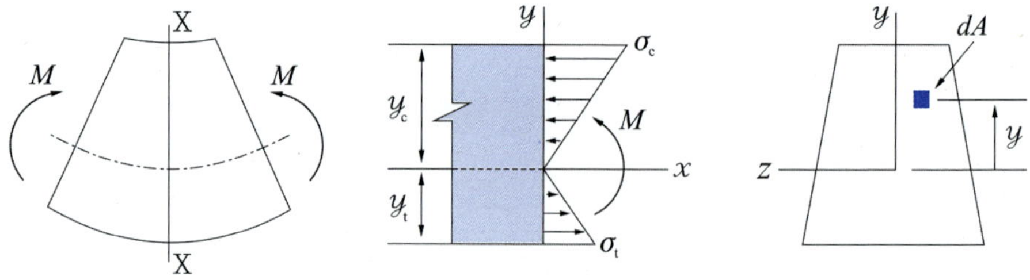

[그림 2.6] 굽힘모멘트와 굽힘응력

굽힘 응력이 0인 중립축의 위치는 $\int y\,dA = 0$로 결정된다. 즉, z 축에 대한 단면의 1차 모멘트가 0이므로 중립축은 단면의 도심(centroid)을 지난다. 직사각형과 원인 경우 중립축은 [그림 2.7]과 같다.

단면 2차 모멘트는

$$I = \int y^2\,dA \quad \cdots\cdots (2.5)$$

로 정의된다. SI 단위계에서 I의 단위로는 mm^4을 많이 사용한다. [표 2.1]에 중립축에 대한 주요 단면의 2차 모멘트를 나타내었다.

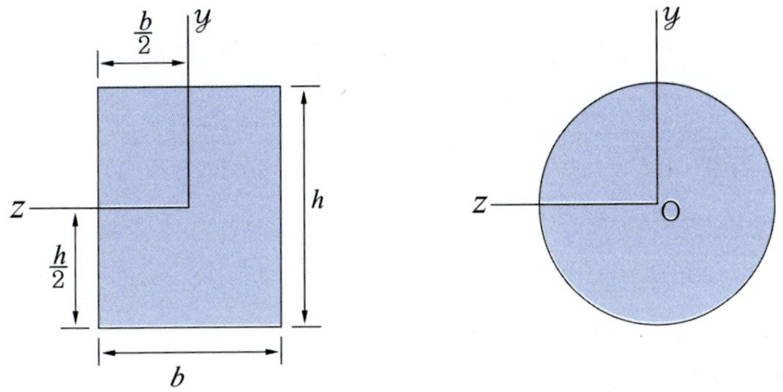

[그림 2.7] 직사각형과 원의 중립축

$\sigma_x = -\frac{M}{I}y$에서 굽힘 응력은 중립축으로부터의 거리(y)에 비례하므로 최대 인장 굽힘 응력과 최대 압축 굽힘 응력은 중립축으로부터 가장 먼 곳인 보의 표면에서 발생한다. [그림 2.6(b)]와 같이 중립축으로부터 요소의 맨 끝까지 거리를 각각 y_c, y_t라 하면 이에 대응하는 최대 압축 굽힘 응력 $\sigma_{c,\max}$와 최대 인장 굽힘 응력 $\sigma_{t,\max}$는 다음과 같다.

$$\sigma_{c,\max} = \frac{My_c}{I} = \frac{M}{I/y_c}, \quad \sigma_{t,\max} = \frac{My_t}{I} = \frac{M}{I/y_t}$$

여기에서

$$Z_c = \frac{I}{y_c}, \quad Z_t = \frac{I}{y_t} \quad \cdots\cdots (2.6)$$

를 각각 압축 쪽 단면계수, 인장 쪽 단면계수라 한다. 이때

$$\sigma_{c,\max} = \frac{M}{Z_c}, \quad \sigma_{t,\max} = \frac{M}{Z_t} \quad \cdots\cdots (2.7)$$

이다. 즉, 단면 계수(section modulus)

$$Z = \frac{I}{y_{\max}} \quad \cdots\cdots (2.8)$$

를 정의하여 단면에서 최대 굽힘 응력을 다음과 같이 나타낸다.[1)]

1) 식의 유도 과정은 참고로 하고 결과 식 (2.9)와 굽힘 응력의 개념을 이해하면 된다.

$$\sigma_{max} = \frac{M}{Z} \quad \cdots\cdots (2.9)$$

단면이 중립축에 대하여 대칭이면 두 단면계수의 값이 같다. 즉, $Z = Z_t = Z_c$이다. [표 2.1]에 직사각형과 원의 단면계수를 나타내었다. 재료역학에서 주요 관심사는 최대 응력이므로 이와 같이 단면계수를 정의하여 최대 응력을 구한다. 한편 균일 보의 전 구간에서 굽힘 모멘트(M)가 최대인 단면에서 최대 응력($\sigma_{max} = M_{max}/Z$)이 발생하므로 이 단면을 위험 단면이라 한다.

〈표 2.1〉 주요 단면의 2차 모멘트 I와 단면계수 Z

단면	단면 2차 모멘트 I	단면계수 Z
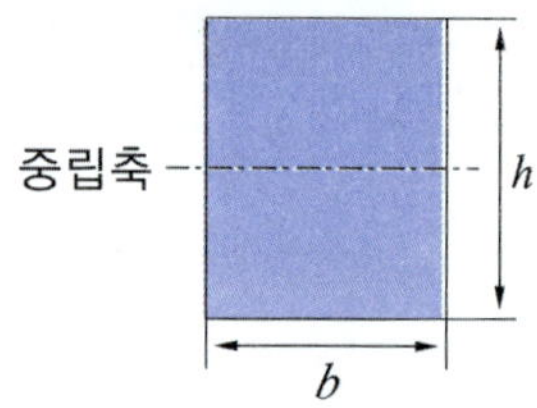	$I = \frac{bh^3}{12}$	$Z = \frac{bh^2}{6}$
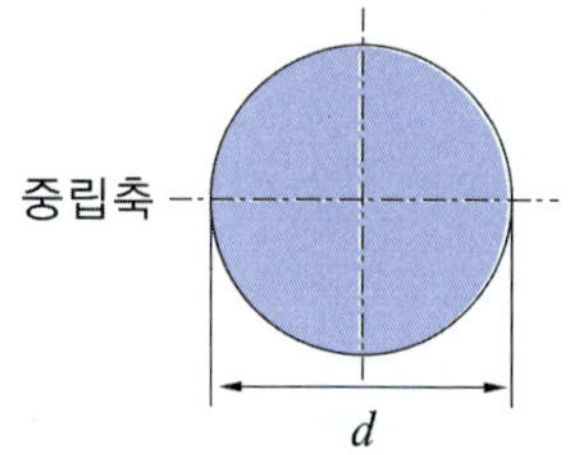	$I = \frac{\pi}{64} d^4$	$Z = \frac{\pi}{32} d^3$
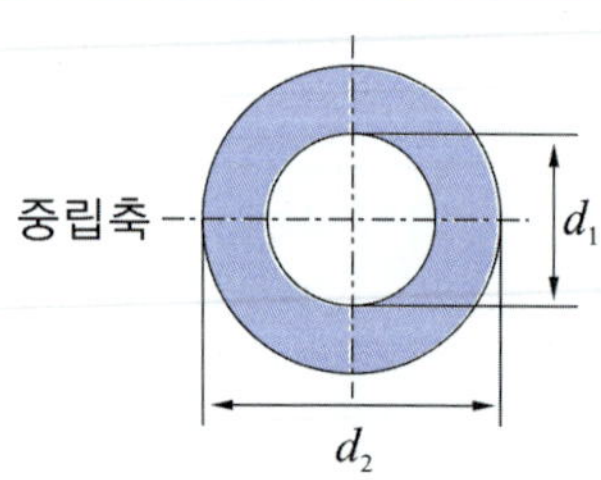	$I = \frac{\pi}{64}(d_2^4 - d_1^4)$ $= \frac{\pi d_2^4}{64}(1 - x^4)$ $(x = d_1/d_2)$	$Z = \frac{\pi}{32} \times \frac{d_2^4 - d_1^4}{d_2}$ $= \frac{\pi d_2^3}{32}(1 - x^4)$ $(x = d_1/d_2)$

[예제 2.3] **[굽힘 하중과 굽힘 응력]** 한 변이 60mm인 정사각형 단면 보에 720kN · mm의 굽힘 모멘트가 작용하고 있을 때 단면에 발생하는 최대 굽힘 응력은 몇 MPa[N/mm^2]인가?

풀이 정사각형 단면의 한 변의 길이를 h라 하면 굽힘 응력 $\sigma = \frac{M}{I}y$에서 $y = \frac{h}{2}$에서 최대 굽힘 응력이 발생한다. 따라서 $I = \frac{bh^3}{12} = \frac{h \times h^3}{12} = \frac{h^4}{12}$이므로 최대 굽힘 응력($\sigma_{max}$)은 다음과 같이 계산된다.

$$\sigma_{max} = \frac{M}{I}y = \frac{M}{(h^4/12)} \times \frac{h}{2} = \frac{6M}{h^3}$$
$$= \frac{6 \times (720 \times 1000)\text{N} \cdot \text{mm}}{(60\text{mm})^3} = 20\text{N/mm}^2 = 20[\text{MPa}]$$

[예제 2.4] 폭 b=0.3m, 높이 h=0.8m의 직사각형 단면을 갖는 보의 단면에 굽힘 모멘트 640[N · m]가 작용하고 있다. 단면의 위쪽 끝단으로부터 h_1=0.1m 떨어진 지점에서 발생하는 굽힘 응력의 크기[kPa]를 구하여라.

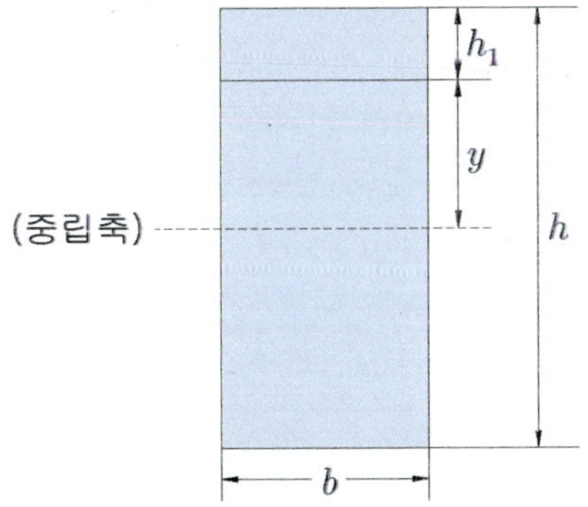

[그림 2.8] 직사각형 단면 보의 굽힘 응력

풀이 굽힘 모멘트 M=640[N · m]이고, 중립축으로부터 거리(y)는

$$y = \frac{h}{2} - h_1 = \frac{0.8}{2} - 0.1 = 0.3[\text{m}]$$

이므로 구하고자 하는 굽힘 응력(σ_x)의 크기는 다음과 같다.

$$\sigma_x = \frac{M}{I}y = \frac{M}{bh^3/12} \times y = \frac{12My}{bh^3}$$

$$= \frac{12 \times 640 \times (0.3)}{(0.3) \times (0.8)^3} = 15,000\left[\frac{\text{N}}{\text{m}^2}\right] = 15,000[\text{Pa}] = 15[\text{kPa}]$$

여기에서 응력의 크기를 구하므로 인장과 압축에 대한 부호를 고려하지 않았다. 일반적으로 기계설계와 재료역학에서는 응력의 크기를 중요시하므로 부호를 생략하고 식 $\sigma_x = My/I$를 많이 사용한다.

2.4 비틀림 하중과 전단응력

일반적으로 전동기나 엔진의 동력을 작업 기계나 바퀴에 전달할 때는 회전축을 이용하여 회전하는 형태의 힘으로 전달한다. 동력 H[W]를 전달하는 회전축의 각속도를 ω [rad/s]라 하면 회전축이 전달하는 토크는 다음과 같다.

$$T = \frac{H}{\omega}[\text{N} \cdot \text{m}] \quad \cdots\cdots (2.10)$$

이 토크가 작업 기계의 회전축을 돌리려면 회전축에는 비틀림 하중 또는 비틀림 모멘트가 발생한다.

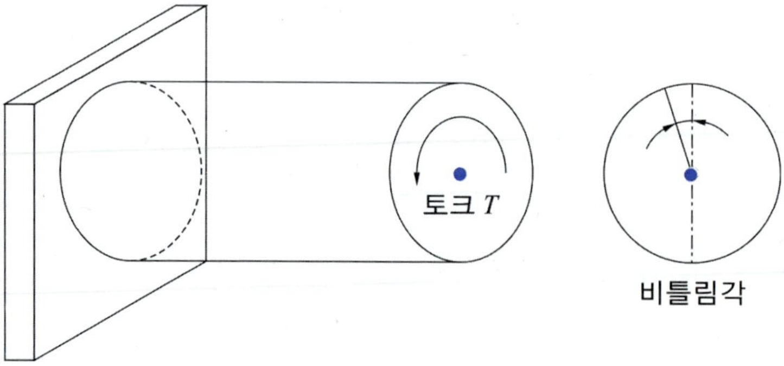

[그림 2.9] 원형 단면 축에 작용하는 비틀림모멘트

[그림 2.9]와 같이 원형 단면 축의 한 끝을 고정하고 다른 쪽 끝에 비틀림 모멘트를 작용시키면 축은 비틀리기 때문에 단면에는 비틀림 응력(twisting stress) τ가 발생한다. 단면에 분포하는 전단응력을 속이 차 있는 축과 속이 비어 있는 축으로 나누어 나타내면 [그림 2.10]과 같다.

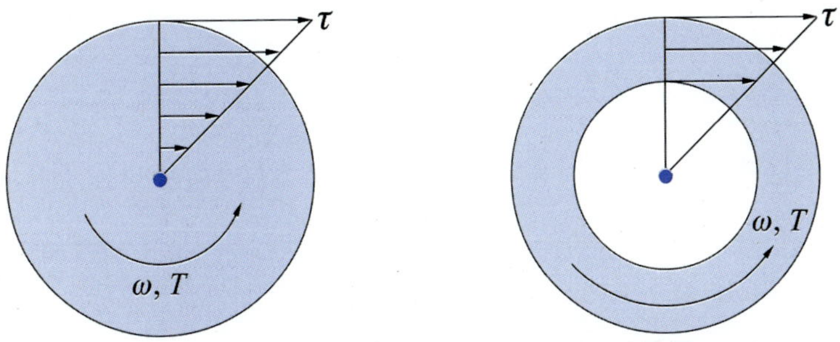

[그림 2.10] 회전축의 단면에 분포하는 전단응력

일반적으로 비틀림 모멘트 T를 받는 회전축의 원형 단면에 분포되는 전단응력의 방향은 원주방향이며, 축의 반지름 방향 좌표를 r이라 할 때 그 크기는 다음 식으로 계산된다.

$$\tau = \frac{T}{I_p} \times r \quad \cdots\cdots (2.11)$$

여기에서

$$I_p = \int r^2 dA \quad \cdots\cdots (2.12)$$

는 단면의 회전축의 중심에 대한 2차 모멘트로서 극관성 모멘트(polar moment of inertia) 또는 극단면 2차 모멘트라 한다. [표 2.2]에 속이 찬 원형 단면축과 속이 빈 원형 단면축의 I_p를 나타내었다. 단면이 원형일 때 I_p는 굽힘 하중을 받는 보의 굽힘 응력 계산에 사용하는 관성 모멘트 I의 두 배($I_p = 2I$)이다.

굽힘 하중을 받는 보의 최대 응력을 계산할 때는 단면계수 Z를 사용하였다. 이 단면계수 Z에 대응하여 극단면 계수 Z_p를 다음과 같이 정의하면 비틀림 하중을 받는 축의 최대 전단응력을 편리하게 계산하여 설계에 사용할 수 있다.

$$Z_p = \frac{I_p}{r_{\max}} \quad \cdots\cdots (2.13)$$

식 (2.11)에서 최대 전단응력은

$$\tau_{max} = \frac{T \times r_{max}}{I_p} \quad \cdots\cdots (2.14)$$

이다. 따라서 극단면 계수 Z_p를 사용하면 단면의 최대 전단응력은 다음 식으로 계산된다.[2)]

$$\tau_{max} = \frac{T}{Z_p} \quad \cdots\cdots (2.15)$$

〈표 2.2〉 속이 찬 원형 단면축과 속이 빈 원형 단면축의 극단면 2차모멘트 I_p와 극단면 계수 Z_p

단면	극단면 2차 모멘트 I_p	극단면 계수 Z_p
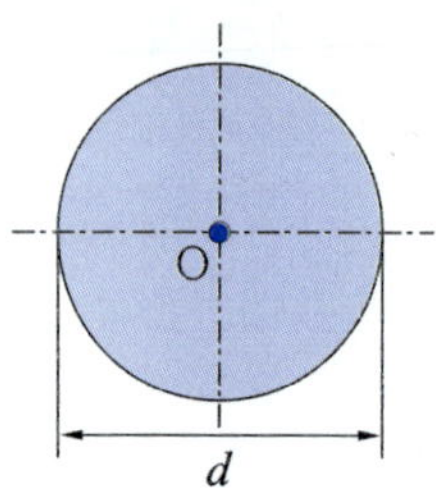	$I_p = \frac{\pi}{32}d^4$	$Z_p = \frac{\pi}{16}d^3$
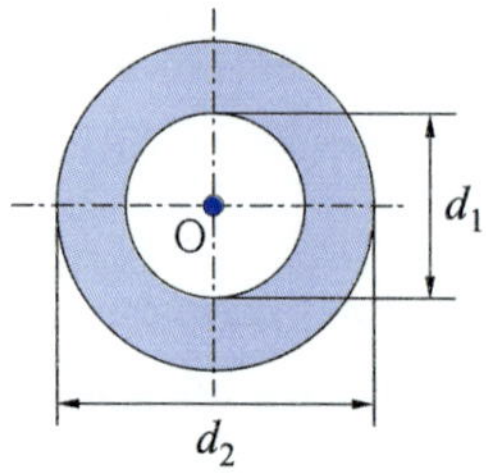	$I_p = \frac{\pi}{32}(d_2^4 - d_1^4)$ $= \frac{\pi d_2^4}{32}(1 - x^4)$ $(x = d_1/d_2)$	$Z_p = \frac{\pi}{16} \times \frac{d_2^4 - d_1^4}{d_2}$ $= \frac{\pi d_2^3}{16}(1 - x^4)$ $(x = d_1/d_2)$

[예제 2.5] **[비틀림 하중과 전단응력]** 지름 30mm인 봉의 한쪽 끝을 고정하고 다른 쪽 끝에 비틀림 모멘트 4×10^5 N · mm를 가할 때 봉에 발생하는 최대 비틀림 응력은 몇 MPa인가?

풀이 지름 d인 봉 단면의 극단면계수 $Z_p = \frac{\pi}{16}d^3$이므로 최대 비틀림 응력 τ_{max}는 다음과 같다.

2) 식 (2.15)도 많이 사용하는 기본 식이므로 기억하도록 한다.

$$\tau_{max} = \frac{T}{Z_p} = \frac{16T}{\pi d^3} = \frac{16 \times (4 \times 10^5 \mathrm{N \cdot mm})}{\pi \times 30^3 \mathrm{mm}^3}$$
$$= 75.45 \mathrm{N/mm}^2 = 75.45[\mathrm{MPa}]$$

2.5 변형률

하중에 의한 재료의 변형량과 원래 치수와의 비를 변형률(strain)이라 한다.

$$(\text{변형률}) = \frac{(\text{변형량})}{(\text{처음 치수})} \qquad \cdots\cdots (2.16)$$

변형률에는 세로 변형률, 가로 변형률, 전단 변형률이 있다.

설명 재료에 외력이 가해지면 내부에 응력이 발생하고, 이에 따라 재료를 구성하는 원자나 분자의 상대적 위치가 변화하여 재료가 변형된다. 변형된 양은 물체의 크기에 따라 다르며, 같은 응력이 발생하는 경우에는 큰 물체일수록 변형량이 커진다. 따라서 변형량과 원래 치수와의 비를 정의하여 사용한다. 변형률은 차원이 없는 무차원량이다.

[1] 세로변형률

재료에 축 방향으로 수직 하중을 가할 때 일어나는 축 방향의 변형량을 재료의 처음 길이로 나눈 것을 세로 변형률(longitudinal strain) 또는 수직변형률이라 한다. 재료의 처음 길이와 하중을 받은 후의 나중 길이를 각각 l_0, l로 하면 세로변형률 ϵ은 다음과 같다.

$$\epsilon = \frac{l - l_0}{l_0} = \frac{\Delta l}{l_0} \qquad \cdots\cdots (2.17)$$

여기에서 $\Delta l = l - l_0$은 축 방향의 재료의 변형량을 나타낸다[그림 2.11(a)].

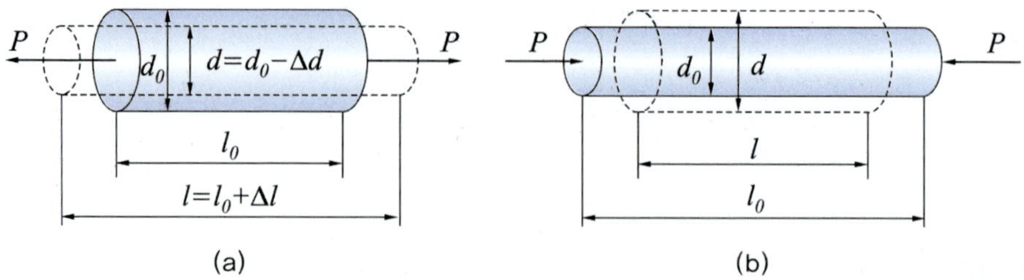

[그림 2.11] 축 방향과 가로 방향 변형

[2] 가로변형률

재료에 축 방향으로 수직 하중을 가할 때 일어나는 가로 방향의 변형량을 가로 방향의 처음 치수로 나눈 것을 가로 변형률(lateral strain) 또는 횡 방향 변형률(transverse strain)이라 한다. 하중을 받기 전의 재료의 처음 굵기를 d_0, 변형 후의 굵기를 d로 하면 가로변형률 ϵ'은 다음과 같다.

$$\epsilon' = \frac{d-d_0}{d_0} = \frac{\Delta d}{d_0} \quad \cdots\cdots (2.18)$$

여기에서 $\Delta d = d - d_0$은 가로 방향의 재료의 변형량을 나타낸다.

설명 [그림 2.11(a)]와 같이 인장 하중을 받으면 재료의 길이가 Δl만큼 늘어난다. 이때 인장 변형률 $\epsilon = \Delta l / l_0$은 양(+)의 값을 갖는다. 반면 (b)와 같이 압축 하중을 받으면 수축하기 때문에 Δl은 음(−)의 값을 갖고 압축 변형률 $\epsilon = \Delta l / l_0$도 음이 된다. 이와 같이 재료가 수직 하중을 받을 때의 인장 변형률과 압축 변형률을 총칭하여 세로변형률이라 한다. 한편 금속 재료의 밀도는 거의 일정하므로 재료의 축방향(길이방향)으로 인장하중을 받으면 재료의 길이가 늘어나지만 가로방향으로는 가늘어진다[그림 2.11(a)]. 이와 반대로 압축 하중을 받으면 길이가 짧아지고 가로 방향으로는 굵어진다[그림 2.11(b)]. 가로 변형률 ϵ'은 이와 같은 재료의 가로 변형량(Δd)을 처음 지름 d_0로 나눈 값 $\epsilon' = \Delta d / d_0$으로 정의한다.

[3] 푸아송 비

가로변형률을 ϵ', 세로변형률을 ϵ이라 하면 푸아송 비(Poisson's ratio) ν는 다음과 같이 정의된다.

$$\nu = \left| \frac{\epsilon'}{\epsilon} \right| = -\frac{\epsilon'}{\epsilon} \quad \cdots\cdots (2.19)$$

푸아송 비의 역수 $m = \frac{1}{\nu} = \left| \frac{\epsilon}{\epsilon'} \right|$을 푸아송 수(Poisson's number)라 한다.

설명 [그림 2.11]과 같이 수직 하중을 받으면 세로와 가로방향으로의 변형이 동시에 발생한다. 실험에 의하면 세로변형률 ϵ과 가로변형률 ϵ'의 비는 응력이 어느 한계값 이하일 때는 각 재료마다 고유의 값을 갖는다는 것이 알려져 있다. 이에 따라 푸아송 비를 정의하고, 이것은 탄성계수와 함께 중요한 재료 상수로 사용되고 있다. 세로변형률과 가로변형률의 부호가 서로 반대이기 때문에 ϵ'/ϵ는 음$(-)$의 부호를 갖는다. 그런데 실제로 각각의 변형률은 절댓값을 많이 사용하므로 일반적으로 ϵ'/ϵ의 부호는 무시하며 푸아송 비 $\nu = |\epsilon'|/|\epsilon|$으로 정의하여 사용한다. 일반적으로 금속 재료인 경우 ν의 범위는 0.25 ~ 0.35 정도이다. 푸아송 비의 이론적 최댓값은 0.5이고, 고무의 값이 이에 가깝다. 몇 가지의 재료에 대한 푸아송 비를 [표 2.3]에 나타내었다. († 푸아송 비가 언제나 [표 2.3]의 값으로 일정한 것은 아니다. 응력과 변형률이 작을 때 일정한 값을 갖지만 재료의 변형률이 어느 한계치를 넘어서면 푸아송 비가 변화한다.)

〈표 2.3〉 푸아송 비

재료	ν	재료	ν
알루미늄	0.33	경강	0.3
황동	0.34	니켈	0.3
청동	0.34	금	0.42
주철	0.2 ~ 0.3	납	0.45
연강	0.27 ~ 0.30	고무	0.45 ~ 0.5

† 재료의 세로탄성계수 E, 가로탄성계수 G, 푸아송 비 ν는 이론적으로 다음과 같은 관계를 갖는다.

$$G = \frac{E}{2(1+\nu)} \quad \cdots\cdots (2.20)$$

이 관계식으로부터 어느 한 값을 알면 다른 값을 구할 수 있다. 여기에서 $\nu > 0$이므로 E의 값은 G의 값보다 두 배 이상($E > 2G$)이라는 것을 알 수 있다.

[4] 전단변형률

[그림 2.12]와 같이 사각형 요소에 전단하중이 작용하여 상하면에 λ만큼 상대적 변형이 발생하였을 때 양단간의 수직거리를 l이라 하면 전단변형률(shearing strain) γ는 다음과 같이 정의된다.

$$\gamma = \frac{\lambda}{l} = \tan\phi \approx \phi \quad \cdots\cdots (2.21)$$

여기에서 각 ϕ를 전단각이라 한다.

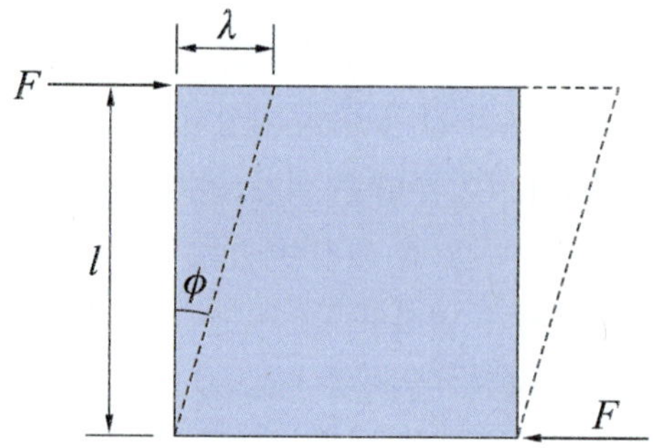

[그림 2.12] 전단변형률

설명 [그림 2.12]와 같이 거리 l만큼 떨어진 두 평형 면이 수평방향으로 전단 하중을 받아서 사각형 요소가 점선의 모양으로 변형되었을 때 λ를 거리 l에 대한 변형량이라 한다. 이와 같은 변형을 미끄럼 변형이라 하며, 단위 길이에 대한 미끄럼 변형을 전단변형률로 정의한다. 여기에서 수평 방향으로 λ만큼 변형됨으로써 수직한 면이 ϕ의 각도로 기울어지게 되었다고 할 때 이 각도를 전단각이라 한다. 따라서 전단변형률 $\gamma = \lambda / l = \tan\phi$이고, ϕ가 아주 작을 때 $\tan\phi \approx \phi$로 근사시킬 수 있다.

[예제 2.6] **[세로변형률]** 길이 $1\,\mathrm{m}$의 막대가 인장 하중을 받고 길이가 $2\,\mathrm{mm}$ 늘어났을 때 막대의 세로 변형률을 구하여라.

풀이 세로변형률 $\epsilon = \dfrac{\Delta l}{l_0} = \dfrac{2\times10^{-3}\text{m}}{1\text{m}} = 2\times10^{-3} = 0.2\,[\%]$

[예제 2.7] **[가로변형률]** 지름 $20\,\text{mm}$인 둥근 봉이 인장하중을 받고 지름이 $0.008\,\text{mm}$ 줄어들었다. 봉의 가로변형률을 구하여라.

풀이 가로변형률 $\epsilon' = \dfrac{\Delta d}{d_0} = \dfrac{-0.008\text{mm}}{20\text{mm}} = -4\times10^{-4} = -0.04\,[\%]$

[예제 2.8] **[푸아송 비]** 지름 40mm, 길이 400mm인 봉이 인장 하중을 받고 길이가 $0.3\,\text{mm}$ 늘어나고, 지름은 0.01mm 줄어들었다. 세로변형률, 가로변형률, 푸아송 비를 구하여라.

풀이
- 세로변형률 $\epsilon = \dfrac{\Delta l}{l_0} = \dfrac{0.3\text{mm}}{400\text{mm}} = 7.5\times10^{-4}$
- 가로변형률 $\epsilon' = \dfrac{\Delta d}{d_0} = \dfrac{-0.01\text{mm}}{40\text{mm}} = -2.5\times10^{-4}$
- 푸아송 비 $\nu = \left|\dfrac{\epsilon'}{\epsilon}\right| = \left|\dfrac{2.5\times10^{-4}}{7.5\times10^{-4}}\right| = \dfrac{1}{3} \approx 0.33$

[예제 2.9] **[전단변형률]** [그림 2.13]과 같이 전단 칼날 사이의 거리가 $10\,\text{mm}$인 재료가 칼날에 의한 전단 하중을 받고 $0.05\,\text{mm}$의 상대적 변위가 발생하였다면 재료의 전단 변형률은 얼마인가?

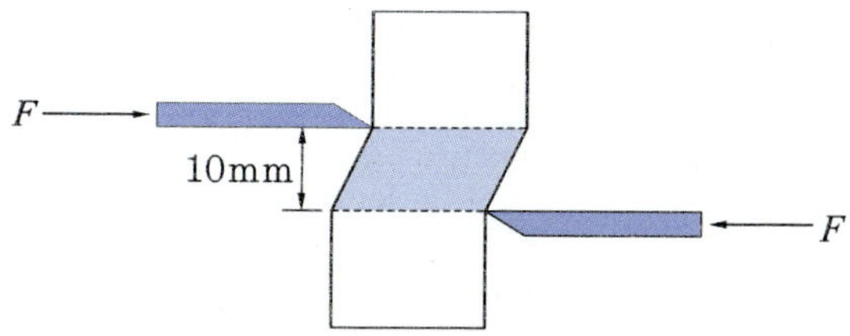

[그림 2.13]

풀이 전단변형률 $\gamma = \dfrac{\lambda}{l} = \dfrac{0.05\,\text{mm}}{10\,\text{mm}} = 0.005 = 0.5\,[\%]$

2.6 탄성 법칙

[1] 훅의 법칙과 탄성계수

'재료 내부에 발생하는 응력이 변형률에 정비례한다.'는 것을 훅(Hook)의 법칙이라 한다.

$$(\text{응력}) = (\text{비례상수}) \times (\text{변형률}) \quad \cdots (2.22)$$

여기에서 비례상수를 탄성계수(modulus of elasticity)라고 부른다. 탄성계수는 응력과 같은 단위를 갖고 N/mm^2, GPa 등이 많이 사용된다.

설명 힘을 받으면 변형되고 그 힘을 제거하면 원래의 형태로 되돌아가는 물체를 탄성체라 한다. 금속의 경우 응력과 변형률이 작은 영역에서는 대부분 이와 같은 거동을 보인다. 특히 이러한 탄성체 중에서 응력이 변형률에 정비례하는 것을 훅(Hook)의 탄성체라 한다. 그러나 금속도 응력이나 변형률이 어느 한도를 넘어서면 영구 변형 등을 동반하는 소성 등의 성질이 나타나므로 이때는 훅의 탄성체로 취급할 수 없다. 탄성체를 주로 취급하는 기초적인 재료역학에서는 비례 한도 내에서의 문제를 주로 다룬다. 따라서 훅의 법칙은 재료역학 및 탄성학의 기초가 되는 기본적인 법칙 중의 하나이다. 탄성계수에는 세로탄성계수, 가로탄성계수 등이 있고, 재료마다 다른 값을 갖는다. [표 2.4]에 몇 가지 금속재료에 대한 탄성계수의 값을 나타내었다.

〈표 2.4〉 금속재료의 탄성계수 : $GPa = 10^9 Pa = 10^9 N/m^2 = 10^3 N/mm^2$

재료	세로탄성계수 E[GPa]	가로탄성계수 G[GPa]
연강(강철)	210	81
경강	210	81 ~ 84
스프링강	210	86
니켈강	205	82
주강	215	83
주철	100	38
황동	80	29
청동	79	28
알루미늄	70 ~ 79	26 ~ 30
두랄루민	71	26

[2] 세로 탄성계수

인장 또는 압축 하중을 받을 때 발생하는 수직응력 σ와 축방향의 변형률 ϵ과의 비를 세로탄성계수(modulus of longitudinal elasticity) 또는 영계수(Young's modulus)라 하고 일반적으로 E로 표시한다.

$$E = \frac{\sigma}{\epsilon} \quad ; \quad \sigma = E\epsilon \qquad \cdots (2.23)$$

예 세로탄성계수 E, 길이 L, 단면적 A의 재료에 축방향 하중 P를 가했을 때, 응력과 변형률의 정의에 의해

$$\sigma = \frac{P}{A}, \quad \epsilon = \frac{\Delta L}{L}$$

이고, $\sigma = E\epsilon$이므로 변형량(ΔL)은 다음과 같다.

$$\frac{P}{A} = E \times \frac{\Delta L}{L}$$

$$\therefore \ \Delta L = \frac{PL}{EA} \qquad \cdots (2.24)$$

† 일반적으로 훅의 법칙을 $\sigma = E\epsilon$으로 많이 나타내며, 세로탄성계수 E는 응력-변형률 선도에서 비례한도 이내의 직선 부분의 기울기가 된다. 금속과 같이 탄성변형을 일으키는 데 큰 응력이 요구되는 재료는 큰 세로탄성계수 값을 갖고, 고무와 같이 잘 늘어나는 재료는 작은 값을 갖는다. 강철의 세로탄성계수는 약 210GPa이다.

[3] 전단 탄성계수

전단 하중을 받을 때 발생하는 전단응력 τ와 전단 변형률 γ와의 비를 전단 탄성계수(modulus of elasticity in shear) 또는 가로탄성계수(modulus of lateral elasticity)라 하고 일반적으로 G로 표시한다.

$$G = \frac{\tau}{\gamma} \quad ; \quad \tau = G\gamma \qquad \cdots (2.25)$$

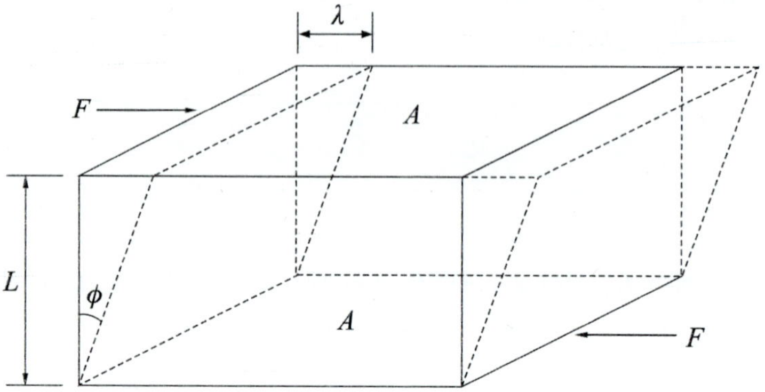

[그림 2.14] 미끄럼변형량과 전단각

예 [그림 2.14]와 같이 거리 L만큼 떨어진 단면적 A의 두 면에 전단하중 F가 작용하였을 때 발생하는 미끄럼 변형량 λ와 전단각 ϕ는 다음과 같이 계산된다. 전단응력과 전단변형률의 정의에 의해

$$\tau = \frac{F}{A},\ \gamma = \frac{\lambda}{L}$$

이고, $\tau = G\gamma$이므로

$$\frac{F}{A} = G \times \frac{\lambda}{L}$$

$$\therefore\ \lambda = \frac{FL}{GA} \qquad \cdots (2.26)$$

이다. 여기에서 전단각 ϕ가 작을 때 $\lambda / L = \tan\phi \approx \phi$이므로

$$\phi = \frac{F}{GA} \qquad \cdots (2.27)$$

이다.

[예제 2.10] **[세로탄성계수]** 길이 80 cm, 세로탄성계수 $E = 200\,\text{GPa}$인 연강봉이 300MPa의 인장응력을 받을 때 늘어난 길이를 구하여라.

풀이 훅의 법칙에서

$$\sigma = E\epsilon = E \times \frac{\Delta L}{L_0}$$

이므로 늘어난 길이 ΔL은 다음과 같다.

$$\Delta L = \frac{\sigma L_0}{E} = \frac{(300 \times 10^6) \times (0.8)}{200 \times 10^9} = 1.2 \times 10^{-3}\,[\text{m}] = 1.2\,[\text{mm}]$$

[예제 2.11] **[전단탄성계수]** 단면적 $50\,\text{mm}^2$의 재료가 8 kN의 전단력을 받을 때 전단변형률이 0.002이면 재료의 전단탄성계수는 얼마인가?

풀이 전단탄성계수 $G = \frac{\tau}{\gamma} = \frac{F/A}{\gamma} = \frac{F}{\gamma A}$

$$= \frac{8 \times 10^3\text{N}}{(0.002) \times 50 \times (10^{-3}\text{m})^2} = 8 \times 10^{10}\frac{\text{N}}{\text{m}^2}$$

$$= 80\,[\text{GPa}]$$

2.7 축의 비틀림 강성

토크를 전달하는 축은 어느 정도 비틀리게 된다. 이때 비틀림 각이 커지게 되면 재료의 탄성에 의해 진동의 원인이 되므로 축 강도와는 별도로 비틀림 각을 용도에 맞게 특정 값 이하로 제한해야 한다.

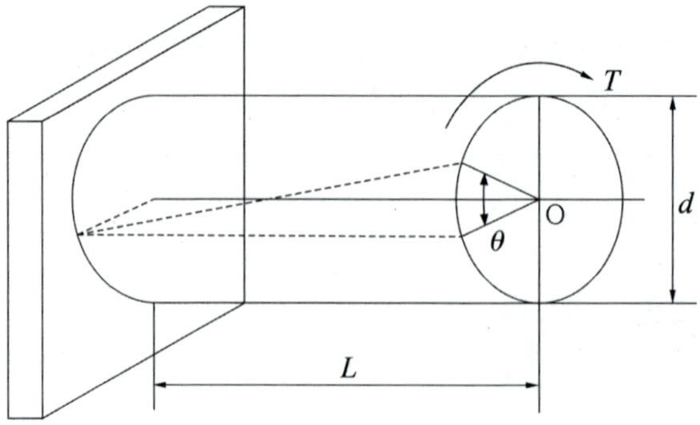

[그림 2.15] 비틀림모멘트와 비틀림 각

[그림 2.15]와 같이 길이 L[mm]인 원형 단면 축이 비틀림 모멘트 T[N · mm]를 받을 때 축의 끝 단면에서 비틀림 각 θ는 다음과 같다.

$$\theta = \frac{TL}{GI_p} \text{ [rad]} \quad \cdots (2.28)$$

여기에서 $G[\text{N/mm}^2]$는 축의 전단탄성계수, $I_p[\text{mm}^4]$는 축의 극관성모멘트이다. 비틀림 각 θ는 축 길이 L에 비례하고, GI_p의 값에 반비례한다. 즉, GI_p의 값이 클수록 비틀림 변형에 대한 저항이 크다는 것을 의미하므로 GI_p를 비틀림 강성(torsional rigidity)이라 한다.

속이 찬 원형 단면 축에 대해서 $I_p = \frac{\pi d^4}{32}$이므로 비틀림 각 θ는 다음과 같다.

$$\theta = \frac{32\,TL}{\pi G d^4} \text{ [rad]} \quad \cdots (2.29)$$

속이 빈 원형 단면 축에 대해서 $I_p = \frac{\pi}{32}(d_2^4 - d_1^4)$이므로 비틀림 각 θ는 다음과 같다.

$$\theta = \frac{32\,TL}{\pi G (d_2^4 - d_1^4)} \text{ [rad]} \quad \cdots (2.30)$$

위 식에서 $1\,\text{rad} = \frac{180}{\pi}$[degree]이므로 θ를 도[degree]로 나타내면 다음과 같다.

$$\theta = \frac{32\,TL}{\pi G d^4} \times \frac{180}{\pi} \quad [° : \text{deg, 도}] \qquad \cdots\cdots (2.31)$$

$$\theta = \frac{32\,TL}{\pi G (d_2^4 - d_1^4)} \times \frac{180}{\pi} \quad [° : \text{deg, 도}] \qquad \cdots\cdots (2.32)$$

[예제 2.12] **[축의 비틀림 각]** 길이 1.5m, 지름 50mm의 속이 찬 원형 단면 축의 한 끝을 고정하고 2×10^5 N · mm의 비틀림 모멘트를 가하였다. 축의 전단탄성계수가 $8 \times 10^4 \text{N/mm}^2$일 때 고정단의 반대 쪽 끝의 비틀림 각을 구하여라.

풀이 비틀림 각

$$\begin{aligned}\theta &= \frac{32\,TL}{\pi G d^4} = \frac{32 \times (2 \times 10^5) \times (1.5 \times 10^3)}{\pi \times (8 \times 10^4) \times 50^4} \quad [\text{rad}] \\ &= 6.11 \times 10^{-3}\,[\text{rad}] \\ &= 6.11 \times 10^{-3} \times \frac{180}{\pi}\,[\text{deg}] \\ &= 0.35\,[\text{deg}]\end{aligned}$$

이상에서 단위를 N, mm로 통일하여 계산하였다.

연습문제 2

01 지름이 20mm인 연강 봉에 4kN의 인장 하중이 작용하면 봉에 발생하는 인장응력은 몇 MPa인가?

02 바깥지름 80mm, 안지름 50mm인 속이 빈 원통에 60kN의 압축하중이 작용할 때 원통에 발생하는 압축응력은 몇 MPa인가?

03 그림과 같은 핀 이음에 인장하중 $F=15\text{kN}$이 작용할 때 핀에 발생하는 전단응력이 30MPa이면 핀의 지름(d)은 몇 mm인가?

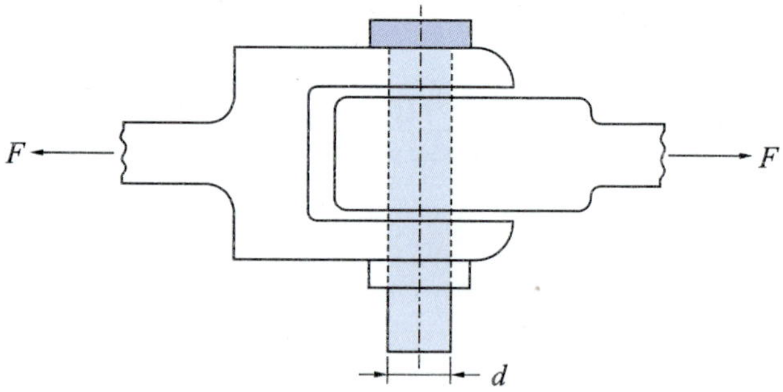

[문제 2.3]

04 바깥지름 100mm, 안지름 70mm인 속이 빈 축에 6×10^6 N · mm의 굽힘 모멘트가 작용할 때 발생하는 최대 굽힘 응력[MPa]을 구하여라.

05 4×10^4N · mm의 굽힘 모멘트를 받는 속이 찬 원형 단면 축에 발생하는 최대 굽힘 응력이 3N/mm^2일 때 축 지름[mm]을 구하여라.

06 바깥지름 50mm, 안지름 40mm인 속이 빈 강관에 2×10^6 N · mm의 비틀림 모멘트가 작용할 때 발생하는 최대 비틀림 응력[MPa]을 구하여라.

07 4kN · m의 비틀림 모멘트를 받는 속이 찬 원형 단면 축에 발생하는 최대 전단응력이 6kN/cm^2일 때 축 지름[mm]을 구하여라.

08 길이 500mm 봉이 인장 하중을 받고 길이가 2mm 늘어났다면 봉의 세로변형률은 얼마인가?

09 단면적이 일정한 봉에 인장 하중을 가하였더니 길이가 300mm가 되었다. 인장에 의한 세로변형률이 0.005이면 변형 전의 길이는 얼마인가?

10 지름 20mm 봉이 압축 하중을 받고 지름이 0.008mm 늘어났을 때 봉의 가로변형률을 구하여라.

11 지름 40mm, 길이 500mm인 봉이 인장하중을 받고 길이가 0.5mm 늘어나고 지름이 0.01mm 줄어들었을 때 재료의 푸아송 비를 구하여라.

12 한 변의 길이가 20mm인 정육면체 모양의 재료에 50kN의 인장 하중을 작용시켰더니 하중과 직각 방향의 변의 길이가 4×10^{-3}mm만큼 줄어들었다. 재료의 세로탄성계수 $E = 200$GPa일 때 푸아송 비를 구하여라.

13 푸아송 수 m, 세로 탄성계수 E, 지름 d_0인 봉에 인장 하중이 작용하여 σ의 인장응력이 생겼을 때 봉 지름의 감소량을 구하여라.

14 그림과 같은 사각형 요소가 전단하중을 받고 $\lambda = 0.4$mm의 미끄럼변형이 발생하였다. $l = 100$mm일 때 전단변형률과 전단각을 구하여라.

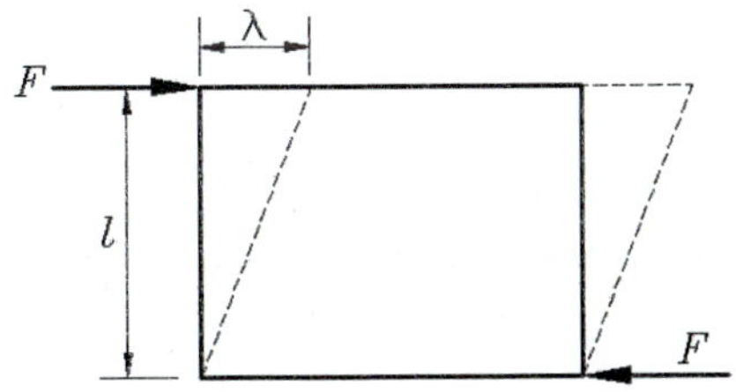

[문제 2.14]

15 길이 0.5m, 세로탄성계수 $E = 200$GPa인 봉이 100MPa의 인장응력을 받을 때 늘어난 길이를 구하여라.

16 지름 10mm인 금속 봉을 인장 시험기에 설치하고 140kN의 인장 하중을 가하였더니 길이가 500mm에서 505mm로 늘어났다. 재료의 세로탄성계수를 구하여라.

17 전단탄성계수 $G=80\,\mathrm{GPa}$, 단면적 $1000\,\mathrm{mm}^2$인 재료가 $100\,\mathrm{kN}$의 전단하중을 받을 때 발생하는 전단변형률을 구하여라.

18 전단탄성계수 $G=80\,\mathrm{GPa}$, 단면적 $10\,\mathrm{cm}^2$인 재료에 단면 방향으로 전단 하중을 가했을 때 발생하는 전단각이 $10^{-3}\,\mathrm{rad}$이면 가한 하중은 몇 kN인가?

19 길이 $4\,\mathrm{m}$의 속이 찬 원형 단면 축에 $5\,\mathrm{kN}\cdot\mathrm{m}$의 비틀림 모멘트가 작용할 때 축의 최대 비틀림 각이 $2°$이면 축의 지름은 얼마인가? 축의 전단탄성계수는 $8\times10^4\,\mathrm{N/mm^2}$이다.

20 길이 $2\mathrm{m}$, 단면적 $2\mathrm{cm}^2$인 강철 막대가 축 방향 인장하중 몇 kgf를 받으면 $0.01\mathrm{cm}$ 늘어나는지 값을 구하시오. 단, 탄성계수 $E=2\times10^6\mathrm{kgf/cm^2}$이다.

[중등교사 임용시험-기계·금속]

21 길이가 $3\mathrm{m}$, 단면적이 $0.01\mathrm{m}^2$인 원형 봉이 인장하중 $100\,\mathrm{kN}$을 받을 때 봉이 늘어난 길이[m]는? 단, 봉의 영계수(Young's Modulus) $E=300\,\mathrm{GPa}$이다. [공무원 임용시험]

① 1×10^{-7}　② 0.001　③ 0.002　④ 0.0001

22 단면이 원형이고 직경이 d인 막대의 길이(축) 방향으로 인장 하중이 작용하여 막대에 인장 응력 σ가 생겼다면 이때 직경의 감소량을 나타내는 식은? 단, ν는 푸아송 비(Poisson's ratio), G는 전단탄성계수(shear modulus), E는 영의 계수(Young's Modulus)이다. [공무원 임용시험]

① $\dfrac{\nu dG}{\sigma}$　② $\dfrac{\nu\sigma G}{d}$　③ $\dfrac{\nu\sigma d}{E}$　④ $\dfrac{\nu\sigma E}{d}$

23 길이가 L인 단면적 A의 인장 시험체를 힘 P로 인장하였을 때 δ의 신장이 있었다고 한다. 이 강봉의 전단탄성계수(G)는? (단, 푸아송 비는 ν이다.) [공무원 임용시험]

① $G=\dfrac{PL}{A\delta(1+\nu)}$　② $G=\dfrac{PL}{2A\delta(1+\nu)}$

③ $G=\dfrac{P}{AL\delta(1+\nu)}$　④ $G=\dfrac{P}{2AL\delta(1+\nu)}$

24 탄소강 원형봉의 길이가 $10\,\mathrm{m}$인 양단에 인장응력 $3000\,\mathrm{kgf/cm^2}$을 작용시킬 때 이 봉에 발생하는 신장량은 얼마인가? 단, 탄소강의 종탄성계수 $E=2\times10^6\,\mathrm{kgf/cm^2}$이다.

[공무원 임용시험]

① 1.0 cm　② 1.5 cm　③ 2.0 cm　④ 2.5 cm

25 균일원형 단면 강봉에 인장력이 작용할 때, 강봉의 지름을 3배로 증가시키면 응력은 몇 배가 되는가? (단, 강봉의 자중은 무시한다.) [공무원 임용시험]

① $\frac{1}{27}$　② $\frac{1}{9}$　③ 3　④ 9

26 그림과 같이 길이 200mm, 바깥지름 100mm, 안지름 80mm, 탄성계수가 200GPa인 원형 파이프에 축하중 9kN이 작용할 때, 축하중에 의한 원형 파이프의 수축량[mm]은? (단, 축하중은 단면 도심에 작용한다.) [공무원 임용시험]

① $\frac{1}{50\pi}$

② $\frac{1}{100\pi}$

③ $\frac{1}{1600\pi}$

④ $\frac{1}{2500\pi}$

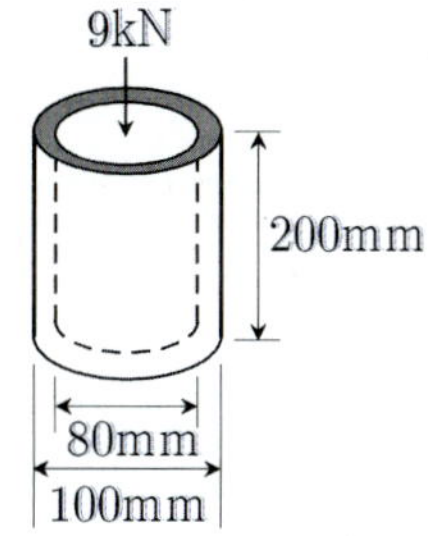

[문제 2.26]

27 다음과 같이 정사각형단면(그림 1)과 원형단면(그림 2)의 면적이 동일한 경우, 정사각형 단면의 단면계수(S_1)와 원형단면의 단면계수(S_2)의 비율(S_1/S_2)은? [공무원 임용시험]

① $\frac{2}{3}\sqrt{\pi}$

② $\frac{3}{4\sqrt{\pi}}$

③ $\frac{4\sqrt{\pi}}{3}$

④ $\frac{3}{2\sqrt{\pi}}$

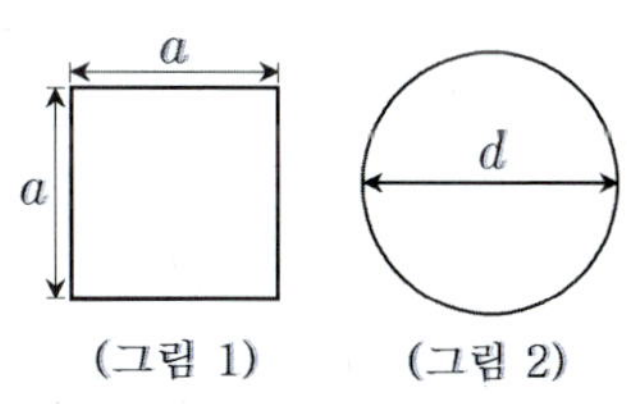

[문제 2.27]

28 전체 둘레 길이가 같은 직사각형과 정사각형이 있다. 이 단면들 중에서 도심축에 대한 단면계수가 최대가 되는 폭 b와 높이 h의 비는? [공무원 임용시험]

① 1 : 1　② 2 : 3　③ 1 : 2　④ 1 : 3

29 1,000N · m의 비틀림 모멘트가 지름 40mm, 길이 1,000mm의 축에 작용하고 있을 때, 최대 전단응력[N/mm^2]은? [공무원 임용시험]

① 69.6　② 79.6　③ 89.6　④ 99.6

30 동일 재질의 중실축에서 지름이 2배로 늘어나면 전달토크는 어떻게 변하는가? [공무원 임용시험]

① 2배 증가 ② 4배 증가 ③ 8배 증가 ④ 16배 증가

31 직경 d를 갖는 중실축에 비해 동일 재질의 직경 $\frac{d}{2}$인 중실축이 전달할 수 있는 토크비 $(T_{d/2}/T_d)$는? [공무원 임용시험]

① $\frac{1}{2}$ ② $\frac{1}{4}$ ③ $\frac{1}{8}$ ④ $\frac{1}{10}$

32 정하중 상태에서 비틀림 모멘트만을 받아 동력을 전달하는 지름 d, 허용전단응력 τ, 전단탄성계수 G인 중실축이 전달할 수 있는 최대 토크는? [공무원 임용시험]

① $\frac{16}{\pi d^3 \tau}$ ② $\frac{\pi d^3 \tau}{16}$ ③ $\frac{32}{\pi d^3 \tau}$ ④ $\frac{\pi d^3 \tau}{32}$

33 단면이 원형인 중실축(solid shaft)의 길이와 지름을 각각 2배로 하면, 같은 크기의 비틀림 모멘트에 대한 비틀림 각도는 원래 축의 몇 배가 되는가? [공무원 임용시험]

① $\frac{1}{2}$배 ② $\frac{1}{8}$배 ③ 2배 ④ 8배

34 등방성(isotropic) 재료에서 횡(세로)탄성계수(Young's modulus)를 바르게 표현한 식은? (단, G는 전단탄성계수, ν는 푸아송 비.) [공무원 임용시험]

① $2G(1-\nu)$ ② $2G(1+\nu)$ ③ $G(1+\nu)$ ④ $G(1-\nu)$

35 A단이 고정 지지된 원형봉에 인장력 30kN이 작용하여 그림과 같은 신장량 Δ가 발생하였다면 이 재료의 탄성계수[GPa]는? (단, 계산의 편의상 원주율 $\pi=3$으로 한다.) [공무원 임용시험]

① 50
② 100
③ 150
④ 200

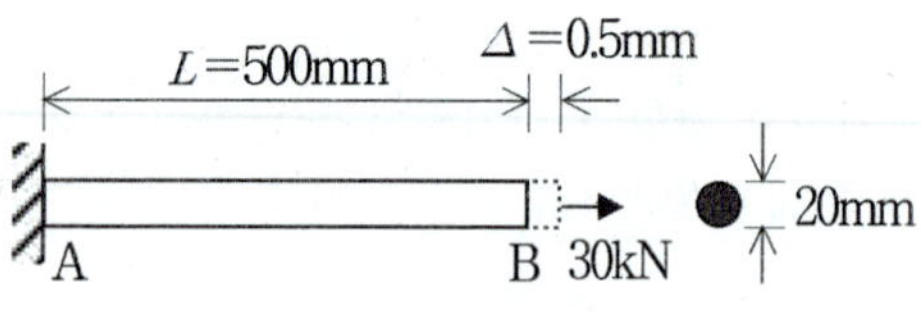

[문제 2.35]

36 일정한 단면을 갖는 길이 250mm인 원형 단면봉에 길이방향 하중을 작용하여 길이가 1mm 늘어났을 때, 반경방향 변형률(strain)의 절댓값은? (단, 봉은 재질이 균질하고 등방성이며, 세로탄성계수(Young's modulus)는 100GPa이고, 전단탄성계수(shear modulus of elasticity)는 40GPa이다.) [공무원 임용시험]

① 0.001 ② 0.004

③ 0.015 ④ 0.25

37 그림과 같이 천장에 수직으로 고정되어 있는 길이 L, 지름 d인 원형 강철봉에 무게가 W인 물체가 달려있을 때, 강철봉에 작용하는 최대응력은? (단, 원형 강철봉의 단위중량은 γ이다.) [공무원 임용시험]

① $\dfrac{4W}{\pi d^2}+\gamma L$

② $\dfrac{4W}{\pi d^2}+\dfrac{\pi d^2 \gamma L}{4}$

③ $\dfrac{2W}{\pi d^2}+\gamma L$

④ $\dfrac{2W}{\pi d^2}+\dfrac{\pi d^2 \gamma L}{2}$

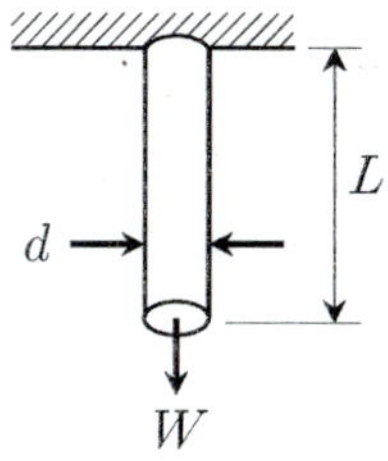

[문제 2.37]

38 그림과 같이 판재를 블랭킹 할 때 필요한 최소 펀치 하중은? 단, 펀치와 판재 사이 마찰은 없고 전단이 되는 면은 판재에 수직하며, 판재의 두께는 1mm, 전단강도는 2kgf/mm^2이고 π는 3으로 계산한다. 그림에서 단위는 mm이다. [공무원 임용시험]

① 180kgf

② 320kgf

③ 370kgf

④ 400kgf

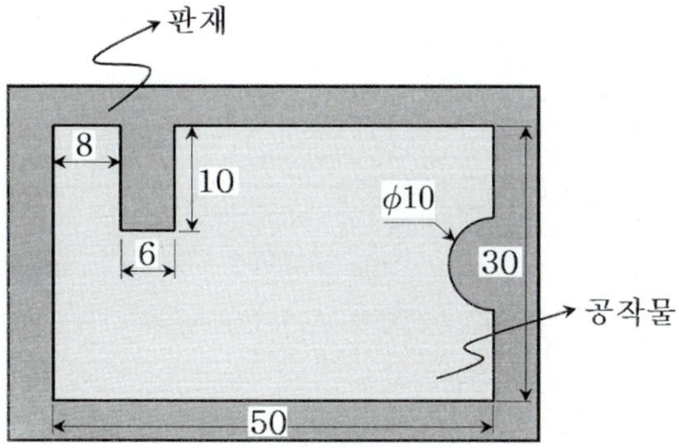

[문제 2.38]

39 직경이 d이고 길이가 L인 원형 단면을 가진 중실축이 있다. 같은 크기의 비틀림모멘트에 대하여 길이 L을 2배로 하고 직경 d를 $\frac{1}{2}$배 한 것의 비틀림 각도(θ_1)와 길이 L을 $\frac{1}{2}$배로 하고 직경 d를 2배 한 것의 비틀림 각도(θ_2) 간의 비틀림 각도 비(θ_1/θ_2)는?

[공무원 임용시험]

① $\frac{1}{32}$ ② $\frac{1}{64}$ ③ 512 ④ 1024

40 길이 50mm, 지름20mm, 푸아송 비(ν) 0.3인 봉에 1,200kN의 인장하중이 작용하여 봉의 횡방향 압축변형률(ϵ_d)이 0.006이 되었을 때, 이 봉의 세로탄성계수 E[GPa]는? (단, $\pi=3$이고 봉의 변형은 비례한도 내에 있다.) [지방공무원 9급(2021)]

① 100 ② 150 ③ 200 ④ 250

41 동일 재료로 제작된 길이 l, 지름 d인 중실축과 길이 $2l$, 지름 $2d$인 중실축이 각각 T_1과 T_2의 비틀림 모멘트를 받아 동일한 비틀림 각이 발생하였다면 $\frac{T_1}{T_2}$은?

[지방공무원 9급(2021)]

① $\frac{1}{2}$ ② $\frac{1}{4}$ ③ $\frac{1}{8}$ ④ $\frac{1}{16}$

42 단면이 원형으로 일정한 회전축에 작용하는 비틀림 모멘트 T[N · m]에 의한 비틀림 각을 축의 길이 1m당 0.18° 이내로 제한할 때, 축의 최소 지름[mm]은? (단, 축 재료의 가로 탄성계수는 G[Pa]이다.) [국가공무원 7급(2021)]

① $1000\sqrt[4]{\frac{32T}{\pi G}}$ ② $1000\sqrt[4]{\frac{178T}{\pi G}}$

③ $1000\sqrt[4]{\frac{23040T}{\pi^2 G}}$ ④ $1000\sqrt[4]{\frac{32000T}{\pi^2 G}}$

제3장 재료의 강도

3.1 응력-변형률 선도

인장, 압축, 굽힘 하중 등과 같은 외력에 대하여 재료가 저항하는 성질을 재료의 기계적 성질이라 한다. 기계적 성질에는 인장강도, 항복강도, 굽힘 강도, 비틀림 강도, 경도 등이 있고, 재료시험은 이러한 재료의 기계적 성질을 조사하는 것이다. 정하중 하에서 재료 강도 시험법에는 인장시험, 굽힘 시험, 비틀림 시험, 경도시험 등이 있다. 응력-변형률 선도(stress-strain diagram)는 재료의 성질을 설명하는 가장 기본적인 것 중의 하나인데 이 선도는 인장시험을 통하여 얻어진다.

[그림 3.1]과 같은 원형 단면의 봉에 인장하중을 가하고 이 봉의 길이방향과 가로방향의 변화를 실험적으로 측정한다. 시험편의 지름 $D = 14\text{mm}$, 표점거리 $L = 50\text{mm}$, 평행부의 길이 $P \approx 60\text{mm}$, 어깨부의 반지름 $R = 15\text{mm}$ 이상으로 한다. 시험편에 걸리는 하중을 시험편의 단면적으로 나눈 응력(σ)을 구하고, 처음의 시험편에 표시해둔 표점길이 L에 대하여 하중이 가해짐에 따라 늘어난 길이 ΔL과의 비(변형률 ϵ)를 구한 후 σ와 ϵ의 관계를 선도로 나타내면 재료의 응력과 변형률의 관계를 알 수 있다. 이와 같이 구한 응력-변형률 선도는 재료의 특성을 설명하는 데 있어서 유용하게 사용된다. 한편 응력에는 기준이 되는 면적에 따라 다음과 같은 공칭응력과 진응력이 있다.

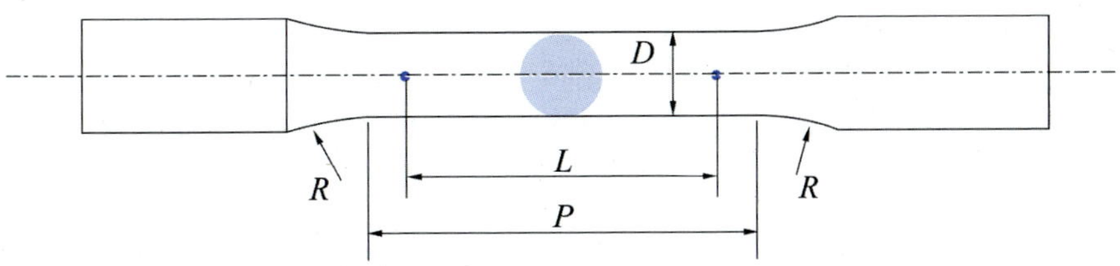

[그림 3.1] 인장시험 시험편

(1) **공칭응력** : 일반적으로 인장하중을 가하면 단면적이 감소하지만 이 감소량이 아주 작으므로 하중 P를 처음 단면적 A_0으로 나눈 응력

$$\sigma = \frac{P}{A_0} \quad \cdots\cdots (3.1)$$

을 공칭응력(nominal stress) 또는 공업응력이라 한다. 설계에서 일반적으로 많이 사용하는 것은 공칭응력이다.[1)]

(2) **진응력** : 하중에 의해 변형된 상태의 단면적 A'으로부터 구한 응력

$$\sigma_t = \frac{P}{A'} \quad \cdots\cdots (3.2)$$

을 진응력(true stress, 실제응력)이라 한다.

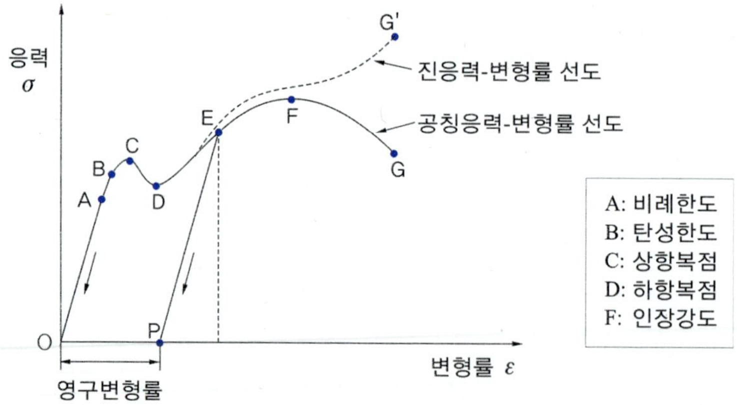

[그림 3.2] 연강의 응력-변형률 선도

[그림 3.2]는 연강의 응력-변형률 선도이다. 그림에서 점선은 진응력과 변형률의 관계를 나타내고, 실선은 공칭응력과 변형률의 관계를 나타낸다. 일반적으로 재료의 기계적 성질을 나타낼 때 공칭응력-변형률 선도를 많이 사용하므로 이 선도를 통하여 재료의 기계적 성질을 알아본다.

1) 일반적으로 응력이란 공칭응력을 말한다.

(1) OB 구간 : 변형률이 작을 때 점 A까지는 응력(σ)이 변형률(ϵ)에 비례하여 증가하므로($\sigma = E\epsilon$) 점 A의 응력을 비례한도(proportional limit)라 하며, 직선 OA의 기울기는 재료의 세로 탄성계수(E)가 된다. 그리고 점 A보다 약간 더 큰 응력 B까지는 가한 하중을 제거하면 재료가 처음 상태로 되돌아온다. 이러한 재료의 성질을 탄성(elasticity)이라 하고, 점 B의 응력을 탄성한도(elastic limit)라 한다. 대부분의 재료에서는 비례한도와 탄성한도의 값이 거의 같다.

(2) CD 구간 : 응력이 점 B를 지나 점 C에 도달하면 하중을 증가시키지 않아도 변형률이 갑자기 커지면서 점 D에 도달한다. 이러한 현상을 재료의 항복(yield)이라 하고, 점 C, D의 응력을 각각 상항복점(upper yield point), 하항복점(lower yield point)이라 한다.

(3) DF 구간 : 하항복점을 지나 점 E까지 하중을 증가시킨 후 점 E에서 하중을 감소시키면 직선 OA와 거의 평행한 선 EP를 따라 변화한다. 그리고 하중을 완전히 제거하여도($\sigma = 0$) 시험편에는 점 P에 해당하는 변형률이 남고 처음의 상태(O)로 돌아가지 않는다. 이와 같이 응력이 0이 되어도 남아있는 변형률을 영구 변형률(permanent strain) 또는 잔류 변형률(residual strain)이라 한다. 영구변형을 일으키는 변형을 소성변형이라 하고 영구변형이 생기는 재료의 성질을 소성(plasticity)이라 한다.

(4) FG 구간 : 공칭응력이 최대가 되는 점 F 부근에서는 시험편에 국부적으로 심한 단면 축소 현상(necking 현상)이 일어난다. 따라서 점 F를 지나면 단면적 감소로 인하여 진응력(실제응력)이 급격하게 커진다. 그러나 공칭응력은 서서히 감소하고, 이후 네킹이 계속 진행되면 마침내 파단에 이르게 된다(점 G). 여기에서 응력-변형률 선도의 최고점인 점 F의 응력을 극한강도(ultimate strength)라 한다. 극한강도는 인장인 경우 인장강도, 압축인 경우 압축강도, 전단인 경우에는 전단강도라 한다.

인장시험에서 시험 값은 다음과 같이 계산한다.

(1) 인장강도(tensile strength) : 시험편이 파단 될 때까지 걸리는 최대 인장 하중 P_{max}을 시험편의 원단면적 A_0으로 나눈 값을 인장강도(σ_{max})라 한다.

$$\sigma_{max} = \frac{P_{max}}{A_0} \quad \cdots\cdots (3.3)$$

(2) 항복강도(yield strength) : 항복점의 하중값 P_y를 시험편의 원단면적 A_0으로 나눈 값을 항복강도(σ_y)라 한다.

$$\sigma_y = \frac{P_y}{A_0} \quad \cdots\cdots (3.4)$$

(3) 연신율(elongation ratio), 단면 수축률 : 시험편이 파괴되기 직전의 표점거리 L_1과 원표점 거리 L_0와의 차이 $L_1 - L_0$을 변형량이라 하고, 변형량을 원표점 거리에 대한 백분율로 나타낸 것을 연신율(ε) 또는 신장률이라 한다.

$$\varepsilon = \frac{L_1 - L_0}{L_0} \times 100\ [\%] \quad \cdots\cdots (3.5)$$

시험편이 파괴되기 직전의 최소단면적 A_1과 시험 전의 원단면적 A_0의 차이 $A_0 - A_1$가 단면 변형량이고, 단면 변형량을 원단면적에 대한 백분율로 나타낸 것을 단면 수축률(η)이라 한다.

$$\eta = \frac{A_0 - A_1}{A_0} \times 100\ [\%] \quad \cdots\cdots (3.6)$$

연성재료는 인장하중을 받을 때 항복강도 점을 지나면서 중앙부분이 서서히 가늘어지며, 인장강도 점을 지나면 [그림 3.3]과 같이 오목하게 넥킹(necking)이 일어난 후 파단하게 된다. 연신율과 단면 수축률은 재료의 소성 변형 능력을 나타내는 척도가 된다.

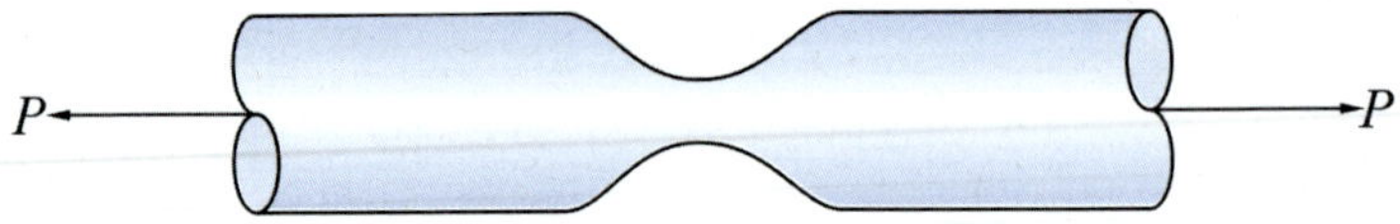

[그림 3.3] 넥킹(necking)

연강은 [그림 3.2]와 같은 응력 변형률 선도를 보이지만 다른 재료(주철, 합금강, 황동 등)인 경우에는 이와 같은 특성이 나타나지 않는 것이 많다. 즉, 재료마다 독특한 강도 특성을 갖는다고 할 수 있다. 주철과 같은 취성재료는 [그림 3.4]의 (a)와 같은 특성을 보이고, 알루미늄 등과 같이 뚜렷한 항복점을 갖지 않는 재료의 응력-변형률 곡선은 (b)와 같은 모양을 나타낸다.

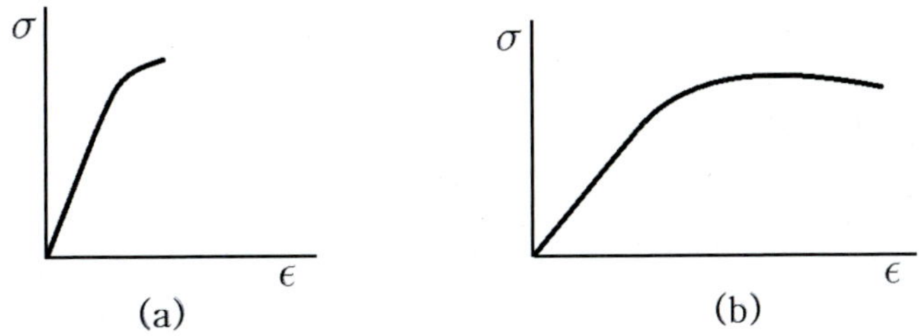

[그림 3.4] 응력(σ)-변형률(ϵ) 선도 : (a) 주철 (b) 알루미늄

알루미늄 합금은 상당한 연성을 가지고 있지만 [그림 3.5]의 (a)와 같이 뚜렷한 항복점을 갖지 않는다. 그러나 알루미늄 합금에서도 뚜렷한 비례한도를 갖는 초기 선형 영역이 있다.

알루미늄과 같이 재료가 뚜렷한 항복점을 갖지 않고 비례한도를 지나 큰 변형률이 일어날 경우에는 오프셋 방법(offset method)으로 임의의 항복응력을 얻는다. [그림 3.5]의 (b)와 같이 응력-변형률 선도 위에 곡선의 초기 선형 부분에 평행하며 0.002(0.2%)의 표준변형률만큼 오프셋 시킨 직선을 그려 넣는다. 이때 오프셋 선과 응력-변형률 곡선과의 교점(그림의 점 A)을 항복응력으로 정의한다. 이 응력은 임의 방법으로 결정되어 재료 고유의 성질이 아니므로 이를 오프셋 항복응력(offset yield stress)라 하며 진짜 항복응력과 구분한다. 알루미늄과 같은 재료에서는 오프셋 항복응력이 비례한도보다 약간 크다.

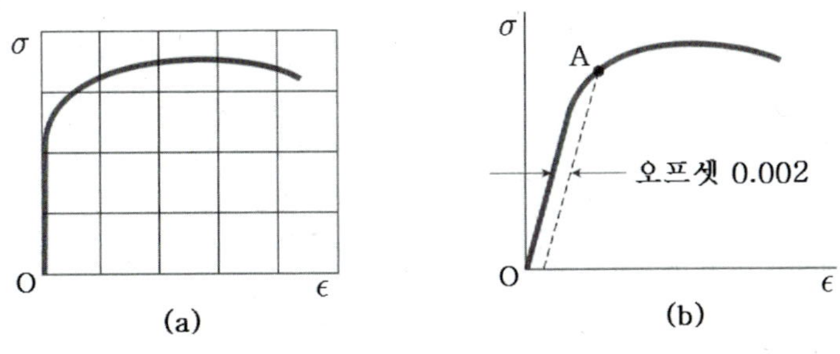

[그림 3.5] (a) 알루미늄 합금의 응력-변형률 선도 (b) 오프셋 방법에 의해 결정된 항복응력

[예제 3.1] 지름 $d = 10\,\text{mm}$인 금속 봉을 시편으로 하여 인장시험을 하였다. 시험 결과 하중이 $5\,\text{kN}$에 도달하였을 때 항복현상이 발생하였다면 재료의 항복강도는 몇 $[\text{MPa}]$인가?

풀이 항복점의 하중 값 $P_y = 5\,\text{kN}$이고, 시험편의 원단면적 $A_0 = \dfrac{\pi d^2}{4}$이다. 따라서 항복강도(σ_y)는 다음과 같다.

$$\sigma_y = \frac{P_y}{A_0} = \frac{P_y}{\pi d^2/4} = \frac{4P_y}{\pi d^2} = \frac{4\times(5\times1000)\text{N}}{\pi\times10^2\,\text{mm}^2} = 63.7\,[\text{MPa}]$$

[예제 3.2] **[응력 변형률 선도]** 다음 표는 어떤 재료의 인장 시험 결과이다. 시험편의 인장강도[MPa]와 연신율[%]을 구하여라.

측정 항목	측정값[mm]	측정 항목	측정값[kN]
시험편 지름	10	최대 하중	80
시험편 절단 부 지름	8	항복 하중	50
시험편의 원 표점 거리	50	파괴 하중	60
절단 후 표점 거리	60		

풀이 변형되기 전 시험편의 처음 지름 $D_0 = 10\text{mm}$, 원 표점 거리 $L_0 = 50\text{mm}$이고, 최대 하중 $P_{max} = 80\text{kN} = 80\times1000\text{N}$, 절단 후 표점 거리 $L_1 = 60\text{mm}$이다.

(1) 인장강도 : $\sigma_{max} = \dfrac{P_{max}}{A_0} = \dfrac{P_{max}}{\pi D_0^2/4} = \dfrac{4P_{max}}{\pi D_0^2}$

$$= \frac{4\times(80\times1000)}{\pi\times10^2}\frac{\text{N}}{\text{mm}^2} = 1019\,[\text{MPa}]$$

(2) 연신율 : $\varepsilon = \dfrac{L_1 - L_0}{L_0}\times100\,[\%] = \dfrac{60-50}{50}\times100\,[\%] = 20\,[\%]$

3.2 공칭 변형률과 진변형률

[그림 3.6]과 같이 처음 길이 L_0, 단면적 A_0인 봉이 인장하중 P를 받은 후 길이 L_1, 단면적 A_1으로 변화하였다고 하자.

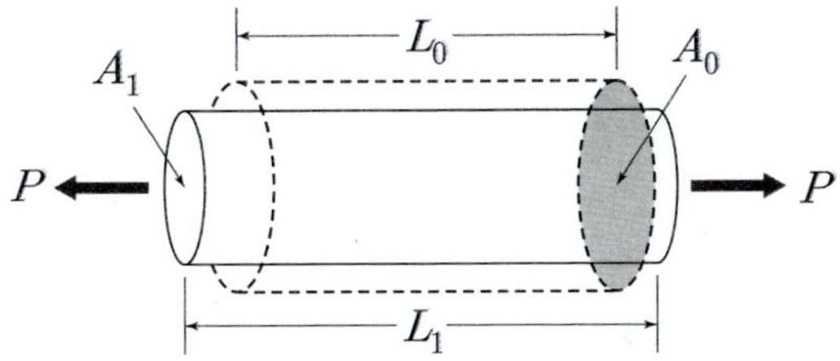

[그림 3.6] 공칭 변형률과 진변형률

일반적으로 응력이란 공칭응력(σ)을 말하며 최초 단면적(A_0)에 대한 하중(P)의 비이다.

$$\sigma = \frac{P}{A_0} \quad \cdots\cdots (3.7)$$

변형률은 공칭변형률(ϵ)을 말하며 다음과 같이 최초 길이(L_0)에 대한 늘어난 길이(ΔL)의 비로 정의된다.

$$\epsilon = \frac{L_1 - L_0}{L_0} = \frac{\Delta L}{L_0} \quad \cdots\cdots (3.8)$$

이 식으로부터

$$\epsilon = \frac{L_1 - L_0}{L_0} = \frac{L_1}{L_0} - 1$$

$$\therefore \ L_1 = L_0(1+\epsilon) \quad \cdots\cdots (3.9)$$

이다. 진응력(σ_t)은 변화된 단면(A_1)에 대한 하중(P)의 비이므로

$$\sigma_t = \frac{P}{A_1} \quad \cdots\cdots (3.10)$$

이고, 진변형률(ϵ_t)은 변화된 길이에 대한 늘어난 길이의 비로 다음과 같이 정의된다.

$$\epsilon_t = \int_{L_0}^{L_1} \frac{dL}{L} = \ln\left(\frac{L_1}{L_0}\right) \quad \cdots\cdots (3.11)$$

진변형률은 대수변형률(logarithmic strain)이라고도 한다. 진변형률(ϵ_t)과 공칭변형률(ϵ)은 다음 관계를 갖는다.

$$\epsilon_t = \ln\left(\frac{L_1}{L_0}\right) = \ln\left[\frac{L_0(1+\epsilon)}{L_0}\right] = \ln(1+\epsilon)$$

$$\epsilon_t = \ln(1+\epsilon) \quad \cdots\cdots (3.12)$$

재료가 변형되어도 재료의 부피가 변하지 않는다고 가정하면

$$A_0 L_0 = A_1 L_1$$

$$\therefore \frac{L_1}{L_0} = \frac{A_0}{A_1}$$

이므로 공칭변형률의 관계식에서

$$\epsilon = \frac{L_1 - L_0}{L_0} = \frac{L_1}{L_0} - 1 = \frac{A_0}{A_1} - 1$$

$$\therefore A_1 = \frac{A_0}{1+\epsilon} \quad \cdots\cdots (3.13)$$

이다. 따라서 진응력(σ_t)과 공칭응력(σ) 및 공칭변형률(ϵ)은 다음 관계를 가진다.

$$\sigma_t = \frac{P}{A_1} = \frac{P}{A_0/(1+\epsilon)} = \frac{P}{A_0}(1+\epsilon) = \sigma(1+\epsilon)$$

$$\sigma_t = \sigma(1+\epsilon) \quad \cdots\cdots (3.14)$$

3.3 응력 집중

기계의 구성 부품에 구멍이나 홈 등이 있어서 단면이 급격하게 변화하는 부분이 있으면 이러한 부분의 근방에서는 국부적으로 매우 큰 응력이 발생하게 된다. 이와 같은 현상을 응력 집중(stress concentration)이라 한다. 재료 파괴가 일어나는 사례를 분석한 결과 표면의 작은 결함이 큰 구조물의 부재를 순간적으로 파괴해 버리는 기점이 된다는 것을 알게 되었다. 그것은 공칭응력이 항복강도보다 낮다고 하여도 결함 부 주위의 최대 응력이 응력 집중 현상 때문에 항복 강도보다 높게 될 수 있기 때문이다.

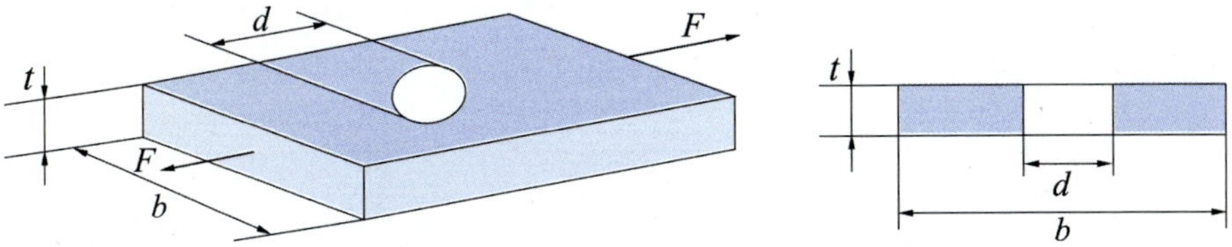

[그림 3.7] 구멍이 있는 판재

[그림 3.7]과 같이 폭 b, 두께 t인 판재에 지름 d인 구멍이 있는 경우, 판을 F의 힘으로 당겼을 때 구멍 주변에 발생하는 응력을 살펴본다.

[그림 3.8(a)]와 같이 구멍이 없을 때 판재의 단면적은 bt이고 판재에는 $\sigma_{\mathrm{m}} = \dfrac{F}{bt}$의 응력이 균일하게 분포한다. 한편 (b)와 같이 구멍이 있는 경우 구멍으로 인한 dt의 단면적 감소만을 고려하면 응력이 작용하는 면적은 $bt - dt = (b-d)t$이므로 판재에는 평균응력

$$\sigma_{\mathrm{m}} = \frac{F}{A} = \frac{F}{(b-d)t} \quad \cdots\cdots (3.15)$$

이 일정하게 분포되는 것으로 생각할 수 있다. 그런데 실제로는 (c)와 같이 응력이 균일하지 않고 구멍의 가장자리에서 최대 응력($\sigma_{\max}$)이 발생한다는 것이 실험과 경험을 통하여 알려져 있다. 이와 같이 구멍, 단의 모서리, 노치(notch) 홈 주위에서 (c)와 같이 국부적으로 큰 응력이 생기는 현상을 응력집중이라 한다.

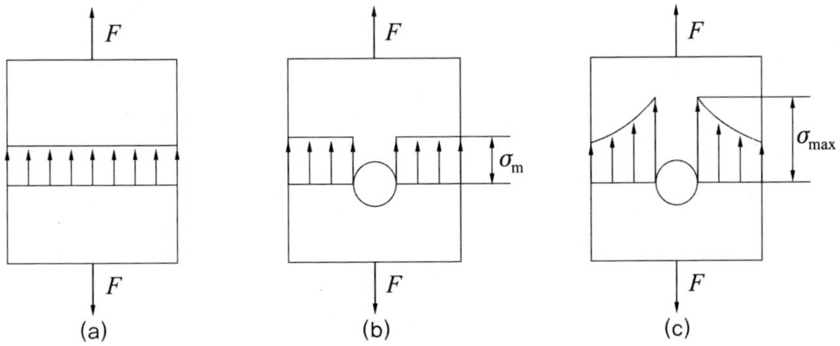

[그림 3.8] 응력분포

응력 집중의 정도는 최대응력(σ_{max})과 공칭응력(nominal stress, σ_{nom})의 비로 나타내며, 이것을 응력집중계수(α) 또는 형상계수라고 한다.

$$\alpha = \frac{\sigma_{max}}{\sigma_{nom}} \quad \cdots\cdots (3.16)$$

인장을 받고 있는 봉에 대한 공칭응력은 순 단면적을 근거로 한 평균응력(σ_m)을 사용한다.[2)]

$$\alpha = \frac{\sigma_{max}}{\sigma_m} \quad \cdots\cdots (3.17)$$

응력집중 계수는 부재의 모양, 결함의 종류, 하중의 종류 등에 따라 다르며 일반적으로 실험적으로 구한 값을 이용하고 있다.

[그림 3.9]에 원형 구멍이 있는 판에 인장응력이 작용할 때의 응력 집중계수를 나타내었다.

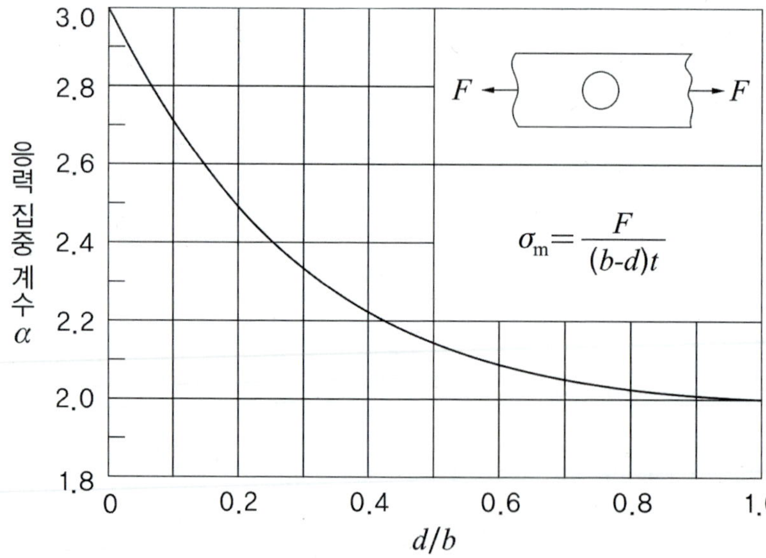

[그림 3.9] 원형 구멍이 있는 판의 응력집중계수.
t : 판 두께, b : 판 폭, d : 구멍 지름, F : 인장력.

[그림 3.10]은 홈이 있는 원형 단면 축에 인장 응력이 작용하는 경우의 응력 집중계수를

2) 상황에 따라 다양한 공칭응력을 사용하므로 응력집중계수가 사용될 때는 공칭응력이 어떻게 정의되는가에 주의해야 한다.

나타낸다. 응력 집중 계수는 홈의 반지름(r)과 축의 지름(d)에 따라 변화하는데 축 지름이 일정하면 홈의 반지름이 클수록 응력집중계수의 값이 작아진다.

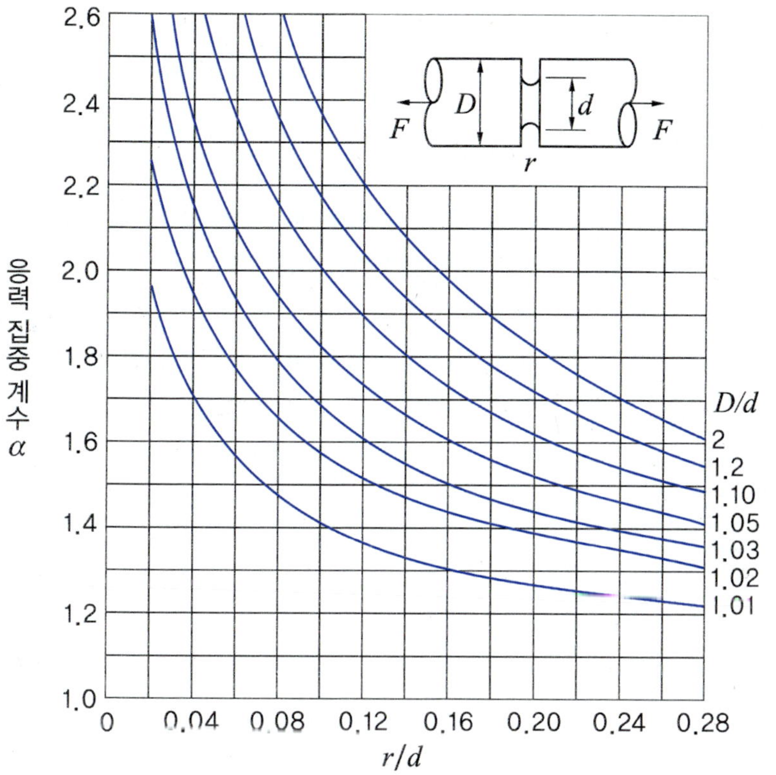

[그림 3.10] 반지름 r인 작은 홈이 있는 축이 인장력을 받을 때의 응력집중계수.

> **[예제 3.3]** **[응력집중]** [그림 3.7]과 같이 폭 $b = 100\text{mm}$, 두께 $t = 5\text{mm}$인 판재의 중앙에 지름 $d = 10\text{mm}$의 구멍이 뚫려 있다. $F = 30\text{kN}$의 인장 하중이 작용할 때 구멍 가장자리에 발생하는 최대 응력을 구하여라. 단, 응력 집중계수 $\alpha = 2.7$이다.

풀이 인장하중이 작용하는 단면적은 구멍을 제외한 면적 $A = (b-d)t$이므로 평균응력은

$$\sigma_{\text{m}} = \frac{F}{A} = \frac{F}{(b-d)t}$$

이다. 따라서 응력 집중계수 $\alpha = \dfrac{\sigma_{\max}}{\sigma_{\text{m}}}$의 정의에 따라 다음과 같이 최대 응력이 구해진다.

$$\sigma_{max} = \alpha\sigma_m = \frac{\alpha F}{(b-d)t} = \frac{2.7\times(30\times1000)}{(100-10)\times5}\ [\mathrm{N/mm^2}]$$
$$= 180\ [\mathrm{N/mm^2}] = 180\ [\mathrm{MPa}]$$

3.4 열응력

일반적으로 물질은 온도가 올라가면 팽창하고 내려가면 수축한다. 이에 따라 온도가 올라가서 재료가 늘어나려 하는데 이것을 방해한다면 재료는 마치 압축을 받는 것과 같은 상태로 되어 압축 응력이 발생한다. 반대로 온도가 내려가면 인장응력이 발생한다. 이와 같이 온도 변화에 따라 재료 내부에 발생하는 응력을 열응력(thermal stress)이라 한다. 열기관, 보일러 등과 같이 온도 변화가 큰 요소에는 열응력을 피하기 위하여 [그림 3.11(a)]와 같은 신축 이음을 하여 열 변형을 미리 고려해 주기도 한다.

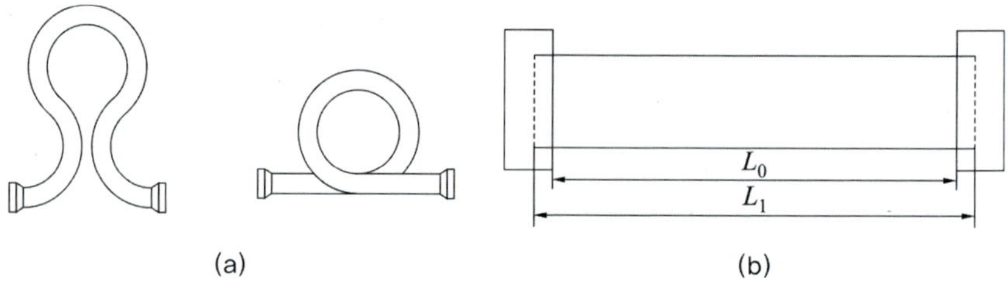

[그림 3.11] (a) 신축이음, (b) 양 끝을 고정시킨 막대

[그림 3.11(b)]와 같이 양 끝을 고정시킨 막대의 온도를 T_0에서 T_1로 변화시켰을 때 막대가 자유로이 늘어날 수 있는 경우 온도 변화에 의해 길이가 L_0에서 L_1로 변한다고 가정한다.

단위 온도 변화 당 길이의 변화를 나타내는 계수를 선팽창 계수라 한다. 막대의 선팽창 계수를 α라 하면

$$L_1 = L_0[1+\alpha(T_1 - T_0)] \quad \cdots\cdots (3.18)$$

이다. 따라서 온도 변화에 의해 변화한 길이 λ와 변형률 ϵ은 다음과 같다.

$$\lambda = L_1 - L_0 = L_0 \alpha (T_1 - T_0) \quad \cdots\cdots (3.19)$$

$$\epsilon = \frac{\lambda}{L_0} = \alpha (T_1 - T_0) \quad \cdots\cdots (3.20)$$

여기에서 $T_0 < T_1$이면 팽창하는 경우로서 $\lambda > 0$이고, $T_0 > T_1$이면 수축하는 경우로서 $\lambda < 0$이 된다. 그런데 [그림 3.11(b)]와 같이 막대에 어떤 구속 조건을 주어 길이의 변화를 억제하면, 팽창할 때는 그 구속 조건이 막대를 압축하는 요인으로 작용하여 막대 내부에는 압축 응력이 발생하고, 반대로 수축할 때는 인장응력이 발생한다.

따라서 막대의 세로 탄성계수를 E라 하면 막대의 온도 변화에 의해 발생하는 열응력은 다음 식으로 나타내어진다. (−) 부호는 일반적인 인장응력(+)과 압축응력(−) 부호와 일치시키기 위한 것이다.

$$\sigma = -E\epsilon = -E \times \frac{\lambda}{L_0} = -E\alpha (T_1 - T_0) \quad \cdots\cdots (3.21)$$

여기에서 $\sigma > 0$이면 인장응력, $\sigma < 0$이면 압축응력을 의미한다.

열응력은 막대의 길이나 굵기와는 무관하고, 재료의 세로 탄성계수(E), 선팽창계수(α) 및 온도차이($T_1 - T_0$)에 의해 결정된다.

막대의 단면적을 A라고 하면 온도 변화에 따른 막대의 팽창 또는 수축을 억제하기 때문에 발생하는 막대 고정부에서의 힘 F는 다음과 같다.

$$F = \sigma A = -AE\alpha (T_1 - T_0) \quad \cdots\cdots (3.22)$$

여기에서 $F > 0$이면 고정된 곳과 막대 사이에 서로 당기는 인장력, $F < 0$이면 서로 밀어주는 압축력이 발생하는 것을 의미한다.

[표 3.1]에 몇 가지 재료의 선팽창계수를 나타내었다. 선팽창계수의 단위는 1/℃ 이다.

〈표 3.1〉 선팽창계수 $\alpha\,(1/℃)$

재료	$\alpha\,[1/℃]$	재료	$\alpha\,[1/℃]$
연강	1.15×10^{-5}	청동	1.80×10^{-5}
주철	1.04×10^{-5}	알루미늄	2.38×10^{-5}
구리	1.65×10^{-5}	콘크리트	1.43×10^{-5}
황동	1.84×10^{-5}	유리	0.80×10^{-5}

[예제 3.4] **[열응력]** [그림 3.11(b)]와 같이 양쪽 끝이 벽에 고정된 지름 40mm, 길이 100mm인 봉이 있다. 초기 온도 0℃에서 봉의 내부 응력이 0이다. 봉의 온도가 35℃로 상승하였을 때 봉에 발생하는 열응력[$\mathrm{N/mm^2}$]과 벽면에 작용하는 힘[kN]은 얼마인가? 봉의 선팽창계수는 $1.2\times10^{-5}/℃$, 세로탄성계수는 200GPa이다.

풀이 • 열응력 :

$$\sigma = -E\alpha(T_1 - T_0) = -(200\times10^9)\times(1.2\times10^{-5})\times(35-0)$$
$$= -8.4\times10^7\,[\mathrm{Pa}] = -8.4\times10^7\,[\mathrm{N/m^2}] = -84\,[\mathrm{N/mm^2}]$$

즉, $84\,\mathrm{N/mm^2}$의 압축응력이 발생한다. $1\mathrm{m^2} = 10^6\mathrm{mm^2}$이다.

• 벽면에 작용하는 힘 :

$$F = \sigma A = -84\times\left(\frac{\pi}{4}\times40^2\right)[\mathrm{N}] = -105{,}558\,[\mathrm{N}] = -106\,[\mathrm{kN}]$$

벽면에는 106kN의 압축력이 발생한다.

3.5 피로

기계 부품은 일반적으로 동적인 반복 하중을 받는 경우가 있기 때문에 정하중에서의 파괴 강도보다 더 작은 응력에서 파괴될 수 있다. 이와 같이 반복 하중에 의해 일어나는 파괴를 피로 파괴라 하고 이러한 현상을 피로라 한다.

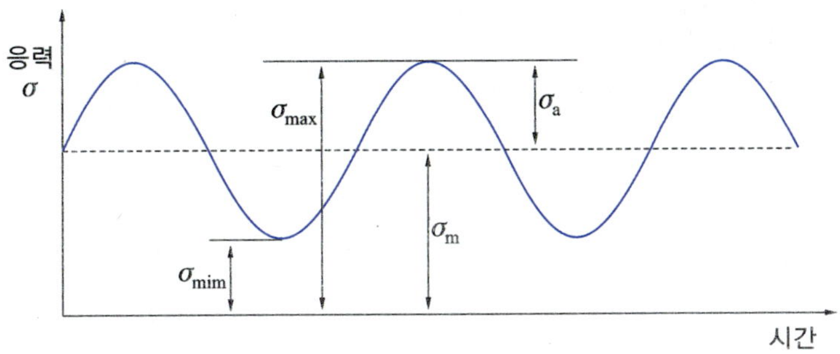

[그림 3.12] 반복응력

응력이 시간에 따라 변동하는 반복 하중은 [그림 3.12]와 같이 나타낼 수 있다. 이와 같은 반복 하중에서

$$\sigma_a = \frac{\sigma_{max} - \sigma_{min}}{2} \quad \cdots (3.23)$$

을 응력 진폭 또는 교번응력(alternating stress)이라 한다. 평균응력은

$$\sigma_m = \frac{\sigma_{max} + \sigma_{min}}{2} \quad \cdots (3.24)$$

이다. 여기에서 σ_{max}과 σ_{min}은 각각 최대 응력과 최소 응력을 나타낸다. 이들 성분들은 수직응력(σ)뿐만 아니라 전단응력(τ)에도 적용된다.

그리고 다음과 같은 응력 비율 R과 진폭 비율 A를 정의한다.

$$R = \frac{\sigma_{min}}{\sigma_{max}}, \quad A = \frac{\sigma_a}{\sigma_m} \quad \cdots (3.25)$$

이상에서 교번응력은 변동 응력의 진폭을 나타낸다. 응력 진폭 σ_a를 세로축으로 잡고, 이 응력 하에서 재료가 파괴될 때까지의 반복횟수 N을 가로축으로 잡으면 [그림 3.13]과 같은 곡선이 얻어진다. 이 곡선을 'S−N선도'라 하는데 이 선도는 피로 파괴를 일으키는 반복 하중 수와 작용 응력과의 관계를 나타낸다.[3)]

3) 피로한도곡선, 내구곡선, S-N 곡선 또는 S-N 선도 등으로 부른다.

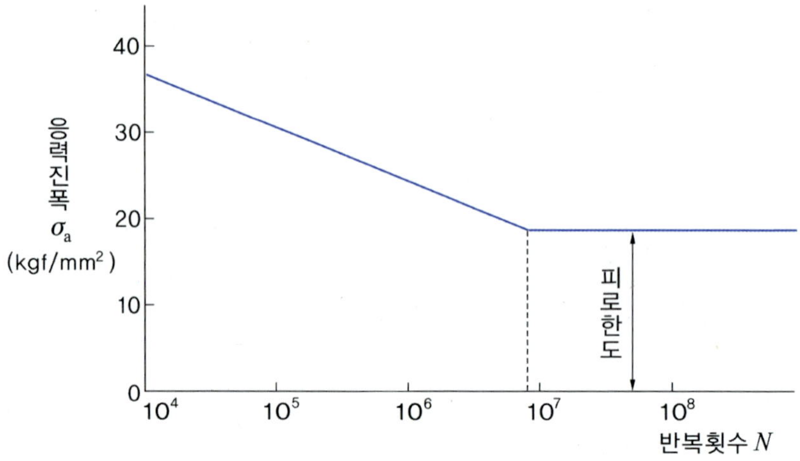

[그림 3.13] 탄소강의 S-N 선도

[그림 3.13]에서 응력진폭 값이 작아질수록 파괴를 일으킬 때까지의 반복 횟수가 많아지고, 어느 일정한 값에 도달하면 곡선이 수평으로 된다. 이것은 이 응력진폭보다 작은 응력 값에서는 아무리 많은 횟수의 반복 하중을 가하여도 재료가 파괴되지 않는다는 것을 의미한다. 이와 같이 이상적으로는 재료가 영구히 파괴되지 않게 되는 응력의 한계치를 피로한도(fatigue limit) 또는 내구한도(endurance limit)라 한다. 즉, 피로한도는 S−N 선도에서 N 축과 평행한 부분의 응력 값으로서 반복 응력이 무한히 작용하여도 피로 파괴되지 않는 최대 응력이다. 실용적으로 강 또는 주철은 반복 횟수 10^7회 정도 이상에서 피로 파괴를 일으키지 않는 응력으로 정의한다. 재료의 피로한도는 하중의 종류와 속도, 재료의 치수, 노치(notch) 상태, 표면 거칠기, 부식, 온도 등의 여러 요인에 의해 영향을 받는다.

[예제 3.5] **[피로파괴] 어떤 재료에 일정 진폭으로 반복응력이 작용하고 있다. 평균응력 $\sigma_m = 240\text{MPa}$이고 응력비 $R = 0.2$일 때 최대응력과 최소응력을 구하여라.**

풀이 최대응력을 σ_{max}, 최소응력을 σ_{min}라 하면 응력비의 정의에서

$$R = \frac{\sigma_{min}}{\sigma_{max}}$$

$$\therefore \ \sigma_{min} = R\sigma_{max}$$

이다. 이 식을 평균응력의 정의 식에 대입하여 σ_{max}을 구한 후 σ_{min}을 구하면 다음과 같다.

$$\sigma_{\rm m} = \frac{\sigma_{\max} + \sigma_{\min}}{2} = \frac{\sigma_{\max} + R\sigma_{\max}}{2} = \frac{(1+R)\sigma_{\max}}{2}$$

$$\therefore \quad \sigma_{\max} = \frac{2\sigma_{\rm m}}{1+R} = \frac{2 \times 240}{1+0.2}\,[\text{MPa}] = 400\,[\text{MPa}]$$

$$\sigma_{\min} = R\sigma_{\max} = 0.2 \times 400\,[\text{MPa}] = 80\,[\text{MPa}]$$

3.6 크리프

앞에서 기술한 연강의 응력-변형률 선도는 시편의 정적 부하와 하중 제거를 포함하는 인장시험에서 얻어진 것이며 시간의 경과는 고려하지 않았다. 그러나 장시간에 걸쳐 고온에서 일정 하중을 받고 있는 금속은 시간이 지남에 따라 온도에 따른 재료의 변형으로 인하여 변형률이 증가한다. 즉, 높은 온도에서 재료에 큰 하중을 일정하게 작용시키면 재료 내의 응력이 일정함에도 불구하고 시간이 지남에 따라 변형률이 점점 증가하게 된다. 이와 같은 현상을 크리프(creep)라 한다.

크리프 현상이 일어날 때 변형률의 정도는 온도와 하중에 따라 달라지는데 시간에 대한 변형률의 변화를 크리프 속도(creep rate, 크리프 변형률 속도)라 한다. 일정한 온도에서 하중의 크기가 클수록 크리프 속도가 증가하여 파단에 도달하는 시간이 짧아진다. 그리고 일정한 하중이 작용하는 경우 온도가 높을수록 크리프 속도가 증가한다.

크리프 변형률은 하중에 의한 초기변형률과 시간이 지남에 따라 추가로 발생하는 변형률의 합으로 나타낼 수 있다. 크리프 변형률 속도는 하중의 크기 및 시간의 함수이다.

[그림 3.14]와 같이 시간에 따른 변형률의 변화를 나타낸 곡선을 크리프 곡선이라 한다. 크리프 진행 단계는 다음과 같이 3단계로 구분된다.

① 제 1단계(감속 크리프, 천이 크리프) : 하중이 가해지는 순간부터 일어나는 단계이며 시간이 지남에 따라 크리프 속도(변형 속도)가 감소한다. 1단계 크리프는 천이 크리프(transient creep)라고도 한다.

② 제 2단계(정상 크리프, steady creep) : 크리프 속도가 거의 일정한 단계이다. 크리프 현상이나 변형의 크기가 작고 거의 직선적으로 증가한다.

③ 제 3단계(가속 크리프) : 크리프 속도가 증가하여 결국 파단에 이르는 단계이다. 비교적 기간이 짧으며 변형의 크기가 크고 급격하게 증가한다.

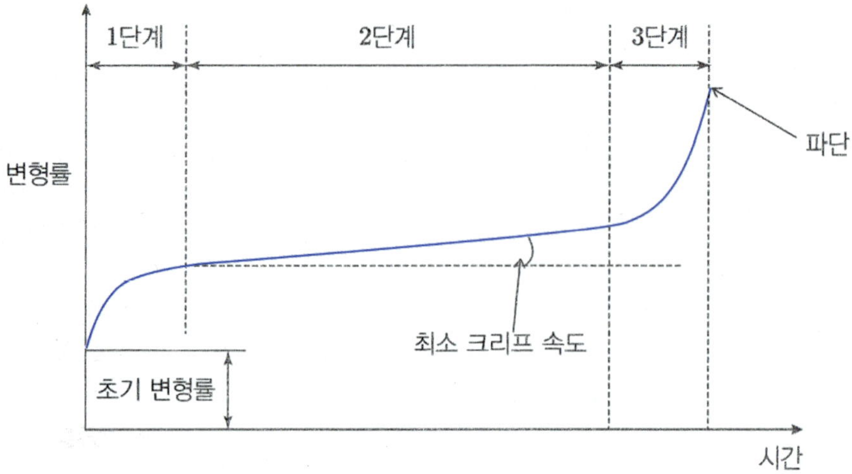

[그림 3.14] 크리프 곡선(고온 고하중의 경우)

크리프 현상은 환경에 따라 다르게 일어난다. 온도가 높고 하중이 클수록 크리프 속도가 증가하여 빨리 파단에 이르게 된다. 그러나 비교적 온도가 낮고 하중이 작을 때는 [그림 3.15]와 같이 어느 정도 시간이 지난 후에는 더 이상 재료가 변형되지 않고 크리프 현상이 멈춰지게 된다. 이와 같이 특정 온도에서 응력이 작용하여 일정 시간이 지난 후에 크리프 속도가 영(zero)이 되는(변형률의 증가가 0이 되는) 한계응력을 크리프 한도응력(creep limit stress)이라고 한다. 즉, 크리프 한도는 일정 시간이 지난 후 크리프가 정지할 때 나타나는 일정 온도에서의 응력의 최댓값이다. 크리프 현상은 온도와 밀접한 관계를 가지고 있으므로 고온에서 사용되는 가스터빈, 제트기관 등에서는 특히 이 현상을 주의해야 한다.

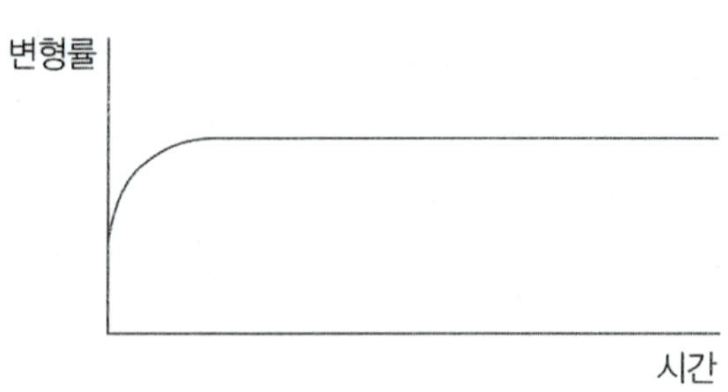

[그림 3.15] 크리프 한도응력(저온 저하중의 경우)

3.7 허용응력과 안전율

기계나 구조물이 파손되지 않고 제 기능을 수행하기 위해서는 그것에 생기는 응력이 재료가 지탱할 수 있는 응력을 넘지 않아야 한다. 그 외에 온도나 하중의 종류 등 여러 요인이 복합적으로 영향을 미치므로 기계나 기계요소를 설계할 때는 이러한 요인들을 종합적으로 고려해야 한다.

(1) **사용응력, 허용응력, 설계응력** : 기계나 구조물을 실제로 사용할 때 재료에 발생하는 응력을 사용응력(σ_w, working stress)이라 하고, 재료의 안전성을 생각하여 사용하는 재료에 허용되는 최대 응력을 허용응력(σ_a, allowable stress)이라 한다. 사용응력은 허용응력 이하($\sigma_w \leq \sigma_a$)가 되어야 한다. 한편 기계나 기계요소를 설계할 때 기준으로 사용하는 응력을 설계응력(σ_d, design stress)이라 하며 $\sigma_d \leq \sigma_a$가 된다. 재료의 경제적인 면을 고려하면 사용응력은 설계응력과 같은 것이 이상적이지만 안전을 위하여 실제로는 $\sigma_w \leq \sigma_d$이다. 따라서 세 응력은 다음 관계를 갖는다.

$$\sigma_w \leq \sigma_d \leq \sigma_a$$

(2) **기준강도** : 허용응력을 정할 때 기준이 되는 재료의 기준강도는 재료가 받는 하중의 종류나 사용 환경에 따른 파괴 형식에 바탕을 두고 선정한다. 상온에서 정하중을 받는 경우 기준강도는 극한강도(인장강도, 압축강도, 전단강도)가 되고, 반복하중에서는 피로강도를 기준강도로 한다.

(3) **안전율(안전계수)** : 허용응력은 재료에 따라 여러 가지 사용 조건을 복합적으로 고려해야 하므로 그 값을 정확하게 결정하기가 어렵다. 따라서 재료의 기준강도와 허용응력의 비로 나타나는 안전율(safety factor)을 알맞게 선정하여 결정한다. 기준강도를 σ_s, 허용응력을 σ_a라 하면 안전율 S는 다음과 같이 정의된다.

$$S = \frac{\sigma_s}{\sigma_a} \;;\; \sigma_a = \frac{\sigma_s}{S} \quad \cdots\cdots (3.26)$$

안전율은 기계요소가 위험하게 되는 응력 값보다 허용응력을 더 낮게 잡아서 기계요소를 충분히 안전하게 사용할 수 있도록 기계요소를 설계하는 데에 필요한 값이다. 안전율은 1보다 크고, 이 값을 크게 잡을수록 안전하지만 너무 크게 잡으면 경제성이 떨어지게 되므로 많은 경험과 연구에 의해 그 값을 적절히 결정하게 된다.

[예제 3.6] **[안전율]** 200 kN의 인장하중을 받는 둥근 연강 봉이 있다. 연강의 인장강도가 420 MPa, 안전율이 3일 때 봉 지름[mm]을 구하여라.

풀이 인장강도를 기준강도로 한다. 안전율이 3이므로 허용응력은

$$\sigma_a = \frac{\sigma_s}{S} = \frac{420\mathrm{MPa}}{3} = 140[\mathrm{MPa}]$$

이다. 따라서 봉의 지름 d는 다음과 같다.

$$\sigma_a = \frac{W}{A} = \frac{W}{\pi d^2/4}$$

$$\therefore\ d = \sqrt{\frac{4W}{\pi\sigma_a}} = \sqrt{\frac{4(200\times10^3\mathrm{N})}{\pi(140\times10^6\mathrm{N/m^2})}}$$

$$= 4.26\times10^{-2}[\mathrm{m}]$$

$$= 42.6[\mathrm{mm}]$$

[예제 3.7] **[안전성 판정]** [그림 3.16]과 같이 두 장의 강판을 지름 20mm 리벳 4 개를 사용하여 연결하였다. 리벳의 허용 전단응력이 $100\,\mathrm{N/mm^2}$일 때 강판에 $F = 130\,\mathrm{kN}$의 인장력이 걸리는 경우에 대하여 리벳의 안전성을 판정하여라.

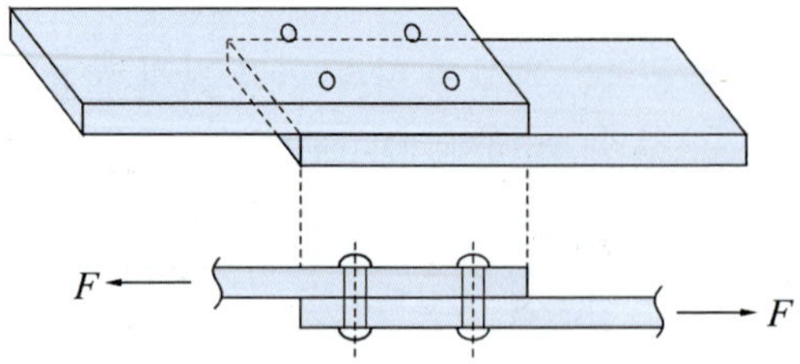

[그림 3.16] 리벳이음

풀이 리벳 4 개에 $F = 130\,\mathrm{kN}$의 하중이 걸리므로 각 리벳에 걸리는 하중은 $F/4$이다. 따라서 리벳에 발생하는 전단응력은

$$\tau = \frac{F/4}{A} = \frac{F/4}{\pi d^2/4} = \frac{F}{\pi d^2} = \frac{130 \times 1000}{\pi \times 20^2} = 103.5\,[\mathrm{N/mm^2}]$$

이다. 이 값은 허용 전단응력 $100\,\mathrm{N/mm^2}$ 보다 크므로 리벳은 $130\,\mathrm{kN}$ 의 하중에 대해 안전하지 못하다.

3.8 재료 파손 이론

파손(failure)은 하중에 의해 재료가 손상되어 그 기능을 수행할 수 없는 상태를 말한다. 일반적으로 기계부품에는 인장응력, 압축응력, 전단응력, 굽힘 응력, 비틀림 응력 등이 복합적으로 작용한다. 이와 같이 복합적으로 응력이 작용할 때 발생하는 재료 파손에 대한 여러 가지 조건식들이 제시되었다.

(1) **최대 주응력설** : 재료에서 발생하는 최대 수직응력의 크기가 단순인장시험의 극한강도보다 클 때 파손이 일어난다는 이론이다. 인장일 경우에는 최대 인장응력의 크기가 인장극한강도(인장강도)보다 클 때, 압축인 경우에는 최대 압축응력의 크기가 압축극한강도(압축강도)보다 클 때 재료가 파괴된다고 본다. 즉, 이 이론은 인장응력이나 압축응력에 의해 재료가 파손된다는 이론이며 이것은 취성재료의 분리파손과 잘 일치한다. 3축응력인 경우 극한강도(σ_u)과 비교할 최대응력($\sigma_{\max}$)을 주응력(σ_1, σ_2, σ_3)에 대한 식으로 나타내면

$$\sigma_{\max} = \max(|\sigma_1|, |\sigma_2|, |\sigma_3|) \quad \cdots\cdots (3.27)$$

이고, 안전계수(S)는 다음과 같다.

$$S = \frac{\sigma_u}{\sigma_{\max}} \quad \cdots\cdots (3.28)$$

$\sigma_3 = 0$ 이면 $\sigma_{\max} = \max(|\sigma_1|, |\sigma_2|)$ 이며, 평면응력(σ_x, σ_y, τ_{xy})인 경우 인장(또는 압축) 극한강도(σ_u)와 비교할 주응력(σ_1, σ_2)은 다음 식으로 구할 수 있다.

$$\sigma_{1,2} = \frac{\sigma_x + \sigma_y}{2} \pm \sqrt{\left(\frac{\sigma_x - \sigma_y}{2}\right)^2 + \tau_{xy}^2} \quad \cdots\cdots (3.29)$$

특히, 굽힘 응력(σ_b)과 비틀림에 의한 전단응력(τ)만을 받는 축의 경우 $\sigma_x = \sigma_b$, $\sigma_y = 0$, $\tau_{xy} = \tau$가 되며 최대 인장응력($\sigma_{\max}$)은 다음과 같다.

$$\sigma_{\max} = \frac{\sigma_b}{2} + \sqrt{\left(\frac{\sigma_b}{2}\right)^2 + \tau^2} \quad \cdots\cdots (3.30)$$

(2) **최대 전단응력설(Tresca 항복조건)** : 최대 전단응력($\tau_{\max}$)이 그 재료의 전단항복강도(전단항복응력, τ_Y)보다 크면 재료파손이 일어난다는 이론이다. 이 이론은 연성재료의 미끄럼파손과 잘 일치한다. 이 이론에 따르면 최대 전단응력이 인장항복강도의 1/2에 도달하면 재료 파손이 일어난다.

3축응력인 경우 최대 전단응력($\tau_{\max}$)은

$$\tau_{\max} = \max\left(\frac{|\sigma_1 - \sigma_2|}{2}, \frac{|\sigma_2 - \sigma_3|}{2}, \frac{|\sigma_3 - \sigma_1|}{2}\right) \quad \cdots\cdots (3.31)$$

이고, 안전계수(S)는 다음과 같다.

$$S = \frac{\tau_Y}{\tau_{\max}} \quad \cdots\cdots (3.32)$$

$\sigma_3 = 0$일 때 최대 전단응력($\tau_{\max}$)은 다음과 같다.

$$\tau_{\max} = \max\left(\frac{|\sigma_1 - \sigma_2|}{2}, \frac{|\sigma_2|}{2}, \frac{|\sigma_1|}{2}\right) \quad \cdots\cdots (3.33)$$

평면응력(σ_x, σ_y, τ_{xy})인 경우 면 내 최대 전단응력($\tau_{\max}$)은 다음 식으로 구한다.

$$\tau_{\max} = \frac{\sigma_1 - \sigma_2}{2} = \sqrt{\left(\frac{\sigma_x - \sigma_y}{2}\right)^2 + \tau_{xy}^2} \quad \cdots\cdots (3.34)$$

특히, 굽힘 응력(σ_b)과 비틀림에 의한 전단응력(τ)만을 받는 축의 경우 $\sigma_x = \sigma_b$, $\sigma_y = 0$, $\tau_{xy} = \tau$가 되며 최대 전단응력($\tau_{\max}$)은 다음과 같다.

$$\tau_{\max} = \sqrt{\left(\frac{\sigma_b}{2}\right)^2 + \tau^2} \quad \cdots\cdots (3.35)$$

한편, 봉이 축 하중에 의해 수직응력을 받고 있을 때($\sigma_2 = \sigma_3 = 0$) 최대 전단응력($\tau_{\max}$)과 최대 인장응력(σ_1)의 관계는 다음과 같다.

$$\tau_{\max} = \frac{\sigma_1}{2} \quad \cdots\cdots (3.36)$$

따라서 단축응력($\sigma_2 = \sigma_3 = 0$)에서 재료의 전단항복강도(τ_Y)는 인장항복강도(σ_Y)의 1/2이 된다.

$$\tau_Y = \frac{\sigma_Y}{2} \quad \cdots\cdots (3.37)$$

즉, 최대 전단응력설에 의하면 단순 인장이나 압축에 의한 파괴는 인장 또는 압축응력이 전단항복응력(전단항복강도)의 두 배에 도달할 때($\sigma_Y = 2\tau_Y$) 발생한다. 이상에서 설명한 최대 전단응력 이론은 연성재료의 실험 결과와 잘 일치한다. 그러나 다음에 제시한 전단변형에너지 기준이 연성재료의 항복을 판정할 때 실제 실험 결과와 더 잘 일치하므로 추천되고 있다.

† 항복강도(yield strength)와 항복응력(yield stress)은 같은 뜻으로 사용되고 있다.

(3) **전단변형에너지설(von Mises 이론)** : 조합응력 상태의 단위체적당 전단변형 에너지가 단순인장 시 항복점에서 단위체적당 전단변형 변형 에너지 값에 도달하면 재료 파손이 일어난다는 이론이다. 이 이론은 연성재료의 파손을 예측하는 데 주로 사용된다. 여기에서 다음과 같이 인장항복강도(인장항복응력, σ_Y)와 비교할 응력(σ_{VM})을 구한다.

$$\sigma_{VM} = \sqrt{\frac{1}{2}\left[(\sigma_1 - \sigma_2)^2 + (\sigma_2 - \sigma_3)^2 + (\sigma_3 - \sigma_1)^2\right]} \quad \cdots\cdots (3.38)$$

$$\sigma_{VM} = \sqrt{\frac{1}{2}\left[(\sigma_x - \sigma_y)^2 + (\sigma_y - \sigma_z)^2 + (\sigma_z - \sigma_x)^2 + 6\left(\tau_{xy}^2 + \tau_{yz}^2 + \tau_{zx}^2\right)\right]} \quad \cdots\cdots (3.39)$$

σ_{VM}을 상당응력(또는 유효응력, von Mises 응력)이라 한다.
이때 안전계수(S)는 다음과 같다.

$$S = \frac{\sigma_Y}{\sigma_{VM}} \quad \cdots\cdots (3.40)$$

식 (3.38)에서 $\sigma_3 = 0$이면

$$\sigma_{VM} = \sqrt{\sigma_1^2 - \sigma_1\sigma_2 + \sigma_2^2} \quad \cdots\cdots (3.41)$$

이 되고, xy 평면(σ_x, σ_y, τ_{xy})에서

$$\sigma_{VM} = \sqrt{\sigma_x^2 - \sigma_x\sigma_y + \sigma_y^2 + 3\tau_{xy}^2} \quad \cdots\cdots (3.42)$$

이다. 식 (3.42)는 식 (3.39)에 $\sigma_z = \tau_{yz} = \tau_{zx} = 0$를 대입한 것이다. 특히 굽힘 응력과 비틀림 응력이 동시에 작용하는 경우($\sigma_x = \sigma$, $\sigma_y = 0$, $\tau_{xy} = \tau$) 상당응력은 다음과 같다.

$$\sigma_{VM} = \sqrt{\sigma^2 + 3\tau^2} \quad \cdots\cdots (3.43)$$

순수하게 비틀림 응력 τ만이 작용하는 경우

$$\sigma_{VM} = \sqrt{3}\,\tau \quad \cdots\cdots (3.44)$$

이다. 그리고 순수하게 굽힘 응력(σ_b)만 작용하는 경우($\tau = 0$) 상당응력은 굽힘 응력과 같다.

$$\sigma_{VM} = \sigma_b \quad \cdots\cdots (3.45)$$

순수 비틀림(순수 전단)의 경우 모어원에서 $\sigma_1 = \tau$, $\sigma_2 = -\tau$, $\sigma_3 = 0$이고 다음과 같은 재료의 전단항복강도(τ_Y)와 인장항복강도(σ_Y)의 관계식을 얻는다.

$$\tau_Y = \frac{1}{\sqrt{3}}\sigma_Y \quad \cdots\cdots (3.46)$$

(4) **파손이론 비교** : 이상에서 제시한 3가지 파손이론을 2차원 평면에 나타내면 [그림 3.17]과 같다. 사각형 A-B-C-D-A는 최대 주응력설이고, 타원은 전단변형에너지설이며, 점선으로 된 육각형은 최대 전단응력설이다. 최대 주응력설에서는 극한강도(σ_u)를 파단응력(σ_c)으로 표시하였고($\sigma_c = \sigma_u$), 최대 전단응력설과 전단변형에너지설에서는 항복점(σ_Y)을 파단응력으로 표시하였다($\sigma_c = \sigma_Y$). 여기에서 경계선 안쪽은 파손(항복)이 일어나지 않는 영역이고, 그 바깥쪽은 파손이 일어나는 영역이다.
그림에서 경계선은 $\sigma_3 = 0$일 때 최대 주응력설에서

$$|\sigma_1| = \sigma_c, \quad |\sigma_2| = \sigma_c$$

이고, 최대 전단응력설에서

$$|\sigma_1 - \sigma_2| = \sigma_c,\ |\sigma_1| = \sigma_c,\ |\sigma_2| = \sigma_c$$

이며, 전단변형에너지설에서

$$\sigma_1^2 - \sigma_1\sigma_2 + \sigma_2^2 = \sigma_c^2$$

이다. 순수 전단으로 인한 파손조건은 다음과 같다.

- 최대 전단응력설 : $\tau_Y = \frac{1}{2}\sigma_Y$
- 전단변형에너지설 : $\tau_Y = \frac{1}{\sqrt{3}}\sigma_Y$

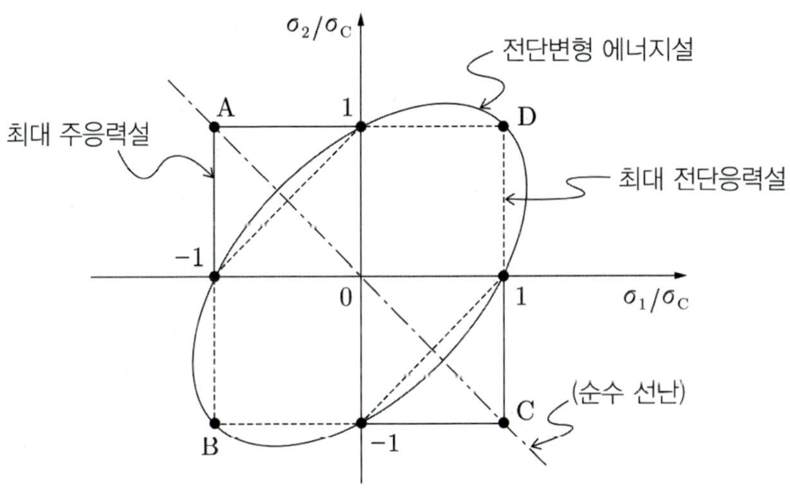

[그림 3.17] 파손이론 : $\sigma_3 = 0$인 경우

> **[예제 3.8]** 인장극한강도가 320MPa인 어떤 취성재료의 한 지점에서 평면응력 값이 $\sigma_x = 140$MPa, $\sigma_y = 80$MPa, $\tau_{xy} = 40$MPa으로 측정되었다. 최대 주응력설을 따를 때 이 응력상태에 대한 안전계수(S)를 구하여라.

풀이 인장극한강도 $\sigma_u = 320$MPa이다.

$$\sigma_{1,2} = \frac{\sigma_x + \sigma_y}{2} \pm \sqrt{\left(\frac{\sigma_x - \sigma_y}{2}\right)^2 + \tau_{xy}^2}$$

$$= \frac{140+80}{2} \pm \sqrt{\left(\frac{140-80}{2}\right)^2 + 40^2}\,[\mathrm{MPa}] = 160, 60\,[\mathrm{MPa}]$$

$$S = \frac{\sigma_u}{\sigma_{max}} = \frac{\sigma_u}{\sigma_1} = \frac{320}{160} = 2$$

[예제 3.9] 인장시험을 통해 측정된 항복응력이 280MPa인 연성재료로 만들어진 부재에 다음과 같은 주응력이 작용하고 있다. 최대 전단응력설과 전단변형에너지설에 따라 이 응력상태에 대한 안전계수(S)를 각각 구하여라.

$\sigma_1 = 80[\mathrm{MPa}]$, $\sigma_2 = 30[\mathrm{MPa}]$, $\sigma_3 = 0[\mathrm{MPa}]$

풀이 인장항복강도 $\sigma_Y = 280\mathrm{MPa}$이다.

(1) 최대 전단응력설 : 전단항복응력이 주어지지 않은 경우 $\tau_Y = \frac{1}{2}\sigma_Y$로 한다.

$$\tau_{max} = \max\left(\frac{|\sigma_1 - \sigma_2|}{2}, \frac{|\sigma_2 - \sigma_3|}{2}, \frac{|\sigma_3 - \sigma_1|}{2}\right)$$

$$= \frac{|\sigma_1 - \sigma_3|}{2} = \frac{80-0}{2}[\mathrm{MPa}] = 40[\mathrm{MPa}]$$

$$S = \frac{\tau_Y}{\tau_{max}} = \frac{\sigma_Y/2}{\tau_{max}} = \frac{280/2}{40} = 3.5$$

(2) 전단변형에너지설 :

$$\sigma_{VM} = \sqrt{\frac{1}{2}\left[(\sigma_1 - \sigma_2)^2 + (\sigma_2 - \sigma_3)^2 + (\sigma_3 - \sigma_1)^2\right]}$$

$$= \sqrt{\frac{1}{2}\left[(80-30)^2 + (30-0)^2 + (0-80)^2\right]}\,[\mathrm{MPa}] = 70\,[\mathrm{MPa}]$$

$$S = \frac{\sigma_Y}{\sigma_{VM}} = \frac{280}{70} = 4$$

연습문제 3

01 인장 하중을 받는 단면적이 균일한 봉의 변형률(공칭변형률)이 0.05일 때 단면 수축률을 구하여라.

† 금속은 거의 비압축성 물질이므로 일반적으로 변형되어도 부피 변화가 없다고 가정한다. 즉, 처음 길이와 단면적을 각각 L_0, A_0, 변형 후의 길이와 단면적을 각각 L_1, A_1이라 하면 $A_0L_0 = A_1L_1$이다.

02 폭 $b = 100\text{mm}$, 두께 $t = 20\text{mm}$인 평판에 지름 $D = 50\text{mm}$인 구멍과 $d = 20\text{mm}$인 반원형 노치가 파여 있다. 평판의 양 끝에 $F = 8\text{kN}$의 힘을 가할 때 평판에서 발생하는 최대 응력을 구하여라. 구멍 부분의 응력 집중계수 $\alpha_1 = 2.2$이고 노치 부분의 응력집중계수 $\alpha_2 = 1.9$이다.

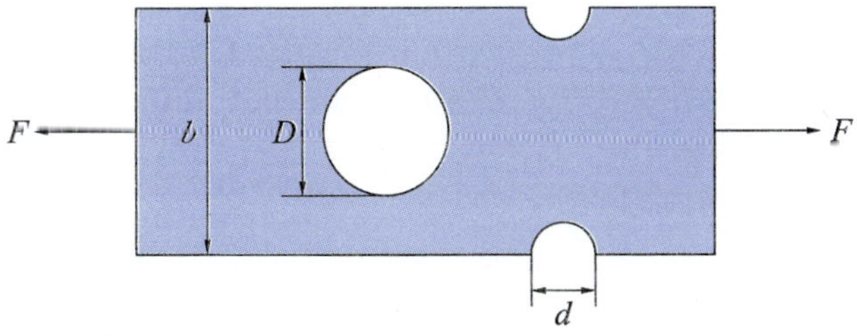

[문제 3.2]

03 20℃일 때 길이가 1m인 봉을 0.5mm의 틈새를 두고 벽에 고정하였다. 봉의 온도를 100℃로 올렸을 때 봉에 발생하는 열응력(MPa)을 구하여라. 봉의 세로 탄성계수 $E = 200\text{GPa}$, 선팽창계수 $\alpha = 1.2 \times 10^{-5}/℃$이다.

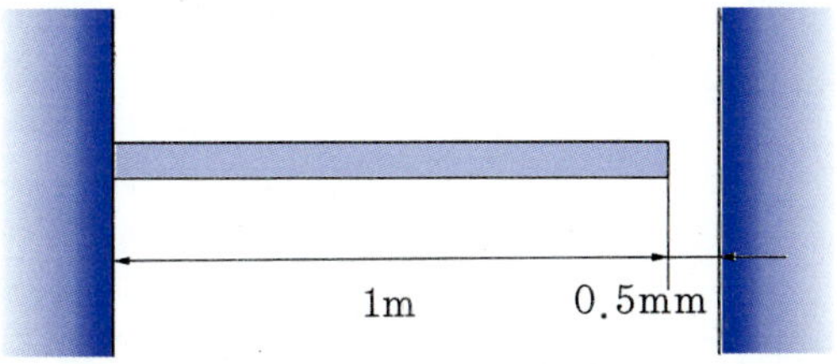

[문제 3.3]

04 지름 $d = 20\text{mm}$ 인 봉에 $F_{max} = 30\text{kN}$, $F_{min} = 10\text{kN}$ 인 동적 인장하중이 작용하고 있다. 평균응력과 응력진폭을 구하여라.

05 그림과 같은 속이 차 있는 축과 비어 있는 축이 전달할 수 있는 최대 토크 비 T_1/T_2을 구하여라. 단, 두 재료는 동일하고 허용응력이 같다.

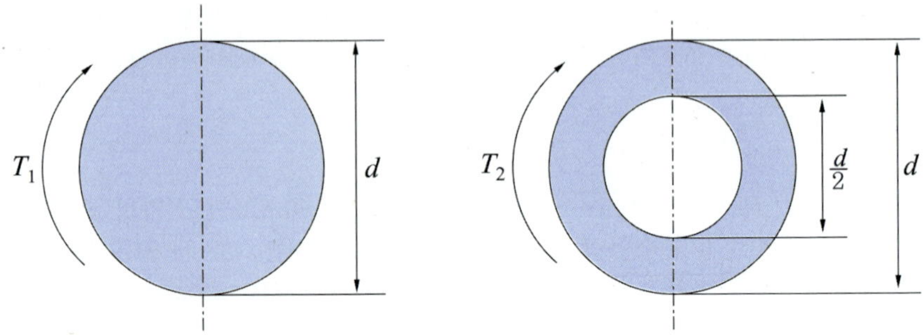

[문제 3.5]

06 인장시험에서 시험편의 평행부의 지름이 10mm 이고, 최대 하중이 40kN 일 때 시험 재료의 인장강도는 몇 MPa 인가?

07 단면 $20\text{mm} \times 50\text{mm}$ 인 목재가 압축하중을 받고 있다. 목재의 압축 강도는 49MPa, 안전율은 7일 때 목재의 허용응력과 목재에 작용시킬 수 있는 안전한 최대 압축하중을 구하여라.

08 지름 8mm 인 연강 리벳 하나가 5kN 의 전단력을 받고 있다. 허용응력은 사용응력과 같고, 연강의 전단강도가 340MPa 일 때 안전율을 구하여라.

09 기계 재료 표기법에 의하면 기호 다음 세 자리 숫자는 그 재료의 최저 인장 강도 $[\text{N/mm}^2]$를 나타낸다. KS기호가 SS400이고, 안전율(safety factor)이 2인 재료의 허용 인장 응력은? [공무원 임용시험]

① 200MPa ② 400MPa
③ 200GPa ④ 400GPa

10 지름 20mm인 원형 단면봉에 가할 수 있는 최대 축하중의 근삿값[kN]은? (단, 재료의 기준강도는 400MPa, 안전율은 5로 한다.) [공무원 임용시험]

① 16.3 ② 25.1 ③ 32.8 ④ 105.4

11 지름이 20mm, 길이가 7cm인 시편이 시험 후 지름이 10mm, 길이가 8cm가 되었을 때, 단면 수축률은? [공무원 임용시험]

① 0.55 ② 0.65 ③ 0.75 ④ 0.85

12 금속재료는 반복하중을 받으면 정적하중을 받는 경우보다 낮은 하중으로 파괴된다. 하지만 반복하중에 의해 발생되는 반복응력이 어느 한도 이하일 경우에는 피로에 의한 파괴는 일어나지 않는다. 이 경우 측정된 편진응력의 최댓값이 의미하는 것은? [공무원 임용시험]

① 극한강도 ② 피로한도
③ 탄성한도 ④ 크리프 한도

13 기계재료의 표준인장시험에서 얻어지는 진변형률(ϵ_T)을 공칭응력(σ)과 진응력(σ_T)으로 나타낸 것으로 옳은 것은? [공무원 임용시험]

① $\epsilon_T = \dfrac{\sigma_T}{\sigma}$ ② $\epsilon_T = \dfrac{\sigma}{\sigma_T}$

③ $\epsilon_T = \ln\left(\dfrac{\sigma_T}{\sigma}\right)$ ④ $\epsilon_T = \ln\left(\dfrac{\sigma}{\sigma_T}\right)$

14 연신율이 20%인 재료의 인장시험에서 파괴되기 직전의 시편 전체길이가 24cm일 때 이 시편의 초기 길이[cm]는? [공무원 임용시험]

① 19.2 ② 20.0 ③ 28.8 ④ 30.0

15 단면적 500mm^2, 길이 100mm의 봉에 50kN의 길이 방향 하중이 작용했을 때, 탄성영역에서 늘어난 길이는 2mm이다. 이 재료의 탄성계수는? [공무원 임용시험]

① 5GPa ② 2GPa ③ 5MPa ④ 2MPa

16 변형이 일어나지 않는 튼튼한 벽 사이에 길이 L은 50mm이고 지름 d는 20mm인 강철봉이 고정되어 있다. 온도를 10°C에서 60°C로 가열하는 경우 봉에 발생하는 열응력[MPa]은? (단, 선팽창계수는 $12 \times 10^{-6}/℃$, 봉 재료의 항복응력은 500MPa이고 탄성계수 E는 200GPa이다.) [공무원 임용시험]

① −60
② −120
③ −240
④ −480

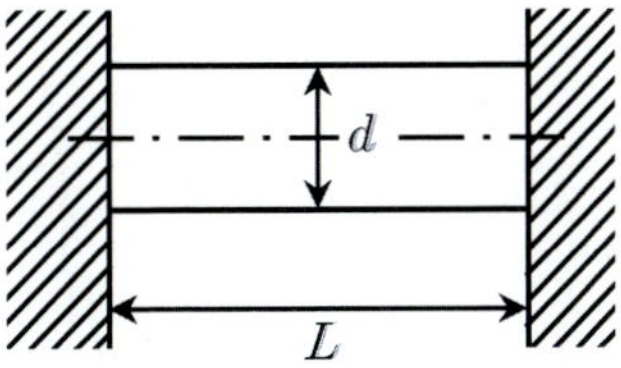

[문제 3.16]

17 연성 재료의 응력(σ)－변형률(ϵ) 선도에서 인장 강도에 해당하는 위치는?

[공무원 임용시험]

① A
② B
③ C
④ D

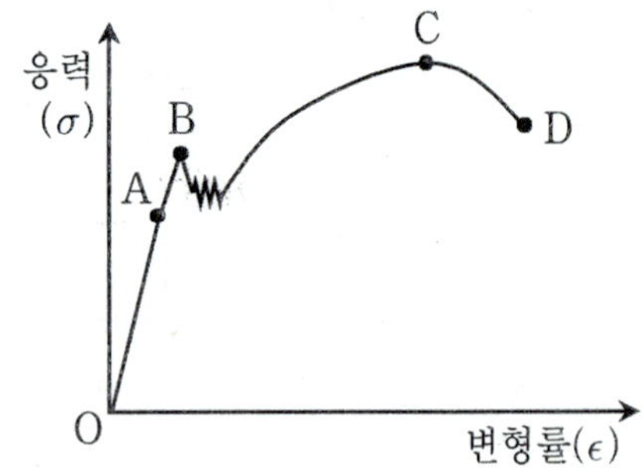

[문제 3.17]

18 재료의 인장시험에서 원래 표점거리가 L_0인 시편이 인장 시험을 통해 표점거리가 L_f로 늘어났다. 이때의 진변형률(true strain) ϵ를 구하는 식으로 옳은 것은?

[공무원 임용시험]

① $\epsilon = \dfrac{L_f}{L_0}$　② $\epsilon = \dfrac{L_f - L_0}{L_0}$　③ $\epsilon = \ln\dfrac{L_f}{L_0}$　④ $\epsilon = \ln\dfrac{L_f - L_0}{L_0}$

19 길이 100mm, 지름 20mm인 원소재를 길이방향으로 인장 성형하여 지름 10mm인 봉재를 만들려고 한다. 이 과정에서 원소재가 겪는 길이 방향의 공학적 변형률(ϵ)과 진변형률(ϵ_t)을 구하면? (단, 소성영역 내에서 변형하고, ln2=0.7로 한다.) [공무원 임용시험]

① $\epsilon = 2,\ \epsilon_t = 0.7$　② $\epsilon = 3,\ \epsilon_t = 1.4$
③ $\epsilon = 4,\ \epsilon_t = 2.1$　④ $\epsilon = 5,\ \epsilon_t = 2.8$

20 그림과 같은 응력－변형률 관계를 갖는 길이 1.5m의 강봉에 인장력이 작용되어 응력상태가 점 O에서 A를 지나 B에 도달하였으며, 봉의 길이는 15mm 증가하였다. 이때, 인장력을 완전히 제거하여 응력상태가 C점에 도달할 경우 봉의 영구 신장량[mm]은? (단, 봉의 응력－변형률 관계는 완전탄소성 거동이며, 항복강도는 300MPa이고 탄성계수는 E=200GPa이다.)

[공무원 임용시험]

① 1.25
② 2.25
③ 12.75
④ 13.75

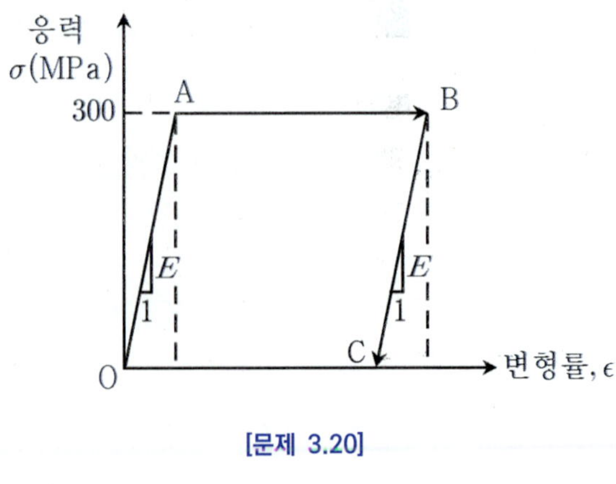

[문제 3.20]

21 온도 T_1에서 길이가 L인 강철 막대가 있다. 이 막대의 온도가 T_2로 변하였다. 이때 막대의 길이는? (단, 강철의 선팽창 계수는 α이다.) [공무원 임용시험]

① $L[1+\alpha(T_2-T_1)]$ ② $L[1-\alpha(T_2-T_1)]$

③ $L\left(1+\frac{\alpha}{T_2-T_1}\right)$ ④ $L\left(1-\frac{\alpha}{T_2-T_1}\right)$

22 어떤 부품에 힘이 가해졌을 때 균일한 단면형상을 갖는 부분보다 키 홈, 구멍, 단(step), 또는 노치(notch) 등과 같이 단면형상이 급격히 변화하는 부분에서 쉽게 파손되는 이유를 가장 잘 설명하는 것은? [공무원 임용시험]

① 응력집중 ② 좌굴현상

③ 피로파괴 ④ 잔류응력

23 고정되어 있지 않은 관에 온도변화가 있을 때 신축량에 대한 설명 중에서 옳은 것은? [공무원 임용시험]

① 신축량은 관의 열팽창계수에 비례하고 길이와 온도변화에 반비례한다.

② 신축량은 관의 열팽창계수, 길이, 온도변화에 반비례한다.

③ 신축량은 관의 길이와 온도변화에 비례하고 열팽창계수에 반비례한다.

④ 신축량은 관의 열팽창계수, 길이, 온도변화에 비례한다.

24 초기응력이 없고, 길이방향으로 늘어나지 않도록 구속된 중실축(solid shaft) 형상의 금속제 실린더가 있다. 이 실린더의 온도가 균일하게 상승하였을 때 발생하는 응력에 대한 설명 중 옳지 않은 것은? [공무원 임용시험]

① 응력의 크기는 재료의 열팽창계수에 비례한다.

② 응력의 크기는 온도 변화량에 비례한다.

③ 응력의 크기는 재료의 세로탄성계수에 비례한다.

④ 응력의 크기는 실린더 축방향 길이에 비례한다.

25 폭 30mm, 두께 20mm, 길이 60mm인 강재의 길이방향으로 최대허용하중 36kN이 작용할 때 안전계수는? (단, 재료의 기준강도는 240MPa이다.) [공무원 임용시험]

① 2 ② 4 ③ 8 ④ 12

26 취성재료에 적용하기에 적합한 파손이론은? [공무원 임용시험]

① 최대 주응력설 ② 최대 전단응력설

③ 전단변형률 에너지설 ④ 최대 주변형률설

27 파손이론 중 최대 전단응력설에 대한 설명으로 옳지 않은 것은? [공무원 임용시험]

① 조합하중이 작용하는 재료 내의 최대 전단응력이 그 재료의 항복전단응력에 도달하면 파손이 일어난다.

② 순수전단의 경우에 최대 전단응력설에서의 전단항복강도는 전단변형에너지설에서의 전단항복강도보다 작다.

③ 최대 및 최소 주응력만을 고려하고, 중간크기의 주응력에 대한 영향을 고려하지 못하는 결점이 있다.

④ 단순 인장이나 압축 응력에 의한 파괴는 주응력이 항복 전단응력의 0.5배에 도달하면 파괴가 일어난다.

28 그림과 같은 철강의 응력-변형률 선도를 보고 다음 물음에 답하시오. [중등교사 임용시험-기계]

(1) 선도 상에서 각 점(A~F)의 명칭을 쓰시오.

(2) 훅의 법칙을 설명하시오.

(3) 한 변이 20 mm 이고, 길이가 5 m 인 정사각형 단면의 강재(steel bar)가 2800 kgf의 하중을 받아 2 mm 늘어났을 때 탄성률(E)을 구하시오.

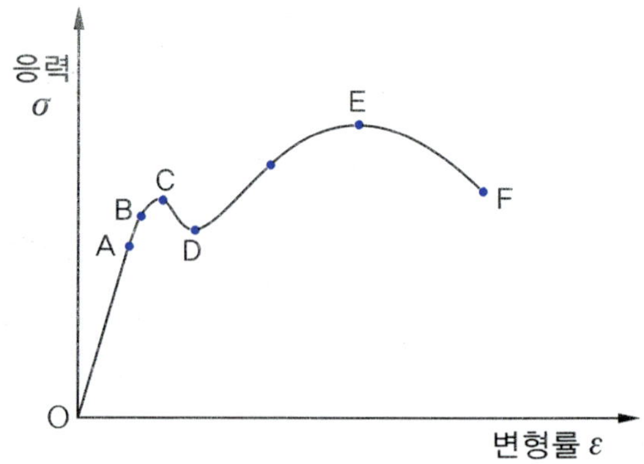

[문제 3.28]

29 산업 현장에서 생산하는 기계부품을 채취하여 인장 시험을 하였더니 시험 결과는 아래 표와 같았다. 이 결과를 이용하여 다음 물음에 답하시오. [중등교사 임용시험-기계 · 금속]

측정 항목	측정값[mm]	측정 항목	측정값[kg]
시험편 지름	10	최대 하중	7850
시험 절단부 지름	8	항복 하중	4710
시험편의 원 표점 거리	50	파괴 하중	6280
절단 후 표점 거리	58		

(1) 인장강도를 계산하시오.

(2) 연신율을 계산하시오.

30 두께 1.5mm, 폭 20mm, 표점거리 50mm인 금속 판재 시편으로 인장시험을 하였다. 하중이 4.5kN에 도달하였을 때 항복현상이 발생하였고, 표점거리가 70mm로 늘어났을 때 파단 되었다. 다음을 구하시오. 단, 항복강도와 비례한도는 일치한다.

[중등교사 임용시험-기계·금속]

(1) 항복강도[MPa]　(2) 탄성계수[GPa]　(3) 연신율[%]

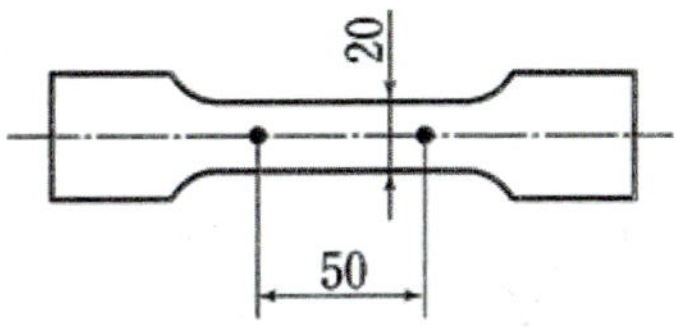

인장시편

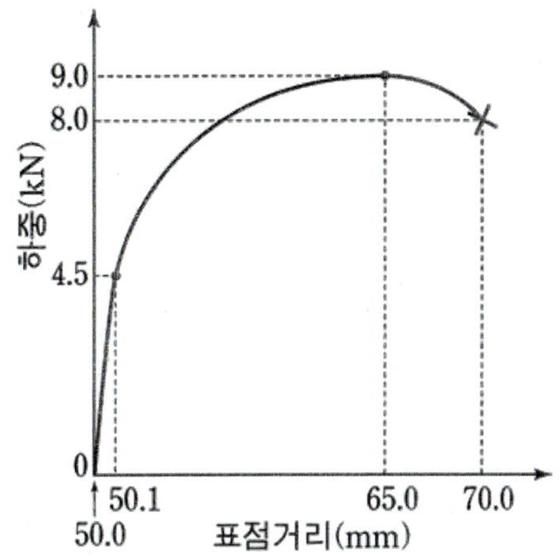

[문제 3.30]

31 경강에 일정 진폭으로 피로 응력이 작용한다고 할 때, 평균응력(σ_m)과 응력비(R)를 최대응력(σ_{max})과 최소응력(σ_{min})을 이용하여 나타낸 식을 각각 쓰시오. 또한 평균응력 110MPa, 응력비 0.1일 때 최대응력 값과 최소응력 값을 구하시오.

[중등교사 임용시험-기술]

32 두께 5mm, 폭 50mm인 평판 부재의 중앙에 한 변의 길이가 10mm인 정사각형 관통구멍이 있다. 탄성한계 내에서 평판 양단에 5kN의 인장하중(P)이 작용할 때, 구멍 부분에서 응력의 최댓값[N/mm^2]은? (단, 구멍의 응력집중계수는 2.0이다.) [공무원 임용시험]

① 20
② 25
③ 40
④ 50

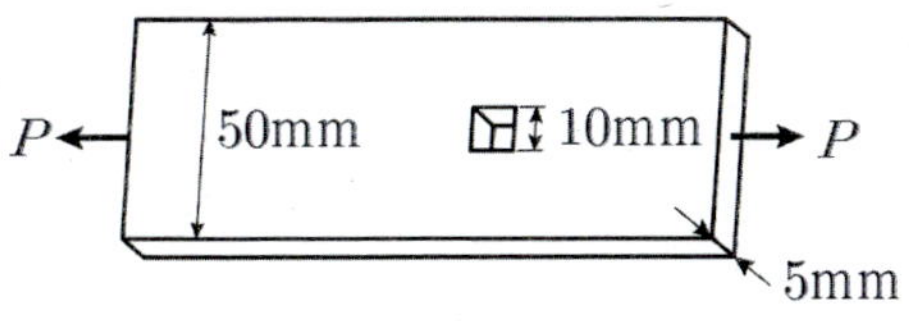

[문제 3.32]

33 그림은 표점거리 내의 지름이 10mm인 금속 봉재의 '공칭 응력–공칭 변형률 곡선'이다. 탄성구간의 직선 기울기는 이 금속의 어떤 기계적 특성을 나타내며, 곡선 상의 A, B, C 중 어느 점이 극한인장강도(UTS: ultimate tensile strength, 최대인장강도)를 나타내는지 쓰시오. 또한, C점에서의 파단부 지름이 6mm라고 가정할 경우, 이 금속의 단면감소율[%]을 구하시오. [중등교사 임용시험–기계·금속]

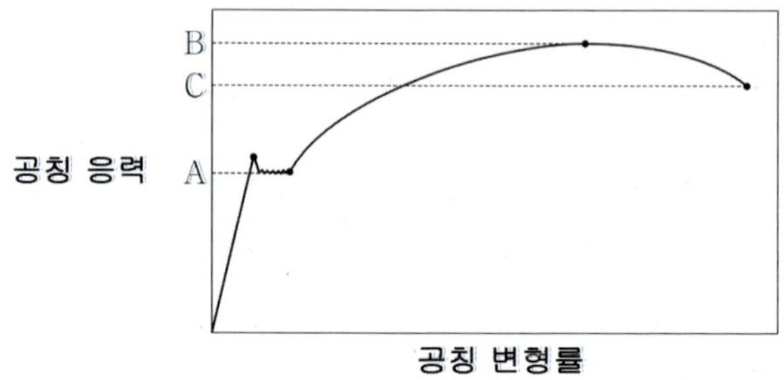

[문제 3.33]

34 다음은 파괴에 대한 설명이다. 괄호 안의 ㉠, ㉡에 해당하는 내용을 순서대로 쓰시오. [중등교사 임용시험–기계·금속]

(㉠)은/는 금속재료가 파괴강도보다 낮은 응력을 반복적으로 받아 발생하는 파괴이며, 주로 반복응력을 받는 항공기, 교량 구조물, 기계 부품 등 금속 파괴의 대부분을 차지하고 있다. 이것은 외형적으로 큰 변형을 수반하지 않고 경고 없이 일어나므로 주의를 요하는 파괴이다. 이 파괴의 시험 결과는 일반적으로 (㉡)곡선으로 나타낸다.

35 재료의 피로에 대한 설명으로 옳지 않은 것은? [공무원 임용시험]

① 정하중이 작용할 때의 항복응력보다 낮은 응력에서도 반복 횟수가 많으면 파괴되는 현상을 피로파괴라 한다.
② 가해지는 반복하중의 크기가 작을수록 파괴가 일어날 때까지의 반복횟수가 줄어든다.
③ 피로강도는 재료의 성질, 표면조건, 부식 등에 영향을 받는다.
④ 엔진, 터빈, 축, 프로펠러 등의 기계부품 설계에 반복하중의 영향을 고려한다.

36 금속재료의 인장시험을 통해 얻을 수 있는 성질로만 묶은 것은? [공무원 임용시험]

① 파단점, 내마모성, 인장강도
② 푸아송 비, 단면 수축률, 연신율
③ S–N 선도, 항복점, 연성
④ 응력–변형률 선도, 탄성한도, 전성

37 그림은 초기 단면적이 78.5[mm^2]인 금속봉재의 '공칭응력-공칭변형률 곡선'의 일부이다. 점 B는 점 A로부터 직선 OP에 평행한 직선을 그어 곡선과 만나는 점이다. σ_y는 0.2[%] 오프셋(offset) 항복응력이다. 직선 OP의 기울기가 의미하는 기계적 성질의 명칭을 쓰고, σ_y가 200 [$\mathrm{N/mm}^2$]일 때 항복하중[N]을 구하시오.

[중등교사 임용시험-기계 · 금속]

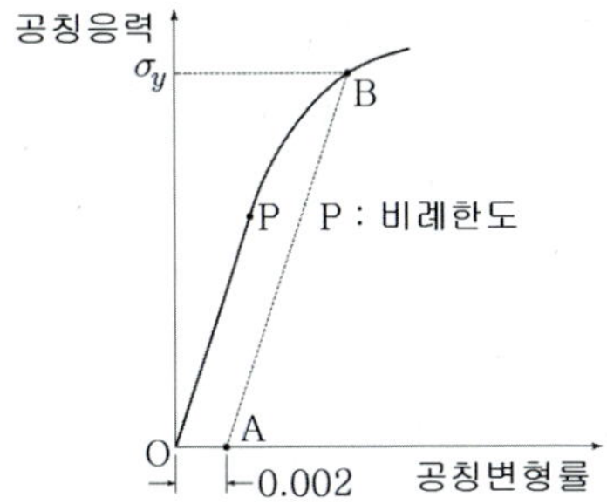

[문제 3.37]

38 재료의 거동에 대한 설명으로 옳지 않은 것은? [공무원 임용시험]

① 탄성거동은 응력-변형률 관계가 보통 직선으로 나타나지만 직선이 아닌 경우도 있다.

② 크리프(creep)는 응력이 작용하고 이후 그 크기가 일정하게 유지되더라도 변형이 시간 경과에 따라 증가하는 현상이다.

③ 재료가 항복한 후 작용하중을 모두 제거한 후에도 남는 변형을 영구변형이라 한다.

④ 푸아송비는 축하중이 작용하는 부재의 횡방향 변형률(ϵ_h)에 대한 축방향 변형률(ϵ_v)의 비(ϵ_v/ϵ_h)이다.

39 크리프 현상에 대한 설명으로 옳지 않은 것은? [공무원 임용시험]

① 천이(transient) 크리프 동안에는 시간이 경과함에 따라 크리프 속도는 감소한다.

② 일정한 온도에서 하중의 크기가 클수록 크리프 속도가 증가하여 파단에 이르는 시간이 짧아진다.

③ 고온, 고하중의 경우 크리프 속도가 증가하여 빨리 파단이 발생된다.

④ 크리프 속도가 최대가 될 때 크리프 한계응력이 발생한다.

40 안전율을 결정할 때 고려해야 할 사항이 아닌 것은? [중등교사 임용시험-기계]

① 기계적 성질 및 균질성에 대한 신뢰도

② 응력 계산의 정확도

③ 공작 및 조립의 정밀도와 잔류 응력

④ 동하중보다 정하중을 중시

41 안전계수(safety factor)에 대한 설명으로 옳지 않은 것은? [공무원 임용시험]

① 재료의 기준강도와 허용응력의 비를 나타낸다.

② 가해지는 하중과 응력의 종류 및 성질을 고려한다.

③ 정확한 응력 계산이 요구된다.

④ 수명은 고려하지 않는다.

42 응력－변형률 선도에 대한 설명으로 옳은 것은? [공무원 임용시험]

① 탄성한도 내에서 응력을 제거하면 변형된 상태가 유지된다.
② 진응력－진변형률 선도에서의 파괴강도는 공칭응력－공칭변형률 선도에서 나타나는 값보다 크다.
③ 연성재료의 경우, 공칭응력－공칭변형률 선도 상에서 파괴강도는 극한강도보다 크다.
④ 취성재료의 경우, 공칭응력－공칭변형률 선도 상에 하항복점과 상항복점이 뚜렷이 구별된다.

43 연강(mild steel)의 상온 인장시험으로 공칭응력－변형률 선도를 작성하였을 때, 가장 큰 값은? [공무원 임용시험]

① 비례한도 ② 항복강도 ③ 인장강도 ④ 파단강도

44 크리프(creep)에 대한 설명으로 옳지 않은 것은? [공무원 임용시험]

① 크리프 현상은 결정립계를 가로지르는 전위(dislocation)에 기인한다.
② 시간에 대한 변형률의 변화를 크리프 속도라고 한다.
③ 고온에서 작동하는 기계 부품 설계 및 해석에서 중요하게 고려된다.
④ 일반적으로 온도와 작용하중이 증가하면 크리프 속도가 커진다.

45 파손이론에 대한 설명으로 가장 옳지 않은 것은? [공무원 임용시험]

① 전단변형에너지설은 주로 연성재료의 파손을 예견하는 데 사용된다.
② 최대 전단응력설이 전단변형에너지설보다 실험결과와 더 잘 일치한다.
③ 최대 주응력설은 최대 인장응력의 크기가 항복강도보다 클 경우 재료의 파손이 일어난다는 이론이다.
④ 최대 전단응력설에 의하면, 단순 인장이나 압축응력에 의한 파괴는 항복전단응력의 두 배에 도달할 때 발생한다.

46 인장항복응력이 400[MPa]인 재료가 $\sigma_x = 120$[MPa], $\sigma_y = -80$[MPa]인 평면응력상태에 있을 때, 최대 전단응력설에 따른 안전계수는? [공무원 임용시험]

① 6 ② 4 ③ 3 ④ 2

47 다음은 3차원 응력상태에 있는 축의 주응력이다. 이 때 재료의 파손이론 중 최대 전단응력설에 따르는 축의 최대 전단응력[MPa]은? [공무원 임용시험]

$$\sigma_1 = 10\,\text{MPa}, \quad \sigma_2 = -15\,\text{MPa}, \quad \sigma_3 = -20\,\text{MPa}$$

① 12.5 ② 15.0 ③ 17.5 ④ 20.0

48 2차원 순수전단 조건에서 인장항복강도가 σ_Y 인 소재에 대해 최대 전단응력설과 전단 변형에너지설을 적용할 때, 각각의 전단 항복강도로 옳은 것은? [공무원 임용시험]

① $0.5\sigma_Y$, $0.577\sigma_Y$　② $0.5\sigma_Y$, $0.677\sigma_Y$

③ $1.0\sigma_Y$, $0.5\sigma_Y$　④ $1.0\sigma_Y$, $1.0\sigma_Y$

49 2축 인장응력 $\sigma_x = 2\text{kgf/mm}^2$, $\sigma_y = 4\text{kgf/mm}^2$을 받고 있는 평판에서 유효응력(Von Mises응력)의 크기는? [공무원 임용시험]

① 3kgf/mm^2　② $2\sqrt{5}\,\text{kgf/mm}^2$

③ $2\sqrt{3}\,\text{kgf/mm}^2$　④ 1kgf/mm^2

50 지름이 d인 원형단면봉이 굽힘모멘트 M과 비틀림모멘트 T를 동시에 받고 있다. 전단 변형에너지설을 적용하여 재료의 파손여부를 판단할 때 사용하는 유효응력(von Mises 응력) σ_{VM}은? [공무원 임용시험]

① $\sigma_{VM} = \dfrac{32}{\pi d^3}\sqrt{M^2 + \dfrac{3}{2}T^2}$　② $\sigma_{VM} = \dfrac{32}{\pi d^3}\sqrt{M^2 + \dfrac{3}{4}T^2}$

③ $\sigma_{VM} = \dfrac{16}{\pi d^3}\sqrt{M^2 + \dfrac{3}{2}T^2}$　④ $\sigma_{VM} = \dfrac{16}{\pi d^3}\sqrt{M^2 + \dfrac{3}{4}T^2}$

51 인장시험을 통해 측정된 항복응력이 300MPa인 어떤 재료의 한 지점에서 평면응력 값이 $\sigma_x = 110\text{MPa}$, $\sigma_y = 30\text{MPa}$, $\tau_{xy} = 30\text{MPa}$으로 측정되었다. 전단변형에너지설에 따라 이 응력상태에 대한 안전계수(S)를 구하여라.

52 항복응력이 24kgf/mm^2인 재료로 만든 부품이 $\sigma_x = 11\text{kgf/mm}^2$, $\sigma_y = 3\text{kgf/mm}^2$, $\tau_{xy} = 3\text{kgf/mm}^2$의 응력상태일 때, 최대 전단응력이론에 의한 안전계수는? [공무원 임용시험]

① 1.1　② 1.5　③ 2.4　④ 4.8

53 체적불변조건을 이용하여, 진응력(σ_T)을 공칭응력(σ_N)과 공칭변형률(ϵ_N)로 바르게 표현한 것은? [국가공무원 9급(2020)]

① $\sigma_T = \sigma_N(1 + \epsilon_N)$　② $\sigma_T = \sigma_N \ln(1 + \epsilon_N)$

③ $\sigma_T = \sigma_N\left(1 + \dfrac{1}{\epsilon_N}\right)$　④ $\sigma_T = \sigma_N \ln\left(1 + \dfrac{1}{\epsilon_N}\right)$

54 그림과 같이 중앙에 지름 $d=40$mm의 구멍이 뚫린 폭 $D=100$mm, 두께 10mm인 평판에 인장하중 $P=12$kN이 작용할 때, 평판에 발생하는 최대 응력$[\mathrm{N/mm^2}]$에 가장 가까운 값은? (단, 응력집중 계수는 a_k이다.) [국가공무원 9급(2021)]

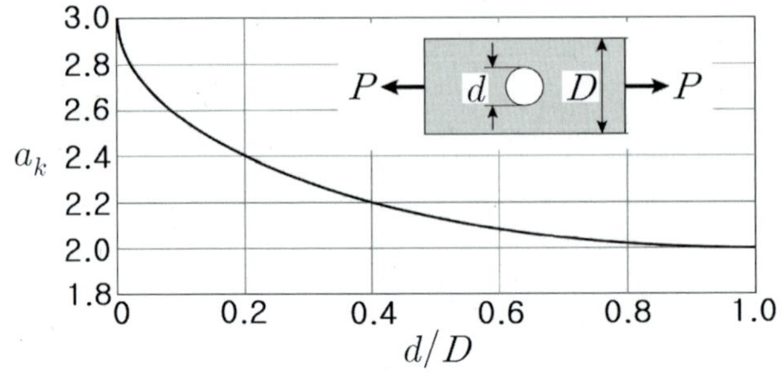

[문제 3.54]

① 20 ② 44 ③ 200 ④ 440

55 항복강도가 σ_y, 지름이 d이고, 굽힘 모멘트 M과 비틀림 모멘트 T를 동시에 받고 있는 연강축에 정적 파손이론으로 전단변형 에너지설 (distortion energy theory)을 적용할 때, 안전계수(safety factor)는? [국가공무원 7급(2021)]

① $\dfrac{\sigma_y \pi d^3}{16\sqrt{4M^2+3T^2}}$ ② $\dfrac{\sigma_y \pi d^3}{16\sqrt{M^2+T^2}}$

③ $\dfrac{\sigma_y \pi d^3}{32\sqrt{M^2+T^2}}$ ④ $\dfrac{\sigma_y \pi d^3}{16(M+\sqrt{M^2+3T^2})}$

제2부

응 용

제1장 나 사

1.1 나사의 개요

[1] 나선곡선

[그림 1.1]과 같이 지름 d_2인 원기둥에 밑변 $\overline{BC}$의 길이가 원둘레 πd_2와 같은 직각 삼각형 ABC를 원통의 축선에 직각이 되게 감으면 빗변 $\overline{AB}$는 원통 위에 하나의 곡선을 만든다. 이 곡선을 나선곡선(helix) 또는 나사곡선이라 하고, 이 나선을 따라 원통 면에 홈을 판 것을 나사라 한다.

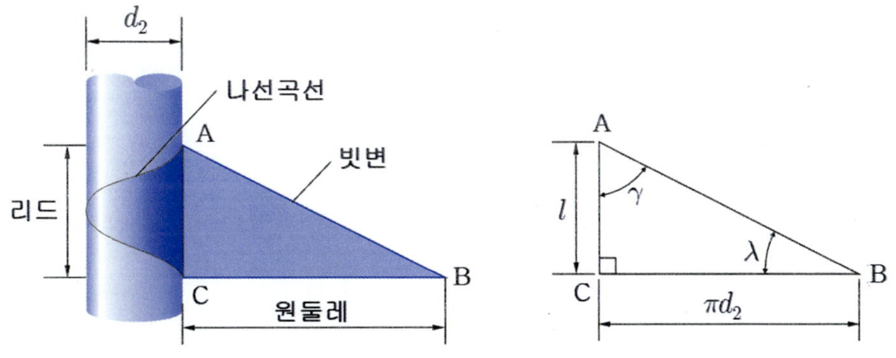

[그림 1.1] 나선곡선

[2] 나사의 용어

(1) 리드(l)와 리드각(λ) : 나선곡선을 따라 축의 둘레를 한 바퀴 회전했을 때 축 방향으로 이동한 거리를 리드(lead, l)라 한다. [그림 1.1]에서 $\overline{AC}$의 길이가 리드가 된다. 그리고 나선곡선의 경사각($\angle ABC$)을 리드각(lead angle)이라 한다. [그림 1.1]에서 리드각을 λ라 하면

$$\tan\lambda = \frac{\overline{AC}}{\overline{BC}} = \frac{l}{\pi d_2}$$

$$\therefore \ \lambda = \tan^{-1}\left(\frac{l}{\pi d_2}\right) \quad \cdots\cdots (1.1)$$

이다. 리드각은 나선각(helical angle)이라고도 한다.
한줄 나사인 경우 $l = p$가 되어

$$\tan\lambda = \frac{p}{\pi d_2} \quad \cdots\cdots (1.2)$$

가 된다. 여기에서 p는 나사의 피치이다.

(2) **비틀림 각(γ)** : 나선곡선 위의 한 점을 통과하고 나사의 축에 평행한 직선과 나선곡선이 이루는 각을 비틀림각이라 한다. [그림 1.1]에서 ∠BAC는 비틀림 각(γ)을 나타내며 리드각 λ와의 관계는 다음과 같다.

$$\gamma + \lambda = 90°$$

(3) **나사의 구조와 명칭** : [그림 1.2]와 같이 나선곡선 상의 홈들이 원통 바깥 면에 만들어진 것을 수나사(external screw thread), 원통 안쪽 면에 만들어진 것을 암나사(internal screw thread)라고 한다. 각 나사 부분의 명칭은 다음과 같다.

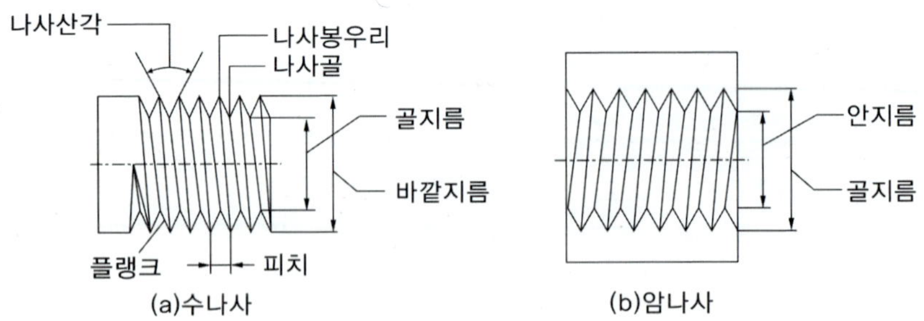

[그림 1.2] 나사의 명칭

① 나사산 : 나사의 홈과 홈 사이의 높은 부분.
② 나사봉우리 : 나사산의 꼭지면.
③ 나사골 : 나사 홈의 밑 부분.
④ 플랭크(flank) 면 : 나사 봉우리와 골을 연결하는 나사산의 경사면.

⑤ 피치(p) : 서로 인접한 나사산과 나사산(또는 골과 골) 사이의 축 방향 거리.

⑥ 바깥지름(d) : 수나사의 바깥지름을 나타낸다. 나사의 크기를 나타내는 지름을 호칭 지름(공칭지름)이라 하며, 수나사의 바깥지름을 사용한다.

⑦ 골지름(d_1) : 수나사에 있어서는 최소 지름이 되고, 암나사에 있어서는 최대 지름이 된다. 암나사의 골지름(D)은 수나사의 바깥지름(d)과 같다.

⑧ 안지름(D_1) : 암나사의 안지름(최소지름)을 나타낸다. 암나사의 안지름은 수나사의 골지름(d_1)과 같다.

〈표 1.1〉 나사의 지름

	최대	최소
수나사(볼트)	바깥지름(d)	골지름(d_1)
암나사(너트)	골지름(D)	안지름(D_1)

⑨ 유효지름(d_2) : 수나사와 암나사가 접촉하고 있는 부분의 평균 지름을 유효지름이라 한다. 수나사의 바깥지름과 골지름을 각각 d, d_1이라 하면 유효지름은 다음과 같다.

$$d_2 = \frac{d + d_1}{2} \quad \cdots\cdots (1.3)$$

수나사의 유효지름은 나사의 축에 평행한 방향으로 측정된 나사산 길이(두께)와 나사홈 길이(너비)가 같아지는 곳의 가상 원통의 지름으로 정의하지만 이것은 식 (1.3)과 거의 일치한다. 따라서 일반적으로 식 (1.3)의 값을 사용하므로 알기 쉽게 유효지름을 평균지름이라고 한다.

⑩ 나사산 높이(h) : 반경 방향으로 측정한 나사산의 높이이다.

$$h = \frac{d - d_1}{2} \quad \cdots\cdots (1.4)$$

여기에서 d와 d_1은 각각 수나사의 바깥지름과 골 지름을 나타낸다.

(4) **여러 줄 나사** : 한 줄의 나선 곡선으로 만들어진 나사를 한 줄 나사라 한다. 두 줄의 나선이 원주 상에 180°의 위상 차이를 갖도록 만들어진 것을 두 줄 나사[그림 1.3], 세 줄의 나선이 각각 120°의 위상차를 갖고 형성된 것을 세 줄 나사라 한다. 두 줄 이상의 나선곡선을 갖는 나사를 여러 줄 나사 또는 다중 나사라 한다. 보통 나사로는

한줄 나사를 많이 사용한다. 여러 줄 나사는 1 회전에 대한 리드가 크므로 빨리 풀거나 빨리 죌 때 편리하다. 그러나 쉽게 풀어지는 단점이 있다.

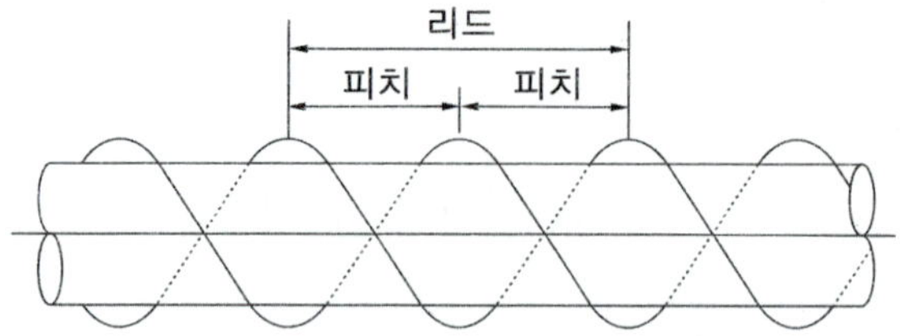

[그림 1.3] 두 줄 나사의 나선곡선

(5) **피치와 리드의 관계** : 나사 곡선을 따라 축의 둘레를 한 바퀴 회전했을 때 축 방향으로 이동한 거리를 리드(lead, l)라 하고, 서로 인접한 나사산과 나사산 사이의 거리를 피치(pitch, p)라 한다. n 줄 나사의 피치(p)와 리드(l)는 다음 관계식을 갖는다.

$$l = np \tag{1.5}$$

(6) **나사산각과 플랭크각** : [그림 1.4]와 같이 서로 인접한 두 개의 플랭크가 이루는 각을 나사산각이라 한다. 플랭크각(β)은 플랭크가 축 중심선에 직각인 단면과 이루는 각도를 말한다. 삼각나사의 경우 나사산각은 플랭크각의 2배(2β)이다.

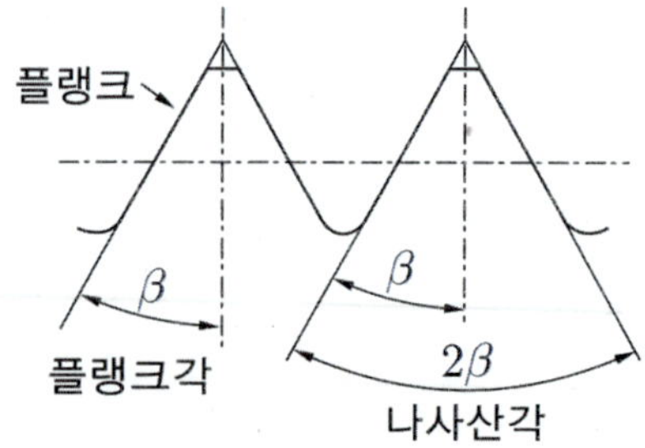

[그림 1.4] 플랭크각과 나사산각

(7) **왼나사와 오른나사** : 오른쪽((↷), 시계 방향)으로 돌리면 죄어지는 나사를 오른 나사, 왼쪽((↶), 반시계 방향)으로 돌리면 죄어지는 나사를 왼나사라 한다.

(8) **나사산의 모양** : [그림 1.5]와 같이 나사산의 모양에 따라 삼각나사, 사각나사, 사다리꼴나사, 톱니나사, 둥근나사 등으로 나눈다. 나사의 특성은 나사산의 모양에 따라 크게 다르므로 용도에 적합한 나사산 모양을 선택하여 사용한다.

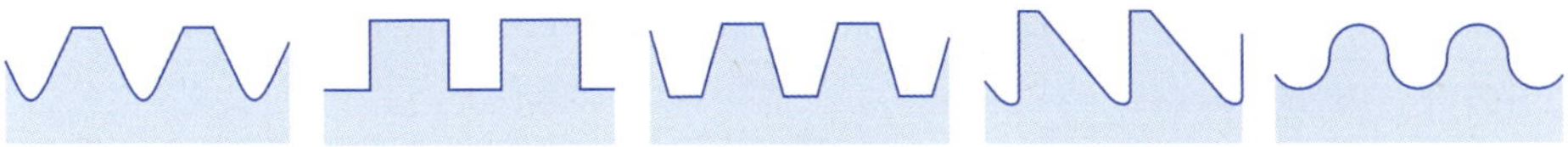

[그림 1.5] 나사산의 종류

(9) 미터계 나사와 인치계 나사 : 미터계 나사에서는 나사의 피치를 mm로 표시하고, 인치계 나사에서는 1인치(1inch=25.4mm) 안의 나사산 수로 피치를 표시한다.

[3] 나사의 규격화

나사는 가장 많이 사용되는 체결용 기계요소로서 호환성이 필요하다. 따라서 각 나라마다 나사의 형상, 지름, 피치 등에 대한 사항을 표준 규격화하여 사용하고 있다. 우리나라에서도 나사에 대한 여러 가지 사항을 한국 산업 규격(KS)에서 규정하고 있다.

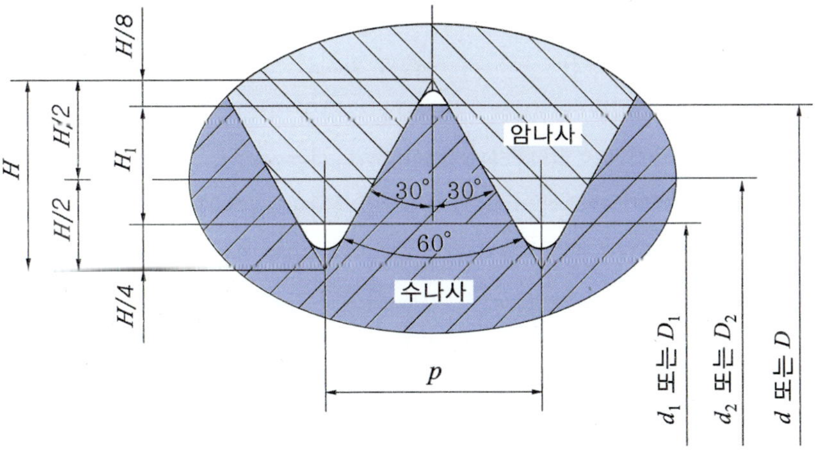

[그림 1.6] 미터 보통 나사의 나사산 모양

여러 가지 나사 중에서 가장 많이 사용하는 것은 미터 보통 나사인데 이에 대한 규격은 KS B 0201에서 규정하고 있다. [그림 1.6]은 미터 보통 나사의 나사산 모양을 나타낸다. 참고로 기본치수 계산식은 다음과 같다.

$$H = 0.866025p, \quad H_1 = 0.541266p, \quad d_2 = d - 0.649519p$$
$$d_1 = d - 1.082532p, \quad D = d, \quad D_2 = d_2, \quad D_1 = d_1$$

여기에서 D, D_1, D_2는 암나사의 골지름, 안지름, 유효지름을 각각 나타내고, d, d_1,

d_2는 수나사의 바깥지름, 골지름, 유효지름을 각각 나타낸다. 그리고 p는 피치, H_1은 접촉높이이다.

1.2 나사의 종류

나사는 사용 목적에 따라서 다음과 같이 결합용 나사, 운동용 나사, 계측용 나사로 나누어진다.

[1] 결합용 나사

기계 부품을 결합시키거나 위치 조정을 할 때 사용되는 나사로서 주로 삼각나사가 사용되며, 삼각나사는 나사산의 모양에 따라 미터나사, 유니파이나사, 관용나사 등으로 나누어진다.

(1) 미터나사(metric thread) : 나사의 지름과 피치를 mm로 표시하며, 나사산각은 60°이다. KS에 규정된 미터나사에는 미터 보통나사와 미터 가는 나사가 있다. 보통나사의 크기는 'M 호칭지름'으로 나타내고, 가는 나사는 'M 호칭지름×피치'로 나타낸다. 호칭지름은, 수나사인 경우에는 바깥지름, 암나사인 경우에는 상대 수나사의 바깥지름으로 나타낸다. 수나사의 바깥지름이 같을 때 미터 가는 나사의 피치가 미터 보통나사의 피치보다 작다. 즉, 나사산 사이의 간격이 작은 세밀한 나사를 가는 나사라 한다. 그리고 미터 가는 나사는 미터 보통 나사에 비하여 수나사의 골지름 부위 틈새가 더 작다.

(2) 유니파이 나사(unified screw thread) : 2차 세계 대전 이후에 영국, 미국, 캐나다 3국의 협정에 의해 정한 나사로 ABC 나사라고도 한다. 나사산 각이 60°인 인치계 나사로서 기호 U로 표시한다. 유니파이 나사는 나사호칭에 관한 숫자, 1인치(inch)당 나사산 수, 나사 종류의 순으로 표기한다. 나사의 크기를 정하기 위한 표준 치수를 1인치에서의 나사산수(n)로 정하였으므로 피치 $p = \frac{25.4}{n}$[mm]가 된다. 유니파이 보통 나사(UNC)와 유니파이 가는 나사(UNF)가 있고, 유니파이 가는 나사는 특히 정밀 기계나 항공기용 작은 나사에 사용된다.

(3) 관용나사(pipe thread) : 파이프와 같이 두께가 얇은 곳에 나사산을 만들었으며 누

수를 방지하고 기밀을 유지하기 위해 사용한다. 나사산각이 55°인 인치계 나사이며, [그림 1.7]과 같은 관용 평행 나사(G)와 관용 테이퍼 나사(R: 수나사, Rc: 암나사)가 있고, 기밀용에는 특히 테이퍼 나사가 좋다.

(a)관용 평행 나사　　(b)관용 테이퍼 나사

[그림 1.7] 관용나사

〈표 1.2〉 나사의 호칭 표시법

나사의 종류	호칭 표시법(호칭지름은 수나사의 바깥지름을 나타낸다.)	
미터 나사	호칭	[호칭기호(M)] [호칭지름(mm)] × [피치(mm)]
	예	M5 : 미터보통나사, 호칭지름 5mm M5×0.75 : 미터가는나사, 호칭지름 5mm, 피치 0.75mm
유니파이 나사	호칭	[호칭지름(inch)] − [1inch당 나사산 수] [호칭기호(UNC, UNF)]
	예	$\frac{1}{4}$−20 UNC : 유니파이보통나사, 호칭지름 $\frac{1}{4}$inch, 1inch 당 나사산 수 20개

[2] 운동용 나사

힘을 전달하거나 물체를 움직이게 할 목적으로 사용하는 나사로 사각나사, 사다리꼴나사, 톱니나사, 둥근나사, 볼나사 등이 있다.

(1) 사각나사 : 축 방향으로 큰 하중을 받는 운동에 적합하도록 나사산의 모양을 직사각형으로 만든 나사이다. 하중의 방향이 일정하지 않고 변동할 때나 추력을 전달할 때 효과적으로 사용할 수 있기 때문에 강력한 이송나사(feed screw) 등에 사용된다. 그러나 단면이 사각형이기 때문에 가공이 어려우므로 높은 정밀도를 요하는 부품에는 이용되지 않는다. 동력 전달용 잭, 나사 프레스, 선반의 이송 나사 등에 사용된다.

(2) 사다리꼴나사 : 애크미(acme) 나사라고도 한다. 나사의 효율 면에서는 사각나사가 우수하나 제작이 어려워 사다리꼴 나사를 많이 사용한다. 강도가 높고 저항력이 크므로 추력을 전달하는 부품의 나사로 적합하다. 가공이 쉽고 맞물림 상태가 좋으며, 마모가

되어도 조정하기 쉬우므로 공작기계의 이송용 나사(선반의 리드 나사)로 널리 사용된다. 이 나사에는 나사산각이 30°인 미터계(Tr)와 29°인 인치계(TW)가 있다.

(3) 톱니나사 : 축의 한쪽 방향으로만 힘을 받는 부품에 사용된다. 힘을 받는 쪽에는 사각나사, 반대쪽에는 삼각나사를 깎아서 양 나사의 장점을 이용한 것이다. 나사산각에는 30°와 45°의 두 종류가 있고, 힘을 받는 면은 거의 축에 직각이다. 힘을 받는 쪽의 제작을 간단하게 하기 위하여 나사산각 30°인 경우에는 3°, 45°인 경우에는 5°의 경사를 붙인다. 바이스, 압착기 등과 같이 작용력의 방향이 일정할 때 사용된다.

(4) 볼나사 : 수나사와 너트 부분에 나선 모양의 홈을 파고 그 두 개의 홈들을 맞대어 향하도록 맞춘 후 그 홈 사이에 많은 강구(steel ball)를 넣어서 만든 나사이다[그림 1.8]. 마찰이 매우 적고 백래시(back lash)가 적어 정밀 이송장치에 많이 사용된다. 특히 높은 정밀도를 요구하는 수치제어 장치, 정밀 공작 기계, 정밀 기계류 등에 사용된다.

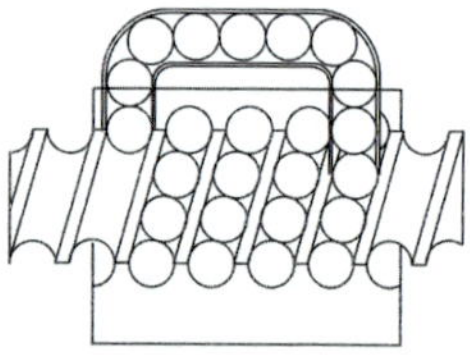

[그림 1.8] 볼나사

(5) 둥근나사 : 너클나사(knuckle thread) 또는 원형 나사라고도 한다. 나사산각은 30°이고, 나사 봉우리와 골은 둥글게 되어 있다. 쇠붙이, 먼지, 모래 등이 많은 곳에 사용되며, 큰 힘을 견딜 수 있으므로 충격이나 진동을 받는 부분에도 효과적으로 사용할 수 있다. 먼지와 이물질이 들어가기 쉬운 백열전구의 끼움 나사, 호스 연결부, 시멘트 믹서기, 토목 공사용 기계 등에 사용된다.

1.3 나사 역학

나사면에서 마찰만을 고려하여 사각 나사를 죄는 힘과 푸는 힘을 구해본다. 적용되는 기본적인 역학 법칙은 죄는 힘 또는 푸는 힘과 마찰력과의 평형 방정식이다.

[1] 나사를 죌 때

(1) 회전력(P)

[그림 1.9]에서 너트를 돌리는데 필요한 힘 P와 축 방향의 하중 Q와의 관계를 구해본다. 여기에서 나사를 돌려서 죄는 힘 P는 유효지름(d_2)의 원주에서 접선 방향으로 작용하며 축선에 대해 직각이다. 그리고 축 방향으로 작용하는 하중 Q는 유효지름의 나선 위에 집중한다고 가정한다.

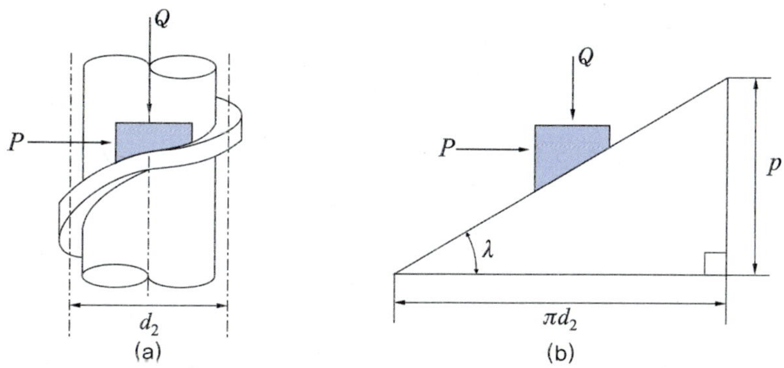

[그림 1.9] 사각나사와 나사 경사면

[그림 1.10(a)]와 같이 경사면에 평행한 방향과 수직인 방향을 각각 x, y 방향으로 놓고 두 힘 P, Q를 x, y 성분으로 분해하여 평형 방정식을 적용한다. 여기에서 λ는 나선각이다. x, y 방향의 단위 벡터를 각각 $\vec{i}$, $\vec{j}$라 하면 힘 Q는 [그림 1.10(b)]와 같이

$$-Q\sin\lambda\vec{i}+Q\cos\lambda\vec{j}$$

로 분해되고 힘 P는 [그림 1.10(c)]와 같이

$$P\cos\lambda\vec{i}+P\sin\lambda\vec{j}$$

로 분해된다. 따라서 두 힘의 합력 R의 x, y 성분은 각각

$$R_x = P\cos\lambda - Q\sin\lambda \ (\nearrow)$$
$$R_y = P\sin\lambda + Q\cos\lambda \ (\searrow)$$

가 된다.

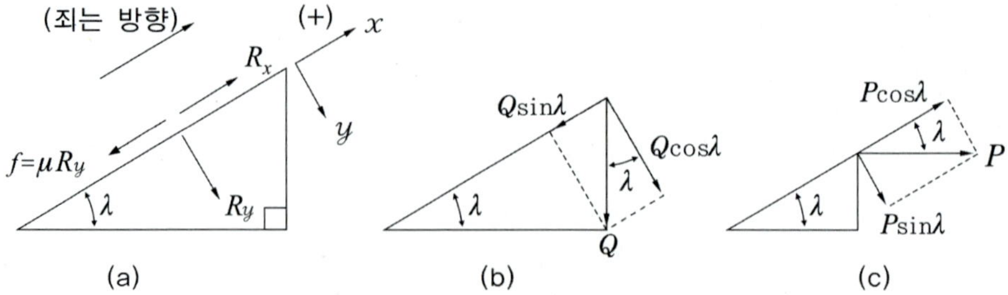

[그림 1.10] 나사를 죌 때의 힘

[그림 1.10(a)]와 같이 운동이 시작되는 순간 나사면을 따라 밀어 올리는 접선방향 힘 R_x(↗)는 수직력 R_y에 의해 발생하는 마찰력 $f=\mu R_y$(↙)와 평형을 이루게 된다. 따라서 다음과 같이 P가 구해진다.

$$R_x = \mu R_y$$
$$P\cos\lambda - Q\sin\lambda = \mu(P\sin\lambda + Q\cos\lambda)$$
$$\therefore \quad P = \left(\frac{\sin\lambda + \mu\cos\lambda}{\cos\lambda - \mu\sin\lambda}\right)Q \quad \cdots\cdots (1.6)$$

여기에서 μ는 마찰계수이다. 우변의 분모 분자에 $\cos\lambda$를 나누어주면 P는 다음과 같이 표현된다.

$$P = \left(\frac{\tan\lambda + \mu}{1 - \mu\tan\lambda}\right)Q \quad \cdots\cdots (1.7)$$

여기에서 마찰각을 ρ라 하면

$$\mu = \tan\rho \quad \cdots\cdots (1.8)$$

이므로

$$\frac{\tan\lambda + \mu}{1 - \mu\tan\lambda} = \frac{\tan\lambda + \tan\rho}{1 - \tan\rho\tan\lambda} = \tan(\rho + \lambda)$$

이다. 따라서 힘 P는 다음과 같이 간단하게 표현된다.

$$P = Q\tan(\rho + \lambda) \quad \cdots\cdots (1.9)$$

한편 [그림 1.9]에서 $\tan\lambda = \frac{p}{\pi d_2}$이므로 식 (1.7)로부터 P와 피치 p 및 지름 d_2와의

관계는 다음과 같다.

$$P = \left(\frac{p + \mu \pi d_2}{\pi d_2 - \mu p} \right) Q \quad \cdots\cdots (1.10)$$

나사를 죌 경우에는 $P > Q\tan(\rho + \lambda)$의 힘이 필요하게 된다.

† $\frac{\sin\lambda}{\cos\lambda} = \tan\lambda$, $\tan(A+B) = \frac{\tan A + \tan B}{1 - \tan A \tan B}$, $\tan(A-B) = \frac{\tan A - \tan B}{1 + \tan A \tan B}$

$$P = \left(\frac{\tan\lambda + \mu}{1 - \mu \tan\lambda} \right) Q = \left(\frac{p/\pi d_2 + \mu}{1 - \mu p/\pi d_2} \right) Q = \left(\frac{p + \mu\pi d_2}{\pi d_2 - \mu p} \right) Q$$

(2) 회전 토크(T)

[그림 1.11]과 같이 유효지름 d_2의 원주에 회전력 P가 작용하고 있으므로 나사를 죌 때 필요한 회전 토크는 다음과 같다.

$$T = P \times \frac{d_2}{2} = \frac{Qd_2}{2} \tan(\rho + \lambda) \quad \cdots\cdots (1.11)$$

또는

$$T = \frac{Qd_2}{2} \left(\frac{p + \mu\pi d_2}{\pi d_2 - \mu p} \right) \quad \cdots\cdots (1.12)$$

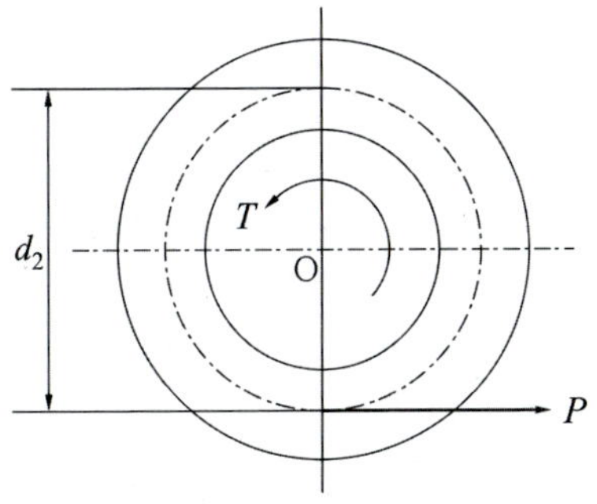

[그림 1.11] 나사를 죌 때의 토크(T)

[2] 나사를 풀 때

(1) 회전력(P)

수평력 P를 가하여 나사를 풀어 내릴 때는 [그림 1.12(c)]와 같이 힘 P의 방향이 올릴 때와는 반대 방향이 된다. 따라서 [그림 1.12(a)]와 같이 내려오는 방향(↙)을 양의 방향($+x$)으로 잡는다. 이때 힘 Q는 [그림 1.12(b)]와 같이

$$Q\sin\lambda\vec{i}+Q\cos\lambda\vec{j}$$

로 분해되고 힘 P는 [그림 1.12(c)]와 같이

$$P\cos\lambda\vec{i}-P\sin\lambda\vec{j}$$

로 분해된다. 따라서 두 힘의 합력 R의 x, y 성분은 각각

$$R_x = P\cos\lambda + Q\sin\lambda \ (↙)$$
$$R_y = -P\sin\lambda + Q\cos\lambda \ (↘)$$

가 된다.

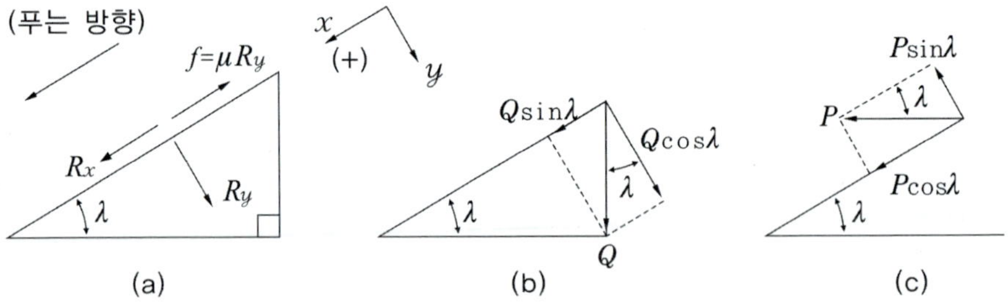

[그림 1.12] 나사를 풀 때의 힘

[그림 1.12(a)]와 같이 운동이 시작되는 순간 나사면을 따라 밀어 내리는 접선방향 힘 R_x(↙)는 수직력 R_y에 의해 발생하는 마찰력 $f=\mu R_y$(↗)와 평형을 이루게 된다. 따라서 다음과 같이 P가 구해진다.

$$P\cos\lambda + Q\sin\lambda = \mu(-P\sin\lambda + Q\cos\lambda)$$
$$\therefore \quad P = Q\left(\frac{-\sin\lambda+\mu\cos\lambda}{\cos\lambda+\mu\sin\lambda}\right) = Q\left(\frac{-\tan\lambda+\mu}{1+\mu\tan\lambda}\right)$$

$$= Q\left(\frac{-\tan\lambda + \tan\rho}{1+\tan\rho\tan\lambda}\right) = Q\tan(\rho - \lambda)$$

이다. 따라서 힘 P는 다음과 같이 간단하게 표현된다.

$$P = Q\tan(\rho - \lambda) \qquad (1.13)$$

한편 $\tan\lambda = \frac{p}{\pi d_2}$이므로 P와 피치 p 및 지름 d_2와의 관계는 다음과 같다.

$$P = \left(\frac{-p + \mu\pi d_2}{\pi d_2 + \mu p}\right)Q \qquad (1.14)$$

(2) 회전 토크(T)

나사를 죌 때와 마찬가지로 유효지름 d_2의 원주에 회전력 P가 작용하고 있으므로 회전 토크는 다음과 같다.

$$T = P \times \frac{d_2}{2} = \frac{Qd_2}{2}\tan(\rho - \lambda) \qquad (1.15)$$

$$T = \frac{Qd_2}{2}\left(\frac{-p + \mu\pi d_2}{\pi d_2 + \mu p}\right) \qquad (1.16)$$

[3] 나사의 자립 조건

나사의 자립 조건이란 나사가 저절로 풀리지 않을 조건을 말하며 나사를 풀기 위해서는 회전력을 작용시켜야 한다는 것을 의미한다. 이것은 나사를 풀 때의 회전력 P와 축 방향 하중 Q와의 다음 관계식으로부터 알 수 있다.

$$P = Q\tan(\rho - \lambda) \qquad (1.17)$$

여기에서 ρ와 λ는 각각 마찰각과 리드각을 나타낸다. 만일 $P=0$이면 나사가 저절로 풀리다가 어느 점에서 정지 상태를 유지하고, 이 경우 $\rho = \lambda$가 된다. 그리고 나사를 풀어 내리려고 하면 $P > 0$이 되므로 $\rho > \lambda$가 되고 이때는 나사가 저절로 풀리지 않는다. 한편 $\rho < \lambda$이면 $P < 0$이 되고, 이것은 나사를 푸는데 힘이 들지 않고 나사가 자연히 풀어진다는 것을 의미한다. 따라서 자립조건은 다음과 같다.

$$\rho \geq \lambda \qquad (1.18)$$

위 식은 나사의 마찰각이 리드각보다 작지 않아야 한다는 것을 나타낸다. 한편 이 식은 $\tan\rho \geq \tan\lambda$로 쓸 수 있고, 마찰각 $\mu = \tan\rho$이므로 다음과 같은 자립조건을 얻을 수 있다.

$$\mu \geq \tan\lambda \quad \cdots\cdots (1.19)$$

그리고 리드각 λ의 정의에서 $\tan\lambda = \dfrac{p}{\pi d_2}$이므로 나사의 자립 조건은 다음 식으로도 표현된다.

$$\mu \geq \frac{p}{\pi d_2} \quad \cdots\cdots (1.20)$$

여기에서 p는 피치, d_2는 유효지름을 나타낸다.

[4] 나사의 효율

나사의 효율은 입력한 일에 대한 출력된 일의 비로써 정의된다. 입력한 일이란 외력 P가 나사를 회전시킬 때 한 일이며, 출력된 일이란 축 방향 하중 Q를 축 방향으로 이동시키는데 소요된 일이다. [그림 1.9(b)]와 같이 외력 P가 회전 방향으로 πd_2만큼 이동할 때 축 방향 하중 Q는 피치(p)만큼 이동하므로 이때 한 일은 각각 $P \times \pi d_2$, $Q \times p$이다. 따라서 효율(η)은 다음과 같이 된다.

$$\eta = \frac{Q \times p}{P \times (\pi d_2)} = \frac{Q}{P} \times \frac{p}{\pi d_2} = \frac{Q}{P} \times \tan\lambda$$

여기에서, 나사를 죌 때 $P = Q\tan(\rho + \lambda)$이므로

$$\eta = \frac{\tan\lambda}{\tan(\rho + \lambda)} \quad \cdots\cdots (1.21)$$

이고, 나사를 풀 때에는 $P = Q\tan(\rho - \lambda)$이므로

$$\eta = \frac{\tan\lambda}{\tan(\rho - \lambda)} \quad \cdots\cdots (1.22)$$

가 된다.

[5] 사각 나사 잭

[그림 1.13]과 같은 나사 잭으로 물건을 들어 올릴 때 잭의 핸들(레버)에 가해야 할 힘을 구해본다. 레버의 길이를 L, 레버에 가하는 힘을 F라 하면 힘 F에 의하여 나사에 걸리는 토크는 $T = F \times L$이다. 그리고 하중을 Q라 하면 잭에서 걸리는 토크는 $T = \frac{Qd_2}{2}\tan(\rho + \lambda)$ 또는 $T = \frac{Qd_2}{2}\left(\frac{p + \mu\pi d_2}{\pi d_2 - \mu p}\right)$이다. 따라서 힘 F는 다음과 같이 구해진다.

$$FL = \frac{Qd_2}{2}\tan(\rho + \lambda)$$

$$\therefore \quad F = \frac{Qd_2}{2L}\tan(\rho + \lambda) \quad \cdots\cdots (1.23)$$

또는

$$F = \frac{Qd_2}{2L}\left(\frac{p + \mu\pi d_2}{\pi d_2 - \mu p}\right) \quad \cdots\cdots (1.24)$$

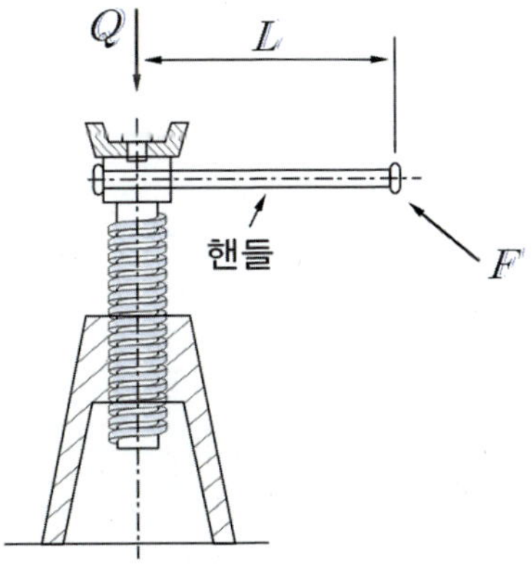

[그림 1.13] 나사의 회전력

1.4 나사의 최대 효율

나사를 조일 때 사각나사의 효율(η)은 다음과 같다.

$$\eta = \frac{\tan\lambda}{\tan(\rho+\lambda)} \quad \cdots\cdots ①$$

나사의 최대 효율은 식 ①에서 $\frac{d\eta}{d\lambda}=0$에서 일어난다.

$$\frac{d\eta}{d\lambda} = \frac{\sec^2\lambda\tan(\rho+\lambda) - \tan\lambda\sec^2(\rho+\lambda)}{\tan^2(\rho+\lambda)} = 0 \quad \cdots\cdots ②$$

식 ②에서 분자가 0이 되므로

$$\sec^2\lambda\tan(\rho+\lambda) - \tan\lambda\sec^2(\rho+\lambda) = 0$$

$$\therefore \frac{1}{\cos^2\lambda} \times \frac{\sin(\rho+\lambda)}{\cos(\rho+\lambda)} - \frac{\sin\lambda}{\cos\lambda} \times \frac{1}{\cos^2(\rho+\lambda)} = 0$$

이다. 위 식의 양변에 $\cos^2\lambda\cos^2(\rho+\lambda)$를 곱하면

$$\sin(\rho+\lambda)\cos(\rho+\lambda) - \sin\lambda\cos\lambda = 0$$

$$\therefore \sin[2(\rho+\lambda)] - \sin(2\lambda) = 0 \quad \cdots\cdots ③$$

이 된다. 식 ③의 삼각방정식에서 $\rho \neq 0$이므로 $2(\rho+\lambda) = 2\lambda$는 해가 되지 않는다. 삼각함수 관계식에서 $\sin(\pi-\alpha) = \sin\alpha$이므로 $\sin(2\lambda) = \sin(\pi-2\lambda)$이고, 다음 관계식을 만족하는 λ가 식 ③의 해가 된다.

$$\sin[2(\rho+\lambda)] = \sin(\pi-2\lambda)$$

$$2(\rho+\lambda) = \pi - 2\lambda$$

$$4\lambda = \pi - 2\rho$$

$$\therefore \lambda = \frac{\pi}{4} - \frac{\rho}{2} = 45° - \frac{\rho}{2} \quad \cdots\cdots (1.25)$$

이때 나사의 최대 효율(η_{max})은 다음과 같다.

$$\eta_{max} = \frac{\tan\left(45° - \frac{\rho}{2}\right)}{\tan\left(45° + \frac{\rho}{2}\right)} = \frac{\tan\left(45° - \frac{\rho}{2}\right)}{\tan\left[90° - \left(45° - \frac{\rho}{2}\right)\right]}$$

$$= \frac{\tan\left(45° - \frac{\rho}{2}\right)}{\cot\left(45° - \frac{\rho}{2}\right)} = \tan^2\left(45° - \frac{\rho}{2}\right)$$

$$\eta_{max} = \tan^2\left(45° - \frac{\rho}{2}\right) \quad \cdots\cdots (1.26)$$

나사가 저절로 풀리지 않는 한계, 즉 자립상태를 유지하는 한계는 $\lambda = \rho$이며 이때 나사의 효율은

$$\eta = \frac{\tan\lambda}{\tan(\rho+\lambda)} = \frac{\tan\rho}{\tan(2\rho)} = \frac{\tan\rho}{\dfrac{2\tan\rho}{1-\tan^2\rho}} = \frac{1}{2}(1-\tan^2\rho) < 0.5$$

이다. 따라서 자립상태($\lambda \le \rho$)에서 나사의 효율은 50% 보다 작다.

이상의 결과로부터 사각나사의 효율을 그래프로 나타내면 [그림 1.14]와 같다. 나사의 최대 효율은 $\lambda = 45° - \frac{\rho}{2}$에서 일어나며, 리드각($\lambda$)이 증가함에 따라 $\lambda < 45° - \frac{\rho}{2}$에서는 효율이 높아지고, $\lambda > 45° - \frac{\rho}{2}$에서는 효율이 낮아진다.

나사를 조일 때 일반적으로 사각나사의 효율이 삼각나사보다 높다. 이에 따라 사각나사는 나사 잭과 수동 압축기 등에 사용되고 삼각나사는 결합용으로 사용된다.

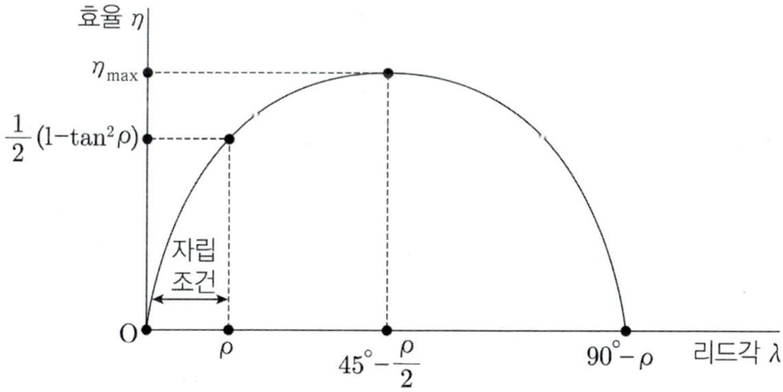

[그림 1.14] 사각나사의 효율

나사 효율이 최대가 되는 리드각(λ)에 대한 식 (1.25)와 최대효율 (1.26)은 그냥 외우는 게 좋다. 이상에서 사용된 삼각함수 관계식은 다음과 같다.

$$\sin 2\alpha = 2\sin\alpha\cos\alpha, \quad \sin(\pi - \alpha) = \sin\alpha,$$

$$\tan(90° - \alpha) = \cot\alpha = \frac{1}{\tan\alpha}, \quad \tan(2\alpha) = \frac{2\tan\alpha}{1-\tan^2\alpha}$$

1.5 볼트와 와셔

[그림 1.15]와 같이 볼트(bolt)와 너트(nut)는 나사짝을 이루어 주로 부품을 결합하는데 사용되고, 와셔(washer)는 볼트와 너트의 풀림을 방지하는데 주로 사용된다.

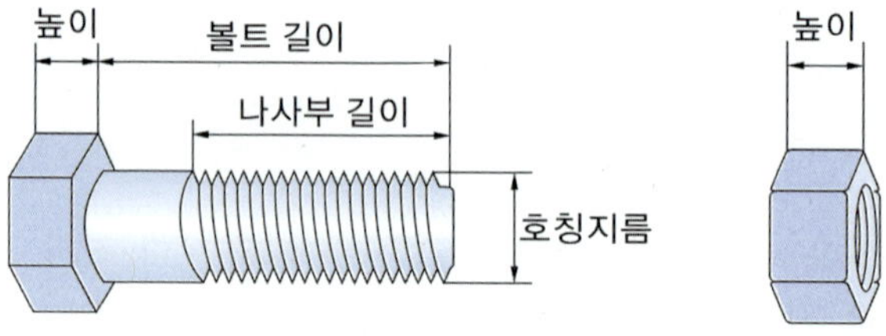

[그림 1.15] 볼트와 너트

[1] 볼트

볼트를 사용법에 따라 분류하면 대체로 [그림 1.16]과 같은 세 가지가 있다.

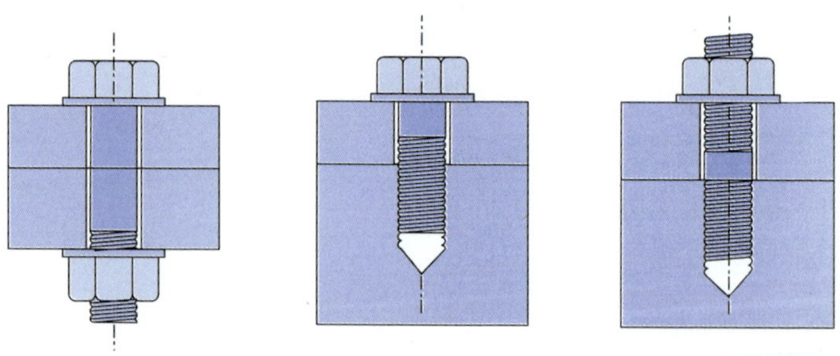

[그림 1.16] 볼트의 종류

(1) **관통볼트** : 죄려고 하는 두 개의 부분에 모두 구멍을 뚫고 여기에 볼트를 관통시킨 후 너트로 죈다[그림 1.16(a)].

(2) **탭볼트(tap bolt)** : 죄려고 하는 부분이 두꺼워서 관통하는 구멍을 뚫을 없을 때, 긴 구멍을 뚫었다고 하더라도 너무 긴 관통볼트를 사용해야 할 때에는 암나사를 한쪽 편에 직접 깎은 후 머리 붙은 볼트로 조인다. 즉, 너트를 사용하지 않는 방법이다[그림 1.16(b)].

(3) **스터드볼트(stud bolt)** : 막대의 양 끝에 나사를 깎은 머리 없는 볼트로서 한쪽 끝은 본체에 튼튼하게 박고 다른 끝에는 너트를 끼워서 죈다[그림 1.16(c)].

[2] 와셔

와셔는 볼트 머리의 밑면에 끼우는 것으로써 사용목적에 따라 여러 가지가 있다. 와셔의 종류는 모양, 기능, 용도 등에 따라 여러 가지로 분류된다[그림 1.17]. 평판 모양으로 된 평와셔는 육각볼트, 육각너트 와 함께 일반적으로 사용되는 와셔로 외형이 원형인 둥근 와셔와 사각형인 각와셔가 있다.

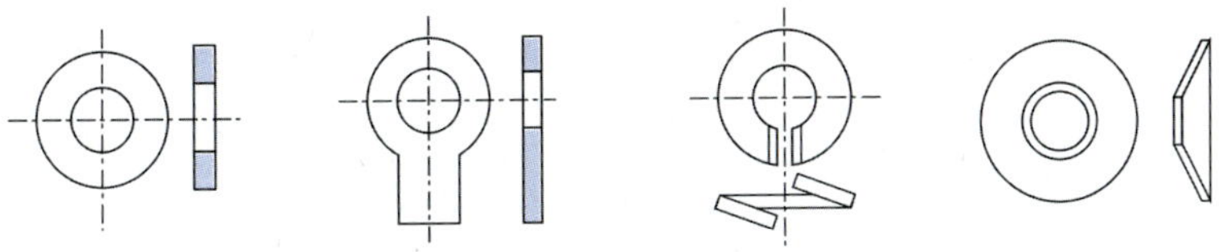

(a)둥근와셔 (b)혀붙이와셔 (c)스프링와셔 (d)접시형와셔

[그림 1.17] 와셔의 종류

일반적으로 와셔는 볼트 머리 부분의 압력을 분산시키는 역할을 하며, 주로 다음과 같은 경우에 대하여 와셔를 사용한다.

① 볼트 구멍이 볼트 지름보다 아주 클 때.

② 볼트 머리와 너트를 받치는 누름면의 요철이 심하거나 경사져 있을 때.

③ 자리면의 재료가 탄성이 부족하여 볼트의 죔 압력을 오랫동안 유지하지 못하거나 너트가 재료를 파고 들어갈 염려가 있을 때 : 내압력이 약한 목재나 고무 등에 볼트와 너트를 사용할 때.

④ 너트의 풀림을 방지하고자 할 때.

[3] 볼트와 너트의 풀림 방지

결합용 나사는 접촉면에서의 마찰력으로 인하여 스스로 풀어지지 않도록 설계되어 있다. 그러나 진동과 충격을 받으면 순간적으로 접촉 압력이 거의 없어지는 경우가 있으며, 이러한 일이 반복되면 너트가 풀리게 된다. 너트의 풀림을 방지하는 방법은 다음과 같다.

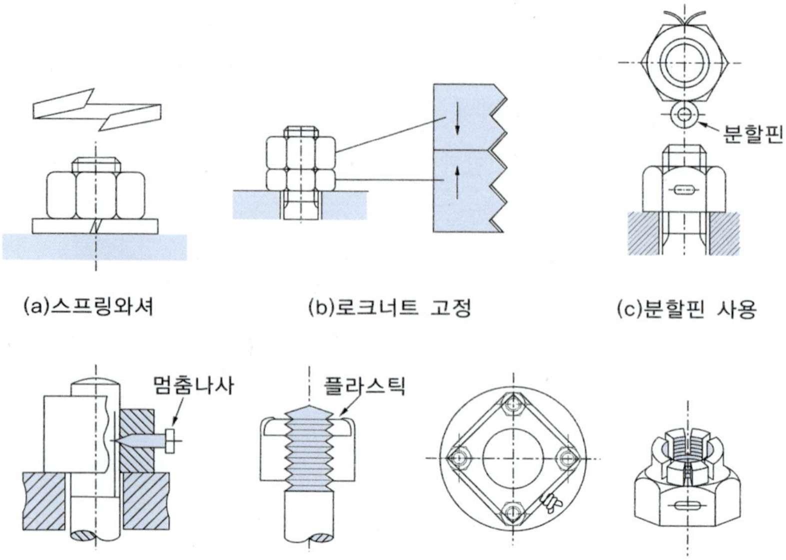

(a)스프링와셔 (b)로크너트 고정 (c)분할핀 사용

(d)멈춤나사 사용 (e)플라스틱 사용 (f)강선 사용 (g)절입너트 고정

[그림 1.18] 나사의 풀림 방지법

① 와셔에 의한 방법 : 스프링 와셔, 혀붙이 와셔, 고무 와셔 등의 특수 와셔를 사용하여 너트가 풀리지 않게 하는 것이다[그림 1.18(a)].

② 로크너트(고정 너트, 더블 너트)에 의한 방법 : 두 개의 너트를 충분히 죈 다음 아래 너트를 약간 풀어 두 개의 너트가 서로 미는 상태로 만들어서 볼트의 죄는 힘이 감소하더라도 나사면의 접촉압력을 잃지 않게 하여 너트가 풀어지지 않게 한다[그림 1.18(b)].

③ 분할핀을 이용하는 방법 : 볼트에 반경 방향으로 구멍을 뚫고 분할핀을 볼트 구멍에 집어넣어 너트를 고정하는 방법이다. 이 방법은 볼트가 약해지는 단점이 있다[그림 1.18(c)].

④ 멈춤 나사(고정나사)를 이용하는 방법 : 너트의 옆면에 나사구멍을 뚫고 멈춤 나사를 박아 볼트의 나사부를 고정하는 방법이다[그림 1.18(d)].

⑤ 플라스틱이 들어간 너트를 사용하는 방법 : 나사면에 플라스틱이 들어간 너트를 사용하여 나사면의 마찰계수를 증가시킴으로써 풀림을 방지한다[그림 1.18(e)].

⑥ 강선(철사)에 의한 방법 : 핀 대신 철사로 주위에 있는 너트를 서로 연결하여 감아 매어서 너트가 풀리지 못하게 한다[그림 1.18(f)].

⑦ 절입 너트에 의한 방법 : 너트의 일부를 안쪽으로 휘게 하여 볼트에 나사를 결합시킬 때 나사부가 강하게 압착되도록 한다[그림 1.18(g)].

[4] 볼트의 골지름과 바깥지름

고리볼트(lift bolt)와 압력 용기의 볼트 등에는 일반적으로 인장하중만 작용한다. 그런데 볼트는 골 지름과 바깥지름이 다르므로 인장응력을 구하기 위해서는 기준 단면(A)을 설정해야 한다. 이때 축 방향 인장하중에 의해 수나사의 골 지름 단면에서 파괴된다고 가정하면 볼트에 작용하는 허용 인장응력(σ_a)은 다음과 같다.

$$\sigma_a = \frac{W}{A} = \frac{W}{\left(\frac{1}{4}\pi d_1^2\right)} \quad \cdots\cdots (1.27)$$

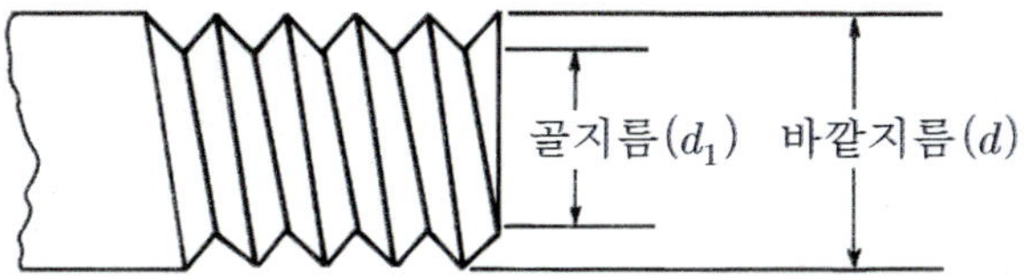

[그림 1.19] 볼트의 골 지름(d_1)과 바깥지름(d)

식 (1.27)에서 W는 축 방향 하중이고 d_1은 수나사의 골지름이다. 이 식으로부터 골지름을 구하면 다음과 같다.

$$d_1 = \sqrt{\frac{4W}{\pi\sigma_a}} \quad \cdots\cdots (1.28)$$

수나사의 골지름(d_1)을 알면 KS 규격표로부터 수나사의 바깥지름(d)을 알 수 있다. 그런데 일반적으로 지름이 큰 볼트에서는 $d_1 > 0.8d$이므로 $d_1 = 0.8d$로 정하면 안전을 고려한 것이 된다. 여기에서 $d_1 = 0.8d$로 가정하면

$$W = \left(\frac{1}{4}\pi d_1^2\right)\sigma_a = \frac{1}{4}\pi(0.8d)^2\sigma_a \approx \frac{1}{2}d^2\sigma_a$$

$$\therefore \ d = \sqrt{\frac{2W}{\sigma_a}} \quad \cdots\cdots (1.29)$$

가 구해진다. 식 (1.29)에서 d는 수나사의 바깥지름, W는 축 방향 하중, σ_a는 볼트의 허용 인장응력이다.

[예제 1.1] 피치 2mm인 3 줄 나사의 리드는 몇 mm인가?

풀이 리드 $l = np = 3 \times 2[\text{mm}] = 6[\text{mm}]$

[예제 1.2] 2줄 나사를 540° 회전시켰더니 축 방향으로 6mm 이동하였다. 이 나사의 피치[mm]를 구하여라.

풀이 먼저 나사의 리드(l)를 구한다. 나사 곡선을 따라 축의 둘레를 한 바퀴(360°) 회전했을 때 축 방향으로 이동한 거리가 리드이다. 여기에서 540° 회전했을 때 6mm 이동하였으므로

$$540° : 6 = 360° : l$$

$$\therefore \ l = \frac{360}{540} \times 6[\text{mm}] = 4[\text{mm}]$$

이고, 나사의 줄 수 $n = 2$이므로 나사의 피치 p[mm]는 다음과 같다.

$$l = np$$

$$\therefore \ p = \frac{l}{n} = \frac{4}{2}[\text{mm}] = 2[\text{mm}]$$

[예제 1.3] 유니파이 보통나사 $\frac{1}{4} - 20$ UNC의 피치[mm]와 바깥지름[mm]을 구하여라.

풀이 1inch = 25.4mm에 나사산이 20개 있으므로 인접한 나사산 사이 거리, 즉 피치(p)는 다음과 같다.

$$p = \frac{25.4}{20}[\text{mm}] = 1.27\,[\text{mm}]$$

호칭지름은 $\frac{1}{4}$inch이고, 이것은 바깥지름을 나타내므로 바깥지름은 다음과 같다.

$$d = \frac{1}{4} \times 25.4[\text{mm}] = 6.35\,[\text{mm}]$$

[예제 1.4] 사각나사 잭(jack)으로 5ton의 무게를 들어 올리려고 한다. 사각나사의 유효지름 $d_2 = 50\text{mm}$, 피치 $p = 3\text{mm}$일 때, 잭 핸들의 최소 유효길이(레버의 길이) L[mm]을 구하여라. 단, 핸들을 돌리는 힘은 30kgf, 사각나사의 마찰계수는 0.1이다.

풀이 축 방향 하중 $Q = 5\text{ton} = 5000\text{kgf}$, 사각나사의 유효지름 $d_2 = 50\text{mm}$, 피치 $p = 3\text{mm}$, 핸들을 돌리는 힘 $F = 30\text{kgf}$, 마찰계수 $\mu = 0.1$이다. 사각나사의 회전력(F)에 대한 식으로부터

$$F = \frac{Qd_2}{2L}\left(\frac{p + \mu\pi d_2}{\pi d_2 - \mu p}\right)$$

$$\therefore\ L = \frac{Qd_2}{2F}\left(\frac{p + \mu\pi d_2}{\pi d_2 - \mu p}\right)$$

$$= \frac{5000(50)}{2(30)}\left[\frac{3 + 0.1\pi(50)}{\pi(50) - 0.1(3)}\right][\text{mm}] = 497.2\,[\text{mm}]$$

이상에서 단위를 kgf, mm로 통일하여 계산하였다.

[예제 1.5] 바깥지름 50mm, 안지름 40mm, 피치 10mm, 마찰계수 0.12인 한 줄 사각나사가 있다. 나사를 조일 때 나사 효율을 구하여라.

풀이 나사의 유효지름은

$$d_2 = \frac{d + d_1}{2} = \frac{50 + 40}{2}[\text{mm}] = 45\,[\text{mm}]$$

이므로 리드각(λ)은 다음과 같다.

$$\lambda = \tan^{-1}\left(\frac{p}{\pi d_2}\right) = \tan^{-1}\left(\frac{10}{\pi \times 45}\right) = 4.05°$$

마찰계수 $\mu = \tan\rho$로부터 마찰각(ρ)은

$$\rho = \tan^{-1}\mu = \tan^{-1}0.12 = 6.84°$$

이다. 따라서 나사효율(η)은 다음과 같이 계산된다.

$$\eta = \frac{\tan\lambda}{\tan(\rho+\lambda)} = \frac{\tan(4.05°)}{\tan(6.84°+4.05°)} = 0.368 = 36.8[\%]$$

[예제 1.6] [그림 1.13]과 같은 한 줄 사각 나사 잭을 이용하여 $Q = 4\text{kN}$의 물체를 들어 올리려 한다. 나사의 유효지름 50mm, 피치 8mm, 나사 면 마찰계수 0.15, 레버 길이 $L = 300\,\text{mm}$일 때 레버 끝에 가해야 회전력(F)과 나사 효율(η)을 구하여라.

풀이 나사의 마찰각(ρ)은

$$\rho = \tan^{-1}\mu = \tan^{-1}0.15 = 8.53°$$

이고, 리드각(λ)은

$$\lambda = \tan^{-1}\left(\frac{p}{\pi d_2}\right) = \tan^{-1}\left(\frac{8}{\pi\times 50}\right) = 2.92°$$

이다. 스패너에 의해 나사에 작용하는 토크 $T = F\times L$이고, 이것은 나사를 회전시키기 위한 토크 $T = \frac{Qd_2}{2}\tan(\rho+\lambda)$와 같다. 따라서 다음과 같이 힘 F가 구해진다.

$$FL = \frac{Qd_2}{2}\tan(\rho+\lambda)$$

$$\therefore\ F = \frac{Qd_2}{2L}\tan(\rho+\lambda) = \frac{(4000)\times 50}{2\times 300}\times\tan(8.53+2.92)[\text{N}]$$
$$= 67.5[\text{N}]$$

그리고 나사효율은 다음과 같다.

$$\eta = \frac{\tan\lambda}{\tan(\rho+\lambda)} = \frac{\tan(2.92°)}{\tan(8.53°+2.92°)} = 0.252 = 25.2[\%]$$

† 마찰각과 리드각을 구하지 않고 곧바로 다음 식으로 회전력 F를 구할 수 있다.

$$F = \frac{Qd_2}{2L}\left(\frac{p+\mu\pi d_2}{\pi d_2-\mu p}\right) = \frac{(4000)\times 50}{2\times 300}\left(\frac{8+0.15\times\pi\times 50}{\pi\times 50-0.15\times 8}\right)[\text{N}]$$
$$= 67.5[\text{N}]$$

연습문제 1

01 미터 계열 사다리꼴나사의 나사산 각도는?[1)]

① 29° ② 30° ③ 45° ④ 60°

02 유니파이 나사의 나사산 각도는?

① 60° ② 55° ③ 45° ④ 30°

03 지름 20mm, 피치 2mm인 2줄 나사를 5회전시켰더니 완전히 체결되었다. 이 나사의 리드(lead)는 몇 mm인가?

① 2 ② 10 ③ 4 ④ 20

04 2줄 나사의 리드가 3mm일 때 피치는 얼마인가?

① 0.75mm ② 1.5mm ③ 3mm ④ 3.75mm

05 힘을 한 방향으로만 받는 부품에 이용되는 나사로 나사산 각은 30°와 45°의 두 종류가 있는 나사는?

① 사각나사 ② 사다리꼴나사 ③ 톱니나사 ④ 둥근나사

06 2줄 나사를 2바퀴 돌렸더니 축 방향으로 12mm 이동하였다. 이 나사의 피치(p)와 리드(l)는 각각 얼마인가?

① $p=3$mm, $l=3$mm ② $p=3$mm, $l=6$mm

③ $p=6$mm, $l=3$mm ④ $p=6$mm, $l=6$mm

07 다음 중 볼나사의 장점에 해당되지 않는 것은?

① 정밀도를 유지할 수 있다. ② 백래시를 작게 한다.

③ 나사효율이 좋다 ④ 소음이 없이 고속으로 회전한다.

08 다음 중 수치제어용 공작기계의 이송나사로 가장 적합한 것은?

① 사각나사 ② 사다리꼴나사 ③ 볼나사 ④ 둥근나사

1) 각종 국가기술 자격시험이나 공무원 시험 등에서 나사에 대한 간단한 지식을 물어보는 객관식 문제가 출제된다.

09 나사산의 각도가 60°인 것은?

① 톱니나사 ② 사다리꼴나사 ③ 볼나사 ④ 유니파이나사

10 M18×2의 미터 가는 나사의 치수를 설명한 것으로 옳은 것은?

① 나사 유효지름 18mm, 나사산 수 2
② 나사 유효지름 18mm, 피치 2mm
③ 나사 바깥지름 18mm, 나사산 수 2
④ 나사 바깥지름 18mm, 피치 2mm

11 3줄 나사에서 나사를 3회전하였더니 36mm 전진하였다. 나사의 피치는?

① 3mm ② 4mm ③ 6mm ④ 12mm

12 관용 나사의 나사산 각도는?

① 30° ② 45° ③ 55° ④ 60°

13 나사를 용도에 따라 체결용과 운동용으로 분류할 때 운동용 나사에 속하지 않는 것은?

① 삼각나사 ② 사각나사 ③ 사다리꼴나사 ④ 둥근나사

14 볼트를 결합시킬 때 너트를 2회전시켰더니 12mm 앞으로 나아갔고, 나사산이 6개 감기었다. 이때 나사의 조건으로 맞는 것은?

① 리드 6mm, 한 줄 나사, 피치 1mm ② 리드 6mm, 세 줄 나사, 피치 2mm
③ 리드 12mm, 한 줄 나사, 피치 1mm ④ 리드 12mm, 세 줄 나사, 피치 2mm

15 $\frac{3}{8}-25$ UNC의 호칭지름은?

① 9.525mm ② 3.048mm ③ 0.375mm ④ 9.375mm

16 유효지름 $d_2=10.35$mm, 피치 $p=1$mm인 나사의 리드각을 구하여라.

17 M 6×0.75로 표시되는 나사의 의미를 쓰라.

18 $\frac{3}{8}-16$ UNC로 표시되는 나사의 의미를 쓰라.

19 바깥지름이 24mm인 한 줄 사각 나사에서 피치가 6mm, 유효 지름이 22.05mm, 마찰계수 $\mu=0.1$이다. 나사를 조일 때 나사의 효율을 구하여라.

20 바깥지름 $d=50\text{mm}$, 안지름 $d_1=44\text{mm}$, 피치 $p=10\text{mm}$인 한 줄 사각나사가 있다. 마찰계수 $\mu=0.12$일 때 다음을 구하여라.

(1) 나사의 유효지름 (2) 마찰각

(3) 리드각 (4) 물체를 들어 올릴 때 나사효율

(5) 길이 100mm인 스패너를 사용하여 50N의 힘으로 회전시키면 몇 N의 하중을 들어 올릴 수 있는가?

21 유효지름 32mm, 피치 5mm인 한줄 사각나사 잭으로 5ton의 무게를 들어 올리려 한다. 나사의 마찰계수가 0.12이고 레버의 길이가 300mm일 때 레버에 가해야 할 힘을 구하여라.

22 볼트(bolt), 너트(nut)에 대한 다음 질문에 답하시오. [중등교사 임용시험-기계]

(1) 볼트, 너트의 풀림 원인을 설명하시오.

(2) 풀림 방지 대책을 5가지 쓰시오.

23 그림은 미터보통나사(KS B 0201)의 기준산 모양을 나타낸 것이다. 그림에 대한 보기의 설명 중 옳은 것을 모두 고른 것은? [중등교사 임용시험-기술]

> ㄱ. $H=\dfrac{1}{2}\tan60° \times p$의 관계이다.
>
> ㄴ. H_1은 수나사와 암나사의 접촉 높이이고 $\dfrac{5}{8}H$와 같다.
>
> ㄷ. d_2, D_2는 각각 수나사와 암나사의 유효지름이며 $\dfrac{H}{2}$와 같다.
>
> ㄹ. d는 수나사의 바깥지름이고, 값이 8mm일 때 호칭은 M8이다.

① ㄱ, ㄷ
② ㄱ, ㄹ
③ ㄴ, ㄷ
④ ㄱ, ㄴ, ㄹ
⑤ ㄴ, ㄷ, ㄹ

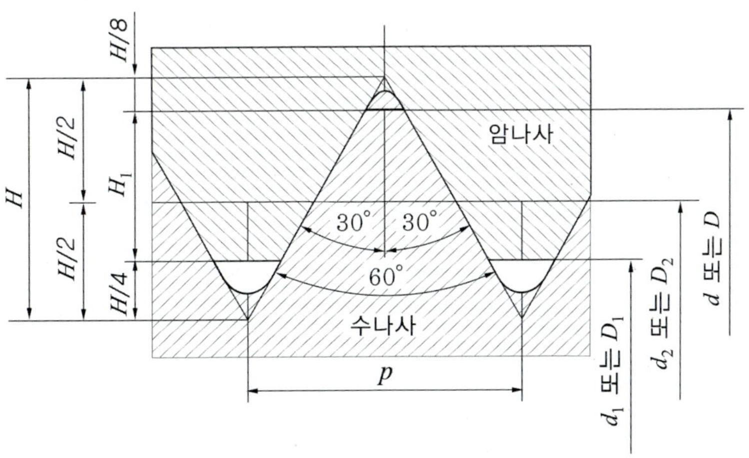

[문제 1.23]

24 다음 그림은 너트의 풀림을 방지하기 위하여 사용된 실제 예이다. (a)~(d) 각각에 대해 어떤 방법인지 간단히 쓰시오. [중등교사 임용시험-기술]

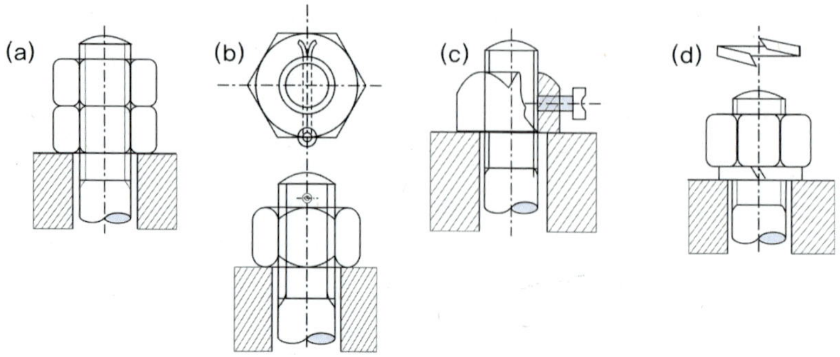

[문제 1.24]

25 나사의 호칭 기호에 대한 설명으로 옳지 않은 것은? [공무원 임용시험]

① M은 미터나사이다.
② G는 관용 평행나사이다.
③ UNF는 유니파이 보통나사이다.
④ Tr은 미터 사다리꼴나사이다.

26 사다리꼴나사에 대한 설명으로 옳은 것은? [공무원 임용시험]

① 사각나사에 비해 제작이 쉽고 나사산의 강도가 크다.
② 큰 하중이 한쪽 방향으로만 작용되는 경우에 적합하다.
③ 먼지와 모래 및 녹 가루 등이 나사산으로 들어갈 염려가 있는 곳에 사용된다.
④ 나사 홈에 강구를 넣을 수 있도록 가공하여 볼의 구름 접촉을 통해 나사 운동을 시킨다.

27 다음 글에서 설명하고 있는 운동용 나사는? [공무원 임용시험]

축 하중의 방향이 한쪽으로만 작용되는 경우에 사용하는 것으로 하중을 받는 면의 경사가 수직에 가까운 3°이기 때문에 효율이 좋다. 바이스나 프레스 등의 이송 나사로 사용한다.

① 톱니나사 ② 둥근나사 ③ 사각나사 ④ 사다리꼴나사

28 나선면의 마찰각이 7°, 리드각이 3°인 사각나사를 조일 때의 효율은? (단, 사각나사의 자리면 마찰을 무시하고, tan(3°)≒0.05, tan(4°)≒0.07, tan(7°)≒0.12, tan(10°)≒0.18로 근사하여 계산한다.) [공무원 임용시험]

① $\frac{2}{3}$ ② $\frac{7}{12}$ ③ $\frac{7}{18}$ ④ $\frac{5}{18}$

29 나사의 회전력이 P, 축 방향 하중이 Q, 유효 반지름이 r, 회전 당 전진길이가 l일 때, 나사의 효율은? [공무원 임용시험]

① $\frac{Ql}{2\pi rP}$ ② $\frac{2\pi rP}{Ql}$ ③ $\frac{Ql}{\pi rP}$ ④ $\frac{\pi rP}{Ql}$

30 다음 중 결합용 나사인 것은? [공무원 임용시험]

① 사각나사 ② 사다리꼴나사
③ 관용나사 ④ 톱니나사

31 축 방향 하중 Q를 받는 사각나사를 죄기 위해 접선 방향으로 가해야 하는 회전력 P는? (단, 리드각(나선각)은 α, 마찰각은 ρ이다.) [공무원 임용시험]

① $Q\tan(\rho+\alpha)$ ② $Q\tan(\rho-\alpha)$
③ $Q\cos(\rho+\alpha)$ ④ $Q\cos(\rho-\alpha)$

32 마찰계수 $\mu=\tan 10°$인 사각나사의 효율이 최대가 되는 리드각은? [공무원 임용시험(7급)]

① 5° ② 10° ③ 40° ④ 45°

33 Q의 하중을 올리기 위한 한줄 사각나사의 효율을 나타내는 식으로 옳지 않은 것은? (단, p는 피치, d_2는 유효지름, P는 접선방향의 회전력, T는 회전토크, ρ는 마찰각, λ는 리드각, 자리면 마찰은 무시한다.) [공무원 임용시험]

① $\frac{pQ}{\pi d_2 P}$ ② $\frac{pQ}{2\pi T}$ ③ $\frac{pP}{4\pi T}$ ④ $\frac{p}{\pi d_2 \tan(\rho+\lambda)}$

34 안지름이 600mm인 원통형 보일러에 뚜껑이 볼트로 결합되어 있으며, 내압 0.55kgf/mm^2이 가해진다. 뚜껑의 중심에서 반지름 350mm를 갖는 원의 원호를 따라 볼트를 원호거리 100mm 이하로 배치하고자 한다. 가장 적합한 볼트의 개수 n과 최소 골지름 d [mm]는? (단, 볼트 재료의 인장강도는 80kgf/mm^2, 안전계수는 8, $\pi=3$ 이고, 볼트에는 내압에 의한 축 방향 인장하중만 작용한다.) [공무원 임용시험]

① $n=20,\ d=30$ ② $n=20,\ d=32$
③ $n=22,\ d=30$ ④ $n=22,\ d=32$

35 미터 치수를 사용하는 나사의 호칭지름은 무엇으로 나타내는가? [공무원 임용시험]

① 암나사의 유효지름 ② 암나사의 바깥지름
③ 체결되는 수나사의 바깥지름 ④ 체결되는 수나사의 유효지름

36 나사에 대한 설명으로 옳지 않은 것은? [공무원 임용시험]

① 미터나사는 나사산각이 60°인 미터계 삼각나사이며, 미터가는 나사는 자립성이 우수하여 풀림 방지용으로 사용한다.
② 일반적으로 삼각나사는 체결용 기계요소이고, 사각나사는 회전운동을 직선운동으로 바꾸는 운동용 기계요소이다.
③ 3/8−16 UNC는 유니파이 보통나사로 수나사의 호칭지름이 3/8인치이고 1인치당 나사산수가 16개임을 의미한다.
④ 사각나사는 다른 나사에 비해 나사효율이 낮으나 가공이 쉽다.

37 세 줄 나사로 된 만년필 뚜껑을 480° 회전시켰더니 3mm 움직였다면, 이때 만년필 뚜껑에 사용된 나사의 피치[mm]는? [공무원 임용시험]

① 0.25 ② 0.5 ③ 0.75 ④ 1.0

38 사각 나사의 리드각을 β, 마찰각을 ρ라고 할 때, 사각나사가 자립되는 한계 조건에서 나사의 효율은? [공무원 임용시험]

① $\dfrac{\tan 2\beta}{\tan\beta}$ ② $\dfrac{\tan\rho}{\tan\beta+\tan\rho}$

③ $\dfrac{1}{2}+\dfrac{1}{2}\tan^2\beta$ ④ $\dfrac{1}{2}-\dfrac{1}{2}\tan^2\beta$

39 사각나사에서 나사를 조일 때 나사의 효율에 대한 설명으로 옳지 않은 것은? (단, β는 리드각, ρ는 마찰각이고, 자리면 마찰은 무시한다.) [공무원 임용시험]

① 효율은 $\dfrac{\tan\beta}{\tan(\rho+\beta)}$로 계산할 수 있다.

② 최대 효율을 갖는 리드각을 구하면 $\beta=\dfrac{\pi}{4}-\dfrac{\rho}{2}$이다.

③ 최대 효율은 $\tan^2\left(\dfrac{\pi}{4}-\dfrac{\rho}{2}\right)$로 구할 수 있다.

④ 나사가 자립상태를 유지하기 위한 최대 효율은 50%이다.

40 바깥지름이 50mm이고 골지름이 44mm인 한줄 사각나사를 2.5회전 시키면 25mm 전진한다고 한다. 나사의 리드각을 α라고 할 때 $\tan\alpha$의 값은? [공무원 임용시험]

① 0.034 ② 0.051 ③ 0.068 ④ 0.082

41 4.8[ton]의 하중을 끌어올리는데 사용되는 아이볼트의 바깥지름[mm]은? (단, 볼트 재료는 연강이며 허용 인장응력은 6[kgf/mm^2]이다.) [중등교사임용시험-기계]

① 20 ② 28 ③ 40 ④ 56

42 나사에 대한 설명으로 옳지 않은 것은? [지방공무원 9급(2020)]

① 미터나사는 결합용 나사로서 기호 M으로 나타낸다.
② 둥근나사는 나사골에 강구를 넣어 볼의 구름 접촉에 의해 나사 운동을 한다.
③ 유니파이나사의 피치는 1인치 안에 들어 있는 나사산의 수로 나타낸다.
④ 사다리꼴나사는 운동용 나사로서 공작기계의 이송 나사로 사용된다.

43 9.6kN의 축방향하중이 작용하는 볼트에서 허용 가능한 볼트의 가장 작은 바깥지름은? (단, 볼트의 허용응력은 100MPa, 볼트의 골지름은 바깥지름의 0.8배이다.) [지방공무원 9급(2020)]

① M8 ② M12 ③ M16 ④ M20

44 다음 중 나사의 풀림을 방지하기 위한 방법으로 옳은 것만을 모두 고르면? [국가공무원 9급(2020)]

ㄱ. 로크 너트(lock nut) 적용
ㄴ. 절입 너트(split nut) 적용
ㄷ. 코킹(caulking) 적용
ㄹ. 톱니붙이 와셔(toothed washer) 적용
ㅁ. 멈춤 나사 적용
ㅂ. 플러링(fullering) 적용

① ㄱ, ㄴ, ㄹ, ㅁ ② ㄱ, ㄷ, ㅁ, ㅂ
③ ㄴ, ㄷ, ㄹ, ㅁ ④ ㄴ, ㄹ, ㅁ, ㅂ

45 내경 80mm 관의 한쪽 끝에 볼트 4개로 덮개를 고정하여 관 내부 압력을 100kgf/cm^{2}으로 유지하려고 할 때, 볼트의 최소 골지름[cm]은? (단, 볼트의 허용인장응력은 σ_a [kgf/cm^2]이다.) [국가공무원 9급(2020)]

① $\dfrac{20}{\sqrt{\sigma_a}}$ ② $\dfrac{30}{\sqrt{\sigma_a}}$ ③ $\dfrac{40}{\sqrt{\sigma_a}}$ ④ $\dfrac{50}{\sqrt{\sigma_a}}$

46 나사에 대한 설명으로 옳지 않은 것은? [국가공무원 7급(2020)]

① 8산 2줄 유니파이 보통 나사의 리드는 16mm이다.

② 피치가 2mm인 2줄 나사의 리드는 4mm이다.

③ M12×1.5 수나사는 바깥지름이 12mm이고 피치는 1.5mm이다.

④ TW38 사다리꼴 나사의 나사산각은 29°이고 호칭지름은 38mm이다.

47 나사산 높이가 2mm이고 바깥지름이 40mm이며, 2회전할 때 축 방향으로 8mm 이동하는 한 줄 사각나사가 있다. 나사를 조일 때 나사 효율은? (단, 마찰각은 ρ이며, 자리면 마찰은 무시한다.) [지방공무원 9급(2021)]

① $\dfrac{\frac{4}{38\pi}}{\tan\left(\rho+\tan^{-1}\frac{4}{38\pi}\right)}$ ② $\dfrac{\frac{8}{38\pi}}{\tan\left(\rho+\tan^{-1}\frac{8}{38\pi}\right)}$

③ $\dfrac{\frac{4}{36\pi}}{\tan\left(\rho+\tan^{-1}\frac{4}{36\pi}\right)}$ ④ $\dfrac{\frac{8}{36\pi}}{\tan\left(\rho+\tan^{-1}\frac{8}{36\pi}\right)}$

48 두 줄 사각나사의 자립조건(self-locking)으로 옳은 것은? (단, d_2: 나사의 유효지름, μ: 나사면의 마찰계수, p: 나사의 피치이다.) [국가공무원 9급(2021)]

① $2\pi d_2-\mu p\le 0$ ② $2\pi d_2-\mu p\ge 0$

③ $\pi d_2\mu-2p\le 0$ ④ $\pi d_2\mu-2p\ge 0$

49 마찰각 ρ, 리드각 α, 마찰계수 $\mu=\tan\rho$인 사각나사에서 $\alpha=\rho$일 때, 나사효율은? (단, 자리면의 마찰은 무시한다.) [국가공무원 9급(2021)]

① $\frac{1}{2}(1-\tan^2\rho)$ ② $\frac{1}{2}(1+\tan^2\rho)$ ③ $\frac{1}{2}(1-\tan^2 2\rho)$ ④ $\frac{1}{2}(1+\tan^2 2\rho)$

50 나사에 대한 설명으로 옳지 않은 것은? [국가공무원 7급(2021)]

① 미터 보통 나사에서 수나사의 바깥지름 d, 골지름 d_1일 때, 유효지름의 근삿값은 $\dfrac{d+d_1}{2}$ 이다.

② 마찰계수와 나선각이 같은 경우, 삼각 나사의 효율은 사다리꼴 나사의 효율보다 항상 좋다.

③ 국제규격(ISO)에서 관용 나사의 나사산각은 55°이다.

④ M10×1은 미터 가는 나사이고 피치는 1mm이다.

제2장 리 벳

2.1 리벳 개요

[1] 리벳이음

리벳(rivet) 이음은 결합하려는 강판에 미리 구멍을 뚫고 리벳을 끼워 결합시키는 이음으로 압력 용기, 기계 부품, 교량, 선박 등에 널리 사용되어 왔다. 강철판을 포개어 놓고 뚫려 있는 구멍에 리벳을 꽂아 넣은 후, 머리 부분을 받치고 기계나 해머 등으로 두들겨 변형시켜서 결합시킨다. 요즈음에는 용접 기술이 발달되어 보일러, 선체, 연료 탱크 등은 용접 이음으로 대체되었다. 그러나 용접 이음과 달리 응력에 의한 잔류 변형이 생기지 않고, 구조물을 현지에서 조립할 때는 용접이음보다 쉽다. 또한 경합금과 같이 용접이 곤란한 재료에는 리벳을 사용하는 것이 효율적이다.

리벳의 종류에는 [그림 2.1]과 같은 (a)둥근머리 (b)접시머리 (c)냄비머리 (d)얇은 납작머리 (e)납작머리 (f)둥근 접시머리 리벳 등이 있다.

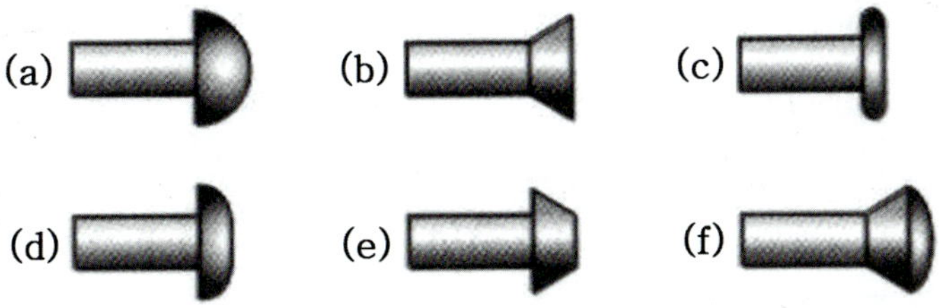

[그림 2.1] 머리 모양에 따른 리벳의 종류

[2] 리벳 작업

(1) 리벳 작업(rivetting) 순서

① 리벳 구멍 뚫기 작업 : 펀치나 드릴을 사용하여 결합하려고 하는 모재에 구멍을 뚫는다.

② 다듬질 작업 : 가공된 구멍을 리머로 다듬질한다.

③ 리벳 때림 작업 : 구멍에 리벳을 넣고 스냅(snap)을 대고 두드려서 리벳 머리를 만든다.

(2) 코킹과 플러링

압력용기나 보일러와 같이 기밀이 요구되는 곳에는 리벳작업이 끝난 뒤에 코킹(caulking)과 플러링(fullering)을 한다.

코킹은 리벳머리 둘레와 강판의 가장자리를 정(chisel)과 같은 공구로 때리는 작업이다. 코킹 작업에서는 [그림 2.2]와 같이 강판의 가장자리 면을 75° ~ 80° 경사지게 놓는다. 코킹 작업을 할 때는 아래쪽 강판에 때린 자국이 나지 않게 주의해야 한다. 그리고 기밀을 더 좋게 하기 위해 강판과 같은 두께의 플러링 공구로 때려 붙이는 작업을 플러링이라 한다.

코킹을 할 때는 강판 두께에 제한이 있다. 강판 두께가 5mm 이하일 때는 코킹 효과가 적으므로 코킹을 하지 않는다. 이와 같이 얇은 강판에는 기름종이, 석면, 대마 등의 패킹재료를 넣어서 기밀을 유지한다. 특히 고온부에 접촉하는 경우에는 석면을 사용한다.

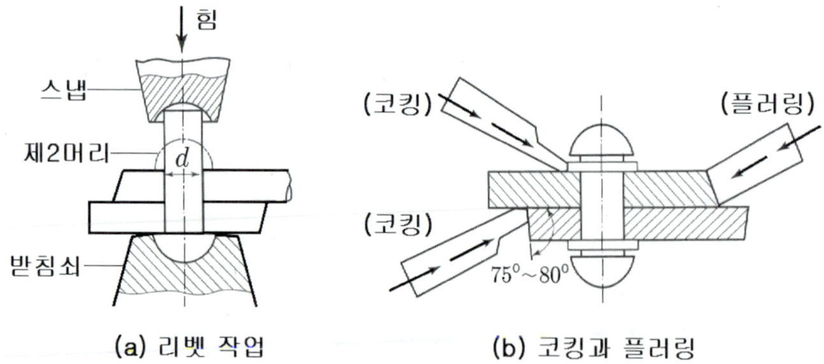

[그림 2.2] 리벳 작업, 코킹과 플러링

[3] 리벳이음 분류

(1) 판의 배치에 의한 분류

① 겹치기 리벳 이음(lap joint) : 체결하려는 강판을 서로 겹쳐 포개어 리벳 이음 하는 방식.

② 맞대기 리벳 이음(butt joint) : 체결하려고 하는 양쪽의 강판을 서로 끝을 맞추고 양쪽(또는 한쪽)에 덮개판을 대고 리베팅하는 방식.

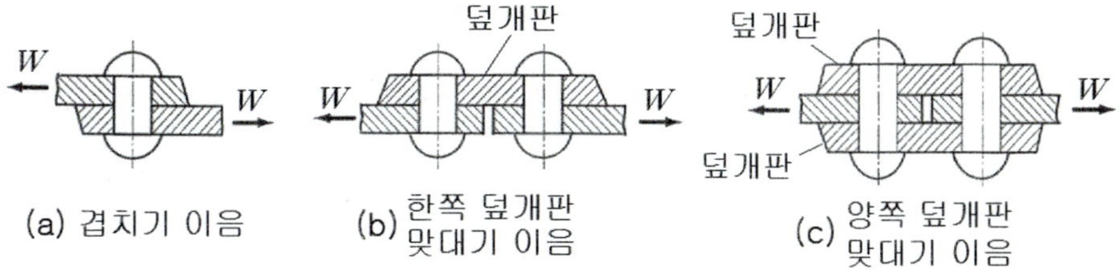

[그림 2.3] 겹치기 이음과 맞대기 이음

(2) 리벳 줄 수에 의한 분류

일반적으로 줄 수와 열 수는 같은 것을 의미한다.

① 1줄 리벳 이음(1열 리벳 이음)

② 2줄 리벳 이음(2열 리벳 이음)

③ 3줄 리벳 이음(3열 리벳 이음)

(3) 리벳에서 전단면 수에 의한 분류

리벳이음을 설계할 때는 특히 리벳에 발생하는 전단면의 수를 잘 살펴보아야 한다.

① 단일 전단면 이음 : 겹치기 이음과 한쪽 덮개판 맞대기 이음에서는 하나의 리벳에 한 개의 전단면이 생긴다.

② 복 전단면 이음 : 양쪽 덮개판 이음에서는 하나의 리벳에 두 개의 전단면이 생긴다.

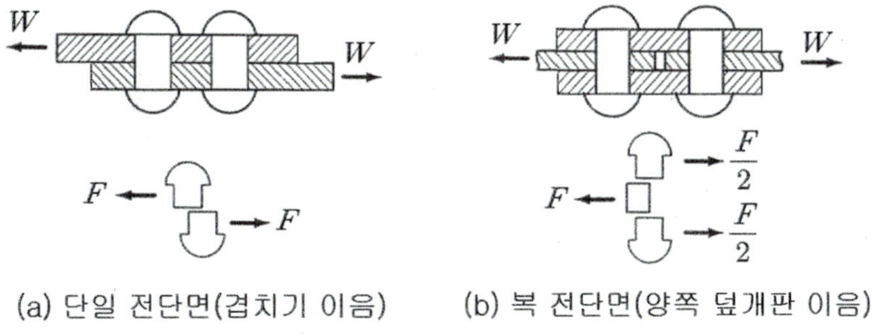

[그림 2.4] 단일 전단면과 복 전단면

(4) 리벳 배열 방법에 따른 분류

① 평행형 리벳 이음

② 지그재그형 리벳 이음

[그림 2.5]는 여러 가지 유형의 리벳이음을 보여준다.

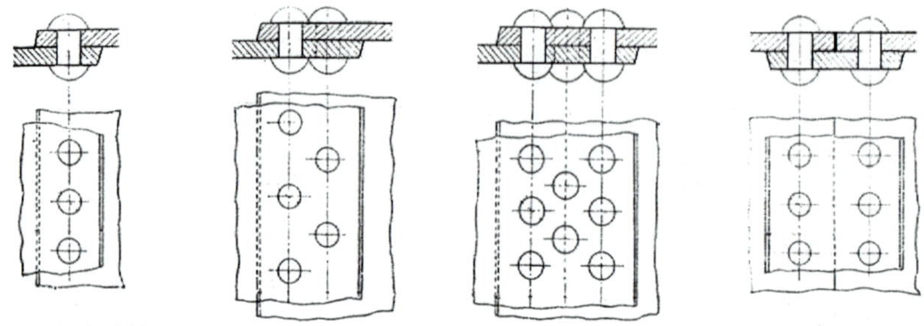

(a) 1줄 겹치기이음 (b) 2줄 겹치기이음 (c) 3줄 겹치기이음 (d) 한쪽 덮개판 1줄 맞대기이음

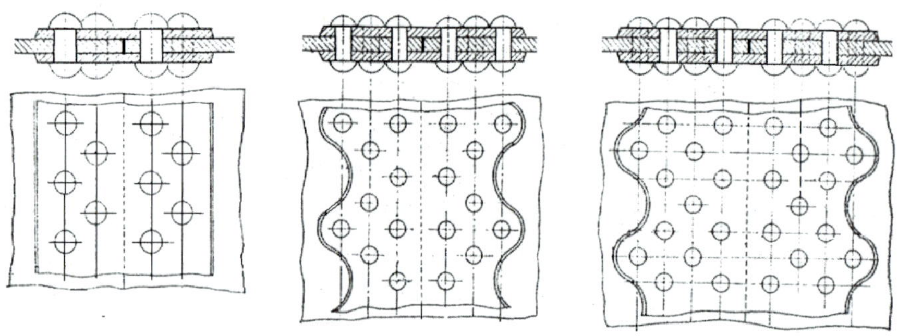

(e) 양쪽 덮개판 2줄 맞대기이음 (f) 양쪽 덮개판 3줄 맞대기이음 (g) 양쪽 덮개판 4줄 맞대기이음

[그림 2.5] 리벳이음 종류

[4] 리벳 용어

(1) 피치(p) : 같은 줄에 있는 이웃한 두 리벳의 중심 간 거리.

(2) 뒤 피치(e_1) : 여러 줄 리벳 이음에서 리벳의 줄과 줄 사이의 거리.

(3) 마진(margin, e) : 판의 가장자리부터 가장 가까운 리벳의 중심까지 거리.

(4) 모재의 두께(t) : 리벳으로 이음을 하는 모재의 두께.

(5) 맞대기 판의 두께(t_1) : 맞대기 이음에서 덮개판의 두께.

(6) 리벳 지름(d) : 리벳 자루의 지름.

(7) 리벳 길이(l) : 리벳의 머리 부분을 제외한 자루의 길이.

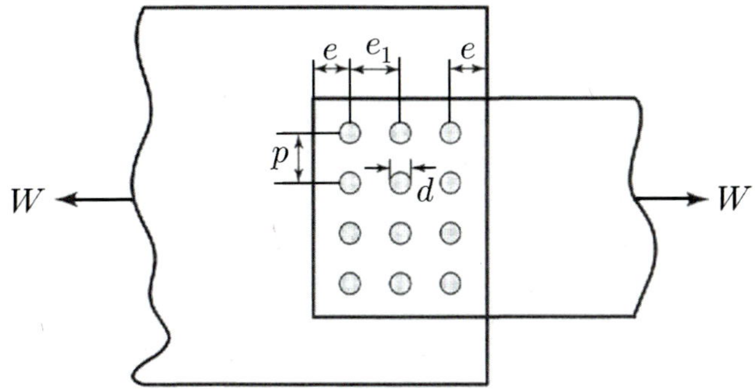

[그림 2.6] 리벳 용어

2.2 리벳이음의 강도

[1] 리벳의 전단강도

판재가 리벳으로 결합되었을 때 리벳 축(자루)에 수직한 방향으로 판재에 인장력이 작용하면 판재 사이 마찰력과 리벳의 전단력이 발생하여 힘의 평형을 이룬다. 그런데 판재 사이 마찰력을 알 수 없으므로 이 힘은 무시하고 리벳의 전단력이 판재의 인장력과 평형을 이룬다고 가정한다. 리벳의 전단 파괴가 가장 중요하므로 리벳이음을 설계할 때는 리벳의 허용 전단응력을 기준으로 하면 된다.

판재를 리벳이음 할 때 하나의 리벳에는 [그림 2.7]과 같이 단일 전단면(겹치기 이음, 한쪽 덮개판 이음)과 복 전단면(양쪽 덮개판 이음)이 있을 수 있다. (a)의 단일 전단면에서는 하나의 전단면에 하중 W가 작용하고, (b)의 복전단면에서 하나의 전단면에 작용하는 하중은 $W/2$가 된다.

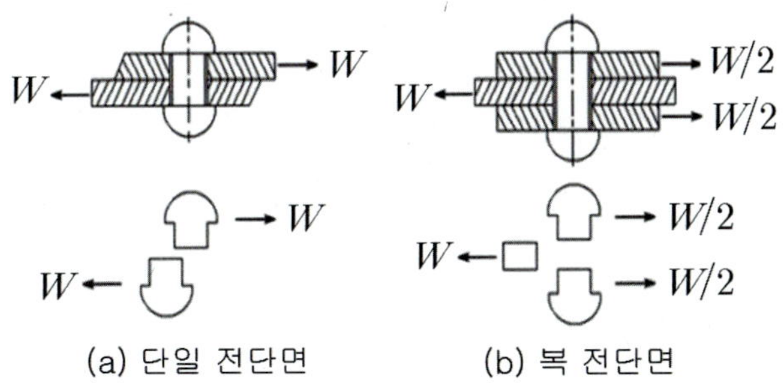

[그림 2.7] 리벳 이음 : 단일 전단면과 복 전단면

리벳 한 개에 작용하는 전단하중을 W, 리벳 지름을 d라고 하면 리벳에 작용하는 전단 응력(τ_s)은 다음과 같다.

$$\tau_s = \frac{W}{f_s\left(\frac{\pi}{4}d^2\right)} \quad \cdots\cdots (2.1)$$

$$W = f_s\left(\frac{\pi}{4}d^2\tau_s\right) \quad \cdots\cdots (2.2)$$

위 식에서 f_s를 전단면 계수라고 한다. 여기에서

- 단일 전단면인 경우 $f_s = 1$
- 복 전단면의 경우 $f_s = 1.8$

로 한다. 즉, 일반적으로 양쪽 덮개판 맞대기 이음과 같이 몇 개의 리벳으로 2개의 전단면을 가지는 경우에도 단면적을 2배로 하지 않고 안전을 고려하여 $f_s = 1.8$배로 하여 계산한다.

리벳 한 개에 작용하는 전단응력이 τ_s이고, 리벳의 개수가 n이면 강판에 작용하는 총 전단하중(W_t)은 다음과 같다.

$$W_t = f_s\left(\frac{\pi}{4}d^2\tau_s\right)\times n \quad \cdots\cdots (2.3)$$

그런데 여러 줄 리벳이음에서는 바깥쪽과 안쪽 리벳에 작용하는 힘이 다르므로 균일하게 취급할 수 없다. 예를 들어 4줄 겹치기 이음에 대한 하중 분포는 [그림 2.8]과 같다. 그림의 (a)에서 1번 리벳과 4번 리벳에 작용하는 하중이 같고, 2번 리벳과 3번 리벳에 작용하는 하중이 같다. 3줄 이상에서는 가장 바깥쪽 리벳이 평균하중보다 10 ~ 15%의 과부하를 받는 것이 보통이다. 판을 당겨주면 가장 먼저 하중을 받는 바깥쪽 리벳에 가장 큰 힘이 걸리기 때문이다.

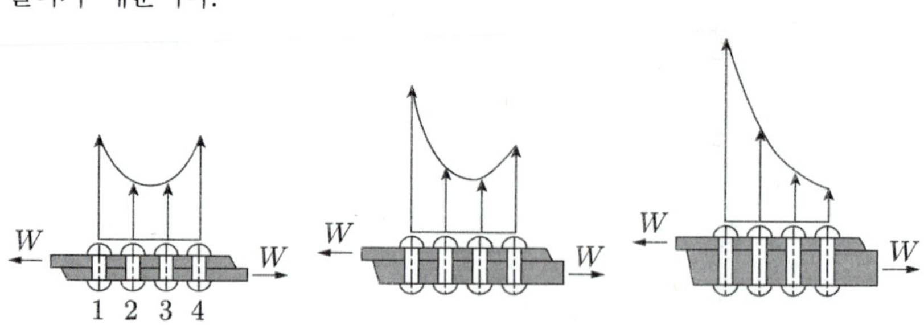

(a) 판 두께가 같을 때 (b) 판 두께 차이가 작을 때 (c) 판 두께 차이가 클 때

[그림 2.8] 4줄 겹치기 리벳이음에서 두께에 따른 하중 분포

[그림 2.8]과 같은 하중분포는, 가장 바깥쪽 리벳에 가장 큰 하중이 작용하고, 판 두께가 다를 때는 두께가 얇은 판에서 응력집중이 더 크게 된다고 생각하면 이해가 쉬울 것 같다.

[2] 리벳이음의 이론적 강도 계산

일반적으로 리벳 이음에서 리벳 축에 직각 방향으로 인장력이 작용하여 파괴될 때 그 파괴 형태는 다음 5가지 경우가 고려된다.

① 리벳이 전단으로 파괴되는 경우
② 리벳 구멍 사이의 강판이 찢어지는 경우(판의 절단)
③ 강판 가장자리가 전단되는 경우(판의 전단)
④ 리벳 또는 강판이 압축되는 경우
⑤ 강판 끝이 절개되는 경우

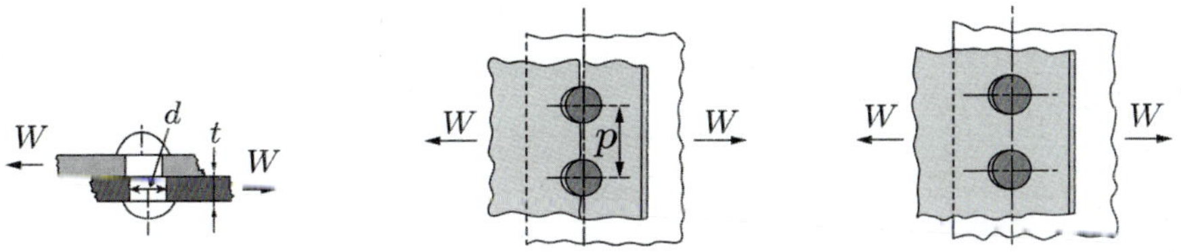

(a) 리벳의 전단 (b) 리벳 구멍 사이 판의 전단 (c) 리벳 또는 강판의 압축

[그림 2.9] 리벳이음의 파괴 상태

파괴 상태를 해석하기 위해 인장력 W는 리벳 축(자루)에 직각방향으로 작용한다고 가정하며, 강도는 1줄 겹치기 이음에서 1피치 너비로 생각한다.

(1) 리벳의 전단 : 리벳지름을 d[mm], 리벳의 전단응력을 τ_s[MPa], 하중 W[N]라고 하면

$$W = \frac{\pi}{4} d^2 \tau_s \quad \cdots\cdots (2.4)$$

이다. [그림 2.9]의 (a)에서 전단응력을 받는 리벳의 단면적 $A_1 = \pi d^2/4$이다.

(2) 리벳 구멍 사이 판의 절단 : 판 두께를 t[mm], 리벳피치를 p[mm], 강판의 인장응력을 σ_t[MPa]라고 하면 하중 W[N]은 다음과 같다.

$$W = (p-d)t\sigma_t \quad \cdots\cdots (2.5)$$

[그림 2.9]의 (b)에서 두 리벳 사이 판의 길이는 $p-d$이므로 인장응력을 받는 판의 단면적 $A_2=(p-d)t$가 된다. 그리고 판의 폭 b[mm] 내에서 [그림 2.10]과 같은 리벳 이음일 때는 다음 식으로 강판의 인장응력(σ_t)을 구한다.

$$W=A_3\sigma_t=(b-nd)t\sigma_t$$

$$\therefore\ \sigma_t=\frac{W}{(b-nd)t} \quad \cdots\cdots (2.6)$$

여기에서 n은 리벳 개수이고 d는 리벳구멍 지름이다. [그림 2.10]에서 리벳구멍을 제외한 판의 길이는 $b-nd$이므로 인장응력을 받는 판의 단면적은 $A_3=(b-nd)t$가 된다.

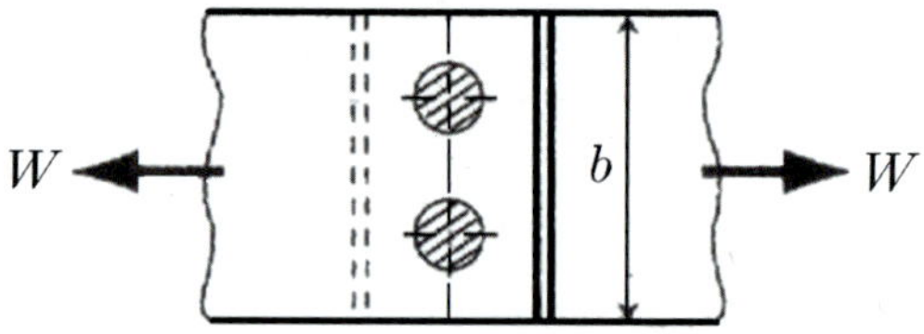

[그림 2.10] 강판의 인장응력

(3) 리벳 또는 강판의 압축 : 리벳 또는 강판의 압축응력을 σ_c[MPa]라고 하면, 하중 W[N]은 다음과 같다.

$$W=dt\,\sigma_c \quad \cdots\cdots (2.7)$$

여기에서 $A_4=dt$는 리벳자루의 단면적(리벳구멍에 대한 리벳자루의 투영면적)이다.

[3] 리벳지름과 피치 설계

리벳이음에서는 이상에서 설명한 여러 가지 응력들이 동시에 발생하므로 각 부분이 똑같은 강도를 가지도록 설계하는 것이 바람직하다. 그러나 이것을 모두 만족시킬 수는 없으므로 실제적인 경험치를 기초로 하여 결정한 값에 대해 강도 계산식을 적용시켜 그 한계 이내에 있도록 설계한다.

(1) 리벳 지름(d)

리벳 전단면에서 리벳의 전단력(전단저항)과 리벳 구멍 부분에서 강판의 압축력(압축저항)이 같다고 가정하고 리벳 지름(d)을 결정한다.

$$\frac{\pi}{4}d^2\tau_s = dt\sigma_c$$

$$\therefore \; d = \frac{4t\sigma_c}{\pi\tau_s} \quad \cdots\cdots (2.8)$$

위 식으로 주어진 강판 두께(t)에 대해 리벳지름(d)을 결정할 수 있다. 그런데 리벳이음을 한 강판의 압축응력(σ_c)의 적당한 값을 정할 수 없으므로 실제로는 위 식이 정확하지 않다. 따라서 강판 두께(t)와 리벳지름(d)에 대한 경험치를 사용하는 경우가 많다.

(2) 리벳의 피치(p)

리벳 전단면에서 리벳의 전단력(전단저항)과 강판의 인장력(인장저항)이 같다고 가정하고 리벳의 피치(p)를 결정한다.

① 단일 전단면 : 겹치기 이음과 한쪽 덮개판 이음에서는 하나의 리벳에 발생하는 전단면이 하나이다. 리벳의 줄 수가 n일 때

$$n\left(\frac{\pi}{4}d^2\tau_s\right) = (p-d)\,t\sigma_t$$

$$\therefore \; p = d + \frac{\pi d^2\tau_s}{4t\sigma_t}\times n \quad \cdots\cdots (2.9)$$

② 복 전단면 ; 양쪽 덮개판 이음에서는 하나의 리벳에 발생하는 전단면이 두 개이므로 전단면 수가 2배가 되지만 안전을 고려하여 1.8배로 한다. 리벳의 줄 수가 n일 때

$$1.8n\left(\frac{\pi}{4}d^2\tau_s\right) = (p-d)\,t\sigma_t$$

$$\therefore \; p = d + \frac{\pi d^2\tau_s}{4t\sigma_t}\times 1.8n \quad \cdots\cdots (2.10)$$

[4] 리벳이음 효율

(1) 판의 효율(η_1)

리벳이음에서 판의 효율은 '리벳 구멍이 없는 판'의 인장강도에 대한 '리벳구멍이 있는 판'의 인장강도비로 정의한다. 즉, 판의 효율은 1피치 내에서 '리벳구멍이 없는 판이 견딜 수 있는 하중(W_0)'에 대한 '리벳구멍이 있는 판이 견딜 수 있는 하중(W_1)'의 비(W_1/W_0)를 나타낸다.

리벳 지름 d, 판 두께 t, 피치 p, 인장응력 σ_t일 때 판의 효율(η_1)은 다음과 같다.

$$\eta_1 = \frac{W_1}{W_0} = \frac{[(p-d)t]\,\sigma_t}{(pt)\sigma_t} = \frac{p-d}{p} = 1 - \frac{d}{p} \quad \cdots\cdots (2.11)$$

(2) 리벳효율(η_2)

리벳효율은 '구멍이 없는 강판의 인장강도'에 대한 '리벳의 전단강도'의 비로 정의된다. 즉, 1피치 내에서 구멍이 없는 판이 견딜 수 있는 하중(W_0)에 대한 1구간 내의 모든 리벳이 견딜 수 있는 전단력(F_S)의 비를 나타낸다.

① 단일 전단면 : 겹치기 이음과 한쪽 덮개판 이음에서는 하나의 리벳에 발생하는 전단면이 하나이다. 리벳의 줄 수가 n일 때

$$\eta_2 = \frac{F_S}{W_0} = \frac{\left[\left(\frac{\pi}{4}d^2\right)\tau_s\right] \times n}{(pt)\sigma_t} \quad \cdots\cdots (2.12)$$

② 복 전단면 : 양쪽 덮개판 이음에서는 하나의 리벳에 발생하는 전단면이 두 개이므로 전단면 수가 2배가 되지만 안전을 고려하여 1.8배로 한다. 리벳의 줄 수가 n일 때

$$\eta_2 = \frac{F_S}{W_0} = \frac{\left[\left(\frac{\pi}{4}d^2\right)\tau_s\right] \times (1.8n)}{(pt)\sigma_t} \quad \cdots\cdots (2.13)$$

리벳에서는 전단면과 전단력이 중요한 요소이다. 따라서 리벳효율은 전단력(F_S)을 사용하여 정의하는 것으로 이해하면 두 효율(η_1, η_2)의 정의를 쉽게 구분할 수 있을 것 같다.

[참고] 여러 줄 이음에서 리벳 효율

리벳의 줄 수가 Z일 때 리벳효율(η_2)을 다음 식으로 표현할 수 있다.

$$\eta_2 = \frac{\left[\left(\frac{\pi}{4}d^2\right)\tau_s\right] \times \sum_{k=1}^{Z}(f_s)_k}{(pt)\sigma_t} \quad \cdots\cdots (2.14)$$

위 식에서 $(f_s)_k$는 리벳이 전단되는 면의 수에 관련된 값이며, 단일 전단면이면

$(f_s)_k = 1$, 복 전단면이면 $(f_s)_k = 1.8$이다. 예를 들어 2줄($Z=2$) 단일 전단면 이음이면 $\sum_{k=1}^{2}(f_s)_k = 1+1=2$이고, 2줄 복 전단면 이음이면 $\sum_{k=1}^{2}(f_s)_k = 1.8+1.8=3.6$이 된다. 그리고 단일 전단면 이음과 복 전단면 이음이 혼합된 경우, 예를 들어 1줄은 단일 전단면 이음이고, 1줄은 복 전단면 이음이면 $\sum_{k=1}^{2}(f_s)_k = 1+1.8=2.8$이 된다. 이상에서 $\sum_{k=1}^{Z}(f_s)_k = N$은 리벳의 전단면 개수를 나타내는데 복전단면일 때는 전단면 개수를 2로 하지 않고 1.8로 한다는 것을 염두에 두면 이해가 쉬울 것이다.

[예제 2.1] 리벳지름(d)이 20mm이고, 리벳의 허용전단응력(τ_a)이 40MPa일 때 겹치기 이음과 양쪽 덮개판 맞대기 이음에서 1피치당 리벳의 허용 인장하중(W [kN])을 각각 구하여라. (단, 리벳의 줄 수는 1이다)

풀이 (1) 겹치기 이음 : 단일 전단면이므로

$$W = \frac{\pi}{4}d^2\tau_a = \frac{\pi}{4}(20)^2 \times 40[\text{N}] = 12{,}566[\text{N}] = 12.6[\text{kN}]$$

(2) 양쪽 덮개판 맞대기 이음 : 복전단면이므로

$$W = f_s\left(\frac{\pi}{4}d^2\tau_a\right) = 1.8 \times \left[\frac{\pi}{4}(20)^2 \times 40\right][\text{N}] = 22{,}619[\text{N}] = 22.6[\text{kN}]$$

이상에서 $1\text{MPa} = 1\dfrac{\text{N}}{\text{mm}^2}$이다.

[예제 2.2] 지름 $d=14$mm, 허용전단응력 $\tau_a = 70\text{N/mm}^2$인 리벳을 사용하여 하중 $W=80$kN을 받는 한 줄 겹치기 리벳이음을 할 때 다음을 구하여라.

(1) 리벳의 허용전단응력을 고려하여 필요한 리벳의 최소 개수를 구하여라.

(2) (1)의 조건을 만족할 때 강판에 작용하는 인장응력[MPa]을 구하여라. 단, 강판의 폭 $b=600$mm, 두께 $t=12$mm이다.

풀이 (1) 리벳이 전단응력에 의해 파괴된다고 가정하면

$$W = \left(\frac{\pi}{4} d^2 \tau_a\right) \times n$$

$$\therefore \ n = \frac{4W}{\pi d^2 \tau_a} = \frac{4 \times (80 \times 1000)}{\pi \times (14)^2 \times 70} \approx 7.4$$

따라서 필요한 리벳의 최소 개수 $n = 8$이다.

(2) 리벳의 개수 $n = 8$이므로 강판에 작용하는 인장응력(σ_t)은 다음과 같다.

$$\sigma_t = \frac{W}{(b - nd)t} = \frac{(8 \times 1000)}{(600 - 8 \times 14) \times 12} \ [\text{MPa}] = 13.7 [\text{MPa}]$$

[예제 2.3] 리벳지름 $d = 22$mm, 피치 $p = 54$mm인 한 줄 겹치기 리벳이음을 할 때 다음을 구하여라. 단, 강판의 두께 $t = 16$mm이고, 1피치당 작용하는 하중 $W = 15$kN이다.

(1) 리벳에 발생하는 전단응력 τ_s[MPa]

(2) 강판에 발생하는 인장응력 σ_t[MPa]

풀이 (1) 리벳에 발생하는 전단응력(τ_s) :

한 줄 겹치기 리벳이음은 단일 전단면이므로

$$\tau_s = \frac{W}{\left(\frac{\pi}{4} d^2\right)} = \frac{4W}{\pi d^2} = \frac{4 \times (15 \times 1000)}{\pi \times (22)^2} [\text{MPa}] = 39.5 [\text{MPa}]$$

(2) 강판에 발생하는 인장응력(σ_t) :

$$\sigma_t = \frac{W}{(p - d)t} = \frac{(15 \times 1000)}{(54 - 22) \times 16} \ [\text{MPa}] = 29.3 [\text{MPa}]$$

[예제 2.4] 인장하중 $W=170$kN을 받는 양쪽 덮개판 한 줄 맞대기 이음에서 리벳지름 $d=24$mm이고, 리벳의 허용전단응력 $\tau_a=60\text{N/mm}^2$일 때 필요한 리벳의 최소 개수를 구하여라.

풀이 양쪽 덮개판 맞대기 이음은 복 전단면이므로 $f_s=1.8$이다.

$$W=f_s\left(\frac{\pi}{4}d^2\tau_s\right)\times n$$

$$\therefore\ \ n=\frac{4W}{(\pi d^2\tau_s)f_s}=\frac{4\times(170\times1000)}{\pi\times(24)^2\times60\times1.8}\approx3.5$$

따라서 필요한 리벳의 최소 개수 $n=4$이다.

[예제 2.5] 두께 $t=22$mm인 강판을 두 줄 겹치기 리벳이음을 할 때 리벳지름과 피치를 구하여라. 단, 리벳의 전단강도 $\tau_s=50$MPa, 강판의 인장강도 $\sigma_t=90$MPa, 강판의 압축강도 $\sigma_c=60$MP이다.

풀이 (1) 리벳지름(d) : 리벳의 전단저항과 리벳 구멍 부분에서 강판의 압축저항이 같다고 가정한다.

$$d=\frac{4t\sigma_c}{\pi\tau_s}=\frac{4\times22\times60}{\pi\times50}[\text{mm}]=33.61[\text{mm}]$$

$d=34[\text{mm}]$로 정한다.

(2) 리벳의 피치(p) : 리벳의 전단저항)과 강판의 인장저항이 같다고 가정한다. 두 줄 겹치기 리벳이음($n=2$)에서

$$p=d+\frac{\pi d^2\tau_s}{4t\sigma_t}\times n=34+\frac{\pi\times(34)^2\times50}{4\times22\times90}\times2[\text{mm}]=79.85[\text{mm}]$$

$p=80[\text{mm}]$로 정한다.

[예제 2.6] 두 줄 겹치기 리벳이음에서 피치 $p=80$mm, 리벳지름 $d=20$mm, 판 두께 $t=10$mm이고, 리벳의 허용전단응력 $\tau_a=40$MPa, 판의 허용인장응력 $\sigma_a=50$MPa일 때 판의 효율과 리벳효율을 구하여라.

풀이 (1) 판의 효율(η_1) :

$$\eta_1 = 1-\frac{d}{p} = 1-\frac{12}{48} = 0.75 = 75[\%]$$

(2) 리벳효율(η_2) : 두 줄 겹치기 리벳이음($n=2$)에서

$$\eta_2 = \frac{n\left(\frac{\pi}{4}d^2\right)\tau_a}{(pt)\sigma_a} = \frac{2\times(\pi/4)\times(20)^2\times 40}{(80\times 10)\times 50} = 0.628 = 62.8[\%]$$

2.3 편심 하중을 받는 리벳이음

여러 개의 리벳이 편심하중을 받는 리벳이음에서는 하중에 의해 리벳이 받는 직접 받는 전단력과 편심에 의한 모멘트로 인해 발생하는 전단력을 모두 고려해야 한다.

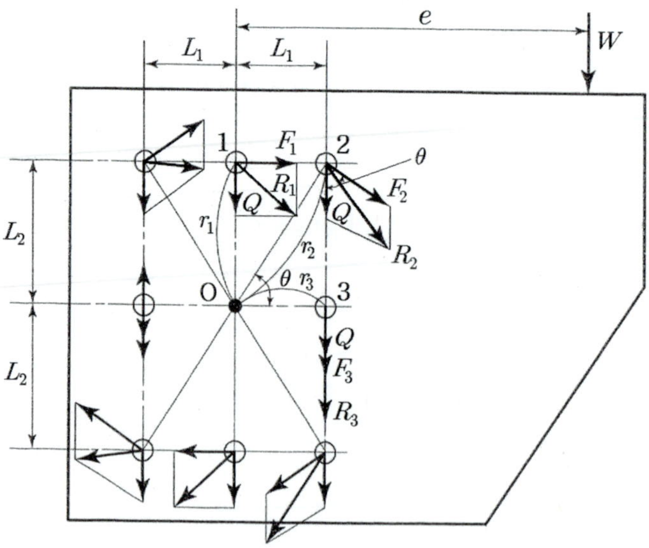

[그림 2.11] 편심 하중을 받는 리벳이음

(1) 하중에 의한 직접 전단력

계 전체에 작용하는 하중(W)에 의해 각 리벳은 방향과 크기가 같은 직접 전단력을 받는다. 리벳 한 개가 받는 직접 전단력의 크기(Q)는 다음과 같고 방향은 하중(W)의 방향과 같다.

$$Q = \frac{W}{n} \quad \cdots\cdots (2.15)$$

여기에서 n은 리벳의 개수이다.

(2) 편심에 의한 모멘트로 인하여 발생하는 전단력

[그림 2.11]과 같이 n개의 리벳이 리벳들의 도심 O로부터 수직 편심 거리 e만큼 떨어진 곳에서 편심하중 W를 받을 때, 편심하중에 의한 모멘트로 인해 리벳들은 도심 O를 회전축으로 하여 회전한다고 가정한다. 이때 리벳이음의 도심 O에 대한 하중 W의 모멘트는 $W \times e$이며 평형 방정식은 다음과 같다.

$$W \times e = F_1 \times r_1 + F_2 \times r_2 + \cdots + F_n \times r_n = \sum_{i=1}^{n}(F_i \times r_i) \quad \cdots\cdots (2.16)$$

여기에서 W는 외력, e는 외력 W와 도심 O 사이의 수직 편심거리, r_i는 리벳군의 도심 O에서 각 리벳 중심까지의 거리, F_i는 편심에 의한 모멘트로 인하여 각 리벳에 발생하는 전단력(접선 방향 힘)이다.

편심 하중에 의한 모멘트로 인하여 발생하는 전단력의 방향은 도심에서 리벳의 중심을 잇는 선에 수직한 방향이고, 전단력의 크기(F_i)는 다음과 같이 도심으로부터 거리(r_i)에 비례한다고 가정한다. 여기에서 비례상수를 K라고 하면

$$F_1 = Kr_1,\ F_2 = Kr_2,\ \cdots\ ,\ F_n = Kr_n \quad \cdots\cdots (2.17)$$

이다. 식 (2.17)을 (2.16)에 대입하면 다음과 같이 K가 구해진다.

$$K = \frac{W \times e}{r_1^2 + r_2^2 + \cdots + r_n^2} = \frac{We}{\sum_{i=1}^{n} r_i^2} \quad \cdots\cdots (2.18)$$

식 (2.18)로부터 전단력의 비례상수 K를 구하여 식 (2.17)에 대입하면 모멘트에 의해 각각의 리벳에 작용하는 전단력 F_i를 구할 수 있다.

한편 리벳군의 도심의 위치($\bar{y}$)는 다음 식으로 구한다.

$$\bar{y} = \frac{\sum_{i=1}^{n} y_i}{n} \quad \cdots\cdots (2.19)$$

여기에서 y_i는 기준점으로부터 리벳 중심까지 거리이고 n은 리벳의 개수이다.

(3) 합성 전단력

하나의 리벳에는 직접 전단력 Q와 모멘트에 의해 발생하는 전단력 F_i가 작용하며 리벳에 작용하는 총 전단력(R_i)은 이들 두 힘을 벡터 합성해야 한다.

[그림 2.12]의 (a)와 같이 두 힘 $\overrightarrow{Q}$와 $\overrightarrow{F}$의 사이각이 θ이면 평행사변형법에 의해 두 힘의 합력 $\overrightarrow{R} = \overrightarrow{Q} + \overrightarrow{F}$의 크기($R$)는 다음과 같이 코사인 제2법칙을 이용하여 구할 수 있다. (b)의 삼각형에서

$$\begin{aligned} R^2 &= Q^2 + F^2 - 2QF\cos(\pi - \theta) \\ &= Q^2 + F^2 + 2QF\cos\theta \\ \therefore \quad R &= \sqrt{Q^2 + F^2 + 2QF\cos\theta} \quad \cdots\cdots (2.20) \end{aligned}$$

식 (2.20)을 사용하여 각 리벳에 작용하는 합성 전단력(총 전단력)의 크기를 구할 수 있다.

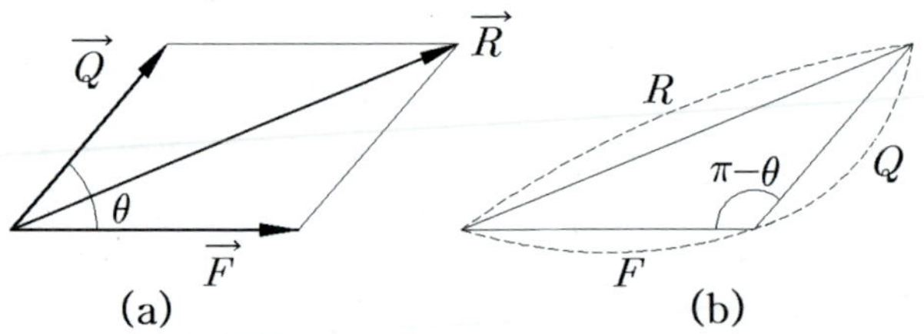

[그림 2.12] 합력($\overrightarrow{R}$)과 합력의 크기(R)

(4) 최대 전단응력과 리벳지름

각 리벳에 작용하는 합성 전단력 중에서 가장 큰 값(R_{max})을 택하여 최대 전단응력(τ_{max})을 구하고 이 값이 리벳의 허용전단응력(τ_a)보다 작도록 리벳지름(d)을 정해야 한다.

$$\tau_{max} = \frac{R_{max}}{(\pi d^2/4)} \le \tau_a$$

$$\therefore \ d \ge \sqrt{\frac{4R_{max}}{\pi \tau_a}} \quad \cdots\cdots (2.21)$$

[예제 2.7] 그림과 같은 리벳이음에서 $W = 6,000\text{N}$의 하중이 아래 방향으로 작용할 때, 각 리벳에 작용하는 전단력의 크기와 방향을 구하여라. (단, 도면에 기입된 치수의 단위는 mm이다)

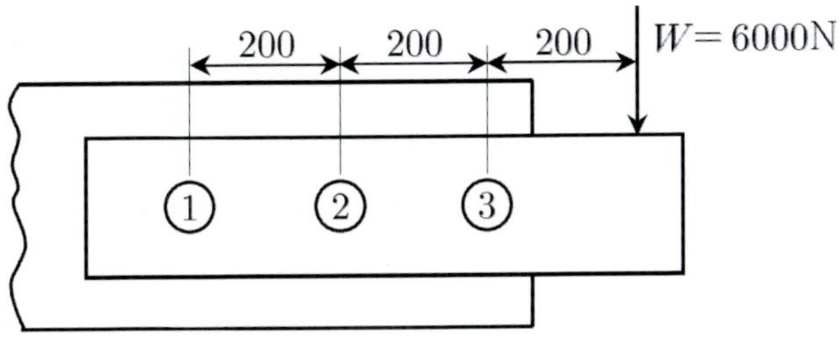

[그림 2.13] 3개의 리벳과 편심하중

풀이 (1) 하중에 의해 각 리벳에 작용하는 직접 전단력(Q) : 리벳 이음 구조물에 $W = 6000\,\text{N}$의 하중이 아래 방향(↓)으로 작용하고 있다. 리벳의 개수 $n = 3$이므로 하중에 의해 각 리벳에 작용하는 직접 전단력은 다음과 같다.

$$Q = \frac{W}{n} = \frac{6000}{3} = 2000[\text{N}] \ (\downarrow)$$

(2) 편심에 의한 모멘트로 인하여 발생하는 전단력(F_i) : 세 리벳의 도심(기하학적 중심)은 리벳 2이고, 이 리벳으로부터 각 리벳까지의 거리(r_i)는 다음과 같다.

$$r_1 = 200\text{mm}, \ r_2 = 0, \ r_3 = 200\text{mm}$$

여기에서 하중 $W = 6000\text{N}$와 도심 사이의 편심거리

$$e = 200 + 200 = 400[\text{mm}]$$

이므로 전단력의 비례상수는

$$K = \frac{We}{\sum r_i^2} = \frac{6000 \times 400}{200^2 + 0 + 200^2} = 30\,[\mathrm{N/mm}]$$

이다. 따라서 편심에 의한 모멘트로 인하여 각 리벳에 발생하는 전단력(F_i)은 다음과 같다.

$$F_1 = Kr_1 = 30 \times (200) = 6000\,[\mathrm{N}]\,(\uparrow)$$
$$F_2 = Kr_2 = 30 \times (0) = 0$$
$$F_3 = Kr_3 = 30 \times (200) = 6000\,[\mathrm{N}]\,(\downarrow)$$

(3) 리벳에 작용하는 총 전단력(R_i) : (1), (2)의 결과를 정리하면 [그림 2.14]와 같다. 여기에서 세 리벳에 작용하는 전단력의 크기와 방향은 다음과 같다.

$$R_1 = Q + F_1 = 2000(\downarrow) + 6000(\uparrow) = 4000\,[\mathrm{N}]\,(\uparrow)$$
$$R_2 = Q + F_2 = 2000(\downarrow) + 0 = 2000\,[\mathrm{N}]\,(\downarrow)$$
$$R_3 = Q + F_3 = 2000(\downarrow) + 6000(\downarrow) = 8000\,[\mathrm{N}]\,(\downarrow)$$

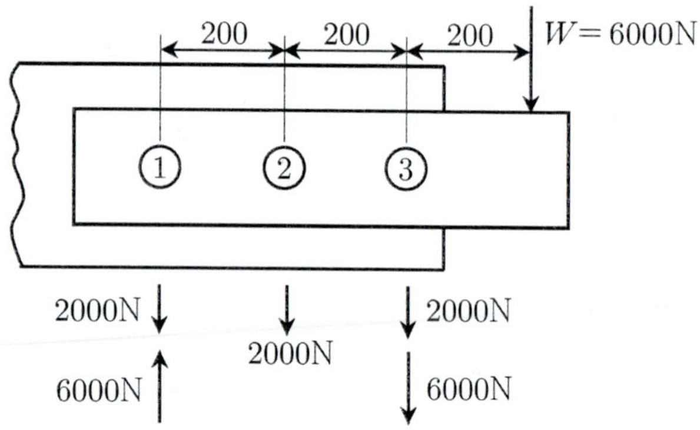

[그림 2.14] 세 리벳에 작용하는 전단력

[예제 2.8] 다음 그림과 같이 편심하중 $W=3,200\text{N}$을 받는 겹치기 리벳이음에서 4개의 리벳에 작용하는 전단력의 크기를 구하여라. (단, 도면에 기입된 치수의 단위는 mm이다.)

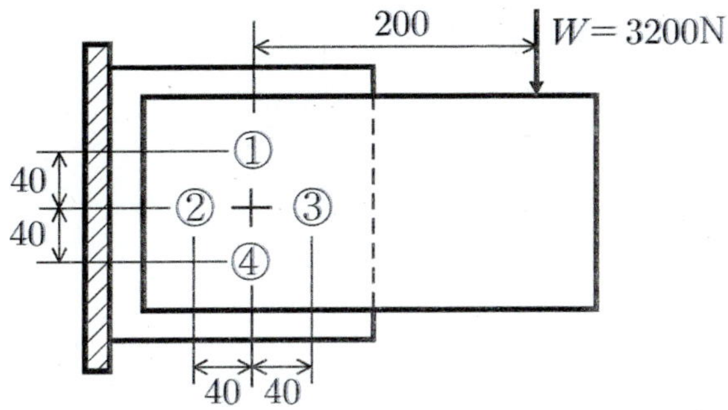

[그림 2.15] 4개의 리벳과 편심하중

풀이 (1) 하중에 의해 각 리벳에 작용하는 직접 전단력(Q) : 리벳의 개수 $n=4$이고 하중 $W=3,200\text{N}$이 아래 방향으로 작용하고 있다.

$$Q=\frac{W}{n}=\frac{3200}{4}=800[\text{N}](\downarrow)$$

(2) 모멘트에 의해 각 리벳에 발생하는 전단력(F_i) : 그림에서 리벳군의 도심(기하학적 중심)은 '+' 표시한 부분이다. 도심으로부터 각 리벳까지의 거리(r_i)는 모두 $r_i=40\text{mm}$이고, 외력 W와 도심 사이의 편심거리 $e=200\text{mm}$이므로 전단력의 비례상수는 다음과 같다.

$$K=\frac{We}{\sum r_i^2}=\frac{3200\times200}{4\times(40^2)}=100\,[\text{N/mm}]$$

따라서 편심에 의한 모멘트로 인하여 각 리벳에 발생하는 전단력(F_i)은 다음과 같다.

$$F_1=Kr_1=100\times(40)=4000[\text{N}](\rightarrow)$$
$$F_2=Kr_2=100\times(40)=4000[\text{N}](\uparrow)$$
$$F_3=Kr_3=100\times(40)=4000[\text{N}](\downarrow)$$
$$F_4=Kr_4=100\times(40)=4000[\text{N}](\leftarrow)$$

(3) 리벳에 작용하는 총 전단력(R_i) : (1), (2)의 결과를 정리하면 [그림 2.16]과 같다.

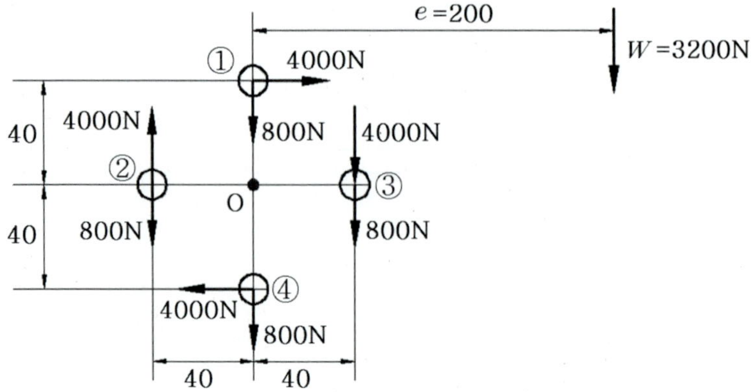

[그림 2.16] 각 리벳에 작용하는 전단력

그림으로부터 다음과 같이 각 리벳에 작용하는 총 전단력이 구해진다.

$$R_1 = \sqrt{800^2 + 4000^2} = 4079.2[\mathrm{N}](\searrow)$$

$$R_2 = 4000 - 800 = 3200[\mathrm{N}](\uparrow)$$

$$R_3 = 4000 + 800 = 4800[\mathrm{N}](\downarrow)$$

$$R_4 = \sqrt{800^2 + 4000^2} = 4079.2[\mathrm{N}](\swarrow)$$

이상에서 총 전단력이 가장 큰 것은 R_3이다. 즉, 리벳 ③에서 최대 전단력 4,800[N]이 발생하며 이 값을 기준으로 리벳지름을 결정한다.

연습문제 2

01 리벳 이음의 특징으로 옳지 않은 것은? [공무원 임용시험]

① 작업이 용접보다 쉽다.

② 용접보다 신뢰도가 높고, 검사가 간단하다.

③ 판의 재질이 용접만큼 문제시되지 않는다.

④ 잔류 응력이 존재하여 왜곡 또는 비틀림이 발생한다.

02 두 판재가 양쪽 덮개판 한 줄 맞대기 이음으로 리벳 결합되어 있다. 리벳 한 개에 작용하는 전단하중을 W, 리벳의 지름을 d라고 할 때, 설계 시 리벳에 작용하는 전단응력 중 가장 적당한 것은? [공무원 임용시험]

① $\dfrac{W}{\frac{\pi}{4}d^2}$　② $\dfrac{W}{2\left(\frac{\pi}{4}d^2\right)}$　③ $\dfrac{W}{1.8\left(\frac{\pi}{4}d^2\right)}$　④ $\dfrac{W}{2(1.8)\left(\frac{\pi}{4}d^2\right)}$

03 140kN의 인장력을 받는 양쪽 덮개판 맞대기 이음에서 리벳의 허용 전단응력이 70N/mm^2, 리벳의 지름이 20mm일 때 요구되는 리벳의 최소 개수를 구하여라. [공무원 임용시험]

04 판 두께 14[mm], 리벳의 지름 22[mm], 피치 54[mm]로 리벳 중심에서 판 끝까지 1열 리벳 겹치기 이음을 하여 한 피치당 인장하중 1,350[kgf]이 작용할 때, 판에 생기는 인장응력[kgf/mm^2]을 구하여라. [공무원 임용시험]

05 한줄 리벳 이음에서 리벳 구멍 사이의 강판이 절단되었다면 한 피치 구간에서 판에 작용한 인장하중 W는? (단, d는 리벳 구멍, p는 피치, t는 강판의 두께, σ_t는 인장응력이다.) [공무원 임용시험]

① $W = 2(p-d)t\sigma_t$　② $W = (p+d)t\sigma_t$

③ $W = (p-d)t\sigma_t$　④ $W = 2(p+d)t\sigma_t$

06 그림과 같은 1줄 겹치기 리벳이음에서 리벳의 지름이 5mm이고 허용 전단응력이 4kgf/mm^2일 때, 750kgf의 하중 P를 지지하기 위한 리벳의 최소 개수는? (단, $\pi=3$으로 한다.) [공무원 임용시험]

① 4
② 6
③ 8
④ 10

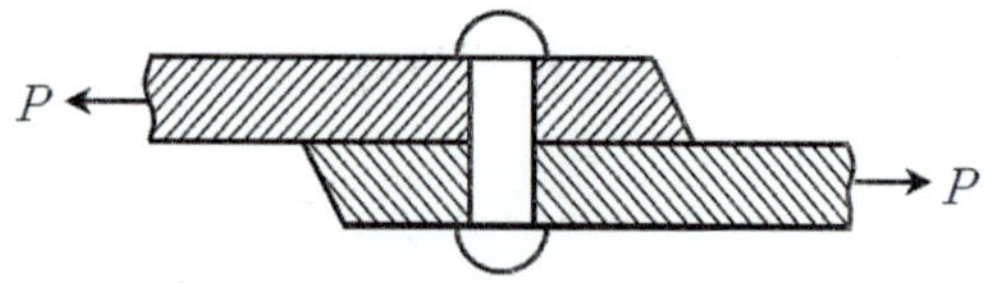

[문제 2.6]

07 한줄 겹치기 리벳이음에서 판의 압축에 의해 판이 압축 파괴되는 경우 리벳이음 강도 P는? (단, 리벳의 지름은 d, 리벳의 피치는 p, 강판의 두께는 t, 강판의 압축응력은 σ_c이다.) [공무원 임용시험]

① $P=2dt\sigma_c$　② $P=dt\sigma_c$
③ $P=(p-d)t\sigma_c$　④ $P=2(p-d)t\sigma_c$

08 리벳 지름 또는 구멍의 지름 d[mm], 리벳의 전단응력 $\tau[\text{kgf/mm}^2]$, 리벳 또는 강판의 압축응력 $\sigma_c[\text{kgf/mm}^2]$인 겹치기 리벳이음에서 전단저항과 압축저항을 같도록 할 때, 강판의 두께 t[mm]를 구하는 식으로 옳은 것은? (단, 리벳의 길이 방향에 직각 방향으로 인장력 W[kgf]가 작용한다.) [공무원 임용시험]

① $t=\dfrac{\pi d^2\tau}{4\sigma_c}$　② $t=\dfrac{\pi d\sigma_c}{4\tau}$　③ $t=\dfrac{\pi d^2\sigma_c}{4\tau}$　④ $t=\dfrac{\pi d\tau}{4\sigma_c}$

09 허용전단강도가 6kgf/mm^2이고, 지름이 12mm인 1줄 겹치기 리벳 이음작업을 한다고 할 때, 리벳의 허용전단강도를 고려하여 6ton의 하중을 버티기 위한 리벳의 최소 개수는 얼마인가? [공무원 임용시험]

① 6개　② 7개　③ 8개　④ 9개

10 그림과 같이 동일한 두께의 판재가 리벳으로 결합된 채 $P=1\text{kN}$의 인장력을 받고 있다. 리벳에 작용하는 평균전단응력[MPa]을 구하여라. (단, 판에 발생하는 마찰은 무시하며 $d=10\text{mm}$, $t=5\text{mm}$이다.)

[중등교사 임용시험–기계 · 금속]

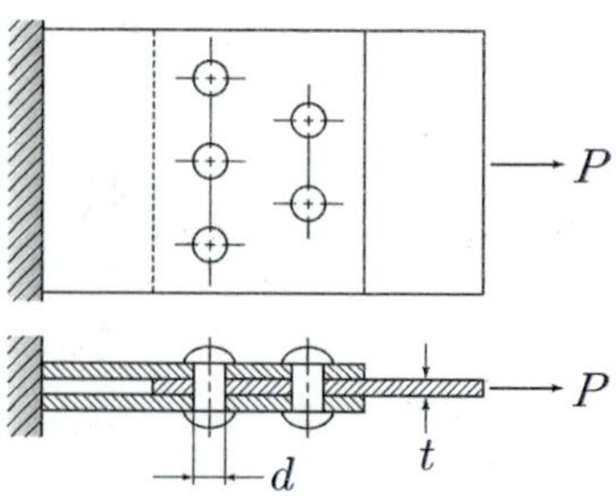

[문제 2.10]

11 다음 그림과 같이 동일한 리벳을 사용한 5줄 리벳 이음에서 전단 파단에 가장 취약한 리벳은? (단, 두 판은 동일한 재질이고 위판과 아래 판의 두께는 각각 5[mm], 10[mm]이며, 인접하는 리벳의 중심간 거리는 같다.) [공무원 임용시험]

① A와 E
② A
③ C
④ E

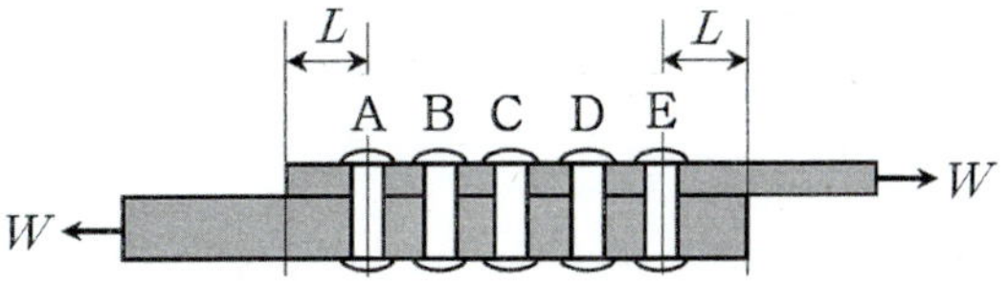

[문제 2.11]

12 두께 5mm인 강판을 지름 10mm인 리벳을 사용하여 1줄 겹치기 이음으로 결합하려고 할 때 결합효율을 최적으로 할 수 있는 리벳의 피치[mm]를 구하여라. (단, 강판의 허용인장응력은 60MPa이고 리벳의 허용전단응력은 80MPa이다.) [공무원 임용시험]

13 두께가 같은 두 강판을 1줄 겹치기 리벳 이음할 경우, 판의 효율은 리벳 구멍이 없는 판의 인장 강도에 대한 리벳 구멍이 있는 판의 인장 강도 비이다. 리벳 구멍 사이의 절단만을 고려할 때, 판의 효율이 증가하는 경우는? (단, 판 두께는 10mm, 리벳 지름은 16mm, 리벳 피치는 45mm, 강판의 허용 인장 응력은 $40\,\mathrm{N/mm^2}$이다.) [공무원 임용시험]

① 두께가 12mm인 강판으로 교체한다.
② 지름이 19mm인 리벳으로 교체한다.
③ 리벳의 피치를 48mm로 조정한다.
④ 강판을 허용 인장 응력이 $45\,\mathrm{N/mm^2}$인 재료로 교체한다.

14 두께가 10[mm]인 판 두 장을 2줄 겹치기 리벳이음을 하고자 한다. 리벳 지름이 20[mm]이고 피치(리벳의 중심간 거리)가 80[mm]일 때, 리벳이음의 효율 중 리벳 효율[%]을 구하여라. (단, 리벳의 허용 전단응력은 판의 허용 인장응력의 80%이고, $\pi=3$으로 한다.)

15 두께 2[mm]인 강판 2장을 지름 20[mm]인 리벳을 이용하여 2줄 겹치기 이음을 하고자 한다. 1피치 내의 하중은 20[kN]이고 판효율이 60%라면 피치는 몇 [mm]인가? [공무원 임용시험]

① 40 ② 50 ③ 60 ④ 70

16 강판의 효율이 75%인 리벳 이음에서 피치가 20mm이면 리벳 구멍의 지름[mm]은? [공무원 임용시험]

① 4 ② 5 ③ 6 ④ 7

17 그림과 같은 300N의 편심하중을 받는 리벳이음에서 리벳에 생기는 최대 전단력의 크기 [N]를 구하여라. (단, 도면에 기입된 치수의 단위는 mm이다.)

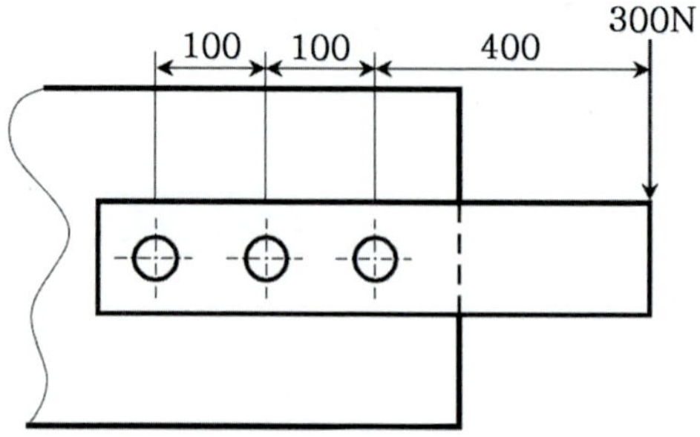

[문제 2.17]

18 다음 그림과 같이 4개의 리벳(a, b, c, d)로 체결된 구조물이 편심하중 P를 받고 있을 때 각 리벳이 받는 전단응력의 관계로 옳은 것은? [공무원 임용시험]

① a와 b의 전단응력의 크기가 같다.
② b와 c의 전단응력의 크기가 같다.
③ c와 d의 전단응력의 크기가 같다.
④ b와 d의 전단응력의 크기가 같다.

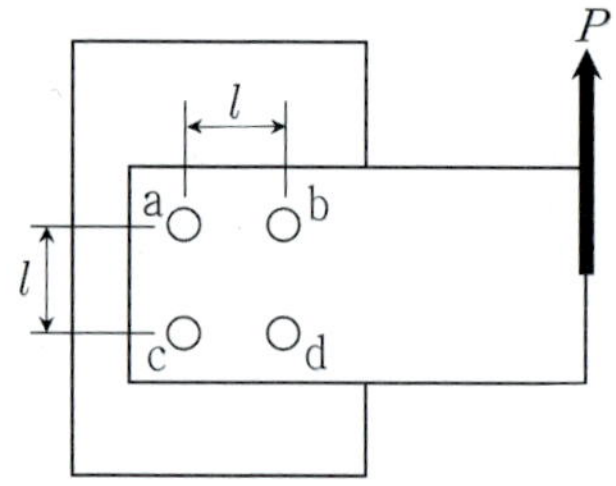

[문제 2.18]

19 다음 그림과 같이 편심하중 W가 작용하는 겹치기 리벳이음에 대하여 4개의 리벳 지름은 동일하고, 점 O에서 각각의 리벳 중심까지의 거리가 r로 동일할 때, 하중 W와 거리 r의 크기가 각각 두 배로 된다면 편심하중으로 인하여 발생되는 모멘트에 의한 리벳에 작용하는 전단하중은 몇 배인가? [공무원 임용시험]

① 0.5
② 1
③ 2
④ 4

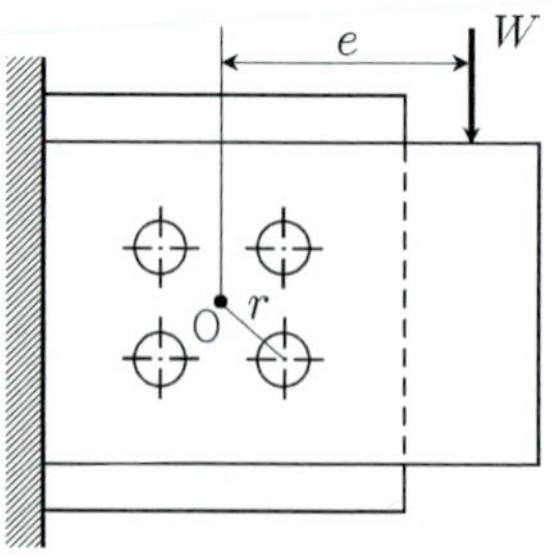

[문제 2.19]

20 그림과 같이 20kN의 편심 하중을 받고 있는 리벳이음에서 각 리벳에 발생하는 전단력의 크기[kN]를 구하여라.

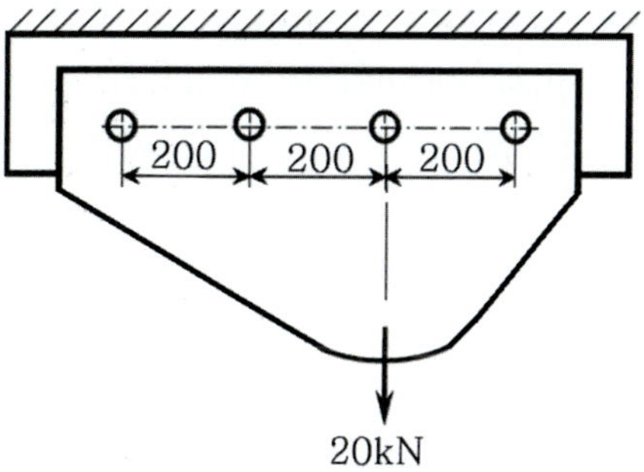

[문제 2.20]

21 그림과 같은 리벳이음 구조물에서 600N의 힘이 작용할 때, 리벳에 작용하는 최대 전단응력(τ_{max})의 크기[N/mm^2]는? (단, 리벳의 지름 $d=10$mm이다.) [공무원 임용시험]

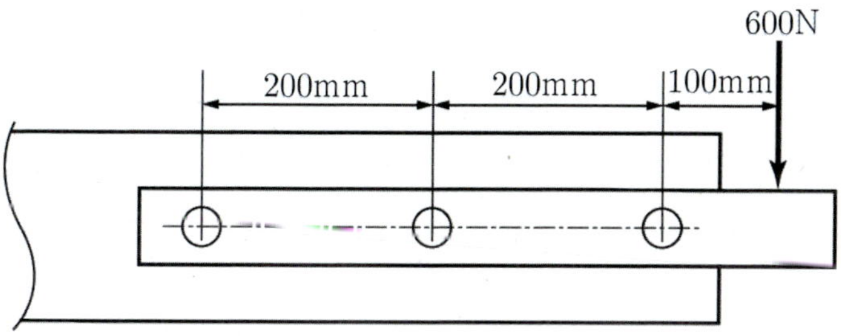

[문제 2.21]

① $\frac{26}{\pi}$ ② $\frac{8}{\pi}$ ③ 4π ④ 16π

22 그림과 같이 리벳 5개로 이루어진 1줄 겹치기 리벳이음에서 리벳의 허용 전단응력이 $4N/mm^2$이고 $P=540$N의 인장력이 강판에 작용할 때, 리벳의 최소 허용 지름[mm]은? (단, $\pi=3$으로 계산한다.) [공무원 임용시험]

① 4
② 6
③ 8
④ 10

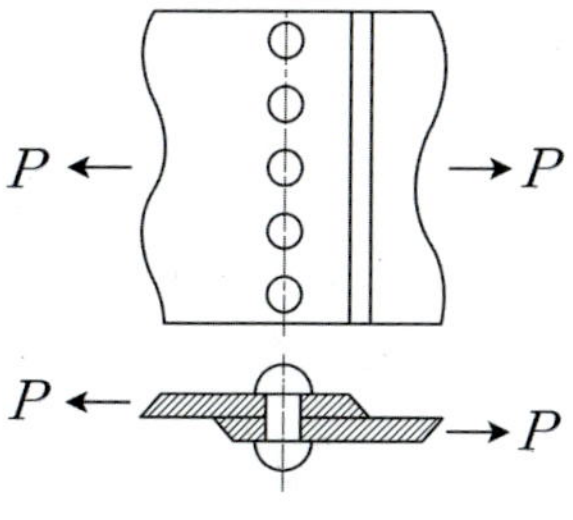

[문제 2.22]

23 1줄 겹치기 리벳이음을 한 두께 10mm인 판재가 있다. 리벳 구멍지름 20mm, 리벳이음 피치 50mm일 때, 인장력을 받고 있는 판재의 효율[%]은? [공무원 임용시험]

① 20 ② 40 ③ 60 ④ 80

24 리벳 이음에서 리벳지름이 d, 피치가 $2p$인 판의 효율은? [지방공무원 9급(2020)]

① $\dfrac{p-d}{p}$ ② $\dfrac{2p-d}{p}$ ③ $\dfrac{2p-d}{2p}$ ④ $\dfrac{d-2p}{2p}$

25 양쪽 덮개판 한줄 맞대기 리벳이음에서 리벳지름은 10mm, 강판두께는 10mm, 리벳피치는 50mm이다. 리벳 전단강도가 강판 인장강도의 50%일 때, 가장 가까운 리벳효율[%]은? (단, W=인장하중, $\pi=4$이다.) [국가공무원 9급(2020)]

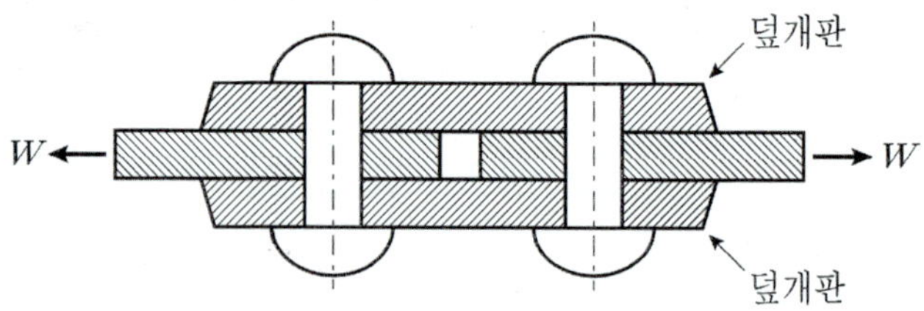

[문제 2.25]

① 18 ② 24 ③ 30 ④ 36

26 인장하중 54kN을 받는 양쪽 덮개판 1줄 맞대기 리벳이음에서 리벳의 지름 10mm, 리벳의 허용전단응력 100MPa일 때, 전단에 의해 파괴되지 않을 리벳의 최소 개수는? [국가공무원 9급(2021)]

① 2 ② 3 ③ 4 ④ 5

제3장 용 접

3.1 용접 개요

[1] 용접의 특징

고체 상태에 있는 두 개의 금속 재료를 열이나 압력 또는 열과 압력을 동시에 가해 접합시키는 것을 용접(welding)이라 한다. 용접은 야금적 접합법이며 이것은 금속과 금속을 충분히 접근시켰을 때 생기는 원자 간의 결합력으로 접합하는 방법이다. 한편 볼트, 너트, 리벳 등을 이용해 접합하는 방법을 기계적 접합법이라고 한다. 용접은 기계적 접합법에 비해 다음과 같은 장점과 단점을 가지고 있다.

(1) 장점

① 재료가 절약되고 중량을 가볍게 할 수 있다.
② 작업 공정이 단축되고 경제적이다.
③ 접합 효율이 좋다. (기밀성이 우수하며 이음효율이 높다.)
④ 보수와 수리가 용이하다.
⑤ 설비비가 싸다.
⑥ 용접 준비 및 작업이 비교적 간단하고 자동화가 쉽다.

(2) 단점

① 용접열의 영향을 받아 모재의 재질이 변형될 수 있다.
(용접열의 영향으로 변형과 수축이 생긴다.)
② 수축응력 및 잔류 응력이 존재한다.
③ 용접 균열이 생길 수 있다. (저온 취성이 생길 가능성이 있다.)
④ 품질 검사가 곤란하다. (용접부의 결함 검사가 어렵다.)

⑤ 용접사의 기술에 따라 용접 결과가 좌우된다.

⑥ 영구적으로 체결하는 것으로서 임의로 분해하고 조립하기가 어렵다.

[2] 용접 종류

용접은 가열방법(열원), 처리 방법, 모재의 상대적 위치 등에 여러 가지로 분류할 수 있는데, 용접의 종류를 크게 분류하면 융접, 압접, 납접(납땜)이 있다[그림 3.1].

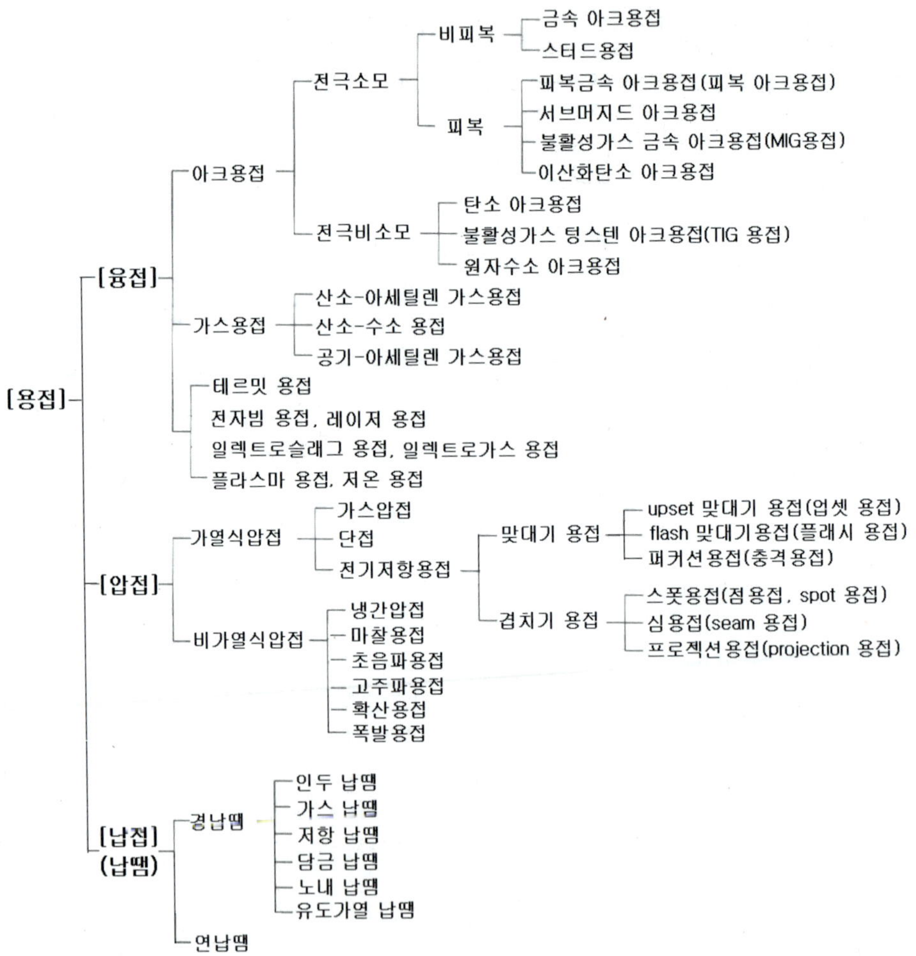

[그림 3.1] 용접법 분류

(1) 융접(fusion welding) : 모재의 접합부를 국부적으로 가열 용융시켜 이것에 제 3의 금속 즉, 용가제(filler metal)를 첨가하여 접합시키는 방법이다. 융접에는 가스 용접, 아크 용접 등이 있다.

(2) 압접(pressure welding) : 접합부를 적당한 온도로 가열하거나 가열하지 않은 상태에서 접합부에 기계적 압력을 가하여 접합하는 방법이다. 압접에는 마찰 압접(2개의 접촉면에 상대운동을 시켜 접촉면에서 발생하는 마찰열을 이용하여 이음 면 부근이 압접 온도에 도달하였을 때 강한 압력을 가하여 압접하는 방법), 냉간 압접(상온에서 강하게 압축함으로써 경계면을 국부적으로 소성 변형시켜 압접하는 방법), 단접(금속을 소성 상태로 될 때까지 화덕이나 가스토치로 가열한 다음 타격하거나 압력을 가하여 접합하는 방법) 등이 있다.

(3) 납접(납땜, brazing and soldering) : 모재의 접합부는 용융시키지 않고 모재보다 용융온도가 낮은 금속(납땜)을 녹여 접합부에 흘려 넣어 접합시키는 방법이다. 납접은 사용하는 납 재료(땜납)의 용융온도에 따라 450℃ 이하인 연납접(연납땜, soldering)과 450℃ 이상인 경납접(경납땜, brazing)으로 분류된다.

[3] 용접부 구성

[그림 3.2]는 두 모재가 용접에 의해 접합된 것을 나타낸다. 여기에서 용접봉과 모재의 일부가 용융하여 응고된 부분을 용착부(weld metal zone)라 하고 그 부분의 금속을 용접금속이라 한다. 용접금속 중에서 용접봉이 녹아서 만들어진 것을 용착금속(deposit metal)이라 하고, 용융은 되지 않지만 열에 의해 조직이 변화된 모재 부분을 열영향부(heat affected zone, HAZ)라 한다. 용착부와 열영향부를 합하여 용접부(weld zone)라 한다. 그리고 용접부에서 치수 이상으로 표면으로부터 높게 덧붙여진 용접금속을 덧붙임(살돋움)이라 한다.

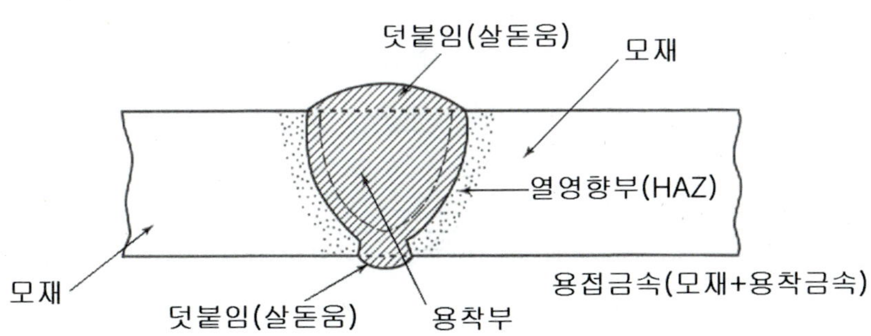

[그림 3.2] 용접부의 구성

[4] 용접 결함

아크 용접을 할 때 용접 조건이나 작업 방법을 잘 지키지 않으면 여러 가지 용접 결함이 생긴다. 용접 결함에는 용접 균열, 기공, 비드 표면에 생기는 결함 등이 있다. 용접 결함을 검사하는 방법에는 파괴검사와 비파괴 검사가 있다.

(1) 용접 균열 : 균열은 용접 결함 중에서 가장 중대한 결함이며 발생 장소에 따라 용접 금속 균열과 열영향부 균열로 나누어진다. 균열을 방지하기 위해서는 수소 발생이 적은 용접봉을 사용하며 적당한 예열과 후열을 하도록 한다.

(2) 오버랩(overlap) : 용착 금속이 모재에 완전히 융합되지 않고 모재 위에 겹쳐지는 상태를 말한다. 모재에 비하여 용접봉이 굵을 때, 용접 속도가 느릴 때, 용접 전류가 약할 때 발생한다.

(3) 용입 불량 : 모재가 녹아서 융합된 깊이를 용입이라 하고, 용입 깊이가 낮을 때를 용입 불량이라 한다. 이 현상은 용접 속도가 빠르거나 용접 전류가 낮을 때 발생한다.

(4) 기공(blow hole) : 용착 금속 속에 가스가 남으면 구멍이 생기는데 이것을 기공이라 한다. 이 현상은 용접 전류가 과대하거나 아크의 길이가 길 때, 피복제 속에 수분이 남아있을 때, 용접부의 냉각속도가 빠를 때 일어난다.

(5) 스패터(spatter) : 용접 중 용융금속에서 기포나 용적이 폭발할 때 용융금속이나 슬래그가 비산하여 스패터가 된다. 용접 전류가 과대하거나 아크의 길이가 길 때 발생한다.

(6) 언더컷(undercut) : 용융부와 나란한 홈 또는 용접선 끝에 생기는 팬 홈을 언더컷이라 한다. 용접 전류가 과대할 때, 용접 속도가 너무 빠를 때, 아크 길이가 지나치게 길 때 언더컷이 발생한다.

(7) 슬래그 섞임 : 녹은 피복제가 용착 금속 표면에 떠 있거나 용착 금속 속에 남아있는 것을 말한다. 용접 전류가 과대하거나 용접봉이 가늘 때 발생한다.

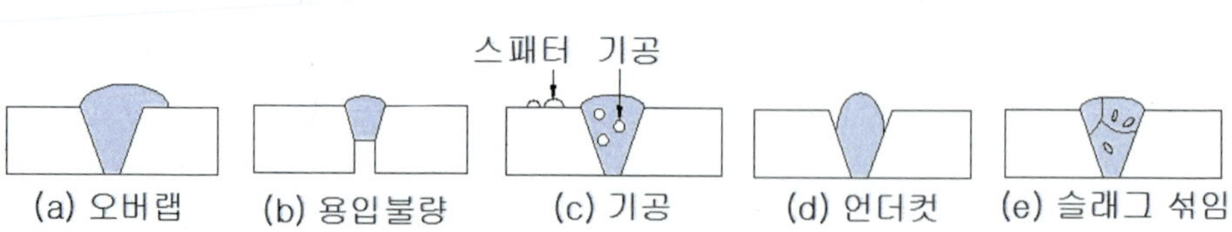

[그림 3.3] 아크 용접 결함

3.2 용접이음 분류

[1] 용접부(접합부) 모양에 따른 분류

(1) 그루브 용접(홈 용접, groove weld)

[그림 3.4]와 같이 용접하고자 하는 두 모재를 서로 맞대어 놓고 용접하는 방법을 맞대기 용접(butt weld)이라 한다. 맞대기 용접을 할 때 모재의 두께가 얇은 경우에는 모재 사이에 홈이 필요하지 않지만 모재의 두께가 두꺼운 경우에는 용가제를 완전히 주입하기 위해 홈이 필요하다.

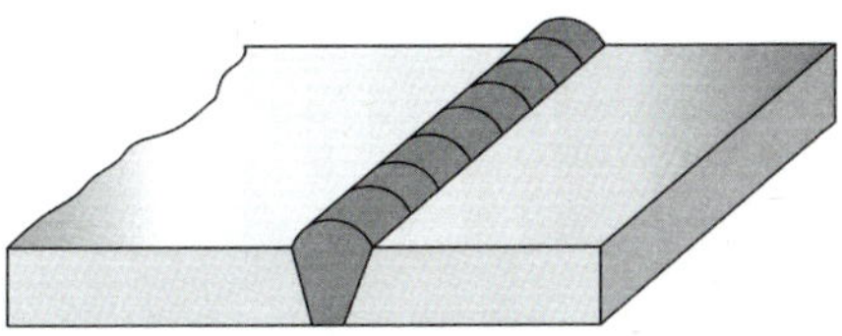

[그림 3.4] 맞대기 용접

용접하려고 하는 부재 사이의 홈을 그루브(groove)라 하며, 두 모재 사이에 홈(groove)을 만들어 용접하므로 홈 용접(그루브 용접, groove weld)이라고 한다. 그루브 종류에는 [그림 3.5]와 같은 I형, V형, Y형, X형 등의 여러 가지가 있다.

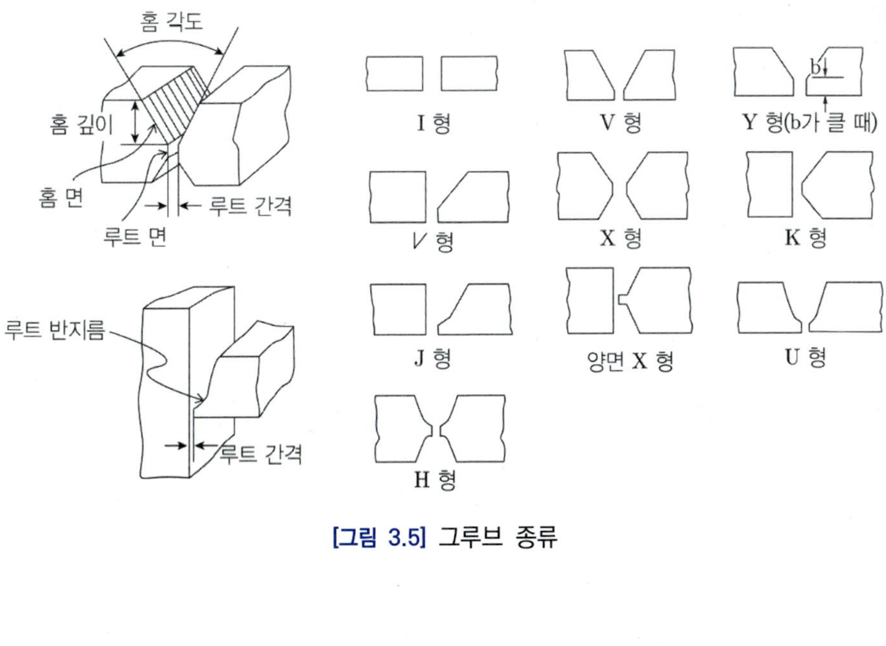

[그림 3.5] 그루브 종류

(2) 필릿 용접(fillet weld)

거의 직교하는 두 면을 삼각형 모양의 단면으로 용접하는 방법으로, 이음 모양에 따라 [그림 3.6]과 같이 겹치기 형과 T 형으로 분류한다. 그리고 용접 표면의 모양에 따라 오목한 필릿, 볼록한 필릿 및 편평한 필릿이 있다[그림 3.7].

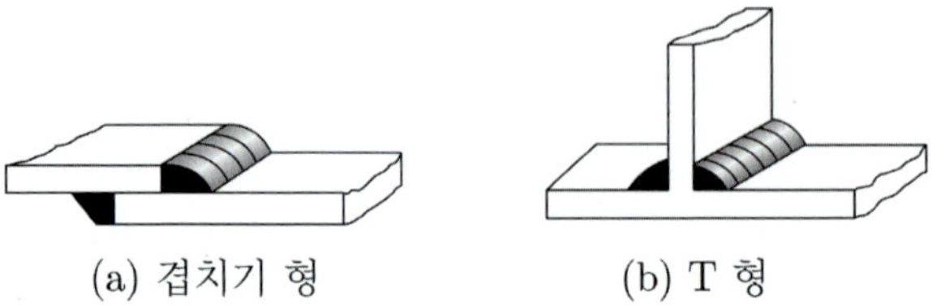

[그림 3.6] 필릿 용접

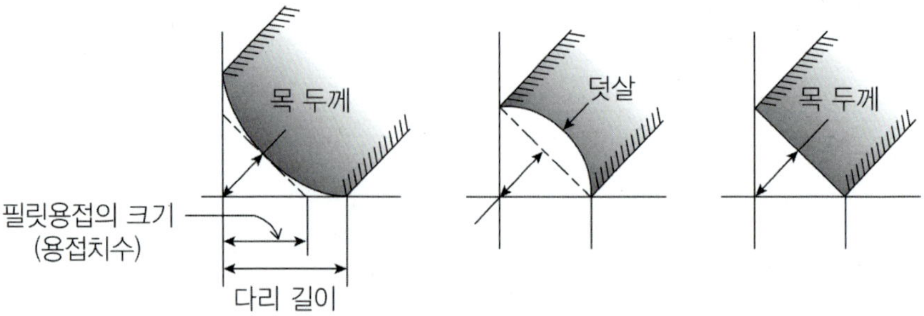

[그림 3.7] 필릿 용접의 목 단면 형상

목 단면에서 이음의 루트(root)로부터 삼각형의 빗변까지 거리를 목 두께라 한다. 필릿 용접에서 목 두께는 용접부의 강도 계산에 사용된다.

(3) 플러그 용접(plug weld)

포개진 두 부재의 한쪽에 구멍을 뚫고 그 부분을 표면까지 용접으로 메워서 접합하는 방법이며 주로 얇은 판재에 사용한다.

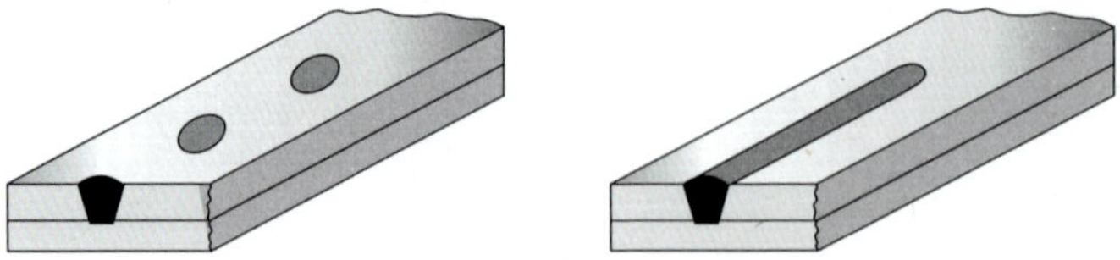

[그림 3.8] 플러그 용접

(4) 비드 용접(bead weld)

용접을 할 때 모재 표면은 용착 금속이 응고됨에 따라 파형 모양을 띠게 되는데 이를 비드(bead)라 한다. 비드 용접은 모재의 평면 위에 용착 비드를 융착시키는 용접법이다.

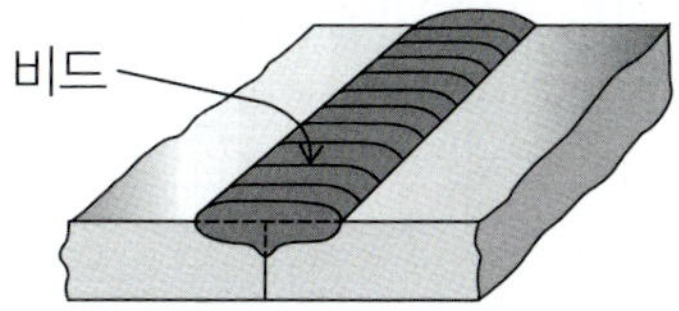

[그림 3.9] 비드 용접

(5) 덧살올림 용접(built up welding, 덧붙이 용접)

부재의 표면에 용착 금속을 입히는 방법이다. 주로 마멸된 부재를 보수하거나 내식성, 내마멸성 등이 좋은 금속을 모재 표면에 피복할 때 이용된다.

[2] 모재의 상대적 위치에 따른 분류

(1) 맞대기 용접이음(butt weld joint, 맞대기 이음) : 모재 양끝의 그루브를 일직선 위에 놓고 용접하는 방법. 용접하는 두 모재가 거의 같은 평면 내에 있다.

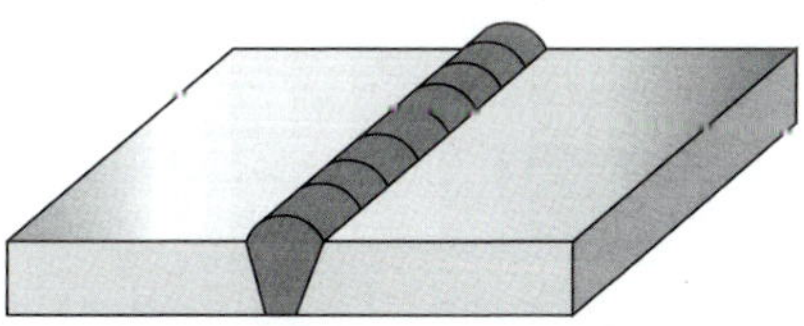

[그림 3.10] 맞대기 용접이음

(2) 덮개판 이음(strapped joint, 덮개판 맞대기 이음, 덮개판 용접이음) : 모재 표면과 덮개판을 필릿용접하는 방법. 한쪽 덮개판 이음과 양쪽 덮개판 이음이 있다.

(a) 한쪽 덮개판 이음　　(b) 양쪽 덮개판 이음

[그림 3.11] 덮개판 이음

(3) 겹치기 용접이음(lap weld joint, 겹치기 이음) : 모재의 일부를 겹쳐서 용접하는 방법.

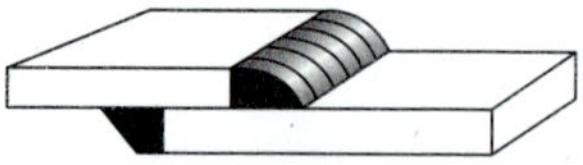

[그림 3.12] 겹치기 용접이음

(4) T형 용접이음(T weld joint, T형 이음) : 한 판의 끝 면을 다른 판의 표면에 올려놓고 두 판이 T 형으로 거의 직각이 되게 용접하는 방법.

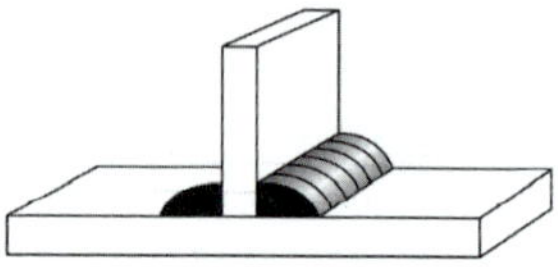

[그림 3.13] T형 용접이음

(5) 모서리 용접이음(coner weld joint, 모서리 이음) : 두 모재가 거의 직각을 이루도록 L자 형으로 놓고 모서리 부분(각이 진 부분)을 용접하는 방법.

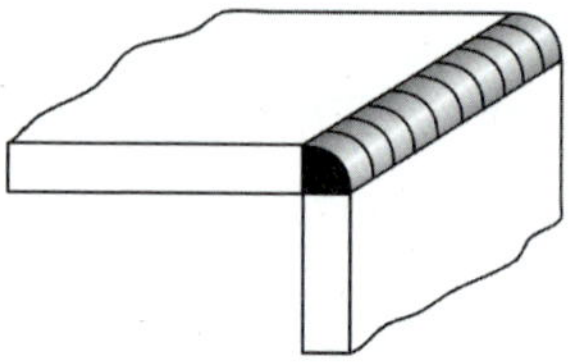

[그림 3.14] 모서리 용접이음

(6) 가장자리 용접이음(edge weld joint, 가장자리 이음) : 두 개 이상의 모재가 거의 평행으로 겹쳐 있을 때 모재 끝 면들을 용접이음 하는 방법. 변두리 이음(edge joint), 끝단용접(edge welding), 끝 이음 등으로 부른다.

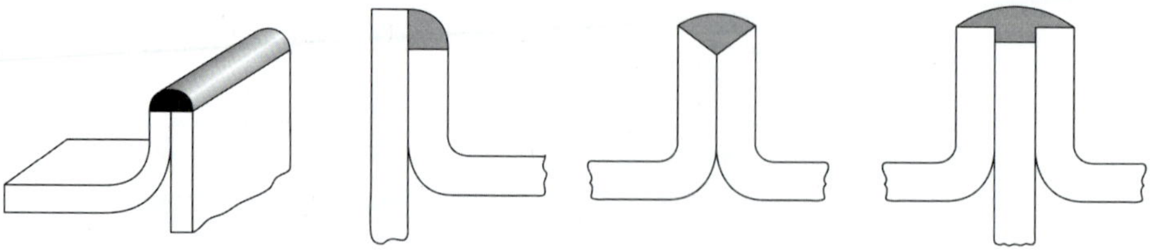

[그림 3.15] 가장자리 용접 이음

3.3 용접이음 강도

[1] 맞대기 용접

(1) 모재의 두께가 같은 경우

맞대기 이음은 판의 두께에 따라 일반적으로 덧붙임을 하지만 용접이음의 강도를 계산할 때는 덧붙임을 무시한다. 즉, 용접부에서 목두께(a)의 길이는 덧붙임을 제외한 길이로 정한다. 따라서 용접하는 두 판(모재)의 두께(t)가 같을 때 목두께는 판의 두께와 같다 ($a = t$).

① 인장 하중이 작용할 때 : 인장하중이 작용하는 단면적 $A = aL = tL$이므로 용접부의 인장응력(σ_t)과 인장하중(P)은 다음과 같다.

$$\sigma_t = \frac{P}{A} = \frac{P}{tL} \quad \cdots\cdots (3.1)$$

$$P = \sigma_t (tL) \quad \cdots\cdots (3.2)$$

여기에서 L은 용접 길이이고, t는 판(모재)의 두께이다.

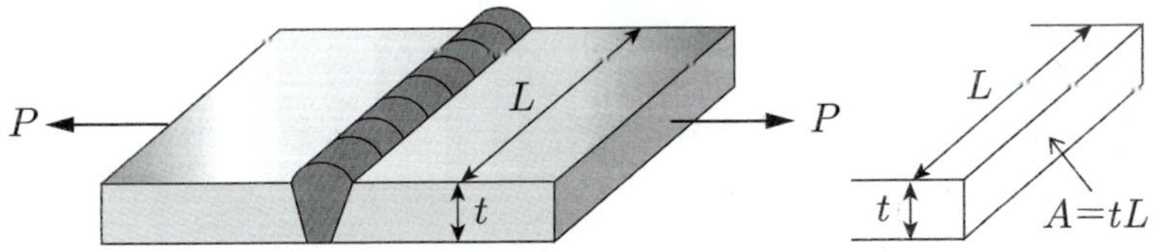

[그림 3.16] 맞대기 용접이음-두께가 같은 경우

② 굽힘 하중이 작용할 때 : 용접부에 굽힘 모멘트 M이 작용할 때 용접부에 발생하는 최대 굽힘 응력(σ_b)은 다음과 같다.

$$\sigma_b = \frac{M}{I} y_{max} = \frac{M}{(Lt^3/12)} \times \left(\frac{t}{2}\right) = \frac{6M}{Lt^2} \quad \cdots\cdots (3.3)$$

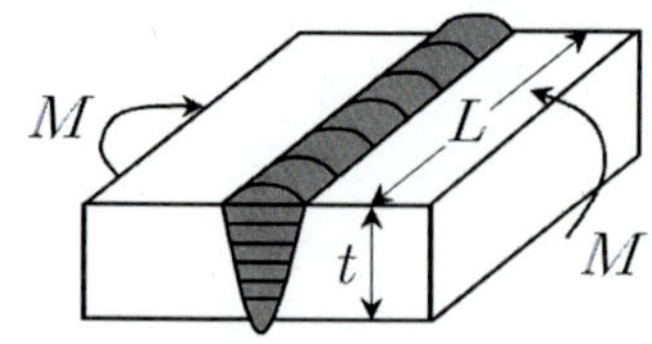

[그림 3.17] 맞대기 용접이음- 굽힘 하중

(2) 모재의 두께가 다른 경우 : 목두께(a)의 길이는 두께가 얇은 쪽에서 덧붙임을 제외한 길이로 정한다. 즉, 두께가 얇은 쪽 모재의 두께를 목두께로 하여 인장응력을 계산한다.

$$\sigma_t = \frac{P}{A} = \frac{P}{aL} \quad \cdots\cdots (3.4)$$

$$P = \sigma_t (aL) \quad \cdots\cdots (3.5)$$

여기에서 L은 용접 길이이고, 목두께 a는 두 판(모재)의 두께(t_1, t_2) 중에서 작은 값을 선택한다.

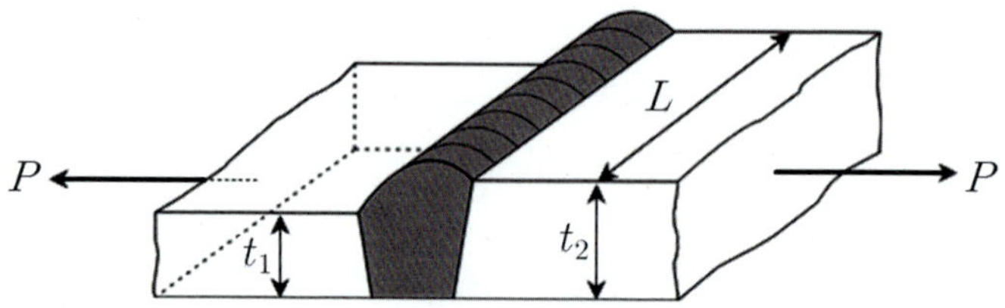

[그림 3.18] 맞대기 용접이음-두께가 다른 경우

[예제 3.1] 두께 $t = 10$mm인 강판을 맞대기 용접이음 하였을 때 $P = 45$kN의 인장하중이 작용한다면 용접부의 인장응력은 몇 MPa인가? 단, 용접 길이 $L = 300$ mm이다.

풀이 맞대기 용접이음에서 인장하중이 작용하는 용접부 단면적 $A = tL$이므로 용접부의 인장응력(σ_t)은 다음과 같다.

$$\sigma_t = \frac{P}{A} = \frac{P}{tL} = \frac{(45 \times 1000)}{10 \times 300} \frac{\text{N}}{\text{mm}^2} = 15[\text{MPa}]$$

[예제 3.2] 두께 $t = 10\text{mm}$인 강판을 맞대기 용접이음 하였다. 용접부에 굽힘 모멘트 $M = 20\text{kN}\cdot\text{mm}$가 작용할 때 굽힘 모멘트를 견딜 수 있는 최소 용접 길이를 구하여라. 단, 용접부의 허용 굽힘 응력 $\sigma_a = 50\text{N/mm}^2$이다.

풀이 용접 길이를 L로 하면

$$\sigma_a = \frac{6M}{Lt^2}$$

$$\therefore\ L = \frac{6M}{\sigma_a t^2} = \frac{6\times(20\times1000)}{50\times(10)^2}[\text{mm}] = 24[\text{mm}]$$

[2] 용접효율(용접 이음효율)

일반적으로 용접부의 상태가 균일하지 않고 용접의 품질(용접등급)에 따라 용접부의 강도가 다르므로 용접부의 파괴응력을 산정하기가 쉽지 않다. 또한 파괴될 부분이 어디인지도(모재와 용가재 사이 또는 용가재 부분) 추측하기 어렵지만 용접부가 파괴된다고 가정하고 용접효율을 모재의 강도에 대한 용가재 부위의 강도로 정하고 있다. 즉, 용접부의 이음효율(취약계수)은 모재의 허용응력을 기준으로 산정한다.

- $\text{용접부 이음효율} = \dfrac{(\text{용접부의 강도})}{(\text{모재의 강도})}\times 100\,(\%)$ ········· (3.6)
- $\text{용접부 이음효율} = \dfrac{(\text{용접부의 인장강도})}{(\text{모재의 인장강도})}\times 100\,(\%)$ ········· (3.7)

이음효율이 η인 맞대기 용접이음에서 모재의 허용응력이 σ_a일 때 허용 인장력 P는 다음과 같다.

$$\eta = \frac{\sigma_t}{\sigma_a} = \frac{P/A}{\sigma_a} = \frac{P/tL}{\sigma_a}$$

$$\therefore\ P = (\sigma_a tL)\eta \quad \cdots\cdots (3.8)$$

여기에서 L은 용접 길이이고, t는 모재(판)의 두께이다.

용접부의 이음효율을 결정하는 인자는 다양하지만 일반적으로 이음의 형상과 용접 방법에 따라 결정하며 다음 식으로 이음효율(η)을 나타낸다.

$$\eta = k_1 k_2 \quad \cdots\cdots (3.9)$$

여기에서 k_1은 이음의 형상계수이고, k_2는 용접계수이다. 이음의 형상계수는 이음의 형식(맞대기 이음, 필릿 이음), 하중의 종류(인장, 압축, 전단 하중) 등에 따라 변화한다.

[예제 3.3] **두께 $t = 10\text{mm}$, 폭 $L = 150\text{mm}$, 허용응력 $\sigma_a = 80\text{MPa}$인 강판을 이음효율 $\eta = 0.8$로 맞대기 용접이음 하였을 때 허용되는 최대 인장력[kN]을 구하여라.**

풀이 허용응력 $\sigma_a = 80\text{MPa} = 80\dfrac{\text{N}}{\text{mm}^2}$이므로 최대 인장력($P$)은 다음과 같다.

$$P = (\sigma_a t L)\eta = (80 \times 10 \times 150) \times 0.8[\text{N}] = 96 \times 10^3[\text{N}] = 96[\text{kN}]$$

[3] 필릿 용접

(1) 목 두께

필릿 용접은 겹치기 이음, 모서리 이음, T 이음 등에서 거의 직교하는 두 면을 접합하는 용접으로 용착부의 단면 모양은 거의 삼각형이다. 두 부재 면이 마주치는 선을 용접부의 뿌리(root)라고 하며, 필릿 용접에서 용접부의 목 두께(a) 길이는 덧붙임을 제외한 직각 이등변 삼각형에서 용접부의 뿌리로부터 대변에 내린 수선의 길이이다. 즉, [그림 3.19]와 같이 직각 이등변 삼각형에서 직각인 꼭짓점으로부터 빗변에 이르는 최단거리이다.

$$a = f\sin 45° = \frac{f}{\sqrt{2}} \approx 0.707f \quad \cdots\cdots (3.10)$$

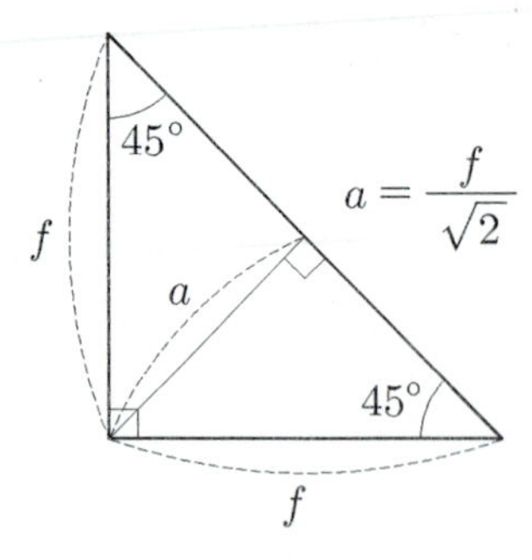

[그림 3.19] 필릿 용접-목 단면과 목 두께

여기에서 a는 목 두께이고, f는 용접치수이다. 용접 다리의 길이가 다른 경우 짧은 쪽을 한 변으로 하는 직각 이등변 삼각형으로부터 목 두께를 정한다. 즉, 용접 다리의 길이

가 f_1, f_2이고 $f_1 < f_2$일 때 $f = f_1$로 하여 a를 구한다($a = f_1/\sqrt{2}$).

(2) 양쪽 측면(옆면) 필릿 용접이음

하중의 작용선이 용접선에 평행한 용접이음이며 용접부가 전단력을 받는다. 양쪽 측면 필릿 용접이음에서 전단면이 2개이다.

① 하중이 축선 중앙을 따라 작용하는 경우

두 용접부의 용접 길이(L)가 같고, 목 단면에 발생하는 전단응력(τ)과 하중(P)의 관계식은 다음과 같다. 이때는 각각의 용접부에 동일한 크기의 저항력($P/2$)이 작용한다[그림 3.20].

$$P = 2\tau A_S = 2\tau \times (aL) = 2\tau \times \left(\frac{f}{\sqrt{2}}L\right) = \sqrt{2}\,\tau f L \quad \cdots\cdots (3.11)$$

이상에서 τ는 전단응력, P는 하중(용접부 저항력 합), A_S는 목 단면의 면적, f는 용접 치수, L은 용접 길이, a는 목 두께이다.

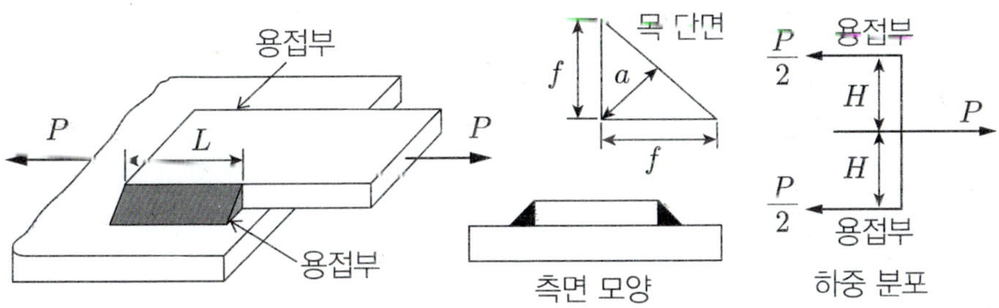

[그림 3.20] 양쪽 측면 필릿 용접이음 : 용접 길이가 같은 경우

② 하중이 작용선이 축선 중앙에서 벗어나 있는 경우

이때는 용접부에 작용하는 힘이 도심에 대해 모멘트 평형을 이루도록 도심 축의 위와 아래의 용접 길이를 다르게 해야 한다[그림 3.21].

먼저 하중(P)에 의해 전단응력을 받는 용접부의 저항력을 P_1, P_2라고 하면 [그림 3.21(c)]에서 힘의 평형에 의해

$$P_1 + P_2 = P \quad \cdots\cdots ①$$

이다. 여기에서 양쪽 용접부가 같은 크기의 전단응력을 받고 목 단면이 같은 형상이라고 가정하면

$$P_1 = \tau A_1 = \tau(aL_1) = \tau\left(\frac{f}{\sqrt{2}}L_1\right) \cdots\cdots ②$$

$$P_2 = \tau A_2 = \tau(aL_2) = \tau\left(\frac{f}{\sqrt{2}}L_2\right) \cdots\cdots ③$$

이다. 이상에서 τ는 전단응력, a는 목 두께, f는 용접 치수, L_1과 L_2는 용접 길이이다. 식 ②, ③을 ①에 대입하면 용접부에 작용하는 전단응력은 다음과 같이 표현된다.

$$\tau = \frac{\sqrt{2}\,P}{f(L_1 + L_2)} \cdots\cdots (3.12)$$

다음에 [그림 3.21(c)]에서 모멘트 평형을 적용하면

$$H_1 P_1 = H_2 P_2 \cdots\cdots ④$$

이다. 여기에서 H_1과 H_2는 도심으로부터 용접부까지 거리이다. 식 ②, ③을 ④에 대입하면 다음 관계식이 얻어진다.

$$H_1(\tau a L_1) = H_2(\tau a L_2)$$

$$\therefore\ H_1 L_1 = H_2 L_2 \cdots\cdots ⑤$$

여기에서 총 용접 길이 $L = L_1 + L_2$이고, $H_1 + H_2 = H$로 하면 용접 길이는 각각 다음과 같이 표현된다.

$$L_1 = L\left(\frac{H_2}{H}\right) \cdots\cdots (3.13a)$$

$$L_2 = L\left(\frac{H_1}{H}\right) \cdots\cdots (3.13b)$$

위 식은 식 ⑤에서 $L_1 = \frac{H_2}{H_1}L_2$를 $L = L_1 + L_2$에 대입하면 얻어진다.

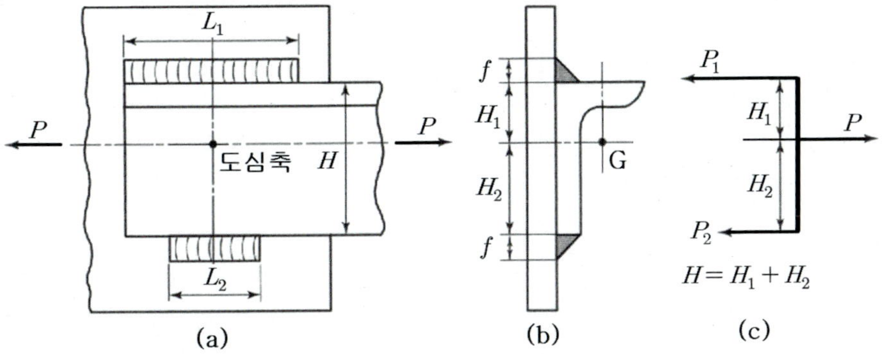

[그림 3.21] 양쪽 측면 필릿 용접이음 : 용접 길이가 다른 경우

(3) 전면(앞면) 필릿 용접이음

① 한면 이음에 인장하중 P가 작용할 때

$$P = \tau A = \tau(aL) = \tau\left(\frac{f}{\sqrt{2}}L\right) \quad \cdots\cdots (3.14)$$

② 양면 이음에 인장하중 P가 작용할 때

$$P = \tau(2A) = \tau(2aL) = \tau \times 2\left(\frac{f}{\sqrt{2}}L\right) = \sqrt{2}\,\tau f L \quad \cdots\cdots (3.15)$$

이상에서 τ는 전단응력, f는 용접치수, L은 용접 길이이다.

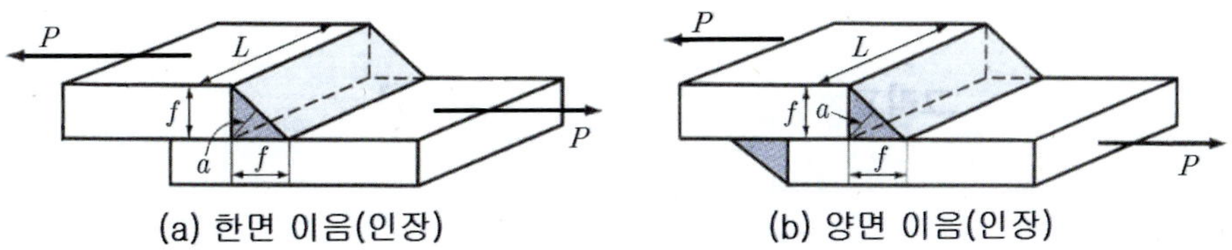

[그림 3.22] 전면 필릿 용접이음

양면이음에서 용접치수가 다른 경우, 즉, 한쪽은 용접치수 f_1이고 다른 쪽은 f_2인 경우 인장하중은 다음과 같이 각각의 용접부에 작용하는 하중을 합하면 된다.

$$P = P_1 + P_2 = \tau\left(\frac{f_1}{\sqrt{2}}L\right) + \tau\left(\frac{f_2}{\sqrt{2}}L\right) = \tau\left(\frac{f_1}{\sqrt{2}} + \frac{f_2}{\sqrt{2}}\right)L \quad \cdots\cdots (3.16)$$

위 식에서 $f_1 = f_2 = f$이면 식 (3.15)가 된다.

[Note] 겹치기 필릿 용접이음에서 일반적으로 용접치수(f)는 판(모재)의 두께(t)와 같다. 즉, 판의 두께가 같은 경우에는 식 (3.15)를 사용하고, 판의 두께가 다른 경우에는 식 (3.16)을 사용한다.

[예제 3.4] 그림과 같은 양쪽 측면 필릿 용접이음에서 용접부의 허용전단응력이 40MPa일 때 인장하중(P)의 최댓값[kN]을 구하여라.

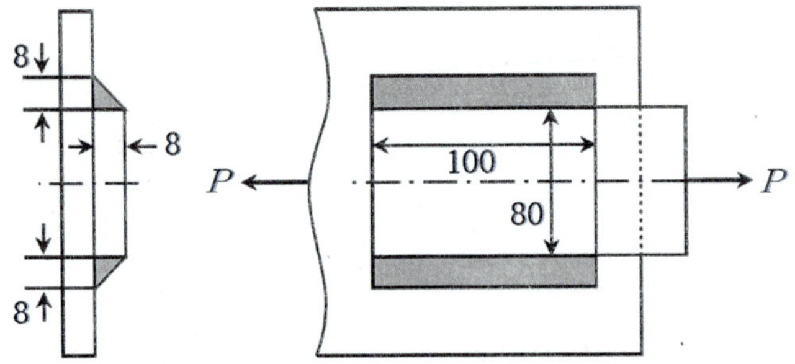

[그림 3.23] 양쪽 측면 필릿 용접이음

풀이 그림에서 용접치수 $f = 8\text{mm}$, 용접 길이 $L = 100\text{mm}$이고, 허용 허용전단응력 $\tau_a = 40\text{MPa}$이다. 양쪽 측면 필릿 용접이음에서 전단면이 2개이므로

$$P = 2\tau_a A = 2\tau_a (aL) = 2\tau_a\left(\frac{f}{\sqrt{2}}L\right) = \sqrt{2}\,\tau_a f L$$

$$= \sqrt{2} \times 40 \times 8 \times 100\,[\text{N}] = 45,255\,[\text{N}]$$

$$= 45.3\,[\text{kN}]$$

이상에서 $1\text{MPa} = 1\text{N/mm}^2$이다.

[예제 3.5] 그림과 같이 $H_1 = 80$mm인 곳에 $P = 50$kN의 하중이 작용하고 있을 때 용접 길이 L_1과 L_2를 구하여라. 단, 허용전단응력 $\tau_a = 30$MPa, 용접치수 $f = 10$mm이다.

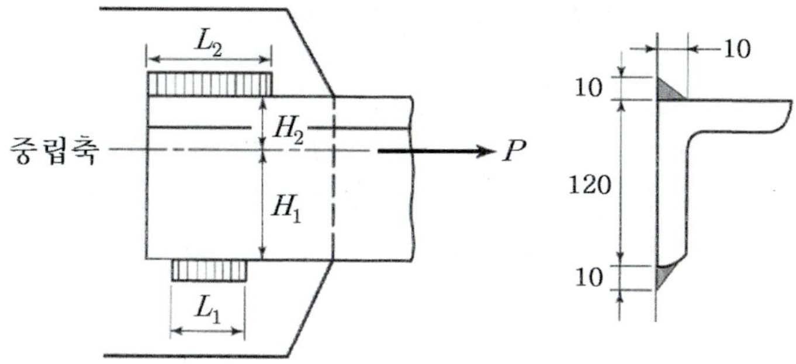

[그림 3.24]

풀이 주어진 그림에서

$$H_1 + H_2 = 120\,[\text{mm}]$$

$$\therefore\ H_2 = 120 - H_1 = 120 - 80\,[\text{mm}] = 40\,[\text{mm}]$$

이고, 용접부에 작용하는 힘을 나타내면 [그림 3.25]와 같다. 여기에서 수평 방향 힘의 평형 조건을 적용하면

$$P = P_1 + P_2 = \tau_a\left(\frac{f}{\sqrt{2}}L_1\right) + \tau_a\left(\frac{f}{\sqrt{2}}L_2\right) = \tau_a(L_1 + L_2)\frac{f}{\sqrt{2}}$$

$$\therefore\ L = L_1 + L_2 = \frac{\sqrt{2}\,P}{\tau_a f} = \frac{\sqrt{2}\times(50\times1000)}{30\times10}[\text{mm}] = 235.7\,[\text{mm}]$$

이다. 그리고 $H = H_1 + H_2 = 120$mm이므로 용접 길이는 다음과 같다.

$$L_1 = L\left(\frac{H_2}{H}\right) = 235.7\times\left(\frac{40}{120}\right)[\text{mm}] = 78.6\,[\text{mm}]$$

$$L_2 = L\left(\frac{H_1}{H}\right) = 235.7\times\left(\frac{80}{120}\right)[\text{mm}] = 157.1\,[\text{mm}]$$

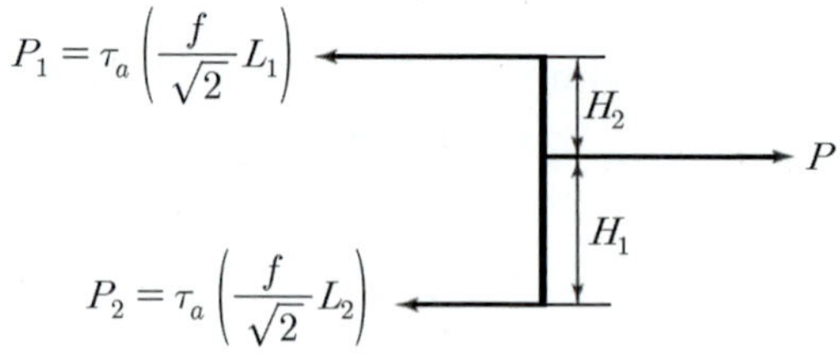

[그림 3.25] 용접부에 작용하는 힘

[예제 3.6] 그림과 같은 겹치기 양쪽 전면 필릿 용접이음에서 용접부의 허용전단응력이 50MPa이고 인장하중 $P = 40$kN일 때 용접선의 최소길이 L을 구하여라. 단, 강판 두께 $t = 12$mm이다.

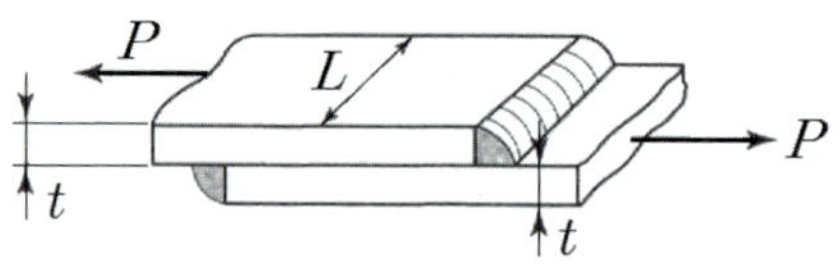

[그림 3.26] 양쪽 전면 필릿 용접이음

풀이 허용전단응력 $\tau_a = 50\text{MPa} = 50\text{N/mm}^2$, 인장하중 $P = 40\text{kN} = 40{,}000\text{N}$이고, 용접치수 $f = t = 12\text{mm}$이다.

$$P = \tau_a \times 2\left(\frac{f}{\sqrt{2}} L\right) = \sqrt{2}\,\tau_a f L = \sqrt{2}\,\tau_a t L$$

$$\therefore \; L = \frac{P}{\sqrt{2}\,\tau_a t} = \frac{40{,}000}{\sqrt{2} \times 50 \times 12}[\text{mm}] = 47.14[\text{mm}]$$

3.4 용접기호

용접 구조물의 제작에 적용되는 용접의 종류, 홈의 형태, 용접할 때 주의점 등을 제작 도면에 기입하여 용접을 정확하게 하기 위한 목적으로 용접 기호를 사용한다. 한국 산업규격 KS B 0052에 용접부의 기호 및 표시방법이 규정되어 있다.

[표 3.1]에 용접기호[KS B 0052 : 2007 (IDT ISO 2553 : 1992) 지식경제부 기술표준원, 2007년 5월 29일 개정]을 나타내었다.

(1) 기본 기호

여러 가지 종류의 접합부는 일반적으로 용접 형상과 비슷한 기호로 구별할 수 있다. [표 3.1]은 용접 기호에서 기본 기호를 보여준다.

번호	명칭	그림	기호
1	돌출된 모서리를 가진 평판 사이의 맞대기 용접[a] 에지 플랜지형 용접(미국) /돌출된 모서리는 완전 용해		
2	평행(I형) 맞대기 용접		
3	V형 맞대기 용접		
4	일면 개선형 맞대기 용접		
5	넓은 루트면이 있는 V형 맞대기 용접		
6	넓은 루트면이 있는 한 면 개선형 맞대기 용접		
7	U형 맞대기 용접(평행 또는 경사면)		
8	J형 맞대기 용접		
9	이면 용접		
10	필릿 용접		
11	플러그 용접 ; 플러그 또는 슬롯 용접(미국)		

[표 3.1] 기본 기호

번호	명칭	그림	기호
12	점 용접	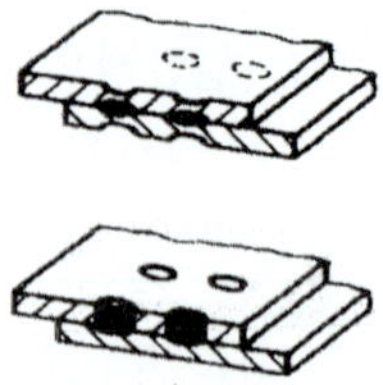	
13	심(seam) 용접	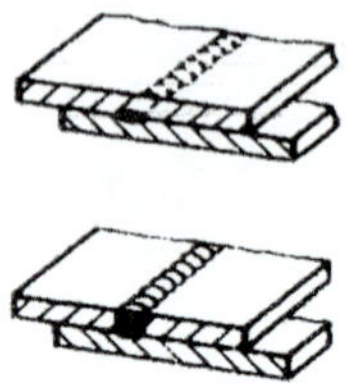	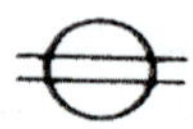
14	개선 각이 급격한 V형 맞대기 용접		
15	개선 각이 급격한 일면 개선형 맞대기 용접	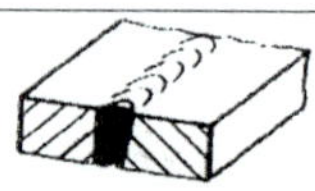	
16	가장자리(edge) 용접		
17	표면 육성	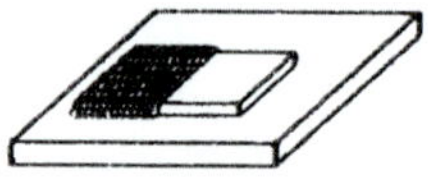	
18	표면(surface) 접합부	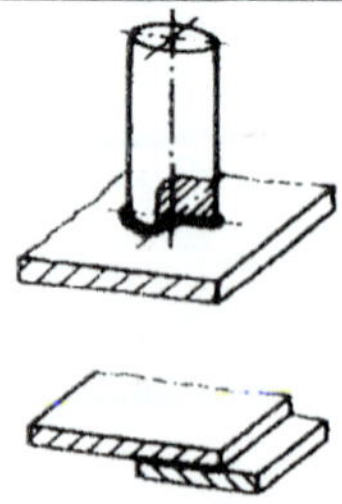	
19	경사 접합부		
20	겹침 접합부		

[a] 돌출된 모서리를 가진 평판 맞대기 용접부(번호 1)에서 완전 용입이 안 되면 용입 깊이가 s인 평행 맞대기 용접부(번호 2)로 표시한다.

[표 3.1] 기본 기호(계속)

(2) 기본 기호의 조합

필요한 경우 기본 기호를 조합하여 사용할 수 있다. 양면 용접의 경우에는 적당한 기본 기호를 기준선에 대칭되게 조합하여 사용한다.

[표 3.2]는 양면(대칭) 용접에서 기본 기호의 조합 예를 보여주고 있다. 기호 표시에 있어서 기본기호는 기준선에 대칭되도록 배열한다. 기본 기호 이외의 기호는 기준선을 표시하지 않고 나타낼 수 있다.

명칭	그림	기호
양면 V형 맞대기 용접(X용접)	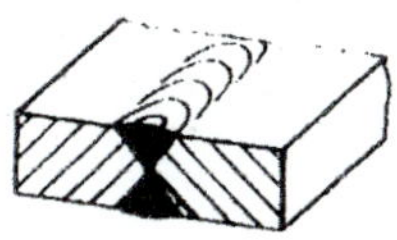	X
K형 맞대기 용접		K
넓은 루트면이 있는 양면 V형 용접		
넓은 루트면이 있는 K형 맞대기 용접		
양면 U형 맞대기 용접		

[표 3.2] 양면 용접부 조합 기호(보기)

(3) 보조 기호

기본 부호는 용접부 표면의 모양이나 형상의 특징을 나타내는 기호로 보완할 수 있다. 권장하는 몇 가지 보조 기호는 [표 3.3]에서 보여주고 있다.

보조 기호가 없는 것은 용접부 표면을 자세히 나타낼 필요가 없다는 것을 의미한다. 기본 기호와 보조 기호의 조합 예를 [표 3.4]에 나타내었다.

여러 가지 기호를 함께 사용할 수 있지만, 용접부를 기호로 표시하기가 어려울 때는 별도의 개략도로 나타내는 것이 바람직하다.

용접부 표면 또는 용접부 형상	기호
a) 평면(동일한 면으로 마감 처리)	
b) 블록형	
c) 오목형	
d) 토우를 매끄럽게 함.	
e) 영구적인 이면 판재(backing strip) 사용	
f) 제거 가능한 이면 판재 사용	

[표 3.3] 보조 기호

[표 3.4]는 보조 기호 적용의 예를 보여주고 있다.

명칭	그림	기호
평면 마감 처리한 V형 맞대기 용접		
볼록 양면 V형 용접		
오목 필릿 용접	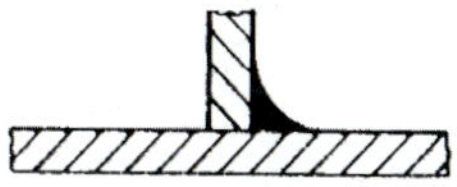	
이면 용접이 있으며 표면 모두 평면 마감 처리한 V형 맞대기 용접		
넓은 루트면이 있고 이면 용접된 V형 맞대기 용접		
평면 마감 처리한 V형 맞대기 용접		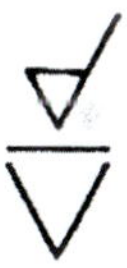 [a]
매끄럽게 처리한 필릿 용접	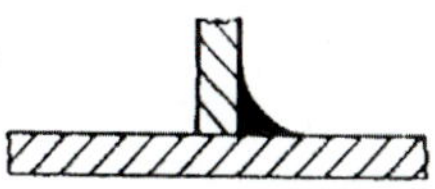	

[a] ISO 1302에 따른 기호 ; 이 기호 대신 주 기호 √ 를 사용할 수 있음.

[표 3.4] 보조 기호의 적용 보기

연습문제 3

01 용접에 대한 설명으로 적절하지 않은 것은? [공무원 임용시험]

① 기밀이 요구되는 제품에 사용한다.

② 열영향으로 용접 모재가 변형된다.

③ 용접부의 이음효율이 높다.

④ 용접부의 결함 검사가 쉽다.

02 피복 아크용접법으로 철판을 필렛용접(fillet welding)하였을 때, 그림과 같이 수직 철판의 용접부 Ⓐ 부분에 나타난 오목한 형상의 결함은 무엇인지 쓰고, 그 결함의 원인을 3가지만 서술하시오. [중등교사 임용시험-기계 · 금속]

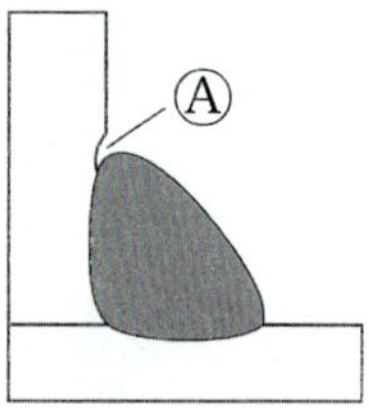

[문제 3.2]

03 포개진 두 모재의 한 쪽에 구멍을 뚫고 판의 표면까지 가득히 용접하여 다른 쪽 모재와 접합하는 것은? [중등교사 임용시험-기계]

① 맞대기 용접 ② 필릿 용접

③ 플러그 용접 ④ 비드 용접

04 모재의 상대적 위치에 따라 분류된 용접이음의 종류가 아닌 것은? [공무원 임용시험]

① 맞대기 용접이음 ② 덮개판 용접이음

③ T형 용접이음 ④ 지그재그형 용접이음

05 용접부 이음효율의 정의로 옳은 것은? [공무원 임용시험]

① 모재의 강도에 대한 용접부의 강도이다.

② 용접이 가능한 길이에 대한 실제 용접된 길이이다.

③ 용접 길이와 용접부의 목 두께를 곱한 값이다.

④ 모재의 재질과 선택된 용접 범위에서 용접의 용이성 정도를 말한다.

06 KS B 0052 규격에 있는 아래 용접기호의 의미로 옳은 것은? [공무원 임용시험]

① 심(seam) 용접
② 점 용접
③ 플러그(plug) 용접
④ 이면 용접

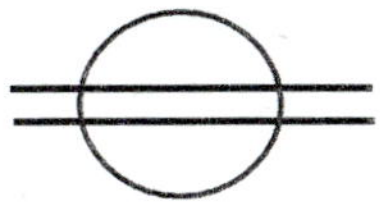

[문제 3.6]

07 그림과 같은 용접 시편에서 $L = 100\,\text{mm}$, $t = 10\,\text{mm}$, 인장응력(σ_t)을 $10\,\text{kgf/mm}^2$이라 할 때 W의 값은 몇 ton인가? [중등교사 임용시험-기계]

① 1
② 10
③ 100
④ 1000

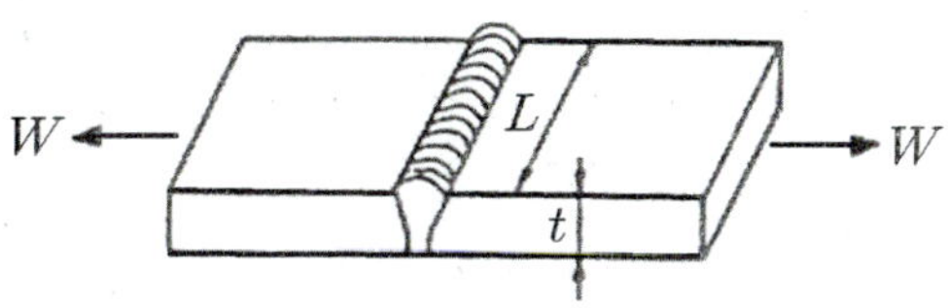

[문제 3.7]

08 그림과 같이 강판을 필릿 용접(fillet weld)하려고 한다. 작용하중 $P = 5000\sqrt{2}$ [kgf], 용접부의 허용전단응력 $\tau_a = 10[\text{kgf/mm}^2]$, 유효길이 $l = 50$[mm]일 때, 용접부의 최소 용접치수 t[mm]를 구하고, 풀이 과정과 함께 쓰시오. [중등교사 임용시험-기계 · 금속]

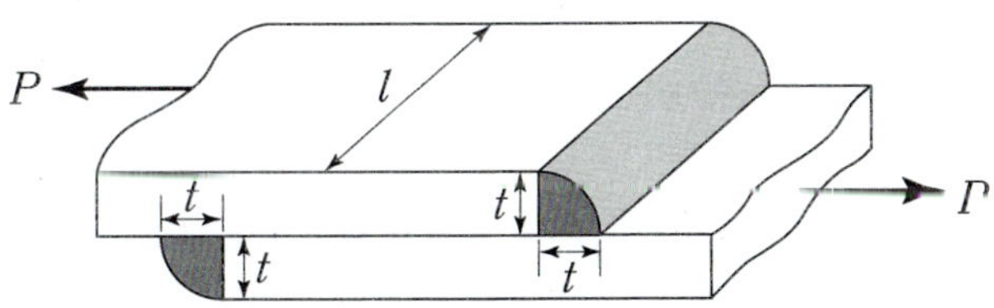

[문제 3.8]

09 그림과 같이 겹치기 양면 이음의 필릿 용접을 하려고 한다. 허용 응력이 $6\,\text{kgf/mm}^2$일 때 유효길이 l[mm]은? 단, $h = 10\,\text{mm}$, $P = 6{,}000\,\text{kgf}$이다. [공무원 임용시험]

① 50
② 70
③ 100
④ 140

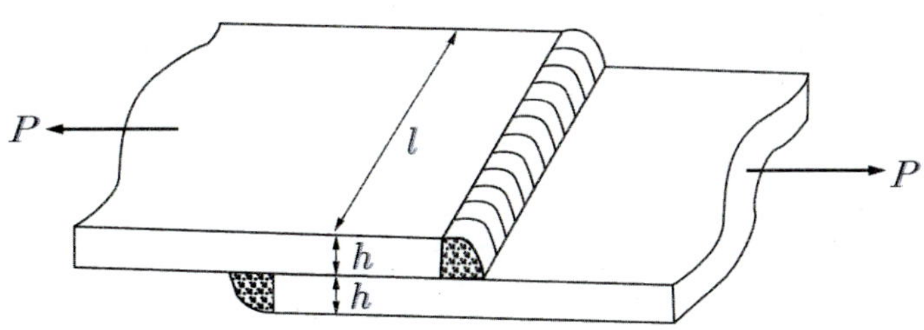

[문제 3.9]

10 그림과 같은 필릿 용접이음에서 인장력 P가 작용할 때 용접부에 생기는 전단응력을 구하는 식은? (단, a는 목두께, h는 강판두께 및 필릿 다리 길이, l은 용접 길이이다.)

[공무원 임용시험]

① $\dfrac{0.707P}{4hl}$

② $\dfrac{1.414P}{hl}$

③ $\dfrac{0.707P}{2hl}$

④ $\dfrac{1.414P}{2hl}$

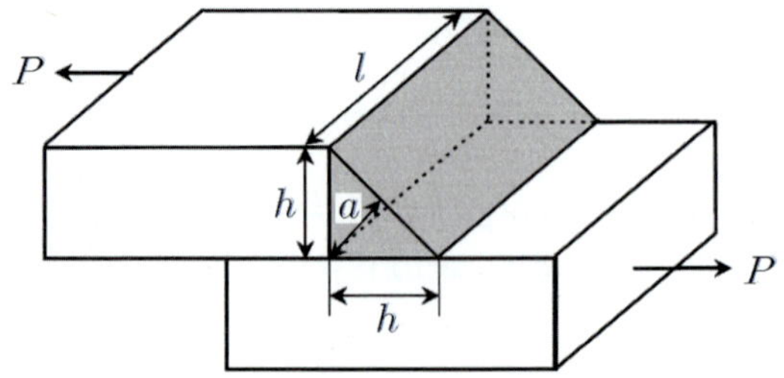

[문제 3.10]

11 용접 길이(L)가 200mm, 판 두께(t)가 5mm인 판을 맞대기 용접하여 그림과 같이 비이드(bead)가 형성되었다. 이 맞대기 용접부에 가할 수 있는 최대 인장하중(W)[N]은? (단, 용접부의 허용인장응력은 20N/mm^2이며 안전율은 1로 한다.) [공무원 임용시험]

① 5,000

② 10,000

③ 15,000

④ 20,000

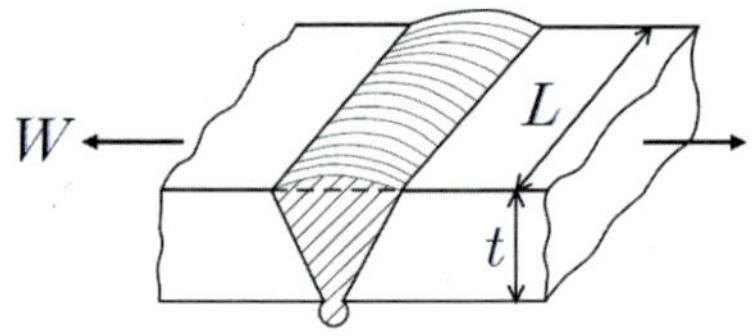

[문제 3.11]

12 그림과 같이 두께가 t_1[mm]과 t_2[mm]로 서로 다른 두 판의 맞대기 용접이음에서, 용접 길이 l[mm]의 수직 방향으로 판의 중앙에 인장하중 P[kgf]가 작용할 때, 용접부에 생기는 인장응력[kgf/mm^2]은? (단, $t_1 < t_2$이다.) [공무원 임용시험]

① $\dfrac{2P}{(t_1+t_2)l}$

② $\dfrac{P}{t_2 l}$

③ $\dfrac{2P}{(t_1-t_2)l}$

④ $\dfrac{P}{t_1 l}$

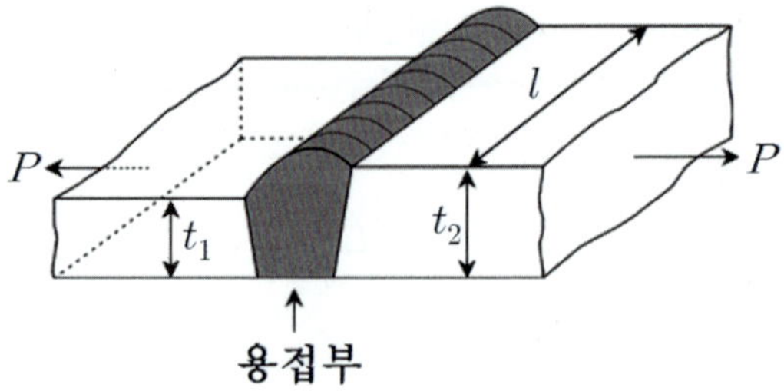

[문제 3.12]

13 아래 그림은 겹치기 용접에 의한 양면 이음을 나타낸다. 작용하중 $F = 50{,}000\,\mathrm{N}$, 용접선의 허용 전단응력 $50\mathrm{N/mm^2}$, $t = 10\,\mathrm{mm}$일 때 필요한 용접선의 최소길이 $l[\mathrm{mm}]$은?

[공무원 임용시험]

① 100
② 71
③ 50
④ 36

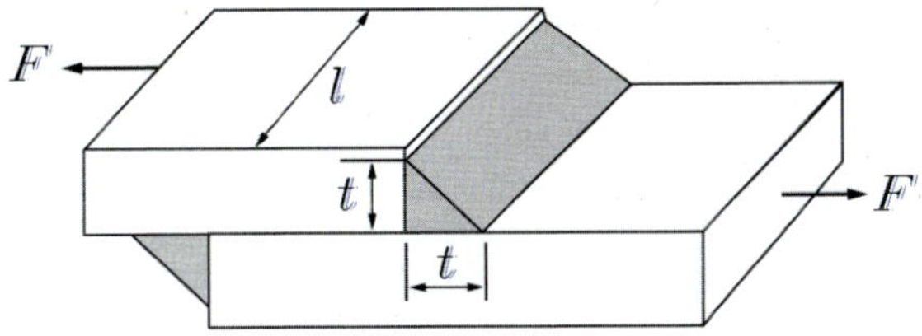

[문제 3.13]

14 두께가 같은 두 판재를 맞대기 용접하였을 경우 인장하중 $P = 48\mathrm{kN}$에 대한 인장응력이 $6\mathrm{MPa}$이었을 때 이 판재의 두께[cm]는? (단, 용접 길이(L)은 32cm이다.)

[공무원 임용시험]

① 15 ② 25 ③ 1.5 ④ 2.5

15 〈보기〉와 같은 측면 필릿 용접이음에서 허용 전단응력이 $5\mathrm{kgf/mm^2}$일 때, 용접부의 최소 길이로 가장 적합한 것은? (단, $\sqrt{2} = 1.414$이다.) [공무원 임용시험]

① 5.0mm
② 7.1mm
③ 13.8mm
④ 14.8mm

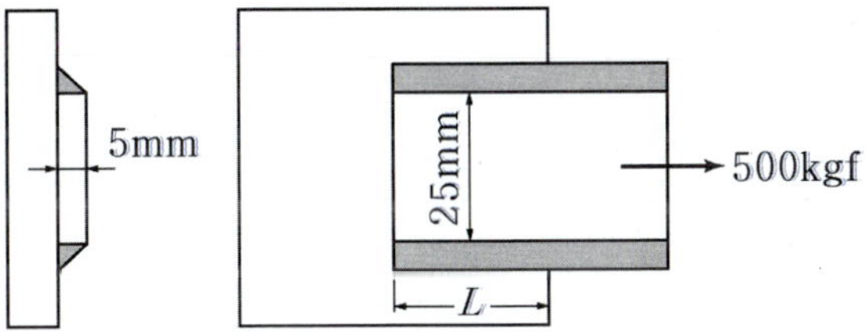

[문제 3.15]

16 아래 그림 사선 부분과 같이 두께가 t인 강판을 겹치기 이음으로 필릿 용접하였다. P의 힘으로 잡아당겨 용접부에 전단응력 τ가 발생하였을 때 용접 길이 L은?

[공무원 임용시험]

① $L = \dfrac{P}{2t\tau}$

② $L = \dfrac{\sqrt{2}\,P}{t\tau}$

③ $L = \dfrac{\sqrt{2}\,P}{2t\tau}$

④ $L = \dfrac{2P}{t\tau}$

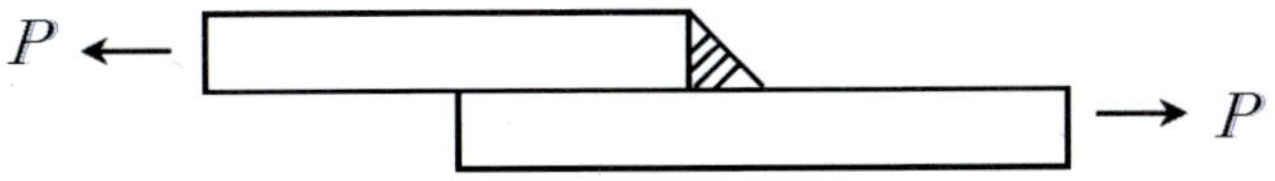

[문제 3.16]

17 그림과 같이 하중 P가 용접선에 평행하게 작용할 때, 용접부에 발생하는 최대 전단응력은? [공무원 임용시험]

① $\sqrt{2}\dfrac{P}{HL}$

② $\dfrac{2}{\sqrt{3}}\dfrac{P}{HL}$

③ $\dfrac{P}{HL}$

④ $2\dfrac{P}{HL}$

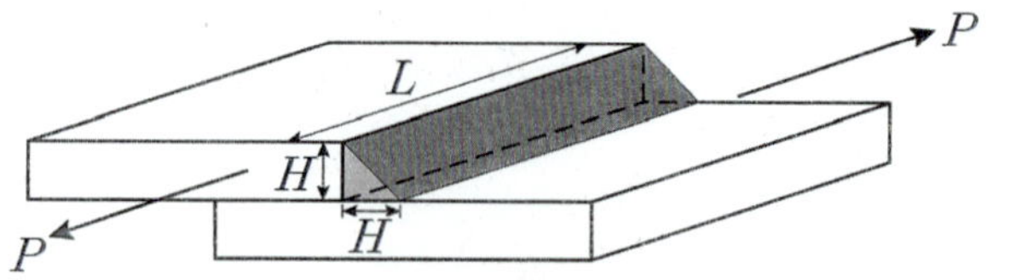

[문제 3.17]

18 그림과 같이 폭 100mm, 두께 12mm의 강판의 측면을 용접치수 12mm, 용접 길이 120mm로 필릿 용접하였다. 용접부의 허용 전단응력을 50MPa이라 할 때 최대로 지탱할 수 있는 하중 P[kN]는? [공무원 임용시험]

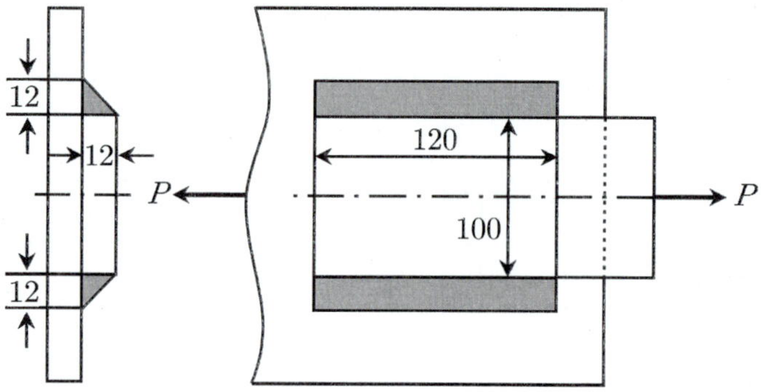

[문제 3.18]

① 101.8 ② 141.4 ③ 50.9 ④ 70.7

19 두께는 10[mm], 용접부의 길이가 40[mm]인 맞대기 용접부에 인장하중 40[kN]을 가할 때 발생하는 인장응력[MPa]은? [공무원 임용시험]

① 1 ② 10 ③ 50 ④ 100

20 그림과 같이 하중 W를 받고 있는 양쪽 옆면 필릿(fillet) 용접에서 강판의 두께를 h, 용접부의 허용전단응력을 τ_a라 할 때 용접 길이 l을 계산하는 식은? [공무원 임용시험]

① $l = \dfrac{W}{h\tau_a}$

② $l = \dfrac{\sqrt{2}\,W}{h\tau_a}$

③ $l = \dfrac{W}{\sqrt{2}\,h\tau_a}$

④ $l = \dfrac{W}{2h\tau_a}$

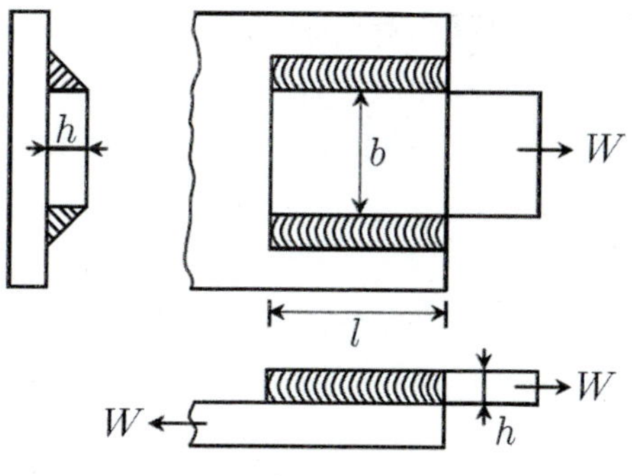

[문제 3.20]

21 그림과 같이 용접부위에 굽힘 모멘트 $1000\,\text{kgf}\cdot\text{mm}$가 작용하고 있다. 판의 두께가 $10\,\text{mm}$일 때, 모멘트를 견딜 수 있는 l의 최소 길이[mm]는? (단, 허용전단응력은 $5\,\text{kgf/mm}^2$, 허용 인장응력은 $10\,\text{kgf/mm}^2$이다.) [공무원 임용시험]

① 6

② 10

③ 12

④ 20

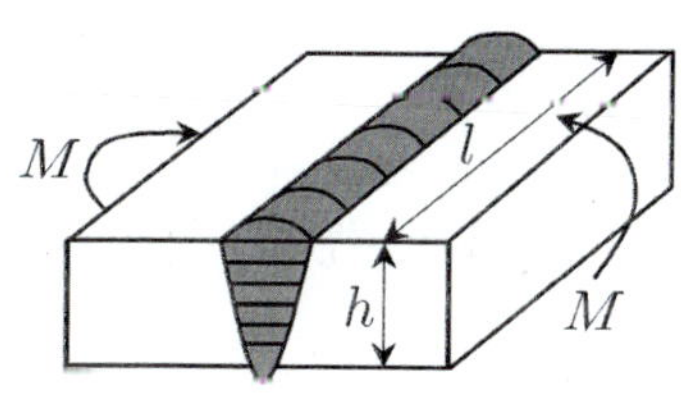

[문제 3.21]

22 지름 D인 원통을 판재 위에 놓고 접합 부위의 둘레를 용접크기 f로 필릿 용접한 후, 굽힘 모멘트 M을 작용시켰을 때 용접 부위에 발생하는 최대 굽힘 응력의 크기는? [공무원 임용시험]

① $\dfrac{32M(D+\sqrt{2}f)}{\pi\left[(D+\sqrt{2}f)^4 - D^4\right]}$

② $\dfrac{64M(D+\sqrt{2}f)}{\pi\left[(D+\sqrt{2}f)^4 - D^4\right]}$

③ $\dfrac{64M(D+2f)}{\pi\left[(D+\sqrt{2}f)^4 - D^4\right]}$

④ $\dfrac{32M(D+2f)}{\pi\left[(D+\sqrt{2}f)^4 - D^4\right]}$

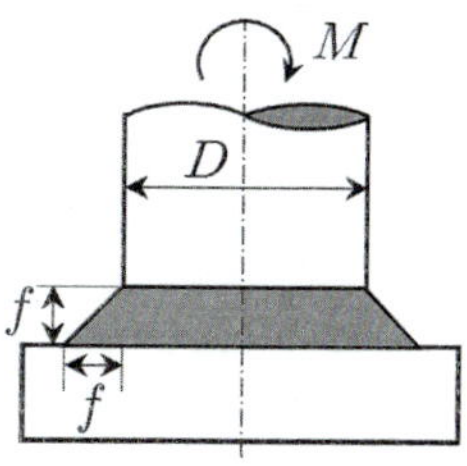

[문제 3.22]

23 그림과 같이 필렛 용접된 두 금속판의 좌우로 10[kN]의 하중이 가해질 때, 필요한 용접부 최소 길이 m, n에 가장 근사한 치수[mm]는? (단, 용접부의 허용전단응력은 10 $[\mathrm{N/mm^2}]$이다.)

[공무원 임용시험]

① $m=188$, $n=94$
② $m=137$, $n=69$
③ $m=110$, $n=55$
④ $m=95$, $n=48$

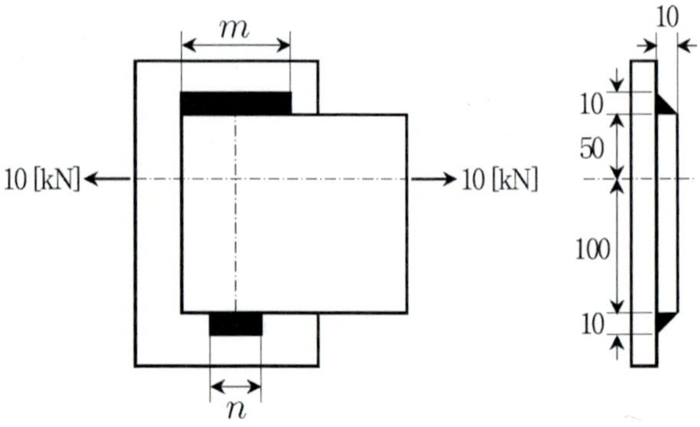

[문제 3.23]

24 그림과 같이 두께 $t=$5mm인 두 장의 강판을 앞면에만 필렛(fillet) 용접 이음을 하려고 한다. 용접부의 허용 전단응력이 $30\mathrm{N/mm^2}$일 때, 하중 $P=$6,000N이라면 강판의 유효 길이는 얼마 이상이어야 하는가? [공무원 임용시험]

① $10\sqrt{2}$ mm
② $15\sqrt{2}$ mm
③ $20\sqrt{2}$ mm
④ $25\sqrt{2}$ mm

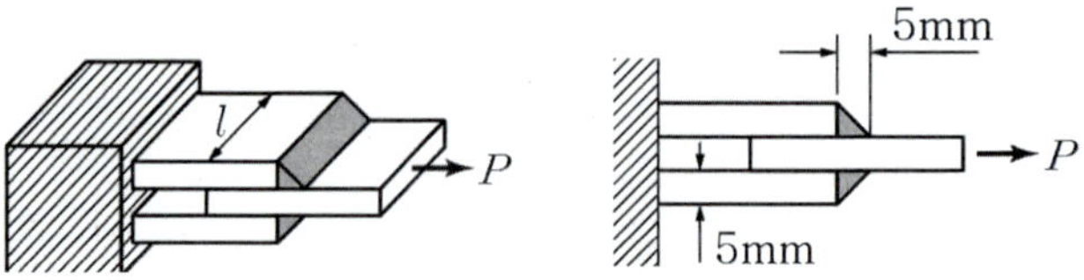

[문제 3.24]

25 그림과 같은 양 측면 필릿 용접 이음에서 허용 전단응력을 $0.4\mathrm{N/mm^2}$라 할 때, 최소 허용 용접 길이 l[mm]은? (단, 전단에 의한 영향만을 고려하고 인장력 $P=$560N, $f=$5mm, $h=$10mm, cos45°$=0.7$로 계산한다.)

[공무원 임용시험]

① 100
② 200
③ 300
④ 400

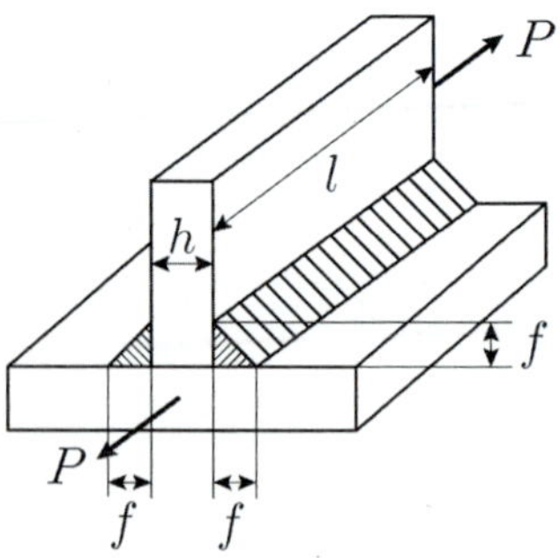

[문제 3.25]

26 허용인장응력(σ)이 $100\mathrm{N/mm^2}$이고 두께(t)가 4mm인 두 개의 강판을 용접 길이(l) 20mm로 맞대기 용접이음을 하고자 할 때, 용접부의 최대 허용인장하중 P[kN]는? (단, 용접부의 이음효율은 75%이다.) [공무원 임용시험]

① 6 ② 8 ③ 10 ④ 12

27 그림과 같이 두께 $h=5\text{mm}$인 강판의 측면을 용접 길이 $l=40\text{mm}$로 측면 필릿(fillet) 용접이음 하였다. 용접부의 허용 전단응력이 3kgf/mm^2일 때, 하중 W[kgf]의 최댓값은? (단, 용접치수 $f=5\text{mm}$이고, $1/\sqrt{2}=0.707$로 한다.) [공무원 임용시험]

① 370.2
② 484.6
③ 620.7
④ 848.4

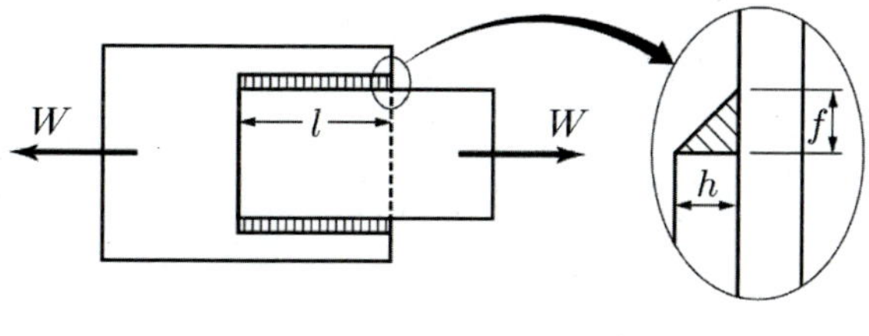

[문제 3.27]

28 그림과 같이 필릿 용접된 정사각 단면의 보에 굽힘 모멘트 M이 작용할 때, 용접 목 단면에 대한 최대 굽힘 응력은? [공무원 임용시험]

① $\dfrac{6M}{fb^2}$

② $\dfrac{6M}{\sqrt{2}\,fb^2}$

③ $\dfrac{f+b}{(f+b)^3-b^3}\dfrac{6M}{b}$

④ $\dfrac{\sqrt{2}\,f+b}{(\sqrt{2}\,f+b)^3-b^3}\dfrac{6M}{b}$

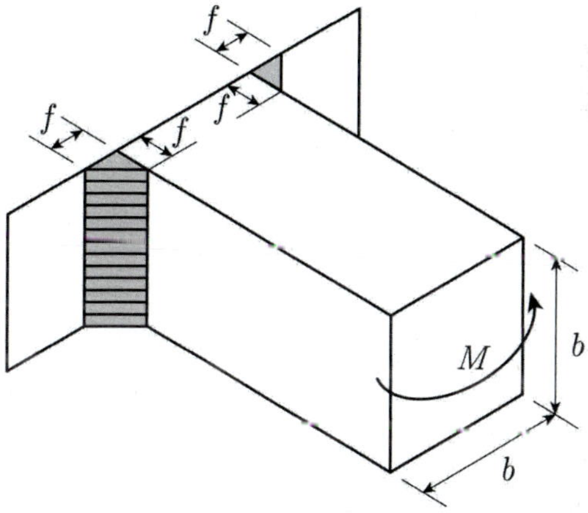

[문제 3.28]

29 직육면체 구조물이 수평 천장에 필렛(fillet) 용접(음영 부분)되어 있을 때, 목두께를 기준으로 용접부가 견딜 수 있는 구조물의 최대 중량[kN]은? (단, 용접부 단면은 직각 이등변삼각형이고 목두께는 3mm, 용접 재료의 허용 인장응력은 30MPa이다.) [공무원 임용시험]

① 18
② 20
③ 25
④ 36

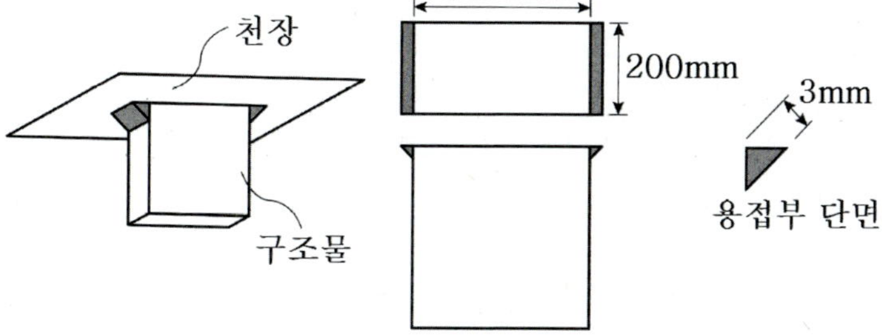

[문제 3.29]

30 그림과 같이 용접부의 치수 t_1 10mm, t_2 12mm, 폭(b) 60mm인 맞대기 용접이음에서 굽힘모멘트(M) 20,000$\mathrm{N \cdot mm}$가 작용할 때, 목두께에서 굽힘응력[$\mathrm{N/mm^2}$]은?

[지방공무원 9급(2020)]

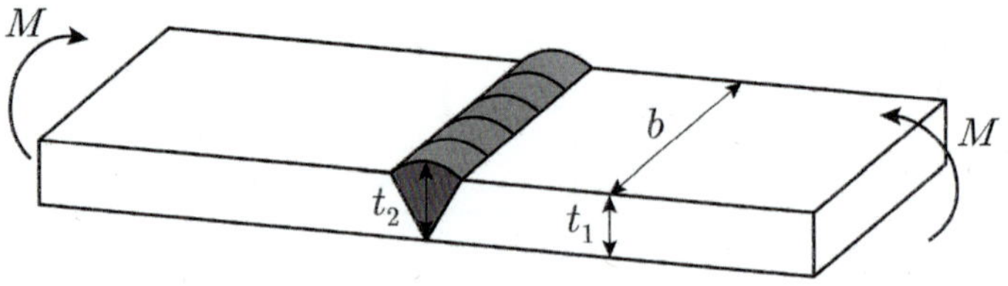

[문제 3.30]

① $\frac{125}{9}$ ② 20 ③ $\frac{250}{9}$ ④ 30

31 양쪽에 동일한 형태로 필릿용접(fillet welding)한 부재에 28kN의 하중(P)이 작용할 때, 용접부에 걸리는 전단응력[$\mathrm{N/mm^2}$]은? (단, l=100mm, f=10mm, $\sin 45° = 0.7$이다.)

[국가공무원 9급(2020)]

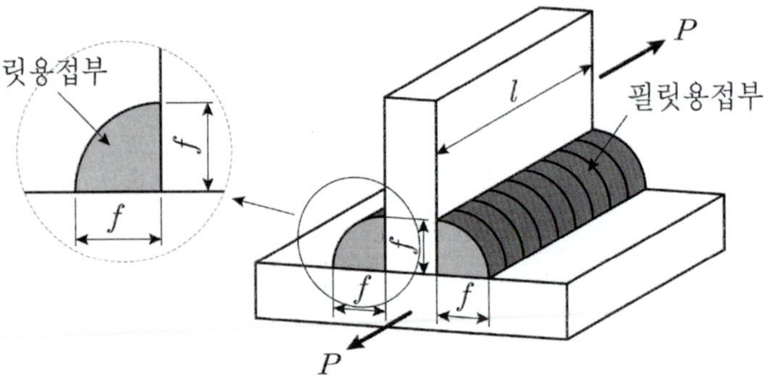

[문제 3.31]

① 10 ② 20 ③ 30 ④ 40

32 용접이음에 대한 설명으로 옳지 않은 것은?

[지방공무원 9급(2021)]

① 용접의 종류에는 압접, 융접 등이 있다.
② 열응력에 의한 잔류변형이 생기지 않는다.
③ 정밀한 작업 시 작업자의 숙련도가 요구된다.
④ 리벳이음에 비하여 기밀성과 수밀성이 양호하다.

33 모재의 두께가 다른 맞대기 용접에서 $t_1 = 5\text{mm}$, $t_2 = 10\text{mm}$, 용접길이 100mm, 허용인장응력 5MPa일 때, 최대 허용하중 P[N]는? [국가공무원 9급(2021)]

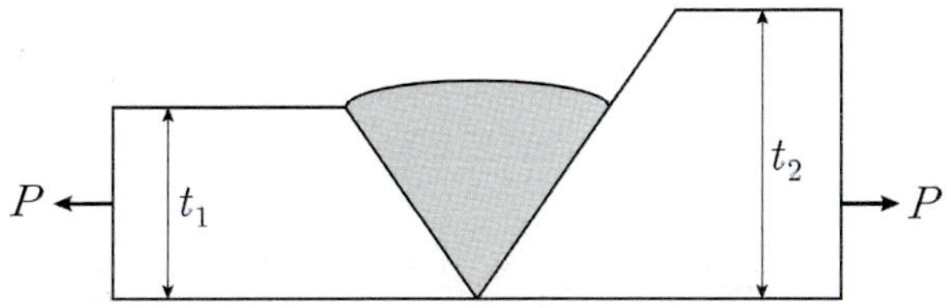

[문제 3.33]

① 1,250 ② 2,500 ③ 5,000 ④ 10,000

34 고정된 평면에 용접 치수 h로 필릿(fillet) 용접한 지름 D인 봉에 비틀림 모멘트 $2T$만 작용할 때, 용접부의 최대 전단응력으로 가장 가까운 것은? (단, $D \gg h$이다.) [국가공무원 7급(2021)]

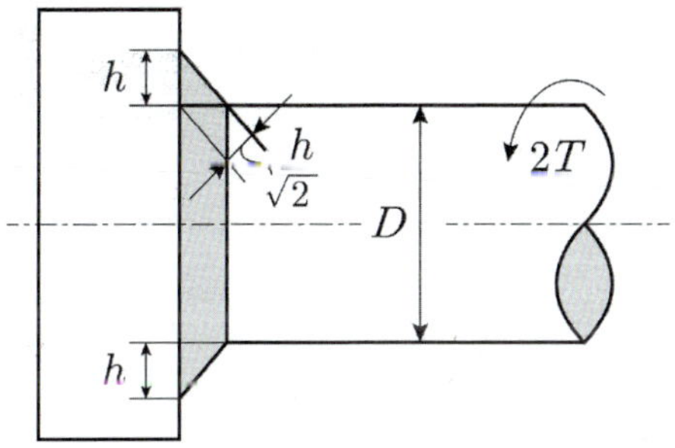

[문제 3.34]

① $\dfrac{0.7T}{\pi D^2 h}$ ② $\dfrac{1.41T}{\pi D^2 h}$ ③ $\dfrac{2.83T}{\pi D^2 h}$ ④ $\dfrac{5.66T}{\pi D^2 h}$

제4장 축

4.1 축의 분류

축은 베어링에 의해 지지되며 주로 회전력을 전달하는 데 사용되는 기계요소이다. 용도에 따라 축에는 굽힘 하중, 비틀림 하중, 압축 하중, 인장 하중 등이 단독으로 또는 복합적으로 작용한다. 따라서 축을 설계하기 위해서는 먼저 사용하고자 하는 축에 작용하는 하중의 종류를 규명하고 이 하중에 의해 발생하는 최대 응력을 결정한 후 이를 기준으로 응력과 변형률을 계산한다.

[1] 용도에 따른 분류

(1) 차축(axle) : 회전하지 않고 동력을 전달하지 않는 축으로 주로 굽힘 하중을 받는다. 자동차, 철도 차량 등에 사용하는 차량용 축은 중량을 차바퀴에 전달하는 역할을 한다.
(2) 스핀들(spindle) : 주로 비틀림 모멘트를 받고 부가적으로 굽힘 모멘트가 발생한다. 때로는 축 방향 하중이 작용할 수 있다. 치수가 정밀하고 변형이 작으며 선반, 밀링 등의 공작 기계의 주축으로 사용된다.
(3) 전동축(transmission shaft) : 일반적인 동력 전달용 축으로 사용하는 축으로 주로 비틀림 모멘트를 받지만 굽힘 모멘트도 작용한다.

[2] 모양에 따른 분류

(1) 직선축(straight shaft) : 길이 방향으로 직선인 축으로 일반적인 축은 직선축이다.
(2) 크랭크 축(crank shaft) : 길이 방향으로 직선이 아닌 축으로 자동차 엔진 축과 같이 왕복 운동을 회전 운동으로 변환하는데 사용된다.

4.2 축을 설계할 때 고려할 사항

(1) 강도(strength) : 굽힘 하중, 비틀림 하중 등과 같은 여러 종류의 작용 하중에 의해 파괴되지 않도록 충분한 강도를 가져야 한다. 특히 키 홈과 단차 등에 의한 응력 집중이 있을 때는 피로와 충격에 주의해야 한다.

(2) 강성(rigidity, 변형) : 작용하는 하중에 의한 변형도가 용도에 따라 일정 한계 값을 넘지 않도록 한다.

(3) 진동(vibration) : 축의 회전 속도가 축의 고유 진동에 따른 임계 속도(critical speed)가 되면 갑자기 격렬한 진동을 일으킨다. 이와 같은 진동은 처짐과 비틀림 때문에 생기는데 심한 경우 축이 파괴되기도 한다. 따라서 축의 회전 속도를 축의 고유 진동수보다 훨씬 낮은 값에서 운전하도록 해야 한다.

(4) 열응력(thermal stress)과 열팽창(thermal expansion) : 증기터빈, 제트엔진 등과 같이 고온 상태에서 사용되는 축은 열응력과 열팽창을 고려해야 한다.

(5) 부식(corrosion) : 펌프 축, 선박 프로펠러축 등과 액체에 접촉하는 축은 부식에 대비한 설계를 해야 한다.

4.3 강도에 의한 축 설계

축 설계 시 설계자가 결정해야 할 변수는 축의 길이와 지름이지만 축 길이는 기계의 구조에 의해 대부분 정해지므로 세부 설계 시에 결정해야 할 것은 축 지름이다. 축의 지름은 베어링의 규격을 고려하여 원칙적으로 [표 4.1]에 의거하여 정한다.

하중에 의해 발생하는 변형이 중요하지 않을 때는 축 내부에 발생하는 응력이 재료의 허용 응력보다 작아야 하는 조건을 기준으로 하여 축 지름을 결정한다. 이와 같은 것을 강도에 의한 축 설계라고 한다. 강도에 의해 지름을 구한 후 표준 지름 표에서 계산으로 얻은 값보다 큰 지름을 선택한다. 여기에서 사용하는 기호에 대한 설명은 다음과 같다.

d : 속이 차 있는 축의 지름[mm][1)]

d_1, d_2 : 속이 비어 있는 축의 안지름과 바깥지름[mm]

x : 중공축의 안지름(d_1)과 바깥지름(d_2) 비, $x = d_1/d_2$[2)]

1) 속이 차 있는 축과 비어 있는 축을 각각 중실축, 중공축이라고 한다. 단순하게 '축지름을 설계하라'고 하면 중실축의 지름을 의미한다.

2) 내외경비 또는 지름계수라고 한다.

M, T : 축에 작용하는 굽힘 모멘트와 비틀림 모멘트[N · mm]

M_e, T_e : 상당 굽힘 모멘트와 상당 비틀림 모멘트[N · mm]

Z, Z_p : 축의 단면 계수와 극단면 계수[mm^3]

N : 축의 회전수[rpm]

H_W, H_{kW} : 축의 전달 동력[W, kW]

σ_a : 재료의 허용 굽힘 응력[N/mm^2]

σ_{max} : 축의 최대 굽힘 응력[N/mm^2]

τ_a : 재료의 허용 전단응력[N/mm^2]

τ_{max} : 축의 최대 전단응력[N/mm^2]

ω : 각속도[rad/s]

[표 4.1] 표준 축 지름(KSB 0406) (4mm ~ 630mm) [단위 : mm]

4	(4.5)	5	(5.6)	6	(6.3)	7(7.1)	8	9	10	(11)	(11.2)
12	(12.5)	(14)	15	(16)	17	(18)	(19)	20	22	(22.4)	(24)
25	28	30	(31.5)	32	35	(35.5)	(38)	40	(42)	45(48)	50
55	(56)	60	(63)	65	70	(71)	75	80	85	90	95
100	105	110	(112)	120	125	130	140	150	160	170	180
190	200	220	(224)	240	(250)	260	280	300	(315)	320	340
(355)	360	380	400	420	440	(450)	460	480	500	(530)	560
600	630										

† ( ) 안의 수는 해당 크기의 구름 베어링이 없는 경우이다.

[1] 굽힘 모멘트만을 받는 축

(1) 중실축(속이 차 있는 축)

굽힘 모멘트 M와 최대 굽힘 응력 σ_{max}의 관계는 다음과 같다.

$$M = \sigma_{max} Z \quad \cdots\cdots (4.1)$$

지름 d일 때 $Z = \frac{\pi d^3}{32}$이므로 축에 발생하는 최대 굽힘 응력은

$$\sigma_{max} = \frac{32M}{\pi d^3} \quad \cdots\cdots (4.2)$$

이다. 그런데 축에 발생하는 최대 굽힘 응력은 축 재료의 허용 응력 σ_a보다 크지 않아야 ($\sigma_a \geq \sigma_{\max}$) 하므로

$$\sigma_a \geq \frac{32M}{\pi d^3}$$

이다. 따라서 축 지름은 다음 조건을 만족해야 한다.

$$d^3 \geq \frac{32M}{\pi \sigma_a}$$

경제적인 면에서 최소 축 지름은 다음 식으로 결정된다.

$$d = \sqrt[3]{\frac{32M}{\pi \sigma_a}} \quad \cdots\cdots (4.3)$$

(2) 중공축(속이 비어 있는 축)

속이 비어 있는 축의 단면계수는

$$Z = \frac{\pi d_2^3}{32}(1 - x^4) \quad \cdots\cdots (4.4)$$

이고, 지름 결정 방법은 (1)과 같다.

$$M = \sigma_{\max} Z = \sigma_{\max} \times \frac{\pi d_2^3}{32}(1 - x^4)$$

$$\therefore \quad \sigma_{\max} = \frac{32M}{\pi d_2^3 (1 - x^4)}$$

$$\sigma_a \geq \sigma_{\max} = \frac{32M}{\pi d_2^3 (1 - x^4)}$$

$$\therefore \quad d_2^3 \geq \frac{32M}{\pi \sigma_a (1 - x^4)}$$

최소 바깥지름 $d_2 = \sqrt[3]{\dfrac{32M}{\pi \sigma_a (1 - x^4)}}$, 안지름 $d_1 = x\, d_2$ ⋯⋯ (4.5)

동일한 크기의 모멘트를 받는 축을 동일한 재료로 사용하여 만들 때 속이 차 있는 축과 속이 비어 있는 축의 지름을 비교하면 다음과 같다.

$$M = \sigma_{max} \times \frac{\pi d^3}{32} = \sigma_{max} \times \frac{\pi d_2^3}{32}(1 - x^4)$$

$$\frac{d_2}{d} = \sqrt[3]{\frac{1}{1 - x^4}} \quad \cdots\cdots (4.6)$$

여기에서 $x < 1$이므로 x^4은 상당히 작은 값이 된다. 따라서 $1 - x^4$이 거의 1이라고 보면 $\frac{d_2}{d}$는 1에 가깝게 된다. 즉, 중공축의 지름이 중실축의 지름보다 약간만 커도 되므로 중공축이 훨씬 가볍게 된다는 것을 알 수 있다. 그러나 속이 비어 있는 중공축을 가공하는 데에는 어려움이 따른다.

[2] 비틀림 모멘트만을 받는 축

[MKS 단위계] 회전수 N[rpm]으로 H_W[W]의 동력을 전달하는 축에 걸리는 토크(비틀림 모멘트) T[N · m]는 다음과 같다.

$$H_W = T\omega = T \times \frac{2\pi N}{60} \quad \cdots\cdots (4.7)$$

$$T = \frac{60 H_W}{2\pi N} \text{ [N · m]} \quad \cdots\cdots (4.8)$$

[단위연산] 동력과 모멘트의 단위가 각각 kW, N · mm인 경우 회전수 N[rpm], 동력 H_{kW}[kW], 비틀림 모멘트 T[N · mm]의 관계는 다음과 같이 유도된다.[3)]

$$(10^3 \times 10^3) H_{kW} = T\omega = T \times \frac{2\pi N}{60}$$

$$(\leftarrow \text{kW} = 10^3\text{W} = 10^3 \times \frac{\text{N} \cdot \text{m}}{\text{s}} = 10^3 \times \frac{\text{N} \cdot 10^3\text{mm}}{\text{s}})$$

$$\therefore\ T = \frac{60 \times H_{kW} \times 10^6}{2\pi N}$$

$$= 9.55 \times 10^6 \frac{H_{kW}}{N} \text{ [N · mm]}$$

즉, 토크(T)는 다음과 같다.

3) 기계설계 책에는 여러 가지 복잡한 숫자들로 표현된 공식들이 나오지만 대부분은 기본적인 공식의 단위연산 결과에 따른 수들이다. 식 (4.7)을 알면 된다.

$$T = 9.55 \times 10^6 \frac{H_{kW}}{N} \text{ [N·mm]} \qquad (4.9a)$$

여기에서 동력 H_{kW}의 단위는 kW이고 회전수 N의 단위는 rpm이다. 그리고 1PS = 0.7355[kW]이므로 마력 H_{PS}[PS]와 토크 T[N·mm]의 관계는 다음과 같다.

$$T = 7.02 \times 10^6 \frac{H_{PS}}{N} \text{ [N·mm]} \qquad (4.9b)$$

한편 토크의 단위를 kgf·mm로 나타내면 다음 식으로 표현된다.

$$T = 9.74 \times 10^5 \frac{H_{kW}}{N} \text{ [kgf·mm]} \qquad (4.9c)$$

$$T = 7.16 \times 10^5 \frac{H_{PS}}{N} \text{ [kgf·mm]} \qquad (4.9d)$$

† 식 (4.9a, b, c, d)를 굳이 기억하려 하지 말자. 모두 $H = T\omega = T \times \frac{2\pi N}{60}$에서 나오는 식일 뿐이다. 동력에 대한 기본 식 $H = T\omega$ 또는 $H = Fv$를 이해하고 적용할 수 있도록 한다.

(1) 중실축(속이 차 있는 축)

비틀림 모멘트(T)와 최대 전단응력(τ_{max})의 관계는 다음과 같다.

$$T = \tau_{max} Z_p \qquad (4.10)$$

지름 d일 때 단면계수 $Z_p = \frac{\pi d^3}{16}$이므로 축에 발생하는 최대 전단응력은

$$\tau_{max} = \frac{16T}{\pi d^3} \qquad (4.11)$$

이다. 그런데 축에 발생하는 최대 전단응력은 축 재료의 허용 전단응력 τ_a보다 커지 않아야($\tau_a \ge \tau_{max}$) 하므로

$$\tau_a \ge \frac{16T}{\pi d^3}$$

이다. 따라서 축 지름은 다음 조건을 만족해야 한다.

$$d^3 \geq \frac{16T}{\pi\tau_a}$$

경제적인 면에서 최소 축 지름은 다음 식으로 결정된다.

$$d = \sqrt[3]{\frac{16T}{\pi\tau_a}} \quad \cdots\cdots (4.12)$$

(2) 중공축(속이 비어 있는 축)

속이 비어 있는 축의 단면계수는

$$Z_p = \frac{\pi d_2^3}{16}(1-x^4) \quad \cdots\cdots (4.13)$$

이고, 지름 결정 방법은 (1)과 같다.

$$T = \tau_{max} Z_p = \tau_{max} \times \frac{\pi d_2^3}{16}(1-x^4)$$

$$\therefore \quad \tau_{max} = \frac{16T}{\pi d_2^3(1-x^4)}$$

$$\tau_a \geq \tau_{max} = \frac{16T}{\pi d_2^3(1-x^4)}$$

$$\therefore \quad d_2^3 \geq \frac{16T}{\pi\tau_a(1-x^4)}$$

최소 바깥지름 $d_2 = \sqrt[3]{\dfrac{16T}{\pi\tau_a(1-x^4)}}$, 안지름 $d_1 = x\,d_2$ ············ (4.14)

[3] 굽힘 모멘트와 비틀림 모멘트를 동시에 받는 축

일반적으로 축에는 굽힘과 비틀림 하중이 동시에 작용한다. 이와 같은 경우에는 비틀림 모멘트가 굽힘에 미치는 영향을 추가로 고려한 상당 굽힘 모멘트만이 작용하는 것으로 간주하거나, 굽힘 모멘트가 비틀림에 미치는 영향을 추가로 고려한 상당 비틀림 모멘트만이 작용하는 것으로 간주하여 계산한 후 두 경우 모두에 대하여 안전한 값(큰 지름)을 선정한다.

굽힘 모멘트 M과 비틀림 모멘트 T가 동시에 작용할 때 축에 발생하는 최대 전단응력은 M과 T가 복합적으로 작용하여 발생하는 모멘트로 인한 최대 전단응력으로 생각할 수 있다. M과 T의 복합된 모멘트를 크기 T_e인 비틀림 모멘트로 생각할 수 있고 크기 M_e인 굽힘 모멘트로 생각할 수도 있다. 이때의 T_e와 M_e를 각각 상당 비틀림 모멘트 및 상당 굽힘 모멘트라 하며 다음과 같이 계산된다.

$$T_e = \sqrt{M^2 + T^2} \quad \cdots\cdots (4.15)$$

$$M_e = \frac{M + T_e}{2} = \frac{M + \sqrt{M^2 + T^2}}{2} \quad \cdots\cdots (4.16)$$

M과 T가 동시에 작용할 때는 이와 같이 계산된 T_e와 M_e를 가지고 [1]과 [2]의 방법에 따라 축의 지름 d를 구한 후 안전한 값(큰 값)을 선택한다.

(1) 중실축(속이 차 있는 축)

상당 굽힘 모멘트 M_e를 기준으로 하여 결정된 지름을 d_m, 상당 비틀림 모멘트 T_e를 기준으로 하여 결정된 지름을 d_t라 할 때 이들은 각각 다음 식으로 구해진다.

$$d_m = \sqrt[3]{\frac{32M_e}{\pi\sigma_a}} \quad \cdots\cdots (4.17)$$

$$d_t = \sqrt[3]{\frac{16T_e}{\pi\tau_a}} \quad \cdots\cdots (4.18)$$

이와 같이 구한 d_m과 d_t 중 큰 값을 선택하여 축을 설계한다.

(2) 중공축(속이 비어 있는 축)

(1)과 마찬가지로 상당 굽힘 모멘트 M_e와 상당 비틀림 모멘트 T_e를 기준으로 하여 다음 식으로 바깥지름 d_{m2}와 d_{t2}를 각각 구한 후 두 값 중 큰 값을 선택한다.

$$d_{m2} = \sqrt[3]{\frac{32M_e}{\pi\sigma_a(1-x^4)}} \quad \cdots\cdots (4.19)$$

$$d_{t2} = \sqrt[3]{\frac{16T_e}{\pi\tau_a(1-x^4)}} \quad \cdots\cdots (4.20)$$

[예제 4.1] **[굽힘 모멘트]** [그림 4.1(a)]와 같이 길이 $L=300\text{mm}$인 축의 중앙에 $P=20\text{kN}$의 집중하중을 받는 속이 차 있는 축의 최소 지름을 구하여라. 축의 허용 굽힘 응력은 40N/mm^2이고, 축의 무게는 무시한다.

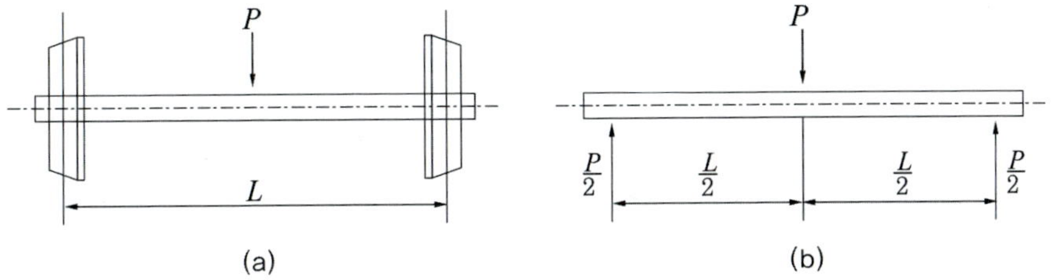

[그림 4.1]

풀이 [그림 4.1(b)]의 자유물체도에서 평형 방정식($\sum F=0$, $\sum M=0$)을 적용하여 반력을 구하면 축의 양 끝에 걸리는 반력은 각각 $\frac{P}{2}$이다. 이때 최대 굽힘모멘트 M은 축의 중앙에서 발생하며

$$M=\frac{P}{2}\times\frac{L}{2}=\frac{(20\times10^3)}{2}\times\frac{300}{2}=1.5\times10^6[\text{N}\cdot\text{mm}]$$

이 된다. 따라서 굽힘 하중만이 작용하는 속이 찬 축이므로 축의 최소지름은 다음과 같이 구해진다.

$$d=\sqrt[3]{\frac{32M}{\pi\sigma_a}}=\sqrt[3]{\frac{32\times(1.5\times10^6)}{\pi\times40}}=72.56\,[\text{mm}]$$

이때 축의 표준 지름 [표 4.1]을 기준으로 하여 축 지름을 선택하면 $d=75\text{mm}$이다.

[예제 4.1]에서 $1\text{kN}=10^3\text{N}$이고, 단위를 N, mm로 통일하여 d를 구하였다. 근호 안의 단위를 환산하면 $\sqrt[3]{\frac{32[M]}{\pi[\sigma_a]}}=\sqrt[3]{\frac{\text{N}\cdot\text{mm}}{\text{N/mm}^2}}=\sqrt[3]{\text{mm}^3}=\text{mm}$이다. 다음 예제들도 모두 단위를 N, mm로 통일하여 정답을 구한다. 길이 $1\text{m}=10^3\text{mm}$이고, 토크와 모멘트에서 $1\text{kN}\cdot\text{m}=10^3\text{N}\cdot10^3\text{mm}=10^6\text{N}\cdot\text{mm}$이다.

[예제 4.2] **[굽힘 모멘트]** [그림 4.2(a)]와 같이 무게 12kN의 플라이휠(fly wheel)이 설치되어 있다. $L = 750\text{mm}$, $a = 200\text{mm}$일 때 내외경비 $x = 0.7$인 중공축의 지름을 구하여라. 단, 허용 굽힘응력은 50N/mm^2이고, 축의 무게는 무시한다.

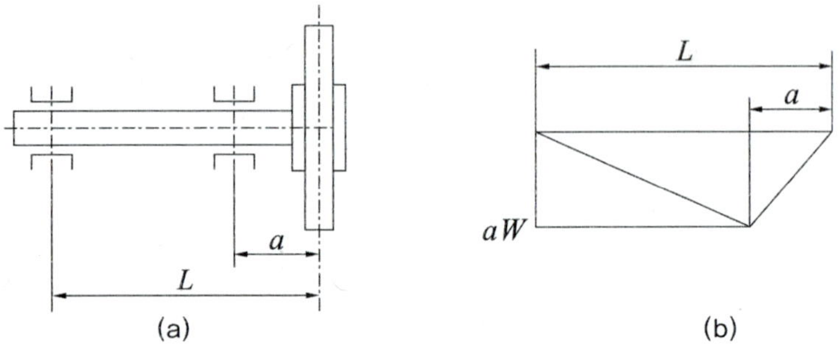

[그림 4.2]

풀이 굽힘모멘트 선도는 (b)와 같고 최대 굽힘모멘트는

$$M = aW = 200 \times (12 \times 10^3) = 2.4 \times 10^6 [\text{N} \cdot \text{mm}]$$

이다. 따라서 중공축의 안지름과 바깥지름은 다음과 같이 구해진다.

$$d_2 = \sqrt[3]{\frac{32M}{\pi\sigma_a(1 - x^4)}} = \sqrt[3]{\frac{32 \times (2.4 \times 10^6)}{\pi \times 50 \times (1 - 0.7^4)}} = 86.33[\text{mm}]$$

$$d_1 = x\,d_2 = 0.7 \times 86.33 = 60.43[\text{mm}]$$

[예제 4.3] **[비틀림 모멘트]** $T = 3\text{kN} \cdot \text{m}$의 비틀림 모멘트를 받는 속이 차 있는 축의 지름을 구하여라. 단, 축의 허용전단응력은 40N/mm^2이다.

풀이 비틀림 모멘트만을 받는 축 지름은 다음과 같이 구해진다.

$$d = \sqrt[3]{\frac{16T}{\pi\tau_a}} = \sqrt[3]{\frac{16 \times (3 \times 10^3 \times 10^3)}{\pi \times 40}} = 72.56[\text{mm}]$$

[예제 4.4] **[비틀림 모멘트]** 바깥지름 120mm의 속이 비어 있는 축에 10kN · m의 비틀림 모멘트가 작용할 때 축의 안지름을 구하여라. 축의 허용 전단응력은 $40\mathrm{N/mm^2}$이다.

풀이 최소 바깥지름 $d_2 = \sqrt[3]{\dfrac{16T}{\pi\tau_a(1-x^4)}}$ 에서 내외경비 x를 구한다.

$$d_2^3 = \frac{16T}{\pi\tau_a(1-x^4)}$$

$$\therefore\ (1-x^4) = \frac{16T}{\pi\tau_a d_2^3}$$

$$x^4 = 1 - \frac{16T}{\pi\tau_a d_2^3}$$

$$\therefore\ x = \sqrt[4]{1-\frac{16T}{\pi\tau_a d_2^3}} = \sqrt[4]{1-\frac{16\times(10\times10^6)}{\pi\times40\times120^3}} = 0.716$$

따라서 안지름은

$$d_1 = x\,d_2 = 0.716\times120 = 85.9[\mathrm{mm}]$$

이다. 안지름은 작을수록 안전하므로 이보다 작은 값을 표준 지름에서 선정한다. 따라서 $d_1 = 85[\mathrm{mm}]$이다.

[예제 4.5] **[비틀림 모멘트]** 회전수 200rpm으로 40kW의 동력을 전달하는 축의 지름을 구하여라. 단, 축의 허용 비틀림응력 $\tau_a = 30\mathrm{N/mm^2}$이다.

풀이 동력 $H = T\omega = T\times\dfrac{2\pi N}{60}$ 이므로 토크(비틀림모멘트)는

$$T = \frac{60H}{2\pi N} = \frac{60\times(40\times10^3)}{2\pi\times200} = 1910[\mathrm{N\cdot m}]$$

이고, 비틀림모멘트(T)에 의한 축 지름은 다음과 같이 구해진다.

$$d_t = \sqrt[3]{\frac{16T_e}{\pi\tau_a}} = \sqrt[3]{\frac{16\times(1910\times10^3)}{\pi\times30}} = 68.7[\text{mm}]$$

여기에서 $1\text{kW} = 10^3\text{W} = 10^3\text{N}\cdot\text{m/s}$이고, 단위를 N, mm로 통일하여 d_t를 구하였다. 참고로 단위 연산된 결과 식을 사용하면

$$T = 9.55\times10^6\frac{H_{kW}}{N} = 9.55\times10^6\times\frac{40}{200} = 1.91\times10^6\ [\text{N}\cdot\text{mm}]$$

[예제 4.6] **[굽힘+비틀림 모멘트]** $15\text{kN}\cdot\text{m}$의 비틀림 모멘트와 $20\text{kN}\cdot\text{m}$의 굽힘 모멘트를 동시에 받는 속이 차 있는 축의 지름을 결정하여라. 축의 허용 전단응력은 40N/mm^2이고, 허용 굽힘 응력은 70N/mm^2이다.

풀이 상당 비틀림 모멘트는

$$T_e = \sqrt{M^2 + T^2} = \sqrt{15^2 + 20^2} = 25[\text{kN}\cdot\text{m}]$$

이고, 상당 굽힘 모멘트는

$$M_e = \frac{M + T_e}{2} = \frac{20+25}{2} = 22.5\ [\text{kN}\cdot\text{m}]$$

이다. M_e를 기준으로 하여 축 지름을 구하면

$$d_m = \sqrt[3]{\frac{32M_e}{\pi\sigma_a}} = \sqrt[3]{\frac{32\times(22.5\times10^6)}{\pi\times70}} = 148.5[\text{mm}]$$

이고, T_e를 기준으로 하여 축 지름을 구하면

$$d_t = \sqrt[3]{\frac{16T_e}{\pi\tau_a}} = \sqrt[3]{\frac{16\times(25\times10^6)}{\pi\times40}} = 147.1[\text{mm}]$$

상당 굽힘 모멘트 M_e를 기준으로 한 지름이 상당 비틀림 모멘트 T_e를 기준으로 한 지름보다 크므로 M_e를 기준으로 한 지름(d_m)을 기준으로 하여 이 값보다 큰 치수를 표준 지름에서 선택한다. 따라서 [표 4.1]로부터 축 지름 $d = 150\text{mm}$로 한다.

[예제 4.7] **[굽힘+비틀림 모멘트]** [그림 4.3]과 같이 수평 방향으로 장력이 작용하는 벨트 풀리가 설치된 축이 있다. 풀리의 무게는 1kN이고 축의 중앙에 위치한다. 축재료의 허용 전단응력이 40N/mm^2이고, 허용 굽힘응력이 80N/mm^2일 때 다음 물음에 답하여라. 단, 축의 한쪽 끝에만 토크가 걸리고 나머지 한쪽 끝은 베어링에 의해 지지되며 토크가 걸리지 않는다. 그리고 축의 무게는 무시한다.

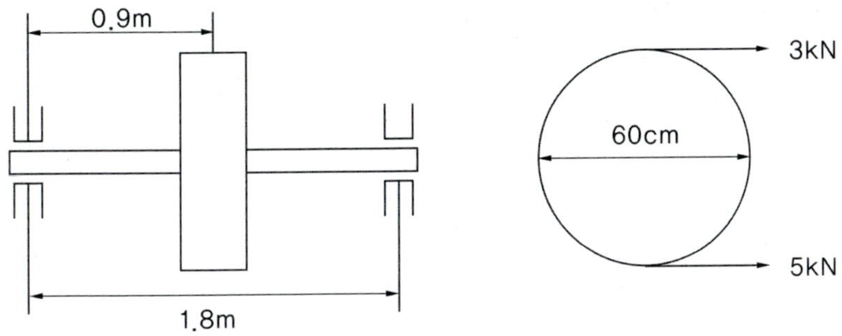

[그림 4.3]

(1) 축에 걸리는 최대 굽힘 모멘트와 비틀림 모멘트의 크기를 구하여라.
(2) 상당 굽힘모멘트와 상당 비틀림모멘트를 구하여라.
(3) 축지름을 설계하여라.
(4) 지름비 $x = 0.6$인 중공축으로 대체할 때 지름을 설계하여라.

풀이 (1) 축에는 수평 방향 힘에 의한 모멘트와 수직 방향 하중에 의한 모멘트가 각각 존재하고 전체 모멘트는 이들 모멘트의 합이 된다.

수평방향으로 $3+5=8[\text{kN}]$의 하중이 작용하므로 양 끝단에는 각각 4kN의 반력이 발생한다($R_1 = 4\text{kN}$). 이때 [그림 4.4(a)]와 같은 굽힘 모멘트 선도로부터 수평 방향의 최대 모멘트는 축의 중앙에서 발생하며 그 크기는 다음과 같다. $a = 0.9\text{m}$이다.

$$M_1 = R_1 \times a = (4 \times 1000) \times 0.9 = 3600\,[\text{N} \cdot \text{m}]$$

수직 방향으로는 풀리의 무게 1kN에 의해 양 끝단에는 각각 0.5kN의 반력이 발생한다($R_2 = 0.5\text{kN}$). 이때 [그림 4.4(b)]와 같은 굽힘 모멘트 선도로부터 수직 방향의 최대 모멘트는 축의 중앙에서 발생하며 그 크기는

$$M_2 = R_2 \times a = (0.5 \times 1000) \times 0.9 = 450[\text{N} \cdot \text{m}]$$

이다. 따라서 수평방향과 수직방향 모멘트는 서로 직교하므로 전체 모멘트의 크기는 다음과 같다.

$$M = \sqrt{M_1^2 + M_2^2} = \sqrt{3600^2 + 450^2} = 3628\,[\text{N} \cdot \text{m}]$$

한편 비틀림 모멘트는 벨트의 장력에 의해 발생하며

$$T = (T_1 - T_2) \times \frac{D}{2} = (5000 - 3000) \times \frac{0.6}{2} = 600[\text{N} \cdot \text{m}]$$

이다.

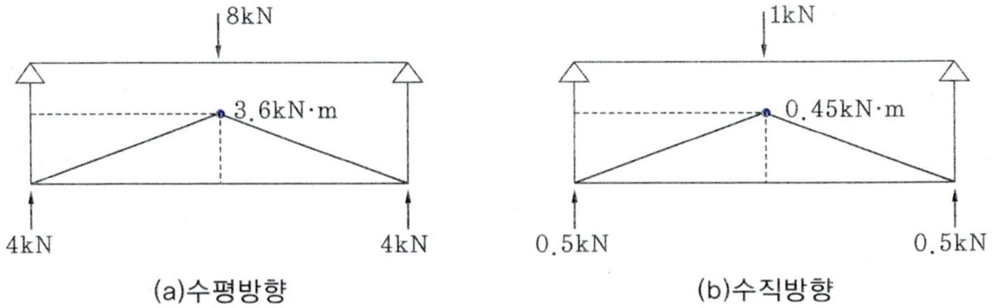

[그림 4.4]

(2) 상당 굽힘모멘트와 상당 비틀림모멘트는 다음과 같다.

$$T_e = \sqrt{M^2 + T^2} = \sqrt{3628 + 600^2} = 3677\,[\text{N} \cdot \text{m}]$$

$$M_e = \frac{M + T_e}{2} = \frac{3628 + 3677}{2} = 3653\,[\text{N} \cdot \text{m}]$$

(3) 상당 굽힘모멘트 M_e를 기준으로 하여 축 지름을 구하면

$$d_m = \sqrt[3]{\frac{32M_e}{\pi\sigma_a}} = \sqrt[3]{\frac{32 \times (3653 \times 10^3)}{\pi \times 80}} = 77.48[\text{mm}]$$

이고, 상당 비틀림모멘트 T_e를 기준으로 하여 축 지름을 구하면

$$d_t = \sqrt[3]{\frac{16T_e}{\pi\tau_a}} = \sqrt[3]{\frac{16 \times (3677 \times 10^3)}{\pi \times 40}} = 77.65[\text{mm}]$$

이다. 따라서 안전을 위하여 $d = 77.65[\mathrm{mm}]$를 기준으로 한다.

(4) 중공축의 바깥지름(d_2)을 구하면 다음과 같다.

$$d_{m2} = \sqrt[3]{\frac{32M_e}{\pi\sigma_a(1-x^4)}} = \sqrt[3]{\frac{32\times(3653\times10^3)}{\pi\times80\times(1-0.6^4)}} = 81.15[\mathrm{mm}]$$

$$d_{t2} = \sqrt[3]{\frac{16T_e}{\pi\tau_a(1-x^4)}} = \sqrt[3]{\frac{16\times(3677\times10^3)}{\pi\times40\times(1-0.6^4)}} = 81.33[\mathrm{mm}]$$

따라서 안전을 위하여 중공축의 바깥지름은 $d_2 = 81.33[\mathrm{mm}]$로 하고, 안지름은 $d_1 = xd_2 = 0.6\times81.33 = 48.8[\mathrm{mm}]$로 한다.

[예제 4.8] **[전달 동력]** 동력 전달 장치에 사용되는 중실축이 비틀림 모멘트만 받고 있다. 축의 허용 비틀림 응력이 50MPa이고, 지름이 40mm이며 회전속도가 300rpm일 때 축의 전달 동력[kW]을 구하여라.

풀이 축의 허용 비틀림 응력 $\tau_{\max} = 50\mathrm{MPa}$, 지름 $d = 40\mathrm{mm} = 0.04\mathrm{m}$, 회전속도 $N = 300\mathrm{rpm}$이다. 축의 비틀림 모멘트(T)는

$$T = \tau_{\max}Z_p = \tau_{\max}\left(\frac{\pi d^3}{16}\right)$$

이므로 축의 전달동력(H)은 다음과 같다. 단위를 SI단위[N, m, s]로 통일하여 계산한다.

$$\begin{aligned} H = T\omega = T\times\frac{2\pi N}{60} \\ &= \tau_{\max}\left(\frac{\pi d^3}{16}\right)\times\frac{2\pi N}{60} \\ &= (50\times10^6)\times\frac{\pi(0.04)^3}{16}\times\frac{2\pi(300)}{60}\,[\mathrm{W}] \\ &= 2000\pi^2\,[\mathrm{W}] \\ &= \frac{2000\pi^2}{1000}[\mathrm{kW}] = 2\pi^2[\mathrm{kW}] = 19.74[\mathrm{kW}] \end{aligned}$$

이상에서 $\tau_{max} = 50\,\mathrm{MPa} = 50 \times 10^6 \dfrac{\mathrm{N}}{\mathrm{m}^2}$ 이고, SI단위에서 동력의 단위는 W이다 $(\mathrm{W} = \mathrm{N} \cdot \mathrm{m/s})$.

[Note] 공과대학의 전공 시험에서는 대개 전자계산기 사용을 허락하지만 통신 기술의 발달로 인해 요즘에는 각종 공공 시험에서 계산기 사용을 금지하고 있다. 따라서 특히 공무원과 중등교사 임용시험 등을 준비하고자 하는 학생들은 계산기를 사용하지 않고 위 문제의 정답 $H = 2\pi^2\,[\mathrm{kW}]$를 얻을 수 있도록 평소에 계산 연습을 하는 게 좋다.

4.4 비틀림 강성도에 의한 축 지름 설계

축의 비틀림 각이 너무 크면 동력을 전달하는 데 있어서 문제가 발생할 수 있다. 예를 들어 축에 설치된 기어의 이가 파손되어 사고의 원인이 된다.

이와 같은 비틀림을 고려한 설계 기준은 여러 가지가 있을 수 있다. 그런데 바흐(Bach)는 '연강으로 된 전동축에서 축에 작용하는 최대 비틀림 모멘트(T)에 의한 비틀림 각(θ)이 축 길이 1m에 대해 0.25° 이내에 있도록 축 지름을 설계해야 한다.'고 주장하였다.

길이 L, 지름 d인 중실축이 토크 T를 받을 때 축의 비틀림 각(θ)은 다음과 같다.

$$\begin{aligned}\theta &= \frac{TL}{GI_p} = \frac{32\,TL}{\pi G d^4}\,[\mathrm{rad}] \\ &= \frac{32\,TL}{\pi G d^4} \times \frac{180}{\pi}\,[°, \mathrm{degree}] \\ &\approx 583.61\frac{TL}{Gd^4}\,[°, \mathrm{degree}]\end{aligned}$$

$$\theta = 583.61\frac{TL}{Gd^4}\,[°, \mathrm{degree}] \quad \cdots\cdots (4.21)$$

식 (4.21)에서 G는 축의 전단탄성계수, I_p는 축의 극관성모멘트이다. 축의 전달 토크가 $T = 716{,}200\dfrac{H_{PS}}{N}$ 이고 연강에 대해 $G = 8{,}400\,\mathrm{kgf/mm^2}$을 식 (4.21)에 대입하여 축 지름 d를 구한다. 축 길이 $L = 1\mathrm{m} = 10^3\mathrm{mm}$, 비틀림 각 $\theta = 0.25°$ 이다.

$$\theta = 583.61 \frac{TL}{Gd^4}$$

$$0.25 = 583.61 \times \left[\frac{(716,200) \times (10^3)}{(8,400)} \times \frac{H_{PS}}{Nd^4} \right]$$

$$d^4 = 1.99 \times 10^8 \left(\frac{H_{PS}}{N} \right)$$

$$\therefore \ d = 118.77 \sqrt[4]{\frac{H_{PS}}{N}} \fallingdotseq 120 \sqrt[4]{\frac{H_{PS}}{N}} \ [\text{mm}]$$

$$d = 120 \sqrt[4]{\frac{H_{PS}}{N}} \ [\text{mm}] \quad \cdots (4.22)$$

이다. 식 (4.22)를 '바흐의 축 공식'이라 한다. 여기에서 H_{PS}[PS]는 축의 전달 동력이고 N[rpm]은 축의 회전속도이다. 바흐의 축 공식을 H_{kW}로 환산하면

$$d = 130 \sqrt[4]{\frac{H_{kW}}{N}} \ [\text{mm}] \quad \cdots (4.23)$$

가 된다. H_{kW}[kW]는 축의 전달 동력이고 N[rpm]은 축의 회전속도이다.

안지름과 바깥지름이 각각 d_i와 d_o인 중공축에서 비틀림 각은 다음과 같다.

$$\theta = 583.61 \frac{TL}{G\left(d_o^4 - d_i^4\right)} \ [°, \text{degree}] \quad \cdots\cdots (4.24)$$

중실축과 같은 방법으로 중공축에서 다음과 같은 바흐의 축 공식이 유도된다.

$$d_o = 120 \sqrt[4]{\frac{H_{PS}}{(1-x^4)N}} \ [\text{mm}] \quad \cdots (4.25)$$

$$d_o = 130 \sqrt[4]{\frac{H_{kW}}{(1-x^4)N}} \ [\text{mm}] \quad \cdots (4.26)$$

식 (4.25)와 (4.26)에서 $x = d_i/d_o$(내외경비)이다. 중실축은 $x = 0$인 경우이며, 이 값을 식 (4.25)와 (4.26)에 대입하면 식 (4.22)와 (4.23)이 된다.

[예제 4.9] 길이가 4m이고 지름이 20mm인 원형 중실축의 비틀림 각을 2° 이내로 제한하고자 한다. 축 재료의 전단탄성계수가 90GPa일 때 최대 전달토크 T [N · mm]를 구하여라.

풀이 단위를 N, mm로 통일하여 구한다.

- 축 길이 : $L = 4\text{m} = 4{,}000\text{mm}$
- 축 지름 : $d = 20\text{mm}$
- 비틀림 각 : $\theta = 2^\circ = \dfrac{2}{180}\pi[\text{rad}]$
- 전단탄성계수 $G = 90\text{GPa} = 90 \times 1000\text{MPa} = 90 \times 1000\dfrac{\text{N}}{\text{mm}^2}$.

비틀림 각 $\theta = \dfrac{TL}{GI_p}$ 로부터

$$T = \frac{GI_p\theta}{L} = \frac{G \times \dfrac{\pi d^4}{32} \times \theta}{L}$$

$$= \frac{(90 \times 1000) \times \dfrac{\pi \times 20^4}{32} \times \dfrac{2}{180}\pi}{4000}[\text{N} \cdot \text{mm}]$$

$$= 1{,}250\pi^2[\text{N} \cdot \text{mm}]$$

$$= 12{,}337[\text{N} \cdot \text{mm}]$$

4.5 축의 진동

축에 작용하는 굽힘 모멘트 또는 토크의 변동주기가 축의 고유진동수에 일치되었을 때 축은 공진을 일으켜 진폭이 점차로 커져서 축의 탄성한도를 넘어 파괴된다. 이와 같이 공진진동수에 일치하는 축의 회전속도를 위험속도(critical speed)라 한다.

축의 진동은 진동 방향에 따라 굽힘 진동, 비틀림 진동, 축 방향 진동(길이 방향 진동)으로 구분된다. 그런데 일반적으로 비틀림 진동의 위험속도는 굽힘 진동에 의한 위험속도보다 큰 값에서 발생하므로 주로 굽힘 진동을 고려한다. 굽힘 진동은 축의 재질, 형상 및 불균일성 등과 축을 지지하고 있는 베어링의 특성 등에 의해 영향을 받는다.

[1] 축의 위험 속도 : 1개의 집중 질량

한 개의 집중질량(m)으로 구성된 회전체를 가지는 축에서 축 자체의 질량을 무시하고 축의 강성만을 고려할 때 축의 위험속도(1차 고유진동수)는 다음과 같다.

$$\omega_1 = \sqrt{\frac{k}{m}} \ [\text{rad/s}] \quad \cdots\cdots (4.27)$$

식 (4.27)에서 k는 축의 상당 스프링 상수이고, m은 집중질량이다. 집중질량이 작용하는 점에서의 처짐을 δ_1로 하면 훅의 법칙($F = kx$)으로부터 상당스프링 상수 k는 다음 식으로 표현된다.

$$k = \frac{F}{x} = \frac{mg}{\delta_1} \quad \cdots\cdots (4.28)$$

식 (4.28)을 (4.27)에 대입하면 다음과 같이 ω_1이 δ_1으로 표현된다.

$$\omega_1 = \sqrt{\frac{k}{m}} = \sqrt{\frac{(mg/\delta_1)}{m}} = \sqrt{\frac{g}{\delta_1}} \ [\text{rad/s}] \quad \cdots\cdots (4.29)$$

회전 속도가 N_1[rpm]일 때 각속도 $\omega_1 = \dfrac{2\pi N}{60}$[rad/s]이다. 이 식을 식 (4.29)에 대입하면 다음과 같이 회전 속도 N_1[rpm]이 구해진다.

$$\frac{2\pi N_1}{60} = \sqrt{\frac{g}{\delta_1}}$$

$$\therefore \ N_1 = \frac{30}{\pi}\sqrt{\frac{g}{\delta_1}} \quad \cdots\cdots (4.30)$$

이상에서 g는 중력 가속도($g = 9.81\text{m/s}^2$)이다.

축의 회전속도가 축의 고유 진동수에 가까워지면 진동의 진폭이 증폭되어 축이나 베어링이 파괴될 수 있다. 이에 따라 축의 운전속도가 회전축의 고유진동수로부터 25% 이상 떨어지게 할 것을 권장하고 있다.

[2] 여러 개의 회전체로 구성된 축의 위험속도

회전축에는 풀리, 기어, 관성차, 팬 등의 부품들이 여러 개 부착되어 있는 경우가 많다. 따라서 여러 개의 회전체로 구성되어 있는 회전축은 각 회전체의 특성을 고려하여 고유

진동수를 추정해야 한다. 이와 같은 다 자유도 계의 진동에 대한 정확한 해석은 다소 복잡하다. 그런데 일반적으로 1차 고유진동수의 대략적인 값을 알아보는 것으로도 충분한 경우가 많다.

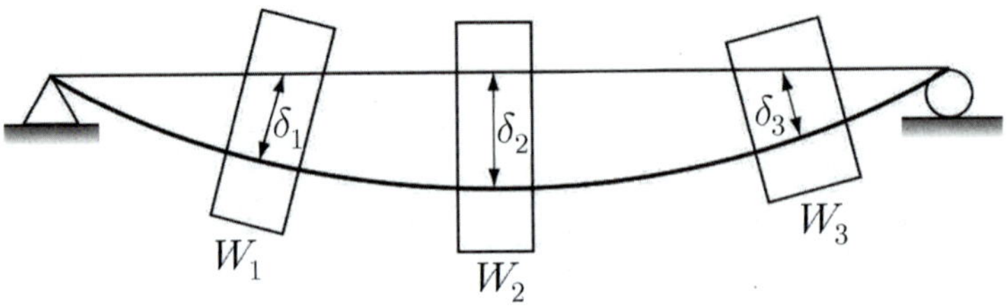

[그림 4.5] 여러 개의 회전체를 갖는 축

회전축의 1차 고유진동수를 간단하게 추정하는 방법에는 던커레이(Dunkerly) 방법과 레이레이(Rayleigh) 방법 등이 있다.

던커레이 공식은 여러 개의 회전체를 갖는 축에서 각 회전체들을 각각 축에 부착했을 때의 고유 진동수로부터 계 전체의 1차 고유 진동수를 근사적으로 계산하는 식이다. 던커레이가 제안한 이 식은 고차의 고유 진동수가 1차 고유 진동수보다 상당히 크다는 사실에 착안하여 만든 식으로 1차 고유 진동수의 하한 값을 제공해 준다. 즉, 이 식으로 구한 고유진동수는 정확한 값보다 작다.

레이레이식은 역학적 에너지 보존법칙으로부터 운동에너지의 최댓값과 위치에너지의 최댓값이 같다는 사실과 계산에 사용된 가정한 진폭이 1차 고유진동수 값에 미치는 영향이 작다는 사실에 착안하여 만든 식이다. 이 식은 계 전체의 고유진동수를 근사적으로 계산하는 식으로서 1차 고유진동수의 상한 값을 제공한다. 즉, 이 식으로써 얻은 1차 고유진동수는 정확한 값보다 크다.

따라서 정확한 1차 고유진동수는 다음 범위에 있다고 할 수 있다.

$$(\text{고유진동수})_{\text{던커레이식}} \le (\text{고유진동수}) \le (\text{고유진동수})_{\text{레이레이식}}$$

축의 자중에 의한 위험 속도를 고려하는 경우 일반적으로 던커레이 공식은 다음과 같이 표현된다.

$$\frac{1}{N_{cr}^2} = \frac{1}{N_0^2} + \frac{1}{N_1^2} + \frac{1}{N_2^2} + \cdots + \frac{1}{N_n^2} \quad \cdots\cdots (4.31)$$

식 (4.31)에서 N_{cr}[rpm]은 축에 모든 회전체를 부착한 상태의 축의 위험 속도이다. N_0[rpm]는 회전체를 부착하지 않은 축의 위험속도로서 축의 자중을 무시할 때 N_0의 값은 무한대가 된다. N_i[rpm]$(i = 1, 2, \cdots, n)$는 각 회전체를 단독으로 축에 설치했을 때 위험속도이다. n은 회전체의 개수이다.

[예제 4.10] 1개의 회전체가 축에 부착되어 축과 함께 회전하고 있다. 회전체를 부착하지 않은 축의 위험속도가 4000 rpm 이고 축의 자중을 무시하고 회전체 단독 설치 시 위험속도가 3000 rpm 일 때, 회전체를 포함한 축의 위험속도[rpm]를 구하여라.

풀이 회전체를 부착하지 않은 축의 위험속도 $N_0 = 4000\,\text{rpm}$, 회전체 단독 설치 시 위험속도 $N_1 = 3000\,\text{rpm}$이다. 회전체를 포함한 축의 위험속도를 N_c[rpm]라고 하면

$$\frac{1}{N_c^2} = \frac{1}{N_0^2} + \frac{1}{N_1^2}$$

$$\frac{1}{N_c^2} = \frac{1}{4000^2} + \frac{1}{3000^2} = \frac{3000^2 + 4000^2}{4000^2 \times 3000^2} = \frac{5000^2}{(4000 \times 3000)^2}$$

$$N_c^2 = \frac{(4000 \times 3000)^2}{5000^2}$$

$$\therefore\ N_c = \sqrt{\frac{(4000 \times 3000)^2}{5000^2}} = \frac{4000 \times 3000}{5000} = 2400\,[\text{rpm}]$$

연습문제 4

01 그림과 같이 속이 차 있는 축에 수직 하중 $W=20\text{kN}$이 작용하고 있다. $a=250\text{mm}$, $L=2\text{m}$, 축의 허용 굽힘응력 $\sigma_a=50\text{N/mm}^2$일 때 축 지름을 구하여라.

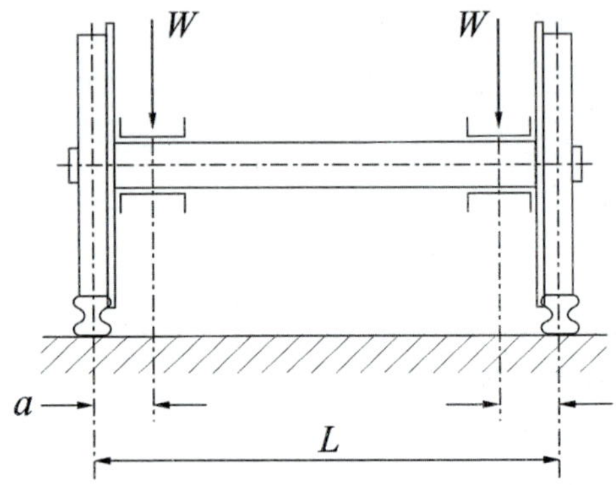

[문제 4.1]

02 속이 차 있는 축이 $4[\text{kN}\cdot\text{m}]$의 토크를 받을 때 지름을 구하여라. 축의 허용 전단응력은 $50[\text{N/mm}^2]$이다.

03 지름 계수 $x=0.6$인 속이 비어있는 축이 있다. 이 축의 최대 비틀림 모멘트가 지름이 100mm인 속이 차 있는 축의 최대 비틀림 모멘트와 같을 때 속이 비어있는 축의 지름을 구하여라. 단, 두 축은 같은 재료이다.

04 회전속도 600rpm으로 20PS의 동력을 전달하는 축이 있다. 허용전단응력이 50N/mm^2일 때 다음을 구하여라.

(1) 중실축의 지름

(2) 내외경비 $x=0.7$인 중공축의 안지름과 바깥지름

05 회전속도 300rpm으로 40kW의 동력을 전달하는 축이 있다. 허용전단응력이 50N/mm^{2}일 때 다음을 구하여라.

(1) 중실축의 지름

(2) 중공축의 바깥지름이 60mm일 때 안쪽지름

(3) 축의 길이가 같을 때 중실축과 중공축의 무게 비

06 축 설계에 대한 다음 물음에 답하시오. [중등교사 임용시험-기계]

(1) 축을 설계할 때 고려할 사항을 3가지 이상 적으시오.

(2) 비틀림 모멘트 T와 굽힘 모멘트 M이 작용하는 속이 찬 축의 지름을 구하는 과정을 기호를 이용하여 수식으로 기술하고, 축 지름의 결정 기준을 쓰시오. 단, 축 허용 전단응력은 τ_a, 허용 굽힘 응력은 σ_a이다.

07 길이 $l = 40$ cm의 단순보 축이 그림과 같은 기어에 의하여 회전하고 있다. 이 기어의 중량은 24.8kgf이고, 기어 피치원 지름 $D = 24.3$ cm의 접선 방향에 40kgf의 힘이 아래쪽으로 작용할 때 축 지름을 구하시오. 단, 축의 허용전단응력 $\tau_a = 160\,\text{kgf/cm}^2$이고, $\pi = 3$으로 한다. [중등교사 임용시험-기계 · 금속]

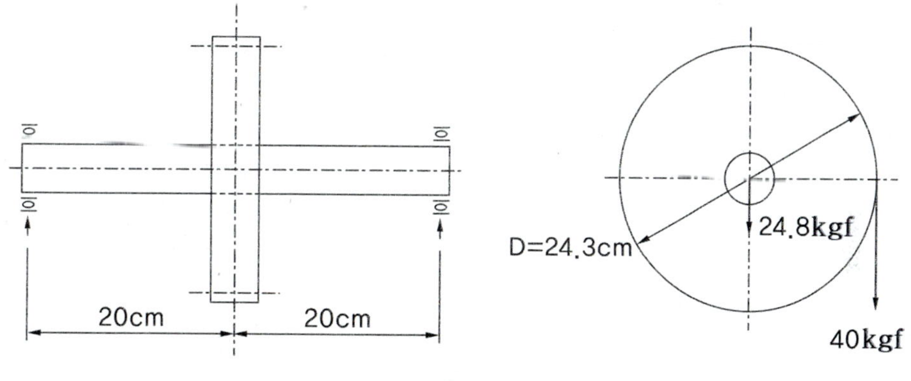

[문제 4.7]

08 전동축이 회전수(N) 1000rpm으로 10마력[HP]을 전달하고 있다. 이 축의 토크는 얼마인지 계산식을 세우고 답을 구하시오. 단, 축 지름의 단위는 mm이다. 답란에 토크 단위를 쓰시오. [중등교사 임용시험-기계 · 금속]

09 그림과 같이 지름 4cm 인 전동축에 지름 80cm 인 풀리를 설치하여 동력을 전달하고자 한다. 이때 벨트의 장력은 150kgf, 50kgf가 작용한다. 전동축에 대한 다음 물음에 답하시오. 단, 축과 풀리의 무게는 무시하며, 응력 계산 과정에서 π는 그대로 두거나 3.14로 계산한 후 소수 첫째 자리에서 반올림한다. [중등교사 임용시험-기계·금속]

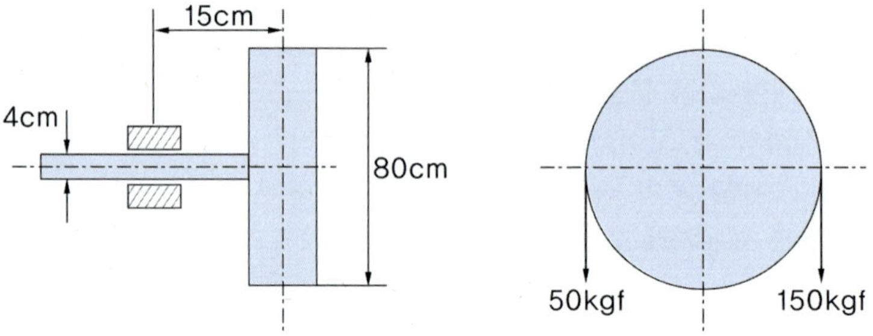

[문제 4.9]

(1) 굽힘 모멘트 M[kgf · cm]를 계산하시오.

(2) 비틀림 모멘트 T[kgf · cm]를 계산하시오.

(3) 상당 비틀림 모멘트 T_e[kgf · cm]를 계산하시오.

(4) 최대 전단응력 τ_{max}[kgf/cm^2]를 계산하시오.

10 축을 회전시킬 때, 토크(T)는 $T = F \times r$ [N · m]이다. 이때 〈보기〉의 기호를 사용하여 일(Q)과 동력(P)의 식을 각각 쓰시오. 그리고 회전체의 회전수(n)가 포함된 동력의 식을 쓰시오. 단, 일과 동력은 SI 단위로 표현하고, 반드시 답 뒤에 단위를 쓰시오.

[중등교사 임용시험-기계·금속]

F[N] : 회전력	θ[rad] : 회전각	t[s] : 한 일의 시간
ω[rad/s] : 각속도	n[rpm] : 회전수	
r[m] : 회전축의 중심에서 회전력이 작용하는 점까지의 거리		

(1) 일(Q)의 식

(2) 동력(P)의 식

(3) 회전수(n)가 포함된 동력(P)의 식

11 그림에서 전동기의 동력이 P, 전동축의 토크가 T, 직경이 d, 분당 회전수가 n, 허용전단응력이 τ_a일 때, 〈보기〉에서 옳게 설명된 것을 모두 고른 것은? 단, 전동축은 비틀림 작용만 고려한다. [중등교사 임용시험–기계 · 금속]

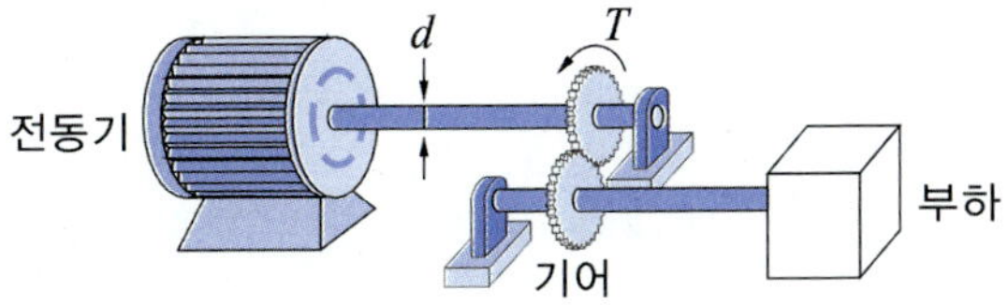

[문제 4.11]

ㄱ. P가 일정할 때, T는 n에 비례한다. ㄴ. n이 일정할 때, T는 P에 비례한다. ㄷ. τ_a가 일정할 때, d는 $\sqrt[3]{T}$ 에 비례한다. ㄹ. T가 일정할 때, d는 $\sqrt[3]{\tau_a}$ 에 반비례한다.

① ㄱ, ㄷ ② ㄴ, ㄷ ③ ㄱ, ㄴ, ㄹ ④ ㄱ, ㄷ, ㄹ
⑤ ㄴ, ㄷ, ㄹ

12 $30{,}000\,\text{kgf}\cdot\text{mm}$의 토크를 전달하는 속이 차 있는 중실축에 최대 굽힘모멘트 $40{,}000\,\text{kgf}\cdot\text{mm}$가 작용하는 경우에 최대 전단응력 이론(Tresca 이론)을 이용하여 중실축 지름을 구하려고 한다. 중실축 지름의 세제곱(d^3)의 근삿값은? 단, 축의 재질은 강이고, 항복강노 $\sigma_Y = 25\,\text{kgf/mm}^2$, 안전율 $S = 4$로 한다. [중등교사 임용시험–기계 · 금속]

① $32\,\text{cm}^3$ ② $49\,\text{cm}^3$ ③ $62\,\text{cm}^3$ ④ $71\,\text{cm}^3$
⑤ $82\,\text{cm}^3$

13 300rpm으로 회전하는 축이 $10\pi\,\text{J/s}$ 동력을 전달할 때, 축에 작용하는 비틀림 모멘트 $[\text{N}\cdot\text{m}]$는? [공무원 임용시험]

① π ② 10π ③ 1 ④ 10

14 같은 재료로 만들어진 중실축과 중공축에 동일한 비틀림 모멘트가 가해진다. 두 축에 작용하는 최대 전단응력이 같을 경우, 지름의 비 d_o/d는? (단, 중실축의 지름은 d, 중공축의 안지름은 d_i, 바깥지름은 d_o, $d_i/d_o = 1/2$이다.) [공무원 임용시험]

① $\sqrt[3]{\frac{16}{15}}$ ② $\sqrt[3]{\frac{15}{16}}$ ③ $\sqrt[4]{\frac{16}{15}}$ ④ $\sqrt[4]{\frac{15}{16}}$

15 100N · m의 토크를 전달하는 축의 최소 지름[mm]은? (단, 축의 전단강도는 400MPa, 안전계수는 2이다.) [공무원 임용시험]

① $\frac{2}{\sqrt[3]{2\pi}}$ ② $\frac{2}{\sqrt[3]{\pi}}$ ③ $\frac{20}{\sqrt[3]{2\pi}}$ ④ $\frac{20}{\sqrt[3]{\pi}}$

16 굽힘 모멘트 $M=8\text{kN}\cdot\text{m}$, 비틀림 모멘트 $T=6\text{kN}\cdot\text{m}$를 동시에 받고 있는 원형 단면 축의 상당 굽힘 모멘트 $M_e[\text{kN}\cdot\text{m}]$와 상당 비틀림 모멘트 $T_e[\text{kN}\cdot\text{m}]$는?

[공무원 임용시험]

① $M_e=9$, $T_e=10$ ② $M_e=10$, $T_e=9$

③ $M_e=18$, $T_e=20$ ④ $M_e=20$, $T_e=18$

17 지름이 d인 원형 중실축으로 전달할 수 있는 최대토크는 바깥지름이 d이고 안지름이 $\frac{1}{3}d$인 동일재료의 원형 중공축으로 전달할 수 있는 최대토크의 몇 배인가?

[공무원 임용시험]

① $\frac{81}{80}$배 ② $\frac{80}{81}$배 ③ $\frac{26}{27}$배 ④ $\frac{27}{26}$배

18 바흐(Bach)의 축공식에 대한 설명으로 옳은 것은? [공무원 임용시험]

① 연강 축의 최대 처짐각이 0.001[rad] 이하가 되도록 설계한다.

② 연강 축의 길이가 축 지름의 20배일 때 비틀림으로 변형된 각도가 1° 이내가 되도록 설계한다.

③ 연강 축의 최대 처짐량은 축 길이의 0.00033배 이내이어야 한다.

④ 연강 축의 길이 1[m]당, 비틀림으로 변형된 각도가 0.25° 이내가 되도록 설계한다.

19 바흐(Bach)의 축공식에 대한 설명으로 옳은 것은? (단, N은 회전수[rpm], H_{PS}는 전달마력[PS]이다.) [공무원 임용시험]

① 축의 강도설계에서 축길이 1m에 대하여 비틀림각이 0.25° 이내가 되는 조건에서 축지름을 구한다.

② 축의 강성설계에서 축길이 1m에 대하여 비틀림각이 0.25° 이내가 되는 조건에서 축지름을 구한다.

③ 축지름 $d=12\sqrt[3]{\frac{H_{PS}}{N}}$ cm이다.

④ 축지름 $d=12\sqrt[4]{\frac{H_{PS}}{N}}$ mm이다.

20 정하중 상태에서 비틀림 모멘트만을 받아 동력을 전달하는 지름 d, 허용전단응력 τ, 전단탄성계수 G인 중실축이 전달할 수 있는 최대 토크는? [공무원 임용시험]

① $\dfrac{16}{\pi d^3 \tau}$　② $\dfrac{\pi d^3 \tau}{16}$　③ $\dfrac{32}{\pi d^3 \tau}$　④ $\dfrac{\pi d^3 \tau}{32}$

21 비틀림모멘트(T)와 굽힘모멘트(M)를 동시에 작용받는 중실축에서 상당굽힘모멘트(M_e)를 고려한 축의 지름(d)을 구하고자 한다. 이때 M_e와 d를 구하는 식으로 가장 옳은 것은? [공무원 임용시험]

① $M_e = \dfrac{1}{2}\left(T + \sqrt{M^2 + T^2}\right)$, $d = \sqrt[3]{\dfrac{32 M_e}{\pi \sigma_a}}$

② $M_e = \dfrac{1}{2}\left(T + \sqrt{M^2 + T^2}\right)$, $d = \sqrt[3]{\dfrac{16 M_e}{\pi \sigma_a}}$

③ $M_e = \dfrac{1}{2}\left(M + \sqrt{M^2 + T^2}\right)$, $d = \sqrt[3]{\dfrac{32 M_e}{\pi \sigma_a}}$

④ $M_e = \dfrac{1}{2}\left(M + \sqrt{M^2 + T^2}\right)$, $d = \sqrt[3]{\dfrac{16 M_e}{\pi \sigma_a}}$

22 회전속도 N[rpm]으로 동력 H[W]를 전달할 수 있는 축의 최소 지름[m]은? (단, 축 재료의 허용 전단응력은 $\tau[\mathrm{N/m^2}]$이며, 축은 비틀림 모멘트만 받는다.) [공무원 임용시험]

① $\sqrt[3]{\dfrac{8H}{15\tau N}}$　② $\sqrt[3]{\dfrac{16H}{15\tau N}}$　③ $\sqrt[3]{\dfrac{480H}{\pi^2 \tau N}}$　④ $\sqrt[3]{\dfrac{960H}{\pi^2 \tau N}}$

23 구동축의 전단응력에 대한 설명 중 가장 옳은 것은? (단, 구동축은 중실축이다) [공무원 임용시험]

① 전단응력은 비틀림모멘트에 비례하고 축경의 3승에 반비례한다.
② 전단응력은 비틀림모멘트에 반비례하고 축경의 3승에 반비례한다.
③ 전단응력은 비틀림모멘트에 비례하고 축경의 3승에 비례한다.
④ 전단응력은 비틀림모멘트에 반비례하고 축경의 3승에 비례한다.

24 회전축의 위험속도에 대한 설명으로 옳은 것은? [공무원 임용시험]

① 축이 회전 가능한 최대의 회전속도이다.
② 축의 이음 부분이 마찰에 의하여 마모되기 시작할 때의 회전속도이다.
③ 축의 고유진동수와 일치하는 축의 회전속도이다.
④ 전동축에서 안전율 10일 때의 회전속도이다.

25 회전하는 축(shaft)을 설계할 때, 고려하는 요소 중 위험속도(critical speed)에 대한 설명으로 가장 적절한 것은? [공무원 임용시험]

① 회전 가능한 축의 최고 회전속도
② 축 이음부분에 파괴가 시작되는 회전속도
③ 축을 지지하는 베어링의 마모가 시작되는 회전속도
④ 축의 고유진동수와 일치하여 공진현상이 발생하는 회전속도

26 두 개의 회전체를 가진 축에 있어서 위험속도 N_c는? (단, N_0 : 축만의 위험속도, N_1, N_2 : 회전체가 각각 단독으로 축에 설치되었을 경우 작용하는 위험속도이다.) [공무원 임용시험]

① $\frac{1}{N_c^2}=\frac{1}{N_0}+\frac{1}{N_1}+\frac{1}{N_2}$
② $\frac{1}{N_c}=\frac{1}{N_0}+\frac{1}{N_1}+\frac{1}{N_2}$
③ $\frac{1}{N_c}=\frac{1}{N_0^2}+\frac{1}{N_1^2}+\frac{1}{N_2^2}$
④ $\frac{1}{N_c^2}=\frac{1}{N_0^2}+\frac{1}{N_1^2}+\frac{1}{N_2^2}$

27 축의 자중만 고려한 위험속도는 3,000[rpm], 축의 자중을 무시하고 회전체 A와 B를 각각 단독으로 설치한 경우 위험속도는 2,000[rpm]과 1,000[rpm]이다. 2개의 회전체를 축에 모두 설치했을 때, Dunkerley 실험식에 따른 위험속도[rpm]는? [공무원 임용시험]

① $\frac{6}{11}\times 10^3$
② $\frac{5}{7}\times 10^3$
③ $\frac{6}{7}\times 10^3$
④ $\frac{10}{11}\times 10^3$

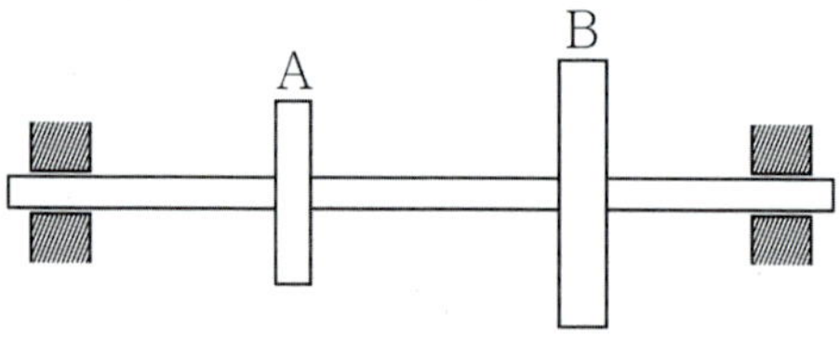

[문제 4.27]

28 축의 중앙에 설치된 회전체에 의하여 처짐 δ가 0.98mm 발생하였다. 이 축의 위험속도는? (단, 중력가속도 $g=9.8\text{m/s}^2$이다.) [공무원 임용시험]

① $\frac{3000}{\pi}$rpm ② 3,000rpm ③ $\frac{10,000}{\pi}$rpm ④ 10,000rpm

29 회전축의 위험속도에 대한 설명으로 옳지 않은 것은? [공무원 임용시험]

① 굽힘과 비틀림 변형에너지가 축의 변형과 복원을 반복해서 일으키는 것과 관계가 있다.
② 진동현상이 발생되면 축이 파괴되기도 한다.
③ 축의 상용회전수는 위험속도로부터 ±20% 내에 들어야 한다.
④ 세로진동은 비교적 위험성이 적으므로, 주로 휨 진동과 비틀림 진동을 고려해서 설계한다.

30 〈보기〉와 같은 단면의 축이 전달할 수 있는 비틀림 모멘트의 비 T_A/T_B의 값은? (단, 두 축의 재료의 성질은 같다.) [공무원 임용시험]

① 9/16
② 16/9
③ 15/16
④ 16/15

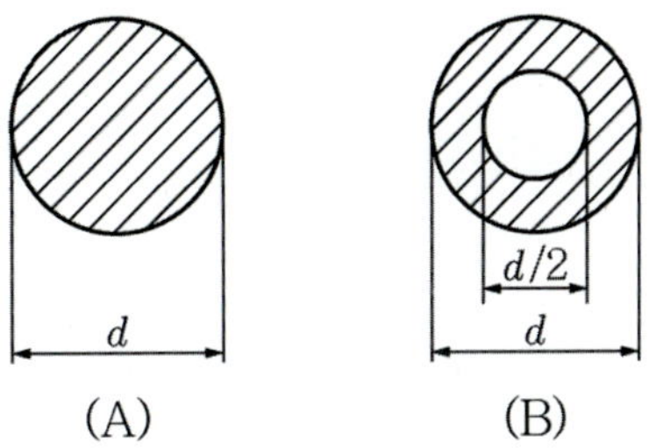

[문제 4.30]

31 비틀림 모멘트 T가 작용하면 비틀림각이 4° 발생하는 지름 d인 축에서 축지름만 변경하여 비틀림각을 1°로 줄이고자 할 때, 축지름[mm]은? (단, 축은 실축이고, 탄성 거동한다고 가정한다.) [공무원 임용시험]

① $\sqrt{2}\,d$ ② $\sqrt[3]{2}\,d$ ③ $\sqrt[3]{4}\,d$ ④ $\sqrt[4]{2}\,d$

32 그림과 같이 하중 P[N]가 작용할 때 축에서는 굽힘과 비틀림이 동시에 발생한다. 상당 비틀림 모멘트를 고려한 축의 최소 지름[mm]은? (단, 축의 소재는 연성재료이며 축의 허용전단응력 $\tau_a = 8$MPa, 축의 길이 $L = 400$mm, 레버 길이 $a = 300$mm, 안전율 $S = 1$이다.) [공무원 임용시험]

① $8\sqrt[3]{\dfrac{P}{\pi}}$
② $10\sqrt[3]{\dfrac{P}{\pi}}$
③ $16\sqrt[3]{\dfrac{P}{\pi}}$
④ $20\sqrt[3]{\dfrac{P}{\pi}}$

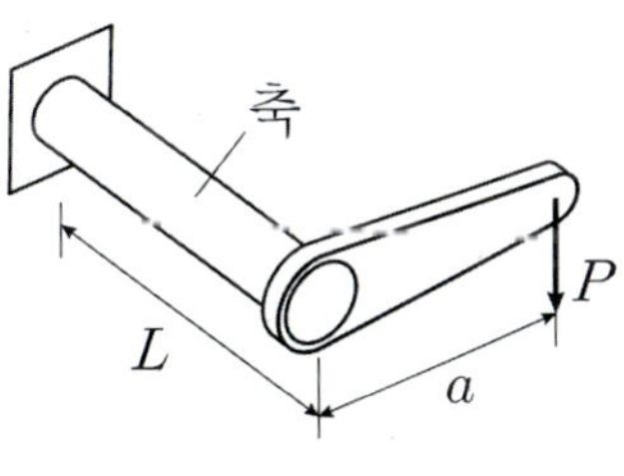

[문제 4.32]

33 동일한 재료로 제작된 중공축 A와 중공축 B에 토크가 각각 작용하고 있다. 축 A의 안지름은 2mm, 바깥지름은 4mm이고, 축 B의 안지름은 4mm, 바깥지름은 8mm이다. 허용응력 범위 내에서, 축 A가 전달할 수 있는 최대 토크(T_A)에 대한 축 B가 전달할 수 있는 최대 토크(T_B)의 비(T_B/T_A)는? (단, 두 축은 비틀림 모멘트만 받는다.)

[공무원 임용시험]

① 2 ② 4 ③ 8 ④ 16

34 굽힘과 비틀림을 동시에 받는 축의 굽힘모멘트를 M, 비틀림 모멘트를 T라 하자. $T=\sqrt{3}M$의 관계가 있다면, 상당 굽힘 모멘트 M_e와 상당 비틀림모멘트 T_e는 각각 얼마인가? [공무원 임용시험]

① $M_e=\dfrac{1}{2}M,\ T_e=2M$　② $M_e=\dfrac{3}{2}M,\ T_e=2M$

③ $M_e=2M,\ T_e=\dfrac{1}{2}M$　④ $M_e=2M,\ T_e=\dfrac{3}{2}M$

35 굽힘모멘트 M과 비틀림모멘트 T를 동시에 받는 원형 중실축이 있다. 이때 상당비틀림 모멘트만에 의하여 축지름[mm]을 설계하면 얼마인가? (단, $M=100\text{N}\cdot\text{mm}$, $T=100\text{N}\cdot\text{mm}$이며 축 재료의 허용전단응력 $\tau=\sqrt{2}\ \text{N/mm}^2$이다.) [공무원 임용시험]

① $\sqrt[3]{\dfrac{500}{\pi}}$　② $\sqrt[3]{\dfrac{1000}{\pi}}$　③ $\sqrt[3]{\dfrac{1600}{\pi}}$　④ $\sqrt[3]{\dfrac{2000}{\pi}}$

36 축의 강성 설계에서 Bach의 축 공식에 의하면 길이 5m의 원형축의 비틀림 각도가 몇 도(°)이내로 제한되어야 하는가? [공무원 임용시험]

① 0.5　② 0.75　③ 1　④ 1.25

37 동일 재질의 중실축에서 지름이 2배로 늘어나면 전달토크는 어떻게 변하는가? [공무원 임용시험]

① 2배 증가　② 4배 증가　③ 8배 증가　④ 16배 증가

38 축의 설계에 관련된 다음 식 가운데 바르지 못한 것은? [공무원 임용시험]

① 상당 비틀림모멘트 : $T_e=\sqrt{M^2+T^2}$ (M : 굽힘 모멘트, T : 비틀림 모멘트)

② 중공축의 극단면계수 : $Z_p=\dfrac{\pi}{16}d_2^3(1-x^4)$ ($d_2=$외경, $x=$직경비)

③ 바하의 축공식(연강재질) : $d=120\sqrt[3]{\dfrac{H}{N}}$ (d : 축지름[mm], H : 동력[PS], N : 회전수[rpm])

④ 비틀림각 : $\theta=\dfrac{TL}{GI}$ (T : 비틀림 모멘트, L : 축의 길이, G : 전탄탄성계수, I : 단면2차 모멘트)

⑤ 굽힘 모멘트가 작용하는 축지름 : $d=\sqrt[3]{\dfrac{32M}{\pi\sigma_b}}$ (M : 굽힘모멘트, σ_b : 허용 굽힘 응력)

39 중실축의 지름이 d이고, 중공축의 바깥지름이 d, 안지름이 $\frac{2}{3}d$이다. 두 축이 같은 재료일 때, 전달할 수 있는 토크비($\frac{T_{중공축}}{T_{중실축}}$)는? [공무원 임용시험]

① $\frac{15}{16}$ ② $\frac{16}{81}$ ③ $\frac{65}{81}$ ④ $\frac{16}{15}$

40 지름이 10mm인 중실축이 50Hz의 주파수로 1kW의 동력을 전달할 때, 발생되는 최대 유효응력(Von Mises 응력)[MPa]은? [지방공무원 9급(2020)]

① $\frac{160}{\pi^2}$ ② $\frac{160\sqrt{3}}{\pi^2}$ ③ $\frac{320}{\pi^2}$ ④ $\frac{320\sqrt{3}}{\pi^2}$

41 비틀림 상태에 있는 중실축이 각속도 ω[rad/s]로 회전하며 동력 H[W]를 전달하기 위한 최소 지름 d[mm]는? (단, 허용전단응력은 τ_a[Pa]이다.) [국가공무원 9급(2020)]

① $1000\sqrt[3]{\frac{16H}{\pi\tau_a\omega}}$ ② $1000\sqrt[3]{\frac{32H}{\pi\tau_a\omega}}$

③ $1000\sqrt[3]{\frac{\pi H}{16\tau_a\omega}}$ ④ $1000\sqrt[3]{\frac{\pi H}{32\tau_a\omega}}$

42 동력 전달 장치 내의 원형 중실축이 비틀림 모멘트 $40\text{N}\cdot\text{m}$와 굽힘 모멘트 $30\text{N}\cdot\text{m}$를 동시에 받고 있을 때, 이 축의 최소지름[mm]은? (단, 축은 연성재질이고 비틀림 모멘트와 굽힘모멘트에 대한 동적효과계수는 1.5이고 허용전단응력은 50MPa이며 $\pi=3$이다.) [국가공무원 7급(2020)]

① 80 ② 43 ③ 20 ④ 15

43 1,000rpm으로 회전하면서 100π[kW]의 동력을 전달시키는 회전축이 $4\text{kN}\cdot\text{m}$의 굽힘 모멘트를 받고 있을 때, 상당 비틀림모멘트 T_e에 대한 상당 굽힘모멘트 M_e의 비($\frac{M_e}{T_e}$)는? [국가공무원 9급(2021)]

① 0.6 ② 0.7 ③ 0.8 ④ 0.9

제5장 키

5.1 키의 종류

키는 기어, 벨트 풀리 등을 회전축에 고정시키는 데 사용되며, 축이 돌 때 회전체가 미끄럼 없이 돌도록 축이나 회전체에 홈을 파고 끼워 넣는 일종의 쐐기이다. 키의 종류에는 [그림 5.1]과 같은 여러 종류가 있다.

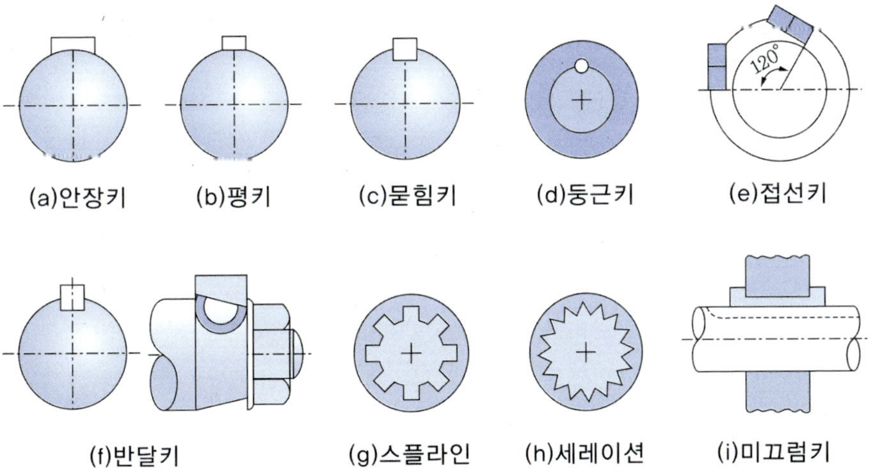

[그림 5.1] 키의 종류

(a) 안장키(saddle key) : 보스에만 키 홈을 만들어서 축의 강도를 감소시키지 않는다. 축의 모양에 맞추어 보스에만 기울기 1/100의 키홈을 만들어서 때려 박는 키이다. 축과 보스의 마찰력만으로 회전력을 전달하며 작은 동력 전달에 적합하다.

(b) 평키(flat key) : 축을 키의 폭만큼 편평하게 깎고 보스에 기울기 1/100의 경사진 키홈을 깎아서 때려 박는다. 전달 가능한 토크가 안장키보다 크다.

(c) 묻힘키(sunk key) : 축과 보스 양쪽에 키 홈을 만들어서 설치한 키이다. 키의 전달 토크의 크기는 (안장키<평키<묻힘키) 순서이다.
(d) 둥근키(round key) : 축과 보스 사이에 구멍을 만들어서 원형 또는 테이퍼진 핀을 때려 박은 키이다. 키 홈 가공이 쉽지만 전달토크가 작다.
(e) 접선키(tangential key) : 기울기 1/100의 키를 원주 방향으로 만든 키 홈에 때려 박아서 설치하며, 2개의 키를 한 쌍으로 한다. 묻힘키보다 축의 강도를 덜 저하시키면서 큰 회전력을 전달할 수 있고, 회전 방향의 변화에도 요동이 적다.
(f) 반달키(woodruff key) : 축에 반달 모양의 홈을 만들고 반달 모양의 키를 끼워 설치한다. 공작기계, 자동차 등의 고속회전, 낮은 토크의 축에 주로 사용된다.
(g) 스플라인키(spline key) : 축에 원주 방향으로 같은 간격의 여러 개의 키홈을 깎아낸 것이며, 큰 토크를 전달할 수 있고 내구력이 좋다. 축 방향으로 고정된 것도 있고 이동이 가능한 것도 있다.
(h) 세레이션(serration) : 스플라인 이의 단면 모양이 삼각형 산모양인 것으로 이 높이가 낮고 잇수가 많다. 지름이 작은 경우에 사용되고 같은 지름의 스플라인 축보다 큰 회전력을 전달한다.
(i) 미끄럼키(sliding key) : 키를 작은 나사로 고정한 것으로 벨트 풀리 등을 축과 함께 회전하면서 동시에 축 방향으로 이동할 수 있다.

5.2 키의 설계

축 지름이 결정되면 키의 너비와 높이는 KS 규격에서 찾아 사용한다. 그러나 큰 하중이 작용하거나 보스의 길이가 짧을 때는 응력을 계산하여 안전성을 확인해 볼 필요가 있다. 보스의 길이가 짧아지면 설치하는 키 길이도 짧아지므로 키에 걸리는 응력이 증가한다. 여기에서는 묻힘키의 강도에 대하여 알아본다.

[그림 5.2]에 묻힘 키(sunk key)의 모양을 도시하였다. 여기에서 사용하는 기호는 다음과 같다.

b : 키의 너비 [mm]　　h : 키의 높이 [mm]
l : 키의 길이 [mm]　　t : 키 홈 깊이 [mm]
d : 축 지름 [mm]
F : 키에 작용하는 접선력(전단력, 압축력) [N]

T : 전달 토크 [N · mm]　　　Z_p : 극단면계수 $= \frac{\pi}{16}d^3$ [mm^3]

τ : 전단응력 [N/mm^2]　　　τ_a : 허용 전단응력 [N/mm^2]

σ_c : 압축응력 [N/mm^2]

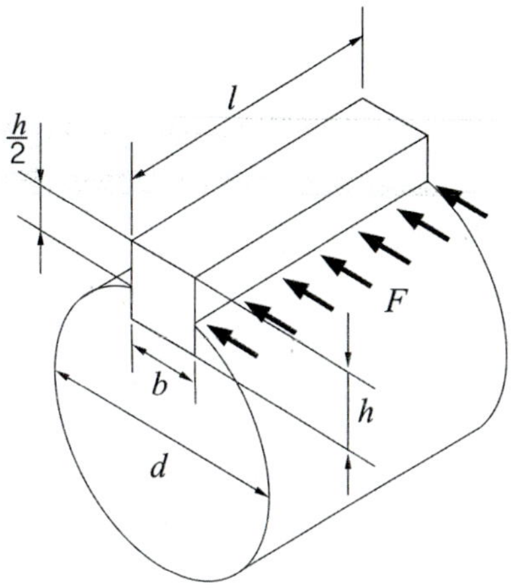

[그림 5.2] 묻힘키

[1] 전단강도

전단응력의 정의로부터 키에 걸리는 전단력 F는 다음과 같다.

$$\tau = \frac{(\text{전단력})}{(\text{단면적})} = \frac{F}{bl}$$

$$F = \tau bl \quad \cdots\cdots (5.1)$$

따라서 중심축에 걸리는 토크는

$$T = (\text{힘}) \times (\text{팔의길이}) = F \times \frac{d}{2} = \frac{\tau bdl}{2}$$

이므로 전단응력은

$$\tau = \frac{2T}{bdl} \quad \cdots\cdots (5.2)$$

이다. 여기에서 축이 전달하는 토크는

$$T = \tau_a Z_p = \tau_a \times \frac{\pi}{16} d^3$$

이고, 축과 키의 토크가 같으므로

$$T = \tau_a \times \frac{\pi}{16} d^3 = \frac{bdl\tau}{2}$$

$$\therefore \quad \tau = \frac{\pi d^2 \tau_a}{8bl} \quad \cdots\cdots (5.3)$$

이다. 따라서 전단으로 파손되지 않는 키의 길이는 다음과 같다.

$$l = \frac{\pi d^2 \tau_a}{8b\tau} \quad \cdots\cdots (5.4)$$

이 식에서 $\tau = \tau_a$(일반적으로 키와 축은 같은 재료를 사용한다)이면

$$l = \frac{\pi d^2}{8b} \quad \cdots\cdots (5.5)$$

이다. $l = 1.5d$인 경우 키의 폭은 다음과 같이 계산된다.

$$b = \frac{\pi d^2}{8l} = \frac{\pi d^2}{8 \times 1.5d} = \frac{\pi d}{12}$$

$$b = \frac{\pi d}{12} \approx 0.25\,d \quad \cdots\cdots (5.6)$$

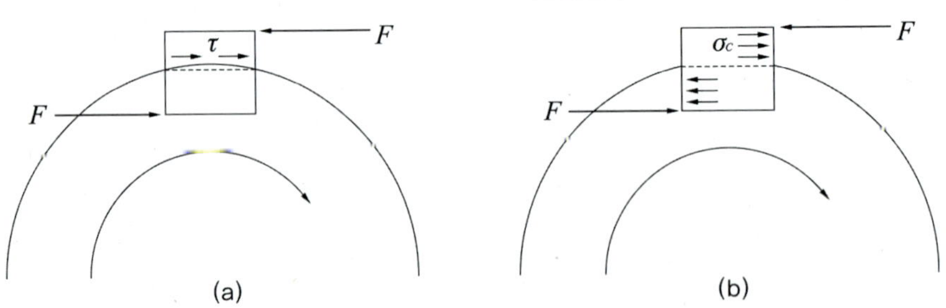

[그림 5.3] (a) 키에 작용하는 전단응력, (b) 키에 작용하는 압축응력

[2] 압축강도

묻힘 키(sunk key)에서 키 홈의 깊이를 t라 하면 압축응력 σ_c와 접선방향의 압축력 F는 다음과 같다.

$$\sigma_c = \frac{(\text{압축력})}{(\text{단면적})} = \frac{F}{tl}$$

$$F = tl\sigma_c \quad \cdots\cdots (5.7)$$

접선방향 힘 F에 의한 토크는 축이 전달하는 토크 $T = \frac{\pi}{16}d^3\tau_a$와 같으므로 허용 전단응력 τ_a가 주어질 때 σ_c는 다음과 같이 계산된다.

$$T = F \times \frac{d}{2} = (tl\sigma_c) \times \frac{d}{2} = \frac{\pi}{16}d^3\tau_a$$

$$\sigma_c = \frac{\pi d^2 \tau_a}{8tl} \quad \cdots\cdots (5.8)$$

일반적으로 키 홈의 깊이 $t = \frac{1}{2}h$로 한다. 한편 전달 토크 T와 압축응력의 관계는 다음과 같다.

$$T = F \times \frac{d}{2} = (tl\sigma_c) \times \frac{d}{2}$$

$$\therefore \quad \sigma_c = \frac{2T}{tdl} \quad \cdots\cdots (5.9)$$

[예제 5.1] **지름 $d = 50\text{mm}$의 축에 너비 $b = 12\text{mm}$, 높이 $h = 8\text{mm}$, 길이 $l = 80\text{mm}$인 묻힘 키를 설치한다. 허용전단응력 $\tau_a = 30\text{N/mm}^2$일 때 다음 물음에 답하여라.**

(1) 축에 $3 \times 10^5\text{N} \cdot \text{mm}$의 토크를 가할 때 키에 걸리는 전단응력은 몇 N/mm^2인가?

(2) 이때 이 키는 안전한가를 판정하여라.

풀이 (1) 전단응력 $\tau = \frac{2T}{bld} = \frac{2 \times (3 \times 10^5)}{12 \times 80 \times 50} = 12.5\,[\text{N/mm}^2]$

(2) 허용전단응력 $\tau_a = 30\text{N/mm}^2 > 12.5\text{N/mm}^2$이므로 안전하다.

[예제 5.2] [그림 5.4]와 같이 축 바퀴에 설치된 너비 $b=10\text{mm}$, 높이 $h=8\text{mm}$, 길이 $l=50\text{mm}$인 묻힘 키에 걸리는 전단응력과 압축응력을 구하여라. 축 바퀴 지름 $D=80\text{mm}$, 키가 설치된 축 지름 $d=40\text{mm}$, 키 홈 깊이 $t=\frac{1}{2}h$이다.

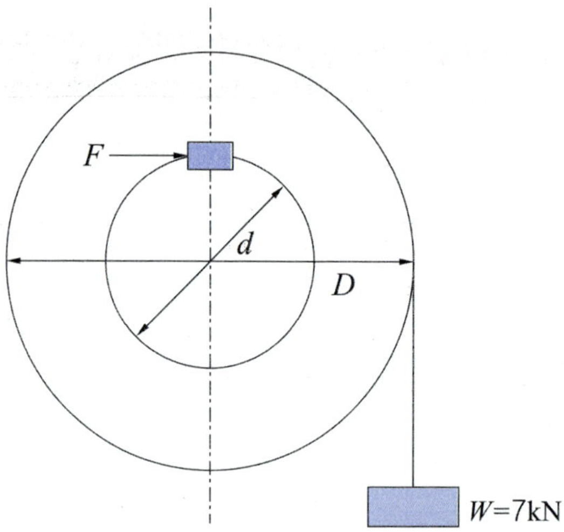

[그림 5.4]

풀이 하중 W에 의해 중심축에 걸리는 토크는 키에 작용하는 접선방향 힘 F에 의한 토크와 같으므로

$$T = W \times \frac{D}{2} = F \times \frac{d}{2}$$

$$F = \frac{D}{d} W = \frac{80}{40} \times 7000 = 14000\,[\text{N}]$$

이다. 따라서 전단응력과 압축응력은 다음과 같이 계산된다.

$$\tau = \frac{F}{bl} = \frac{14000}{10 \times 50} = 28\,[\text{N/mm}^2]$$

$$\sigma_c = \frac{F}{tl} = \frac{14000}{(8/2) \times 50} = 70\,[\text{N/mm}^2]$$

[예제 5.3] 축 지름 $d = 70\text{mm}$, 키 홈 깊이 $t = 10\text{mm}$인 묻힘 키에서 발생하는 압축응력 $\sigma_c = 80\text{N/mm}^2$이고, 허용 전단응력 $\tau_a = 20\text{N/mm}^2$일 때 키의 길이를 구하여라.

풀이 압축응력 $\sigma_c = \dfrac{\pi d^2 \tau_a}{8tl}$에서 키의 길이 l은 다음과 같이 계산된다.

$$l = \frac{\pi d^2 \tau_a}{8t\sigma_c} = \frac{\pi \times 70^2 \times 20}{8 \times 10 \times 80} = 48.1\,[\text{mm}]$$

[예제 5.4] 지름 60mm인 전동축이 200rpm으로 15kW의 동력을 전달하고 있다. 이 축에 폭 $b = 15\text{mm}$, 높이 $h = 10\text{mm}$, 길이 $l = 80\text{mm}$인 묻힘키가 설치되어 있을 때 키에 발생하는 압축응력을 구하여라. 그리고 허용압축응력 $\sigma_a = 90\text{MPa}$일 때 압축응력의 관점에서 키의 안전성을 판정하여라. 단, 키 홈 깊이 $t = \dfrac{1}{2}h$이다.

풀이 전달동력 $H = T\omega = T \times \dfrac{2\pi N}{60}$으로부터 축에 걸리는 토크는

$$T = \frac{60H}{2\pi N} = \frac{60 \times (15 \times 1000)}{2\pi \times 200} = 716.2\,[\text{N} \cdot \text{m}]$$

이고, 이때 키에 발생하는 압축응력은 다음과 같다.

$$\sigma_c = \frac{2T}{tdl} = \frac{2T}{(h/2) \times dl} = \frac{2 \times (716.2 \times 1000)}{(10/2) \times 60 \times 80} = 59.7\,[\text{N/mm}^2]$$

$1\text{N/mm}^2 = 1\text{N}/(10^{-3}\text{m})^2 = 10^6\text{N/m}^2 = 10^6\text{Pa} = 1\text{MPa}$이므로 압축응력 $\sigma_c = 59.7\text{MPa}$이고, $\sigma_c < \sigma_a$ 이다. 따라서 안전하다.

† $T = 9.55 \times 10^6 \dfrac{H_{kW}}{N} = 9.55 \times 10^6 \times \dfrac{15}{200} = 716.3 \times 10^3\,[\text{N} \cdot \text{mm}]$

[묻힘키 기본 관계식]

• 전단력 : $F = \tau A_1 = \tau bl$

• 압축력 : $F = \sigma_c A_2 = \sigma_c tl$

• 토크 : $T = F \times \frac{d}{2}$

• 허용 토크 : $T = \tau_a Z_p = \tau_a \times \frac{\pi d^3}{16}$

• 전달 동력 : $H = T\omega = T \times \frac{2\pi N}{60}$

연습문제 5

01 지름 $d = 60\text{mm}$의 축에 폭 $b = 15\text{mm}$, 높이 $h = 10\text{mm}$, 길이 $l = 70\text{mm}$인 묻힘 키를 설치한다. 축에 $126\text{kN} \cdot \text{mm}$의 토크가 걸릴 때 키에 걸리는 전단응력[$\text{N/mm}^2$]을 구하여라.

02 지름 $d = 80\text{mm}$인 축이 회전속도 400rpm으로 12kW의 동력을 전달하고 있다. 이 축에 그림과 같이 키가 설치되어 있을 때 키에 발생하는 전단응력과 압축응력을 구하여라. 키의 크기 $b \times h \times l = 22 \times 14 \times 70$이고 $h_2 = 0.75h_1$이다.

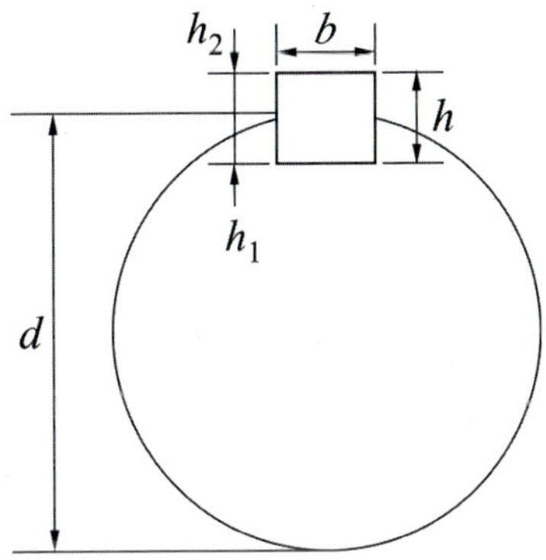

[문제 5.2]

† 키의 크기를 간편하게 $b \times h \times l$로 나타내며, 이것은 폭 b[mm], 높이 h[mm], 길이 l[mm]인 키를 나타낸다.

03 지름 50mm인 전동축이 300rpm으로 15PS의 동력을 전달하고 있다. 이 축에 $b \times h \times l = 18 \times 12 \times 70$인 묻힘키가 설치되어 있을 때 키에 발생하는 전단응력과 압축응력을 구하여라. 단, 키 홈 깊이 $t = 0.5h$이다.

04 지름이 40mm인 축에 폭 $b = 10\text{mm}$, 높이 $h = 8\text{mm}$, 길이 $l = 70\text{mm}$인 묻힘키가 설치되어 있다. 키의 허용압축응력이 80N/mm^2일 때 전달할 수 있는 최대 토크를 구하여라. 단, 키 홈 깊이 $t = 0.5h$이고, 압축응력만 고려한다.

05 지름 70mm인 전동축이 150rpm으로 40PS의 동력을 전달하고 있다. 이 축에 폭 $b = 18\text{mm}$, 높이 $h = 12\text{mm}$인 묻힘키를 설치할 때 키의 길이를 구하여라. 단, 키의 허용전단응력 $\tau_a = 30\text{MPa}$이고, 키의 전단강도만을 고려한다.

06 그림과 같은 축바퀴에 600N의 하중이 작용하고 있을 때 묻힘키에 발생하는 압축응력 [N/mm^2]과 전단응력[N/mm^2]을 구하여라. 단, 바퀴 보스 길이 $l = 50$mm, 키 높이 $h = 8$mm, 키 너비 $b = 12$mm, 키의 묻힘 깊이 $t = 0.5h$이다. [중등교사 임용시험-기계]

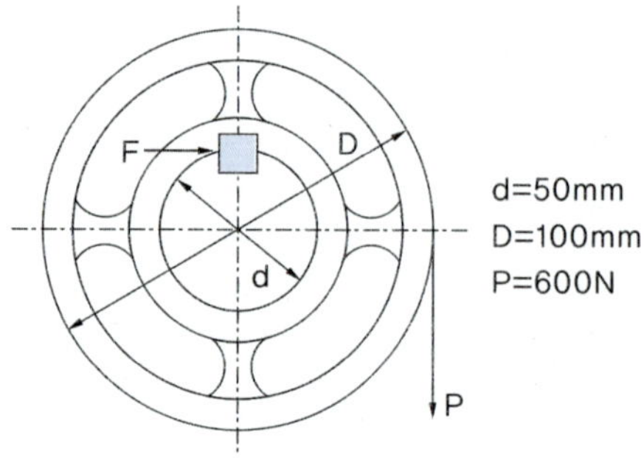

[문제 5.6]

07 회전수 300rpm으로 15kW의 동력을 전달하는 전동축에 묻힘키가 설치되어 있다. 축의 지름 $d = 50$mm이며, 키의 폭 $b = 10$mm, 높이 $h = 8$mm, 길이 $l = 80$mm일 때 키에 생기는 전단응력[MPa]의 근삿값은? [중등교사 임용시험-기계 · 금속]

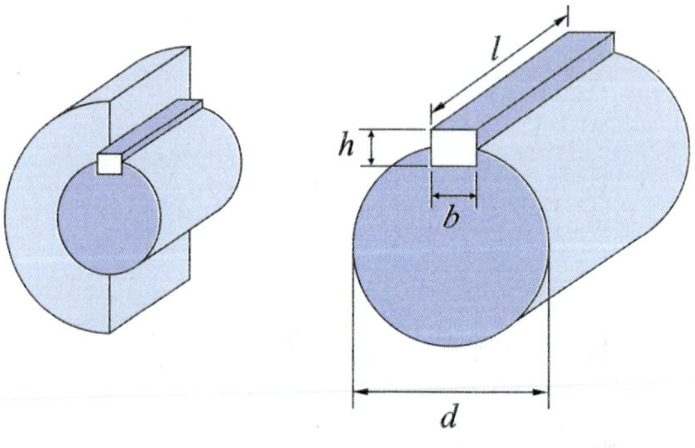

[문제 5.7]

① 24 ② 28 ③ 32 ④ 36 ⑤ 40

08 축의 원주 상에 여러 개의 키 홈을 파고 여기에 맞는 보스(boss)를 끼워 회전력을 전달할 수 있도록 한 기계요소는? [공무원 임용시험]

① 접선키(tangential key) ② 반달키(woodruff key)
③ 둥근키(round key) ④ 스플라인(spline)

09 지름이 30mm인 회전축에 평행키(묻힘키)가 고정되어 있다. 허용 전단응력이 50N/mm^2인 평행키의 치수가 b(폭)$\times h$(높이)$\times l$(길이)=10mm×8mm×50mm일 때 전달할 수 있는 토크[N · mm]는? (단, 키의 전단응력만을 고려한다.) [공무원 임용시험]

① 375,000
② 450,000
③ 575,000
④ 720,000

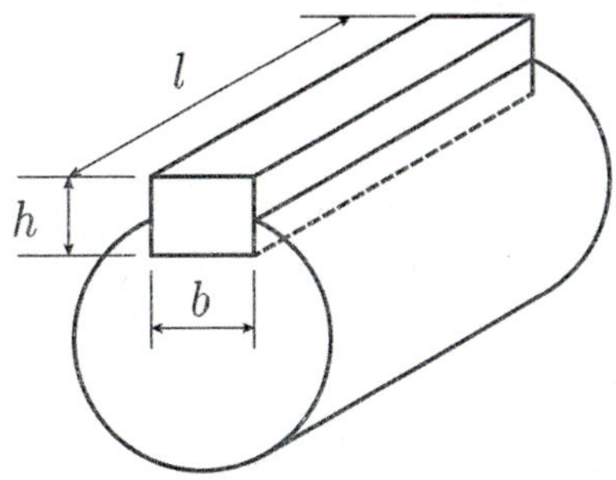

[문제 5.9]

10 다음 중 키(Key)가 전달할 수 있는 동력이 큰 순서대로 나열한 것은? [공무원 임용시험]

① 접선키 〉 스플라인 〉 세레이션 〉 반달키
② 평키 〉 안장키 〉 묻힘키 〉 스플라인
③ 세레이션 〉 스플라인 〉 묻힘키 〉 안장키
④ 안장키 〉 묻힘키 〉 스플라인 〉 세레이션

11 지름이 $d = 20\text{mm}$인 회전축에 $b = 5\text{mm}$, $h = 7\text{mm}$, 길이 $L = 90\text{mm}$인 평행키가 고정되어 있을 때, 압축응력만으로 전달할 수 있는 최대 토크[N · mm]는? (단, 키의 허용압축응력은 4MPa이다.) [공무원 임용시험]

① 6,300
② 12,600
③ 18,900
④ 25,200

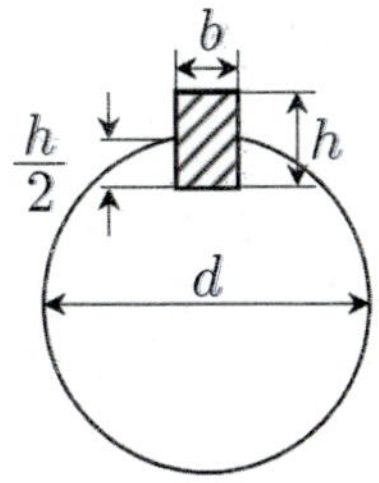

[문제 5.11]

12 지름 100[mm] 축에 풀리를 장착하기 위한 묻힘키(sunk key)를 설계할 때 키의 최소 높이[mm]는? (단, 축에서 키 홈의 높이는 키 높이의 $1/2$, 축의 허용 전단응력은 30 $[\text{N/mm}^2]$, 키의 허용 압축응력은 80$[\text{N/mm}^2]$, 키의 길이는 축 지름의 1.5배, 키의 폭은 축 지름의 0.25배이다.) [공무원 임용시험]

① $\frac{25}{4}\pi$ ② $\frac{25}{16}\pi$ ③ $\frac{5}{4}\pi$ ④ $\frac{5}{16}\pi$

13 축과 보스의 결합을 위해 사용된 보통형 평행키(묻힘키)에서, 회전토크에 의해 키가 전단되는 경우, 키의 길이 l이 축 지름 d의 2배라면 키의 폭 b와 축 지름 d의 관계로 옳은 것은? (단, 축과 키의 재료는 같고, 축과 키에 전달되는 회전토크도 같다.)

[공무원 임용시험]

① $b=\frac{\pi}{16}d$ ② $b=\frac{\pi}{12}d$ ③ $b=\frac{\pi}{4}d$ ④ $b=\pi d$

14 폭(b)×높이(h)=10mm×10mm인 묻힘키가 전동축에 고정되어 50,000kgf·mm의 토크를 전달할 때, 축 지름 d는 얼마인가? (단, 키의 허용전단응력은 5kgf/mm^2이며, 키의 길이는 50mm이다.) [공무원 임용시험]

① $d=30$mm ② $d=40$mm ③ $d=50$mm ④ $d=60$mm

15 성크 키(묻힘 키)에서 T를 전달토크, b를 키의 폭, l을 키의 길이, d를 회전축의 지름이라 할 때, 만약 키의 전단응력과 축의 비틀림 응력이 같고 동시에 $l=2d$라면 다음 중 옳은 것은? [공무원 임용시험]

① $b=\frac{\pi}{8}d$ ② $b=\frac{\pi}{12}d$ ③ $b=\frac{\pi}{16}d$ ④ $b=\frac{\pi}{32}d$

16 지름 300mm인 풀리가 지름 40mm인 전동축에 의해 회전하고 있으며, 풀리의 외경에 접하는 방향으로 200kgf의 힘이 가해진다. 풀리와 전동축이 폭 5mm, 높이 6mm, 길이 l인 평행키에 의해 결합되어 있을 때, 최소 평행키의 길이 l[mm]은? (단, 키 재료의 허용압축응력은 10kgf/mm^2, 허용전단응력은 5kgf/mm^2이다.) [공무원 임용시험]

① 10 ② 25 ③ 50 ④ 60

17 키가 전달시킬 수 있는 회전토크가 T이고, 키의 폭이 b, 키의 높이가 h, 키의 길이가 l인 경우, 키에 발생하는 압축응력은? (단, 키홈의 깊이는 키의 높이 h의 절반이다.)

[공무원 임용시험]

① $\frac{4T}{hld}$ ② $\frac{2T}{hld}$ ③ $\frac{4Th}{ld}$ ④ $\frac{2Th}{ld}$

18 동일한 재료로 제작된 평행키(혹은 묻힘키)와 축에서, 키가 받을 수 있는 토크와 축이 받을 수 있는 토크가 같을 때 키의 폭(b)과 축의 직경(d) 사이의 관계는? (단, 키의 길이는 축 직경의 1.5배이며, $\pi=3$이다.) [공무원 임용시험]

① $b=d/4$ ② $b=d/2$ ③ $b=d$ ④ $b=2d$

19 토크가 $60{,}000\text{kgf}\cdot\text{mm}$인 지름 60mm의 축에 장착한 성크키(sunk key)의 폭이 10mm, 길이가 50mm일 때, 키에 발생하는 전단응력$[\text{kgf/mm}^2]$은? [공무원 임용시험]

① 3　② 4　③ 5　④ 6

20 그림과 같이 축지름 20mm, 회전속도 100rpm인 전동축이 동력 5kW를 전달하고 있다. 이 전동축에 폭(b)과 높이(h)는 서로 같고 길이(l) 50mm, 허용전단응력 100MPa, 허용압축응력 200MPa인 보통형 평행키가 사용될 때 보통형 평행키의 최소 폭(b)[mm]은? (단, 평행키의 허용전단응력과 허용압축응력을 모두 고려하고, π는 3으로 계산하라.) [공무원 임용시험]

① 5　② 10

③ 20　④ 30

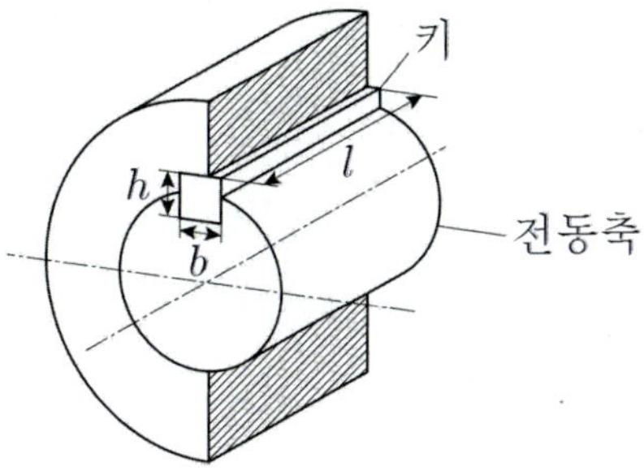

[문제 5.20]

21 그림과 같이 지름이 d인 축에 평행키가 있을 때, 중심으로부터 L만큼 떨어져 있는 레버에 작용할 수 있는 최대 힘 F는? (단, 키의 너비, 깊이, 길이는 각각 b, h, l이고 단면에 작용하는 허용전단응력은 τ_0이다.) [공무원 임용시험]

① $\dfrac{hl\tau_0 d}{2L}$

② $\dfrac{bl\tau_0 d}{2L}$

③ $\dfrac{\sqrt{2}\,hl\tau_0 d}{L}$

④ $\dfrac{l\tau_0}{2bdL}$

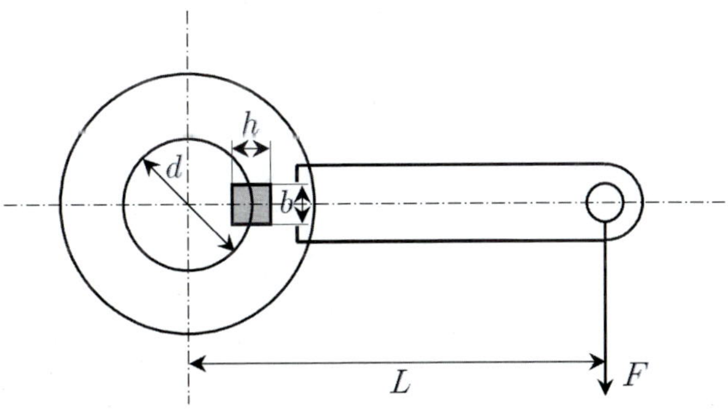

[문제 5.21]

22 길이 l[mm], 폭 b[mm]인 평행키(묻힘키)가 있다. 평행키의 길이 l[mm]을 축의 지름 d[mm]와 같게 하고 축과 키가 동일한 회전토크 $T[\text{N}\cdot\text{m}]$를 받는다고 할 때, 축의 지름 d[mm]는? (단, 축과 키는 전단저항만을 받으며 축의 전단응력은 키의 전단응력의 0.5배이다.) [공무원 임용시험]

① $d=\dfrac{4}{\pi}b$　② $d=\dfrac{12}{\pi}b$　③ $d=\dfrac{16}{\pi}b$　④ $d=\dfrac{32}{\pi}b$

23 회전수 600rpm으로 20kW의 동력을 전달하는 지름 50mm의 회전축에 묻힘키(폭과 높이가 각각 8mm)가 설치되어 있다. 키 재료의 허용압축응력이 25MPa일 때, 키의 길이[mm]는? (단, 키의 묻힘 깊이는 키 높이의 1/2로 하고 안전율은 1로 한다.)

[공무원 임용시험]

① 32 ② 48 ③ 64 ④ 128

24 그림과 같이 지름이 d인 축에 토크가 작용하고, $\frac{d}{4}$의 너비를 가지는 키가 $\frac{d}{8}$의 깊이로 삽입되어 있다. 키는 축의 최대허용 토크에서 압축력으로 전달되어 항복점에서 파손될 때, 필요한 평행키의 최소길이는? (단, 항복강도는 σ_Y, 키의 허용전단강도는 $\frac{\sigma_Y}{\sqrt{3}}$이다.) [지방공무원 9급(2020)]

① $\frac{\pi d}{\sqrt{3}}$

② $\frac{\pi d}{2\sqrt{3}}$

③ $\frac{\pi d}{3\sqrt{3}}$

④ $\frac{\pi d}{4\sqrt{3}}$

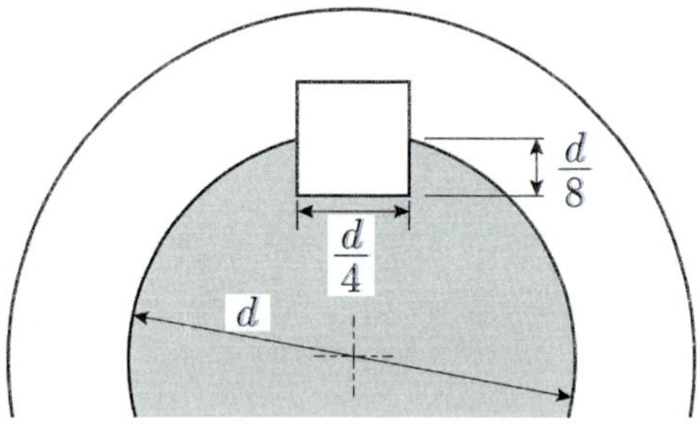

[그림 5.24]

25 보기의 키 중 전달 가능한 토크가 가장 큰 키와 가장 작은 키를 올바르게 짝 지은 것은? (단, 키의 종류 및 키 홈의 모양 외 나머지 조건은 동일하다.) [지방공무원 9급(2021)]

ㄱ. 묻힘키 ㄴ. 접선키 ㄷ. 평키 ㄹ. 안장키

① ㄱ, ㄴ ② ㄱ, ㄷ ③ ㄴ, ㄷ ④ ㄴ, ㄹ

26 축과 보스를 결합하는 기계요소로, 설치 후 축 방향으로 이동이 가능한 것만을 묶은 것은? [국가공무원 7급(2021)]

ㄱ. 핀(pin)	ㄴ. 스냅링(snap ring)
ㄷ. 미끄럼키(sliding key)	ㄹ. 스플라인(spline)
ㅁ. 코터(cotter)	

① ㄱ, ㄴ ② ㄴ, ㄷ ③ ㄷ, ㄹ ④ ㄹ, ㅁ

제6장 베어링

6.1 베어링의 종류

베어링(bearing)은 축의 회전운동이나 왕복운동을 원활하게 하며 축으로부터 전달되는 하중을 지지하는 기계요소이다.

베어링의 종류는, 베어링 내부의 접촉 방식에 따라 미끄럼 운동을 하는 미끄럼 베어링(sliding bearing)과 구름 운동을 하는 구름 베어링(rolling bearing)으로 나눈다. 미끄럼 베어링에서는 축과 베어링 메탈 사이의 윤활유에 의해 유막이 형성되어 미끄럼마찰이 일어난다. 구름 베어링은 마찰면 사이에 여러 개의 볼(ball) 또는 롤러(roller)를 넣어 이들의 구름 운동에 의하여 회전운동을 하는 베어링으로서, 구름마찰이 미끄럼마찰보다 작다는 원리를 이용한 것이다. 미끄럼 베어링과 저널은 면접촉을 하면서 상대적으로 회전 운동을 하는 면짝(회전짝)이고, 볼과 바퀴의 홈(베어링 레이스, 내륜, 외륜)은 점 접촉을 하면서 상대 운동을 하는 점짝이 된다. 두 베어링의 주요 특성을 비교하면 [표 6.1]과 같다.

[표 6.1] 미끄럼 베어링과 구름 베어링의 특성 비교

항목	미끄럼 베어링	구름 베어링
접촉형태	저널과 베어링 메탈의 면 접촉.	볼과 바퀴 홈의 점접촉.
기동마찰 (토크)	일반적으로 마찰 저항이 크며 특히 기동 시의 마찰력이 크다.	기동 시의 마찰 저항이 비교적 작다.
충격	유막에 의한 내충격성이 크다.	충격흡수력이 작다.
소음	조용하다.	소음과 진동이 발생하기 쉽다.
교환성	규격 통일이 잘 안되어 있으므로 교환성이 나쁘다. (자가제작하는 경우가 많다.)	규격화되어 있어서 교환성이 좋다. (표준형으로 대량생산된다.)
온도	고온에 약하다.	고온에 강하다.
운전속도	공진 속도를 지나 운전할 수 있다. (고속 회전에 적합)	공진 속도 이내에서 운전하여야 한다. (고속 회전에 부적합)

작용하는 하중의 방향에 따라 베어링을 분류하면 축 방향에 수직인 반경방향 하중을 받는 레이디얼 베어링(radial bearing)과 축 방향으로 하중을 받는 스러스트 베어링(thrust bearing)으로 구분한다[그림 6.1]. 한편 원추 베어링(conical bearing)은 반경방향과 축 방향의 하중을 모두 받을 때 사용하는 베어링이다.

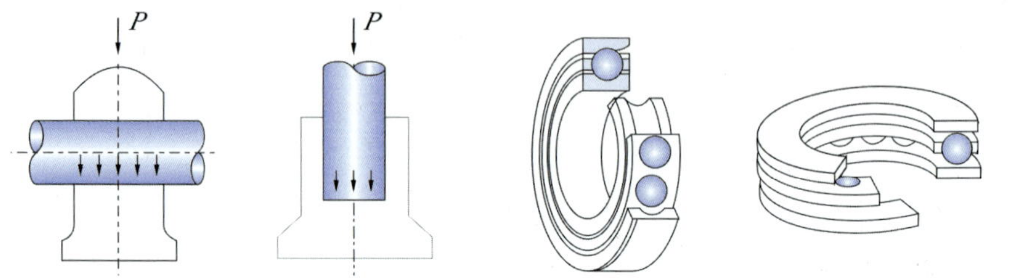

[그림 6.1] 베어링의 종류

6.2 구름 베어링

[1] 구름 베어링의 구조

구름 베어링에서 레이디얼 베어링은 내륜(inner race), 외륜(outer race), 강구(steel ball, 전동체), 리테이너(retainer, 유지기)로 구성되어 있다. 스러스트 베어링의 경우에는 내륜과 외륜 대신에 회전륜과 고정륜(정지륜)으로 구분한다.

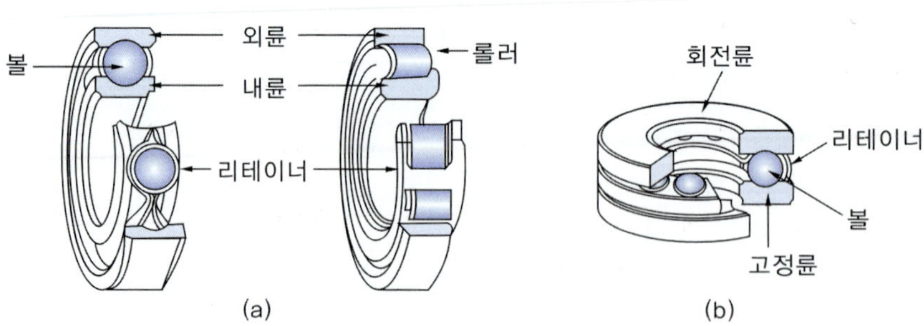

[그림 6.2] 구름 베어링의 구조: (a) 레이디얼 베어링, (b) 스러스트 베어링

볼이나 롤러를 전동체라 하며 이것은 구름 운동을 하여 축과 하우징 사이의 상대 운동을 원활하게 한다.[1] 이와 같은 전동체의 모양에 따라 구름 베어링을 볼(ball) 베어링과 롤

러(roller) 베어링으로 분류한다. 롤러 베어링은 롤러의 모양에 따라 다시 원통(cylinder) 롤러 베어링, 니들(needle) 롤러 베어링, 테이퍼(tapered) 롤러 베어링, 구면(spherical) 롤러 베어링 등으로 구분한다. 볼 베어링은 전동체가 점접촉을 하므로 마찰 저항이 적어 고속 및 고정밀 회전축에 적합하다. 반면 롤러 베어링은 선접촉을 하므로 하중을 지지하는 부분이 커서 저속 회전에서 큰 하중을 받는 축에 적합하다.

레이디얼 베어링에서 내륜과 외륜은 전동체가 구르는 궤도이다. 리테이너(유지기)는 케이지(cage)라고도 하며 전동체를 부분적으로 감싸주어 전동체의 간격을 고르게 유지시키고 전동체끼리 서로 접촉하는 것을 방지하는 역할을 한다.

접촉각은 내륜과 외륜(또는 회전륜과 고정륜)이 전동체와 접촉하는 점을 잇는 직선이 회전축에 수직한 직선과 이루는 각이다. 외력이 가하지 않은 상태에서 접촉하기 시작하는 접촉각을 호칭 접촉각이라 한다. 호칭 접촉각이 45° 미만이면 레이디얼 베어링, 45° 이상이면 스러스트 베어링으로 분류한다.

[2] 구름 베어링의 장점과 단점

미끄럼 베어링과 구름 베어링을 비교할 때 구름 베어링의 장점과 단점은 다음과 같다.

(1) 장점

① 미끄럼 베어링에 비하여 동력이 절약된다.
② 기동 저항(마찰)이 작다. 미끄럼 베어링의 10 ~ 50 (%) 정도로 작다.
③ 신뢰성이 있다.
④ 유지비가 감소된다. 윤활유가 절약된다.
⑤ 마멸이 적고 기계의 정밀도를 유지할 수 있다.
⑥ 축 재료의 영향을 받지 않는다.
⑦ 베어링 길이를 단축시킬 수 있다.

(2) 단점

① 가격이 비교적 비싸다.
② 소음과 진동이 생기기 쉽다.
③ 바깥지름이 크게 된다. (베어링 지름에 비하여 길이가 짧다[그림 6.2].)

---

1) 부품을 수용하는 상자형 부분이나 기구를 포용하는 프레임 등 모든 기계 장치 등을 둘러싸고 있는 상자형 부분을 하우징(housing)이라 한다.

④ 충격에 약하다.

⑤ 최대 회전 속도의 한계가 상대적으로 낮다.

[3] 구름 베어링의 표시

(1) 기본기호와 보조기호

호칭번호는 [표 6.2]와 같이 기본기호와 보조기호로 구성되어 있다.

[표 6.2] 베어링 호칭 번호의 구성

<table>
<tr><th colspan="5">기본기호</th><th colspan="6">보조기호</th></tr>
<tr><td colspan="3">계열기호</td><td rowspan="3">안지름 번호</td><td rowspan="3">접촉각 번호</td><td rowspan="3">리테이너 이너 기호</td><td rowspan="3">실 (및) 실드 기호</td><td rowspan="3">궤도륜 형상 기호</td><td rowspan="3">조합 기호</td><td rowspan="3">내부 틈새 기호</td><td rowspan="3">정밀도 등급 기호</td></tr>
<tr><td rowspan="2">형식 기호</td><td colspan="2">치수기호</td></tr>
<tr><td>폭계열 (또는) 높이계열 기호</td><td>지름 계열 기호</td></tr>
</table>

표의 기호에 대한 설명은 다음과 같다.[2]

형식 기호는 베어링의 형식을 나타내는 숫자로, 한 자의 아라비아 숫자 또는 한자 이상의 라틴 문자로 이루어진다. 치수 계열 기호는 폭 계열 기호(한 자의 아라비아 수) 및 지름 계열 기호(한 자의 아라비아 수)로 이루어진다.

베어링 안지름은 국제적으로 규격화되어 있다. 안지름을 나타내는 방법은 안지름의 크기에 따라 다르며 기호를 붙이는 방법은 [표 6.3]과 같다. 안지름 기호는 원칙적으로 mm 단위의 안지름을 숫자 5로 나눈 값을 사용하지만 [표 6.3]과 같이 예외적인 규칙이 있다.[3]

2) 각 기호의 의미들은 KS B에 규정되어 있다. A, B,..M, W,.. U,.., K,.. DB.. 등의 기호의 의미를 외울 필요는 없다. 기본적인 사용 규칙을 이해하도록 한다.

3) 안지름 번호 부여 방법은 잘 이해해 두도록 한다.

[표 6.3] 안지름 번호 부여 방법

안지름 범위(mm)	안지름 치수	안지름 기호	예
10 mm 미만	안지름이 정수인 경우	안지름	2mm이면 2
	안지름이 정수가 아닌 경우	/안지름	2.5mm이면 /2.5
10 mm 이상 ~ 20 mm 미만	10 mm	00	
	12 mm	01	
	15 mm	02	
	17 mm	03	
20 mm 이상 ~ 500 mm 미만	5의 배수인 경우	안지름을 5로 나눈 수	20mm이면 04 50mm이면 10
	5의 배수가 아닌 경우	/안지름	32mm이면 /32
500 mm 이상		/안지름	500mm이면 /500 900mm이면 /900

베어링의 접촉점에서 하중이 가해지는 작용선이 반경방향과 이루는 각을 접촉각이라 한다. 접촉각 기호는 접촉각의 크기에 따라 다르며 [표 6.4]와 같다.

[표 6.4] 접촉각 기호

베어링 형식	호칭 접촉각	접촉각 기호
단열 앵귤러 볼 베어링	10° 초과 22° 이하	C
	22° 초과 32° 이하	A (생략할 수 있다)
	32° 초과 45° 이하	B
테이퍼 롤러 베어링	17° 이하	무기호
	17° 초과 24° 이하	C
	24° 초과 32° 이하	D

리테이너 기호는 리테이너의 재질과 제조 방법을 나타낸다. M(동합금 리테이너), W(강판을 프레스 압연한 리테이너), T(프라스틱 리테이너), V(리테이너 없음) 등의 기호를 사용한다.

실(seal) 및 실드(shield) 기호는 밀봉 형태에 따라 붙이며 개방형에는 표시 기호가 없다. 사용하는 기호에는 U(한쪽면 비접촉 실), UU(양쪽면 비접촉실), D(한쪽면 접촉실), DD(양쪽면 접촉실), Z(한쪽면 실드), ZZ(양쪽면 실드) 등이 있다.

궤도륜 형상기호는 내륜 또는 외륜의 형상을 나타내며 F(플랜지 붙이), K(내륜 테이퍼, 기준 테이퍼 비 1/12), K30(내륜 테이퍼, 기준 테이퍼 비 1/30), N(외륜에 스냅링 홈 있음), NR(외륜 스냅링 홈에 스냅링 부착) 등의 기호가 사용된다.

조합 기호는 베어링을 몇 개 짝지어 사용할 때의 기호로 DB(배면조합), DF(정면조합), DT(병렬조합) 등을 사용한다.

내부틈새 기호는 내륜 및 외륜 사이에 있는 볼의 틈새를 나타내며 숫자가 커질수록 내부 틈새 크기가 커진다. 틈새 크기를 부등호로 나타내면 다음과 같다.

C1 < C2 < CN < C3 < C4 < C5

여기에서 CN은 보통 크기의 내부 틈새를 나타내며 일반적으로 기호를 생략한다. 정밀도 등급기호는 0급(보통급)을 제외하고 숫자가 작을수록 정밀도가 높아진다. 0급(보통급), 6급(상급), 5급(정밀급), 4급(초정밀급), 2급(극초정밀급)이 있다. 정밀도를 부등호로 나타내면 다음과 같다.

기호 없음(0급 또는 일반급) < P6X < P6 < P5 < P4 < P2

(2) 호칭 번호의 예

기본기호의 구성은 다음과 같다. 보조기호는 기본 기호의 전후에 붙일 수 있다.

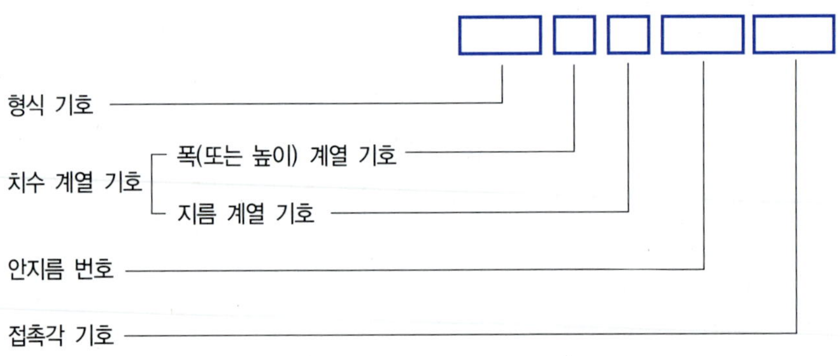

(예 1) 6208C2P6

6 : 형식 번호(깊은 홈 볼 베어링)

2 : 계열 번호(폭계열 0은 생략되었음, 지름계열 2)

08 : 안지름 번호(안지름은 $8 \times 5 = 40\,mm$)

C2 : 틈새 기호(보통급 CN보다 작은 것)

P6 : 정밀도 등급(6급)

(예 2) F684C2P6

F : 궤도륜 모양기호(플랜지붙이)

6 : 형식 번호(깊은 홈 볼 베어링)

8 : 계열 번호(폭계열 0은 생략되었음, 지름계열 8)

4 : 안지름 번호(안지름은 4mm)

C2 : 틈새 기호(보통급 CN보다 작은 것)

P6 : 정밀도 등급(6급)

(예 3) 6306NR

6 : 형식 번호(깊은 홈 볼 베어링)

3 : 계열 번호(폭계열 0은 생략되었음, 지름계열 3)

06 : 안지름 번호(안지름은 $6 \times 5 = 30$mm)

NR : 궤도륜 모양 기호(멈춤 링붙이)

(예 4) 7210CDBP4

7 : 형시 번호(앵귤러 볼 베어링)

2 : 계열 번호(폭계열 0은 생략되었음, 지름계열 2)

10 : 안지름 번호(안지름은 $10 \times 5 = 50$mm)

C : 접촉각 기호(접촉각 15°)

DB : 조합 표시 기호(배면 조합)

P4 : 정밀도 등급(4급 초정밀급)

(예 5) 51215

5 : 형식 번호(단식 평면자리 스러스트 볼 베어링)

12 : 계열 번호(높이 계열 1, 지름 계열 2)

15 : 안지름 번호(안지름은 $15 \times 5 = 75$mm)

[4] 구름 베어링의 수명과 정격 하중

(1) 베어링의 수명

동일 조건 하에서 베어링 집단의 90%가 피로파괴 현상을 일으키지 않고 회전할 수 있는 총 회전수나 시간을 구름베어링의 수명이라 한다. 회전수에 대한 것은 정격 회전 수명,

시간에 대한 것은 정격 시간 수명이라 하고 각각 L_n, L_h로 나타내면 L_n과 L_h의 관계는 다음과 같다. N은 분당 회전수[rpm]이다.

$$L_h = \frac{L_n}{60N} \quad \cdots\cdots (6.1)$$

rpm의 정의에 의해 $\left(\frac{1}{60}\text{시간}\right):(N\text{회전}) = (L_h\text{시간}):(L_n\text{회전})$이므로 위 관계식이 얻어진다.

(2) 정격 하중(load rating)

구름 베어링이 견딜 수 있는 최대 하중을 정격 하중이라 한다.

① 기본 정 정격하중 : 구름 베어링이 정지하고 있는 상태에서 견딜 수 있는 최대 하중을 정 정격하중이라 한다. 최대 응력을 받고 있는 접촉부에서 전동체의 영구 변형량과 궤도륜의 영구 변형량의 합이 전동체 지름의 0.0001배(1/10000)로 되는 정적 하중을 기본 정 정격하중(basic static load rating, 기호 C_0) 또는 기본 정적 부하 용량(static load capacity)이라 한다. 레이디얼 베어링에서는 반경 방향 하중만을, 스러스트 베어링에서는 축 방향 하중만을 채택한다. 따라서 사용하는 베어링 하중은 C_0 이하여야 한다.

② 기본 동 정격하중 : 구름 베어링이 회전 중에 견딜 수 있는 최대 하중을 동정격 하중이라 한다. 외륜을 고정하고 내륜을 회전시키는 조건에서 베어링이 기본 정격 수명인 100만 번($L_n = 10^6$)을 회전할 수 있는 방향과 크기가 일정한 하중을 기본 동 정격하중(basic dynamic load rating, 동적 부하용량) 또는 기본 정격 하중(기호 C)이라 한다. 레이디얼 베어링에서는 반경 방향 하중만을, 스러스트 베어링에서는 축 방향 하중만을 채택한다.

예를 들어 $33\frac{1}{3}$ rpm의 회전속도로 축이 회전한다면 1시간 동안에 축은 $33\frac{1}{3}\times 60 = 2000$번 회전하게 된다. 따라서 500시간 회전하면 회전수는 $2000\times 500 = 10^6$번, 즉 100만 번이 된다. 즉, $33\frac{1}{3}$ rpm으로 500시간 사용할 수 있는 하중은 기본 동 정격하중이 된다.

(3) 등가 하중(equivalent load)

일반적으로 베어링에 작용하는 하중은 방향과 크기가 일정하지 않다. 이러한 경우 실제 상태에서 얻어지는 수명과 같은 값을 얻도록 크기가 일정하고 베어링의 중심에 작용하는 상당 하중을 취하여 이를 기준으로 계산한다. 이와 같은 하중을 등가 하중이라 한다.

① 정 등가하중(equivalent static load rating) : 베어링이 정지 또는 아주 낮은 속도의 회전 상태에서 최대 하중을 받고 있는 접촉부에서 회전체와 궤도륜의 영구 변형량이 실제 하중 조건에서 생기는 최대 영구 변형량과 같도록 하는 하중을 정 등가하중이라 한다.

② 동 등가하중(equivalent dynamic load rating) : 방향과 크기가 시간에 따라 변화하는 동하중을 받는 베어링에서 실제 상태에서 얻어지는 수명과 같은 수명을 가지게 하는 하중을 동등가 하중이라 한다. 볼 베어링과 롤러 베어링의 축 방향 동 등가하중 P_a는 다음과 같이 계산된다.

$$P_a = XF_r + YF_a \quad \cdots\cdots (6.2)$$

여기에서 F_r, F_a는 반경 방향과 축 방향 하중이고, X, Y는 반경 방향과 축 방향 하중계수를 각각 나타낸다.

③ 하중계수 : 기계의 진동과 충격으로 인하여 운전 중에 베어링이 받는 하중은 이론적으로 계산된 값보다 크게 된다. 따라서 이론적인 값에 하중 계수를 곱하여 실제 작용하는 하중을 구한다. 이론적 하중을 W_0, 하중계수를 f_w라 하면 실제 하중은

$$W = f_w W_0 \quad \cdots\cdots (6.3)$$

이다. 하중계수는 동 등가하중을 보정하는데 사용하기도 한다. 이론적 등가 하중을 P_0, 실제 등가하중을 P라 하면

$$P = f_w P_0 \quad \cdots\cdots (6.4)$$

이다. 하중 계수는 기계의 종류 및 작동 조건에 따라 경험적으로 얻어진 안전 계수라고 할 수 있다. 대표적인 하중 계수 값을 [표 6.5]에 나타내었다.

[표 6.5] 하중계수(f_w)

충격의 정도	f_w	적용 예
충격이 거의 없는 경우	1.0 ~ 1.2	전동기, 공작기계, 계측기계
충격이 약간 있는 경우	1.2 ~ 1.5	송풍기, 크레인, 엘리베이터, 자동차
충격이 강한 경우	1.5 ~ 3.0	농업기계, 건설기계, 인양기계

(4) 베어링의 수명 계산식

베어링이 받는 동 등가하중(또는 실제 하중) P[N], 기본 동 정격하중 C[N], 정격 수명 L_n, L_h 사이의 관계식은 다음과 같다. N은 회전속도[rpm]이다.

$$L_n = 10^6\left(\frac{C}{P}\right)^r \text{ [회전, rev]} \quad \cdots\cdots (6.5)$$

$$L_h = \frac{10^6}{60N}\left(\frac{C}{P}\right)^r \text{ [시간, hr]} \quad \cdots\cdots (6.6)$$

볼 베어링에서 $r=3$이고, 롤러 베어링에서 $r=\frac{10}{3}$이다.

C와 P는 레이디얼 베어링에서는 반경 방향 하중, 스러스트 베어링에서는 축 방향 하중을 나타낸다.

(5) 수명계수와 속도계수

회전 단위의 수명식을 시간 단위로 변환하기 위한 구체적인 기준을 정하기 위하여 수명계수와 속도계수의 개념을 도입한다. 10^6회전은 $33\frac{1}{3}$[rpm]으로 500시간[hr] 회전한 회전수이다. 즉,

$$33\frac{1}{3}\text{rpm} \times (60\text{min/hr}) \times (500\text{hr}) = 10^6 \text{ [회전]}$$

이므로 수명식을 다음과 같이 쓸 수 있다.

$$L_h = 500 \times \frac{33\frac{1}{3}}{N}\left(\frac{C}{P}\right)^r \text{ [시간, hr]} \quad \cdots\cdots (6.7)$$

이 식은 다음과 같이 변환된다.

$$\left(\frac{L_h}{500}\right)^{1/r} = \frac{C}{P}\left(\frac{33\frac{1}{3}}{N}\right)^{1/r}$$

여기에서 수명계수 f_h와 속도계수 f_n을 다음과 같이 정의한다.

$$f_h = \left(\frac{L_h}{500}\right)^{1/r} \quad \cdots\cdots (6.8)$$

$$f_n = \left(\frac{33\frac{1}{3}}{N}\right)^{1/r} \quad \cdots\cdots (6.9)$$

이때 수명식은 다음과 같이 된다.

$$f_h = f_n \frac{C}{P} \quad \cdots\cdots (6.10)$$

$$L_h = 500\,(f_h)^r \;\; [\text{시간, hr}] \quad \cdots\cdots (6.11)$$

여기에서 P[N]는 베어링이 받는 동 등가하중(또는 실제 하중), C[N] 는 기본 동 정격 하중, N은 회전속도[rpm]이다. 볼 베어링에서 $r = 3$이고, 롤러 베어링에서 $r = \frac{10}{3}$이다.

(6) 한계속도지수(한계속도계수)

베어링이 고속 회전을 하면 마찰로 인하여 열이 발생하고 온도가 상승하여 윤활유가 타게 되는 현상까지 발생할 수 있다. 이와 같은 손상을 일으키지 않고 장시간 운전이 가능한 속도의 한계 값을 베어링의 허용속도라 하고, 이것을 나타내기 위하여 속도지수(한계속도지수 또는 한계속도계수)라는 설계 변수를 도입한다. 한계속도지수는 다음과 같이 정의된다.

$$(\text{한계속도지수}) = d\,N$$

여기에서 d[mm]는 베어링 안지름, N[rpm]은 회전속도이다. 한계속도지수는 윤활 방법에 따른 베어링의 회전속도에 대한 한계를 나타내는 기준 값으로 이용된다. 베어링의 안지름과 바깥지름의 평균인 피치원 지름 d_m[mm]과 회전속도 N[rpm]의 곱 $d_m N$으로 한계속도지수를 나타내기도 한다.

한계속도지수는 베어링 형식과 크기, 리테이너 형상과 재질, 하중 등에 따라 다른 값을 가지며, 같은 베어링이라도 특히 윤활 방식에 따라 크게 달라진다.

[예제 6.1] 2000N의 하중을 받고 있는 볼 베어링이 300rpm으로 회전하고 있다. 베어링의 동정격 하중 $C = 8000\,\text{N}$일 때 베어링의 정격 회전수명과 시간수명을 구하여라.

풀이 볼 베어링에서 $r = 3$, $P = 2000\text{N}$, $C = 8000\,\text{N}$, $N = 300\text{rpm}$이므로 정격 회전수명 L_n과 시간수명 L_h는 다음과 같다.

$$L_n = 10^6\left(\frac{C}{P}\right)^r = 10^6\left(\frac{8000}{2000}\right)^3 = 64 \times 10^6\ [\text{회 전}]$$

$$L_h = \frac{10^6}{60N}\left(\frac{C}{P}\right)^r = \frac{10^6}{60 \times 300}\left(\frac{8000}{2000}\right)^3 = 3556\ [\text{시 간}]$$

† $L_h = \dfrac{L_n}{60N}$ [시간]이다.

[예제 6.2] 이론적 하중 3kN을 받고 있는 롤러 베어링이 300rpm으로 회전하고 있다. 베어링의 동정격 하중 $C = 13.5\text{kN}$이고 하중계수 $f_w = 1.5$일 때 베어링의 정격 회전수명과 시간수명을 구하여라.

풀이 롤러 베어링에서 $r = \dfrac{10}{3}$, $P_0 = 3\text{kN}$, $C = 13.5\text{kN}$, $N = 300\text{rpm}$, 하중계수 $f_w = 1.5$이므로 정격 회전수 L_n과 수명 시간 L_h는 다음과 같이 계산된다.

$$P = f_w P_0 = 1.5 \times 3 = 4.5\ [\text{kN}]$$

$$L_n = 10^6\left(\frac{C}{P}\right)^r = 10^6\left(\frac{13.5}{4.5}\right)^{10/3} = 38.94 \times 10^6\ [\text{회 전}]$$

$$L_h = \frac{L_n}{60N} = \frac{38.94 \times 10^6}{60 \times 300} = 2163\ [\text{시 간}]$$

[예제 6.3] 회전속도 450[rpm]에서 1,000시간의 정격수명시간을 갖는 볼베어링을 선정하고자 한다. 베어링 하중이 200[kgf]일 때, 기본 동정격하중 C[kgf]를 구하여라.

풀이 회전속도 $N=450$[rpm], 정격수명시간 $L_h=1000$시간, 베어링 하중 $P=200$[kgf]이다. 기본 동 정격하중을 C[kgf]라고 하면 볼 베어링 수명식

$$L_h = \frac{10^6}{60N}\left(\frac{C}{P}\right)^3 \text{ (시간)}$$

으로부터

$$\left(\frac{C}{P}\right)^3 = \frac{60NL_h}{10^6}$$

$$\therefore \quad \frac{C}{P} = \left(\frac{6NL_h}{10^5}\right)^{1/3}$$

이다. 이 식으로부터 다음과 같이 기본 동정격하중 C[kgf]이 구해진나.

$$\begin{aligned} C = P\left(\frac{6NL_h}{10^5}\right)^{1/3} &= 200\left[\frac{6(450)(1000)}{10^5}\right]^{1/3}[\text{kgf}] \\ &= 200\left[3^3\right]^{1/3}[\text{kgf}] \\ &= 200\times 3\,[\text{kgf}] \\ &= 600\,[\text{kgf}] \end{aligned}$$

[예제 6.4] 반경 방향과 축 방향으로 각각 $F_r=500\text{N}$, $F_a=300\text{N}$의 하중을 받으며 1500rpm으로 회전하는 볼 베어링이 있다. 반경 방향과 축 방향의 하중계수는 각각 $X=0.6$, $Y=1.5$, 베어링의 동정격 하중 $C=6000\text{N}$, 하중계수 $f_w=1.3$일 때 베어링의 정격 수명 시간을 구하여라.

풀이 이론적인 동등가 하중은

$$P_a = XF_r + YF_a = 0.6\times 500 + 1.5\times 300 = 750\ [\text{N}]$$

이고, 하중계수를 고려한 등가 하중은

$$P = f_w P_a = 1.3 \times 750 = 975 \text{ [N]}$$

이다. 따라서 수명 시간 L_h는 다음과 같다.

$$L_h = \frac{10^6}{60N}\left(\frac{C}{P}\right)^r = \frac{10^6}{60 \times 1500}\left(\frac{6000}{975}\right)^3 = 2589 \text{ [시간]}$$

[예제 6.5] 안지름 $d = 60\text{mm}$인 볼 베어링을 그리스 윤활로 사용할 때 한계 속도지수가 180,000 [mm · rpm]이면 사용가능한 베어링의 최대 회전속도는 몇 rpm인가?

풀이 '한계속도지수 $= dN$'으로 정의되므로 최대 회전속도는 다음과 같다.

$$dN = 180{,}000$$

$$\therefore \quad N = \frac{180{,}000}{d} = \frac{180{,}000}{60} = 3{,}000 \text{ [rpm]}$$

6.3 미끄럼 베어링 저널의 기본설계

축의 일부로서 베어링과 접촉하고 있는 부분을 저널(journal)이라 한다. 저널에는 [그림 6.3]과 같은 여러 종류가 있다. 레이디얼 저널 베어링에서는 축의 끝부분을 지지하는 끝저널(엔드 저널, end journal)과 축의 중간 부분을 지지하는 중간 저널이 있다. 스러스트 저널 베어링에서는 축의 끝부분에서 축 방향 하중을 지지하는 피봇저널(pivot journal)과 축의 중간 부분에서 축 방향 하중을 지지하는 칼라저널(collar journal)이 있다.

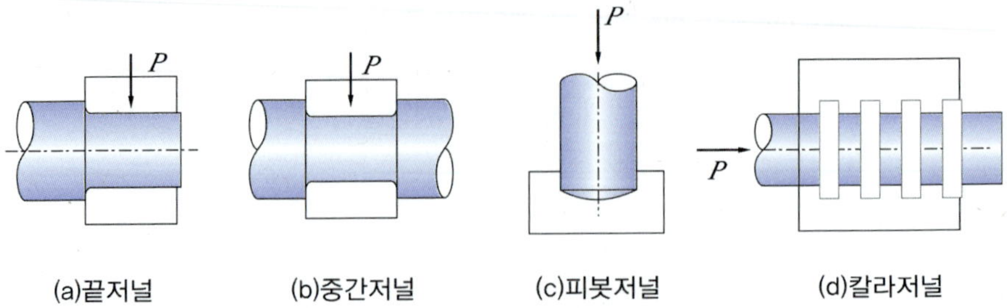

[그림 6.3] 미끄럼 베어링 저널의 종류

미끄럼 베어링 저널을 설계할 때는 베어링 압력, 강도, 강성, 손실 동력, 마찰 열 등을 고려한다. 여기에서는 기본적인 끝 저널 설계에 대하여 알아본다.

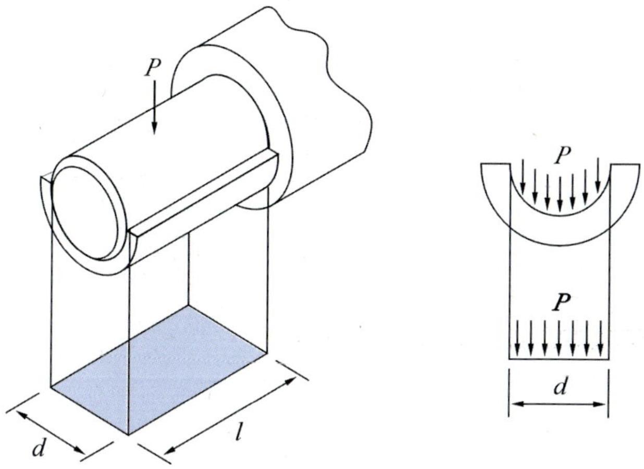

[그림 6.4] 저널의 투상 면적과 하중 분포

[1] 베어링 압력

[그림 6.4]와 같이 지름 d, 길이 l인 저널에 P의 하중이 작용할 때 베어링 내의 압력 분포가 균일하다고 하면 하중과 균일 압력 p의 관계는 다음과 같다.

$$p = \frac{P}{A} = \frac{P}{dl} \qquad (6.12)$$

여기에서 면적 $A = dl$은 베어링 면을 하중(P)의 방향에 수직인 평면상에 투영한 투상 면적이다. 이와 같이 하중을 투상면적으로 나눈 평면압력을 베어링 압력이라 하며 미끄럼 베어링의 설계에 있어서 저널 치수 계산의 기초가 된다. 설계에 사용되는 압력을 허용 베어링 압력이라 하고 이것을 p_a로 나타내면

$$p_a = \frac{P}{dl} \qquad (6.13)$$

이다. p_a는 베어링 재료, 윤활유, 회전속도, 가공 상태 등의 여러 조건에 따라 다양한 값을 갖는다. 일반적으로 사용하는 p_a 값을 [표 6.6]에 나타내었다.

[표 6.6] 재료의 허용 베어링 압력(p_a)

재료	p_a[N/mm^2]
강과 주철	2.0 ~ 2.9(표준 값)
강과 포금(또는 황동, 청동)	4.9
다듬질하여 연마한 강과 청동	7.9
강과 화이트메탈	5.9(표준 값), 9.8(최댓값)
담금질한 강과 화이트메탈	8.8
담금질하여 연마한 강과 강	14.7
칠드 주철과 주철	3.9(표준 값), 7.9(최댓값)
고급 재료	19.6 ~ 29.4

[2] 축 저널부의 강도 – 엔드저널

저널은 축의 일부이므로 대체로 축 지름에 따라 저널 지름을 결정한다. 여기에서는 강도에 의한 끝 저널 설계에 대해 알아본다.

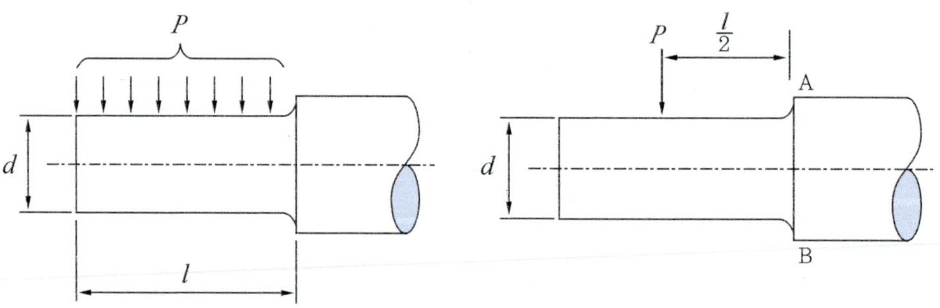

[그림 6.5] 하중의 분포 상태와 작용점의 위치

[그림 6.5]와 같이 하중 P가 중앙에 집중하여 작용하는 것으로 가정하면 단면 AB에 작용하는 굽힘 모멘트

$$M_b = P \times \frac{l}{2} \quad \cdots\cdots (6.14)$$

이다. 따라서 축의 허용 굽힘 응력을 σ_a라 하면 굽힘 모멘트 공식에 의해 다음과 같이 저널 지름이 구해진다.

$$M_b = \sigma_a Z \quad \cdots\cdots (6.15)$$

$$P \times \frac{l}{2} = \sigma_a \times \frac{\pi}{32} d^3 \quad \cdots\cdots (6.16)$$

$$\therefore \ d = \sqrt[3]{\frac{16Pl}{\pi\sigma_a}} \approx \sqrt[3]{\frac{5.1Pl}{\sigma_a}} \quad \cdots\cdots (6.17)$$

저널 치수(d, l)와 허용 압력(p_a)의 관계식은 다음과 같이 구한다. 식 (6.13)으로부터 $P = p_a dl$이므로 이것을 식 (6.16)에 대입하면 다음과 같이 l/d이 구해진다.

$$p_a dl \times \frac{l}{2} = \sigma_a \times \frac{\pi}{32} d^3$$

$$p_a l^2 = \sigma_a \times \frac{\pi}{16} d^2$$

$$\left(\frac{l}{d}\right)^2 = \frac{\pi\sigma_a}{16p_a}$$

$$\therefore \ \frac{l}{d} = \sqrt{\frac{\pi\sigma_a}{16p_a}} \approx \sqrt{\frac{\sigma_a}{5.1p_a}} \quad \cdots\cdots (6.18)$$

회전운동에 대한 마찰 저항은 저널이 굵을수록 크게 되므로 마찰 손실을 줄이기 위해서는 저널의 지름을 작게 하는 것이 좋다. 그러나 이때는 투상면적 dl이 작아지므로 큰 압력이 걸리게 되어 강도 면에서 약하게 된다. 따라서 손실과 강도 및 압력을 종합적으로 생각하여 저널 길이와 지름의 비 l/d을 적당한 값으로 선택한다. [표 6.7]에 일반적으로 사용되는 l/d의 값을 나타내었다.

[표 6.7] 미끄럼 베어링 설계 자료

기계	적용	최대 허용 압력 p_a (MPa)	최대 허용 압력 속도 계수 pv (MPa · m/s)	길이와 지름 비 l/d
차량	축	3.5	10 ~ 15	1.8 ~ 2
공작 기계	주축 베어링	0.5 ~ 2	0.5 ~ 1	1 ~ 4
감속 기어	축 베어링	0.5 ~ 2	5 ~ 10	2 ~ 4

[3] 마찰열

마찰계수를 μ, 베어링에 가해지는 반경 방향 하중을 P[N]라 하면 베어링에서 발생하는 마찰력 F는

$$F = \mu P \text{ [N]} \quad \cdots\cdots (6.19)$$

이고, 저널과 베어링 사이의 미끄럼 속도(회전축의 원주 속도)를 v[m/s]라 하면

$$v = \frac{\pi d N}{60 \times 1000} \text{ [m/s]} \quad \cdots\cdots (6.20)$$

이다. 여기에서 d[mm]는 저널 지름, N[rpm]은 저널의 회전속도이다. 이때 마찰로 인한 손실 동력(손실 일률, 단위 시간당 마찰 일)은 다음과 같다.

$$H_{f,W} = \mu P v \text{ [W]} \quad \cdots\cdots (6.21)$$

이것을 kW와 마력[PS]으로 나타내면 다음과 같다.

$$H_{f,kW} = \frac{\mu P[\text{N}] \times v[\text{m/s}]}{1000} \text{ [kW]} \quad \cdots\cdots (6.22\text{a})$$

$$H_{f,PS} = \frac{\mu P[\text{N}] \times v[\text{m/s}]}{735.5} \text{ [PS]} \quad \cdots\cdots (6.22\text{b})$$

여기에서 하중 P의 단위는 N이고, 속도 v의 단위는 m/s이다. 한편 하중 P의 단위가 kgf이고, 속도 v의 단위가 m/s인 경우 마찰 손실 동력은 다음 식으로 표현된다.[4]

$$H_{f,kW} = \frac{\mu P[\text{kgf}] \times v[\text{m/s}]}{102} \text{ [kW]} \quad \cdots\cdots (6.22\text{c})$$

$$H_{f,PS} = \frac{\mu P[\text{kgf}] \times v[\text{m/s}]}{75} \text{ [PS]} \quad \cdots\cdots (6.22\text{d})$$

마찰은 동력 손실을 초래하고 마찰열이 심한 경우 윤활 기능을 상실하게 된다. 따라서 마찰열이 적게 발생하기 위해서는 베어링에 작용하는 압력과 베어링 사이의 미끄럼 속도를 제한할 필요가 있다.

시간당 열 방출량의 크기는 손실 동력과 같으며 일의 단위를 열량 단위로 환산하면 다음과 같다. 1 cal = 4.18681 J이므로

$$Q_f = \frac{\mu P v}{4.18681} \text{ [cal/s]} \quad \cdots\cdots (6.23)$$

여기에서 하중 P의 단위는 N이고, 속도 v의 단위는 m/s이다.

---

4) 많은 기계설계 책에서 이와 같은 식을 사용하고 있으므로 소개한다. 그러나 이 식을 굳이 기억하려 하지 말자. 모두 동력 $H = Fv = \mu P v$의 간단한 식일 뿐이다. 단위만 알면 된다.

방출되는 열량은 베어링의 반경방향 투영 면적 dl에 비례하는 것으로 생각하여 비마찰 작업량 w_f를 다음과 같이 정의한다.

$$w_f = \frac{W_f}{dl} = \frac{\mu P v}{dl} = \mu \times \frac{P}{dl} \times v = \mu p v \,[\mathrm{MPa \cdot m/s}] \quad \cdots\cdots\cdots\cdots\cdots (6.24)$$

w_f는 단위 시간에 단위 면적에서 발생하는 마찰일(또는 발열량)을 나타낸다. 즉, $w_f = \mu p v$의 SI 단위는

$$\mathrm{Pa} \times \frac{\mathrm{m}}{\mathrm{s}} = \frac{\mathrm{N}}{\mathrm{m}^2} \times \frac{\mathrm{m}}{\mathrm{s}} = \frac{\mathrm{N \cdot m}}{\mathrm{s}} \times \frac{1}{\mathrm{m}^2} = \frac{\mathrm{J}}{\mathrm{s}} \times \frac{1}{\mathrm{m}^2} = \frac{\mathrm{W}}{\mathrm{m}^2}$$

이고, 이것은 (일률)/(면적)을 나타낸다. 그리고 발열 계수(또는 압력 속도 계수) pv는 베어링의 평균 압력 p와 회전축의 원주 속도 v의 곱으로 정의한다.

$$pv = \frac{P}{dl} \times \frac{\pi d N}{60 \times 1000} = \frac{\pi N P}{60 \times 1000\, l} \,[\mathrm{MPa \cdot m/s}] \quad \cdots\cdots\cdots\cdots\cdots\cdots (6.25)$$

여기에서 d[mm]는 저널 지름, l[mm]은 저널 길이, N[rpm]은 저널의 회전속도, P[N]는 베어링 하중이다. pv의 단위는 $\frac{\mathrm{N}}{\mathrm{mm}^2} \times \frac{\mathrm{m}}{\mathrm{s}} = \mathrm{MPa \cdot m/s}$가 된다.

[예제 6.6] 지름 50mm, 길이 100mm인 축끝 저널의 저널면에 작용하는 베어링 압력이 $4\mathrm{N/mm^2}$일 때 베어링이 받는 전체 하중은 몇 kN인가?

풀이 전체 하중 $P = p \times (dl) = 4 \times (50 \times 100)[\mathrm{N}] = 20 \times 10^3 [\mathrm{N}] = 20[\mathrm{kN}]$

[예제 6.7] 끝 저널의 지름 d와 길이 l의 비 $\frac{l}{d} = 2$인 미끄럼 베어링이 30kN의 하중을 받고 있다. 축의 허용 굽힘 응력이 $30\mathrm{N/mm^2}$일 때 d, l 및 베어링 내의 평균 압력을 구하여라.

풀이 베어링 하중 $P = 30\mathrm{kN} = 30000\mathrm{N}$, 허용 응력 $\sigma_a = 30\mathrm{N/mm^2}$이므로

$$d^3 = \frac{16Pl}{\pi\sigma_a}$$

로부터 지름 d를 구한다.

$$d^2 = \frac{16P}{\pi\sigma_a} \times \frac{l}{d} = \frac{16 \times 30000}{\pi \times 30} \times 2$$

$$\therefore \ d = 101\,[\mathrm{mm}]$$

따라서 길이 l, 평균압력 p는 다음과 같다.

$$l = 2d = 2 \times 101 = 202\,[\mathrm{mm}]$$

$$p = \frac{P}{dl} = \frac{30000}{101 \times 202} = 1.47\,[\mathrm{N/mm^2}]$$

[예제 6.8] 20kN의 하중이 작용하는 축이 100rpm으로 회전하고 있다. 베어링의 허용 최대 압력이 $3\mathrm{N/mm^2}$, 저널의 길이와 지름 비 $\frac{l}{d} = 2$일 때 d, l 및 허용 압력 속도 계수를 구하여라.

풀이 베어링 하중 $P = 20\mathrm{kN} = 20000\mathrm{N}$, 허용 압력 $p_a = 3\mathrm{N/mm^2}$이다. 베어링 하중

$$P = p_a d l$$

에서 $l = 2d$를 대입하여 지름 d를 구한다.

$$P = p_a d l = p_a d \times (2d) = 2p_a d^2$$

$$\therefore \ d = \sqrt{\frac{P}{2p_a}} = \sqrt{\frac{20000}{2 \times 3}} = 57.7\,[\mathrm{mm}]$$

따라서 길이 l과 허용 압력 속도 계수 $p_a v$는 다음과 같이 구해진다.

$$l = 2d = 2 \times 57.7 = 115.4\,[\mathrm{mm}]$$

$$p_a v = \frac{\pi N P}{60 \times 1000\, l} = \frac{\pi \times 100 \times 20000}{60 \times 1000 \times 115.4} = 0.91\,[\mathrm{MPa \cdot m/s}]$$

[예제 6.9] 300N의 베어링 하중을 받고 600rpm으로 회전하는 축에 끝저널(end journal) 베어링이 설치되어 있다. 이 베어링의 허용압력 속도계수가 $\frac{\pi}{10}$[N/mm^2 · m/s]일 때 끝저널 베어링의 길이 l[mm]을 구하여라.

풀이 허용압력 속도계수 $pv = \frac{\pi}{10}$ [N/mm^2 · m/s], 하중 $P = 300$N, 회전속도 $N = 600$rpm이다. 압력속도계수(pv)의 정의로부터 다음과 같이 끝저널 베어링의 길이 l[mm]이 구해진다.

$$pv = \left(\frac{P}{dl}\right) \times \left(\frac{\pi dN}{60 \times 1000}\right) = \frac{\pi NP}{6 \times 10^4 l}$$

$$\therefore \ l = \frac{\pi NP}{6 \times 10^4 (pv)} = \frac{\pi \times (600) \times (300)}{6 \times 10^4 \times \left(\frac{\pi}{10}\right)} = 30 \, [\text{mm}]$$

[예제 6.10] 축 지름 $d = 4$cm, 하중 $P = 2$kN, 회전수 $N = 1500$rpm, 저널 길이 $l = 5$cm, 마찰계수 $\mu = 0.007$인 저널 베어링에서 발생하는 분당 열량 [cal/min]을 구하여라.

풀이 SI 단위 N, m, s로 통일하여 발열량을 구한다.

$$Q_f = \mu P v = \mu P \times \frac{\pi DN}{60} = (0.007 \times 2000) \times \frac{\pi \times 0.04 \times 1500}{60}$$

$$= 43.98 \, [\text{W}] = 43.98 \, [\text{J/s}]$$

$1 \text{cal} = 4.2 \text{J}$, $1 \text{min} = 60 \text{s}$이므로 발생하는 분당 열량은 다음과 같다.

$$Q_f = 43.98 \times 60 \times \frac{1}{4.2} = 628.3 \, [\text{cal/min}]$$

연습문제 6

01 레이디얼 볼 베어링 6209의 안지름[mm]은?

02 볼 베어링에서 베어링 하중을 2 배로 증가시키면 수명은 몇 배가 되는가? 단, 기본 정격 하중은 일정하다.

03 기본 동 정격 하중이 30kN인 볼 베어링이 2kN의 반경 방향 하중을 받고 800rpm으로 회전하고 있다. 베어링 수명 시간[hr], 속도계수, 수명계수를 구하여라.

04 기본 동 정격하중이 14kN인 볼 베어링을 300rpm으로 회전시켜 4×10^4 시간 동안 사용하려 한다. 베어링이 받을 수 있는 최대 하중(실제 하중)을 구하여라.

05 반경 방향으로 2kN의 하중을 받는 원통 롤러 베어링이 300rpm으로 회전할 때 수명 시간이 36,000시간이라면 베어링의 동 정격하중[kN]은 얼마인가?

06 반경 방향과 축 방향으로 $F_r = 3\text{kN}$, $F_a = 2\text{kN}$의 하중을 받으며 1000rpm으로 회전하는 볼 베어링이 있다. 반경 방향과 축 방향의 하중계수는 각각 $X = 0.6$, $Y = 1.5$, 베어링의 동정격 하중 $C = 40\text{kN}$, 하중계수 $f_w = 1.3$일 때 다음을 구하여라.

(1) 등가 하중
(2) 정격수명 시간
(3) 속도계수
(4) 수명 계수

07 회전속도 300rpm, 지름 6cm, 길이 10cm인 전동축을 지지하고 있는 미끄럼 베어링에 4.8kN의 하중이 작용할 때 베어링 압력[MPa]을 구하여라.

08 허용응력 $\sigma_a = 45\text{N/mm}^2$, $\dfrac{l}{d} = 2$인 끝 저널에 15kN의 하중이 가해진다면 저널의 길이를 몇 mm로 하여야 하는가?

09 길이 100mm의 끝 저널이 지름 50mm의 전동축을 받치고 있다. 최대 허용 베어링 압력이 4N/mm^2일 때 최대 베어링 하중을 구하여라.

10 지름 150mm, 길이 300mm인 저널 베어링이 40kN의 하중을 받고 300rpm으로 회전하고 있다. 압력속도계수[$\text{N/mm}^2 \cdot \text{m/s}$]을 구하여라.

11 안지름 10cm, 길이 20cm인 저널 베어링을 300rpm의 전동축용으로 사용하고 있다. 압력속도계수가 $0.8\,\mathrm{N/mm^2 \cdot m/s}$일 때 베어링 하중을 구하여라.

12 하중 400kgf을 받고 회전하는 저널 베어링에서 마찰로 인하여 소비되는 손실동력은 몇 마력[PS]인가? 단, 미끄럼 속도 $v = 0.4\mathrm{m/s}$이고 마찰계수는 0.05이다.

13 볼 베어링과 비교한 미끄럼 베어링의 특성으로 옳지 않은 것을 모두 고르면?

① 소음이 크다.
② 내충격성이 크다.
③ 고온에 약하다.
④ 교환성이 나쁘다.
⑤ 규격이 없으며 일반적으로 주문 생산한다.
⑥ 일반적으로 가격이 싸다.
⑦ 저속 회전에는 적당하지만 고속 회전에는 부적당하다.

14 저널 베어링의 마찰계수가 0.01인 액체마찰 상태에서 베어링에 작용하는 하중이 1,800kgf이고, 회전수가 500rpm인 경우에 다음 설계 변수를 구하시오. 단, 폭과 직경비 $L/D = 2$, 저널 베어링의 평균 수압력은 $1\mathrm{kgf/mm^2}$이다. [중등교사 임용시험-기계]

(1) 저널 베어링의 직경[mm]
(2) 저널 베어링의 폭[mm]
(3) 저널 베어링에서 발생하는 단위 시간당, 단위 면적당 마찰 일 $[\mathrm{kgf \cdot mm/mm^2 \cdot s}]$

15 베어링에 대한 설명 중 옳은 것을 〈보기〉에서 고른 것은? [중등교사 임용시험-기계 · 금속]

ㄱ. 저널베어링에서 베어링의 압력은 저널에 작용하는 하중에 반비례한다. ㄴ. 미끄럼 베어링은 축과 베어링 사이에 볼 또는 롤러를 넣어 사용한다. ㄷ. 볼 베어링에서 베어링의 계산수명은 베어링 하중의 세제곱에 반비례한다. ㄹ. 안지름이 100mm인 구름베어링의 안지름 번호는 20이다.

① ㄱ, ㄴ ② ㄱ, ㄷ ③ ㄴ, ㄷ ④ ㄴ, ㄹ ⑤ ㄷ, ㄹ

16 회전속도 500rpm으로 회전하는 볼베어링(수명지수 $r = 3$)에 작용하는 베어링하중이 100kgf이다. 하중계수는 1.4이고 동적부하용량 $C = 1{,}400\mathrm{kgf}$이라고 할 때, 수명시간의 근삿값은? [중등교사 임용시험-기계 · 금속]

① 33,000 시간 ② 38,000 시간 ③ 42,000 시간 ④ 46,000 시간
⑤ 51,000 시간

17 미끄럼접촉 레이디얼 베어링(sliding contact radial bearing)과 구름접촉 레이디얼 베어링(rolling contact radial bearing)에 대한 설명으로 옳은 것만을 〈보기〉에서 있는 대로 고른 것은? [중등교사 임용시험-기계·금속]

> ㄱ. 모두 저하중 고속 정밀측정기의 테이블 직선 이송에 많이 사용한다.
> ㄴ. 모두 수직형 드릴링 머신의 구멍 뚫기 작업에 걸리는 축 방향 하중을 지지한다.
> ㄷ. 구름접촉 레이디얼 베어링의 한계속도지수는 윤활하는 방식에 따라 달라진다.
> ㄹ. 미끄럼접촉 레이디얼 베어링에 작용하는 압력이 커서 유막이 파손되면 경계마찰이 되므로 주의해야 한다.

① ㄱ, ㄷ ② ㄴ, ㄹ ③ ㄷ, ㄹ ④ ㄱ, ㄴ, ㄷ ⑤ ㄱ, ㄴ, ㄹ

18 다음 그림은 축을 지지하고 축의 하중을 지탱하는 볼베어링과 미끄럼베어링(저널베어링)이다. 물음에 답하시오. [중등교사 임용시험-기술]

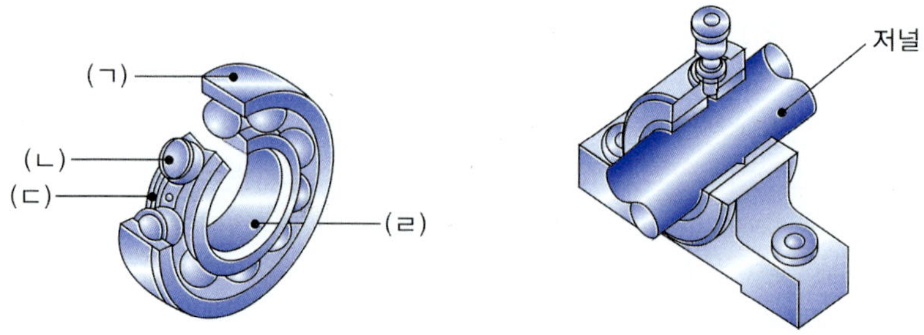

[문제 6.18]

(가) 위 그림에서 (ㄱ), (ㄴ), (ㄷ), (ㄹ)의 명칭과 (ㄷ)의 기능(역할)을 쓰시오.

(나) 볼 베어링과 미끄럼 베어링의 특징을 충격에 견디는 정도, 볼 또는 저널의 접촉 상태, 기동 시 마찰 저항의 정도를 중심으로 각각 1 줄 이내로 설명하시오.

- 볼베어링의 특징 :
- 미끄럼베어링의 특징 :

19 구름베어링의 호칭번호가 6203이라면 베어링의 안지름[mm]은? [공무원 임용시험]

① 3 ② 15 ③ 17 ④ 20

20 볼베어링의 구성 요소가 아닌 것은? [공무원 임용시험]

① 내륜 ② 외륜 ③ 플랜지 ④ 리테이너

21 구름 베어링의 기본 동정격하중(동적 부하용량)에 대한 설명으로 옳은 것은? [공무원 임용시험]

① 한 개의 롤러 베어링에 부가할 수 있는 최대 하중이다.
② 동하중을 받는 내륜이 1,000만 회전을 견딜 수 있는 하중이다.
③ 전동체 지름의 1/10,000에 해당하는 영구변형량을 발생시키는 하중이다.
④ $33\frac{1}{3}$ rpm의 내륜속도에서 500시간의 수명을 얻을 수 있는 일정하중이다.

22 볼 베어링의 기본 동 정격하중이 10kN이고 베어링에 걸리는 하중이 500N이다. 이 볼 베어링이 20,000시간의 수명을 갖기 위한 회전속도[rpm]에 가장 가까운 값은? (단, 하중계수 $f_w = 1.0$으로 한다.) [공무원 임용시험]

① 6,660 ② 7,770 ③ 13,320 ④ 15,540

23 볼 베어링의 처음 정격 수명이 L_n인 경우, 동일 조건에서 베어링의 하중을 2배로 증가시킬 때 정격 수명은? [공무원 임용시험]

① $\frac{1}{3}L_n$ ② $\frac{1}{4}L_n$ ③ $\frac{1}{6}L_n$ ④ $\frac{1}{8}L_n$

24 150[rpm]으로 회전하고 있는 볼 베어링의 수명이 3,000시간일 때, 이 베어링에 작용하는 최대 하중[kgf]은? (단, 기본 동정격하중은 1,350[kgf]이다.) [공무원 임용시험]

① 450 ② 550 ③ 650 ④ 750

25 길이가 10mm인 미끄럼 베어링이 반경 방향으로 3,200N의 하중을 받고 있다. 이 미끄럼 베어링의 직경[mm]은? (단, 베어링의 허용압력은 $20\,\mathrm{N/mm^2}$이다.) [공무원 임용시험]

① 12 ② 16 ③ 20 ④ 32

26 1,200rpm으로 회전하고 5kN의 반지름 방향 하중이 작용하는 축을 미끄럼 베어링이 지지하고 있다. 축의 지름이 100mm, 저널 길이가 50mm, 마찰계수가 0.01일 때, 미끄럼 베어링의 손실동력[W]은? (단, $\pi = 3$으로 한다.) [공무원 임용시험]

① 150 ② 300 ③ 450 ④ 600

27 허용 압력속도계수(발열계수)는 $2\,\mathrm{N/mm^2 \cdot m/s}$, 지름은 $70\,\mathrm{mm}$, 길이는 125mm의 중간저널 베어링을 250rpm으로 회전하는 축에 사용하였을 때, 최대 허용하중[N]은? (단, $\pi = 3$으로 한다.) [공무원 임용시험]

① 15,000 ② 18,000 ③ 20,000 ④ 25,000

28 볼베어링 수명시간에 대한 설명으로 옳지 않은 것은? (단, L_h는 볼베어링 수명시간[hr], C는 기본 동정격하중 또는 기본 동부하용량[N], P는 베어링 하중 또는 동등가하중[N], f_h는 수명계수, N은 볼베어링 회전수[rpm]이다.) [공무원 임용시험]

① $L_h = \dfrac{10^6}{60N}\left(\dfrac{C}{P}\right)^3$

② 동일 베어링 그룹을 같은 조건에서 각각 운전하였을 때, 90% 이상의 베어링이 손상되지 않을 때까지의 총 회전수를 정격수명이라 한다.

③ 외륜을 고정하고 내륜을 회전하는 조건에서 33.3 rpm으로 500시간의 정격수명을 얻을 수 있는 베어링 하중을 기본 동정격하중이라 한다.

④ $L_h = f_h^{10/3} \times 500$

29 20kN의 하중이 작용하는 축이 100rpm으로 회전하고 있다. 레이디얼 저널 베어링의 허용 최대 압력이 4N/mm^2, 저널의 길이와 지름의 비 $\dfrac{l}{d} = 2$일 때 지름 d의 최솟값은? [공무원 임용시험]

① 10mm ② 50mm ③ 102mm ④ 122mm

30 1,600kgf의 베어링 하중을 지지하고 회전속도 300rpm으로 회전하는 끝저널 베어링의 최소 지름 d[mm]과 폭 l[mm]은? (단, 허용베어링압력은 0.5kgf/mm^2, 폭지름비 $l/d = 2$로 한다.) [공무원 임용시험]

① $d=35,\ l=70$ ② $d=40,\ l=80$

③ $d=45,\ l=90$ ④ $d=50,\ l=100$

31 250rpm으로 회전하는 축의 끝 저널 베어링(End journal bearing)을 설계하고자 한다. 베어링에 전달되는 하중이 700kgf이고 발열계수가 $0.15\text{kgf/mm}^2 \cdot \text{m/s}$일 때 저널의 길이에 가장 가까운 값은? (단, $\pi = 3$이다.) [공무원 임용시험]

① 60mm ② 100mm ③ 140mm ④ 200mm

32 기본 동적 부하용량 64kN인 볼베어링에 동등가하중 8kN이 작용하고 있다. 이 볼베어링을 롤러베어링으로 교체할 때, 롤러 베어링의 정격수명[회전]은? (단, 교체한 롤러베어링에는 볼베어링과 같은 동등가하중이 작용하며, 롤러베어링의 기본 동적 부하용량은 볼베어링과 같다.) [공무원 임용시험]

① $2^3 \times 10^6$ ② $2^{10} \times 10^6$ ③ $2^{\frac{3}{10}} \times 10^6$ ④ $2^{\frac{10}{3}} \times 10^6$

33 볼베어링을 롤러베어링과 비교한 것으로 옳은 것은? [공무원 임용시험]

① 볼베어링은 롤러베어링보다 고속회전에 적합하다.
② 볼베어링은 롤러베어링보다 대하중에 사용된다.
③ 볼베어링은 롤러베어링보다 마찰이 크다.
④ 볼베어링은 롤러베어링보다 내충격력이 크다.

34 베어링 번호 6310의 단열 레이디얼 볼 베어링에 그리스 윤활로 30,000시간의 수명을 주고자 한다. 이 베어링의 한계속도지수가 200,000mm · rpm이라 할 때, 이 베어링의 최대 사용 가능한 회전속도 N[rpm]은? [공무원 임용시험]

① 4,000 ② 4,500 ③ 5,000 ④ 5,500

35 베어링 번호가 6310인 단열 깊은 홈 볼 베어링을 그리스 윤활로 900시간의 수명을 주려고 할 때 베어링 하중의 값[kN]은? (단, 그리스 윤활의 dN값은 200,000이고 6310 베어링의 동적부하용량은 48kN으로 계산한다.) [공무원 임용시험]

① 4kN ② 6kN ③ 8kN ④ 10kN

36 N=600rpm으로 회전하는 볼 베어링에 P=400kgf의 베어링 하중이 작용하고 있다. 이 볼 베어링의 동적 부하용량이 C=2,400kgf일 때, 베어링의 수명시간 L_h[hr]은? [공무원 임용시험]

① 1,000 ② 3,000 ③ 6,000 ④ 9,000

37 볼베어링의 기본 정격수명은 기본 동정격하중과 등가 동하중과의 비의 세제곱에 비례하며, 기본 동정격하중은 100만 회전의 수명을 유지할 수 있는 동하중을 뜻한다. 600rpm으로 회전하는 단열 레이디얼 볼베어링에 3kN의 하중이 작용할 때 수명시간[hr]을 계산하시오. (단, 이 베어링의 기본 동정격하중은 18kN이다.) [공무원 임용시험]

① 3,000 ② 4,000 ③ 4,500 ④ 6,000

38 500rpm으로 회전을 하고, 베어링 하중 36kN을 지지하는 축 끝 가로 저널이 있다. 허용 베어링 압력이 5N/mm^2일 때, 저널의 지름 d와 길이 l은 각각 얼마인가? (단, 지름비 $l/d=2$이다.) [공무원 임용시험]

① d=60mm, l=120mm ② d=55mm, l=110mm
③ d=50mm, l=100mm ④ d=45mm, l=90mm

39 폭경비가 1.5인 끝저널 베어링이 3,000kgf의 하중을 받고 있다. 축의 허용 굽힘 응력이 3kgf/mm^2일 때 베어링의 길이를 구하여라. [공무원 임용시험]

① 87.4mm ② 105.1mm ③ 118.3mm ④ 131.1mm

40 900rpm으로 회전하고 있는 단열 레이디얼 볼 베어링에 200kgf의 반경방향 하중이 작용하고 있다. 이 베어링의 기본 동적부하용량이 900kgf이고 하중계수가 1.5일 때, 베어링의 수명[시간]은? [지방공무원 9급(2020)]

① 500 ② 1,000

③ 1,500 ④ 2,000

41 동적 부하용량이 3000kgf인 레이디얼 볼베어링이 하중 100kgf를 받고 있다. 회전수가 1000rpm일 때, 베어링의 기본 정격 수명 시간[hour]은? (단, 하중계수(f_W)=1이다.)

[국가공무원 9급(2020)]

① 9×10^4 ② 30×10^4

③ 45×10^4 ④ 90×10^4

42 그림과 같이 지름(D) 50mm인 레이디얼 저널 베어링의 엔드저널에 반경방향 하중(P) 15kN이 작용할 때, 안전계수를 고려한 미끄럼 베어링의 폭 L[mm]은? (단, 베어링 부분의 압력 분포는 일정하고 평균압력은 10MPa, 안전계수는 2이다.) [국가공무원 7급(2020)]

① $\frac{48}{\pi}$ ② $\frac{60}{\pi}$

③ 30 ④ 60

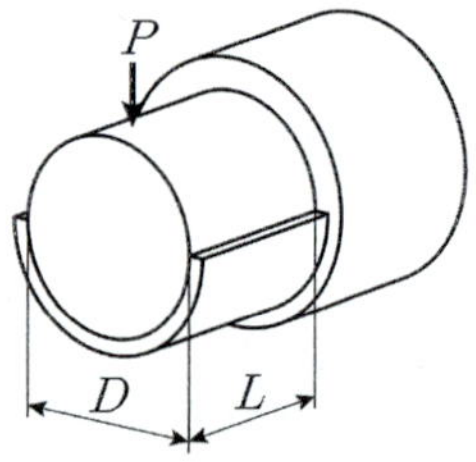

[문제 6.42]

43 구름 베어링에 대한 설명으로 옳지 않은 것은? [국가공무원 7급(2020)]

① 베어링 형식, 치수 및 윤활에 대한 제약으로 사용 속도의 한계를 나타내는 설계 변수를 한계속도지수라 한다.

② 기본 동 정격하중(basic dynamic load rating)은 정지하중 상태에서 외륜을 고정하고 내륜을 회전시켜 10만 회전의 정격수명을 얻을 수 있는 하중이다.

③ 적절하게 선정된 베어링을 정상적으로 사용하였을 때, 피로에 의해서 궤도나 전동체 표면에서 박리현상이 일어나는 것이 수명 판단의 기준이 된다.

④ 기본 정적 부하용량(basic static load capacity)은 가장 큰 하중이 작용하는 접촉부에서 전동체와 궤도륜의 영구 변형량 합이 전동체 지름의 1/10,000이 되는 정지하중이다.

44 강도를 고려하여 지름 d인 끝저널(엔드저널)을 설계하기 위해 베어링 폭이 l인 미끄럼 베어링 내의 평균압력 p_m을 길이 l인 저널 중앙지점에 작용하는 집중하중 P로 대체하고 저널을 외팔보로 취급하여 설계한다면 $\frac{l}{d}$은? (단, 저널의 허용굽힘응력은 σ_a이다.)

[지방공무원 9급(2021)]

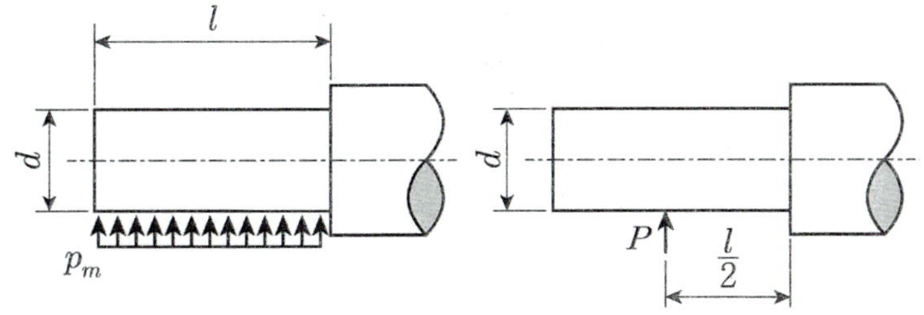

[문제 6.44]

① $\sqrt{\frac{32p_m}{\pi\sigma_a}}$ ② $\sqrt{\frac{\pi\sigma_a}{32p_m}}$ ③ $\sqrt{\frac{16p_m}{\pi\sigma_a}}$ ④ $\sqrt{\frac{\pi\sigma_a}{16p_m}}$

45 베어링 A, B에 적합한 호칭번호를 순서대로 나열한 것은? [국가공무원 9급(2021)]

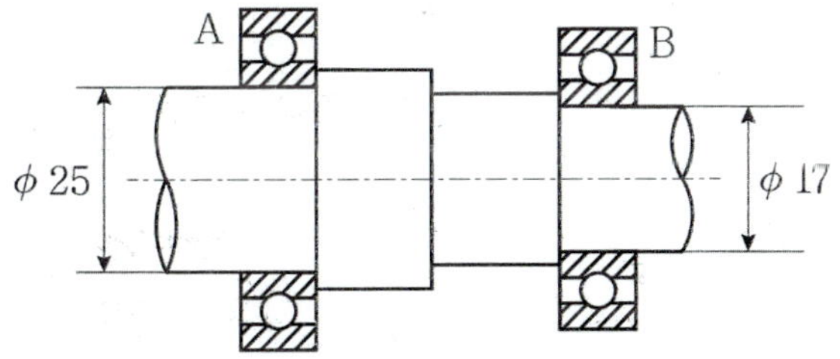

[문제 6.45]

① 6205, 6203 ② 6203, 6215

③ 6205, 6207 ④ 6225, 6217

46 구름베어링 호칭번호 '6204C2P6'로부터 알 수 있는 것으로 옳지 않은 것은?

[국가공무원 7급(2021)]

① 베어링 종류는 단열 깊은홈 볼베어링이다.

② 안지름 치수는 20mm이다.

③ 내륜 및 외륜 사이에 있는 볼의 틈새 크기는 보통급보다 작다.

④ 정밀도는 5급(정밀급)보다 정밀한 등급이다.

제7장 마찰 클러치

7.1 클러치의 종류

운전 중에 수시로 원동축으로부터 종동축으로 동력을 전달하기도 하고 끊을 수도 있는 축 이음 기계요소를 클러치(clutch)라 한다. 클러치에는 맞물림 클러치, 마찰 클러치, 마그네틱 클러치, 원심력 클러치, 유체 클러치 등이 있다.

(1) 맞물림 클러치(클로 클러치, claw clutch) : 두 플렌지에 턱을 만들어서 원동축과 종동축에 설치하고 미끄럼 키를 이용하여 한쪽의 플랜지를 이동시켜 동력을 전달하거나 차단한다. 턱을 만들어 결합하므로 턱 클러치(jaw clutch)라고도 한다.

(2) 마찰 클러치 : 원동축과 종동축에 붙어 있는 접촉면을 서로 강하게 접촉시킬 때 발생하는 마찰력에 의해 동력을 전달한다. 마찰 클러치는 접촉면에서 미끄럼이 발생하므로 회전 중에도 큰 충격 없이 동력을 전달할 수 있다. 즉, 미끄러짐이 일종의 안전장치 역할을 한다. 마찰면의 재료는 마찰계수가 크고 내마멸성이 높으며, 높은 온도에서도 견딜 수 있고 오랫동안 변질되지 않아야 한다. 보통 한쪽에는 금속을 다른 쪽에는 금속, 가죽, 고무, 석면 등의 마찰 재료를 붙여 사용한다. 마찰 클러치에는 원판 클러치와 원추 클러치(원뿔 클러치, cone clutch)가 있고, 원판 클러치는 원판 수에 따라 단판식과 다판식으로 나눈다.

(3) 마그네틱 클러치(전자력 클러치) : 내장된 전자 코일에 의해 발생한 전자력으로 동력을 전달하는 장치로서 전기적 작동에 의해 쉽게 결합하거나 분리할 수 있으므로 최근에는 자동화 장치의 축 이음에 많이 이용된다.

(4) 원심클러치(원심력 클러치) : 원동축에 클러치 슈(clutch shoe)가 있어서 어느 특정 회전속도에 도달하면 클러치 슈에 작용하는 원심력에 의해 자동적으로 클러치 슈가 종동축에 접촉하여 회전력을 전달한다.

(5) **유체 클러치** : 유체 클러치는 원동축에 고정된 펌프의 날개와 종동축에 고정된 터빈의 날개 사이에 유체를 가득 채우고 펌프를 구동함으로써 유체에 에너지를 공급하고 이것을 터빈에 흘려보내 터빈을 회전시킨다.

여기에서는 마찰 클러치 설계에 대해 알아본다. 마찰 클러치는 접촉면에서 미끄럼이 발생하므로 회전 중에도 큰 충격 없이 동력을 전달할 수 있다. 즉, 미끄러짐이 일종의 안전장치 역할을 한다. 마찰면의 재료는 마찰계수가 크고 내마멸성이 높으며, 높은 온도에서도 견딜 수 있고 오랫동안 변질되지 않아야 한다. 보통 한쪽에는 금속을 다른 쪽에는 금속, 가죽, 고무, 석면 등의 마찰 재료를 붙여 사용한다. [표 7.1]에 몇 가지 재료에 대한 마찰계수와 허용 접촉면 압력을 나타내었다. 마찰 클러치에는 원판 클러치와 원추 클러치(원뿔 클러치, cone clutch)가 있다.

[표 7.1] 마찰계수(μ)와 허용 접촉 압력(p)

접촉면 재료		마찰계수 μ			p (N/mm^2; MPa)
		건조	그리이스	윤활	
목재	주철	0.2 ~ 0.35	0.08 ~ 0.12		0.41 ~ 0.62
가죽	주철	0.3 ~ 0.5	0.15 ~ 0.2	0.12 ~ 0.15	0.07 ~ 0.27
주철	주철	0.15 ~ 0.2	0.06 ~ 0.1	0.05 ~ 0.1	1.03 ~ 1.72
청동	주철		0.05 ~ 0.1	0.05 ~ 0.1	0.55 ~ 0.82
강철	주철	0.25 ~ 0.35	0.07 ~ 0.12	0.06 ~ 0.1	0.82 ~ 1.37

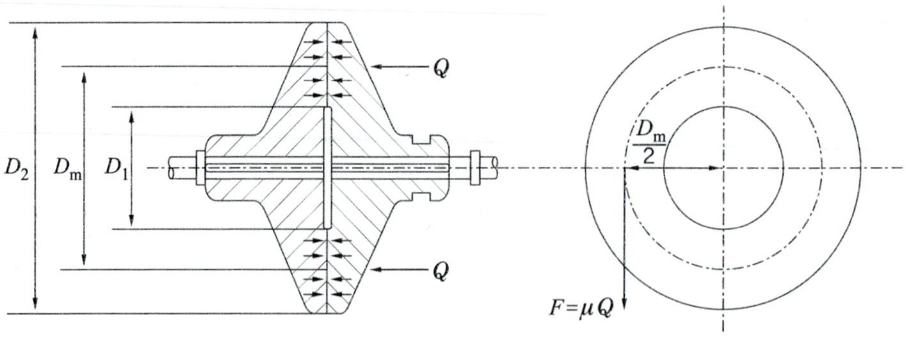

[그림 7.1] 원판 클러치

7.2 원판 클러치 - 단판

[그림 7.1]과 같이 원판 클러치는 접촉면이 평면 원판인 클러치이다. 두 판의 면이 서로 접촉하여 판 사이의 압력에 의한 마찰력으로 동력을 전달한다.

마찰면의 허용 접촉 압력을 p, 마찰 계수를 μ, 안지름과 바깥지름을 각각 D_1, D_2, 평균 지름을 D_m으로 하고, 축방향의 누르는 힘을 Q, 마찰에 의한 회전력을 F라 한다.

압력이 전체 접촉면에 일정하게 분포한다고 가정하면 반지름 r인 위치에 있는 미소 면적요소 $dA = 2\pi r dr$에 작용하는 축방향 힘(dQ)과 회전력(dF)은

$$dQ = pdA = 2\pi prdr$$
$$dF = \mu dQ$$

이므로 최대 전달 토크 T는 다음과 같고,

$$T = \int_{R_1}^{R_2} rdF = 2\pi\mu p \int_{R_1}^{R_2} r^2 dr = \frac{2\pi\mu p}{3}(R_2^3 - R_1^3) \quad \cdots\cdots (7.1)$$

전체 접촉면에 작용하는 축 방향 힘 Q와 마찰력 F는

$$Q = pA = \pi(R_2^2 - R_1^2)p \quad \cdots\cdots (7.2)$$
$$F = \mu Q \quad \cdots\cdots (7.3)$$

이다. 여기에서 R_1, R_2는 반지름을 나타낸다. 일반적으로 클러치의 $R_1 = (0.6 \sim 0.7)R_2$로 설계한다. 이때

$$\frac{T}{\mu Q} = \frac{2}{3}\frac{(R_2^3 - R_1^3)}{(R_2^2 - R_1^2)} \approx \frac{R_1 + R_2}{2} = R_m = \frac{D_m}{2}$$

이다. 따라서 약간의 오차가 있지만 일반적으로 다음 식을 많이 사용한다.[1)]

$$T = \mu Q \times \frac{D_m}{2} \quad \cdots\cdots (7.4)$$

$$Q = \frac{\pi}{4}(D_2^2 - D_1^2)p \quad \cdots\cdots (7.5)$$

1) 이상의 유도과정은 참고로 하고 이 두 식을 알아두도록 한다.

즉, 접촉면에 작용하는 마찰력(μQ)이 평균지름의 위치에 작용한다고 가정하고 모멘트 팔의 길이를 $D_m/2$으로 하여 토크를 구한다. 식 (7.5)에서 접촉 너비 (b)와 평균지름(D_m)

$$b = \frac{D_2 - D_1}{2} \quad \cdots\cdots (7.6)$$

$$D_m = \frac{D_1 + D_2}{2} \quad \cdots\cdots (7.7)$$

을 사용하면 축방향 힘 Q와 토크 T는 다음과 같이 표현된다.

$$Q = \pi D_m b p \quad \cdots\cdots (7.8)$$

$$T = \frac{\pi \mu b p D_m^2}{2} \quad \cdots\cdots (7.9)$$

[MKS 단위계][2)]

클러치 전달 동력이 H_W[W]이고, 축의 회전 속도가 N[rpm]일 때 축의 최대 전달 토크 T[N・m]는 다음과 같다. 여기에서 길이(b, R_1, R_2, D_1, D_2, D_m)와 압력(p)의 단위는 각각 m, $\mathrm{Pa = N/m^2}$이다.

$$H_W = T\omega = T \times \frac{2\pi N}{60} \ [\mathrm{W}] \quad \cdots\cdots (7.10)$$

$$T = \frac{60 H_W}{2\pi N} \ [\mathrm{N \cdot m}] \quad \cdots\cdots (7.11)$$

따라서 전달 동력 H_W[W]와 축방향 힘 Q[N]의 관계는 다음과 같다.

$$T = \mu Q \times \frac{D_m}{2} = \frac{60 H_W}{2\pi N} \ [\mathrm{N \cdot m}] \quad \cdots\cdots (7.12)$$

$$H_W = \frac{\pi \mu Q D_m N}{60} = \frac{\pi \mu Q (D_1 + D_2) N}{120} \ [\mathrm{W}] \quad \cdots\cdots (7.13)$$

한편 축 방향 힘은

$$Q = \pi D_m b p \ [\mathrm{N}] \quad \cdots\cdots (7.14)$$

2) 일반 기계설계 책에서 단위 연산된 식을 제시하고 있으므로 여기에서도 소개한다. 그러나 여러 가지 복잡한 식을 굳이 기억하려 하지 말고 MKS 단위계에서 간단한 식을 이해하고 적용할 수 있도록 한다.

이다. 따라서 압력 p와 동력의 관계는 다음과 같다.

$$H_W = \frac{\pi\mu Q D_m N}{60} = \frac{\pi^2 \mu b p D_m^2 N}{60} \ [\mathrm{W}] \quad \cdots\cdots (7.15)$$

[단위연산 : 동력(H)의 단위가 kW이고 길이의 단위가 mm일 때][3]

클러치의 전달 동력이 H_{kW}[kW]이고, 축의 회전 속도가 N[rpm]일 때 축의 최대 전달 토크 T[N · mm]와의 관계를 구해본다. '동력 = 토크 × 각속도'이므로 단위를 환산하여 나타내면

$$1000 H_{kW} = \frac{T\omega}{1000} = \frac{T}{1000} \times \frac{2\pi N}{60}$$

$$(\leftarrow 1\,\mathrm{kW} = 1000\mathrm{W} = 1000\frac{\mathrm{N \cdot m}}{\mathrm{s}},\ 1\,\mathrm{N \cdot mm} = 1\,\mathrm{N} \cdot \frac{\mathrm{m}}{1000})$$

$$\therefore\ T = \frac{60 \times 10^6}{2\pi} \times \frac{H_{kW}}{N} = 9.55 \times 10^6 \times \frac{H_{kW}}{N} \ [\mathrm{N \cdot mm}]$$[4]

이고, 전달 동력 H_W(kW)와 축방향 힘 Q(N)의 관계는 다음과 같다.

$$H_{kW} = \frac{NT}{9.55 \times 10^6} = \frac{N}{9.55 \times 10^6} \times \frac{\mu Q D_m}{2} = \frac{N}{9.55 \times 10^6} \times \frac{\mu Q (D_1 + D_2)}{4}$$

이상의 결과 식을 정리하면 다음과 같다.

$$Q = \pi D_m b p \ [\mathrm{N}] \quad \cdots\cdots (7.16)$$

$$T = 9.55 \times 10^6 \times \frac{H_{kW}}{N} \ [\mathrm{N \cdot mm}] \quad \cdots\cdots (7.17)$$

$$H_{kW} = \frac{\mu Q D_m N}{1.91 \times 10^7} = \frac{\mu Q (D_1 + D_2) N}{3.82 \times 10^7} \ [\mathrm{kW}] \quad \cdots\cdots (7.18)$$

$$H_{kW} = \frac{\pi \mu b p D_m^2 N}{1.91 \times 10^7} = \frac{\pi \mu b p (D_1 + D_2)^2 N}{7.64 \times 10^7} \ [\mathrm{kW}] \quad \cdots\cdots (7.19)$$

여기에서 길이(b, D_1, D_2, D_m)와 압력(p)의 단위는 각각 mm, N/mm^{2}이다.

---

3) 다음에 나오는 식들은 참고로 보아 두는 게 좋겠다.

4) 기계설계 공식에서 복잡하게 나오는 수치 9550000(H의 단위가 kW일 때), 7023510, 7018760(H의 단위가 마력일 때) 등은 단위를 환산하는 과정에서 나온 것에 지나지 않는다.

[단위연산 : 동력(H)의 단위가 마력[PS]이고 길이의 단위가 mm일 때]

동력 H_{PS}[PS], 회전수 N[rpm], 토크 T[N · mm]일 때 관계식은 다음과 같이 유도된다.

$$(735.5)H_{PS} = \frac{T\omega}{1000} = \frac{T}{1000} \times \frac{2\pi N}{60}$$

$$(\leftarrow 1\,\mathrm{PS} = 735.5\,\mathrm{W} = 735.5\frac{\mathrm{N \cdot m}}{\mathrm{s}},\ 1\,\mathrm{N \cdot mm} = 1\,\mathrm{N} \cdot \frac{\mathrm{m}}{1000})$$

$$\therefore\ T = \frac{735.5 \times 1000 \times 60}{2\pi} \times \frac{H_{PS}}{N} = 7023510 \times \frac{H_{PS}}{N}\ [\mathrm{N \cdot mm}]$$

$$\therefore\ H_{PS} = \frac{NT}{7023510} = \frac{N}{7023510} \times \frac{\mu Q D_m}{2} = \frac{\mu Q D_m N}{14047020}\ [\mathrm{PS}]$$

이상의 결과 식을 정리하면 다음과 같다.

$$Q = \pi D_m b p\ [\mathrm{N}] \tag{7.20}$$

$$T = 7023510 \times \frac{H_{PS}}{N}\ [\mathrm{N \cdot mm}] \tag{7.21}$$

$$H_{PS} = \frac{\mu Q D_m N}{14047020}\ [\mathrm{PS}] \tag{7.22}$$

$$H_{PS} = \frac{\pi \mu b p D_m^2 N}{14047020}\ [\mathrm{PS}] \tag{7.23}$$

여기에서 길이(b, D_m)과 압력(p)의 단위는 각각 mm, $\mathrm{N/mm^2}$이다.

[Note] 어떤 책에는 다음과 같이 표현된 식을 사용하는데 이것은 단위 환산 과정에서 나오는 숫자 차이이고 근본 식은 모두 $H = T\omega = T \times \frac{2\pi N}{60}$이다.

$$T = 7018760 \times \frac{H_{PS}}{N}\ [\mathrm{N \cdot mm}]$$

$$H_{PS} = \frac{\mu Q D_m N}{14037520}\ [\mathrm{PS}]$$

$$H_{PS} = \frac{\pi \mu b p D_m^2 N}{14037520}\ [\mathrm{PS}]$$

여기에서 회전수 N의 단위는 rpm이고, 길이(b, D_m)과 압력(p)의 단위는 각각 mm, $\mathrm{N/mm^2}$이다.

[예제 7.1] 안지름 $D_1 = 60\text{mm}$, 바깥지름 $D_2 = 100\text{mm}$인 원판 클러치가 $N = 400\text{rpm}$으로 회전할 때 최대 전달 토크 $T[\text{N} \cdot \text{m}]$와 전달 동력 $H_W[\text{W}]$를 구하여라. 단, 마찰계수 $\mu = 0.2$, 허용 접촉 압력 $p = 1\text{N/mm}^2$이다.

풀이 전체 접촉면에 작용하는 축 방향 힘은

$$Q = \frac{\pi}{4}(D_2^2 - D_1^2)p = \frac{\pi}{4}(100^2 - 60^2)(1)[\text{N}] = 5027[\text{N}]$$

이므로 최대 전달 토크(T)와 동력(H_W)은 다음과 같다.

$$T = \mu Q \times \frac{D_m}{2} = \frac{\mu Q(D_1 + D_2)}{4}$$

$$= \frac{0.2 \times 5027 \times (60 + 100) \times 10^{-3}}{4}[\text{N} \cdot \text{m}]$$

$$= 40.2[\text{N} \cdot \text{m}]$$

$$H_W = T\omega = (40.2) \times \frac{2\pi \times 400}{60}[\text{W}]$$

$$= 1684[\text{W}]$$

[예제 7.2] 회전수 1200rpm으로 26마력[PS]의 동력을 전달하는 원판 클러치의 바깥지름을 구하여라. 단, 마찰계수 $\mu = 0.247$, 접촉면 평균압력 $p = 0.196\text{N/mm}^2$, 클러치의 평균지름 $D_m = 200\text{mm}$이다.

풀이 (1) MKS 단위(W, N, m)로 환산하여 구한다.

1PS=735.5W, 1mm=0.001m, $1\text{N/mm}^2 = 10^6\text{N/m}^2$이다.

$$H_W = \frac{\pi^2 \mu b p D_m^2 N}{60}[\text{W}]$$

$$26 \times 735.5 = \frac{\pi^2(0.247) \times b \times (0.196 \times 10^6) \times (0.2)^2 \times 1200}{60}$$

$$\therefore\ b = 0.0500[\text{m}] = 50.0[\text{mm}]$$

따라서 바깥지름 $D_2 = D_m + b = 200 + 50 = 250[\text{mm}]$이다.

(2) 마력(PS)으로 환산된 공식 사용.

$$H_{PS} = \frac{\pi\mu b p D_m^2 N}{14047020} \text{ [PS]}$$

$$26 = \frac{\pi(0.247) \times b \times 0.196 \times 200^2 \times 1200}{14047020}$$

$$\therefore \quad b = 50.0[\text{mm}]$$

† (1), (2)는 같은 결과를 얻는다. 단위 환산에 의해 복잡한 숫자가 나타나는 것보다는 MKS 단위를 사용하는 것이 훨씬 간단하고 이해하기 쉬우므로 이 방법을 아는 것이 더 좋을 것이다.

[예제 7.3] 축의 최대 전달 동력이 4kW이고 회전 속도가 500rpm일 때 최대 전달 토크[N · m]를 구하여라.

풀이 MKS 단위로 통일하여 구한다. $H_W = 4\text{kW} = 4000\text{W}$, $N = 500\text{rpm}$이고, 결과로 나오는 토크(T)의 단위는 [N · m]이다.

$$H_W = T\omega = T \times \frac{2\pi N}{60}$$

$$4000 = T \times \frac{2\pi \times 500}{60}$$

$$\therefore \quad T = \frac{4000 \times 60}{2\pi \times 500}[\text{N} \cdot \text{m}] = 76.4\,[\text{N} \cdot \text{m}]$$

[예제 7.4] 원판 클러치에서 축 방향으로 미는 힘 500N을 가해 6N · m의 토크를 전달하고자 한다. 마찰면의 바깥지름이 150mm일 때 안지름의 최소 크기 D_1[mm]를 구하여라. 단, 마찰계수는 0.2이다.

풀이 축 방향으로 미는 힘 $Q = 500\text{N}$, 전달 토크 $T = 6\text{N} \cdot \text{m} = 6{,}000\text{N} \cdot \text{mm}$, 마찰면 바깥지름 $D_2 = 150\text{mm}$, 마찰계수 $\mu = 0.2$이다. 접촉면에 작용하는 마찰력 $F = \mu Q$가 마찰차의 평균지름(D_m)에 작용한다고 가정하면

$$T = F \times \frac{D_m}{2} = (\mu Q) \times \frac{D_m}{2}$$

$$\therefore \ D_m = \frac{2T}{\mu Q} = \frac{2(6,000)}{0.2(500)}[\text{mm}] = 120[\text{mm}]$$

이다. 따라서 마찰면의 안지름(D_1)은 다음과 같다.

$$D_m = \frac{D_1 + D_2}{2}$$

$$\therefore \ D_1 = 2D_m - D_2 = 2(120) - 150\,[\text{mm}] = 90[\text{mm}]$$

이상에서 단위를 N, mm로 통일하여 계산하였다.

[예제 7.5] 회전수 1,000[rpm]으로 10[kW]의 동력을 전달하는 단판 클러치의 내경이 100[mm], 외경이 200[mm], 마찰계수가 0.2일 때, 클러치를 축 방향으로 미는 힘 Q[kgf]를 구하여라.

풀이 회전속도 $N = 1,000\text{rpm}$, 동력 $H = 10\text{kW}$, 내경 $D_1 = 100\text{mm}$, 외경 $D_2 = 200\text{mm}$, 마찰계수 $\mu = 0.2$이다. 평균지름(D_m)은

$$D_m = \frac{D_1 + D_2}{2} = \frac{100 + 200}{2}[\text{mm}] = 150[\text{mm}] = 0.15[\text{m}]$$

이고, 전달 동력(H)은

$$H = T\omega = \left(F \times \frac{D_m}{2}\right) \times \frac{2\pi N}{60}$$

$$= \left[(\mu Q) \times \frac{D_m}{2}\right] \times \frac{2\pi N}{60} = \frac{\pi \mu Q D_m N}{60}$$

이므로, 클러치를 축 방향으로 미는 힘 Q[kgf]는 다음과 같다.

$$Q = \frac{60H}{\pi \mu D_m N} = \frac{60 \times (10 \times 1000)}{\pi \times (0.2) \times (0.15) \times (1000)}[\text{N}]$$

$$= 6366.2[\text{N}]$$

$$= \frac{6366.2}{9.8}[\text{kgf}] = 649.6[\text{kgf}]$$

이상에서 동력 $H = T\omega$, 마찰력 $F = \mu Q$이고, 단위를 SI 단위 m, W로 통일하여 계산하였다. 이때 힘의 단위는 N이 된다.

7.3 원판 클러치 - 다판

클러치 면 수가 Z이고 각 클러치 면에 작용하는 축 방향 반력이 Q_1이면 클러치 전체에서 축 방향으로 미는 힘(Q)은

$$Q = ZQ_1 \quad \cdots\cdots (7.24)$$

이다. 마찰면에 상대운동이 없을 때 하나의 클러치에 작용하는 마찰력 $F_1 = \mu Q_1$이므로 클러치 전체의 최대 전달토크(T)는 다음과 같다.

$$T = Z \times \left(\mu Q_1 \times \frac{D_m}{2}\right) \quad \cdots\cdots (7.25)$$

식 (7.24)를 이용하여 식 (7.25)를 다시 쓰면

$$T = \mu Q \times \frac{D_m}{2} \quad \cdots\cdots (7.26)$$

이다. 식 (7.26)에서 Q는 클러치 전체에서 축 방향으로 미는 힘이다. 따라서 클러치 판 수가 증가하여도 축 방향 힘(Q)의 크기가 같으면 단판클러치와 같은 크기의 토크(T)가 전달된다. 그런데 클러치 판 수가 증가하면 축 방향 힘이 여러 개의 클러치에 분산되므로 하나의 클러치에 작용하는 면압력이 감소한다. 다판 클러치는 클러치 면이 지지할 수 있는 면압력의 한계를 고려하여 축 방향으로 미는 힘을 증가시켜 최대전달토크를 증가시킬 수 있게 한 것이다.

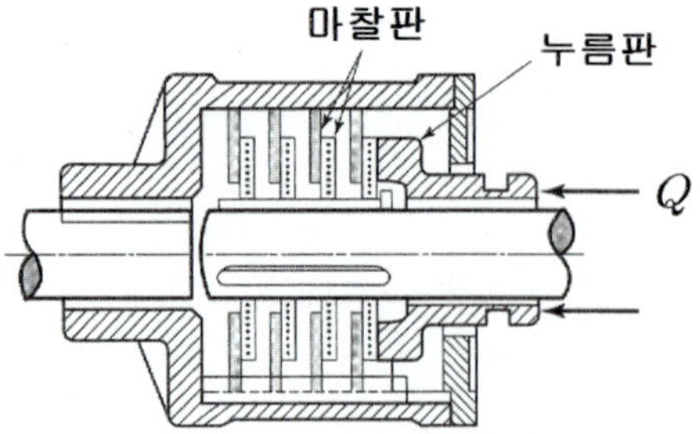

[그림 7.2] 원판클러치(다판)

축 방향으로 미는 힘 Q에 의해 발생하는 클러치 판의 평균 면압력 q가 전체 접촉면에 균일하게 분포한다고 가정하면

$$Q=(qA_1)Z=q\times(\pi D_m\times b)Z \quad \cdots\cdots (7.27)$$

이다. 이 식을 접촉면 면압력(q)에 대해 쓰면 다음과 같다.

$$q=\frac{Q_1}{A_1}=\frac{Q/Z}{\frac{\pi(D_2^2-D_1^2)}{4}}=\frac{Q}{\pi D_m bZ} \quad \cdots\cdots (7.28)$$

여기에서 q는 접촉면에 작용하는 압력, Q는 축 방향으로 미는 힘, D_1과 D_2는 원판의 안쪽 지름과 바깥지름, $b=\frac{D_2-D_1}{2}$는 마찰면의 접촉너비, $D_m=\frac{D_1+D_2}{2}$은 평균지름, Z는 판의 수이다.

식 (7.26)에서 $Q=\frac{2T}{\mu D_m}$을 식 (7.28)에 대입하면 다음과 같은 면압력 q와 T의 관계식이 유도된다.

$$q=\frac{Q}{\pi D_m bZ}=\frac{(2T/\mu D_m)}{\pi D_m bZ}=\frac{2T}{\pi\mu D_m^2 bZ} \quad \cdots\cdots (7.29)$$

[예제 7.6] 다판식 원판 클러치에서 각 클러치 면에 작용하는 축 방향 하중이 10kgf이고, 클러치 전체의 전달토크가 $2\text{kgf}\cdot\text{m}$일 때 마찰면의 개수를 구하여라. 단, 접촉면의 안지름 100mm, 바깥지름 300mm이고, 마찰계수 $\mu=0.2$이다.

풀이 하나의 클러치에 작용하는 축 방향 힘 $Q_1=10\text{kgf}$, 전달 토크 $T=2\text{kgf}\cdot\text{m}$, 접촉면 안지름 $D_1=100\text{mm}=0.1\text{m}$, 바깥지름 $D_2=300\text{mm}=0.3\text{m}$, 마찰계수 $\mu=0.2$이다. 마찰면의 개수를 Z라 한다. 마찰력 $F_1=\mu Q_1$, 평균지름 $D_m=\frac{D_1+D_2}{2}$이므로

$$T=\left(F_1\times\frac{D_m}{2}\right)Z=\left(\mu Q_1\times\frac{D_m}{2}\right)Z$$

$$=\frac{\mu Q(D_1+D_2)Z}{4}$$

$$\therefore \ Z = \frac{4T}{\mu Q_1(D_1 + D_2)} = \frac{4 \times 2}{0.2 \times 10 \times (0.1 + 0.3)} = 10[\text{개}]$$

[원판 클러치 기본 관계식]

본문에서 유도한 관계식은 식을 종합적으로 나타내었기 때문에 복잡해 보이는 것이고, 다음과 같은 기본 관계식을 이용하여 계산하면 된다.

- 접촉 너비 : $b = \dfrac{D_2 - D_1}{2}$

- 평균 지름 : $D_m = \dfrac{D_2 + D_1}{2}$

- 접촉면에 작용하는 축 방향 힘 : $Q = \text{면적} \times \text{압력} = (\pi D_m b)p$

- 마찰력 : $F = \mu Q$

- 토크 : $T = \text{힘} \times \text{팔의 길이} = \mu Q \times \dfrac{D_m}{2}$

- 전달동력 : $H = \text{토크} \times \text{각속도} = T\omega = T \times \dfrac{2\pi N}{60}$

7.4 원추 클러치

[그림 7.3]과 같이 원추 클러치는 접촉면을 쐐기 모양의 원추형으로 하여 접촉 압력을 크게 한 것이다. 마찰면은 원추의 표면이 되며 접촉면에서 전압력 Q는 축 방향 추력 P에 의해 발생한다. 원추 꼭지각의 1/2을 원추각 α, 밀어붙이는 방향에 있어서의 마찰계수를 μ라 하면

$$P = P_1 + P_2 = Q\sin\alpha + \mu Q\cos\alpha = Q(\sin\alpha + \mu\cos\alpha) \quad \cdots\cdots\cdots (7.30)$$

$$\therefore \ Q = \frac{P}{\sin\alpha + \mu\cos\alpha} \quad \cdots\cdots\cdots (7.31)$$

이다. 여기에서 Q는 접촉면에 수직으로 작용하는 힘이고, P는 축 방향으로 미는 힘이다.

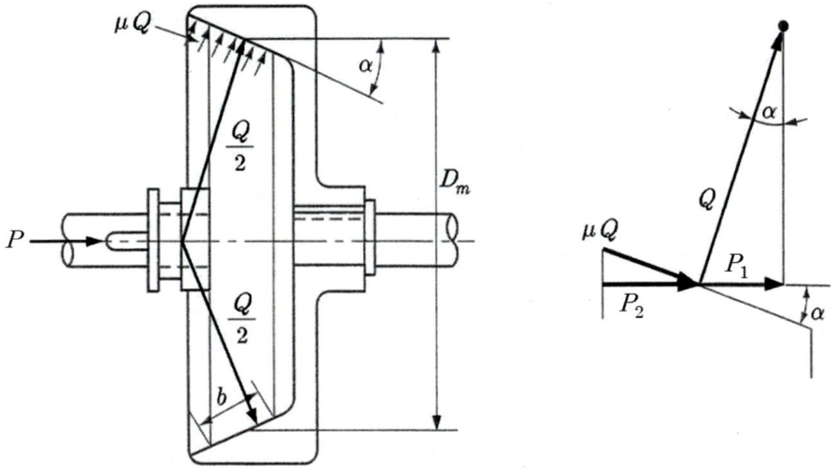

[그림 7.3] 원추 클러치

마찰력이 작용하는 위치가 원추 마찰면의 평균 지름 D_m이라고 가정하면 마찰력 $f = \mu Q$이므로 원추 마찰면이 전달할 수 있는 토크는 원판 클러치의 경우와 같이 다음 식으로 주어진다.

$$T = \mu Q \times \frac{D_m}{2} = \frac{\mu Q D_m}{2} \quad \cdots\cdots (7.32)$$

접촉면 평균압력(접촉면압) p는 접촉면에 수직으로 작용하는 힘(Q)을 접촉면 면적 ($\pi D_m b$)으로 나눈 값이다.

$$p = \frac{Q}{\pi D_m b} \quad \cdots\cdots (7.33)$$

여기에서 b는 원추 접촉면의 폭이다. 식 (7.32)에서

$$Q = \frac{2T}{\mu D_m} \quad \cdots\cdots (7.34)$$

이므로 토크(T)와 접촉면압(p)의 관계는 다음과 같다.

$$p = \frac{2T}{\pi \mu D_m^2 b} \quad \cdots\cdots (7.35)$$

그리고 식 (7.30), (7.34)로부터 축 방향 힘 P와 토크 T의 관계는 다음과 같다.

$$P = Q(\sin\alpha + \mu\cos\alpha) = \frac{2T}{\mu D_m}(\sin\alpha + \mu\cos\alpha) \qquad (7.36)$$

$$T = \frac{\mu D_m P}{2(\sin\alpha + \mu\cos\alpha)} \qquad (7.37)$$

[MKS 단위계]

클러치 전달 동력이 H_W[W]이고, 축의 회전 속도가 N[rpm]일 때 축의 전달 토크 T[N · m]와의 관계를 구해본다. 여기에서 길이(b, D_m)와 압력(p)의 단위는 각각 m, N/m^{2}이다.

$$(\text{동력}) = (\text{토크}) \times (\text{각속도})$$

$$H_W = T\omega = T \times \frac{2\pi N}{60} \text{ [W]} \qquad (7.38)$$

$$\therefore \ T = \frac{60H_W}{2\pi N} \text{ [N · m]} \qquad (7.39)$$

식 (7.37)과 식 (7.39)로부터 전달 동력 H_W[W]와 축 방향 힘 P[N]의 관계는 다음과 같다.

$$T = \frac{60H_W}{2\pi N} = \frac{\mu D_m P}{2(\sin\alpha + \mu\cos\alpha)} \text{ [N · m]} \qquad (7.40)$$

$$\therefore \ P = \frac{60(\sin\alpha + \mu\cos\alpha)H_W}{\pi\mu D_m N} \text{ [N]} \qquad (7.41)$$

$$H_W = \frac{\pi\mu D_m NP}{60(\sin\alpha + \mu\cos\alpha)} \text{ [W]} \qquad (7.42)$$

식 (7.42)에서 $P = Q(\sin\alpha + \mu\cos\alpha)$이므로

$$H_W = \frac{\pi\mu D_m NQ}{60} \text{ [W]}$$

$$\therefore \ Q = \frac{60H_W}{\pi\mu D_m N} \text{ [N]} \qquad (7.43)$$

이고, 원추 접촉면 폭을 b, 원추 접촉면 평균압력(접촉면압)을 p라고 하면

$$Q = \pi D_m bp \text{ [N]} \qquad (7.44)$$

이다. 식 (7.43)과 (7.44)로부터 다음과 같이 접촉면 평균압력 p와 동력 H_W의 관계식이 얻어진다.

$$\pi D_m bp = \frac{60H_W}{\pi\mu D_m N} \text{ [N]}$$

$$\therefore \; H_W = \frac{\pi^2 \mu bp D_m^2 N}{60} \text{ [W]} \quad \cdots\cdots (7.45)$$

식 (7.45)에서 평균지름의 제곱은

$$D_m^2 = \frac{60H_W}{\pi^2 \mu bpN} \text{ [m}^2\text{]} \quad \cdots\cdots (7.46)$$

인데 $\frac{b}{D_m} = x$ $(x = 0.2 \sim 0.5)$로 하여 $b = xD_m$을 대입하면

$$D_m^3 = \frac{60H_W}{\pi^2 \mu xpN} \text{ [m}^3\text{]} \quad \cdots\cdots (7.47)$$

이 된다. 이 식으로부터 전동마력(H_W), 회전속도(N), 마찰계수(μ), 접촉면압력(p), 길이비(x)가 결정되면 평균지름(D_m)을 구할 수 있다.

[그림 7.3]에서 원추 각 α와 원추 접촉면 폭(b), 클러치 지름(D_1, D_2)의 관계는 다음과 같다.

$$\sin\alpha = \frac{R_2 - R_1}{b} = \frac{D_2 - D_1}{2b} \quad \cdots\cdots (7.48)$$

D_1, D_2는 각각 원추 접촉면의 작은 지름과 큰 지름을 나타내고, R_1과 R_2는 그에 대응하는 반지름이다. 원추각 α는 일반적으로

$$\tan\alpha \geq \frac{1}{6} > \mu_a \quad \cdots\cdots (7.49)$$

로 정하여 클러치를 분리하기 쉽게 한다. 식 (7.49)에서 μ_a는 마찰계수 허용치이다. α가 작을수록 축 방향 추력 P를 작게 할 수 있지만 α가 너무 작으면 시동할 때 클러치가 급격하게 물리므로 충격이 생기며 또한 안쪽 원추를 분리할 때 힘이 들어서 불편하다. 반면 α가 너무 크면 마찰 회전력이 작아져서 큰 동력을 전달할 수 없다. α는 보통 $10° \sim 12°$

로 한다. [표 7.2]에 몇 가지 재료에 대한 마찰계수 허용치(μ_a), 원추각(α), 허용 접촉 압력 (p_a)의 값을 나타내었다.

[표 7.2] 마찰계수 허용치(μ_a), 원추각(α), 허용 접촉 압력(p_a)

접촉면 재료	μ_a	α	p_a [N/mm²]
가죽 대 가죽: 기름을 약간 바름.	0.15 ~ 0.2	10° ~ 13°	0.05 ~ 0.08
코르크 섞인 금속 대 금속: 기름을 약간 바름.	0.22 ~ 0.3	8° ~ 12°	0.05 ~ 0.08
주철 대 주철: 기름을 약간 바름.	0.07 이하	8° ~ 11°	0.29 ~ 0.34
목재 대 주철: 건조	0.2 ~ 0.3	11.5° ~ 14°	0.2 ~ 0.29

[단위연산 : 동력(H)의 단위가 kW이고 길이의 단위가 mm일 때]

클러치 전달 동력이 H_{kW}[kW]이고, 축의 회전 속도가 N[rpm]일 때 축의 전달 토크 T[N · mm]와의 관계는 다음과 같다. 길이(b, D_m)와 압력(p)의 단위는 각각 mm, N/mm²이다.

$$T = 9.55 \times 10^6 \frac{H_{kW}}{N} \ [\text{N} \cdot \text{mm}] \quad \cdots\cdots (7.50)$$

$$P = \frac{1.91 \times 10^7 (\sin\alpha + \mu\cos\alpha) H_{kW}}{\mu D_m N} \ [\text{N}] \quad \cdots\cdots (7.51)$$

$$H_{kW} = \frac{\mu D_m N P}{1.91 \times 10^7 (\sin\alpha + \mu\cos\alpha)} \ [\text{kW}] \quad \cdots\cdots (7.52)$$

$$Q = \frac{1.91 \times 10^7 H_{kW}}{\mu D_m N} \ [\text{N}] \quad \cdots\cdots (7.53)$$

$$H_{kW} = \frac{\pi\mu b p D_m^2 N}{1.91 \times 10^7} \ [\text{kW}] \quad \cdots\cdots (7.54)$$

$$D_m^2 = \frac{1.91 \times 10^7 H_{kW}}{\pi\mu b p N} \ [\text{mm}^2] \quad \cdots\cdots (7.55)$$

$$D_m^3 = \frac{1.91 \times 10^7 H_{kW}}{\pi\mu x p N} \ [\text{mm}^3], \quad \frac{b}{D_m} = x \quad \cdots\cdots (7.56)$$

† 동력(H_{PS})의 단위가 마력[PS], 회전수 N[rpm], 토크 T[N · mm]일 때 관계식은 위 식에서 $9.55 \times 10^6 \rightarrow 7.02 \times 10^6$, $1.91 \times 10^7 \rightarrow 1.40 \times 10^7$으로 바꿔주면 된다.

[예제 7.7] 원추클러치에서 축 방향으로 700N의 힘을 가할 때 접촉면에 수직으로 발생하는 힘을 구하여라. 단, 원추 경사각 $\alpha = 10°$, 접촉면 마찰계수 $\mu = 0.3$이다.

풀이 접촉면에 수직으로 작용하는 힘(Q)

$$Q = \frac{P}{\sin\alpha + \mu\cos\alpha} = \frac{700}{\sin 10° + 0.3 \times \cos 10°}[\mathrm{N}] = 1492[\mathrm{N}]$$

[예제 7.8] 원추 접촉면 평균지름 $D_m = 400\mathrm{mm}$, 접촉면 폭 $b = 50\mathrm{mm}$, 접촉면 압력 $p = 0.1\mathrm{MPa}$인 원추 클러치가 $N = 800\mathrm{rpm}$으로 회전할 때 전달 동력 $H[\mathrm{kW}]$를 구하여라. 단, 마찰계수 $\mu = 0.2$이다.

풀이 (1) MKS 단위계로 계산 :

접촉면에서 전압력(Q)은

$$Q = \pi D_m bp = \pi(0.4)(0.05)(0.1 \times 10^6)[\mathrm{N}] = 6283[\mathrm{N}]$$

이므로 토크(T)는

$$T = \frac{\mu Q D_m}{2} = \frac{0.2 \times 6283 \times 0.4}{2}[\mathrm{N \cdot m}] = 251.3[\mathrm{N \cdot m}]$$

이다. 따라서 전달동력 H는 다음과 같다.

$$H = T\omega = T \times \frac{2\pi N}{60} = 251.3 \times \frac{2\pi \times 800}{60}[\mathrm{W}]$$
$$= 21052[\mathrm{W}] = 21.05[\mathrm{kW}]$$

(2) MKS 단위 결과 식 사용 :

접촉면 압력 p와 동력 H의 관계식으로부터.

$$H = \frac{\pi^2 \mu bp D_m^2 N}{60} = \frac{\pi^2(0.2)(0.05)(0.1 \times 10^6)(0.4)^2(800)}{60}[\mathrm{W}]$$
$$= 21{,}055[\mathrm{W}] = 21.06[\mathrm{kW}]$$

(3) 단위 환산된 결과 식 사용 : $1\,\mathrm{MPa} = 1\,\mathrm{N/mm^2}$이다.

$$H_{kW} = \frac{\pi \mu b p D_m^2 N}{1.91 \times 10^7} = \frac{\pi(0.2)(50)(0.1)(400)^2(800)}{1.91 \times 10^7}\,[\mathrm{kW}]$$
$$= 21.05\,[\mathrm{kW}]$$

복잡한 공식 (2), (3)을 굳이 기억하려 하지 말고 (1)의 과정을 이해하도록 한다. '힘=압력×면적', '토크=힘×팔의길이', '동력=토크×각속도' 와 같은 기초 공식일 뿐이다.

[예제 7.9] **회전속도 $N = 300\,\mathrm{rpm}$으로 $H = 2.5\,\mathrm{kW}$의 동력을 전달하는 원추 클러치가 있다. 원추 접촉면 압력 $p = 0.3\,\mathrm{MPa}$, 마찰계수 $\mu = 0.06$, 원추각 $\alpha = 10°$, 원추 접촉면 평균지름 $D_m = 280\mathrm{mm}$일 때 원추를 밀어붙이는 데 필요한 힘 P와 원추 접촉면 폭 b를 구하여라.**

풀이 회전속도(N)와 동력(H)이 주어져 있으므로 먼저 토크(T)를 구한다.
'동력 = 토크 × 각속도'이므로

$$H = T\omega = T \times \frac{2\pi N}{60}$$

$$\therefore \; T = \frac{60H}{2\pi N} = \frac{60 \times (2.5 \times 1000)}{2\pi \times 300}\,[\mathrm{N \cdot m}] = 79.58\,[\mathrm{N \cdot m}]$$

이다. 이때 접촉면에서 전압력 Q는 다음과 같다.

$$T = \mu Q \times \frac{D_m}{2}$$

$$\therefore \; Q = \frac{2T}{\mu D_m} = \frac{2 \times 79.58}{0.06 \times 0.28}\,[\mathrm{N}] = 9474\,[\mathrm{N}]$$

따라서 축 방향으로 원추를 밀어붙이는 데 필요한 힘 P와 원추 접촉면 폭 b는 다음과 같이 계산된다.

$$P = Q(\sin\alpha + \mu\cos\alpha) = 9474 \times (\sin 10° + 0.06\cos 10°)\,[\mathrm{N}]$$
$$= 2205\,[\mathrm{N}]$$

$$b = \frac{Q}{\pi D_m p} = \frac{9474}{\pi \times 0.28 \times (0.3 \times 10^6)}[\text{m}] = 0.0359[\text{m}] = 36[\text{mm}]$$

[원추 클러치 기본 관계식][5)]

원추 클러치에서 나오는 공식은 복잡해 보이지만 기본적인 관계식은 다음과 같다. 물리적인 구조를 파악하고, 단위연산을 잘 하면 된다.

• 평균 지름 : $D_m = \frac{D_2 + D_1}{2}$

• 접촉면 전압력(수직력) : $Q = (\text{면적}) \times (\text{압력}) = (\pi D_m b)p$

• 접촉면 마찰력 : $F = (\text{마찰계수}) \times (\text{수직력}) = \mu Q$

• 축 방향 힘 : $P = Q(\sin\alpha + \mu\cos\alpha)$

• 토크 : $T = (\text{힘}) \times (\text{팔의 길이}) = \mu Q \times \frac{D_m}{2}$

• 전달동력 : $H = (\text{토크}) \times (\text{각속도}) = T\omega = T \times \frac{2\pi N}{60}$

5) 변수들의 상호 관계를 나타내기 위해 본문에서 여러 관계식을 제시하였다. 오히려 복잡해 보이는 면도 있는데 제시된 식은 참고로 하고 이들 기본 식을 이해하고 적용하면 된다.

연습문제 7

01 안지름 $D_1 = 160\text{mm}$, 바깥지름 $D_2 = 240\text{mm}$, 마찰면 마찰계수 $\mu = 0.2$인 원판 마찰 클러치에서 축 방향으로 $Q = 400\text{N}$의 힘이 작용할 때 전달할 수 있는 토크는 몇 $\text{N} \cdot \text{mm}$인가?

02 접촉면 안지름 140mm, 바깥지름 200mm, 접촉면 압력 0.3N/mm^2, 마찰계수 0.2인 원판 클러치가 1200rpm으로 회전할 때 전달할 수 있는 동력은 몇 kW인가?

03 접촉면 안지름 50mm, 바깥지름 70mm, 마찰계수 0.2인 원판 클러치가 $5\text{kN} \cdot \text{mm}$의 토크를 전달하는데 필요한 접촉면 평균 압력[N/mm^2]을 구하여라.

04 접촉면 평균 지름 250mm, 접촉면의 폭 50mm, 평균압력 0.2N/mm^2, 마찰계수 $\mu = 0.3$인 원판 클러치가 300rpm으로 회전할 때 전달할 수 있는 동력은 몇 마력[PS]인가?

05 평균지름 $D_m = 360\text{mm}$, 마찰계수 $\mu = 0.2$, 접촉면 평균 압력 $p = 0.3\text{N/mm}^2$일 때 350rpm으로 20kW의 동력을 전달하기 위한 원추클러치의 접촉 폭(b)을 구하여라.

06 접촉면 평균 지름 $D_m = 150\text{mm}$, 접촉 면 폭 $b = 40\text{mm}$, 원추각 $\alpha = 10°$인 원추 클러치를 600rpm으로 회전시킬 때 다음을 구하여라. 단, 마찰계수 $\mu = 0.1$, 접촉면 압력 $p = 0.4\text{N/mm}^2$이다.

(1) 접촉면에 수직으로 작용하는 힘(Q)
(2) 축 방향으로 미는 힘(P)
(3) 전달되는 토크(T)
(4) 전달되는 동력(H_{kW})

07 안지름 $D_1 = 280\text{mm}$, 바깥지름 $D_2 = 320\text{mm}$, 마찰면 폭 $b = 90\text{mm}$인 원추 클러치가 회전속도 $N = 600\text{rpm}$으로 회전할 때 다음을 구하여라. 단, 마찰계수 $\mu = 0.2$이고 접촉면 압력 $p = 0.3\text{N/mm}^2$이다.

(1) 최대 전달 토크 $T[\text{N} \cdot \text{mm}]$
(2) 최대 전달 동력 $H[\text{kW}]$
(3) 원추각 α
(4) 축 방향으로 미는 힘 $P[\text{kN}]$

08 단식 원추클러치에서 원추 접촉면의 평균 지름 $D = 500\text{mm}$, 마찰면의 폭 $b = 40\text{mm}$, 원추 접촉면의 단위 직압력 $p = 0.6\text{kg/cm}^2$일 때 이 클러치의 전달 마력을 구하시오. 단, $N = 800\text{rpm}$, $\mu = 0.2$이다. [중등교사 임용시험-기계 · 금속]

09 단일 원판 클러치를 사용하여 회전속도 1,600rpm, 동력 1.6kW를 전달하기 위해서 클러치를 축 방향으로 밀어붙이는 최소 힘[N]은? 단, 마찰면의 평균지름은 200mm, 마찰계수는 0.3이다. [중등교사 임용시험-기계 · 금속]

① $\dfrac{125}{\pi}$　② $\dfrac{250}{\pi}$　③ $\dfrac{500}{\pi}$　④ $\dfrac{1,000}{\pi}$

10 자동차에서 엔진 마찰 클러치의 마찰 판 평균 반지름이 200mm, 회전력은 100kgf이다. 엔진이 600rpm으로 회전할 때 이 마찰 클러치의 전달마력[PS]은? (단, π는 3으로 계산한다.) [중등교사 임용시험-기술]

① 12　② 14　③ 16　④ 18

11 안지름이 30mm이고 바깥지름이 50mm인 원판 클러치에 0.5N/mm^2의 균일접촉압력이 작용하고 마찰계수가 0.3일 때, 단일 원판클러치가 전달할 수 있는 최대토크[N · mm]에 가장 근접한 값은? (단, $\pi = 3$으로 하고, 마찰면 중심 지름은 안지름과 바깥지름의 평균 지름으로 한다.) [공무원 임용시험]

① 1,800　② 3,600　③ 5,400　④ 6,200

12 접촉면의 안지름과 바깥지름이 각각 20mm, 40mm이고, 마찰계수가 μ인 단판 클러치로 450N · mm의 토크를 전달시키는 데 필요한 접촉면압[MPa]은? (단, 힘은 균일 압력조건, 토크는 균일 마모조건으로 가정한다.) [공무원 임용시험]

① $\dfrac{1}{2\pi\mu}$　② $\dfrac{1}{4\pi\mu}$　③ $\dfrac{1}{5\pi\mu}$　④ $\dfrac{1}{10\pi\mu}$

13 동력을 전달하는 단판의 원판 클러치가 있다. 클러치 디스크의 접촉면의 외경이 $2d$[mm], 내경이 d[mm], 전달토크가 T[N · mm]일 때 디스크 접촉면의 평균압력[MPa]은? (단, 접촉면은 균일마모 조건이며 μ는 마찰계수이다.) [공무원 임용시험]

① $\dfrac{2T}{\mu\pi d^3}$　② $\dfrac{8T}{9\mu\pi d^3}$　③ $\dfrac{12T}{4\mu\pi d^3}$　④ $\dfrac{16T}{9\mu\pi d^3}$

14 원추각(꼭지각의 1/2) α, 접촉면의 평균지름이 230[mm], 접촉너비가 50[mm], 접촉면의 허용압력이 0.02[kgf/mm^2]인 원추클러치에 160[kgf]의 축방향 힘을 가할 때 전달할 수 있는 최대토크[kgf · mm]는? (단, 접촉면의 마찰계수는 0.3, $\cos\alpha \fallingdotseq 0.95$, $\sin\alpha \fallingdotseq 0.315$로 한다.) [공무원 임용시험]

① 5,520　② 7,200　③ 9,200　④ 9,800

15 원추 클러치에서 전달토크가 T, 평균지름이 D_m, 원추면의 경사각(꼭지각의 1/2)이 α, 접촉면의 마찰계수가 μ일 때 축 방향으로 밀어 붙이는 힘 P를 구하면?

[공무원 임용시험]

① $P=\frac{\mu D_m}{2T}(\sin\alpha+\mu\cos\alpha)$　② $P=\frac{\mu D_m}{2T}(\cos\alpha+\mu\sin\alpha)$

③ $P=\frac{2T}{\mu D_m}(\cos\alpha+\mu\sin\alpha)$　④ $P=\frac{2T}{\mu D_m}(\sin\alpha+\mu\cos\alpha)$

16 안지름 $D_1=60$mm, 바깥지름 $D_2=100$mm인 원판 클러치가 $N=400$rpm으로 회전할 때 다음 중 최대 전달토크에 가장 가까운 값은? (단, 마찰계수 $\mu=0.2$, 허용 전달압력 $p=1\text{N/mm}^2$, $\pi=3$이다.)

[공무원 임용시험]

① 12N · m　② 38N · m

③ 97N · m　④ 153N · m

17 접촉면의 안지름이 60mm, 바깥지름이 80mm이고 접촉면의 마찰계수가 0.3인 단판 클러치가 200kgf · mm의 토크를 전달시키는데 필요한 접촉면압의 값[kgf/mm^2]은?

[공무원 임용시험]

① $\frac{1}{294\pi}\text{kgf/mm}^2$　② $\frac{1}{588\pi}\text{kgf/mm}^2$

③ $\frac{2}{147\pi}\text{kgf/mm}^2$　④ $\frac{4}{147\pi}\text{kgf/mm}^2$

18 마찰면의 바깥지름이 110mm, 안지름이 90mm, 폭이 20mm인 원추 클러치가 접촉면압이 0.1N/mm^2 이하로 사용될 때 최대전달토크의 값[N · mm]은? (단, 마찰계수는 0.2, $\pi=3$으로 계산한다.)

[공무원 임용시험]

① 1,000N · mm　② 2,000N · mm

③ 4,000N · mm　④ 6,000N · mm

19 다판 클러치에서 접촉면의 안지름이 100[mm], 바깥지름이 300[mm]이고, 접촉면압이 0.01[kgf/mm^2]일 경우, 50000[kgf · mm]이상의 토크를 전달하기 위해 필요한 접촉면 수가 최소 몇 개인가? (단, 마찰계수는 0.2이며, 제동효율은 고려하지 않고, $\pi=3$으로 한다.)

[공무원 임용시험]

① 1　② 3　③ 5　④ 7

20 접촉면의 안지름과 바깥지름이 각각 80mm, 120mm이고, 마찰면의 수가 3개인 다판 클러치가 100kgf의 축방향 하중을 받을 때, 전달토크는? (단, 마찰계수는 0.25이다.)

[공무원 임용시험]

① 1000kgf · mm　　② 1250kgf · mm

③ 2500kgf · mm　　④ 3750kgf · mm

21 단판 클러치에서 전달토크가 70N · m, 마찰계수가 0.35, 축 방향으로 밀어 붙이는 힘이 2kN일 때, 접촉부의 바깥 지름이 260mm이라면 안지름의 크기는? [공무원 임용시험]

① 120mm　　② 130mm　　③ 140mm　　④ 150mm

22 접촉면의 바깥지름이 80[mm], 안지름이 40[mm]인 단판 클러치에 평균 접촉면압력 0.2[N/mm^2]이 작용할 때, 단판 클러치의 전달토크[N · mm]는? (단, 마찰계수는 0.2이고, 전체 마찰면에서 마모량이 균일하다.)

[공무원 임용시험]

① $1,440\pi$　　② $2,880\pi$　　③ $3,660\pi$　　④ $7,200\pi$

23 안지름이 150mm, 바깥지름이 250mm인 단판 마찰 클러치가 축 방향으로 4,000N의 힘을 받으며 1,000rpm으로 회전하고 있을 때 전달 토크[N · mm]는? (단, 클러치면의 마찰계수는 0.2이다.)

[공무원 임용시험]

① 40,000　　② 50,000　　③ 65,000　　④ 80,000

24 접촉면의 바깥지름이 300mm, 안지름이 100mm이고 회전수가 974rpm인 단판 마찰클러치로 1kW의 동력을 전달하는 데 필요한 축 방향으로 밀어붙이는 힘의 크기는? (단, 클러치 접촉면의 마찰계수는 0.2이다.)

[공무원 임용시험]

① 50kgf　　② 100kgf　　③ 150kgf　　④ 200kgf

25 마찰면의 바깥지름이 300mm, 안지름이 220mm인 단판클러치에서 축방향으로 밀어붙이는 힘이 1kN, 마찰계수가 0.3일 때, 전달할 수 있는 토크[N · m]는? (단, 균일한 마모상태로 가정한다.)

[공무원 임용시험]

① 24　　② 39　　③ 78　　④ 96

26 마찰면의 바깥지름과 안지름이 각각 500mm, 250mm인 단판 원판클러치에서 축방향으로 밀어 붙이는 힘이 가해져 마찰면에 1MPa의 압력이 작용할 때 전달 가능한 최대 회전력[kN]은? (단, $\pi = 3.14$, 마찰면의 마찰계수는 0.3, 마찰면의 반경방향에 대한 압력분포는 일정하다고 가정한다.)

[공무원 임용시험]

① 23.9　　② 36.8　　③ 44.2　　④ 51.3

27 원판형 단판 클러치는 밀착된 두 원판 사이의 마찰력으로 토크를 전달하는 장치이다. 클러치에 축방향으로 미는 힘 $P=10$N이 작용하고 있을 때, 전달토크 T[N · m]는? (단, 디스크가 균일하게 마모되고 있으며, $D_1=100$mm, $D_2=200$mm, 마찰계수 $\mu=0.2$이다.) [공무원 임용시험]

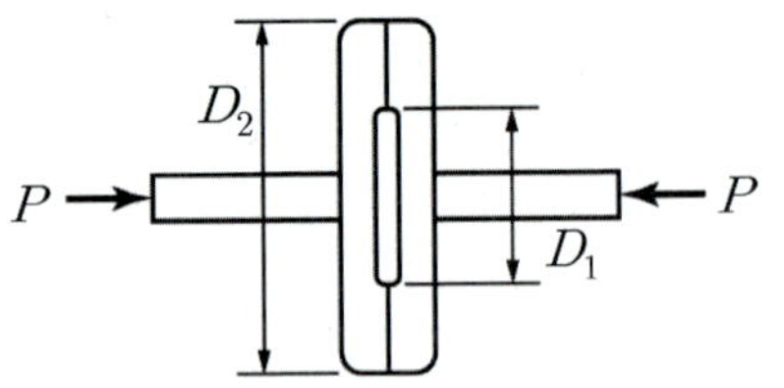

[문제 7.27]

① 0.15 ② 0.3 ③ 4.5 ④ 5

28 접촉면의 안지름이 60mm, 바깥지름이 100mm인 다판 클러치가 있다. 각 클러치면에서 축방향 힘이 50kgf 작용하고 축이 2,435rpm으로 회전할 때, 이 클러치가 전달할 수 있는 최대동력[kW]은 얼마인가? (단, 마찰계수 $\mu=0.1$, 접촉면 수는 8개이다.)

[공무원 임용시험]

① 3 ② 4 ③ 33 ④ 45

29 접촉면 평균지름(D_m)이 200mm, 면압이 0.2N/mm^2인 단판 마찰 클러치가 80πN · m의 토크를 전달하기 위해 필요한 접촉면의 최소 폭(b)[mm]은? (단, 접촉면의 마찰계수는 $\mu=0.2$이고, 축방향 힘은 균일 압력조건, 토크는 균일 마모조건으로 한다.)

[지방공무원 9급(2021)]

① 5 ② 10
③ 50 ④ 100

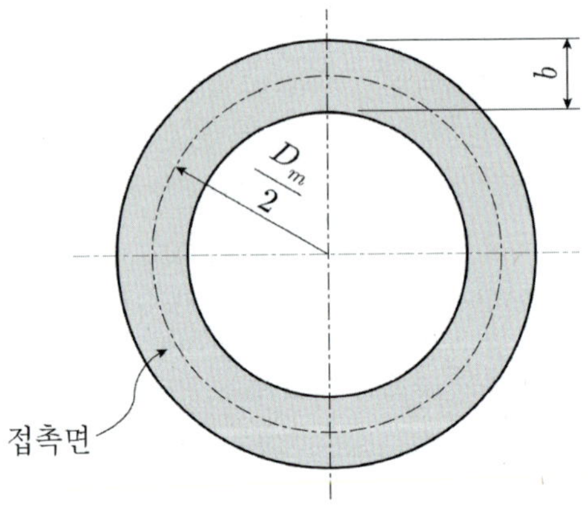

[문제 7.29]

30 클러치의 종류에 관한 설명으로 옳지 않은 것은? [지방공무원 9급(2021)]

① 맞물림클러치: 양쪽의 턱이 서로 맞물려서 미끄럼 없이 동력이 전달된다.
② 원심클러치: 원동축의 원심력으로 전자코일에서 기전력을 발생시켜 동력을 전달한다.
③ 유체클러치: 일정한 용기 속에 유체를 넣어서 구동축을 회전시키면 유체를 통해 종동축에 동력이 전달된다.
④ 마찰클러치: 원동축과 종동축에 붙어 있는 접촉면을 서로 접촉시킬 때 발생하는 마찰력에 의해 동력을 전달한다.

제8장 마찰차

8.1 마찰차 특성

두 개의 바퀴를 서로 밀 때 그 사이에서 발생하는 마찰력을 이용하여 한쪽 회전축으로부터 다른 쪽 회전축으로 동력(회전력)을 전달하는 장치를 마찰차라 한다. 여기에서 다른 마찰차를 회전시키는 마찰차를 원동차(구동차)라 하고, 다른 마찰차로부터 회전력을 전달받는 마찰차를 종동차(피동차)라 한다. 마찰차는 두 축 사이 거리가 비교적 작을 때 사용되며, 구름마찰을 이용하여 동력을 전달한다. 두 바퀴 사이에 미끄럼이 없으면 접점에서 선속도는 같다. 그러나 실제로는 약간의 미끄럼이 발생할 수 있으므로 정확한 회전 운동 전달이나 큰 동력 전달에는 적합하지 않다. 마찰차는 작은 동력을 조용하게 전달할 수 있고, 운전 중 과부하가 발생하더라도 두 마찰차 사이에 미끄럼이 일어나 과부하에 따른 구동축의 손상을 방지한다.

일반적으로 마찰차는 작은 동력을 전달하며 정확한 속도비가 요구되지 않는 곳, 속도비가 매우 커서 기어로 동력을 전달하기 어려운 경우, 두 축 사이의 동력을 자주 연결하거나 차단하는 경우, 무단 변속이 필요한 경우 등에 사용한다.

마찰차의 종류를 마찰차의 모양에 따라 분류하면 원통 마찰차(평마찰차), 홈 마찰차(홈붙이 마찰차), 원뿔 마찰차, 원판 마찰차, 구면 마찰차 등이 있다. 한편 접촉점의 위치를 바꿈으로써 속도비를 무단계로(연속적으로 매끄럽게) 변속시키는 마찰차를 변속 마찰차라고 한다. 이와 같은 무단 변속 장치의 변속 기구에 사용되는 변속 마찰차에는 원판 마찰차, 원뿔 마찰차, 구면 마찰차가 있다.

마찰차의 재료로는 주철, 주강 등이 사용되며 마찰 계수를 크게 하기 위해 마찰차 표면에 가죽, 목재, 종이 등을 부착한다. [표 8.1]에는 표면 재료에 따른 마찰계수를 나타내었다.

[표 8.1] 마찰차의 마찰계수(μ)와 허용접촉 압력(p)

표면재료		μ	p(N/mm)
주철	주철	0.1 ~ 0.15	20 ~ 30
주철	종이	0.15 ~ 0.2	5 ~ 10
주철	가죽	0.15 ~ 0.3	7 ~ 15
주철	나무	0.2 ~ 0.5	10 ~ 15

† 허용 접촉 압력(또는 허용 접촉선 저항 능력)은 단위 폭(길이)당 수직 힘을 나타낸다. 이론적으로 마찰차의 찌그러짐이 없을 때 원통 마찰차의 두 바퀴는 선 접촉을 한다. 허용 접촉선 저항 능력과 단위 면적당 힘을 나타내는 압력과의 차이를 이해하도록 한다.

8.2 원통 마찰차

[그림 8.1]과 같이 평행한 두 축 사이에서 서로 접촉하여 동력을 전달하는 바퀴를 원통 마찰차 또는 평마찰차라 한다. 원통 마찰차에는 접촉 형식에 따라 외접식과 내접식으로 구분한다. [그림 8.1(a)]의 외접식은 두 바퀴가 서로 반대 방향으로 회전하며 [그림 8.1(b)]의 내접식은 서로 같은 방향으로 회전한다.

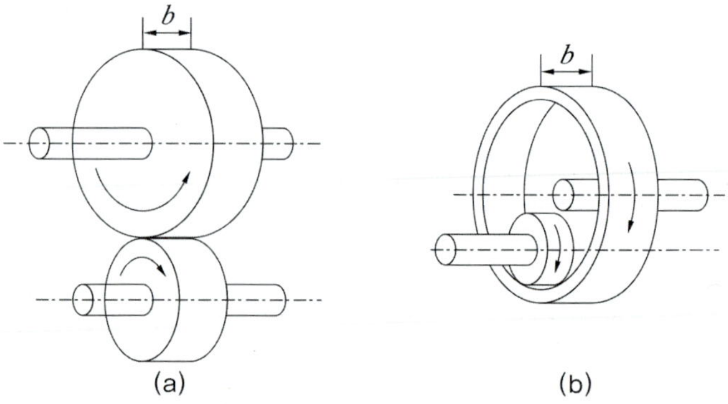

[그림 8.1] 원통 마찰차

[그림 8.2]와 같이 두 마찰차의 지름이 각각 D_1[mm], D_2[mm]이고, 회전속도가 각각 N_1[rpm], N_2[rpm]인 원통마찰차를 고려한다. 마찰부의 접촉부에 작용하는 수직력은 Q[N], 마찰계수는 μ, 허용 접촉 압력은 p[N/mm], 바퀴의 폭은 b[mm]이다.

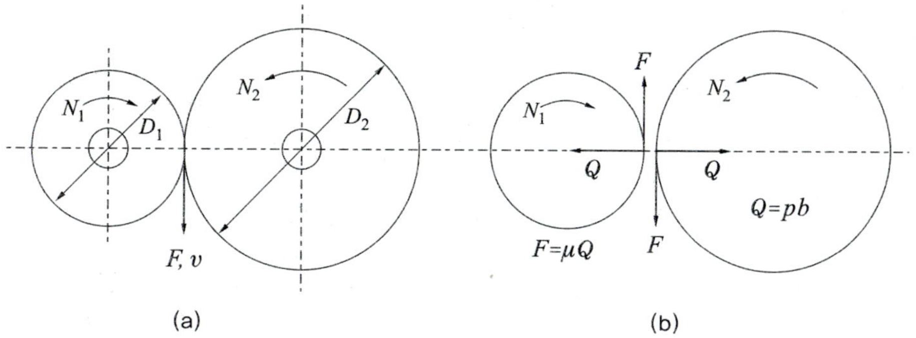

[그림 8.2] 원통 마찰차의 마찰력

[1] 중심 거리와 회전 속도비

[그림 8.2(a)]에서 두 바퀴의 중심 간 거리는 다음과 같다.

$$C = \frac{(D_1 + D_2)}{2} \quad \cdots\cdots (8.1)$$

마찰차의 반지름을 $r(= D/2)$, 각속도를 $\omega(= 2\pi N/60)$라 하면 접촉점에서 원주속도 v는 다음과 같다.

$$v_1 = r_1\omega_1 = \frac{D_1}{2} \times \frac{2\pi N_1}{60} = \frac{\pi D_1 N_1}{60} \text{ [mm/з]}$$

$$= \frac{\pi D_1 N_1}{1000 \times 60} \text{ [m/s]} \quad \cdots\cdots (8.2)$$

$$v_2 = r_2\omega_2 = \frac{D_2}{2} \times \frac{2\pi N_2}{60} = \frac{\pi D_2 N_2}{60} \text{ [mm/s]}$$

$$= \frac{\pi D_2 N_2}{1000 \times 60} \text{ [m/s]} \quad \cdots\cdots (8.3)$$

여기에서 두 마찰차 사이에 미끄럼이 없이 회전하는 경우 접촉점에서 원주속도는 같으므로

$$v = v_1 = v_2$$

$$D_1 N_1 = D_2 N_2$$

이다. 이때 원동차(D_1, N_1)에 대한 종동차(D_2, N_2)의 회전 속도비는 다음과 같다.

$$i = \frac{N_2}{N_1} = \frac{D_1}{D_2} \quad \cdots\cdots (8.4)$$

[2] 회전력과 전달동력

[그림 8.2(b)]와 같이 외접한 두 마찰차의 접촉부에서 각 마찰차에 걸리는 회전력은 작용 반작용 법칙에 따라 크기가 같고 방향이 반대이다. 접촉부를 수직으로 누르는 힘을 Q, 마찰 계수를 μ라 하면 마찰차가 회전할 때 발생하는 접촉부에서 최대 마찰력은

$$F = \mu Q \quad \cdots\cdots (8.5)$$

이고, 이 힘으로 종동차를 회전시킬 수 있다. 즉, 종동차를 회전시키는데 필요한 접선 방향 힘이 μQ보다 작으면 동력을 전달할 수 있다. 그러나 종동차에 큰 저항이 걸려서 이것을 회전시키는 힘이 μQ보다 크면 두 바퀴 사이에 미끄럼이 발생하여 동력을 전달할 수 없게 된다. 따라서 동력을 전달할 수 있는 최대 접선력은 μQ이다. 여기에서 마찰차의 폭을 b라 하면 이상적인 두 마찰차의 접촉선 길이는 b이므로

$$Q = pb \quad \cdots\cdots (8.6)$$

$$F = \mu pb \quad \cdots\cdots (8.7)$$

가 된다. 따라서 최대 전달 동력(H_W, H_{kW})은 다음과 같다.

$$H_W = Fv = \mu Qv = \mu pbv \ [\mathrm{W}] \quad \cdots\cdots (8.8)$$

$$H_{kW} = \frac{\mu pbv}{1000} \ [\mathrm{kW}] \quad \cdots\cdots (8.9)$$

필요한 동력 H_W[W]가 주어질 때 요구되는 토크 T[N · m]는 다음 식으로 구할 수 있다.

$$T = \frac{H_W}{\omega} = \frac{H_W}{2\pi N/60} = \frac{60 H_W}{2\pi N} \quad \cdots\cdots (8.10)$$

그리고 마찰차 지름이 D일 때 토크 T는 다음과 같이 표현된다.

$$T = F \times \frac{D}{2} = \mu pb \times \frac{D}{2} = \frac{1}{2}\mu pbD \quad \cdots\cdots (8.11)$$

한편 접촉부를 수직으로 누르는 힘 Q와 동력 H의 관계식은 다음과 같다.

$$H = Fv = \mu Q \times \frac{\pi D_1 N_1}{60} = \mu Q \times \frac{\pi D_2 N_2}{60} \quad \cdots\cdots (8.12)$$

내접식인 경우 두 바퀴의 중심간의 거리 $C = \frac{|D_1 - D_2|}{2}$ 이고, 원주속도, 속도비, 최대 전달 동력, 토크 등은 모두 외접식과 같은 방법으로 계산된다.

[예제 8.1] 원동차와 종동차의 지름이 각각 200mm, 600mm인 원통마찰차의 두 축 간의 중심거리와 원동차에 대한 종동차의 회전 속도비를 구하여라.

풀이 두 축 간의 중심거리 C는 다음과 같다.

- 외접하는 경우 : $C = \frac{D_1 + D_2}{2} = \frac{200 + 600}{2}[\text{mm}] = 400[\text{mm}]$
- 내접하는 경우 : $C = \frac{D_2 - D_1}{2} = \frac{600 - 200}{2}[\text{mm}] = 200[\text{mm}]$

회전 속도비(i)는 접촉 형태와 무관하다.

$$i = \frac{N_2}{N_1} = \frac{D_1}{D_2} = \frac{200}{600} = \frac{1}{3}$$

[예제 8.2] 회전수 200rpm, 지름 600mm의 원통마찰차를 2kN의 힘으로 밀어붙이면 몇 kW의 동력을 전달할 수 있는가? 마찰계수 $\mu = 0.3$이다.

풀이 접촉점 원주속도는

$$v = r\omega = \frac{D}{2} \times \frac{2\pi N}{60} = \frac{0.6}{2} \times \frac{2\pi \times 200}{60}[\text{m/s}] = 6.283[\text{m/s}]$$

이고, 최대 마찰력은

$$F = \mu Q = 0.3 \times 2000[\text{N}] = 600[\text{N}]$$

이므로 최대 전달 동력 H는 다음과 같다.

$$H = Fv = 600 \times 6.283 \times \frac{1}{1000}[\text{kW}] = 3.77[\text{kW}]$$

[예제 8.3] [그림 8.3]과 같이 회전하는 원통 마찰차의 전달동력은 몇 W인가? 마찰계수 $\mu = 0.2$, 허용 접촉 압력 $p = 10\text{N/mm}$, 마찰차의 폭 $b = 80\text{mm}$이다.

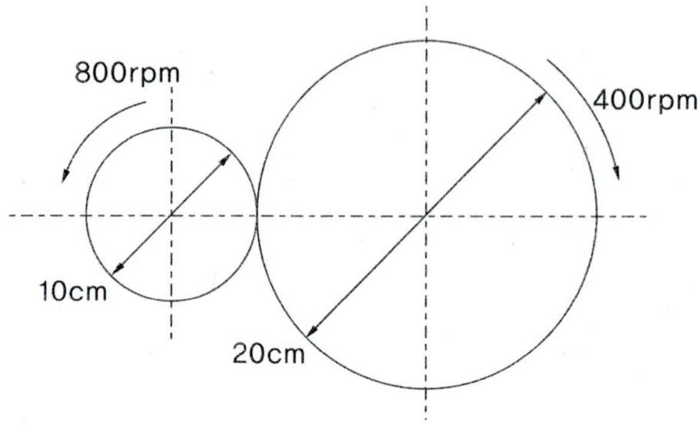

[그림 8.3]

풀이 접촉점 원주속도는

$$v = r\omega = \frac{D}{2} \times \frac{2\pi N}{60} = \frac{0.1}{2} \times \frac{2\pi \times 800}{60}[\text{m/s}] = 4.19[\text{m/s}]$$

이므로 전달 동력 H는 다음과 같다.

$$H = \mu pbv = 0.2 \times 10 \times 80 \times 4.19[\text{W}] = 670.4\ [\text{W}]$$

[예제 8.4] 원통 마찰차의 지름 $D = 30\text{cm}$, 회전속도 $N = 600\text{rpm}$, 허용 접촉 압력 $p = 10\text{N/mm}$, 마찰계수 $\mu = 0.3$일 때 최대 4kW의 동력을 전달하기 위해 필요한 바퀴 폭(b)을 구하여라.

풀이 전달 동력 $H = Fv = (\mu Q)v = \mu(bp) \times \frac{\pi DN}{60}$ 이므로 마찰차의 폭 b는 다음과 같이 구해진다.

$$b = \frac{60H}{\pi\mu pDN} = \frac{60 \times (4 \times 1000)}{\pi \times 0.3 \times (10 \times 300) \times 600}[\text{m}]$$
$$= 0.1415\,[\text{m}] = 14.15[\text{cm}]$$

8.3 무단변속 마찰차

원동축의 회전 속도를 일정하게 유지하고 종동축의 회전 속도를 어떤 범위 내에서 자유롭게 변화시킬 수 있는 장치를 무단 변속장치라 한다.

[1] 원판 마찰차에 의한 무단 변속장치

회전하는 원판에 바퀴를 접촉시켜 원판의 중심과 가장자리의 속도 차이를 이용하는 변속 장치이다. 원판마찰차를 크라운 마찰차라고도 한다.

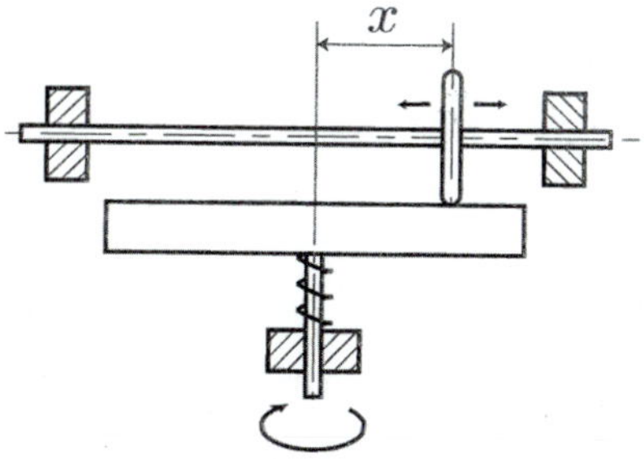

[그림 8.4] 원판 무단 변속 장치

[2] 원뿔(원추) 마찰차에 의한 무단 변속장치

두 원뿔 마찰차의 측면을 따라 벨트나 링을 이동시켜 속도 변화를 얻는 장치이다.

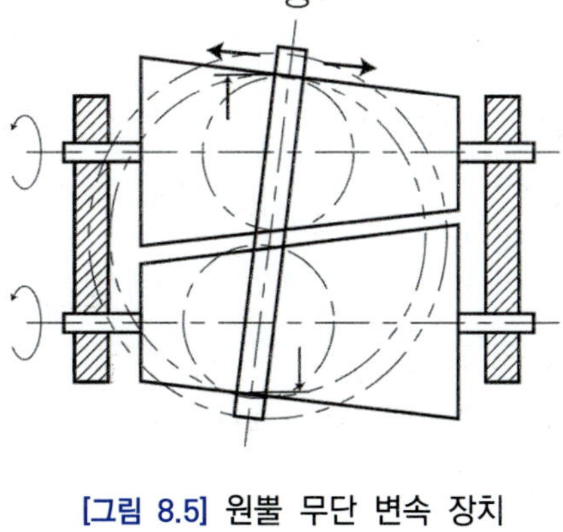

[그림 8.5] 원뿔 무단 변속 장치

[3] 구면 마찰차에 의한 무단 변속장치

마찰 면이 구면인 마찰차이며 두 축이 서로 평행하거나 직교할 때 사용된다.

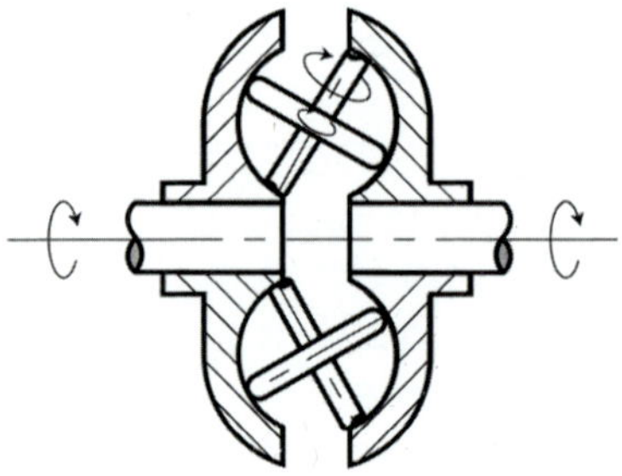

(a) 평행축

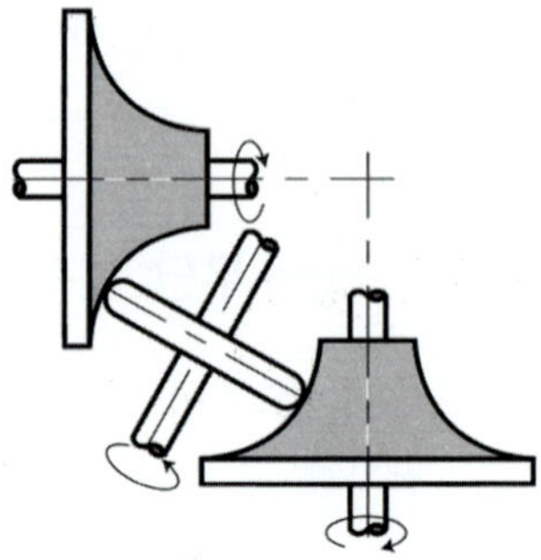

(b) 직교축

[그림 8.6] 구면 무단 변속 장치

[예제 8.5] [그림 8.7]과 같은 원판 무단 변속장치가 있다. 원판 A의 회전속도가 200[rpm]일 때, 지름이 100[mm]인 원판 B의 회전속도가 600[rpm]이 되기 위한 위치 x[mm]를 구하여라. 단, 두 원판 A, B 사이에서 미끄럼은 발생하지 않는다.

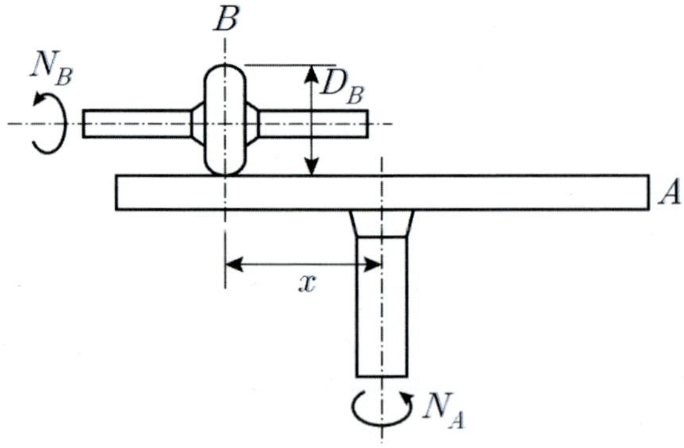

[그림 8.7] 원판 무단 변속장치

풀이 $N_A = 200$[rpm], $D_B = 100$[mm], $N_B = 600$[rpm]이다. 두 원판 A와 B 사이에서 미끄럼이 발생하지 않는다면 두 마찰차의 접촉점에서 원주방향 속도($v = R\omega$)가 같다. 따라서

$$x N_A = \frac{D_B}{2} \times N_B$$

$$\therefore \quad x = \frac{D_B}{2} \times \frac{N_B}{N_A} = \frac{100}{2} \times \frac{600}{200} [\text{mm}] = 150 [\text{mm}]$$

† $v = R\omega = R \times \dfrac{2\pi N}{60}$ 이므로 속도는 RN에 비례한다. 따라서 $R_1N_1 = R_2N_2$가 성립한다.

[원통 마찰차 기본 관계식]

• 중심거리 : $C = \dfrac{D_1 + D_2}{2}$

• 원주 속도 : $v = r\omega = \dfrac{\pi DN}{60}$

• 회전속도비 : $i = \dfrac{N_2}{N_1} = \dfrac{D_1}{D_2}$

• 접촉부를 수직으로 누르는 힘 : $Q = pb$
• 마찰력 : $F = \mu Q = \mu pb$

• 토크 : $T = F \times \dfrac{D}{2} = \dfrac{\mu pbD}{2}$

• 전달동력 : $H = Fv = \mu Qv = \mu pbv,\ H = T\omega = T \times \dfrac{2\pi N}{60}$

연습문제 8

01 지름 100mm인 원동 마찰차의 회전수를 $\frac{1}{4}$로 감소시키는 종동 마찰차의 지름은 몇 mm인가?

02 원주 속도 $v = 4\text{m/s}$로 2kW의 동력을 전달하는 원통 마찰차에서 마찰차를 누르는 힘은 몇 kN인가? 마찰계수는 0.2이다.

03 축 간 거리 $C = 250\text{mm}$, 원동축의 회전속도 $N_1 = 400\text{rpm}$, 원동축에 대한 종동축의 속도비 $i = 1.5$인 원통 마찰차를 서로 900N의 힘으로 밀어 붙일 때 다음을 구하여라. 단, 마찰계수 $\mu = 0.2$이다.

(1) 원동차와 종동차의 지름 D_1[mm], D_2[mm]

(2) 원주 속도 v[m/s]

(3) 최대 전달 동력 H[kW], H[PS]

04 원통 마찰차를 누르는 힘이 5kN일 때 6kW의 동력이 전달된다면 이때의 마찰차의 원주 속도는 몇 m/s인가? 마찰계수는 0.3이다.

05 1200rpm으로 회전하는 원통 마찰차를 1.4kN의 힘으로 밀어 붙일 때 16kW의 동력이 전달된다면 마찰차의 지름은 얼마인가? 마찰계수는 0.3이다.

06 원동차의 지름 400mm, 회전수 300rpm인 원통 마찰차를 200kgf의 힘으로 밀어 붙이면 몇 마력[PS]의 동력을 전달하는가? 마찰계수는 0.3이다.

07 원주 속도 8m/s로 회전하는 원통 마찰차가 1.4PS의 동력을 전달하면 마찰차의 너비는 몇 mm인가? 단위 접촉 폭 당 허용 압력(접촉선 저항능력)은 7kgf/cm이고 마찰계수는 0.3이다.

08 두 축 사이에 동력을 전달할 때 마찰차를 사용하는 이유를 5가지 제시하고 무단 변속 기구에 사용되는 마찰차의 명칭을 3개 열거하시오. [중등교사 임용시험-기계]

09 마찰차의 두 축이 서로 평행한 경우 원동축의 동력을 외접하여 종동축으로 전달하려 한다. 다음 물음에 답하시오. 단, 마찰계수 $\mu = 0.2$이다. [중등교사 임용시험-기계·금속]

(1) 원동차의 지름 $D = 160\text{mm}$, 회전수 $N = 800\text{rpm}$, 전동마력 $H = 5\text{PS}$이다. 이때 사용한 마찰차의 원주속도[m/s]를 구하시오.

(2) 또한 마찰차의 누르는 힘[N]을 구하시오.

10 그림에서 원동차 A와 종동차 B의 축간거리 C가 300mm, 원동차의 회전수 N_A가 600rpm, 종동차의 회전수 N_B가 300rpm일 때, 이 마찰차에서 (가) 원동차 A의 원주속도[m/s], (나) 최대 전달동력[kW]을 구하여라. 단, 마찰차의 폭 b는 200mm, 허용 접촉압력은 10N/mm, 마찰면의 마찰계수는 0.2이다. [중등교사 임용시험-기계·금속]

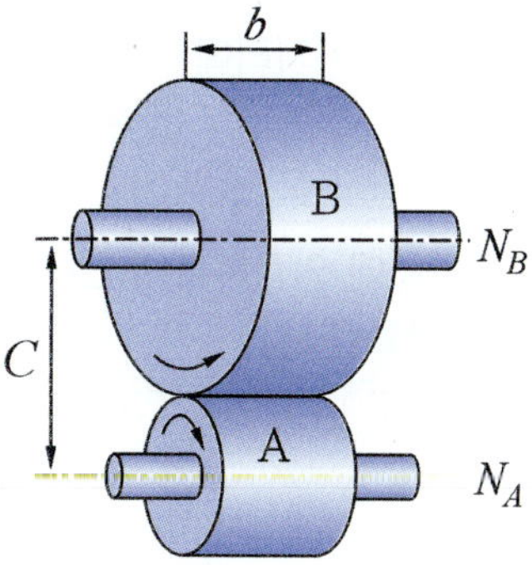

[문제 8.10]

11 원동차의 지름과 회전속도가 400mm, 300rpm이고 종동차의 회전 속도가 200rpm으로 외접하는 원통마찰차에서, 두 마찰차 축 중심 사이의 거리[mm]는? [공무원 임용시험]

① 100 ② 400 ③ 500 ④ 600

12 원통마찰차의 원동차 지름이 300[mm], 회전수 600[rpm], 단위 길이[mm]당 허용수직 힘이 2.5[kgf/mm]일 때, 최대전달동력 9[PS]를 전달하기 위해 필요한 바퀴의 최소 폭[mm]은? (단, 원동차의 표면재료는 목재, 종동차는 주철재이며, 마찰계수는 0.15, $\pi = 3$으로 한다.) [공무원 임용시험]

① 100 ② 150 ③ 200 ④ 300

13 회전속도가 200rpm, 접촉력이 200kgf, 마찰계수가 0.3, 지름이 750mm인 마찰차의 최대 전달동력[PS]은? (단, $\pi = 3$으로 한다.) [공무원 임용시험]

① 2.0 ② 4.0 ③ 6.0 ④ 8.0

14 원통마찰차에서 축간거리가 300mm, 원동축이 1200rpm, 종동축이 600rpm으로 내접하여 회전할 때, 500N의 힘으로 밀어서 접촉시킨다면, 최대 전달동력[W]은 얼마인가? (단, 마찰계수는 0.2이다.) [공무원 임용시험]

① 600π ② 1200π ③ 1800π ④ 2400π

15 원동차 지름 200mm, 종동차 지름 300mm인 원통마찰차의 원동차를 10분간 600회 회전 시, 종동차는 20분간 몇 회전하는가? [공무원 임용시험]

① 800회전 ② 1,000회전 ③ 1,200회전 ④ 1,400회전

16 원동차의 축의 지름이 400mm, 회전수가 250rpm인 원통 마찰차를 160kgf의 힘으로 누르면 몇 마력[PS]을 전달할 수 있는가? (단, 원동차는 목재, 종동차는 주철제, 마찰계수 $\mu=0.3$, $\pi=3.14$이고, 소수점 셋째자리에서 반올림한다.) [공무원 임용시험]

① 3.05 ② 3.15 ③ 3.25 ④ 3.35

17 원동차가 1,000 rpm으로 종동차에 외접하여 회전하고, 종동차의 지름이 800mm인 원통마찰차가 있다. 이 원통마찰차를 10 kN의 힘으로 밀어서 접촉시키면, 최대전달동력이 30π kW가 된다. 이 원통마찰차에서 종동차의 회전속도[rpm]는? (단, 마찰계수 $\mu=0.3$이다.) [공무원 임용시험]

① 700 ② 750 ③ 800 ④ 850

18 마찰 전동장치에서 지름이 500mm인 원동차가 700rpm으로 회전하면서 지름이 200mm인 종동차에 회전력을 전달할 때, 종동차의 최대 회전 토크[N · cm]는? (단, 마찰계수는 0.2, 두 마찰차 사이에 누르는 힘은 50N이다.) [공무원 임용시험]

① 10 ② 20 ③ 100 ④ 200

19 원주속도 2m/s로 5kW의 동력을 전달하기 위해 필요한 마찰차(friction wheel)를 누르는 힘의 최솟값[kN]은? (단, 마찰계수는 0.25이다.) [공무원 임용시험]

① 1 ② 4 ③ 10 ④ 40

20 원동차의 지름이 300mm, 종동차의 지름이 500mm인 원통 마찰차에서 원동차가 15분 동안 600회전을 할 때, 종동차는 20분 동안 몇 회전을 하는가? (단, 접촉면의 미끄럼은 없다.) [공무원 임용시험]

① 240 ② 320 ③ 480 ④ 800

21 지름이 D[mm], 허용선접촉압력이 p_0[kgf/mm], 마찰계수가 μ인 마찰차를 사용하여 N[rpm]의 회전속도로 동력 H[PS]를 전달하기 위해 필요한 마찰차의 최소 너비 b[mm]는? (단, 맞물린 두 마찰차 사이에 상대운동은 없다.) [공무원 임용시험]

① $\dfrac{(4.5\times10^3)\mu H}{p_0\pi DN}$ ② $\dfrac{(4.5\times10^6)\mu H}{p_0\pi DN}$ ③ $\dfrac{(4.5\times10^3)H}{p_0\mu\pi DN}$ ④ $\dfrac{(4.5\times10^6)H}{p_0\mu\pi DN}$

22 원동차 회전수 600rpm, 종동차 회전수 300rpm, 두 축 사이의 중심거리 300mm인 외접하는 원통마찰차가 있다. 원통마찰차를 1kN의 힘으로 밀어서 서로 접촉시킬 때, 최대 전달동력[kW]은? (단, 두 마찰차 사이에서의 마찰계수는 0.2이다.) [공무원 임용시험]

① 0.2π ② 0.4π ③ 2π ④ 4π

23 원통 마찰차의 반경방향으로 밀어 붙이는 힘이 2,000[N], 마찰계수 0.2, 전달 토크가 200,000[N · mm]일 때 마찰차의 지름은 얼마인가? [공무원 임용시험]

① 250[mm] ② 500[mm] ③ 750[mm] ④ 1,000[mm]

24 외접한 한 쌍의 원통 마찰차가 있다. 지름 300mm인 원동차가 600rpm으로 회전하면서 종동차에 회전을 전달할 때, 종동 마찰차에 전달되는 전달동력[kW]은? (단, 마찰차의 폭은 100mm, 마찰계수는 0.4, 단위 길이 당 허용되는 수직 힘은 30N/mm이다.) [공무원 임용시험]

① 9π ② 900π ③ 3.6π ④ 3600π

25 원동차의 지름이 400mm인 원통 마찰차가 회전수 600rpm으로 2πkW의 동력을 전달시킬 때 마찰차의 최소 너비는? (단, 접촉면의 허용압력은 10N/mm, 마찰계수는 0.2이다.) [공무원 임용시험]

① 200mm ② 250mm ③ 300mm ④ 350mm

26 그림과 같은 무단변속 마찰차에서 원동차 A와 종동차 B의 회전수가 각각 1,200rpm, 800rpm이 되기 위한 원동차 A의 위치 x는? (단, 원동차와 종동차의 접촉부에서 미끄러짐이 없다고 가정하며, D_A =400mm이다.) [공무원 임용시험]

① 280mm
② 300mm
③ 320mm
④ 350mm

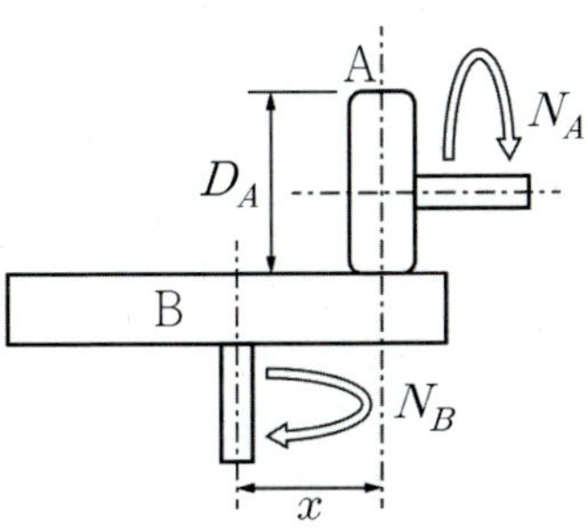

[문제 8.26]

27 그림과 같은 원판 마찰차에서 구동 원판의 지름 $D_A=100$mm, 종동 원판의 지름 $D_B=40$mm이고 종동 원판의 두께 중심과 구동 원판의 중심축간의 거리 $x=40$mm이다. 구동 원판이 500rpm으로 회전하고 있을 때 종동 원판의 회전속도[rpm]는? (단, 원판 마찰차에서 미끄러짐은 무시한다.) [국가공무원 7급(2020)]

① 250 ② 500
③ 1,000 ④ 1,250

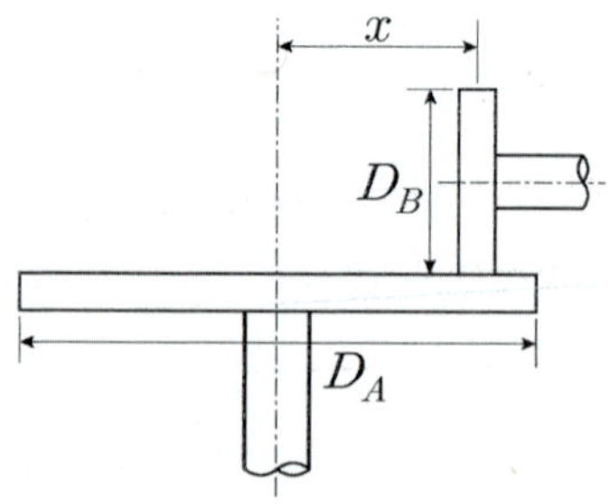

[문제 8.27]

28 두 축 사이에 동력을 전달할 때, 마찰차를 사용하는 경우로 옳지 않은 것은?
[국가공무원 9급(2020)]

① 무단 변속이 필요한 경우
② 작은 동력을 전달하는 경우
③ 정확한 속도비가 요구되는 경우
④ 두 축 사이의 동력을 자주 단속할 필요가 있는 경우

29 외접하는 두 원통 마찰차의 중심거리가 400mm이고, 회전수는 각각 150rpm, 50rpm이다. 이때, 밀어붙이는 힘 5kN, 전달 동력이 3PS(마력)이면, 두 원통 마찰차 표면의 마찰계수에 가장 가까운 값은? (단, $\pi=3$이다.) [국가공무원 9급(2020)]

① 0.11 ② 0.14 ③ 0.22 ④ 0.30

30 원동차와 종동차의 지름이 각각 200mm, 600mm이며 서로 외접하는 원통마찰차가 있다. 원동차가 1,200rpm으로 회전하면서 종동차를 10kN으로 밀어붙여 접촉한다면 최대 전달동력[kW]은? (단, 마찰계수는 $\mu=0.2$이다.) [지방공무원 9급(2021)]

① 2π ② 4π ③ 8π ④ 12π

31 마찰차에 대한 설명으로 옳은 것만을 모두 고른 것은? [국가공무원 7급(2021)]

ㄱ. 마찰력을 이용하여 동력을 전달하며, 원동차와 종동차가 구름 접촉을 한다. ㄴ. 먼 거리의 동력전달에 적합하며, 효율이 좋다. ㄷ. 운전상태에서 전동의 단속과 회전속도의 변경이 가능하다. ㄹ. 정확한 속도비로 큰 동력을 전달한다.

① ㄱ, ㄴ ② ㄱ, ㄷ ③ ㄴ, ㄷ ④ ㄷ, ㄹ

제9장 기어

기어는 한 축에서 다른 축으로 토크, 회전 운동 및 힘을 전달하는데 사용된다. 기어는 차례로 맞물리는 이에 의하여 운동을 전달하므로 속도비가 확실하고 높은 효율로 큰 회전력을 전달할 수 있으므로 시계 또는 계측기와 같은 작은 것에서부터 시작하여 선박용 터빈의 감속기어에 이르기까지 광범위하게 이용되고 있다.

9.1 기어 분류

서로 맞물려서 회전하는 한 쌍의 기어에서 작은 것을 피니언(pinion), 큰 것을 보통 기어(gear)라 부르며[그림 9.1(a)], 때로는 작은 기어, 큰 기어라고 부르기도 한다. [그림 9.1(c)]와 같은 직선형 기어는 래크(rack)라고 한다. 그리고 서로 물리는 기어 중에서 구동축으로부터 운동을 전달하는 기어를 구동 기어라 하고, 구동 기어에 의하여 동력을 전달받는 기어를 종동 기어 또는 피동 기어라 한다.

기어의 종류를 축의 상대적 위치에 따라 분류하면 두 축이 서로 평행한 경우[그림 9.1], 두 축이 서로 교차하는 경우[그림 9.2], 두 축이 평행하지도 교차하지도 않은 경우[그림 9.3]로 나눈다.

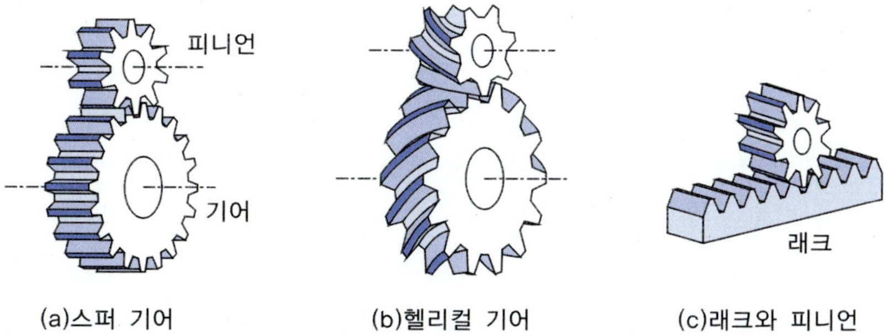

(a)스퍼 기어 (b)헬리컬 기어 (c)래크와 피니언

[그림 9.1] 평행 축 기어 : 두 축이 평행한 경우

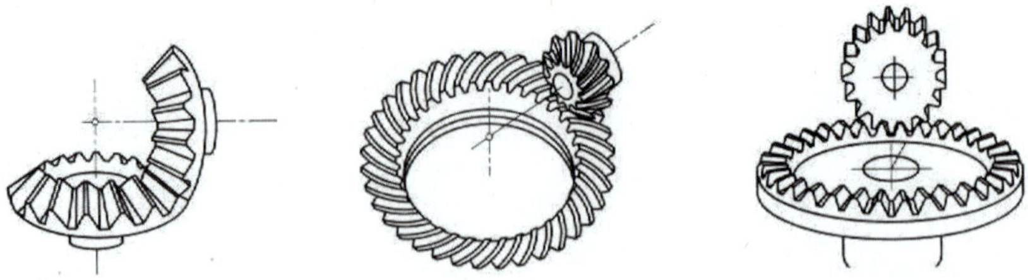

(a) 직선 베벨 기어 (b) 스파이럴 베벨 기어 (c) 크라운 기어

[그림 9.2] 교차 축 기어 : 두 축이 교차하는 경우

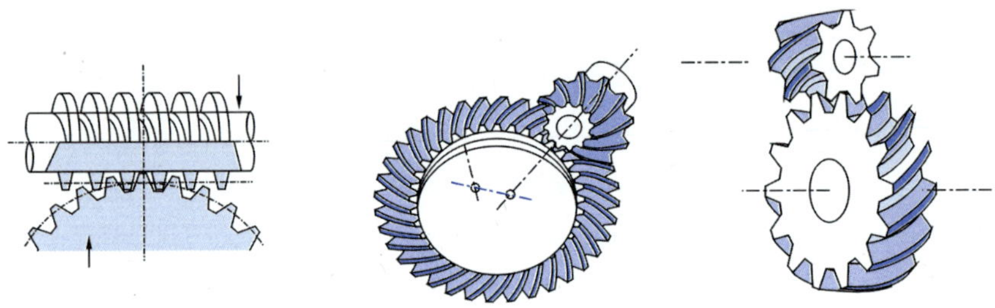

(a)원통 웜 기어 (b)하이포이드 기어 (c)나사기어

[그림 9.3] 엇갈림 축 기어 : 두 축이 평행하지도 교차하지도 않는 경우

여러 가지 기어 중에서 일반적으로 스퍼기어(spur gear), 헬리컬기어(helical gear), 베벨기어(bevel gear), 웜 기어(worm gear) 등이 가장 많이 사용된다. 스퍼기어는 이가 서로 평행한 반면 헬리컬기어의 이는 축에 대하여 경사져있다. 베벨기어는 원추형의 표면에 이를 가지고 있으며 웜 기어의 형태는 나사와 비슷하다. 모든 기어 가운데 스퍼 기어의 형태가 가장 간단하다. 여기에서는 주로 스퍼기어를 대상으로 하여 일반적인 기어 용어에 대해 알아본다.

9.2 치형 곡선

치형 곡선이 되기 위해서는 두 개의 기어가 모든 물림 위치에서 일정한 각속도비를 가져야 한다. 이러한 조건을 만족하기 위해서는 맞물려 돌아가는 두 이의 접촉면 사이의 법선방향 속도가 같아야 한다. 접선 방향 속도 차이는 두 치면 사이의 미끄럼으로 나타난다. 현재 사용되고 있는 실용적인 치형 곡선에는 사이클로이드 치형(cycloid tooth)과 인벌류트 치형(involute tooth)이 있고, 특수한 원호치형인 노비코프 치형이 있다. 전동용 기어로 일반적으로 사용되고 있는 것은 인벌류트 치형이다.

[1] 카미의 정리

"서로 맞물려서 돌아가는 두 개의 기어가 일정 각속도 비로 회전하려면 접촉점의 공통 법선은 어느 일정한 점을 통과해야 한다. 역으로 접촉점의 법선이 어느 일정한 점을 통과하는 곡선은 치형 곡선으로 된다."라는 것을 카미의 정리(theory of Camus)라 한다.

[2] 사이클로이드 치형

[그림 9.4]와 같이 피치원을 기초원으로 하여 이 위를 작은 구름원이 미끄럼 없이 굴러갈 때 구름원 위의 한 점(점 E, H)이 그리는 궤적을 사이클로이드 곡선(cycloid curve)이라 하고, 이 곡선으로 만든 이의 윤곽을 사이클로이드 치형이라 한다.[1] 구름원이 피치원의 바깥둘레와 안쪽 둘레를 굴러갈 때 생기는 곡선을 각각 외전 사이클로이드 곡선(epicycloid curve), 내전 사이클로이드 곡선(hypocycloid curve)이라 한다.

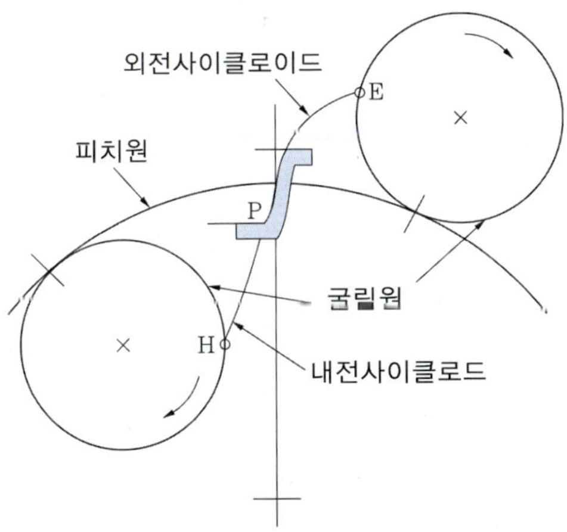

[그림 9.4] 사이클로이드 치형 곡선

사이클로이드 치형으로 된 기어를 사이클로이드 기어라 한다. 사이클로이드 기어는 미끄러짐이 작아 회전이 원활하고 전동 효율이 좋으므로 주로 시계나 계기류의 운동 전달용 기어로 사용된다. 그러나 가공이 어렵고 호환성이 좋지 않으며, 이뿌리가 약해서 동력 전달용으로는 적합하지 않다.

1) 기초원으로부터 출발하는 사이클로이드 곡선과 인벌류트 곡선의 일부를 치형으로 사용한다.

[3] 인벌류트 치형

[그림 9.5]와 같이 원통 면에 실을 감아서 팽팽하게 잡아당기면서 풀어나갈 때 실 위의 한 점이 그리는 궤적을 인벌류트 곡선(involute curve)이라 한다. 이때 원통면을 기초원이라 하고 인벌류트 곡선으로 만든 이의 윤곽을 인벌류트 치형이라 한다.

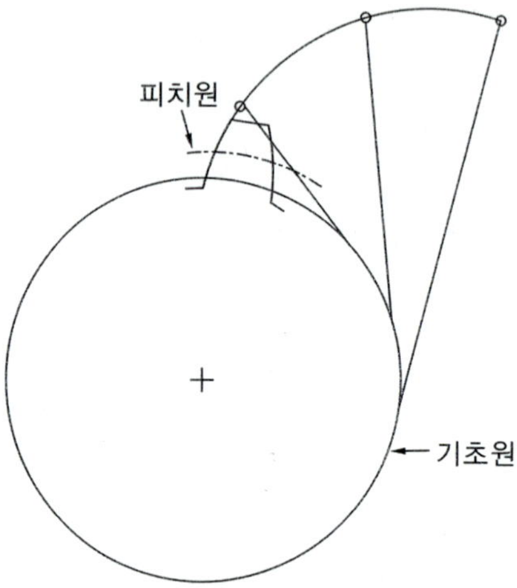

[그림 9.5] 인벌류트 치형 곡선

인벌류트 치형으로 된 기어를 인벌류트 기어라 한다. 인벌류트 곡선은 기초원만으로 결정되고, 인벌류트 기어의 각속도비는 기초원 반지름에 반비례한다. 그런데 기초원 반지름은 각 기어에 대하여 미리 결정되어 있으므로 한 쌍의 인벌류트 기어의 중심 거리가 변화하더라도 일정한 각속도비로 동력을 전달할 수 있다.

[4] 사이클로이드 치형과 인벌류트 치형의 비교

사이클로 치형은 가공이 어렵고 호환성이 좋지 않은 반면 인벌류트 치형은 곡선이 단조롭기 때문에 가공이 쉽고 가격이 싸다. 따라서 일반적으로 인벌류트 치형을 많이 사용한다. [표 9.1]에 두 치형의 특성을 비교하여 나타내었다.

[표 9.1] 사이클로이드 치형과 인벌류트 치형의 특성 비교

	사이클로이드 치형	인벌류트 치형
압력각	압력각이 변화한다.	압력각이 일정하다.
미끄럼률	일정하다. 미끄럼이 적다.	변화가 크다.
마모	균일. (마모면에서 유리하다.)	불균일. (마멸되기 쉽다.)
중심거리	정확해야 한다.	중심거리 오차에 민감하지 않다.
조립	어렵다.	쉽다.
언더컷	발생 안한다.	발생한다.
호환성	원주피치와 구름원이 모두 같아야 한다.	모듈과 압력각이 모두 같아야 한다.
가공성	가공이 어렵다.	가공이 쉽다. (가격이 싸다.)
공작방법	빈 공간이라도 치수가 아주 정확해야 한다. 전위절삭이 불가능하다.	빈 공간은 약간의 치수 오차가 허용된다. 전위절삭이 가능하다.
소음, 진동	적고 조용하다.	크다.
용도	정밀기계(시계, 계기류). 이뿌리가 약해서 동력전달용으로는 적합하지 않다.	일반적인 동력 전달용.

9.3 기어 용어 및 이의 각 부 명칭2)

[1] 기본 용어

[그림 9.6]에 인벌류트 치형을 갖는 스퍼 기어를 개략적으로 도시하였다. 각 용어를 설명하면 다음과 같다.

(1) **기초원** : 인벌류트 곡선은 고정된 원통 둘레를 실로 감은 후 풀 때 실 위의 한 점이 그리는 궤도로서 만들어진다[그림 9.5]. 이때 실이 감겨 있는 원통을 기초원이라 한다. [그림 9.6]에서 r_{b1}, r_{b2}는 기초원 반지름이다.

(2) **작용선** : 두 기어가 맞물려 돌아갈 때 치면의 접촉점을 지나는 공통 법선(선분 cd)으로서 양 기초원의 공통접선과 일치한다. 작용선 또는 압력선이라고 부르며 접촉점에서 힘이 전달되는 방향을 나타낸다.

2) 기어에서는 특히 여러 용어가 정의된다. 세 그림([그림 9.6], [그림 9.8], [그림 9.9])을 참조하여 용어의 정의를 이해하도록 한다.

(3) **피치점** : 작용선과 두 기어의 중심을 잇는 선이 만나는 점(점 P)을 말한다.

(4) **피치원** : 각 기어의 중심을 원의 중심으로 하여 피치점(점 P)까지의 거리를 반지름으로 하여 그린 원을 피치원이라 한다. [그림 9.6]에서 r_1, r_2는 피치원 반지름을 나타낸다.

(5) **압력각** : 서로 맞물린 한 쌍의 기어에서 두 기어의 피치원의 공통접선(선분 ab)과 작용선(선분 cd)이 이루는 각(α)을 말한다. 압력각은 기초원과 작용선의 접점이 피치점과 기어의 중심에 대하여 이루는 각과 같다. 그림에서 기초원 반지름(r_{b1}, r_{b2})과 피치원 반지름(r_1, r_2)은 다음 관계를 갖는다는 것을 알 수 있다.

$$r_{b1} = r_1 \cos\alpha,\ r_{b2} = r_2 \cos\alpha \quad \cdots\cdots (9.1)$$

(6) **중심거리** : 두 기어의 중심 간의 거리.

(7) **이끝원** : 기어의 이 끝을 지나는 원.

(8) **이뿌리원** : 기어의 이 뿌리를 지나는 원.

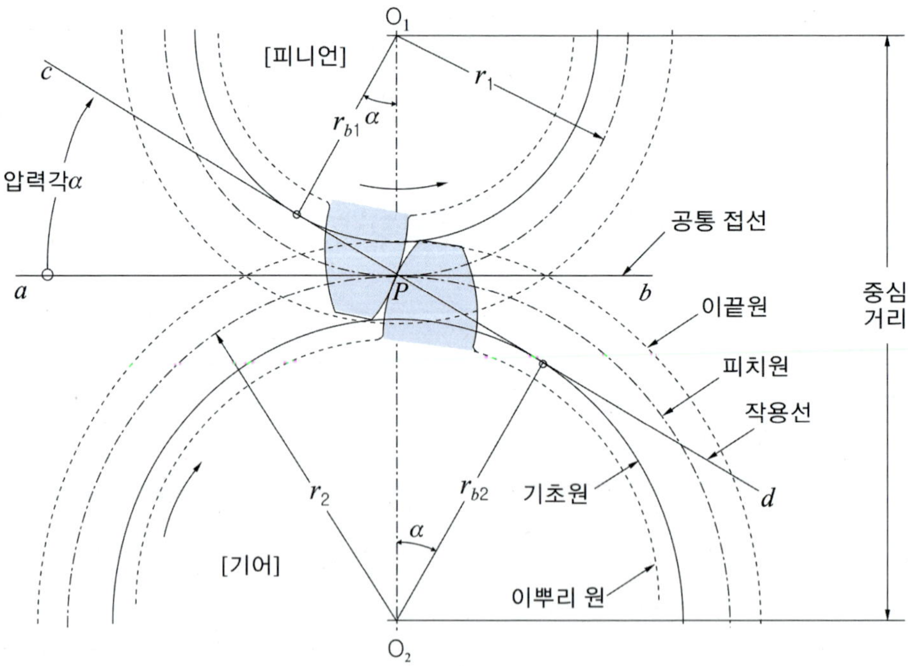

[그림 9.6] 인벌류트 기어 이의 접촉 형태와 압력각

[2] 이의 크기

두 기어가 맞물려 돌아가기 위해서는 이의 크기가 같아야 한다. 이의 크기를 표시하는

방법에는 다음 세 가지가 있는데 KS와 SI 단위계에서는 모듈(module)을 채택하고 있다.

(1) **모듈(m)** : 피치원 지름 D[mm], 잇수 Z일 때 모듈 m은 다음과 같이 정의된다.

$$m = \frac{D}{Z} \qquad (9.2)$$

KS에서는 모듈의 단위를 mm를 쓰도록 규정하고 있다.

(2) **원주피치(p)** : 피치원 둘레 πD를 잇수 Z로 나눈 값이다.

$$p = \frac{\pi D}{Z} \qquad (9.3)$$

원주피치는 피치원 둘레에서 이 한 개가 차지하는 원호 길이에 대응된다. 원주피치와 모듈의 관계는 다음과 같다.

$$p = \pi m \qquad (9.4)$$

(3) **지름피치(p_d)** : 잇수 Z를 인치 단위의 피치원 지름 D'[inch]으로 나눈 값으로 정의한다.

$$p_d = \frac{Z}{D'} \qquad (9.5)$$

1inch=25.4mm이므로 모듈과 지름피치의 관계는 다음과 같다.

$$m = \frac{25.4}{p_d} \qquad (9.6)$$

[3] 기초원 피치와 법선피치

(1) 기초원 지름(D_b) : 압력각 α일 때 기초원 지름 D_b와 피치원 지름 D의 관계는 다음과 같다[그림 9.6].

$$D_b = D\cos\alpha \qquad (9.7)$$

(2) 기초원 피치(p_b) : 기초원 둘레 πD_b를 잇수 Z로 나눈 값이다.

$$p_b = \frac{\pi D_b}{Z} \qquad (9.8)$$

p_b의 단위로는 mm를 사용한다. 기초원 피치는 기초원 둘레에서 이 한 개가 차지하는 원호 길이에 대응된다. 여기에서 $D_b = D\cos\alpha$이므로 기초원 피치(p_b)와 원주피치(p)의 관계는 다음과 같다.

$$p_b = \frac{\pi D \cos\alpha}{Z} = \frac{\pi D}{Z} \cdot \cos\alpha = p\cos\alpha \quad \cdots\cdots (9.9)$$

(3) 법선 피치(p_n) : 공통법선(작용선) 상에서 이와 이 사이의 거리이다. 인벌류트 치형에서 기초원에 감은 실의 길이는 일직선으로 풀었을 때의 길이와 같으므로 법선피치는 기초원 피치와 같다[그림 9.7].

$$p_n = p_b = p\cos\alpha \quad \cdots\cdots (9.10)$$

p_n의 단위로는 mm를 사용한다.

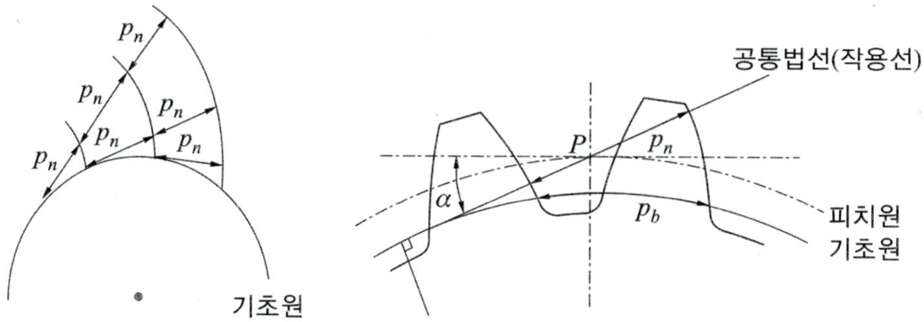

[그림 9.7] 인벌류트 치형의 법선 피치와 기초원 피치

[4] 이의 각 부 명칭

[그림 9.8]과 [그림 9.9]에 이의 형태를 개략적으로 도시하였다. [그림 9.9]는 기초적인 기어설계에서 중요시되는 이의 높이와 관련된 용어들을 이해하기 쉽게 이를 수평으로 펴서 도시한 것이다.

(1) 이끝높이(h_a) : 피치원에서 이끝원까지의 반지름 방향 길이이다.

(2) 이끝틈새(c) : 맞물린 한 쌍의 기어에서 한 기어의 이끝원으로부터 상대편 기어의 이뿌리원까지의 거리이다.

(3) 이뿌리높이(h_f) : 피치원에서 이뿌리까지의 반지름 방향 길이이다.

(4) 총 이높이(h) : 이끝높이(h_a)와 이뿌리높이(h_f)를 합한 이의 총 높이이다.

$$h = h_a + h_f \quad \cdots\cdots (9.11)$$

(5) 유효 이높이(h_w) : 총 이높이(h)에서 이끝틈새(c)를 제외한 길이이다. 이것은 맞물리는 한 쌍의 기어에서 두 이끝높이(h_{a1}, h_{a2})의 합과 같다.

$$h_w = h - c,\ h_w = h_{a1} + h_{a2} \quad \cdots\cdots (9.12)$$

(6) 이너비(b) : 이의 축 방향 길이로서 '치폭' 또는 '이 폭'이라고도 한다. 기어의 모듈이 m일 때 스퍼 기어의 경우 보통너비는 $b \fallingdotseq 6m$고, 넓은 너비는 $b \fallingdotseq 10m$이다.

(7) 이두께(t) : 피치원 상에서 잰 이의 두께.

(8) 피치원 지름(D) : 모듈 m인 기어의 피치원 지름과 잇수 Z와의 관계는 다음과 같다.

$$D = mZ \quad \cdots\cdots (9.13)$$

(9) 이끝원 지름(D_o) : 피치원 지름 D에 양쪽의 이끝높이 $2h_a$를 더한 값이다.

$$D_o = D + 2h_a \quad \cdots\cdots (9.14)$$

(10) 이뿌리 지름(D_f 또는 D_r) : 피치원 지름 D에 양쪽의 이뿌리높이 $2h_f$를 뺀 값이다.

$$D_f = D - 2h_f \quad \cdots\cdots (9.15)$$

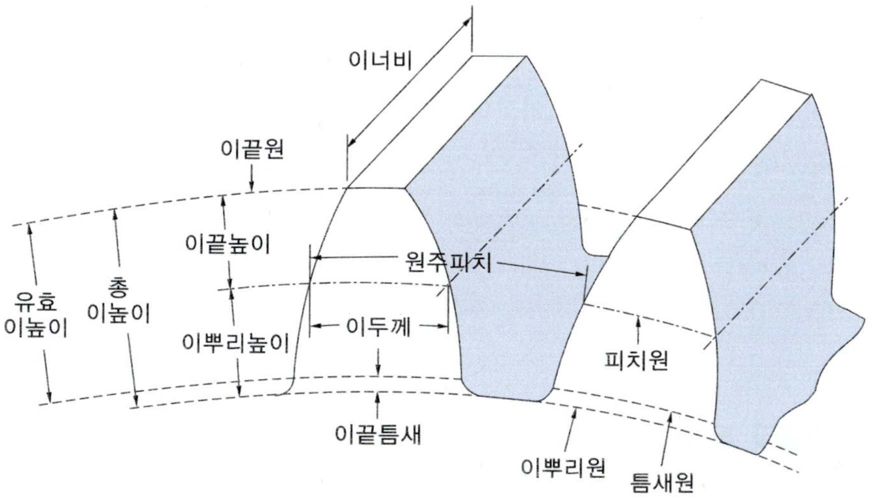

[그림 9.8] 이의 각 부 명칭(1)

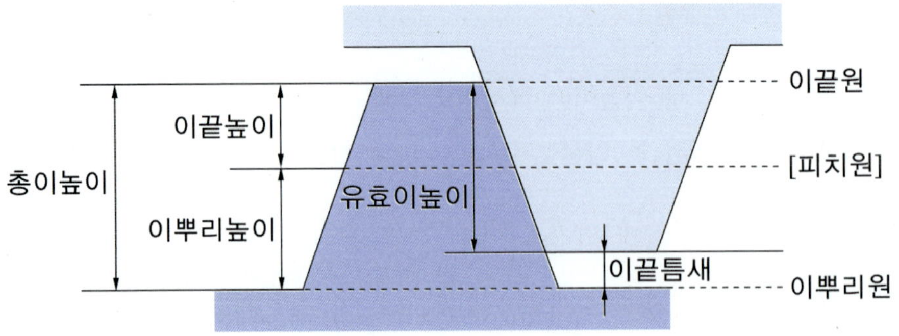

[그림 9.9] 이의 각 부 명칭(2)

[5] 기어의 속도비와 중심거리

두 기어의 회전 속도를 각각 N_1, N_2, 잇수를 Z_1, Z_2, 피치원 지름을 D_1[mm], D_2[mm], 모듈을 m이라 하면 속도비(i)는 다음과 같이 된다.

$$i = \frac{\omega_2}{\omega_1} = \frac{N_2}{N_1} = \frac{D_1}{D_2} = \frac{Z_1}{Z_2} \quad \cdots\cdots (9.16)$$

중심거리(C)는 표준 기어에서 두 기어의 중심간 거리이므로 두 기어의 피치원 반지름을 합한 것과 같다.

$$C = \frac{D_1 + D_2}{2} \quad \cdots\cdots (9.17)$$

여기에서 D_1, D_2는 두 기어의 피치원 지름이다. 기어의 잇수를 각각 Z_1, Z_2라 하면 $D_1 = mZ_1$, $D_2 = mZ_2$ 이므로

$$C = \frac{m(Z_1 + Z_2)}{2} \quad \cdots\cdots (9.18)$$

가 된다.

[6] 물림률과 미끄럼률

(1) 물림률

두 기어가 서로 맞물려서 연속적으로 회전하려면 한 쌍 이상의 이가 작용선 상에 서로 접촉하고 있어야 한다. 이러한 조건을 만족하기 위해서는 [그림 9.10]과 같이 작용선 상의

물림 길이인 선분 $\overline{AB}$가 법선피치(p_n, 작용선 상의 이와 이 사이의 거리)보다 커야 한다.

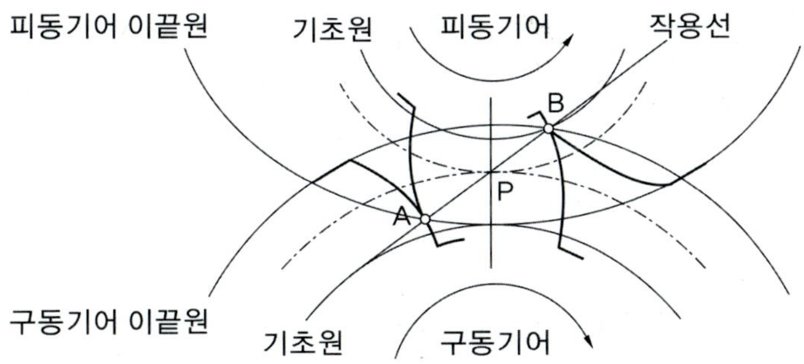

[그림 9.10] 이의 물림 길이

[그림 9.10]에서 피동기어의 이끝원과 작용선과의 교점을 A, 구동기어의 이끝원과 작용선과의 교점을 B라 하자. 기어는 A 점에서 물림이 시작되어 B 점에서 물림이 끝나게 된다. 이때 접촉 시작점(A)에서 피치점(P)까지의 거리($\overline{AP}$)를 접근 물림 길이(l_a)라 하고, 피치점(P)에서 접촉이 끝나는 점(B)까지의 거리($\overline{PB}$)를 퇴거 물림 길이(l_r), 두 길이의 합($\overline{AB}$)을 총 물림길이(l)라 한다.

$$l = l_a + l_r \quad \cdots\cdots (9.19)$$

접근 물림길이와 퇴거 물림길이를 각각 법선피치(p_n)로 나눈 값을 접근 물림률(ϵ_a), 퇴거 물림률(ϵ_r)이라 한다. 물림률(ϵ)은 총 물림길이(l)를 법선피치(p_n)로 나눈 값이다.

$$\epsilon = \frac{l}{p_n} = \frac{l_a + l_r}{p_n} = \epsilon_a + \epsilon_r \quad \cdots\cdots (9.20)$$

물림률이 1보다 커야 물림 길이가 법선피치보다 크게 되므로 한 쌍의 이가 물림을 그치기 전에 다음 한 쌍의 이의 물림이 시작된다. 압력각이 작을수록, 잇수가 많을수록 물림률이 증가한다. 물림률이 너무 낮으면(압력각이 크면) 진동과 소음이 크고, 이에 작용하는 하중도 증가한다. 특히 잇수가 작아서 물림률이 1 이하로 떨어지면 연속적인 회전이 불가능하게 된다.

(2) 미끄럼률

두 개의 기어가 서로 맞물려 돌아갈 때 치면에 수직한 방향 속도뿐만 아니라 접선 방향 상대 속도도 존재한다. 접선방향 상대 속도로 인하여 두 치면 사이에 미끄럼이 일어나고,

이로 인하여 열이 발생하며, 치면 마모와 동력 손실을 유발하게 된다. 이 미끄럼의 비율을 미끄럼률(sliding ratio)이라 한다. 인벌류트 치형에서는 접촉점이 피치점으로 접근하면서 미끄럼이 작아지며 피치점에서 0이 된다. 그 후 피치점에서 멀어질수록 미끄럼률이 다시 증가한다. 따라서 피치점에서 멀리 있는 이끝과 이뿌리의 마모가 가장 크다. 반면 사이클로이드 치형에서는 이끝면과 이뿌리면에서 약간 차이를 보이지만 비교적 마모가 균일하므로 마모로 인한 치형 변형이 적다[그림 9.11].

(a) 인벌류트 치형 (b) 사이클로이드 치형

[그림 9.11] 인벌류트 치형과 사이클로이드 치형의 미끄럼률 모양

(3) 압력각의 영향 : 압력각이 증가하면,

① 물림률이 감소한다. (맞물리는 잇수가 적어진다.)
② 잇면의 미끄럼률이 감소한다.
③ 이의 강도가 커진다.
④ 언더컷이 방지된다.

[7] 뒤틈

정밀하게 제작한 표준 스퍼기어를 표준 중심 거리에 설치하면 이론적으로는 정확하게 맞물릴 수 있다. 그러나 실제로는 기어 제작 시의 치수 오차, 축 중심 거리 변화, 이의 변형, 축의 처짐, 열 변형 등으로 인하여 이론적으로 계산한 기어의 기하학이 실제로는 그대로 적용되지 않는다. 이에 따라 이와 이가 정확하게 물리지 않게 되고 서로 충돌하는 일도 있으므로 기어의 회전을 원활하게 하기 위하여 이와 이 사이에 약간의 틈새를 설치한다[그림 9.12]. 이 틈새를 뒤틈(backlash, 백래시)이라 한다. 뒤틈은 윤활유를 치면에 골고루 퍼지게 하기 위해서도 필요한 장치이다.

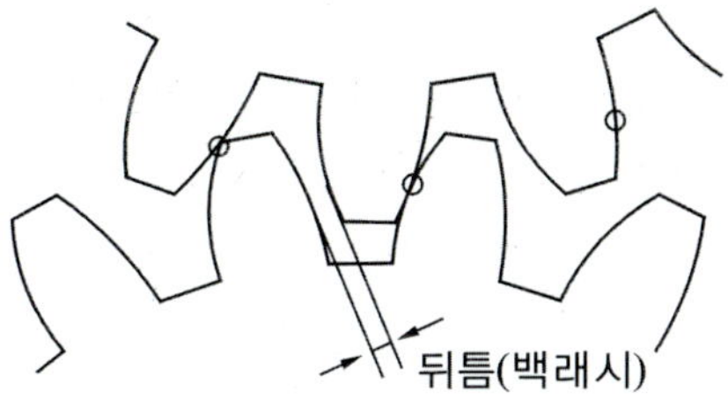

[그림 9.12] 뒤틈(backlash)

피치원 둘레에서 측정한 뒤틈(치면 사이의 틈새)은 f로 나타낸다. 그 밖에 뒤틈을 나타내는 변수에는 인접한 이의 표면에 수직으로 측정한 법선 방향 뒤틈 길이(f_n)와 반경방향 뒤틈 길이(f_r)가 있다. 세 길이는 다음 관계를 갖는다[그림 9.13].

$$f_n = f\cos\alpha \quad \cdots\cdots (9.21)$$

$$f_r = \frac{f_n}{2\sin\alpha} = \frac{f}{2\tan\alpha} \quad \cdots\cdots (9.22)$$

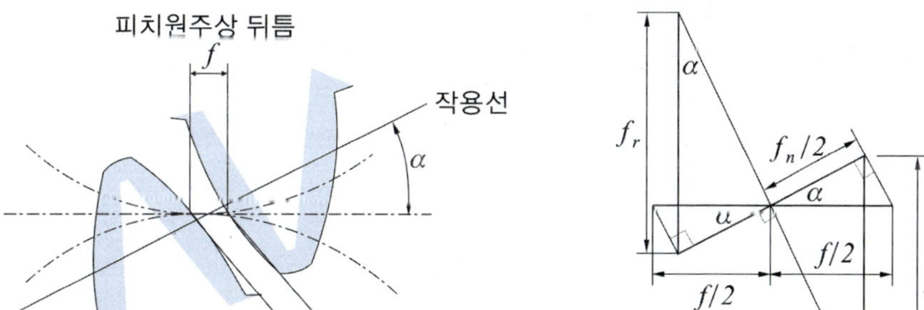

[그림 9.13] 피치 원주 상 뒤틈(f), 법선 방향 뒤틈(f_n), 반경 방향 뒤틈(f_r)의 관계

뒤틈의 크기는 기어의 크기, 모듈 등에 따라 KS B에서 규격화되어 있다. 뒤틈이 너무 크면 진동과 소음이 발생한다.

9.4 표준 스퍼 기어

특별한 용도로 사용하는 것을 제외하고는 기어의 호환성을 고려하여 이의 형상을 결정해야 한다. 일반적으로 같은 인벌류트 기어라도 잇수가 다르면 이의 형상이 달라진다. 그러나 기초원 지름이 무한히 큰 래크로 되면 그때의 이의 형상은 중심선에 대하여 압력각 만큼 경사진 직선으로 된다. 따라서 래크로 이의 형상을 결정짓는 것이 용이하며 이것을 결정해 놓으면 모든 잇수의 치형을 결정한 것이 된다. 이것을 기준래크라 하고 KS에서는 압력각 14.5° 와 20° 의 보통 치형을 규정하고 있다. 이 중 [그림 9.14]와 같은 20° 가 일반적으로 많이 사용된다.

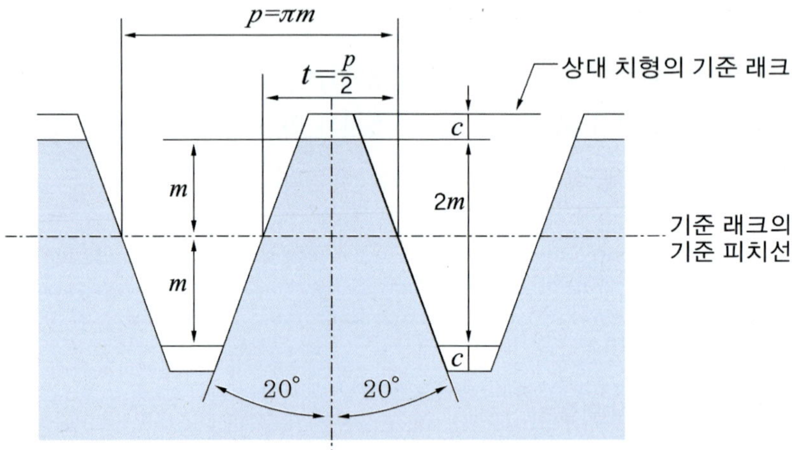

[그림 9.14] 기준 래크

표준 스퍼 기어의 보통 이는 이끝높이 h_a의 값을 모듈 m과 같게 잡는다.

$$h_a = m \quad \cdots\cdots (9.23)$$

보통 이의 경우 기어 바깥지름(이끝원 지름)을 D_o, 피치원 지름을 D라 하면

$$D_o = D + 2h_a = mZ + 2m = (Z+2)m \quad \cdots\cdots (9.24)$$

이다. 여기에서 Z는 잇수이다. 표준 스퍼 기어의 이 두께는 원주피치의 $\frac{1}{2}$이다. [표 9.2]에 표준 스퍼 기어(스퍼기어 기준치형)의 각 부 치수를 계산하는 공식을 종합하여 나타내었다.[3)]

3) 기어에서 사용하는 용어와 [표 9.2]의 관계식을 잘 이해하도록 한다.

[표 9.2] 표준 스퍼 기어의 각 부 치수 관계식

각 부 명칭	관계식	비고
모듈(m)	$m=\dfrac{D}{Z}$	
피치원 지름(D)	$D=mZ=\dfrac{pZ}{\pi}$	피치원둘레 $\pi D=pZ$
원주피치(p)	$p=\dfrac{\pi D}{Z}=\pi m$	$m=\dfrac{p}{\pi}$
잇수(Z)	$Z=\dfrac{D}{m}$	
이끝높이(h_a)	$h_a=m$(보통 이)	
이끝틈새(c)	$c=0.25m$(절삭치)	$c \geq 0.25m$
이뿌리 높이(h_f)	$h_f=h_a$(상대 이의 이끝높이) $+c$(상대 이의 이끝틈새)	
총 이높이(h)	$h=h_a$(이끝높이)$+h_f$(이뿌리높이)	$h \geq 2.25m$
법선피치(p_n)	$p_n=\dfrac{\pi D_b}{Z}=\dfrac{\pi D\cos\alpha}{Z}=p\cos\alpha$	α는 압력각. $p_n=p_b$ (p_b는 기초원 피치)
기초원지름(D_b)	$D_b=D\cos\alpha=mZ\cos\alpha=\dfrac{p_nZ}{\pi}$	기초원둘레 $\pi D_b=p_nZ$
이끝원지름(D_o)	$D_o=D+2h_a=(Z+2)m$	
이뿌리지름(D_f)	$D_f=D-2h_f=mZ-2h_f$	
중심거리(C)	$C=\dfrac{D_1+D_2}{2}=\dfrac{m(Z_1+Z_2)}{2}$	
원주피치에서의 이두께(t)	$t=\dfrac{p}{2}=\dfrac{\pi m}{2}$	원주피치의 $\dfrac{1}{2}$
이너비(b)	$b \fallingdotseq 6m$ (보통 너비) $b \fallingdotseq 10m$(넓은 너비)	

9.5 이의 간섭과 언더컷

[1] 이의 간섭과 언더컷

한 쌍의 기어를 맞물려서 회전시킬 때 한 쪽 기어의 이 끝이 상대 쪽 이뿌리에 부딪쳐서 회전할 수 없게 되는 경우가 있다[그림 9.15]. 이와 같은 것을 이의 간섭이라 하고, 이의 간섭이 일어났을 때 상대편 기어의 이 끝이 피니언의 이뿌리 면을 깎아 내는 현상을 언더컷(undercut)이라 한다. 언더컷이 발생한 이는 사용되는 잇 면이나 맞물리는 길이가 짧아지고 이의 강도도 감소한다.

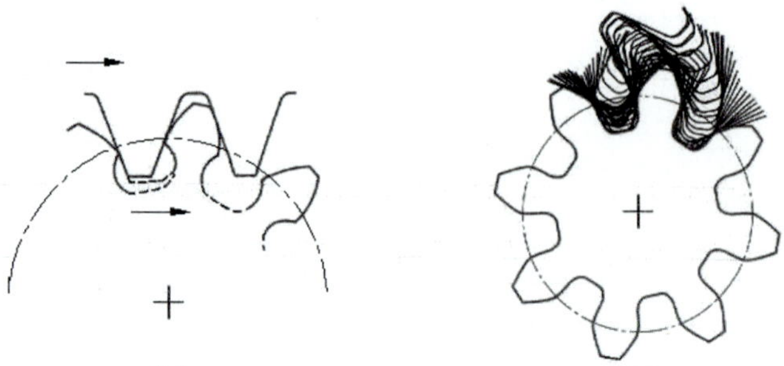

(a) (b)

[그림 9.15] (a) 이의 간섭. (b) 언더컷된 치형

이의 간섭은 다음과 같은 경우에 잘 일어난다.

(1) 피니언의 잇수가 적을 때

(2) 기어(Z_2)와 피니언(Z_1)의 잇수비(Z_2/Z_1)가 클 때

(3) 압력각이 작을 때

(4) 유효 이 높이가 클 때

큰 기어의 잇수(Z_2)에 따라 피니언의 이뿌리 부분에서 언더컷이 발생할 수 있다. 언더컷이 일어나지 않기 위해서는 큰 기어의 잇수가 어느 범위 이상이 되면 안된다. 즉, $Z_2 \le Z_{\max}$를 만족해야 하는데 여기에서 Z_2의 최대값을 한계 잇수라 한다. 표준치를 사용하는 표준기어에서 기어의 한계 잇수는 다음 식으로 표현된다.

$$Z_2 \le \frac{Z_1^2 \sin^2\alpha - 4}{4 - 2Z_1 \sin^2\alpha} \quad \cdots\cdots (9.25)$$

여기에서 Z_1은 피니언의 잇수($Z_1 \le Z_2$)이고, Z_1에 대하여 식 (9.25)를 다시 쓰면 다음과 같다.

$$Z_1 \ge -Z_2 + \sqrt{Z_2^2 + \frac{4(Z_2+1)}{\sin^2\alpha}} \quad \cdots\cdots (9.26)$$

래크 공구로 기어를 절삭할 때 피니언의 잇수가 적으면 언더컷이 발생하기 쉽다. 표준치를 갖는 피니언과 맞물리는 기어가 래크(잇수 $Z_2 \to \infty$)인 경우 언더컷이 일어나지 않게

되는 피니언의 최소 잇수는 다음 조건을 만족하는 정수이다.

$$Z_1 \geq \frac{2}{\sin^2\alpha} = Z_g \quad \cdots\cdots (9.27)$$

여기에서 α는 압력각이고 Z_1은 피니언의 잇수이다. 이 식으로부터 압력각이 클수록 피니언의 최소 잇수가 작아짐을 알 수 있다. 이 조건을 만족하는 피니언의 최소 치수는 압력각 $\alpha = 14.5°$일 때 $Z_1 = 32$개이고, $\alpha = 20°$일 때 $Z_1 = 18$개다.

이상으로부터 언더컷을 방지하는 방법을 정리하면 다음과 같다.[4)]

(1) 피니언의 잇수(Z_1)를 최소 잇수 이상으로 한다.

(2) 기어의 잇수(Z_2)를 한계 잇수 이하로 한다.

(3) 압력각을 크게 한다.

(4) 치형 수정을 한다. 기어의 이 끝 면을 둥글게 깎아 내거나 피니언의 이뿌리 면을 반경 방향으로 파낸다.

(5) 낮은 이 기어를 사용한다(이의 높이를 줄인다). 그러나 이 높이가 낮아지면 물림 길이가 짧아져서 동력 전달이 원활하게 되지 않는 결점이 있다.

(6) 전위 기어를 사용한다.

[2] 전위 기어

표준 기어는 래크형 공구를 사용하여 기어를 제작할 때 래크의 기준 피치선과 기어의 기준 피치원이 접하도록 하여 제작한 기어이다. 이에 반해 래크 공구의 기준 피치선을 기어의 기준 피치원으로부터 적당량만큼 이동하여 가공한 기어를 전위 기어라 한다[그림 9.16], [그림 9.17].

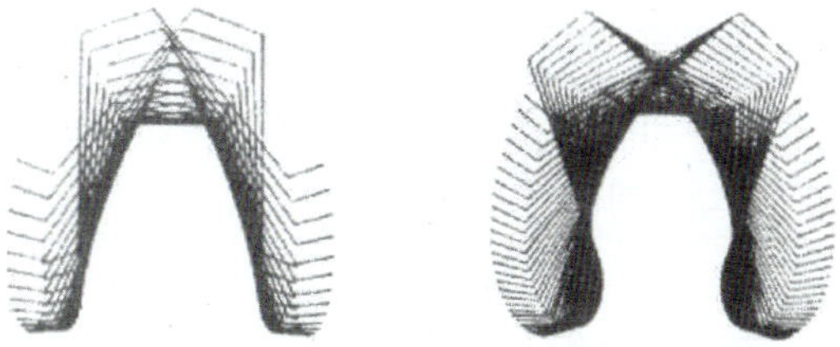

(a) 표준기어 (b) 전위기어

[그림 9.16] 표준 기어와 전위 기어 치형

4) 기어의 기하학적 구조와 모듈의 정의 및 표준기어에서 이끝높이 $h_a = m$이라고 가정하여 이 식들이 유도된다. 식을 참고로 하여 언더컷 방지법을 이해하도록 한다.

전위 기어에서 기준 피치원의 접선을 절삭 피치선이라 한다. 래크의 기준 피치선과 절삭 피치선과의 거리를 전위량이라 하고[그림 9.17], 전위량을 모듈로 나눈 값을 전위계수로 정의한다. 이에 따라 전위 계수를 x, 모듈을 m이라 하면 전위량은 xm [mm]으로 표현된다.

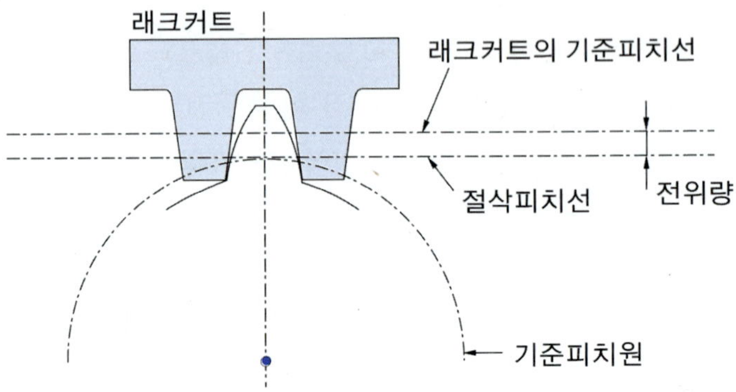

[그림 9.17] 전위 기어의 전위량

전위 기어는 표준 기어보다 설계가 복잡하지만 다음과 같은 경우에 매우 효과적으로 사용된다.

(1) 언더컷을 방지하려 할 때.

(2) 두 기어 사이 중심 거리를 변화시키려고 할 때.

(3) 이의 강도를 증가시키려 할 때.

(4) 물림률을 증가시키고자 할 때.

(5) 최소 잇수를 작게 하고자 할 때.

[3] 기어 이에 작용하는 힘

두 개의 기어가 맞물려 돌아갈 때 피치원 지름을 D[mm], 회전속도를 N[rpm], 전달동력을 H[kW]라 하면 피치원의 원주속도 v[m/s]와 피치원의 접선 방향으로 이에 작용하는 힘 F_t[N]은 다음 식으로 계산된다.

$$v = \frac{\pi DN}{60 \times 1000} \text{ [m/s]} \quad \cdots\cdots (9.28)$$

$$F_t = \frac{1000\,H}{v} \text{ [N]} \quad \cdots\cdots (9.29)$$

[그림 9.18]에서 두 이의 접촉면에 수직으로 작용하는 하중을 F_n[N], 압력각을 α라 하면 접선방향 힘 F_t[N]은 다음과 같다.

$$F_t = F_n \cos\alpha \quad \cdots\cdots (9.30)$$

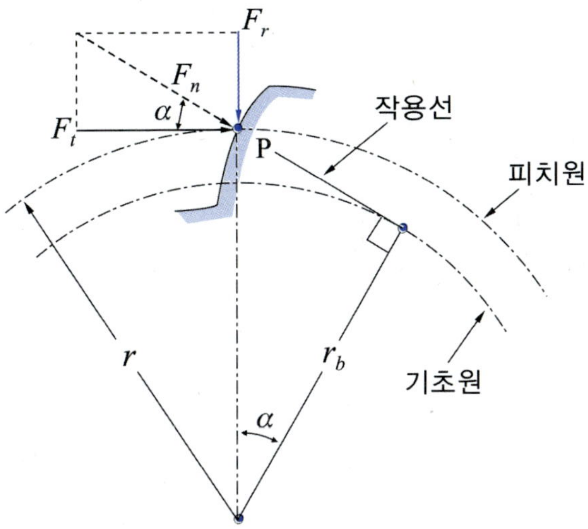

[그림 9.18] 기어 이에 작용하는 힘 F_n과 피치점에서 분해한 성분

9.6 복합 기어열

기어가 3개 이상 연속하여 맞물려 있는 것을 기어열(gear train)이라 하고, 큰 각속도비를 얻고자 할 때는 복합 기어열을 사용한다. 복합 기어열은 적어도 하나의 축에 한 개 이상의 기어를 구동하는 기어이다.

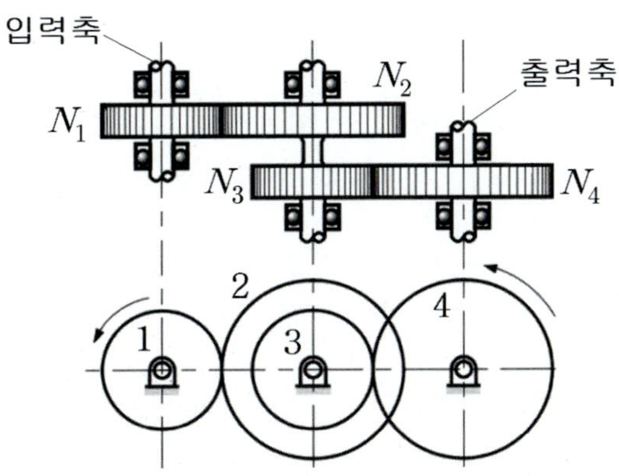

[그림 9.19] 복합 기어열

[그림 9.19]는 입력축과 출력축의 위치가 다른 하나의 복합 기어열이다. 여기에서 기어 1, 2, 3, 4의 회전속도를 각각 N_1, N_2, N_3, N_4로 표시한다. 기어 2와 기어 3은 동일한 축에 고정되어 있으므로 같은 회전속도(각속도)를 가진다. 즉,

$$N_2 = N_3 \quad \cdots\cdots ①$$

이다. 그리고 기어 1, 2, 3, 4의 잇수를 각각 Z_1, Z_2, Z_3, Z_4로 나타내면 다음과 같이 기어의 속도비가 구해진다.

- 기어 1과 기어 2의 속도비 : $\dfrac{N_2}{N_1} = \dfrac{Z_1}{Z_2}$ ⋯⋯ ②
- 기어 3과 기어 4의 속도비 : $\dfrac{N_4}{N_3} = \dfrac{Z_3}{Z_4}$ ⋯⋯ ③
- 기어 1과 기어 4의 속도비 : $N_2 = N_3$이므로

$$\frac{N_4}{N_1} = \frac{N_4}{N_3} \times \frac{N_2}{N_1} = \frac{Z_3}{Z_4} \times \frac{Z_1}{Z_2} \quad \cdots\cdots ④$$

식 ④에서 다음과 같이 기어 1과 기어 4의 회전속도비가 기어의 잇수비로 표현된다.

$$\frac{N_4}{N_1} = \frac{Z_1}{Z_2} \times \frac{Z_3}{Z_4} = \frac{(\text{원동차 잇수의 곱})}{(\text{종동차 잇수의 곱})} \quad \cdots\cdots (9.31)$$

[그림 9.19]에서 기어 1은 2를 회전시키고, 기어 3은 4를 회전시키므로 기어 1과 3을 원동차 기어, 기어 2와 4를 종동차 기어라 할 수 있다.

[Note] 기어 A와 기어 B가 맞물려 회전할 때 접점에서 선속도가 같으므로 각 기어의 회전속도(N_A, N_B)와 잇수(Z_A, Z_B)는 다음 관계를 갖는다.

$$N_A Z_A = N_B Z_B \qquad \therefore \ \frac{N_A}{N_B} = \frac{Z_B}{Z_A}$$

각속도 ω로 회전하는 물체에서 반지름 r인 점에서의 원주방향 선속도는 $v = r\omega$이고 기어의 잇수(Z)는 반지름(지름)에 비례하므로 위 관계식이 얻어진다. 기어가 여러 개 맞물려 있을 때는 이 관계식을 계속 적용해 나가면 된다.

[예제 9.1] **중심거리 $C=180\text{mm}$, 모듈 $m=3\text{mm}$일 때 회전 속도를 $1/2$로 감속하는 표준 스퍼 기어의 구동 기어와 피동 기어의 피치원 지름과 잇수를 구하여라.**

풀이 구동기어와 피동기어를 각각 1, 2로 놓는다. 회전 속도비에서

$$i=\frac{N_2}{N_1}=\frac{D_1}{D_2}=\frac{1}{2}$$

$$\therefore\ D_2=2D_1 \quad \cdots\cdots ①$$

이고, 중심거리에서

$$C=\frac{D_1+D_2}{2}=180\,[\text{mm}]$$

$$\therefore\ D_1+D_2=360\,[\text{mm}] \quad \cdots\cdots ②$$

이다. ①을 ②에 대입하면 다음과 같이 피치원 지름이 구해진다.

$$D_1+D_2=D_1+2D_1=3D_1=360\,[\text{mm}]$$

$$\therefore\ D_1=120\,[\text{mm}],\ D_2=2D_1=240\,[\text{mm}]$$

모듈의 정의에서 $m=\dfrac{D}{Z}$이므로 잇수 $Z=\dfrac{D}{m}$이다. 따라서 각 기어의 잇수는 다음과 같다.

$$Z_1=\frac{D_1}{m}=\frac{120}{3}=40\,[\text{개}],\quad Z_2=\frac{D_2}{m}=\frac{240}{3}=80\,[\text{개}]$$

[예제 9.2] **작은 기어와 큰 기어의 회전 속도가 각각 400rpm, 100rpm일 때 두 기어의 피치원 지름과 이끝원 지름을 구하여라. 단, 표준 스퍼 기어이고, 기어의 모듈 $m=4$mm, 작은 기어의 잇수 $Z_1=18$[개]이다.**

풀이
- 작은 기어의 피치원 지름 : $D_1=mZ_1=4\times18\,[\text{mm}]=72\,[\text{mm}]$
- 큰 기어의 피치원 지름 : 속도비에서

$$i = \frac{N_2}{N_1} = \frac{100}{400} = \frac{D_1}{D_2}$$

$$\therefore \; D_2 = 4D_1 = 4 \times 72\,[\mathrm{mm}] = 288\,[\mathrm{mm}]$$

- 작은 기어의 이끝원 지름 : $D_{1a} = D_1 + 2m = 72 + 2 \times 4\,[\mathrm{mm}] = 80\,[\mathrm{mm}]$
- 큰 기어의 이끝원 지름 : $D_{2a} = D_2 + 2m = 288 + 2 \times 4\,[\mathrm{mm}] = 296\,[\mathrm{mm}]$

[예제 9.3] 이끝원지름 $D_o = 210\mathrm{mm}$, 잇수 $Z = 40$개인 표준 스퍼 기어의 모듈(m)은 얼마인가?

풀이 표준 스퍼 기어에서 이끝원 지름 $D_o = D + 2h_a$이고 $h_a = m$이다. 그리고 피치원 지름 $D = mZ$이므로 다음과 같이 모듈이 구해진다.

$$D_o = D + 2h_a = mZ + 2m = m(Z+2)$$

$$\therefore \; m = \frac{D_o}{Z+2} = \frac{210}{40+2}\,[\mathrm{mm}] = 5\,[\mathrm{mm}]$$

† 모듈의 단위는 일반적으로 mm이며, 대개 단위를 생략하여 나타낸다. 즉, [예제 9.3]의 정답을 모듈 $m = 5$로 해도 된다. 각종 시험에서 모듈의 단위를 생략하고, 예를 들어 모듈은 3일 때, 모듈 $m = 2$... 등으로 주어지면 모듈의 단위를 mm로 보고 계산하면 된다.

[예제 9.4] 큰 기어의 잇수가 45개이고 두 기어의 중심거리가 150mm인 한 쌍의 표준 스퍼 기어가 맞물려 돌아가고 있다. 두 기어의 회전속도 비가 1.5 : 1일 때 기어의 모듈(m)을 구하여라.

풀이 큰 기어와 작은 기어의 잇수를 각각 $Z_1 = 45$[개], Z_2로 한다. 회전속도 비가 1.5 : 1이므로

$$i = \frac{N_2}{N_1} = 1.5 = \frac{Z_1}{Z_2}$$

$$\therefore \; Z_2 = \frac{Z_1}{1.5} = \frac{45}{1.5} = 30\,[\text{개}]$$

이고, 두 기어의 중심거리 $C=150$mm로부터 모듈(m)은 다음과 같다.

$$C=\frac{D_1+D_2}{2}=\frac{m(Z_1+Z_2)}{2}$$

$$\therefore \ m=\frac{2C}{Z_1+Z_2}=\frac{2\times 150}{45+30}[\mathrm{mm}]=4\,[\mathrm{mm}]$$

[예제 9.5] 기어 A의 잇수가 150이고 기어 B의 잇수가 50인 서로 맞물려 회전하는 한 쌍의 표준 스퍼기어가 있다. 두 기어 사이의 중심거리가 1,000mm일 때, 기어 A의 피치원지름[mm]을 구하여라.

풀이 기어 A의 잇수 $Z_A=150$, 기어 B의 잇수 $Z_B=50$, 두 기어 사이의 중심거리 $C=1000\mathrm{mm}$이다. 기어의 모듈을 m이라 하고, 기어 A와 B의 피치원 지름을 각각 D_A, D_B라 하면 $D_A=mZ_A$, $D_B=mZ_B$이므로

$$C=\frac{D_A+D_B}{2}=\frac{m(Z_A+Z_B)}{2}$$

$$\therefore \ m=\frac{2C}{Z_A+Z_B}=\frac{2(1000)}{150+50}[\mathrm{mm}]=10\,[\mathrm{mm}]$$

이다. 따라서 기어 A의 피치원지름은 다음과 같다.

$$D_A=mZ_A=10\times 150[\mathrm{mm}]=1500[\mathrm{mm}]$$

[예제 9.6] 공구 압력각 $\alpha=20°$인 표준 스퍼 기어에서 물림 길이 $l=9.57\mathrm{mm}$, 법선 피치 $p_n=5.9\mathrm{mm}$, 잇수 $Z=40$개일 때 물림률, 피치, 기초원 지름, 피치원 지름을 각각 구하여라.

풀이
- 물림률 : $\epsilon=\dfrac{l}{p_n}=\dfrac{9.57}{5.9}=1.622$
- 피치 : $p_n=p\cos\alpha$에서 $p=\dfrac{p_n}{\cos\alpha}=\dfrac{5.9}{\cos 20°}[\mathrm{mm}]=6.279[\mathrm{mm}]$
- 기초원 지름 : $p_n=\dfrac{\pi D_b}{Z}$에서 $D_b=\dfrac{p_n Z}{\pi}=\dfrac{5.9\times 40}{\pi}[\mathrm{mm}]=75.12\,[\mathrm{mm}]$

• 피치원 지름: $D_b = D\cos\alpha$ 에서

$$D = \frac{D_b}{\cos\alpha} = \frac{75.12}{\cos 20°}[\text{mm}] = 79.94[\text{mm}]$$

[예제 9.7] 표준 스퍼기어에서 압력각 $\alpha = 14.5°$, 큰 기어의 잇수 $Z_2 = 40$개일 때 이의 간섭이 일어나지 않기 위한 피니언의 최소 잇수를 구하여라.

풀이 이의 간섭이 발생하지 않을 조건은 다음과 같다.

$$Z_1 \geq -Z_2 + \sqrt{Z_2^2 + \frac{4(Z_2+1)}{\sin^2\alpha}}$$

$$Z_1 \geq -40 + \sqrt{40^2 + \frac{4 \times (40+1)}{\sin^2 14.5°}}$$

$$\therefore\ Z_1 \geq 24.93$$

따라서 잇수는 자연수이므로 피니언의 최소 잇수는 25개다.

[예제 9.8] 지름 72mm, 회전속도 600rpm의 구동 기어가 2kW의 동력을 종동 기어에 전달하고 있다.

(1) 구동 기어에 작용하는 피치원의 접선 방향 힘을 구하여라.
(2) 압력각이 20°일 때 접촉면에 수직으로 작용하는 힘을 구하여라.

풀이 (1) 구동기어 지름 $D_1 = 72\text{mm}$, 회전속도 $N_1 = 600\text{rpm}$이므로 피치원의 원주속도는

$$v = \frac{\pi D_1 N_1}{60 \times 1000} = \frac{\pi \times 72 \times 600}{60 \times 1000}[\text{m/s}] = 2.26[\text{m/s}]$$

이다. 따라서 접선 방향 힘(F_t)은 다음과 같다.

$$F_t = \frac{1000H}{v} = \frac{1000 \times 2}{2.26}[\text{N}] = 885[\text{N}]$$

(2) 압력각 $\alpha = 20°$ 이므로 접촉면에 수직으로 작용하는 힘(F_n)은 다음과 같이 계산된다.

$$F_t = F_n \cos\alpha$$

$$\therefore \ F_n = \frac{F_t}{\cos\alpha} = \frac{885}{\cos 20°}[\mathrm{N}] = 942[\mathrm{N}]$$

[예제 9.9] [그림 9.19]와 같은 복합 기어열에서 기어 잇수가 각각 $Z_1 = 20$, $Z_2 = 50$, $Z_3 = 20$, $Z_4 = 60$이다. 기어 1의 회전속도가 1200 rpm이고, 기어의 모듈이 4mm일 때 다음을 구하여라.

(1) 기어 4의 회전속도 N_4[rpm]

(2) 기어 1과 기어 4의 중심간 거리 C[mm]

풀이 (1) 기어 4의 회전속도(N_4) : 기어 1과 4의 속도비로부터

$$\frac{N_4}{N_1} = \frac{Z_1}{Z_2} \times \frac{Z_3}{Z_4}$$

$$N_4 = \left(\frac{Z_1}{Z_2} \times \frac{Z_3}{Z_4}\right) N_1 = \left(\frac{20}{50} \times \frac{20}{60}\right) \cdot 1200[\mathrm{rpm}] = 160[\mathrm{rpm}]$$

(2) 기어 1과 기어 4의 중심간 거리(C) : 모듈의 정의 $m = \dfrac{D}{Z}$ 에 의해 각 기어의 피치원 지름은

$$D_i = mZ_i \ (i = 1,\ 2,\ 3,\ 4)$$

이므로 기어 1과 기어 4의 중심간 거리는 다음과 같다.

$$\begin{aligned} C &= \frac{1}{2}(D_1 + D_2 + D_3 + D_4) = \frac{m}{2}(Z_1 + Z_2 + Z_3 + Z_4) \\ &= \frac{4}{2} \cdot (20 + 50 + 20 + 60)[\mathrm{mm}] \\ &= 300[\mathrm{mm}] \end{aligned}$$

연습문제 9

01 표준 스퍼 기어에서 압력각 α, 모듈 m일 때 이의 간섭이 일어나지 않을 피니언의 최소 잇수를 구하는 식은?

① $Z_g = \dfrac{2}{\cos^2\alpha}$　② $Z_g = \dfrac{2}{\sin^2\alpha}$　③ $Z_g = \dfrac{1}{2\cos\alpha}$　④ $Z_g = \dfrac{1}{2\sin\alpha}$

02 표준 스퍼 기어에서 모듈 m, 피치원 지름 D, 잇수 Z, 원주피치 p일 때 다음 관계식 중 옳은 것을 고르면?

① $m = \dfrac{D}{Z} = \dfrac{p}{\pi}$　② $m = \dfrac{D}{Z} = \dfrac{\pi}{p}$

③ $m = \dfrac{Z}{D} = \dfrac{p}{\pi}$　④ $m = \dfrac{Z}{D} = \dfrac{\pi}{p}$

03 표준 스퍼 기어에서 기초원 지름 D_b, 피치원 지름 D, 법선피치 p_n, 모듈 m, 잇수 Z, 압력각 α일 때 다음 관계식 중 옳은 것을 고르면?

① $D_b = D\sin\alpha = \dfrac{\pi p_n}{Z}$　② $D_b = D\sin\alpha = \dfrac{p_n Z}{\pi}$

③ $D_b = D\cos\alpha = \dfrac{\pi p_n}{Z}$　④ $D_b = D\cos\alpha = \dfrac{p_n Z}{\pi}$

04 다음 중 원주 피치(p)를 나타낸 것으로 옳지 않은 것은? m은 모듈, D는 피치원 지름, Z는 잇수, p_d는 지름피치이다.

① $p = \pi m$　② $p = \dfrac{\pi D}{Z}$　③ $p = \dfrac{mZ}{D}$　④ $p = \dfrac{25.4\pi}{p_d}$

05 기어에 대한 다음 설명 중 옳지 않은 것은?

① 표준 스퍼기어의 이두께는 원주피치의 절반이다.
② 인벌류트 치형의 마모는 피치원에서 가장 크다.
③ 한 쌍의 기어의 접촉점의 공통법선은 항상 피치점을 지난다.
④ 사이클로이드 치형은 마모가 적고 정숙하다.
⑤ 인벌류트 치형은 중심거리가 다소 변하여도 일정한 속도비가 유지된다.

06 중심거리 $C = 100\,\text{mm}$, 속도비 $i = \dfrac{2}{3}$인 표준 스퍼기어의 모듈 $m = 4$mm일 때 다음을 구하여라.

(1) 기어와 피니언의 잇수

(2) 기어와 피니언의 피치원지름과 바깥지름(이끝원지름)

07 피니언의 바깥지름 $D_{o1} = 168\,\text{mm}$, 잇수 $Z_1 = 40$개인 한 쌍의 표준 스퍼기어의 속도비 $i = \dfrac{N_2}{N_1} = \dfrac{1}{3}$일 때 다음을 구하여라.

(1) 기어의 모듈

(2) 기어의 잇수와 피치원 지름

08 표준 스퍼기어에서 기초원 지름이 150mm, 잇수 40개일 때 법선 피치를 구하여라.

09 서로 맞물려 회전하는 한 쌍의 스퍼기어의 잇수가 $Z_1 = 200$, $Z_2 = 50$이고 모듈 $m = 4$ mm, 압력각 $\alpha = 20°$ 일 때 다음을 구하여라.

(1) 원주피치와 법선피치

(2) 피치원 지름과 이끝원 지름(바깥지름)

(3) 중심거리

10 기초원 지름 250mm, 잇수 50 개인 표준 스퍼 기어의 물림 길이가 8π이면 물림률은 얼마인가?

11 압력각 $\alpha = 14.5°$ 인 표준 스퍼 기어에서 이의 간섭이 일어나지 않는 최소 잇수를 구하여라.

12 두 개의 기어가 서로 맞물려 회전할 때 이의 간섭이 일어나는 4 가지 조건과 이의 언더컷을 방지하는 방법을 2 가지 기술하시오. [중등교사 임용시험-기계]

13 평기어(spur gear)를 이용하여 원동축의 회전수를 1200rpm에서 600rpm(종동축)으로 감속시키고자 한다. 원동축 기어의 잇수는 20이고, 모듈이 3mm일 경우 다음 질문에 답하시오. [중등교사 임용시험-기계]

(1) 종동축 기어의 잇수, 피치원 지름, 이끝원 지름을 각각 계산하시오.

(2) 두 축 간의 중심 거리를 계산하시오.

14 다음 도면은 기어의 부품도이다. 제시된 자료를 참조하여 ㉮와 ㉯의 치수를 기입하시오. [중등교사 임용시험-기계 · 금속]

풀이과정	답
㉮ 바깥지름(D')	ϕ
㉯ 피치원지름(D)	P.C.D ϕ

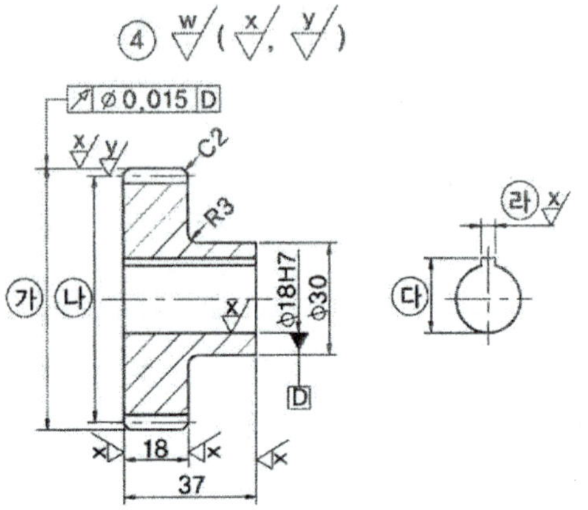

기어 요목표		
기어 치형		표 준
공구	치 형	보통이
	모 듈	2
	압력각	20°
잇 수		33
피치원 지름		
전체 이높이		4.5
다듬질 방법		호브 절삭
정 밀 도		KSB1405, 5급

[문제 9.14]

15 평치차(스퍼기어)를 사용하여 동력을 전달하려고 한다. 축간 거리(C) 400mm, 원동치차의 모듈(m) 8mm, 이수(Z) 40개로 하려고 한다. 이때 종동치차의 이수는 몇 개인지 계산식을 세우고 답을 구하시오. [중등교사 임용시험-기계 · 금속]

16 두 표준스퍼기어에서 축의 중심간 거리 $C = 200\,\text{mm}$, 모듈 $m = 4\text{mm}$, 기어 A의 회전수 $N_A = 360\,\text{rpm}$, 기어 B의 회전수 $N_B = 120\,\text{rpm}$일 때 기어 B의 이끝원 지름의 크기는? [중등교사 임용시험-기계 · 금속]

① 300mm

② 304mm

③ 308mm

④ 312mm

⑤ 316mm

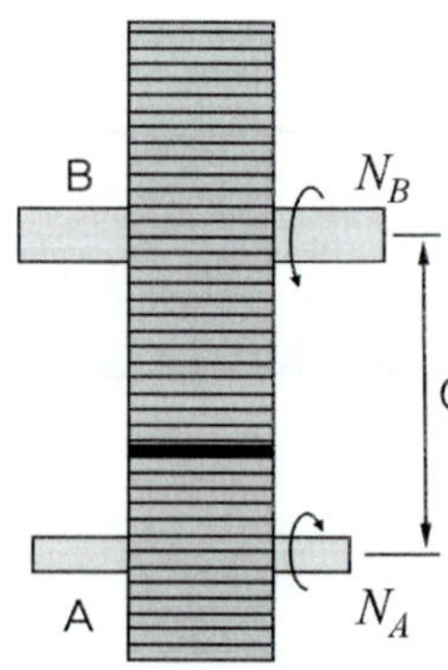

[문제 9.16]

17 기어의 이에 사용되는 사이클로이드 치형과 인벌류트 치형을 비교할 때, 인벌류트 치형에 해당하는 것을 보기에서 고른 것은? [중등교사 임용시험-기계·금속]

ㄱ. 언더컷이 발생한다. ㄴ. 미끄럼률이 크게 변화한다. ㄷ. 중심거리가 정확해야 하고 조립이 어렵다. ㄹ. 상대적으로 운동이 정숙하고, 소음과 진동이 적다.

① ㄱ, ㄴ ② ㄱ, ㄷ ③ ㄴ, ㄷ ④ ㄴ, ㄹ ⑤ ㄷ, ㄹ

18 회전수(N_1) 100 rpm, 구동토크(T_1) 10 kgf · m로 회전하고 있는 원동축의 동력을 한 쌍의 평기어(스퍼기어)를 사용하여 종동축에 전달하고자 한다. 원동축 기어의 잇수(Z_1)가 40개, 모듈(m)은 2이고, 종동축 기어의 잇수(Z_2)는 100이다. 다음 물음에 답하시오. [중등교사 임용시험-기술]

(1) 종동축의 회전수(N_2)를 구하시오.

(2) 종동축의 구동토크(T_2)를 구하시오.

19 아래 그림은 잇수가 각각 25개, 50개인 한 쌍의 평기어(spur gear)가 맞물려 돌아가고 있는 모습을 간략하게 나타낸 것이다. 다음 물음에 답하시오. [중등교사 임용시험-기술]

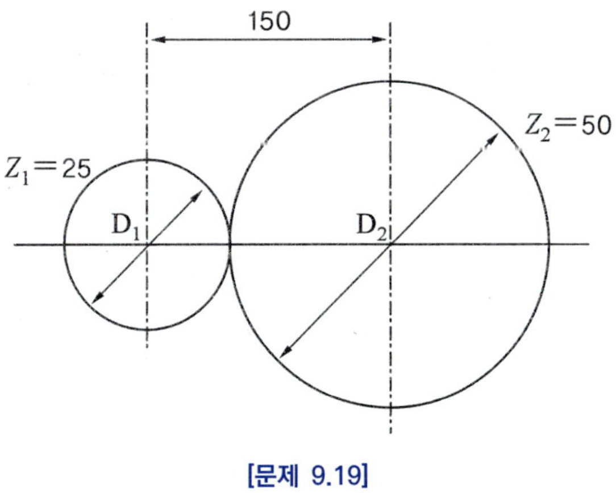

[문제 9.19]

(가) 모듈(m)을 지름(D), 잇수(Z) 사이의 관계식으로 쓰시오.

(나) 두 기어 사이의 중심 거리($L = 150$mm)를 이용하여 모듈(m)을 구하시오.

20 두 축이 평행하지도 않고 교차하지도 않는 경우에 사용하는 기어는? [공무원 임용시험]

① 랙과 피니언(rack and pinion) ② 스퍼 기어(spur gear)
③ 베벨 기어(bevel gear) ④ 웜과 웜 기어(worm gear)

21 원통 위에 감은 실을 풀 때, 실 위의 한 점이 그리는 궤적을 곡선으로 한 기어 치형의 특징으로 옳지 않은 것은? [공무원 임용시험]

① 변형시킨 전위기어를 사용할 수 있다.
② 맞물리는 두 기어의 중심거리가 다소 틀려도 속도비에는 영향이 없다.
③ 미끄럼률 및 마멸이 균일하며 운동이 원활하다.
④ 제작상의 오차 및 조립상의 오차가 다소 있더라도 사용에 큰 영향을 미치지 않는다.

22 평기어의 설계에 있어 이의 간섭(interference of tooth)이 발생하지 않도록 방지하기 위한 방법으로 옳지 않은 것은? [공무원 임용시험]

① 기어와 피니언의 잇수비를 크게 한다.
② 기어의 이끝높이를 줄인다.
③ 치형을 수정한다.
④ 압력각을 크게 한다.

23 인벌류트 치형을 갖는 다음의 평기어 중 모듈이 가장 큰 것은? [공무원 임용시험]

① 잇수 60, 피치원 지름 240[mm] ② 잇수 80, 이끝원 지름 246[mm]
③ 지름 피치 12.7[1/inch] ④ 원주 피치 4.712[mm]

24 맞물린 한 쌍의 표준 스퍼기어에서 구동기어의 잇수는 60, 피동 기어의 잇수는 36, 모듈은 3일 때 두 기어의 중심거리[mm]는? [공무원 임용시험]

① 32 ② 48 ③ 96 ④ 144

25 잇수가 30개, 모듈이 4인 보통이 표준기어에서 바깥지름 D_o[mm]과 이끝 높이 h_a[mm]는? [공무원 임용시험]

① $D_o = 128,\ h_a = 4$ ② $D_o = 120,\ h_a = 4$
③ $D_o = 128,\ h_a = 8$ ④ $D_o = 120,\ h_a = 8$

26 스퍼 기어(spur gear)의 모듈에 대한 설명으로 옳지 않은 것은? [공무원 임용시험]

① 모듈이 같은 경우 피치원 지름과 잇수는 비례한다.
② 모듈은 이끝원의 지름을 잇수로 나눈 값이다.
③ 피치원 지름이 같은 경우 잇수와 모듈은 반비례한다.
④ 피치원 지름이 같은 경우 모듈이 커질수록 이의 크기는 커진다.

27 원동기어 잇수가 40개, 종동기어 잇수가 60개이고, 압력각이 30°, 모듈이 2이고 외접하는 한 쌍의 스퍼 기어(spur gear)에 대한 설명으로 옳지 않은 것은? (단, 두 기어의 치형곡선은 인벌류트 치형이다.) [공무원 임용시험]

① 원동기어의 피치원 지름은 80mm이다.
② 두 기어의 중심거리는 100mm이다.
③ 두 기어의 법선피치는 3π이다.
④ 종동기어의 원주피치는 2π이다.

28 인벌류트(involute) 치형을 갖는 평기어에 대한 설명으로 옳지 않은 것은? [공무원 임용시험]

① 작용선은 두 개의 기초원의 공통접선과 일치한다.
② 법선 피치의 길이는 기초원 피치의 길이보다 항상 크다.
③ 한 쌍의 기어는 압력각이 같아야 작동한다.
④ 기초원의 지름은 피치원의 지름보다 항상 작다.

29 모듈 4, 압력각 20°인 표준 스퍼기어가 이끝높이 4mm인 랙과 맞물리는 경우 간섭을 일으키지 않는 한계 잇수(최소 잇수) Z_1은? [공무원 임용시험]

① $Z_1 \geq \dfrac{1}{\sin^2 20°}$
② $Z_1 \geq \dfrac{1}{\cos^2 20°}$
③ $Z_1 \geq \dfrac{2}{\sin^2 20°}$
④ $Z_1 \geq \dfrac{2}{\cos^2 20°}$

30 중심거리가 200mm인 한 쌍의 표준기어의 잇수가 각각 80, 20이다. 이 표준기어의 모듈(module)은? [공무원 임용시험]

① 1 ② 2 ③ 4 ④ 6

31 기어의 대표적인 치형인 인벌류트 치형과 사이클로이드 치형에 대한 설명으로 옳지 않은 것은? [공무원 임용시험]

① 인벌류트 치형은 사이클로이드 치형에 비해 제작과 조립이 쉽다.
② 인벌류트 치형은 압력각이 변화한다.
③ 사이클로이드 치형은 언더컷이 발생하지 않는다.
④ 인벌류트 치형은 미끄럼률이 변화하고 치면의 마모가 불균일하다.

32 중심거리 C=180mm, 모듈 m =3mm일 때 회전속도를 1/2로 감속하는 표준스퍼기어의 구동기어 잇수 Z_1과 피동기어 잇수 Z_2는? [공무원 임용시험]

① Z_1 =10개, Z_2 =20개
② Z_1 =20개, Z_2 =40개
③ Z_1 =40개, Z_2 =80개
④ Z_1 =60개, Z_2 =120개

33 치형곡선의 기구학적 조건에 대한 설명으로 가장 옳은 것은? [공무원 임용시험]

① 맞물려 돌아가는 두 기어가 특정 물림위치에서 일정한 각속도비를 가져야 한다.
② 맞물려 돌아가는 두 기어의 접촉점에서 공통법선은 피치점을 통과해야 한다.
③ 맞물려 돌아가는 두 기어의 접촉점에서 법선방향의 속도 차이는 있어도 된다.
④ 맞물려 돌아가는 두 기어의 접촉점에서 접선방향의 속도는 반드시 같아야 한다.

34 잇수 42개, 이끝원지름(바깥지름) 132mm인 표준 보통이 스퍼기어의 모듈은? [공무원 임용시험]

① 2 ② 3 ③ 4 ④ 5

35 피니언과 기어의 각속도비가 0.5이고, 잇수의 합이 72개인 표준 기어에서 모듈이 5mm일 때, 기어 사이의 중심거리[mm]는? [공무원 임용시험]

① 120 ② 140 ③ 160 ④ 180

36 스퍼 기어의 중심거리가 100mm이고, 모듈이 5일 때, 회전각속도비가 $1/4$배로 감속한다면 각 기어의 피치원 지름과 각 기어의 잇수를 순서대로 바르게 나열한 것은? [공무원 임용시험]

① 40mm, 160mm, 8개, 32개
② 10mm, 80mm, 8개, 32개
③ 10mm, 160mm, 4개, 16개
④ 40mm, 160mm, 4개, 32개

37 두 개의 표준 스퍼기어를 사용하여 주축의 회전수가 3000rpm일 때, 종동축의 회전수를 2000rpm으로 감속하고자 한다. 양축의 중심 거리는 300mm이고, 기어 모듈을 3으로 하였을 때, 사용할 기어의 잇수는? [공무원 임용시험]

① 20, 30 ② 40, 60 ③ 60, 90 ④ 80, 120

38 표준 스퍼기어에 의한 동력전달에 있어서 중심거리가 120mm, 모듈이 2이고, 회전각속도가 3배로 증속될 때 종동기어의 바깥지름[mm]은? [공무원 임용시험]

① 60 ② 62 ③ 64 ④ 182

39 기어에 관한 다음 설명 중 옳은 것을 고르시오. [공무원 임용시험]

① 물림률(contact ratio)은 물림길이를 법선피치로 나눈 값이다.
② 언더컷을 방지하려면 압력각을 작게 한다.
③ 하이포이드기어는 두 축이 교차할 때 사용하는 기어의 종류이다.
④ 사이클로이드 치형은 인벌류트 치형에 비해 강도가 우수하다.
⑤ 전위기어는 표준기어에 비해 호환성이 우수하다.

40 스퍼기어의 치수를 측정하였더니 바깥지름은 대략 250mm, 이끝원의 원주피치는 약 15.7mm였다. 보통이라 가정할 때 이 기어의 추정 잇수(Z)와 모듈(m)은? (단, $\pi = 3.14$ 이다.) [공무원 임용시험]

① $Z=46$, $m=5$ ② $Z=46$, $m=6$
③ $Z=50$, $m=5$ ④ $Z=50$, $m=6$

41 중심거리가 70mm이고, 피니언 잇수가 24, 기어 잇수가 46인 표준 스퍼기어가 맞물려 있다. 잇수 46인 기어의 이끝원 지름[mm]은? [공무원 임용시험]

① 45 ② 48 ③ 92 ④ 96

42 피니언과 기어의 회전각속도비가 $i = N_2/N_1 = 0.5$, 잇수의 합이 72개인 표준기어가 있다. 원주피치가 15.70mm일 때, 모듈(m)과 각 기어의 잇수(피니언 잇수 Z_1, 기어 잇수 Z_2)는 각각 얼마인가? (단, $\pi = 3.14$로 한다.) [공무원 임용시험]

① $m = 2$, $Z_1 = 24$, $Z_2 = 48$ ② $m = 2$, $Z_1 = 18$, $Z_2 = 54$
③ $m = 5$, $Z_1 = 24$, $Z_2 = 48$ ④ $m = 5$, $Z_1 = 18$, $Z_2 = 54$

43 다음 표와 같은 한 쌍의 스퍼기어가 있을 때, 두 기어의 중심 거리 C[mm]와 피니언의 기초원 지름 D_{g1}[mm]는 각각 얼마인가? (단, cos20° $= 0.9$, sin20°$= 0.3$으로 계산한다.) [공무원 임용시험]

구분	잇수	기초원 지름	모듈	압력각
피니언	$Z_1 = 25$	D_{g1}	4	20°
기어	$Z_2 = 65$	D_{g2}		

① $C = 180$, $D_{g1} = 30$ ② $C = 180$, $D_{g1} = 90$
③ $C = 360$, $D_{g1} = 30$ ④ $C = 180$, $D_{g1} = 90$

44 그림과 같이 4개의 기어로 구성되어 있는 복합 기어열의 기어 1에 대한 기어 4의 회전 속도비(N_4/N_1)는? 단, N_i는 회전속도, Z_i는 기어 잇수이다. [공무원 임용시험]

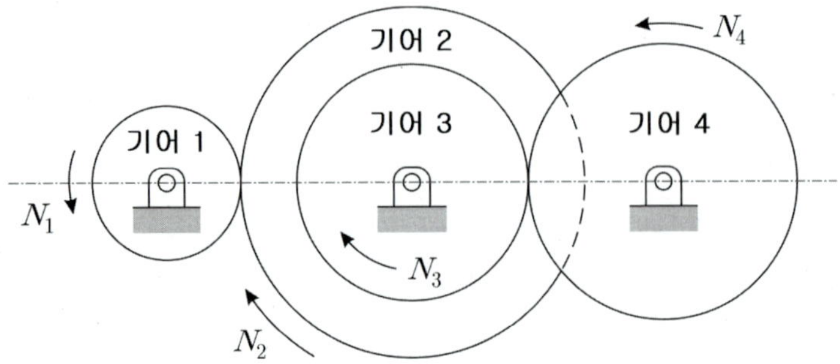

[문제 9.44]

① $\dfrac{Z_1Z_3}{Z_4Z_2}$ ② $\dfrac{Z_2Z_3}{Z_4Z_1}$ ③ $\dfrac{Z_4Z_1}{Z_2Z_3}$ ④ $\dfrac{Z_4Z_2}{Z_1Z_3}$

45 기어의 모듈 5, 작은 기어의 잇수 20인 표준 보통이 평기어에서 작은 기어의 회전속도는 300rpm, 큰 기어의 회전속도는 100rpm일 때, 작은 기어와 큰 기어의 이끝원 지름[mm]은? [지방공무원 9급(2020)]

① 105, 305 ② 105, 310 ③ 110, 305 ④ 110, 310

46 맞물려 있는 두 스퍼기어의 중심거리가 96mm이며, 구동기어와 종동기어의 잇수가 각각 24개, 40개이다. 구동기어의 이끝원 지름[mm]은? (단, 치형은 표준이(full depth form)이다.) [국가공무원 9급(2020)]

① 72 ② 78 ③ 120 ④ 126

47 모듈 5, 잇수 50개의 표준 스퍼기어의 바깥지름 D_o[mm]와 원주피치 p[mm]는? [국가공무원 7급(2020)]

① $D_o=250,\ p=5\pi$ ② $D_o=250,\ p=7\pi$
③ $D_o=260,\ p=5\pi$ ④ $D_o=260,\ p=7\pi$

48 외접하는 표준 스퍼기어 두 개의 잇수가 각각 40, 60개이고 원주피치가 $3\pi[\mathrm{mm}]$일 때, 두 축 사이의 중심거리[mm]는? [지방공무원 9급(2021)]

① 100 ② 150 ③ 200 ④ 250

49 전위기어의 사용 목적으로 옳지 않은 것은? [지방공무원 9급(2021)]

① 언더컷을 방지하려고 할 때 사용한다.
② 최소 잇수를 줄이려고 할 때 사용한다.
③ 물림률을 감소시키려고 할 때 사용한다.
④ 이의 강도를 증가시키려고 할 때 사용한다.

50 기어에 발생하는 언더컷 방지법에 대한 설명으로 옳은 것만을 모두 고르면? [국가공무원 9급(2021)]

ㄱ. 치형수정을 한다. ㄴ. 압력각을 증가시킨다. ㄷ. 피니언의 잇수를 최소잇수 이상으로 한다. ㄹ. 이높이를 높인다.

① ㄱ, ㄴ ② ㄷ, ㄹ ③ ㄱ, ㄴ, ㄷ ④ ㄱ, ㄴ, ㄷ, ㄹ

51 그림과 같은 기어잇수를 가진 복합 기어열에서 입력축 기어1의 회전속도가 600rpm일 때, 출력축 기어4의 회전속도[rpm]는? [국가공무원 9급(2021)]

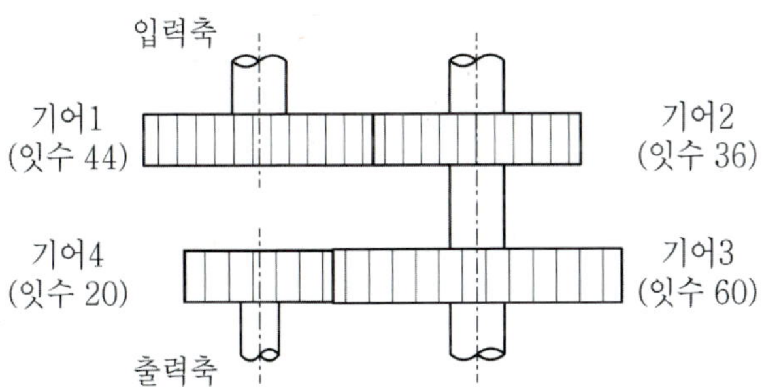

[문제 9.51]

① 2,100 ② 2,200 ③ 2,300 ④ 2,400

52 전달하중이 2kN, 잇수가 30, 모듈이 2mm, 회전수가 400rpm인 스퍼 기어의 전달동력[kW]은? (단, $\pi=3$이고, 속도계수는 무시한다.) [국가공무원 7급(2021)]

① 1.2 ② 2.4 ③ 12 ④ 24

제10장 벨트

10.1 벨트 전동의 특성

벨트 전동은 원동축과 종동축 사이가 비교적 먼 경우에 사용하며, 양쪽 축에 풀리를 달고 벨트를 감아 동력을 전달하는 장치이다. 풀리가 벨트를 회전시키는 쪽을 원동축 또는 구동축, 벨트가 풀리를 회전시키는 쪽을 종동축 또는 피동축이라 한다.

벨트를 벨트 풀리에 걸어 감는 방법은 [그림 10.1]과 같은 바로걸기(평행걸기)와 엇걸기(십자걸기)가 대표적인 방법이다.

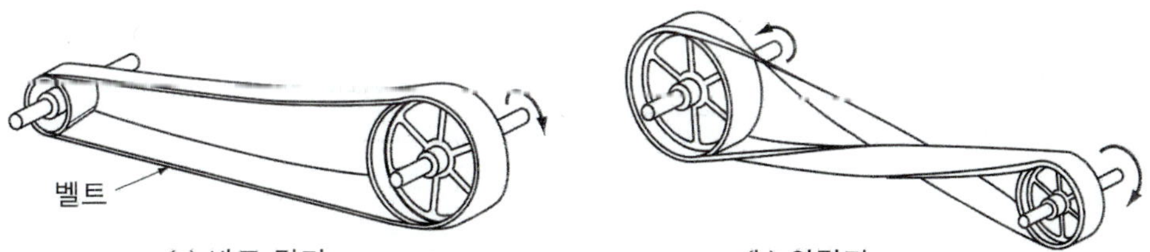

(a) 바로 걸기 (b) 엇걸기

[그림 10.1] 벨트를 거는 방법

벨트 전동 장치는 정확한 속도비를 얻지는 못하지만 충격 하중을 흡수하여 진동을 감소시키고, 과부하가 걸릴 때는 미끄럼이 발생하며 정숙한 운전을 한다. 또, 구조가 간단하고 제작비가 적게 들며 전동 효율이 높아 일반 기계의 전동 장치로 널리 이용되고 있다.

단면 모양에 따라 벨트를 평벨트와 V 벨트로 나눈다. 평벨트(flat belt)는 벨트 단면이 직사각형인 벨트이다. 양쪽 면이 같은 모양인 평벨트는 잘 굽혀지므로 풀리 지름이 작거나 고속 전동일 때 사용한다. 벨트는 굽힘 응력과 인장 응력을 무수히 반복하여 받으므로 벨트 재료는 이러한 응력에 견딜 수 있어야 하고 진동이나 충격을 잘 흡수할 수 있도록 탄력성이 좋아야 한다. 평벨트의 종류에는 가죽 벨트, 직물 벨트, 고무 벨트 등이 있다.

V 벨트(V-belt)는 단면 모양이 사다리꼴인 벨트이다. V 벨트는 평벨트에 비해 접촉 면적이 넓어 작은 장력으로 큰 동력을 얻고, 운전이 정숙하며 충격을 잘 흡수한다. 그러나 엇걸기에는 사용할 수 없고 바로 걸기에만 사용할 수 있다.

여기에서는 평벨트에 대하여 벨트 길이와 동력 전달 특성에 대해 알아본다.

10.2 바로걸기

바로걸기는 평행걸기라고도 하며 두 축의 회전 방향이 같다. [그림 10.2]와 같이 벨트의 이완이 없이 이상적으로 걸려 있는 바로 걸기의 경우에 대해 벨트 길이를 구해본다.

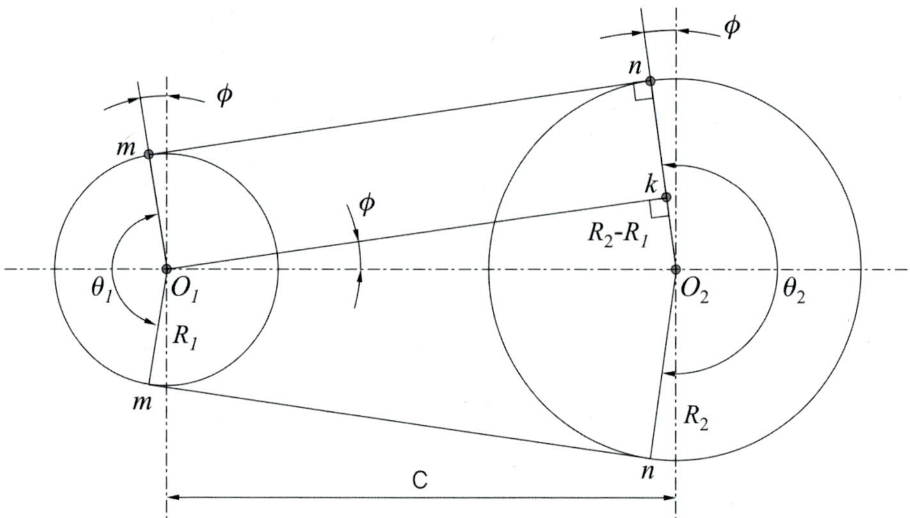

[그림 10.2] 바로걸기 벨트의 길이와 접촉각

[그림 10.2]에서 풀리에 벨트를 감을 때 벨트가 풀리에 감겨 접촉하고 있는 부분의 풀리의 중심각 θ_1, θ_2를 접촉각(angle of contact)이라 한다.

두 풀리의 중심 간의 거리를

$$\overline{O_1O_2} = C$$

라 하면 접하는 두 점 m, n 사이의 벨트 길이

$$\overline{mn} = \overline{O_1k} = C\cos\phi$$

이다. 그리고 반지름 R_1, R_2인 작은 풀리와 큰 풀리에서 접촉각 θ_1, θ_2는

$$\theta_1 = \pi - 2\phi \quad \cdots\cdots (10.1)$$

$$\theta_2 = \pi + 2\phi \quad \cdots\cdots (10.2)$$

이므로 두 풀리를 감고 있는 벨트의 길이는 각각

$$\widehat{mm} = R_1\theta_1 = R_1(\pi - 2\phi)$$

$$\widehat{nn} = R_2\theta_2 = R_2(\pi + 2\phi)$$

이다. R_1, R_2는 두 풀리의 반지름을 나타낸다. 따라서 벨트의 전 길이 L은 다음과 같이 된다.

$$\begin{aligned} L &= 2\overline{mn} + \widehat{mm} + \widehat{nn} \\ &= 2C\cos\phi + R_1(\pi - 2\phi) + R_2(\pi + 2\phi) \\ &= 2C\cos\phi + \pi(R_1 + R_2) + 2(R_2 - R_1)\phi \end{aligned}$$

여기에서 $\sin\phi = \dfrac{R_2 - R_1}{C}$ 이다. ϕ가 작은 경우 $\sin\phi \approx \phi$, $\cos\phi \approx 1 - \dfrac{1}{2}\phi^2$ 이므로

$$\begin{aligned} L &= 2C\cos\phi + \pi(R_1 + R_2) + 2(R_2 - R_1)\phi \\ &= 2C\left[1 - \frac{1}{2}\frac{(R_2 - R_1)^2}{C^2}\right] + \pi(R_1 + R_2) + 2(R_2 - R_1) \times \frac{R_2 - R_1}{C} \\ &= 2C + \pi(R_1 + R_2) + \frac{(R_2 - R_1)^2}{C} \end{aligned}$$

이고, 두 풀리의 지름을 각각 D_1, D_2라 하면

$$L = 2C + \frac{\pi}{2}(D_1 + D_2) + \frac{(D_2 - D_1)^2}{4C} \quad \cdots\cdots (10.3)$$

가 된다. 한편 이 식을 C에 대하여 정리하면

$$4C^2 - 2\left[L - \frac{\pi}{2}(D_1 + D_2)\right]C + \frac{(D_2 - D_1)^2}{2} = 0$$

이므로 이차 방정식의 근의 공식으로부터 다음과 같이 C가 구해진다.

$$C=\frac{B+\sqrt{B^2-2(D_2-D_1)^2}}{4} \cdots\cdots (10.4)$$

여기에서

$$B=L-\frac{\pi}{2}(D_1+D_2) \cdots\cdots (10.5)$$

이다. 일반적으로 풀리와 벨트는 규격품으로 생산되고 있으므로(D_1, D_2, L 고정) 이에 적합한 축 간의 중심거리를 정하여 사용한다.

접촉각은 다음과 같이 구해진다. $\sin\phi=\frac{R_2-R_1}{C}=\frac{D_2-D_1}{2C}$ 이므로

$$\phi=\sin^{-1}\left(\frac{D_2-D_1}{2C}\right) \cdots\cdots (10.6)$$

이다. 따라서

$$\theta_1=180°-2\sin^{-1}\left(\frac{D_2-D_1}{2C}\right) \cdots\cdots (10.7)$$

$$\theta_2=180°+2\sin^{-1}\left(\frac{D_2-D_1}{2C}\right) \cdots\cdots (10.8)$$

작은 풀리의 접촉각 θ_1은 180° 보다 작고, 큰 풀리의 접촉각 θ_2는 180° 보다 크다.

10.3 엇걸기

엇걸기는 십자걸기라고도 하며 두 축의 회전 방향이 서로 반대이다. 바로걸기에 비하여 접촉각이 크므로 큰 동력을 전달할 때 사용된다. 그러나 벨트끼리 서로 접촉되어 돌아가므로 벨트의 마모가 쉽게 발생되는 단점이 있다.

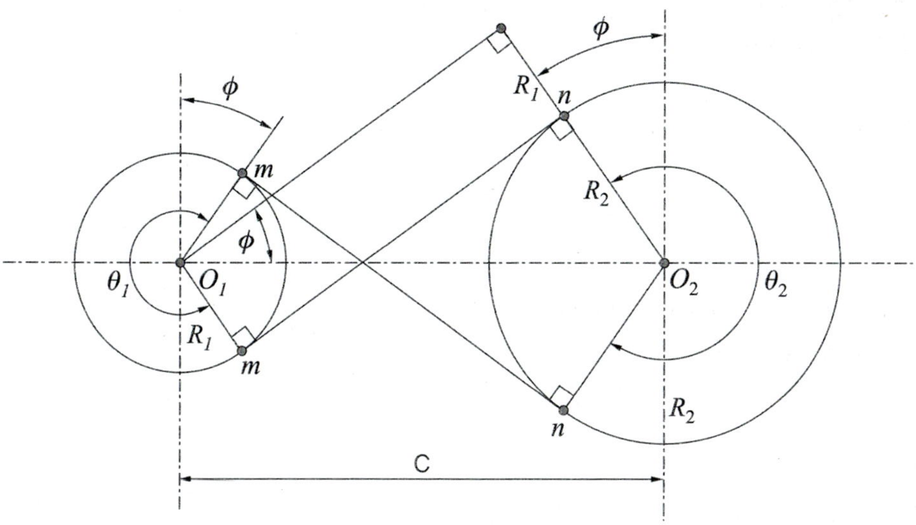

[그림 10.3] 엇걸기 벨트의 길이와 접촉각

[그림 10.3]에서 두 풀리의 접촉각은 서로 같으며

$$\theta_1 = \theta_2 = \pi + 2\phi \quad \cdots\cdots (10.9)$$

이다. 여기에서 $\sin\phi = \dfrac{R_1 + R_2}{C}$ 이고, 두 풀리를 감고 있는 벨트의 길이는

$$\widehat{mm} = R_1\theta_1 = R_1(\pi + 2\phi)$$

$$\widehat{nn} = R_2\theta_2 = R_2(\pi + 2\phi)$$

이다. 따라서 벨트의 전 길이 L은 다음과 같이 된다.

$$\begin{aligned} L &= 2\overline{mn} + \widehat{mm} + \widehat{nn} \\ &= 2C\cos\phi + R_1(\pi + 2\phi) + R_2(\pi + 2\phi) \\ &= 2C\cos\phi + \pi(R_1 + R_2) + 2(R_2 + R_1)\phi \end{aligned}$$

ϕ가 작은 경우 $\sin\phi \approx \phi$, $\cos\phi \approx 1 - \dfrac{1}{2}\phi^2$ 이므로

$$\begin{aligned} L &= 2C\cos\phi + \pi(R_1 + R_2) + 2(R_2 + R_1)\phi \\ &= 2C\left[1 - \frac{1}{2}\frac{(R_1 + R_2)^2}{C^2}\right] + \pi(R_1 + R_2) + 2(R_2 + R_1) \times \frac{R_2 + R_1}{C} \end{aligned}$$

$$= 2C + \pi(R_1 + R_2) + \frac{(R_2 + R_1)^2}{C}$$

이고, 두 풀리의 지름을 각각 D_1, D_2라 하면

$$L = 2C + \frac{\pi}{2}(D_1 + D_2) + \frac{(D_2 + D_1)^2}{4C} \qquad (10.10)$$

가 된다. 한편 이 식을 C에 대하여 정리하면

$$4C^2 - 2\left[L - \frac{\pi}{2}(D_1 + D_2)\right]C + \frac{(D_2 + D_1)^2}{2} = 0$$

이므로 이차 방정식의 근의 공식으로부터 다음과 같이 C가 구해진다.

$$C = \frac{B + \sqrt{B^2 - 2(D_2 + D_1)^2}}{4} \qquad (10.11)$$

여기에서

$$B = L - \frac{\pi}{2}(D_1 + D_2)$$

이다. 접촉각은 다음과 같이 구해진다. $\sin\phi = \dfrac{R_2 + R_1}{C} = \dfrac{D_2 + D_1}{2C}$ 이므로

$$\phi = \sin^{-1}\left(\frac{D_2 + D_1}{2C}\right) \qquad (10.12)$$

이다. 따라서 접촉각은 다음과 같다.

$$\theta_1 = \theta_2 = \pi + 2\phi = 180° + 2\sin^{-1}\left(\frac{D_2 + D_1}{2C}\right) \qquad (10.13)$$

10.4 벨트의 원주 속도와 풀리의 회전 속도 비

벨트 풀리와 벨트 사이에 미끄럼이 없다고 가정하면 벨트의 선속도는 원동축 풀리와 종동축 풀리의 원주 속도와 같다. 그리고 벨트의 중립면을 회전 반지름의 기준으로 정하면 풀리의 회전속도비는 다음과 같다.

$$i = \frac{N_2}{N_1} = \frac{D_1 + t}{D_2 + t} \cdots\cdots (10.14)$$

여기에서 t는 벨트두께[mm]이고, D_1과 D_2는 각각 원동축 풀리와 종동축 풀리의 지름[mm]을 나타내며, N_1, N_2는 원동축과 종동축의 회전속도[rpm]이다.

일반적으로 풀리의 지름에 비해 벨트 두께를 무시할 수 있으며, 이 때 벨트의 원주속도 v[m/s]와 풀리의 회전속도 비(i)는 다음과 같다.

$$v = \frac{\pi D_1 N_1}{60 \times 1000} = \frac{\pi D_2 N_2}{60 \times 1000} \ [\text{m/s}] \cdots\cdots (10.15)$$

$$i = \frac{N_2}{N_1} = \frac{D_1}{D_2} \cdots\cdots (10.16)$$

10.5 평벨트의 장력과 동력 및 응력

[1] 평벨트의 장력과 동력

동력을 전달하기 위하여 구동 풀리가 회전하면 벨트의 한쪽은 탄탄하게 당겨지고 다른 한 쪽은 상대적으로 이완된다[그림 10.4]. 이때 긴장측(tight side)과 이완측(slack side) 장력과의 차이를 유효 장력이라 한다. 유효 장력은 풀리를 회전시키는 회전력이 된다.

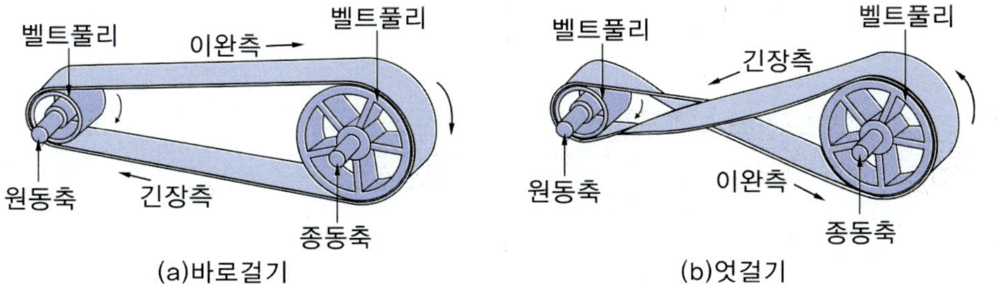

[그림 10.4] 벨트의 장력

[그림 10.4]에서 긴장측 장력을 F_t[N], 이완측 장력을 F_s[N]라 하면 유효 장력 P[N]는 다음과 같다.

$$P = F_t - F_s \text{ [N]} \qquad (10.17)$$

풀리의 지름을 D[m]라 하면 벨트가 전달하는 토크 T[N · m]는 다음과 같다.

$$T = (F_t - F_s) \times \frac{D}{2} = \frac{PD}{2} \qquad (10.18)$$

한편 벨트가 회전하지 않을 때의 장력을 초기 장력이라 하며 다음과 같이 표현된다.

$$F_0 = C\left(\frac{F_t + F_s}{2}\right) \text{ [N] } (C = 0.9 \sim 1) \qquad (10.19)$$

벨트의 단위 길이 당 질량을 $\overline{m}$ [kg/m], 속도를 v [m/s], 마찰계수를 μ라 하면 벨트 장력에 대한 아이텔바인(Eytelwein) 공식은 다음과 같이 표현된다.[1)]

$$\frac{F_t - \overline{m}v^2}{F_s - \overline{m}v^2} = e^{\mu\theta} \qquad (10.20)$$

여기에서 θ [rad]은 벨트와 풀리가 접촉한 원호 길이가 풀리의 중심에 대하여 이루는 각으로 벨트의 접촉각이라 한다. 원동축의 $\mu_1\theta_1$, 종동축의 $\mu_2\theta_2$ 중에서 작은 값을 갖는 쪽의 θ를 선택한다. 예를 들어 마찰계수 μ가 같은 값을 가지면 ($\mu_1 = \mu_2$) 작은 풀리의 접촉각(θ)을 의미한다.

식 (10.20)에서

$$F_c = \overline{m}\,v^2 = \frac{w}{g}v^2 \qquad (10.21)$$

은 벨트의 단위 길이 당 질량에 의해 생기는 단위 길이 당 원심력이며 이것을 원심장력 또는 부가장력이라 한다. 여기에서 w는 단위 길이 당 무게이고 g는 중력 가속도이다.

장력비(k)는 다음과 같이 정의한다.

$$k = e^{\mu\theta} \qquad (10.22)$$

일반적으로 장력비(k)의 값은 $2 \sim 5$의 범위에 있다.

1) 이 식은 벨트의 미소요소를 고려하여 구해진다. 이 단원의 [보충학습]에 공식 유도 과정을 기술하였다.

(1) 벨트의 원심력을 무시하는 경우

아이텔바인(Eytelwein) 공식 (10.20)에서 속도(v)가 10[m/s] 이하일 때 원심력 $\overline{m}v^2$을 무시하며, 이 경우 장력의 관계식은 다음과 같다.

$$\frac{F_t}{F_s} = e^{\mu\theta} \quad \cdots\cdots (10.23)$$

이 식으로부터 $F_t = e^{\mu\theta} F_s$ 또는 $F_s = F_t / e^{\mu\theta}$이므로 동력 전달에 필요한 유효 장력($P$)은

$$P = F_t - F_s = (e^{\mu\theta} - 1)F_s = \left(1 - \frac{1}{e^{\mu\theta}}\right)F_t \quad \cdots\cdots (10.24)$$

이다. 그리고 긴장측 장력 F_t[N]과 이완측 장력 F_s[N]를 유효장력 P[N]으로 나타내면 다음과 같다.

$$F_t = \frac{e^{\mu\theta}}{e^{\mu\theta} - 1}P \quad \cdots\cdots (10.25)$$

$$F_s = \frac{1}{e^{\mu\theta} - 1}P \quad \cdots\cdots (10.26)$$

전달동력 H[kW]는 다음과 같이 표현된다.

$$H = \frac{Pv}{1000} = \frac{F_t v}{1000}\left(1 - \frac{1}{e^{\mu\theta}}\right) \text{ [kW]} \quad \cdots\cdots (10.27)$$

여기에서 긴장측 장력 F_t와 원주속도 v의 단위는 각각 N, m/s이다.

(2) 벨트의 원심력을 고려하는 경우

벨트 원주 속도 $v > 10$ m/s인 경우에 대하여 원심력을 고려하면 식 (10.17)과 (10.20)으로부터 긴장측 장력 F_t[N]과 이완측 장력 F_s[N]은 다음과 같이 구해진다.

$$F_t = \frac{e^{\mu\theta}}{e^{\mu\theta} - 1}P + \overline{m}v^2 \quad \cdots\cdots (10.28)$$

$$F_s = \frac{1}{e^{\mu\theta} - 1}P + \overline{m}v^2 \quad \cdots\cdots (10.29)$$

여기에서 벨트의 단위 길이 당 질량 $\overline{m}$[kg/m], 원주 속도 v[m/s], 마찰계수 μ, 벨트

접촉각 θ, 유효 장력 P[N]이다.

한편 식 (10.20)으로부터

$$F_s = \frac{F_t - \overline{m}v^2}{e^{\mu\theta}} + \overline{m}v^2 \quad \cdots\cdots (10.30)$$

을 구하여 식 (10.17)에 대입하여 P를 F_t로 나타내면

$$P = F_t - F_s = (F_t - \overline{m}v^2)\left(1 - \frac{1}{e^{\mu\theta}}\right) \quad \cdots\cdots (10.31)$$

이다. 따라서 벨트의 전달동력 H[kW]는 다음과 같이 표현된다.

$$H = \frac{Pv}{1000} = \frac{(F_t - \overline{m}v^2)v}{1000}\left(1 - \frac{1}{e^{\mu\theta}}\right) \text{ [kW]} \quad \cdots\cdots (10.32)$$

[2] 평벨트의 응력

운전 중에 벨트는 F_t와 F_s의 장력을 받고, 풀리에 접촉하고 있을 때는 인장응력과 굽힘응력을 동시에 받는다. 그런데 일반적으로 풀리의 지름이 벨트 두께에 비하여 매우 큰 경우에는 휨 작용에 의한 휨 응력은 무시할 수 있으며 이때 벨트에 걸리는 인장응력은 다음과 같다.

$$\sigma = \frac{F_t}{bt} \quad \cdots\cdots (10.33)$$

여기에서 b는 벨트의 너비, t는 벨트의 두께이다. 벨트의 치수는 벨트의 이음 효율을 고려하여 다음 식으로 결정한다.

$$\sigma_a \eta = \frac{F_t}{bt} \quad \cdots\cdots (10.34)$$

$$\therefore \ bt = \frac{F_t}{\sigma_a \eta} \quad \cdots\cdots (10.35)$$

σ_a는 벨트의 허용응력, η는 이음 효율을 나타낸다. 벨트 단면적 bt를 A라 하면 식 (10.35)는 다음과 같이 쓸 수 있다.

$$\sigma_a = \frac{F_t}{A} \times \frac{1}{\eta} \qquad (10.36)$$

10.6 베어링에 전달되는 하중

벨트의 장력은 회전축을 통하여 베어링에 전달된다. 베어링에 전달되는 하중을 구하기 위해 벨트에 작용하는 장력을 도시하면 [그림 10.5]의 (a)와 같다. 그리고 (b)에서 제2코사인법칙을 적용하면 다음과 같이 장력 F_t와 F_s의 합력 R(베어링에 전달되는 하중)이 구해진다.

$$R = \sqrt{F_t^2 + F_s^2 - 2F_t F_s \cos\theta} \qquad (10.37)$$

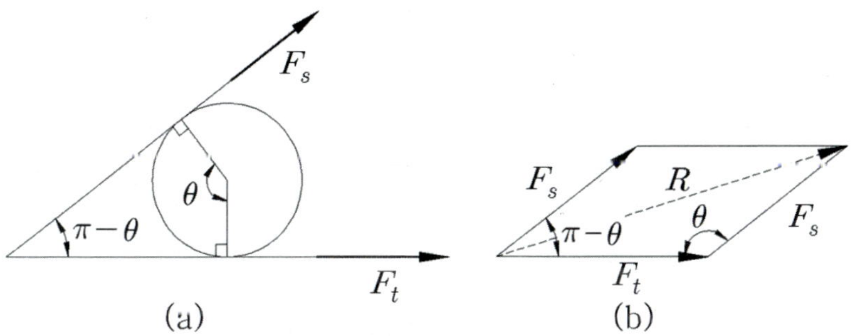

[그림 10.5] 벨트 장력과 베어링에 전달되는 하중(R)

[보충학습] 아이텔바인(Eytelwein) 식

[그림 10.6]과 같이 벨트의 미소요소를 잡고 힘의 평형을 고려한다. 미소요소에서 T는 이완측 장력, $T+dT$는 긴장측 장력이다. μ는 벨트와 풀리 사이의 마찰계수, dN은 미소요소를 수직으로 누르는 힘, $\overline{m}$은 벨트의 단위 길이당 질량, v는 벨트의 속도이다. 그리고 $d\theta$는 미소요소가 풀리 중심(O)에 대해 이루는 각이고 r은 풀리의 피치원 반지름이므로 미소요소의 원호길이는 $rd\theta$이다. 이에 따라 길이가 $rd\theta$인 따라서 미소요소의 질량 $\overline{m} \times (rd\theta)$에 의한 원심력은 $\left[\overline{m} \times (rd\theta)\right] \times \dfrac{v^2}{r} = \overline{m}\, v^2 d\theta$이다.

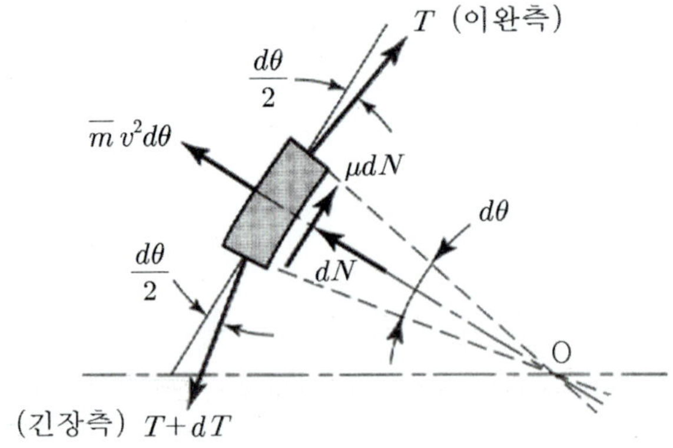

[그림 10.6] 벨트 미소요소에 작용하는 힘

먼저 접선 방향 힘의 평형($\sum F=0$)으로부터

$$(T+dT)\cos\left(\frac{d\theta}{2}\right)-T\cos\left(\frac{d\theta}{2}\right)-\mu dN=0$$

$$\therefore\ dT\cos\left(\frac{d\theta}{2}\right)-\mu dN=0 \quad \cdots\cdots ①$$

이다. 식 ①에서 $d\theta \ll 1$이면 $\cos\left(\frac{d\theta}{2}\right)\approx\cos 0=1$이므로 다음 관계식이 유도된다.

$$dT=\mu dN \quad \cdots\cdots ②$$

다음에 반경 방향으로 힘의 평형을 적용하면

$$dN+\overline{m}v^2d\theta-(T+dT)\sin\left(\frac{d\theta}{2}\right)-T\sin\left(\frac{d\theta}{2}\right)=0 \quad \cdots\cdots ③$$

이다. 여기에서 두 미소량의 곱 $dT\sin\left(\frac{d\theta}{2}\right)=0$이고 $d\theta \ll 1$일 때 $\sin\left(\frac{d\theta}{2}\right)=\frac{d\theta}{2}$로 하면 식 ③은 다음과 같다.

$$dN=(T-\overline{m}v^2)d\theta \quad \cdots\cdots ④$$

식 ④를 ②에 대입하면 다음과 같은 T와 θ에 대한 관계식이 유도된다.

$$dT=\mu(T-\overline{m}v^2)d\theta \quad \cdots\cdots ⑤$$

식 ⑤를 변수 분리하여 적분하면

$$\int_{T_s}^{T_t} \frac{1}{(T-\overline{m}v^2)} dT = \int_0^{\theta} \mu\, d\theta$$

$$\ln\left(\frac{T_t-\overline{m}v^2}{T_s-\overline{m}v^2}\right) = \mu\theta$$

$$\therefore \quad \frac{T_t-\overline{m}v^2}{T_s-\overline{m}v^2} = e^{\mu\theta} \quad \cdots\cdots\cdots\cdots ⑥$$

가 구해진다. 식 ⑥을 아이텔바인(Eytelwein) 식이라 한다.

이상에서 T_t는 긴장측 장력, T_s는 이완측 장력, $\overline{m}$은 벨트의 단위 길이당 질량, v는 벨트 속도, μ는 마찰계수이다. θ(rad)는 벨트와 풀리가 접촉한 원호 길이가 풀리의 중심에 대하여 이루는 각으로 벨트의 접촉각이라 한다. 원동축의 $\mu_1\theta_1$, 종동축의 $\mu_2\theta_2$ 중에서 작은 값을 갖는 쪽의 θ를 선택한다. 예를 들어 마찰계수 μ가 같은 값을 가지면($\mu_1 = \mu_2$) 작은 풀리의 접촉각(θ)을 의미한다. $\overline{m}v^2$은 벨트의 질량에 의해 발생하는 단위 길이당 원심력이며 원심장력 또는 부가장력이라 한다.

아이텔바인 식은 벨트가 풀리를 반경방향으로 누르고 있고, 벨트와 풀리 사이에 미끄럼 마찰이 일어나는 경우에 대해 유도되었다. 아이텔바인 식에 반경 방향 힘이 나타나지 않는다. 그러니 이 힘(N)에 의해 원주방향으로 마찰력($f = \mu N$)이 발생하므로 이 힘은 벨트의 장력에서 물리적으로 중요한 힘이다. 마찰력은 벨트의 운동 방향과 반대방향으로 작용한다. 즉, 아이텔바인 식은 벨트와 풀리 사이에 상대적 미끄럼 운동이 원주방향으로 발생하려는 순간에 대해 해석한 것이 된다.

원동축에서는 풀리가 벨트를 이동시키므로 벨트가 원동축 풀리에 감기기 시작하는 쪽이 긴장측이고 원동축 풀리로부터 풀려 나가는 쪽이 이완측이다. 원동축 풀리에 감겨있는 벨트 위의 한 점에서 장력은 긴장측에서 이완측으로 이동함에 따라 점차 감소한다. 원동축 풀리에서 벨트가 이완측에 가까워지면 장력이 감소하고 장력에 의해 늘어났던 벨트 길이가 줄어들게 된다. 이에 따라 벨트가 풀리 위를 회전 방향과 반대 방향으로 기어가는 크리핑 현상이 발생한다. 이 현상은 주로 이완측에 가까운 곳에서 뚜렷하게 일어난다. 그런데 아이텔바인 식을 유도할 때 벨트 길이 변화를 고려하지 않았고, 마찰력의 방향도 긴장측 장력과 반대 방향으로 일정하다고 가정하였다. 따라서 크리핑 현상이 발생하는 구간에서는 아이텔바인 식을 유도할 때 가정했던 마찰력의 방향이 바뀌게 되어 아이텔바인 식을 적용할 수 없다. 아이텔바인 식은 크리핑 현상이 일어나기 시작하는 지점의 장력을 이완측 장력으로 간주한 것으로 볼 수 있다.

[예제 10.1] 벨트 전동에서 지름이 각각 200mm, 800mm인 두 풀리의 중심 간 거리가 2m일 때 바로걸기로 감을 경우의 벨트 길이를 구하여라.

풀이 $D_1 = 0.2\,\text{m}$, $D_2 = 0.8\,\text{m}$, $C = 2\,\text{m}$이므로 벨트 길이 L은 다음과 같이 계산된다.

$$L = 2C + \frac{\pi}{2}(D_1 + D_2) + \frac{(D_2 - D_1)^2}{4C}$$

$$= 2 \times 2 + \frac{\pi}{2}(0.2 + 0.8) + \frac{(0.8 - 0.2)^2}{4 \times 2}\,[\text{m}]$$

$$= 5.616\,[\text{m}] = 5616\,[\text{mm}]$$

[예제 10.2] 원동 풀리와 종동 풀리의 지름이 각각 300mm, 900mm인 벨트 전동 장치가 있다. 두 풀리의 중심 간 거리가 5m일 때 바로걸기로 감을 경우의 접촉각을 구하여라.

풀이 바로걸기일 때 접촉각 θ_1, θ_2는 다음과 같다.

$$\sin\phi = \frac{R_2 - R_1}{C} = \frac{D_2 - D_1}{2C}$$

$$\therefore\ \phi = \sin^{-1}\left(\frac{D_2 - D_1}{2C}\right) = \sin^{-1}\left(\frac{0.9 - 0.3}{2 \times 5}\right) = 3.44°$$

- 원동 풀리 : $\theta_1 = 180° - 2\phi = 180° - 2 \times 3.44° = 173.12°$
- 종동 풀리 : $\theta_2 = 180° + 2\phi = 180° + 2 \times 3.44° = 186.88°$

[예제 10.3] 벨트 전동 장치의 원동 풀리 지름이 150mm이고 회전속도가 1200rpm이다. 종동축의 회전속도가 400rpm, 축 간 거리가 1.4m일 때 엇걸기 벨트 길이와 접촉각을 구하여라.

풀이 $D_1 = 150\,\text{mm}$, $C = 1.4\,\text{m}$이다. 미끄럼이 없다고 가정하면 속도비

$$i = \frac{N_2}{N_1} = \frac{D_1}{D_2}$$

에서

$$D_2 = \frac{N_1}{N_2} D_1 = \frac{1200}{400} \times 150[\text{mm}] = 450\,[\text{mm}]$$

이므로 벨트 길이 L은

$$L = 2C + \frac{\pi}{2}(D_1 + D_2) + \frac{(D_2 + D_1)^2}{4C}$$
$$= 2 \times 1.4 + \frac{\pi}{2}(0.15 + 0.45) + \frac{(0.45 + 0.15)^2}{4 \times 1.4}[\text{m}]$$
$$= 3.807[\text{m}] = 3807\,[\text{mm}]$$

이고, 접촉각은 다음과 같다.

$$\theta_1 = \theta_2 = 180° + 2\sin^{-1}\left(\frac{D_2 + D_1}{2C}\right)$$
$$= 180° + 2\sin^{-1}\left(\frac{0.45 + 0.15}{2 \times 1.4}\right) = 204.7°$$

[예제 10.4] 벨트의 허용응력 $\sigma_a = 2\text{N/mm}^2$, 이음효율 $\eta = 80(\%)$일 때 긴장 쪽에 1200N이 걸리는 경우 필요한 벨트 단면적[mm^2]을 구하여라.

풀이 허용응력 $\sigma_a = \dfrac{F_t}{A} \times \dfrac{1}{\eta}$에서 단면적 A는 다음과 같다.

$$A = \frac{F_t}{\sigma_a} \times \frac{1}{\eta} = \frac{1200}{2} \times \frac{1}{0.8}[\text{mm}^2] = 750[\text{mm}^2]$$

[예제 10.5] 벨트전동에서 인장측 장력이 이완측 장력의 3배이고 벨트의 유효장력이 100 [kgf]일 때, 인장측 장력[kgf]을 구하여라. 단, 원심력의 영향은 무시한다.

풀이 인장측 장력을 F_t[kgf], 이완측 장력을 F_s[kgf]라 하면 유효 장력 P[kgf]는 다음과 같다.

$$P = F_t - F_s$$

주어진 조건에서 $F_t = 3F_s$, 유효장력 $P = 100$[kgf]을 위 식에 대입하면

$$100 = 3F_s - F_s$$
$$\therefore\ F_s = 50\,[\text{kgf}]$$

이고, 인장측 장력은 $F_t = 3F_s = 150$[kgf]이다.

[예제 10.6] 긴장측 장력(F_t)이 이완측 장력(F_s)의 3배일 때 20[m/s]의 속도로 40[kW]의 동력을 전달하는 평벨트 전동장치에서 긴장측 장력[N]을 구하여라. 단, 원심력의 영향은 무시한다.

풀이 벨트 속도 $v = 20$[m/s], 전달동력 $H = 40$[kW]$= 40 \times 1000$[W]이다. 긴장측 장력(F_t)은 이완측 장력(F_s)의 3배이므로

$$F_t = 3F_s$$

이고, 유효장력(P)은

$$P = F_t - F_s = 3F_s - F_s = 2F_s$$

이다. 따라서 전달동력(H)로부터 이완측 장력(F_s)은

$$H = Pv = 2F_s v$$
$$\therefore\ F_s = \frac{H}{2v} = \frac{40 \times 1000}{2 \times 20}[\text{N}] = 1000\,[\text{N}]$$

이고, 긴장측 장력은 $F_t = 3F_s = 3000$[N]이다.

[예제 10.7] **원동 풀리 지름 $D_1 = 200\,\text{mm}$, 회전수 $N_1 = 600\text{rpm}$, 종동 풀리 회전수 $N_2 = 300\text{rpm}$, 축 간 거리 $C = 2.5\text{m}$인 바로걸기 평벨트의 전달 동력이 6kW일 때 다음을 구하여라.**

(1) 벨트의 유효 장력[N]

(2) 마찰계수 $\mu = 0.3$일 때 긴장측 장력[N]과 이완측 장력[N]

(3) 허용응력 $\sigma_a = 5\text{N/mm}^2$, 이음 효율 $\eta = 0.7$, 폭 $b = 80\text{mm}$일 때 벨트 두께(t[mm])

풀이 (1) 전달동력(H)으로부터 유효장력(P)을 구한다.

$$H = Pv = P \times \frac{\pi D_1 N_1}{60}$$

$$\therefore \; P = \frac{60H}{\pi D_1 N_1} = \frac{60 \times (6 \times 1000)}{\pi \times 0.2 \times 600}\,[\text{N}] = 954.9\,[\text{N}]$$

(2) 먼저 속도비로부터 지름 D_2를 구한다.

$$i = \frac{N_2}{N_1} = \frac{D_1}{D_2}$$

$$\therefore \; D_2 = D_1 \times \frac{N_1}{N_2} = 200 \times \frac{600}{300}\,[\text{mm}] = 400\,[\text{mm}]$$

따라서 작은 풀리의 접촉각은 다음과 같다.

$$\theta_1 = 180° - 2\sin^{-1}\left(\frac{D_2 - D_1}{2C}\right) = 180° - 2\sin^{-1}\left(\frac{0.4 - 0.2}{2 \times 2.5}\right) = 175.42°$$

여기에서

$$v = \frac{\pi D_1 N_1}{60} = \frac{\pi \times 0.2 \times 600}{60} = 6.28 < 10\,[\text{m/s}]$$

이므로 벨트의 원심력을 고려하지 않는다. 이때 장력은 다음과 같다.

• 긴장측 장력 : $F_t = \frac{e^{\mu\theta}}{e^{\mu\theta}-1}P = \left(1+\frac{1}{e^{\mu\theta}-1}\right)P$

$$= \left(1+\frac{1}{e^{0.3\times(175.42\times\frac{\pi}{180})}-1}\right)\times 954.9\,[\mathrm{N}]$$

$$= 1589\,[\mathrm{N}]$$

• 이완측 장력 : $F_s = \frac{1}{e^{\mu\theta}-1}P$

$$= \frac{1}{\left(e^{0.3\times(175.42\times\frac{\pi}{180})}-1\right)}\times 954.9\,[\mathrm{N}]$$

$$= 634.3\,[\mathrm{N}]$$

또는, $F_s = F_t - P = 1589 - 954.9\,[\mathrm{N}] = 634.1\,[\mathrm{N}]$

(3) 벨트 두께

$$t = \frac{F_t}{b\sigma_a\eta} = \frac{1589}{80\times5\times0.7}\,[\mathrm{mm}] = 5.675\,[\mathrm{mm}]$$

연습문제 10

01 평벨트 풀리의 지름이 각각 $D_1 = 300\text{mm}$, $D_2 = 700\text{mm}$이고 축 간 거리 $C = 2\text{m}$일 때 다음을 구하여라.

(1) 바로걸기로 감을 때의 벨트 길이와 접촉각

(2) 엇걸기로 감을 때의 벨트 길이와 접촉각

02 축 간 거리 3m, 원동 풀리 지름 $D_1 = 300\text{mm}$, 회전수 $N_1 = 500\text{rpm}$, 종동 풀리 지름 $D_2 = 1200\text{mm}$인 바로걸기 평벨트의 유효장력 $P = 400\text{N}$일 때 다음을 구하여라.

(1) 벨트의 원주 속도

(2) 벨트의 전달 동력

(3) 벨트의 길이와 접촉각

(4) 마찰 계수 $\mu = 0.25$일 때 장력비 k

(5) 긴장측 장력(F_t)과 이완측 장력(F_s)

(6) 벨트 인장강도 $\sigma = 10\text{N/mm}^2$, 이음 효율 $\eta = 0.8$, 안전율 $S = 5$, 벨트 두께 $t = 5\text{mm}$일 때 벨트 너비(b)

03 원주속도 4m/s로 동력을 전달하고 있는 평벨트의 긴장측 장력과 이완측 장력이 각각 2kN, 0.5kN일 때 벨트의 전달동력[kW]을 구하여라.

04 평벨트 전동 장치에서 벨트의 원주속도 $v = 20\text{m/s}$로 운전할 때 원심력에 의하여 벨트에 부가된 장력이 4kN이면 벨트 길이 1m의 질량은 몇 kg인가?

† $\dfrac{\text{N}}{(\text{m/s})^2} = \left(\text{kg} \cdot \dfrac{\text{m}}{\text{s}^2}\right) \times \dfrac{\text{s}^2}{\text{m}^2} = \dfrac{\text{kg}}{\text{m}}$

05 벨트와 풀리를 사용하는 전동축에서 벨트의 폭이 100mm일 때, 최대 인장 하중이 350kgf로 작용한다면 벨트의 두께는 몇 mm이어야 하는지 계산하시오. 단, 벨트의 인장강도는 2kgf/mm^2이고, 안전율은 8이다. [중등교사 임용시험-기계 · 금속]

06 5m/s의 속도로 움직이면서 0.1kW의 동력을 전달하는 평벨트 장치가 있다. 긴장측 장력이 40N일 경우 장력비 $e^{\mu\theta}$의 값은? (단, 원심력의 영향은 무시한다.) [공무원 임용시험]

① 1　　② 2　　③ 3　　④ 4

07 벨트에 작용하는 하중의 상관관계 식으로 옳은 것은? (단, 마찰계수 μ, 접촉각 β, 긴장측 장력 F_t, 이완측 장력 F_s, 원심력 F_c이다.) [공무원 임용시험]

① $\frac{F_t + F_c}{F_s + F_c} = e^{\mu\beta}$　② $\frac{F_t - F_c}{F_s - F_c} = e^{\mu\beta}$

③ $\frac{F_t + F_c}{F_s + F_c} = e^{-\mu\beta}$　④ $\frac{F_t - F_c}{F_s - F_c} = e^{-\mu\beta}$

08 벨트의 속도가 v[m/s], 긴장측 장력이 T_t[kgf], 이완측 장력이 T_s[kgf], $T_t / T_s = 4$일 때, 최대 전달동력[PS]은? (단, 원심력은 무시한다.) [공무원 임용시험]

① $\frac{T_t v}{136}$　② $\frac{T_t v}{125}$　③ $\frac{T_t v}{100}$　④ $\frac{T_t v}{75}$

09 회전하고 있는 평행걸기(바로걸기) 평벨트 전동장치의 장력비는 k이다. 긴장측 장력을 T_t, 이완측 장력을 T_s, 유효장력을 T_e라할 때, $(T_t + T_s)/T_e$를 나타낸 것으로 옳은 것은? (단, 벨트 속도로 인한 원심력은 무시한다.) [공무원 임용시험]

① $\frac{k-1}{k+1}$　② $\frac{k+1}{k-1}$　③ $\frac{1+k}{1-k}$　④ $\frac{1-k}{1+k}$

10 6m/s의 속도로 동력을 전달하고 있는 평벨트의 긴장측 장력이 100kgf, 이완측 장력이 50kgf일 때, 전달되는 동력[PS]은 얼마인가? [공무원 임용시험]

① 2PS　② 4PS　③ 6PS　④ 8PS

11 벨트 전동에서 벨트의 장력으로 인해 베어링에 전달되는 하중(F_d)과 이완측 장력(T_s) 사이의 관계(F_d / T_s)로 옳은 것은? (단, 마찰계수는 μ이고, 벨트의 접촉각은 θ이며, 원심력의 영향은 무시한다.) [공무원 임용시험]

① $(e^{2\mu\theta} - 2e^{\mu\theta}\cos\theta + 1)^{1/2}$　② $e^{2\mu\theta} - 2e^{\mu\theta}\cos\theta + 1$

③ $(e^{2\mu\theta} + 2e^{\mu\theta}\cos\theta + 1)^{1/2}$　④ $e^{2\mu\theta} + 2e^{\mu\theta}\cos\theta + 1$

12 평벨트를 벨트풀리에 거는 방법에 대한 설명으로 옳은 것만을 모두 고르면? (단, 원동축은 시계방향으로 회전한다.) [공무원 임용시험]

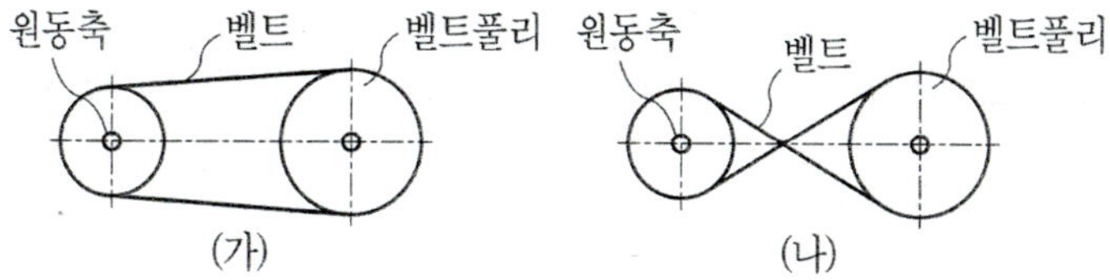

ㄱ. (가)는 위쪽 벨트가 이완측이 된다.
ㄴ. (나)는 원동축과 종동축의 회전 방향이 같다.
ㄷ. (가)는 (나)보다 미끄럼이 작다.
ㄹ. (나)는 (가)보다 큰 동력을 전달할 수 있다.

① ㄱ, ㄴ ② ㄱ, ㄹ ③ ㄴ, ㄷ ④ ㄷ, ㄹ

13 평벨트 전동장치에서 벨트 속도 v[m/s], 긴장측 장력 T_t[N], 마찰계수 μ, 벨트 접촉각 θ[rad]가 주어졌을 때, 최대 전달동력[kW]은? (단, 벨트의 원심력은 무시한다.) [공무원 임용시험]

① $\frac{T_t v}{1000}\left(\frac{e^{\mu\theta}}{1-e^{\mu\theta}}\right)$ ② $\frac{T_t v}{1000}\left(\frac{1-e^{\mu\theta}}{e^{\mu\theta}}\right)$ ③ $\frac{T_t v}{1000}\left(\frac{e^{\mu\theta}-1}{e^{\mu\theta}}\right)$ ④ $\frac{T_t v}{1000}\left(\frac{e^{\mu\theta}}{e^{\mu\theta}-1}\right)$

14 평벨트 전동에서 벨트의 긴장측과 이완측의 장력이 각각 2.4kN, 2.0kN이고 원동측 벨트풀리의 지름과 회전속도가 각각 200mm, 300rpm일 때, 벨트가 전달하는 동력[kW]은? (단, 벨트에 걸리는 응력은 허용범위 이내이고 벨트의 원심력과 두께는 무시하며 벨트와 벨트풀리 사이의 미끄럼은 없다.) [공무원 임용시험]

① 0.4π ② 0.6π ③ 0.8π ④ 1.2π

15 10m/s의 속도로 10kW의 동력을 전달하는 평벨트 전동장치가 있다. 긴장측 장력이 이완측 장력의 2배일 때, 긴장측 장력 F_t[N]과 유효 장력 P[N]을 구하면? (단, 벨트에 작용하는 원심력은 무시한다.) [공무원 임용시험]

① $F_t=750,\ P=500$ ② $F_t=1{,}000,\ P=500$
③ $F_t=1{,}500,\ P=1{,}000$ ④ $F_t=2{,}000,\ P=1{,}000$

16 벨트장치에서 원동풀리의 지름 300mm, 종동풀리의 지름 500mm, 축간거리 1.5m인 벨트를 엇걸기 할 때와 평행걸기 할 때의 길이 차이를 계산한 값[mm]은? [공무원 임용시험]

① 50 ② 100 ③ 150 ④ 200

17 평벨트 평행걸기 전동에서 마찰계수가 μ, 접촉각이 θ일 때, 긴장측 벨트의 장력 T_t, 이완측 벨트의 장력 T_s와의 장력 비를 $k_1 = \dfrac{T_t}{T_s}$이라고 한다. 같은 조건에서 마찰계수가 μ에서 2μ로 증가된 경우의 장력비를 $k_2 = \dfrac{T_t}{T_s}$라 할 때, $\dfrac{k_2}{k_1}$로 옳은 것은? (단, 속도에 의한 원심력은 고려하지 않는다.) [공무원 임용시험]

① $e^{-\mu\theta}$ ② $e^{\mu\theta}$ ③ $2e^{\mu\theta}$ ④ $2e^{2\mu\theta}$

18 저속으로 운전되는 벨트의 두께가 2mm, 폭이 20mm인 벨트전동 장치에서 유효장력이 400N, 풀리의 접촉각과 마찰계수 곱의 지수 값 $e^{\mu\theta} = 3$일 때, 최대 인장응력[MPa]은? [공무원 임용시험]

① 5 ② 10 ③ 15 ④ 20

19 평벨트 전동에서 벨트의 속도가 7.5m/s, 이완측 장력이 30kgf, 전달동력이 4PS라면 긴장측 장력은 얼마인가? [공무원 임용시험]

① 70kgf ② 75kgf ③ 80kgf ④ 85kgf

20 6m/s의 속도로 6kW를 전달하는 벨트 전동장치에서 긴장측의 장력이 2000N일 때 이완측에 대한 긴장측의 장력비는? [공무원 임용시험]

① 1.5 ② 1.6 ③ 1.8 ④ 2.0

21 벨트의 선속도가 10m/s인 상태로 10마력을 전달하는 벨트 전동 장치에서 이완측의 장력(T_s)[N]은? (단, 벨트의 회전으로 인한 원심력 효과는 무시하며 긴장측의 장력(T_t)은 이완측 장력(T_s)의 두 배이다. 즉 $T_t = 2T_s$.) [공무원 임용시험]

① 735 ② 980 ③ 1470 ④ 1715

22 벨트의 폭과 두께가 각각 100mm, 5mm인 평벨트 전동에서 벨트속도가 8m/s일 때 전달동력[kW]은? (단, 벨트의 허용인장응력은 2.5MPa이며, $e^{\mu\theta} = 3$으로 하고, 원심력은 무시한다.) [공무원 임용시험]

① 6.7 ② 19.6 ③ 4.9 ④ 14.7

23 평벨트 전동에서 긴장측 장력이 500N, 이완측 장력이 300N일 때 벨트의 유효장력[N]은? [공무원 임용시험]

① 200 ② 400 ③ 500 ④ 800

24 원심력을 무시할 만큼의 저속의 평벨트 전동에서 유효장력이 1.5kN이고 긴장측 장력이 이완측 장력의 2배라 하면 이 벨트의 폭은 얼마로 설계해야 하는가? (단, 벨트의 허용인장응력은 $5\mathrm{N/mm^2}$, 벨트의 두께는 10mm, 이음효율은 80%이다.) [공무원 임용시험]

① 55mm ② 65mm ③ 75mm ④ 85mm

25 그림과 같이 벨트와 풀리 A, B, C, D로 구성된 장치가 있다. 풀리 A가 2,000rpm으로 회전할 때 풀리 D가 375rpm으로 회전한다면 풀리 D의 지름[mm]은? (단, 풀리 A 지름 $D_A=$20mm, 풀리 B 지름 $D_B=$80mm, 풀리 C 지름 $D_C=$30mm이며 벨트 두께의 영향은 무시하고 풀리와 벨트 사이의 미끄럼은 없는 것으로 가정한다.) [공무원 임용시험]

① 10
② 20
③ 30
④ 40

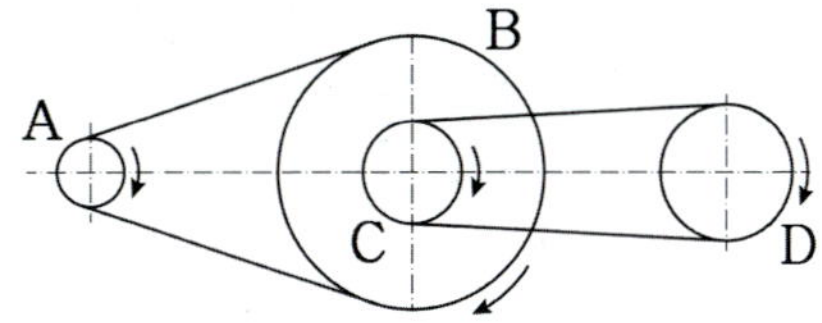

[문제 10.25]

26 폭 70mm, 두께 5mm인 가죽 평벨트의 속도가 8m/s일 때, 전달할 수 있는 최대동력[kW]은? (단, 벨트의 허용 인장응력은 2.5MPa, 장력비는 2, 이음 효율은 0.8, 원심력은 무시한다.) [지방공무원 9급(2020)]

① 2 ② 2.4 ③ 2.8 ④ 3.5

27 원동풀리의 지름이 750mm, 회전속도가 600rpm, 벨트 두께가 6mm이고, 종동풀리의 지름은 450mm이다. 벨트의 두께를 고려하여 종동풀리의 회전속도에 가장 가까운 값[rpm]은? (단, 미끄럼에 의해 종동풀리의 속도가 2% 만큼 감소한다.)

[지방공무원 9급(2020)]

① 974.8 ② 980 ③ 994.7 ④ 1,000

28 엇걸기 벨트로 연결된 원동축 풀리와 종동축 풀리를 각각 1500rpm, 300rpm으로 회전시키려고 한다. 이때 요구되는 평벨트의 길이에 가장 가까운 값[mm]은? (단, 원동축과 종동축 사이의 중심거리는 1m, 원동축 풀리의 직경은 200mm, 벨트의 두께는 무시하며, $\pi=3$이다.) [국가공무원 9급(2020)]

① 3960 ② 4160 ③ 4460 ④ 4660

29 벨트 전동에서 유효장력을 T_e, 초기장력을 T_0, $e^{\mu\theta}=3$이라고 할 때, $\dfrac{T_0}{T_e}$는? (단, 벨트의 속도는 10m/s 이하이고, μ는 마찰계수, θ는 벨트의 접촉각이다.)

[국가공무원 7급(2020)]

① 1 ② 1.5 ③ 2 ④ 2.5

30 축간거리가 5m인 벨트 전동장치의 원동 풀리 지름이 400mm, 종동 풀리 지름이 800mm라고 할 때, 평행걸기와 십자걸기의 벨트길이 차이[mm]는? [국가공무원 7급(2020)]

① 64 ② 74 ③ 84 ④ 94

31 벨트의 장력비 1.6, 벨트의 이완측 장력 500N, 벨트의 허용응력 1MPa, 벨트의 폭 10cm, 벨트의 이음효율 80%일 때, 필요한 벨트의 최소 두께[mm]는? (단, 벨트의 원심력 및 굽힘응력은 무시한다.) [지방공무원 9급(2021)]

① 5 ② 10 ③ 15 ④ 20

32 평벨트를 엇걸기에서 바로걸기로 변경할 때, 작은 풀리의 접촉각 차이를 나타낸 것은? (단, D_1: 작은 풀리의 지름, D_2: 큰 풀리의 지름, C: 축간거리이다.)

[국가공무원 9급(2021)]

① $\sin^{-1}\left(\dfrac{D_2+D_1}{2C}\right)-\sin^{-1}\left(\dfrac{D_2-D_1}{2C}\right)$

② $\sin^{-1}\left(\dfrac{D_2+D_1}{2C}\right)+\sin^{-1}\left(\dfrac{D_2-D_1}{2C}\right)$

③ $2\sin^{-1}\left(\dfrac{D_2+D_1}{2C}\right)-2\sin^{-1}\left(\dfrac{D_2-D_1}{2C}\right)$

④ $2\sin^{-1}\left(\dfrac{D_2+D_1}{2C}\right)+2\sin^{-1}\left(\dfrac{D_2-D_1}{2C}\right)$

33 5m/s의 속도로 50kW의 동력을 전달하는 평벨트 전동장치에서 긴장측 장력이 이완측 장력의 1.5배일 때, 유효장력과 이완측 장력의 합[N]은? [국가공무원 7급(2021)]

① 10,000 ② 20,000 ③ 30,000 ④ 40,000

34 벨트전동에서 긴장측의 장력이 10kN, 벨트의 접촉각이 $\dfrac{6}{5}\pi$, 벨트와 풀리의 마찰계수가 0.2, 벨트의 전동속도가 5m/s일 때, 전달동력[kW]은? [국가공무원 7급(2021)]

① $50(1-e^{-0.24\pi})$ ② $100(1-e^{-0.24\pi})$

③ $50(e^{0.24\pi}-1)$ ④ $100(e^{0.24\pi}-1)$

제11장 체인

체인이 감겨지는 바퀴를 스프로킷 휠(sprocket wheel)이라 한다. 체인 전동 장치는 스프로킷 휠에 체인을 걸어서 체인과 휠의 이가 서로 물리는 힘으로 동력을 전달시키며 미끄럼을 일으키지 않고 정확한 속도비로 전동시킬 수 있다[그림 11.1]. 그러나 진동과 소음이 발생하기 쉽다. 정확한 전동을 원하지만 축 사이의 거리가 멀어서 기어를 사용할 수 없을 때 사용된다.

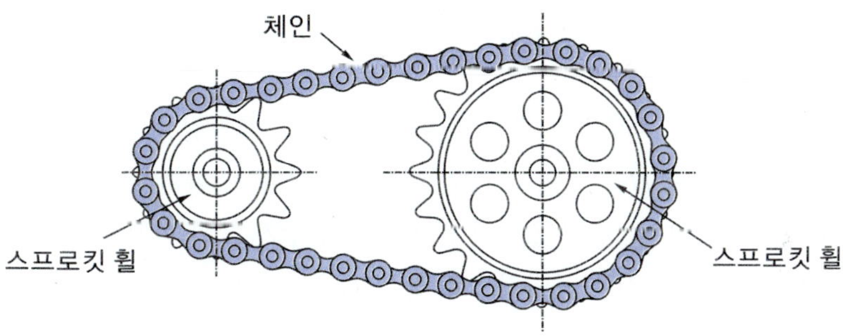

[그림 11.1] 체인 전동

11.1 체인의 길이

체인에서 인접한 핀의 중심 사이의 거리를 피치(p)라 하며[그림 11.2], 체인이 스프로킷 휠에 감겼을 때 핀의 중심을 지나는 원을 피치원이라 한다.

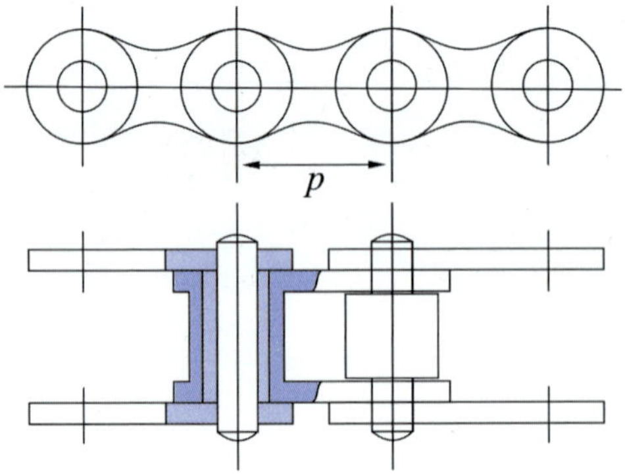

[그림 11.2] 체인의 연결 : 피치(p)

한 쌍의 스프로킷 휠에 필요한 체인의 길이는 링크의 수 L_n에 피치 p를 곱하여 얻어진다. [그림 11.1]과 같이 체인의 길이는 바로걸기 벨트의 길이(L)와 비슷하다는 것을 알 수 있다.

$$L = 2C + \frac{\pi}{2}(D_1 + D_2) + \frac{(D_2 - D_1)^2}{4C} \quad \cdots\cdots (11.1)$$

체인 링크의 수 L_n은 바로걸기 벨트 길이를 구하는 식과 같은 근사식으로 계산된다. 체인에서 피치원 지름을 D라 하면 피치원 둘레는 πD이다. 한편 스프로킷 휠의 잇수를 Z라 하면 스프로킷 힐은 한 변의 길이가 p이고 변의 수가 Z인 다각형이 되므로 각 변의 총합 pZ와 피치원 둘레 πD는 근사적으로 같은 값을 갖는다. 즉, $\pi D \approx pZ$이다. 따라서 $D = \frac{pZ}{\pi}$로 나타낼 수 있으므로 식 (11.1)로부터 개략적인 체인의 길이(L)는 다음과 같이 된다.

$$L = 2C + \frac{(Z_1 + Z_2)p}{2} + \frac{(Z_2 - Z_1)^2 p^2}{4\pi^2 C} \quad \cdots\cdots (11.2)$$

여기에서 Z_1, Z_2는 스프로킷 휠의 잇수, C는 스프로킷 휠의 중심 간 거리, p는 피치이다.

링크의 수 L_n은 개략적인 체인의 길이(L)를 피치(p)로 나눈 값으로 나타낸다. $1/4\pi^2 \approx 0.0253$이다.

$$L_n = \frac{L}{p} = \frac{2C}{p} + \frac{Z_1 + Z_2}{2} + \frac{(Z_2 - Z_1)^2 p}{4\pi^2 C} \quad \cdots\cdots (11.3a)$$

$$L_n = \frac{2C}{p} + \frac{Z_1 + Z_2}{2} + \frac{0.0253p(Z_2 - Z_1)^2}{C} \quad \cdots\cdots (11.3b)$$

이 식으로 나오는 숫자는 일반적으로 정수가 아니므로 사용하려는 링크의 종류와 공간 여유 등을 고려하여 올림 혹은 내림하여 정수로 할 것인가를 결정한다(주로 올림한다). 체인의 길이 L_p는 윗 식에서 정수로 계산된 링크 수 L_n에 피치 p를 곱하여 구한다.

$$L_p = p L_n \quad \cdots\cdots (11.4)$$

체인의 길이는 가능한 피치의 짝수배로 하는 것이 좋으며, 홀수배로 하면 오프셋 링크를 한 개 사용해야 한다.

벨트에서의 축 중심 간 거리에 $D_1 = \frac{pZ_1}{\pi}$, $D_2 = \frac{pZ_2}{\pi}$를 대입하여 정리하면 다음과 같이 체인에서의 중심간 거리가 구해진다.

$$C = \frac{p}{4}\left[L_n - \frac{Z_1 + Z_2}{2} + \sqrt{\left(L_n - \frac{Z_1 + Z_2}{2}\right)^2 - \frac{2(Z_2 - Z_1)^2}{\pi^2}}\right] \quad \cdots\cdots (11.5)$$

11.2 체인의 전달동력

[1] 평균속도

스프로킷 휠에 맞물려 돌아가는 체인의 속도는 스프로킷 휠의 원주 속도와 같다. 체인의 피치를 p[mm], 스프로킷 휠의 회전속도와 잇수를 각각 N[rpm], Z라 하면 스프로킷 휠이 1 회전할 때 Z개의 링크가 맞물려 돌아가므로 체인의 평균속도 v_m는 다음과 같다.

$$v_m = \frac{\pi DN}{1000 \times 60} = \frac{pZN}{1000 \times 60}\ [\mathrm{m/s}] \quad \cdots\cdots (11.6)$$

여기에서 D[mm]는 스프로킷 휠의 피치원 지름이다.

스프로킷 휠에서 $\pi D \approx pZ$ 이므로 두 스프로킷 휠의 회전속도 비는 다음과 같다.

$$i = \frac{N_2}{N_1} = \frac{Z_1}{Z_2} \quad \cdots\cdots (11.7)$$

여기에서 N_1, N_2는 스프로킷 휠의 회전속도, Z_1, Z_2는 잇수이다.

[2] 유효장력

스프로킷 휠에 물려서 동력을 전달하는 체인 전동에서는 이완 측 체인 장력은 거의 0이므로 긴장 측 장력이 곧 유효 장력(F_e)이 된다. 유효 장력은 체인의 파괴 강도와 안전계수에 의해 다음과 같이 결정된다.

$$F_e = \frac{F_f}{S} \text{ [N]} \quad \cdots\cdots (11.8)$$

여기에서 F_f[N]는 파단력, S는 안전계수를 나타낸다. 일반적으로 안전계수의 값은 롤러 체인에서는 5 ~ 20, 사일런트 체인에서는 30 ~ 50 정도로 한다.

[3] 전달동력

체인의 전달동력 H_{kW}[kW]는 다음과 같이 계산된다.

$$H_{kW} = \frac{F_e v_m}{1000} \text{ [kW]} \quad \cdots\cdots (11.9)$$

v_m[m/s]는 체인의 평균 속도이고, F_e[N]는 유효 장력이다. F_f와 F_e를 각각 파단하중, 허용 하중이라고도 한다.

F_e와 v_m의 단위가 각각 kgf, m/s일 때 전달마력 H_{PS}[PS]은 다음과 같이 표현된다. $1\text{PS} = \frac{75\text{kgf} \cdot \text{m}}{\text{s}}$이다.

$$H_{PS} = \frac{F_e v_m}{75} \text{ [PS]} \quad \cdots\cdots (11.10)$$

11.3 스프로킷 휠의 기하학적 관계

체인에서 인접한 핀의 중심 사이 거리를 피치(p)라 하며 같이 체인이 스프로킷 휠에 감겼을 때 핀의 중심을 지나는 원을 피치원(O)이라 한다.

[그림 11.3]과 같이 스프로킷 휠에서 인접한 핀의 중심간 직선거리(피치)가 스프로킷 휠의 중심에 대하여 이루는 각을 굴곡각(α)이라 한다. 스프로킷 휠의 잇수가 Z이면 $\alpha Z = 2\pi$[rad]이므로 굴곡각은 다음과 같다.

$$\alpha = \frac{2\pi}{Z} \ [\text{rad}] \quad \cdots\cdots (11.11)$$

따라서 [그림 11.3]의 직각삼각형에서 피치(p)와 스프로킷 휠의 피치원 지름(D) 사이에는 다음 관계식이 성립한다.

$$\sin\left(\frac{\alpha}{2}\right) = \frac{p/2}{D/2} = \frac{p}{D}$$

$$\therefore \ D = \frac{p}{\sin(\alpha/2)} = \frac{p}{\sin(\pi/Z)} \quad \cdots\cdots (11.12)$$

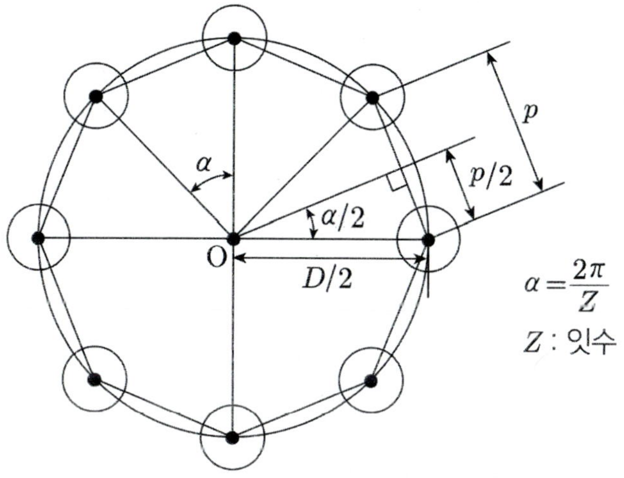

[그림 11.3] 체인의 굴곡각(α), 피치(p), 피치원 지름(D)

11.4 체인의 속도

스프로킷 휠에 맞물려 돌아가는 체인의 속도는 스프로킷 휠의 원주 속도와 같다. 스프로킷 휠의 원주 속도(v)는 스프로킷 휠의 회전 반지름(R)과 각속도(ω)의 곱이 되며 ($v = R\omega$) 회전 반지름은 링크 한 개의 회전을 기준으로 하여 주기적으로 변동한다[그림 11.4]. 이에 따라 스프로킷 휠이 일정한 각속도로 회전하는 경우 체인의 속도는 주기적으로 변화하게 된다.

체인의 최대 속도(v_{max})는 다음과 같이 최대 회전 반지름(R_{max})으로 표현된다.

$$v_{max} = R_{max}\,\omega \quad \cdots\cdots (11.13)$$

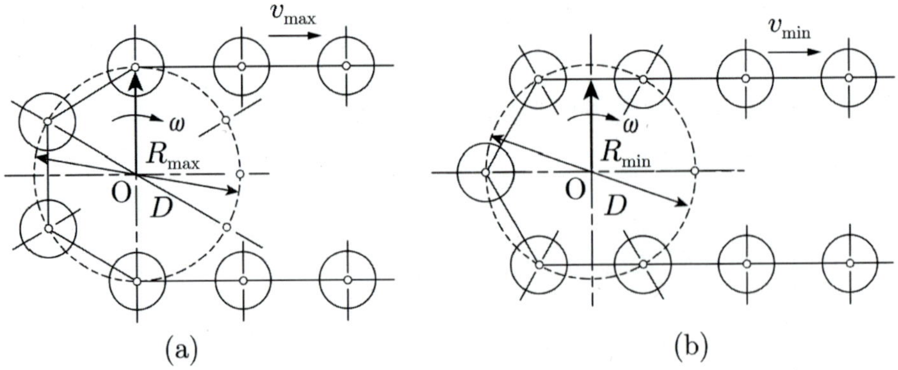

[그림 11.4] 체인의 속도 : (a) 최대 속도 상태(R_{max}), (b) 최소 속도 상태(R_{min})

[그림 11.4]에서 $R_{max}=\dfrac{D}{2}$이고 각속도 $\omega=\dfrac{2\pi N}{60}$이므로

$$v_{max}=\frac{D}{2}\times\frac{2\pi N}{60}=\frac{\pi DN}{60} \quad (11.14)$$

이다. 그리고 식 (11.12)에서 $D=\dfrac{p}{\sin(\pi/Z)}$이므로 식 (11.14)는 다음과 같이 쓸 수 있다.

$$v_{max}=\frac{p}{2\sin(\pi/Z)}\times\frac{2\pi N}{60}=\frac{p}{\sin(\pi/Z)}\times\frac{\pi N}{60} \quad (11.15)$$

이상에서 D는 스프로킷 휠의 피치원 지름[mm], p는 체인의 피치[mm], N은 스프로킷 휠의 회전수[rpm], Z는 스프로킷 휠의 잇수이다.

체인의 최소 속도(v_{min})는 다음과 같이 최소 회전 반지름(R_{min})으로 표현된다.

$$v_{min}=R_{min}\,\omega \quad (11.16)$$

[그림 11.3]과 [그림 11.4]의 (b)를 비교해 보면 $R_{min}=\dfrac{D}{2}\cos(\pi/Z)$라는 것을 알 수 있다. 따라서 체인의 최소 속도(v_{min})는 다음과 같다.

$$v_{min}=\frac{D\cos(\pi/Z)}{2}\times\frac{2\pi N}{60}=\frac{p}{\sin(\pi/Z)}\times\frac{\cos(\pi/Z)}{2}\times\frac{2\pi N}{60}$$

$$=\frac{p}{2\tan(\pi/Z)}\times\frac{2\pi N}{60}=\frac{p}{\tan(\pi/Z)}\times\frac{\pi N}{60}$$

$$v_{min}=\frac{p}{2\tan(\pi/Z)}\times\frac{2\pi N}{60}=\frac{p}{\tan(\pi/Z)}\times\frac{\pi N}{60} \quad (11.17)$$

체인의 피치가 p[mm]일 때 평균속도(v_m)는

$$v_m = \frac{pZN}{60} \quad \cdots\cdots (11.18)$$

이고, 이 식에서 $\frac{pN}{60} = \frac{v_m}{Z}$ 을 식 (11.15)와 (11.17)에 대입하면 다음과 같이 최대 속도와 최소 속도가 평균속도(v_m)로 표현된다.

$$v_{\max} = \frac{\pi/Z}{\sin(\pi/Z)} v_m \quad \cdots\cdots (11.19)$$

$$v_{\min} = \frac{\pi/Z}{\tan(\pi/Z)} v_m \quad \cdots\cdots (11.20)$$

[그림 11.3]과 [그림 11.4]에서 회전 반지름의 최댓값 $R_{\max}$와 최솟값 $R_{\min}$은 다음과 같다.

$$R_{\max} = \frac{D}{2}, \quad R_{\min} = \frac{D}{2}\cos\left(\frac{\pi}{Z}\right) \quad \cdots\cdots (11.21)$$

따라서 반지름비($R_{\min}/R_{\max}$)는

$$\frac{R_{\min}}{R_{\max}} = \cos\left(\frac{\pi}{Z}\right) \quad \cdots\cdots (11.22)$$

이고, 각속도(ω)가 일정한 경우 회전 반지름 변동에 따른 체인의 최대 속도와 최소 속도의 비($v_{\min}/v_{\max}$)는 다음과 같다.

$$\frac{v_{\min}}{v_{\max}} = \frac{R_{\min}}{R_{\max}} = \cos\left(\frac{\pi}{Z}\right) \quad \cdots\cdots (11.23)$$

이때 체인의 속도 변동률(ϵ)은 다음과 같이 표현된다.

$$\epsilon = \frac{v_{\max} - v_{\min}}{v_{\max}} \times 100 = \left[1 - \cos\left(\frac{\pi}{Z}\right)\right] \times 100\,[\%] \quad \cdots\cdots (11.24)$$

식 (11.24)에서 스프로킷 휠의 잇수가 많아지면 속도변동률이 감소한다는 것을 알 수 있다.

[예제 11.1] 스프로킷 휠의 잇수가 각각 20, 50개이고 축 간 거리가 1000mm이다. 피치가 25.4mm인 롤러 체인을 사용할 때 필요한 링크의 수를 올림하여 구하고 이때의 체인 길이를 구하여라.

풀이 • 링크 수(L_n)는 다음과 같이 구한다.

$$L_n = \frac{2C}{p} + \frac{Z_1 + Z_2}{2} + \frac{(Z_2 - Z_1)^2 p}{4\pi^2 C}$$

$$= \frac{2 \times 1000}{25.4} + \frac{20 + 50}{2} + \frac{(50 - 20)^2 \times 25.4}{4\pi^2 \times 1000}$$

$$= 114.32 = 115$$

• 체인 길이 $L_p = pL_n = 25.4 \times 115\,[\text{mm}] = 2921\,[\text{mm}]$

[예제 11.2] 체인 스프로킷 휠의 잇수 $Z_1 = 20$개, 회전수 $N_1 = 300\text{rpm}$, 피치 $p = 19.05\,\text{mm}$, 유효장력 $F_e = 2\text{kN}$일 때 다음을 구하여라.

(1) 체인의 평균 속도 $v_m[\text{m/s}]$

(2) 체인의 전달 동력 $H_{kW}[\text{kW}]$

풀이 (1) 평균속도

$$v_m = \frac{pZ_1N_1}{1000 \times 60} = \frac{19.05 \times 20 \times 300}{1000 \times 60}\,[\text{m/s}] = 1.905\,[\text{m/s}]$$

(2) 전달동력

$$H_{kW} = \frac{F_e v_m}{1000} = \frac{(2 \times 1000) \times 1.905}{1000}\,[\text{kW}] = 3.81\,[\text{kW}]$$

[예제 11.3] 파단력이 21kN인 롤러 체인으로 4kW의 동력을 전달하려 한다. 안전계수를 12 이상으로 유지하기 위해서는 체인의 평균 속도를 어떻게 조절해야 하는가?

풀이 전달 동력 $H_{kW}=\dfrac{F_e v_m}{1000}$ 로부터

$$F_e=\frac{1000H_{kW}}{v_m}$$

이고, 유효장력 $F_e=\dfrac{F_f}{S}$ 에서 안전계수는

$$S=\frac{F_f}{F_e}$$

이다. 따라서

$$S=\frac{F_f}{F_e}=\frac{v_m F_f}{1000\,H_{kW}}\geq 12$$

$$\therefore\ v_m\geq\frac{12\times 1000H_{kW}}{F_f}=\frac{12\times 1000\times 4}{21\times 1000}\,[\mathrm{m/s}]=2.29\,[\mathrm{m/s}]$$

이다. 즉, 체인의 평균 속도를 2.29 [m/s] 이상으로 해야 한다.

> **[예제 11.4]** 파단하중 2kN, 피치 25.4mm인 롤러 체인을 잇수가 20개인 구동 스프로킷 휠에 설치하였다. 스프로킷 휠이 300rpm으로 회전할 때 전달할 수 있는 최대 전달동력[W]을 구하여라. 단, 안전계수는 5이다.

풀이 파단하중 $F_f=2\text{kN}=2000\text{N}$, 피치 $p=25.4\text{mm}$, 잇수 $Z=20$, 회전속도 $N=300\text{rpm}$, 안전계수 $S=2$이다. 체인의 유효장력은

$$F_e=\frac{F_f}{S}$$

이므로 전달동력 H[W]는 다음과 같다.

$$H=F_e v_m=\frac{F_f}{S}\times\frac{pZN}{1000\times 60}$$

$$=\frac{2000}{5}\times\frac{25.4\times 20\times 300}{1000\times 60}\,[\mathrm{W}]=1016\,[\mathrm{W}]$$

연습문제 11

01 피치 $p = 12.7\text{mm}$, 축간 거리 $C = 500\text{mm}$인 롤러 체인을 잇수 $Z_1 = 30$, $Z_2 = 80$인 스프로킷 휠에 장착하여 동력을 전달한다. 작은 휠의 회전수 $N_1 = 600\text{rpm}$일 때 다음을 구하여라.

(1) 체인의 링크 수와 길이. 단, 링크의 수를 짝수 개로 올림한다.

(2) 체인의 평균 속도[m/s]

(3) 유효 장력과 최대 전달 동력[kW]. 단, 체인의 파단력이 30kN이고 안전계수 $S = 15$이다.

02 평균 속도 3m/s로 4마력[PS]의 동력을 전달할 때 체인에 작용하는 장력은 몇 kgf인가?

03 평균 속도 2m/s로 3kW의 최대 동력을 전달하는 체인의 파단 하중은 몇 kgf인가? 단, 안전계수 $S = 10$이다.

04 파단 하중 3000kgf, 피치 $p = 19.05\text{mm}$인 롤러 체인을 잇수 40, 회전수 300rpm인 스프로킷 휠에 설치하였을 때 전달할 수 있는 최대 동력은 몇 마력[PS]인가? 단, 안전계수 $S = 15$이다.

05 원동축과 종동축을 롤러체인으로 연결하여 6PS의 동력을 전달하고자 한다. 원동축 회전속도 $N_1 = 600\text{rpm}$, 종동축 회전속도 $N_2 = 200\text{rpm}$, 체인 평균속도 $v_m = 3\text{m/s}$, 피치 $p = 19.05\text{mm}$, 파단 하중 3000kgf, 안전계수 $S = 15$일 때 체인의 안정성을 판정하고, 원동 풀리와 종동 풀리의 잇수를 구하여라. 잇수는 짝수 개로 올림한다.

06 스프로켓 휠의 잇수 20개, 피치 15.88mm, 회전수 500rpm인 체인의 평균속도[m/s]는? [중등교사 임용시험-기계]

① 약 2.65 ② 약 3.18 ③ 약 3.97 ④ 약 5.29

07 벨트 전동장치와 비교한 체인 전동장치에 대한 설명으로 옳지 않은 것은? [공무원 임용시험]

① 초기 장력이 필요하지 않다.
② 체인 속도의 변동이 없다.
③ 전동효율이 높다.
④ 열, 기름, 습기에 잘 견딘다.

08 체인전동의 특징을 기술한 것으로 옳지 않은 것은? [공무원 임용시험]

① 충격흡수가 힘들어 큰 동력을 전달하기 어렵다.
② 미끄럼 없이 일정한 속도비를 얻을 수 있다.
③ 축간거리가 긴 경우 고속전동이 어렵다.
④ 진동과 소음이 발생하기 쉽다.

09 롤러체인 전동 장치에서 스프로킷 휠(sprocket wheel)의 피치원 지름을 D[cm], 스프로킷 휠의 회전속도를 n[rpm], 스프로킷 휠의 잇수를 Z[개], 체인의 피치를 p[cm]라고 할 때, 체인의 평균속도[m/s]를 구하는 식은? [공무원 임용시험]

① $\dfrac{pZn}{100 \times 60}$ ② $\dfrac{100 \times 60}{pZn}$ ③ $\dfrac{100 \times 60p}{Zn}$ ④ $\dfrac{100pZn}{60}$

10 스프로킷 휠(sprocket wheel)의 회전수가 250[rpm]이며, 체인의 피치가 20[mm], 유효장력이 2[kN]일 때, 동력 5[kW]를 전달하기 위한 스프로킷 휠의 잇수는?
[공무원 임용시험]

① 20 ② 25 ③ 30 ④ 35

11 체인전동에서 스프로킷 휠(sprocket wheel)의 회전반지름에 관한 설명으로 옳은 것은?
[공무원 임용시험]

① 스프로킷 휠의 회전반지름은 체인 1개의 회전을 주기로 계속 변동한다. 이때 최대 회전반지름에 대한 최소 회전반지름의 비는 $1-\cos(\pi/Z)$이다. 여기서 Z는 스프로킷 휠의 잇수이다.
② 회전반지름 변화와 관련된 속도변동률[%]은 $100\cos(\pi/Z)$이다.
③ 각속도가 일정한 경우 회전반지름 변동에 따른 체인의 최대 속도에 대한 최소속도의 비는 최대 회전반지름에 대한 최소 회전반지름의 비와 같다.
④ 체인의 평균속도[m/s]는 $NpZ/6000$이다. 여기서 N은 스프로킷의 회전수[rpm], p는 체인의 피치[mm], Z는 스프로킷의 잇수이다.

12 롤러체인 전동장치에서 잇수가 Z, 피치가 p일 때 스프로킷 휠의 피치원 지름은?
[공무원 임용시험]

① $\dfrac{p}{\sin(90°/Z)}$ ② $\dfrac{p}{\cos(90°/Z)}$

③ $\dfrac{p}{\sin(180°/Z)}$ ④ $\dfrac{p}{\cos(180°/Z)}$

13 체인전동에서 체인의 속도는 주기적으로 변동한다. 스프로킷 휠 피치원의 반지름을 R, 잇수를 Z, 회전속도를 w, 체인의 최대속도를 V_{max}, 체인의 최소속도를 V_{min}이라 할 때, $V_{max} - V_{min}$을 나타낸 식은? [공무원 임용시험]

① $R\omega - R\omega\cos\left(\frac{180°}{Z}\right)$ ② $R\omega - R\omega\cos\left(\frac{360°}{Z}\right)$

③ $\frac{1}{2}\left\{R\omega - R\omega\cos\left(\frac{180°}{Z}\right)\right\}$ ④ $\frac{1}{2}\left\{R\omega - R\omega\cos\left(\frac{360°}{Z}\right)\right\}$

14 두 축 간의 거리가 멀고, 회전 방향이 서로 같은 방향이며, 비교적 정확한 회전수를 전달할 수 있으나 충격력에 의한 소음과 파괴가 발생하는 동력 전달 장치는? [공무원 임용시험]

① 기어 ② 마찰차 ③ 벨트-풀리 ④ 체인-스프로킷

15 체인에 대한 설명으로 옳지 않은 것은? [공무원 임용시험]

① 일반적으로 체인은 큰 동력을 전달할 때 사용한다.
② 전동이 확실하지만 미끄럼이 있어 일정한 속도비를 얻을 수 없다.
③ 링크 수를 조절하여 체인의 길이를 조절할 수 있다.
④ 초기장력이 필요하지 않으며 베어링의 반력이 발생하지 않는다.

16 롤러체인 전동장치에서 체인의 피치가 10mm, 스프로킷의 잇수가 20개, 스프로킷 휠의 회전속도가 700rpm일 때, 체인의 평균 속도에 가장 가까운 값[m/s]은? [공무원 임용시험]

① 0.5 ② 1.2 ③ 2.3 ④ 3.7

17 롤러체인을 이용하여 동력을 전달하고자 한다. 구동 스프로킷 휠의 잇수 20개, 롤러체인의 피치 12.5mm, 롤러체인 평균속도가 3m/s일 때 구동 스프로킷 휠의 회전속도 [rpm]는? [공무원 임용시험]

① 720 ② 840 ③ 960 ④ 1,200

18 체인에서 원동축 스프로킷 휠의 피치가 24[mm], 잇수가 25개, 분당 회전수가 200[rpm], 체인의 전체 링크 수가 100개일 때, 체인의 평균 속도[m/s]는? [공무원 임용시험]

① 2 ② 2.4 ③ 20 ④ 24

19 동력손실이 전혀 없는 체인 장치에서 체인에 작용하는 긴장측 장력과 평균 속도를 각각 2배로 할 때 전달 동력은 몇 배인가? [공무원 임용시험]

① 2 ② 4 ③ 6 ④ 8

20 파단하중이 1,000N이고, 피치가 p[mm]인 롤러체인을 사용하여 동력을 전달하고자 한다. 잇수가 20개인 구동 스프로킷이 300rpm으로 회전한다면 전달동력[kW]은 얼마인가? (단, 안전계수는 2로 가정한다.) [공무원 임용시험]

① $0.05p$ ② $0.1p$ ③ $0.2p$ ④ $0.6p$

21 그림과 같이 회전속도가 일정한 스프로킷에 물려있는 체인의 최대속도(V_{max})와 최소속도(V_{min})의 비$\left(\dfrac{V_{min}}{V_{max}}\right)$는? (단, $\theta = 60°$, $R = 100$mm이다.) [국가공무원 9급(2021)]

① $\dfrac{\sqrt{3}}{4}$

② $\dfrac{\sqrt{3}}{2}$

③ $\dfrac{1}{4}$

④ $\dfrac{1}{2}$

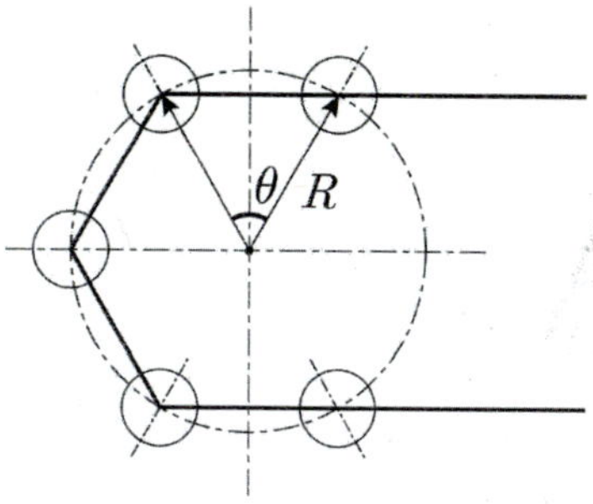

[문제 11.21]

22 체인 동력전달에서 사용되는 스프로킷 휠의 피치원 지름은? (단, 체인의 피치는 p, 스프로킷 휠의 잇수는 Z이다.) [국가공무원 7급(2021)]

① $\dfrac{p}{\sin(180°/Z)}$ ② $\dfrac{p}{\sin(360°/Z)}$

③ $\dfrac{2p}{\sin(180°/Z)}$ ④ $\dfrac{2p}{\sin(360°/Z)}$

제12장 브레이크

제동 장치는 마찰력을 이용하여 기계의 운동 에너지를 열에너지로 바꾸어 흡수함으로써 운동 속도를 줄이거나 정지시키는 장치이다. 제동 장치 중에서 가장 널리 사용되고 있는 것은 마찰 브레이크이다. 이 브레이크는 브레이크 드럼과 브레이크 블록으로 된 작동부와 브레이크 힘을 조절하는 조작부로 되어 있다.

브레이크는 작동 부분의 구조에 따라 블록 브레이크, 밴드 브레이크, 디스크 브레이크 등으로 나눈다. 이 중 블록 브레이크는 레버를 사용하여 브레이크 블록(block)을 회전하는 브레이크 드럼(drum)에 밀어 붙여서 제동하는 장치이다. 블록 브레이크는 블록의 수에 따라 단식 블록 브레이크와 복식 블록 브레이크로 나눈다. 여기에서는 단식 블록 브레이크의 특성을 알아본다.

12.1 단식 블록 브레이크의 종류

단식 블록 브레이크는 브레이크 블록이 한 개인 경우를 말하며, 레버의 회전 중심으로부터 브레이크 블록과 브레이크 드럼의 접촉면까지의 수직거리에 따라 (a) 내 작용선형 ($c > 0$), (b) 중 작용선형($c = 0$), (c) 외 작용선형($c < 0$)으로 나눈다[그림 12.1]. 그리고 브레이크 드럼이 시계 방향(↷)과 반시계 방향(↶)으로 회전하는 것을 각각 우회전, 좌회전이라 한다. [그림 12.1]은 브레이크 드럼이 우회전하는 경우를 나타낸다.

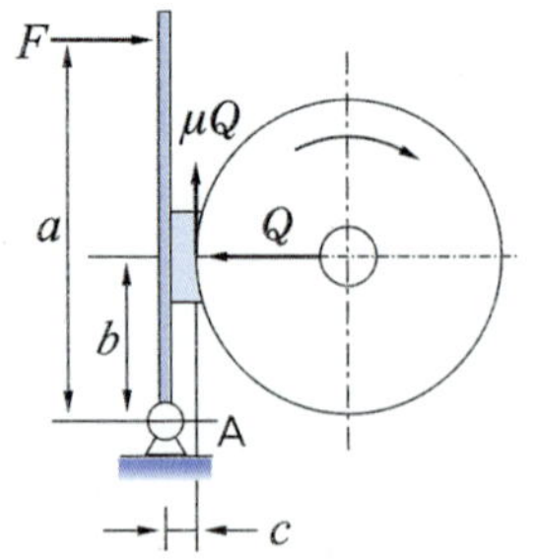

[그림 12.1] 단식 블록 브레이크의 형식

브레이크 레버의 치수 비 a/b의 표준치는 $3 \sim 6$이며 최대 10보다는 크지 않게 한다. 수동인 경우 손으로 가할 수 있는 힘 F는 100N ~ 150N이 적당하고, 최대 200N을 넘지 않는 게 좋다. 브레이크 블록과 브레이크 드럼 사이의 최대 틈새는 2mm ~ 3mm 정도가 적당하다.

12.2 브레이크 레버에 가하는 힘

[그림 12.2]와 같이 브레이크 드럼과 브레이크 블록 사이에 작용하는 수직력을 Q라 하면 브레이크 드럼의 회전에 의해 발생하는 접선방향 마찰력의 크기는 μQ이다. 마찰력의 방향은 브레이크 드럼이 우회전(↷)하는 경우에는 [그림 12.2]와 같이 윗방향(↑)이고, 좌회전(↶)하는 경우에는 [그림 12.2]의 반대 방향(↓)이 된다. 각 경우에 대하여 레버의 회전축 A에 대한 모멘트 평형 방정식($\sum M_A = 0$)을 적용하면 브레이크 레버의 끝에 작용하는 힘 F를 구할 수 있다. 힘 F는 브레이크 조작력이라고도 한다.

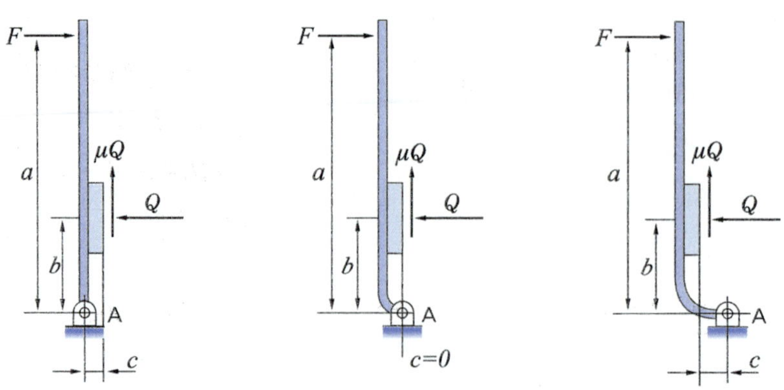

[그림 12.2] 브레이크 레버에 작용하는 힘: 드럼이 우회전하는 경우

(a) 내 작용선형 : 마찰력 μQ의 작용선이 레버 회전 중심의 오른쪽에 있다.

• 우회전일 때 : $F \times a - Q \times b - \mu Q \times c = 0$

$$\therefore \quad F = \frac{Q}{a}(b + \mu c) \quad \cdots\cdots (12.1a)$$

$$Q = \frac{aF}{b + \mu c} \quad \cdots\cdots (12.1b)$$

• 좌회전일 때 : $F \times a - Q \times b + \mu Q \times c = 0$

$$\therefore \quad F = \frac{Q}{a}(b - \mu c) \quad \cdots\cdots (12.2a)$$

$$Q = \frac{aF}{b - \mu c} \quad \cdots\cdots (12.2b)$$

브레이크 드럼의 회전 운동을 정지시키려는 제동력은 마찰력 μQ이다. 위 식으로부터 블록이 마모되어 길이 c가 작아지면 우회전인 경우 제동력이 증가($Q \nearrow$)하고 좌회전인 경우에는 감소($Q \searrow$)한다는 것을 알 수 있다.

(b) 중 작용선형 : 마찰력의 작용선이 레버 회전 중심(A)을 지나므로 마찰력에 의한 점 A에 대한 모멘트는 0이 된다. 따라서 조작력 F는 회전방향과 무관하다.

$$F \times a - Q \times b - \mu Q \times 0 = 0$$

$$\therefore \quad F = \frac{b}{a} Q \quad \cdots\cdots (12.3a)$$

$$Q = \frac{a}{b} F \quad \cdots\cdots (12.3b)$$

(c) 외 작용선형 : 마찰력 μQ의 작용선이 레버 회전 중심의 왼쪽에 있다.

• 우회전일 때 : $F \times a - Q \times b + \mu Q \times c = 0$

$$\therefore \quad F = \frac{Q}{a}(b - \mu c) \quad \cdots\cdots (12.4a)$$

$$Q = \frac{aF}{b - \mu c} \quad \cdots\cdots (12.4b)$$

• 좌회전일 때 : $F \times a - Q \times b - \mu Q \times c = 0$

$$\therefore \quad F = \frac{Q}{a}(b + \mu c) \quad \cdots\cdots (12.5a)$$

$$Q = \frac{aF}{b+\mu c} \quad \cdots\cdots (12.5b)$$

외 작용선인 경우에는 길이 c가 작아지면 우회전인 경우에는 제동력이 감소(Q ↘)하고, 좌회전인 경우에는 증가(Q ↗)한다.

12.3 제동토크와 제동동력

제동 레버와 브레이크 드럼의 접촉부에서 발생하는 마찰력에 의해 드럼을 감속시킨다. 마찰력은 언제나 운동을 방해하는 방향으로 작용한다. 즉, 드럼이 우회전(↷)하면 드럼에 작용하는 마찰력의 방향은 아랫방향(↓)[그림 12.3], 좌회전(↶)하면 윗방향(↑)이 된다.

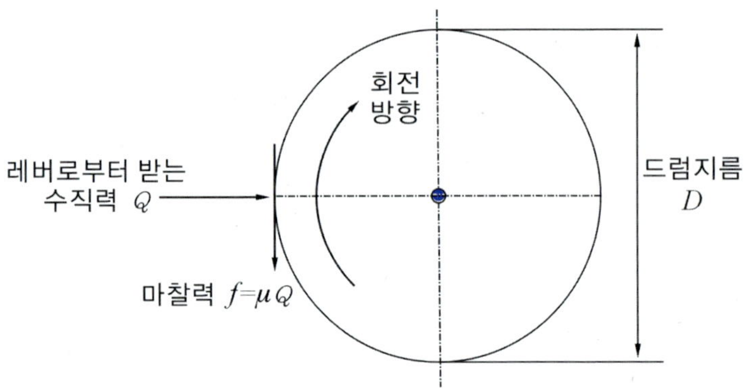

[그림 12.3] 브레이크 드럼에 작용하는 수직력과 마찰력(제동력)

브레이크 드럼과 블록 사이에서 드럼에 작용하는 수직력이 Q일 때 접선방향 제동력(마찰력) f는

$$f = \mu Q \quad \cdots\cdots (12.6)$$

이고 브레이크 드럼에 걸리는 제동 토크는 다음과 같다.

$$T = f \times \frac{D}{2} = \frac{\mu QD}{2} \quad \cdots\cdots (12.7)$$

여기에서 D는 브레이크 드럼의 지름, μ는 마찰계수, μQ는 제동력이다.

제동 토크가 T[N·m], 회전수 N[rpm]일 때 제동 동력 H_{kW}[kW], H_{PS}[PS]는 다음과 같다.[1]

$$H = T\omega = T \times \frac{2\pi N}{60} \ [\mathrm{W}] \quad \cdots\cdots (12.8)$$

$$\therefore \ H_{kW} = T \times \frac{2\pi N}{60} \times \frac{1}{1000} = \frac{TN}{9549} \ [\mathrm{kW}] \quad \cdots\cdots (12.9)$$

$$\therefore \ H_{PS} = T \times \frac{2\pi N}{60} \times \frac{1}{735.5} = \frac{TN}{7023.5} \ [\mathrm{PS}] \quad \cdots\cdots (12.10)$$

12.4 브레이크 용량

브레이크 바퀴는 주철 또는 철강재로 하며, 브레이크 블록은 나무에 가죽이나 석면 직물 등을 라이닝하여 마찰계수와 내마찰성을 높여서 사용한다. 건조 상태에서는 마찰계수가 크지만 마모가 빨리 되므로 마찰 면에 기름을 조금 공급하여 사용한다. [표 12.1]에 주철제 및 주강제 브레이크 드럼에 대한 몇 가지 브레이크 재료의 마찰계수 값을 나타내었다.

[표 12.1] 브레이크 재료의 성질

브레이크 재료	주철제 및 주강제 드럼과의 마찰계수 μ		허용 브레이크 압력 q_a[N/mm^2]
	건조	윤활	
주철	0.1~0.2	0.08~0.12	1 이하
강철 띠	0.15~0.2	0.1~0.15	
연강	0.15		
연철	0.18		
황동	0.1~0.2		
청동	0.1~0.2		0.4~0.8
목재	0.1~0.35 (0.15~0.25:소량의 기름)		0.2~0.3
석면직물	0.35~0.6		0.25~0.35
화이버	0.05~0.1		
가죽	0.23~0.3		

1) 식 (12.9), (12.10), (12.14), (12.15) 등은 굳이 기억하려 하지 말고 $H = T\omega$, $H = fv$의 식으로부터 단위 환산을 하여 동력을 구할 수 있도록 한다.

[그림 12.4(a)]의 브레이크 블록에서 블록을 브레이크 드럼에 밀어붙이는 힘을 Q[N], 브레이크 블록의 너비를 b[mm], 길이를 e[mm], 브레이크 드럼의 지름을 D[mm], 브레이크 블록의 단면적을 A[mm^2]라 하면 브레이크 블록과 드럼의 사이의 제동압력 q [N/mm^2]은 다음과 같다.

$$q = \frac{Q}{A} = \frac{Q}{be} \quad [\text{N/mm}^2] \quad \cdots\cdots (12.11)$$

브레이크 블록에서 $\frac{e}{D}$의 값이 작을수록 압력이 균일하게 되어 좋지만 드럼을 미는 힘이 감소한다. 보통 접촉 중심각 $\beta = 50° \sim 70°$가 되도록 $\frac{e}{D}$의 값을 정한다. e가 작을 때 근사적으로 β는 다음과 같다.

$$\beta = \frac{e}{R} \quad [\text{rad}] \quad \cdots\cdots (12.12)$$

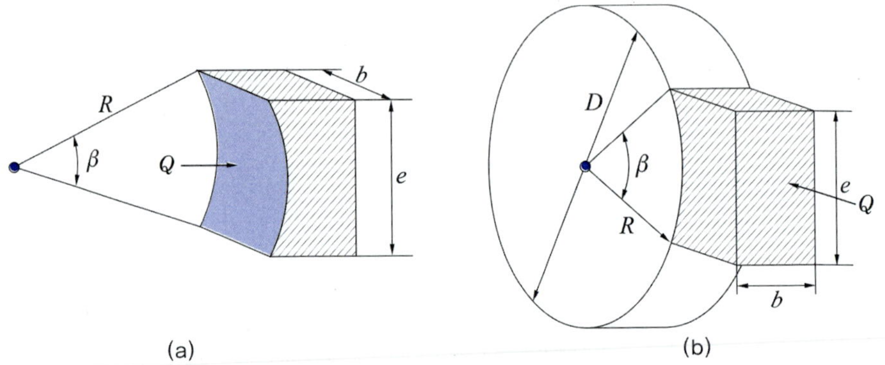

[그림 12.4] 브레이크 블록

[그림 12.4(b)]에서 브레이크 드럼의 원주 속도를 v[m/s], 블록을 브레이크 드럼에 밀어붙이는 힘을 Q[N]이라 하면 제동 동력 H_{kW}[kW], H_{PS}[PS]는 다음과 같다.

$$H_W = fv = \mu Q v \quad [\text{W}] \quad \cdots\cdots (12.13)$$

$$\therefore \; H_{kW} = \frac{\mu Q v}{1000} \quad [\text{kW}] \quad \cdots\cdots (12.14)$$

$$\therefore \; H_{PS} = \frac{\mu Q v}{735.5} \quad [\text{PS}] \quad \cdots\cdots (12.15)$$

브레이크에서 발생하는 발열량은 브레이크 드럼과 브레이크 블록의 접촉면에서 마찰력에 의해 발생하는 마찰일과 같다. 브레이크 용량(brake capacity, w_f)은 단위 마찰 면적에 대한 일률(또는 단위 마찰 면적에서 단위 시간당 발생하는 열량)으로 정의된다.

$$w_f = \frac{H_W}{A} = \frac{\mu Q v}{A} = \mu \times \frac{Q}{A} \times v = \mu q v \, [\mathrm{N/mm^2 \cdot m/s}] \cdots\cdots\cdots\cdots (12.16)$$

여기에서 A[mm^2]는 브레이크 블록의 마찰 면적($A = be$)이다. 즉, 브레이크 용량 $\mu q v$ [W/mm^2]는 브레이크 블록의 접촉 면적 1mm^{2}마다 1초 동안에 흡수하고 방출해야 하는 에너지를 나타낸다. $\mathrm{N/mm^2 \cdot m/s = W/mm^2}$이다.

위 식으로부터 브레이크 용량 $\mu q v$[W/mm^2]을 사용하여 마찰면적 A를 나타내면 다음과 같다.

$$A = \frac{H_W}{\mu q v} \; [\mathrm{mm^2}] \cdots\cdots\cdots\cdots\cdots\cdots\cdots\cdots\cdots\cdots\cdots\cdots\cdots\cdots\cdots\cdots\cdots\cdots (12.17)$$

브레이크 접촉 면적 A는 제동동력 H_W와 브레이크 용량 $\mu q v$에 의해 결정된다. 마찰에 의한 일이 열로 변하여 브레이크 작동부의 온도를 높이므로 브레이크 재료나 $\mu q v$의 값을 적당한 것으로 선정해야 하는데 일반적으로 자연냉각을 할 때는 브레이크 용량을 다음과 같이 한정한다.

- 심하게 사용하는 경우 : $\mu q v \le 0.6$ [N/mm^2 · m/s]
- 가볍게 사용하는 경우 : $\mu q v \le 1.0$ [N/mm^2 · m/s]
- 방열 상태가 좋고 가볍게 사용하는 경우 : $\mu q v \le 3.0$ [N/mm^2 · m/s]

[예제 12.1] [그림 12.5]와 같은 단식 블록 브레이크의 레버에 $F=100\text{N}$의 힘을 수평으로 가하였다. $a=700\text{mm}$, $b=200\text{mm}$, $c=40\text{mm}$, 드럼 지름 $D=300\text{mm}$, 마찰계수 $\mu=0.2$일 때 다음을 구하여라.

(1) 드럼이 우회전(↷)할 때 제동력과 제동 토크

(2) 드럼이 좌회전(↶)할 때 제동력과 제동 토크

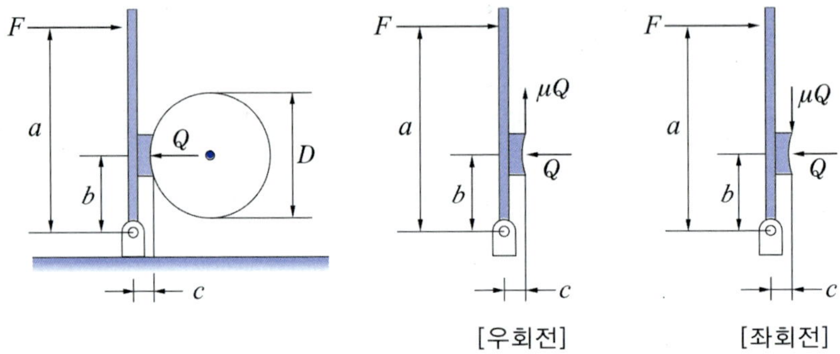

[그림 12.5] 단식 블록 브레이크

풀이 블록을 수직으로 누르는 힘을 Q라 하면 제동력은 $f=\mu Q$이고, 제동 토크는 $T=f\times\dfrac{D}{2}$이다.

(1) 우회전하는 경우 : 브레이크 레버에는 마찰력 μQ가 윗방향으로 작용한다. 따라서

$$F\times a-Q\times b-\mu Q\times c=0$$

$$Fa-Q(b+\mu c)=0$$

$$\therefore\ \ Q=\frac{aF}{b+\mu c}$$

이므로 제동력(f)과 제동토크(T)는 다음과 같다.

$$f=\mu Q=\frac{\mu aF}{b+\mu c}=\frac{0.2\times700\times100}{200+0.2\times40}[\text{N}]=67.3[\text{N}]$$

$$T=\frac{fD}{2}=\frac{67.3\times300}{2}\ [\text{N}\cdot\text{mm}]=10095\ [\text{N}\cdot\text{mm}]$$

(2) 좌회전하는 경우 : 브레이크 레버에는 마찰력 μQ가 아래 방향으로 작용한다. 따라서

$$F \times a - Q \times b + \mu Q \times c = 0$$

$$Fa - Q(b - \mu c) = 0$$

$$\therefore \quad Q = \frac{aF}{b - \mu c}$$

이므로 제동력(f)과 제동토크(T)는 다음과 같다.

$$f = \mu Q = \frac{\mu a F}{b - \mu c} = \frac{0.2 \times 700 \times 100}{200 - 0.2 \times 40} [\mathrm{N}] = 72.9 [\mathrm{N}]$$

$$T = \frac{fD}{2} = \frac{72.9 \times 300}{2} [\mathrm{N \cdot mm}] = 10935 [\mathrm{N \cdot mm}]$$

[예제 12.2] [예제 12.1]과 같은 단식 블록 브레이크에서 브레이크의 레버에 작용하는 힘 $F = 150\mathrm{N}$, $a = 800\mathrm{mm}$, $b = 200\mathrm{mm}$, $c = 50\mathrm{mm}$, 마찰계수 $\mu = 0.3$일 때 $20\mathrm{kN \cdot mm}$의 제동 토크를 얻을 수 있는 브레이크 느럼의 지름을 구하여라. 단, 브레이크 드럼이 우회전하는 경우이다.

풀이 우회전인 경우 제동력은

$$f = \mu Q = \frac{\mu a F}{b + \mu c} = \frac{0.3 \times 800 \times 150}{200 + 0.3 \times 50} [\mathrm{N}] = 167.4 [\mathrm{N}]$$

이므로 브레이크 드럼의 지름은 다음과 같이 계산된다.

$$T = \frac{fD}{2}$$

$$\therefore \quad D = \frac{2T}{f} = \frac{2 \times (20 \times 1000)}{167.4} [\mathrm{mm}] = 238.9 [\mathrm{mm}]$$

[예제 12.3] $a=1200\text{mm}$, $b=200\text{mm}$, $c=30\text{mm}$, $D=400\text{mm}$인 단식 블록브레이커에서 $F=250\text{N}$의 힘을 가하여 시계방향으로 300rpm으로 회전하는 드럼을 제동시킬 때 제동동력[kW]과 브레이크 용량[$\text{N/mm}^2 \cdot \text{m/s}$]을 구하여라. 마찰계수 $\mu=0.3$이고, 브레이크 면의 압력 $q=0.2\text{N/mm}^2$이다.

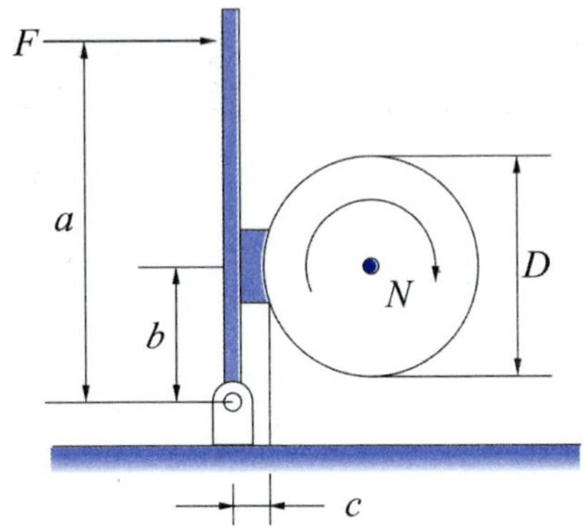

[그림 12.6] 단식 블록 브레이크

풀이 우회전이므로 블록을 수직으로 누르는 힘은

$$Q=\frac{aF}{b+\mu c}=\frac{1200\times 250}{200+0.3\times 30}[\text{N}]=1435\,[\text{N}]$$

이고, 브레이크 드럼의 원주속도는

$$v=\frac{\pi DN}{1000\times 60}=\frac{\pi\times 400\times 300}{1000\times 60}[\text{m/s}]=6.283[\text{m/s}]$$

이다. 따라서 제동동력(H_{kW})과 브레이크 용량(μqv)은 다음과 같다.

$$H_{kW}=\frac{\mu Qv}{1000}=\frac{0.3\times 1435\times 6.283}{1000}[\text{kW}]=2.705[\text{kW}]$$

$$\mu qv=0.3\times 0.2\times 6.283=0.377\,[\text{N/mm}^2\cdot \text{m/s}]$$

μqv에서 μq의 단위는 $[\text{N/mm}^2]$ 이고, v의 단위는 $[\text{m/s}]$이다.

[예제 12.4] [그림 12.7]과 같은 단식 블록 브레이크에서 시계방향으로 회전하는 드럼을 제동하기 위해 레버에 $F=100$N의 힘을 가할 때 제동 토크의 크기[N · m]를 구하여라. 단, $a=750$mm, $b=260$mm, $c=50$mm, $D=300$mm이며, 드럼과 블록 사이 마찰계수는 0.2이다.

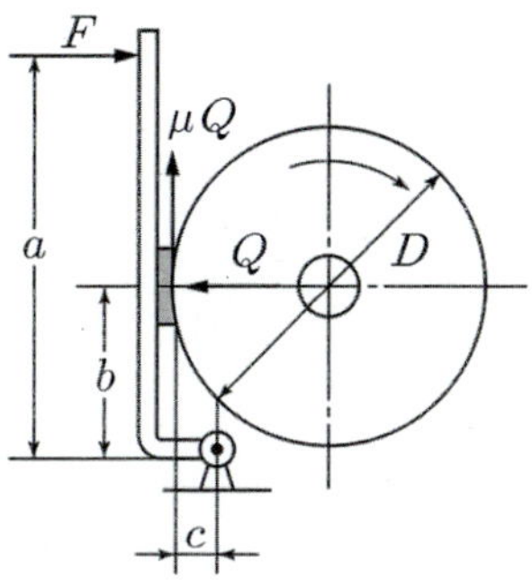

[그림 12.7]

풀이 브레이크 레버에 대한 [그림 12.8]의 자유물체도에서 힌지점 A에 대한 모멘트 평형($\sum M_A=0$)을 적용하면

$$Fa+\mu Qc-Qb=0$$

$$\therefore\ Q=\frac{Fa}{b-\mu c}$$

이고, 제동 토크(T)의 크기는 다음과 같다.

$$T=f\times\frac{D}{2}$$

$$=\mu Q\times\frac{D}{2}=\frac{\mu FaD}{2(b-\mu c)}$$

$$=\frac{0.2\times100\times750\times300}{2\times(260-0.2\times50)}\times\frac{1}{1000}[\mathrm{N\cdot m}]$$

$$=9[\mathrm{N\cdot m}]$$

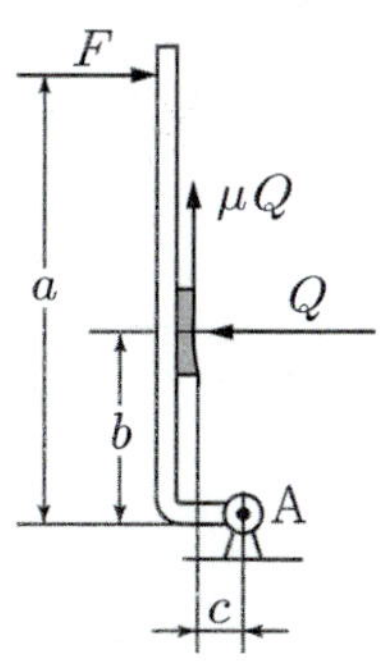

[그림 12.8]

[예제 12.5] [그림 12.9]와 같은 단식 블록 브레이크에서 블록을 수직으로 누르는 힘 $Q = 1200\text{N}$일 때 브레이크 블록과 드럼 사이에서 발생하는 제동 압력 $q = 0.3\text{N/mm}^2$이다. 드럼 지름 $D = 200\text{mm}$, 마찰계수 $\mu = 0.4$, 접촉 중심각 $\beta = 60°$, 드럼의 회전속도 $N = 250\,\text{rpm}$일 때 블록의 치수 b, e와 브레이크 용량을 구하여라.

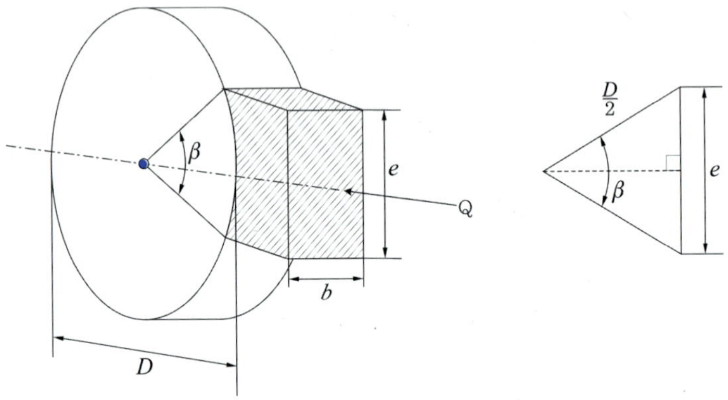

[그림 12.9] 브레이크 블록

풀이 먼저 블록 길이 e는 그림과 같은 직각삼각형으로부터 다음과 같이 구해진다.

$$e = 2 \times \left(\frac{D}{2}\sin\frac{\beta}{2}\right) = D\sin\frac{\beta}{2} = 200\sin 30°[\text{mm}] = 100\,[\text{mm}]$$

그리고 제동 압력 $q = 0.3\text{N/mm}^2$이므로

$$q = \frac{Q}{be}$$

$$\therefore\ b = \frac{Q}{qe} = \frac{1200}{0.3 \times 100}[\text{mm}] = 40\,[\text{mm}]$$

이다. 드럼의 회전속도 $N = 250\,\text{rpm}$이므로 브레이크 용량은 다음과 같다.

$$\begin{aligned}\mu q v = \mu q \times \frac{\pi D N}{60 \times 1000} &= 0.4 \times 0.3 \times \frac{\pi \times 200 \times 250}{60 \times 1000}[\text{N/mm}^2 \cdot \text{m/s}] \\ &= 0.314\ [\text{N/mm}^2 \cdot \text{m/s}] \\ &= 0.314\ [\text{W/mm}^2]\end{aligned}$$

$\text{N/mm}^2 \cdot \text{m/s} = (\text{N} \cdot \text{m/s})/\text{mm}^2 = (\text{J/s})/\text{mm}^2 = \text{W/mm}^2$이다.

연습문제 12

01 블록 브레이크에서 지름 400mm의 브레이크 드럼에 작용하는 수직력이 2kN일 때 드럼에 걸리는 제동토크는 몇 N · m인가? 단, 드럼과 블록 사이의 마찰계수는 0.3이다.

02 브레이크 드럼 축에 600N · m의 토크가 작용하고 있을 때 이 축을 정지시키기 위해 필요한 최소 제동력은 몇 N인가? 브레이크 드럼의 지름은 500mm이다.

03 브레이크 블록의 너비 $b = 25$mm, 길이 $e = 120$mm, 제동동력이 60kW일 때 브레이크 용량은 몇 [N/mm^2 · m/s]인가?

04 그림과 같은 블록 브레이크에서 레버에 $F = 150$N의 힘을 가할 때 브레이크 드럼에 70N · m의 제동 토크가 발생하였다. 브레이크 드럼이 반시계 방향으로 300rpm으로 회전하고 있을 때 브레이크 드럼의 지름(mm)과 제동 동력(kW)을 구하여라. 브레이크 블록과 브레이크 드럼 사이의 마찰계수 $\mu = 0.3$이다.

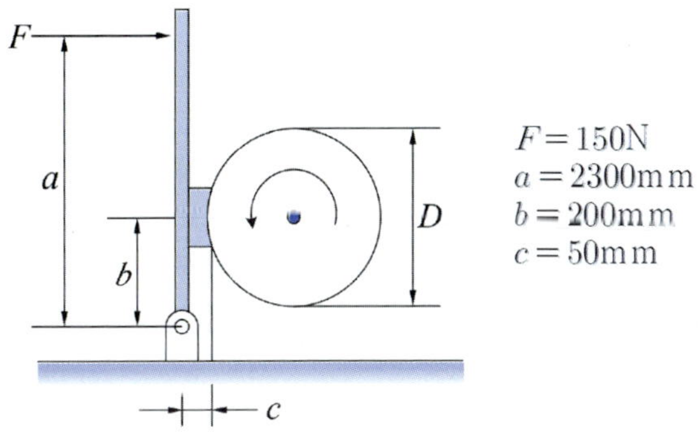

[문제 12.4]

05 그림과 같이 좌회전하고 있는 단식 블록 브레이크가 있다. 브레이크 레버에 수직으로 $F = 40$N의 힘을 가하면 브레이크 드럼에서 $T = 3200$N · mm의 제동 토크가 발생한다. $a = 800$mm, $b = 210$mm, $c = 50$mm, 브레이크 드럼과 블록 사이의 마찰계수가 $\mu = 0.2$일 때 다음 물음에 답하시오.

[중등교사 임용시험-기계 · 금속]

(1) 브레이크 드럼에서 발생하는 마찰력(제동력)은 몇 N인가?

(2) 브레이크 드럼의 지름은 몇 mm인가?

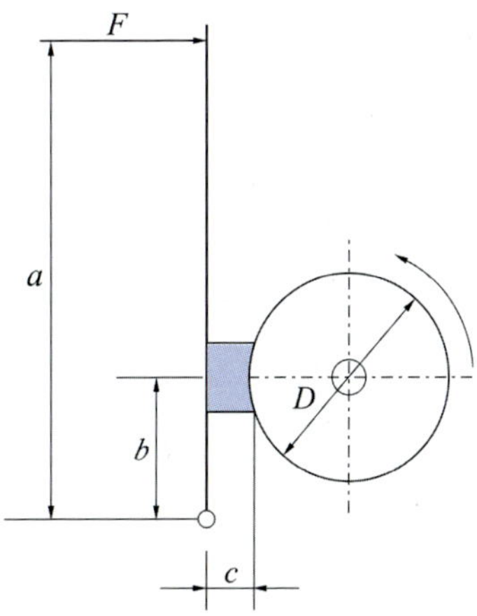

[문제 12.5]

06 블록 브레이커의 드럼 축에 100kN · mm의 토크가 작용하고 있다. 이 장치에서 마찰계수가 0.2일 때 제동하기 위한 강체 레버 끝의 최소 힘 F(N)는? 단, $a = 800$mm, $b = 200$mm, $c = 75$mm, $d = 250$mm, $e = 50$mm, $\beta = 45°$.

[중등교사 임용시험–기계 · 금속]

① $200\sqrt{2}$

② $400\sqrt{2}$

③ $600\sqrt{2}$

④ $800\sqrt{2}$

⑤ $1,000\sqrt{2}$

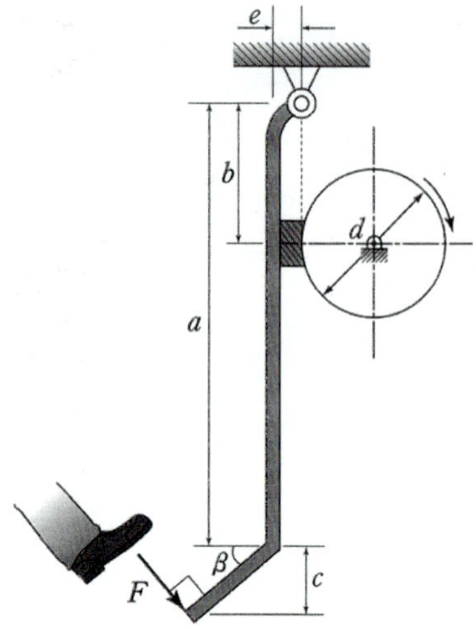

[문제 12.6]

07 그림과 같이 200kN · mm의 토크가 작용하여 브레이크 드럼이 시계방향으로 회전하는 경우, 드럼을 정지시키기 위해 브레이크 레버에 가해야 할 힘 F[N]는? (단, d=400mm, a=1,500mm, b=280mm, c=100mm, 마찰계수 $\mu = 0.2$이다.)

[공무원 임용시험]

① 866.7 ② 1,000

③ 1,733.3 ④ 2,000

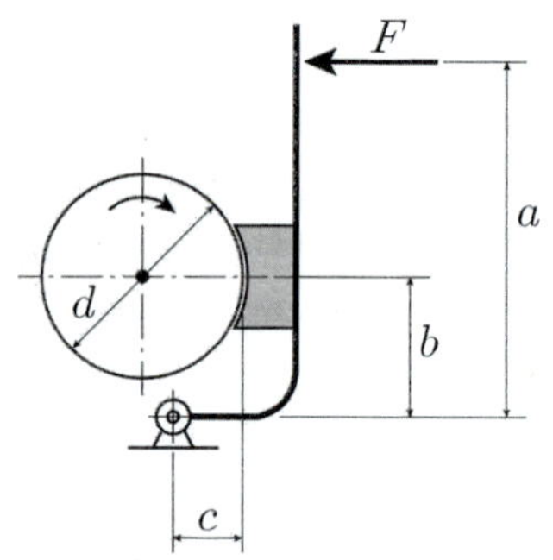

[문제 12.7]

08 다음 그림과 같은 단식 블록 브레이크에서 제동 토크는 100N · m이다. 브레이크 드럼이 시계 방향(cw)과 반시계 방향(ccw)으로 회전할 때, 레버 끝에 미치는 각각의 힘 F[N]는? (단, 마찰계수는 0.2이다.)

[공무원 임용시험]

	cw	ccw
①	180	220
②	220	180
③	360	440
④	440	360

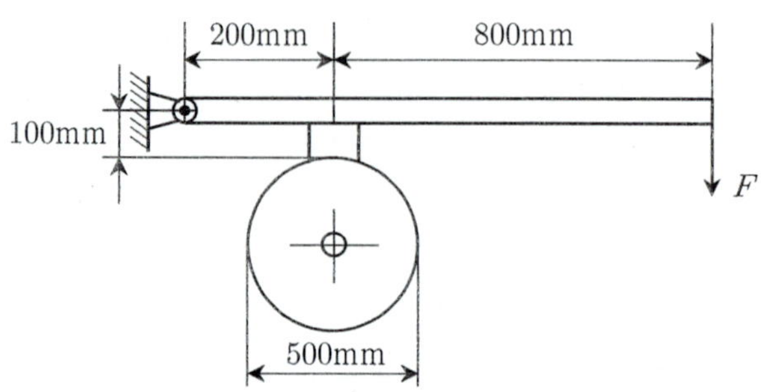

[문세 12.8]

09 길이가 150mm이고 폭이 50mm인 브레이크의 제동동력이 20PS일 때의 브레이크 용량은 얼마인가? [공무원 임용시험]

① $0.30\text{kgf/mm}^2 \cdot \text{m/s}$ ② $0.25\text{kgf/mm}^2 \cdot \text{m/s}$

③ $0.20\text{kgf/mm}^2 \cdot \text{m/s}$ ④ $0.15\text{kgf/mm}^2 \cdot \text{m/s}$

10 브레이크 용량(brake capacity)에 대한 바른 정의는? [공무원 임용시험]

① 마찰계수×속도×압력 ② 제동토크×속도

③ 제동토크×속도감소율 ④ 마찰력×속도감소율

11 드럼의 원주속도가 20[m/s]인 단식 블록 브레이크에서 블록을 드럼에 밀어붙이는 힘은 50[kgf]이고 블록의 폭은 100[mm], 길이는 20[mm]일 때, 브레이크 용량[$\text{kgf/mm}^2 \cdot \text{m/s}$]은? (단, 마찰계수는 0.2이고, 브레이크 압력은 균일하다.) [공무원 임용시험]

① 0.1 ② 0.5 ③ 1 ④ 5

12 다음 중 브레이크에 대한 설명으로 옳지 않은 것은? [공무원 임용시험]

① 단식 블록 브레이크는 축에 굽힘 모멘트를 발생시킨다.

② 냉각이 원활하지 못한 경우에는 브레이크 용량을 크게 해야 한다.

③ 밴드 브레이크는 레버 조작력이 동일해도 드럼 회전방향에 따라 제동력에 차이가 있다.

④ 밴드 브레이크의 종류로는 단동식, 합동식, 차동식이 있다.

13 그림과 같은 단식 블록 브레이크에서 마찰면에 수직력 $P=100\text{N}$과 레버에 조작력 F가 가해진다. 드럼이 시계방향으로 회전할 경우 레버에 작용하는 조작력을 F_1이라고 하고, 반시계방향으로 회전할 경우 레버에 작용하는 조작력을 F_2라고 할 때, $F_1 - F_2$[N]는? (단, 마찰계수는 μ이고, $a=10c$이다.) [공무원 임용시험]

① -10μ ② 10μ

③ -20μ ④ 20μ

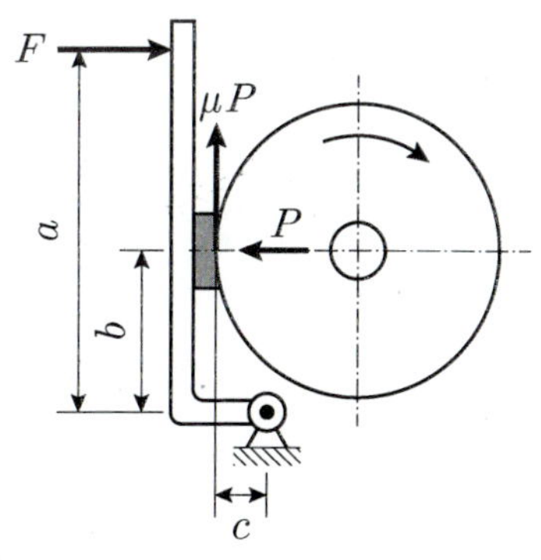

[문제 12.13]

14 그림과 같은 단식 블록 브레이크가 있다. 레버에 최대로 가할 수 있는 힘이 100N일 때, 제동력 60N을 얻기 위한 레버의 최소 길이는? (단, 마찰계수 $\mu=0.3$이다.)

[공무원 임용시험]

① 310mm
② 320mm
③ 330mm
④ 340mm

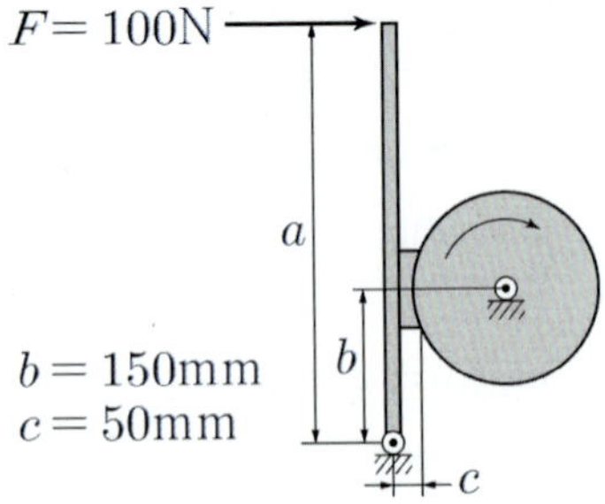

[문제 12.14]

15 다음 그림과 같은 단식 블록 브레이크에서 레버에 $F=120$N의 힘을 가했을 때 우회전 시의 제동토크를 구하여라. (단, 마찰계수 $\mu=0.2$, $a=850$mm, $b=250$mm, $c=50$mm, 드럼의 지름 $D=300$mm이다.)

[공무원 임용시험]

① 1.48×10^4[N · mm]
② 1.52×10^4[N · mm]
③ 1.61×10^4[N · mm]
④ 1.65×10^4[N · mm]

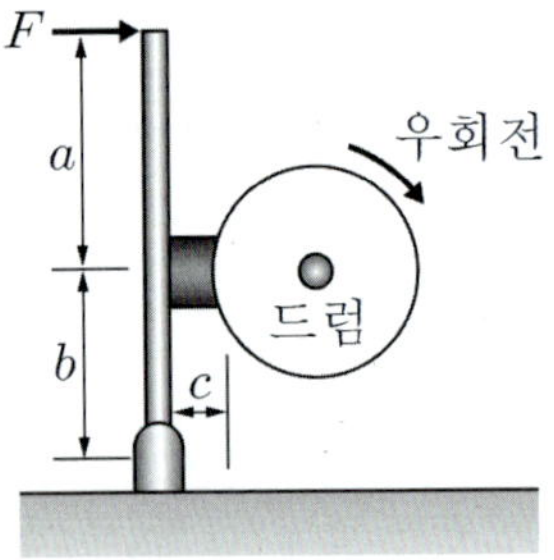

[문제 12.15]

16 그림과 같이 반시계 방향으로 회전하는 단식 블록 브레이크에서 드럼의 지름이 200mm이고, 브레이크 레버에 가하는 힘이 200N일 때 제동 토크[N · mm]는? (단, 드럼과 블록 사이의 마찰계수는 0.2이다.)

[공무원 임용시험]

① 6,000
② 7,000
③ 8,000
④ 9,000

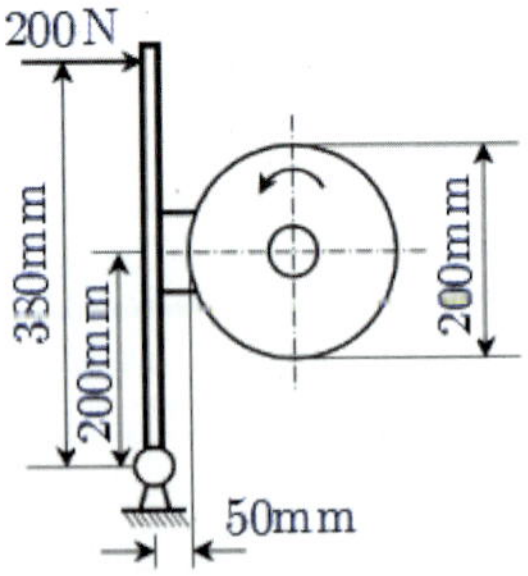

[문제 12.16]

17 블록 브레이크에서 브레이크 드럼의 원주속도가 10m/s, 브레이크 압력이 500kPa일 때, 브레이크 용량[N/mm^2 · m/s]은? (단, 마찰계수는 0.3이다.)

[공무원 임용시험]

① 1.5
② 2.5
③ 3.5
④ 4.5

18 그림과 같은 브레이크 드럼의 반지름 (r) 50mm, 접촉중심각(θ) 60°, 폭(b) 20mm인 블록 브레이크에 1,000N의 하중(Q)이 작용할 때, 브레이크 패드가 받는 압력$[\mathrm{N/mm^2}]$은? [지방공무원 9급(2020)]

① 0.8 ② 1.0
③ 1.2 ④ 1.4

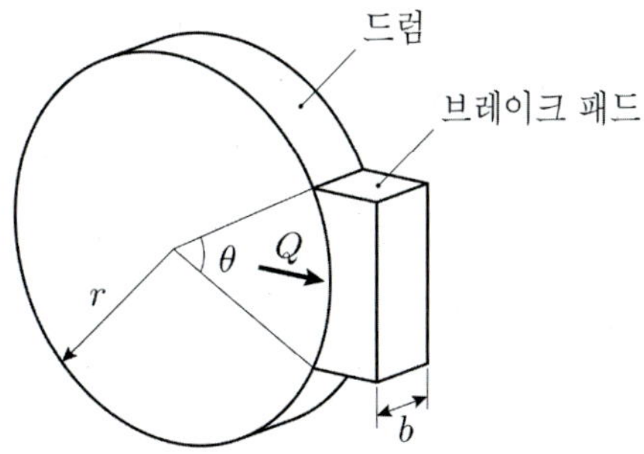

[문제 12.18]

19 단식 블록 브레이크에서 블록에 작용하는 힘 $P=20$N, 마찰계수 $\mu=0.2$일 때, 드럼을 정지시키기 위해 레버에 작용해야 하는 최소 힘 F[N]는? [국가공무원 9급(2021)]

① 6
② 7
③ 8
④ 9

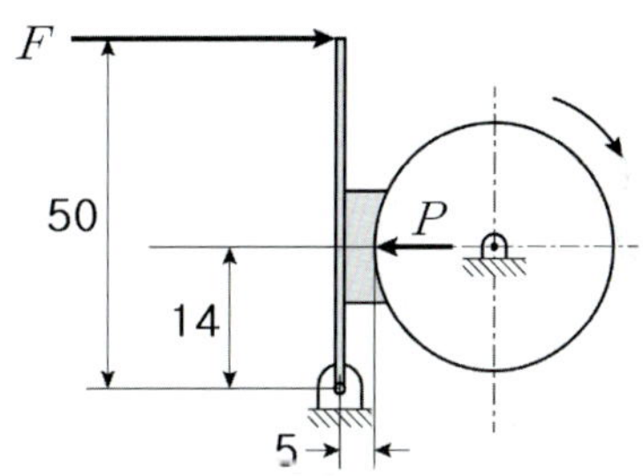

[문제 12.19]

20 그림과 같은 단식 블록 브레이크를 사용하여 중량 W의 자연낙하를 방지하고자 할 때, 최대허용중량 W[kgf]는? (단, $a=1{,}000$mm, $b=110$mm, $c=50$mm, $F=40$kgf, 마찰계수는 0.2이다.) [국가공무원 7급(2021)]

① $\dfrac{500}{3}$
② $\dfrac{1{,}000}{3}$
③ 400
④ 500

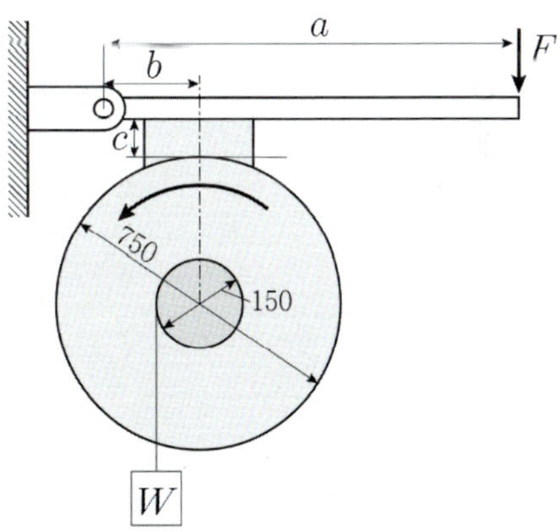

[문제 12.20]

제13장 스프링

탄성체는 하중을 받으면 변형을 일으키고, 변형에 따라 발생하는 일을 탄성 에너지(변형에너지)로 흡수하는 특성이 있으므로 충격을 완화하거나 진동을 방지하는데 사용된다. 이와 같이 충격 완화나 진동 방지에 사용하는 기계요소를 완충 장치라 한다. 정적인 완충 장치로는 밸브 스프링, 스위치의 스프링, 저울의 스프링과 같이 하중을 조절하거나 원 상태로 복원하는 역할을 하는 것이 있고, 동적인 완충 장치에는 차량용 현가 스프링, 동적 댐퍼(damper) 등과 같이 진동을 완화시키고 원 상태로 복원하는 기능을 가진 것이 있다.

완충 장치에 많이 사용하는 스프링(spring)은 넓은 의미로는 "힘을 가하면 형태가 변화하고 그 힘을 제거하면 원래의 되돌아가는 것을 목적으로 만들어진 탄력성 있는 물체" 또는 "물체의 탄성을 이용하는 기계요소" 등으로 정의한다. 스프링은 탄성이 큰 재료로 만들어지며 하중의 크기에 따라 변형된다. 따라서 스프링에 외력이 작용하면 변형되므로 외력은 일을 하는 셈이고 이 일은 스프링에 탄성에너지(변형 에너지)로 저장된다. 그리고 외력을 제거하면 저장된 에너지가 방출되어 원래의 상태로 되돌아간다. 우리가 잘 아는 용수철은 스프링을 말한다. 여기에서는 기초적인 스프링의 특성을 알아본다.

13.1 스프링 상수

(1) **탄성력** : 물체에 힘을 가하여 변형시켰을 때 물체가 본래 상태로 되돌아가려는 힘을 탄성력이라 한다.

(2) **스프링(용수철)** : 스프링은 변형된 길이와 힘의 크기가 비례하는 선형 스프링과 그렇지 않은 비선형 스프링이 있다. 스프링 길이가 늘어나면 줄어들려는 방향으로 힘이 생기고, 스프링이 압축되면 늘어나려는 방향으로 힘이 발생한다.

(3) **스프링상수(spring constant)** : 스프링상수는 스프링계수라고도 하며 단위 길이의 변형을 일으키는 힘으로 정의한다. 스프링에 하중 P[N]이 작용하여 δ[mm]의 변형이

생겼을 때 선형 스프링의 스프링상수 k는 다음과 같이 정의된다.

$$k = \frac{P}{\delta} \ [\mathrm{N/mm}] \quad \cdots\cdots (13.1)$$

즉, δ[mm]의 변형이 생겼을 때 스프링에 발생하는 하중은

$$P = k\delta \ [\mathrm{N}] \quad \cdots\cdots (13.2)$$

이다. 비틀림(torsion) 스프링의 경우 비틀림 모멘트 T[N · mm]와 비틀림각 θ[rad]의 관계는 다음과 같다.

$$T = k_t\theta \ [\mathrm{N \cdot mm}] \quad \cdots\cdots (13.3)$$

여기에서 k_t는 비틀림 스프링상수라고 하며, 단위는 [N · mm/rad]이다.

(4) **훅(Hook)의 법칙** : x 축을 스프링의 길이 방향과 평행하게 잡고, 평형 상태의 위치를 원점($x=0$)으로 잡으면

$$F = -kx \quad \cdots\cdots (13.4)$$

이다. 이 식에서 음의 부호는 변위 x와 복원력 F의 방향이 반대라는 것을 나타낸다.

13.2 스프링의 조합

(1) **병렬연결** : [그림 13.1(a)]와 같이 스프링을 조합한 것을 병렬연결이라 한다. 병렬연결에서는 외력에 의해 변형된 스프링의 길이가 모두 같다. 스프링의 변형된 길이를 δ라 하면 스프링 상수 k_1, k_2인 스프링에 걸리는 하중은 각각

$$P_1 = k_1\delta, \quad P_2 = k_2\delta$$

이고, 두 스프링을 조합한 스프링의 스프링상수를 k_{eq}라 하면

$$P = k_{eq}\delta$$

가 된다. 스프링에 가해지는 외력 P는 각 스프링에 걸리는 하중 P_1, P_2를 합한 것과 같으므로

$$P = P_1 + P_2$$

$$k_{eq}\delta = k_1\delta + k_2\delta$$

$$\therefore \; k_{eq} = k_1 + k_2 \quad \cdots\cdots (13.5)$$

이다. 여기에서 k_{eq}를 상당 스프링상수(equivalent spring constant)라 한다. 일반적으로 스프링 상수 k_1, k_2, k_3, $\cdots$인 스프링을 병렬연결하면 상당 스프링상수 k_{eq}는 다음과 같다.

$$k_{eq} = k_1 + k_2 + k_3 + \cdots \quad \cdots\cdots (13.6)$$

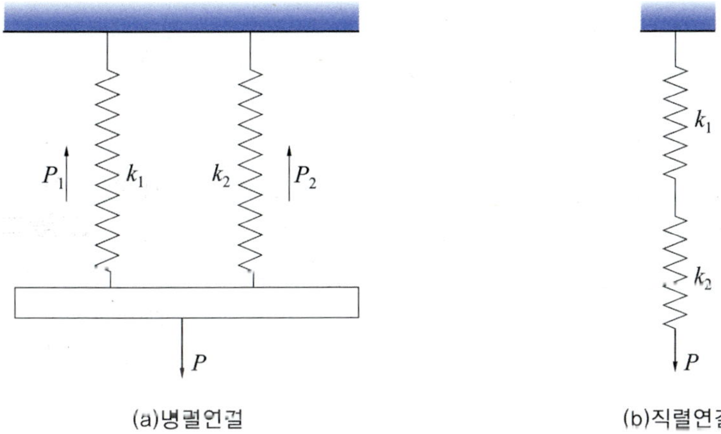

[그림 13.1] 스프링의 조합

(2) **직렬연결** : [그림 13.1(b)]와 같이 스프링을 연결한 것을 직렬연결이라 한다. 직렬연결에서는 각 스프링에 걸리는 하중이 같다. 스프링 상수 k_1, k_2인 스프링의 변형된 길이를 각각 δ_1, δ_2라 하면 각 스프링에 걸리는 하중은 각각

$$P = k_1\delta_1, \; P = k_2\delta_2$$

이고, 두 스프링을 조합한 스프링의 스프링상수를 k_{eq}라 하면

$$P = k_{eq}\delta$$

이다. 전체 계의 변형된 길이 δ는 각 스프링에서의 변형된 길이의 합과 같으므로

$$\delta = \delta_1 + \delta_2$$

$$\frac{P}{k_{eq}} = \frac{P}{k_1} + \frac{P}{k_2}$$

$$\therefore \quad \frac{1}{k_{eq}} = \frac{1}{k_1} + \frac{1}{k_2} \quad \cdots\cdots (13.7)$$

이다. 일반적으로 스프링 상수 k_1, k_2, k_3, $\cdots$인 스프링을 직렬연결하면 상당 스프링상수 k_{eq}는 다음과 같다.

$$\frac{1}{k_{eq}} = \frac{1}{k_1} + \frac{1}{k_2} + \frac{1}{k_3} + \cdots \quad \cdots\cdots (13.8)$$

13.3 탄성에너지

하중 P에 의하여 스프링이 δ만큼 늘어났을 때 하중이 스프링에 대하여 한 일은 다음과 같다[그림 13.2].

$$W = \int_0^\delta F dx = \int_0^\delta kx\,dx = \frac{k\delta^2}{2} = \frac{1}{2}k\delta \times \delta = \frac{1}{2}P\delta$$

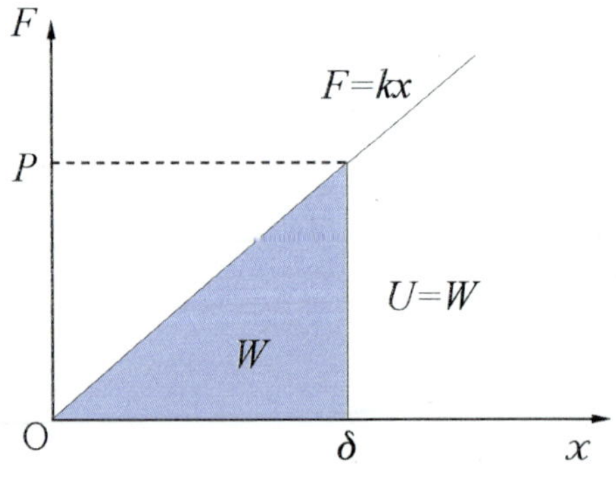

[그림 13.2] 탄성에너지

즉, 스프링상수 k의 스프링에 탄성에너지로 흡수 저장되는 에너지는

$$U = \frac{1}{2}k\delta^2 = \frac{1}{2}P\delta = \frac{P^2}{2k} \quad \cdots\cdots (13.9)$$

이고, 변형되었던 스프링이 다시 처음 상태로 돌아가면 스프링은 외부에 대하여 이 저장된 에너지만큼 일을 하게 된다.

13.4 코일스프링

단면이 균일하고 가는 긴 강선(소선)을 원통형으로 감아서 만든 스프링을 코일스프링(coil spring, 원통 코일스프링)이라 한다[그림 13.3]. 이 스프링에서는 원통형의 끝 단면에 수직으로 하중이 작용하며, 작용하는 하중이 인장이면 인장 코일스프링, 압축 하중이면 압축 코일스프링이라 한다.

코일스프링에서는 인장 혹은 압축 하중에 의해 소선의 단면에는 주로 비틀림 모멘트가 발생한다. [그림 13.3]과 같은 코일스프링에 작용하는 축 방향 하중에 의해 소선의 중심에 대한 비틀림 변형만 발생한다고 가정한다.

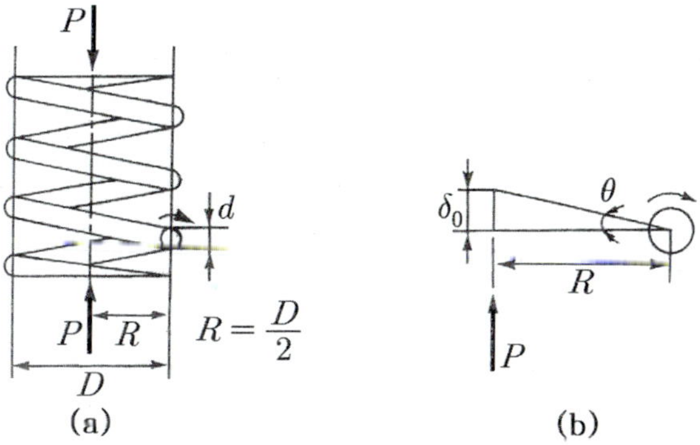

[그림 13.3] 코일스프링

스프링 전체의 평균 지름을 D라 하면 축 방향 하중 P에 의해 스프링의 소선에 작용하는 비틀림 모멘트(T)는 다음과 같다.

$$T = P \times \frac{D}{2} \quad \cdots\cdots ①$$

[그림 13.3]의 (b)와 같이 스프링의 일부를 잘라 낸 후, 잘라 낸 한 끝을 고정하고 다른 쪽 끝에 비틀림 모멘트가 작용하면 소선이 비틀려서 θ[rad]만큼 회전하고 δ_0만큼 변형(처짐)이 발생한다. 비틀림 각 θ가 아주 작다고 하면

$$\delta_0 = R\theta = \frac{D}{2} \times \theta$$

$$\therefore \ \theta = \frac{2\delta_0}{D} \quad \cdots\cdots ②$$

이고, 코일의 한번 감김 길이는

$$L = \pi D \quad \cdots\cdots ③$$

이다. 한편 비틀림 모멘트 T를 받는 소선의 비틀림 각 θ는 다음과 같다.

$$\theta = \frac{TL}{GI_p} = \frac{32\,TL}{\pi G d^4} \quad \cdots\cdots ④$$

식 ①~③을 식④에 대입하여 정리하면 한 번 감김에 대한 스프링의 처짐량(변위) δ_0가 구해진다.

$$\delta_0 = \frac{8D^3 P}{Gd^4} \quad \cdots\cdots ⑤$$

따라서 코일스프링의 유효 감김수를 N_a라 하면 스프링 전체의 처짐량 δ는 다음과 같다.2)

$$\delta = N_a \delta_0 = \frac{8N_a D^3 P}{Gd^4} \quad \cdots\cdots (13.10)$$

여기에서 N_a는 유효 감김수, d는 소선의 지름, D는 스프링 전체의 평균 지름, G는 소선의 전단탄성계수이다. 식 (13.10)으로부터 스프링 상수(k)는 다음과 같다.

$$k = \frac{P}{\delta} = \frac{Gd^4}{8N_a D^3} \quad \cdots\cdots (13.11)$$

압축 코일스프링에서 소선의 지름(d)에 대한 스프링의 평균지름(D)의 비를 스프링지수(C)라 한다.

$$C = \frac{D}{d} \quad \cdots\cdots (13.12)$$

코일스프링의 처짐량 식 (13.10)을 스프링지수(C)로 나타내면 다음과 같다.

2) 이 식은 그냥 기억하는 게 좋다. 이 식이 비틀림 각으로부터 유도된다는 것을 알면 기억하기 쉬울 것이다.

$$\delta = \frac{8N_a C^3 P}{Gd} \quad \cdots\cdots (13.13)$$

한편 코일스프링의 소선 단면에 발생하는 최대 전단응력은

$$\tau = \frac{T}{Z_p} = \frac{PD/2}{\pi d^3/16} = \frac{8PD}{\pi d^3} \quad \cdots\cdots (13.14)$$

이고, 이 식을 스프링지수(C)를 사용하여 다음과 같이 쓸 수 있다.

$$\tau = \frac{8PC}{\pi d^2} = \frac{8PC^3}{\pi D^2} \quad \cdots\cdots (13.15)$$

[예제 13.1] [그림 13.4]와 같이 스프링상수 $k_1 = 6\mathrm{N/mm}$, $k_2 = 8\mathrm{N/mm}$인 두 개의 스프링이 병렬로 연결되어 $P = 420\mathrm{N}$의 하중을 받을 때 하중에 의해 늘어나는 스프링의 길이를 구하여라.

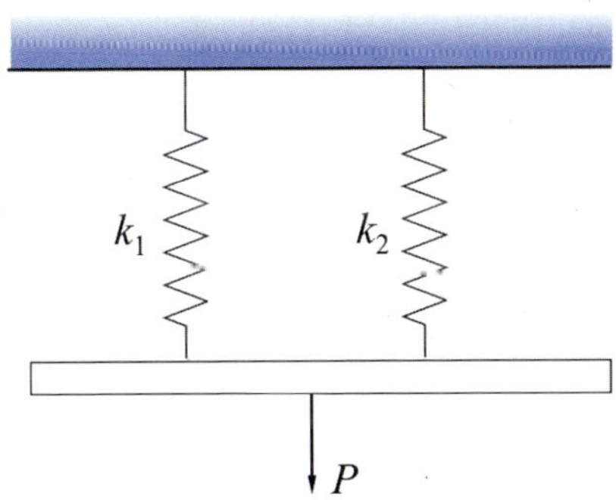

[그림 13.4] 병렬연결

풀이 병렬연결에서 상당 스프링상수는

$$k_{eq} = k_1 + k_2 = 6 + 8\ [\mathrm{N/mm}] = 14\ [\mathrm{N/mm}]$$

이므로 하중 P에 의해 늘어난 길이 δ는 다음과 같다.

$$P = k_{eq}\delta$$

$$\therefore\ \delta = \frac{P}{k_{eq}} = \frac{420}{14}[\mathrm{mm}] = 30\ [\mathrm{mm}]$$

[예제 13.2] [그림 13.5]와 같이 스프링상수 $k_1 = 6\mathrm{N/mm}$, $k_2 = 12\mathrm{N/mm}$인 두 개의 스프링이 직렬로 연결되어 $P = 240\mathrm{N}$의 하중을 받을 때 하중에 의해 늘어나는 스프링의 전체 길이를 구하여라.

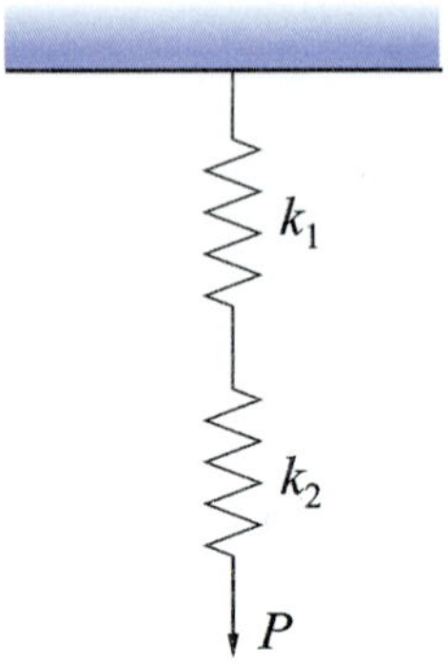

[그림 13.5] 직렬연결

풀이 직렬연결에서 상당 스프링상수는 다음과 같이 구해진다.

$$\frac{1}{k_{eq}} = \frac{1}{k_1} + \frac{1}{k_2} = \frac{k_1 + k_2}{k_1 k_2}$$

$$\therefore \; k_{eq} = \frac{k_1 k_2}{k_1 + k_2} = \frac{6 \times 12}{6 + 12}[\mathrm{N/mm}] = 4\;[\mathrm{N/mm}]$$

따라서 하중 P에 의해 늘어난 전 길이 δ는 다음과 같다.

$$P = k_{eq}\delta$$

$$\therefore \; \delta = \frac{P}{k_{eq}} = \frac{240}{4}[\mathrm{mm}] = 60\;[\mathrm{mm}]$$

또는, $\delta = \delta_1 + \delta_2 = \dfrac{P}{k_1} + \dfrac{P}{k_2} = \dfrac{240}{6} + \dfrac{240}{12} = 40 + 20 = 60[\mathrm{mm}]$

[예제 13.3] 스프링상수 $k=6\text{N/mm}$인 네 개의 스프링이 [그림 13.6]과 같이 연결되어 아래 스프링의 끝 지점에 $P=180\text{N}$의 하중을 받을 때 이 점의 변위를 구하여라.

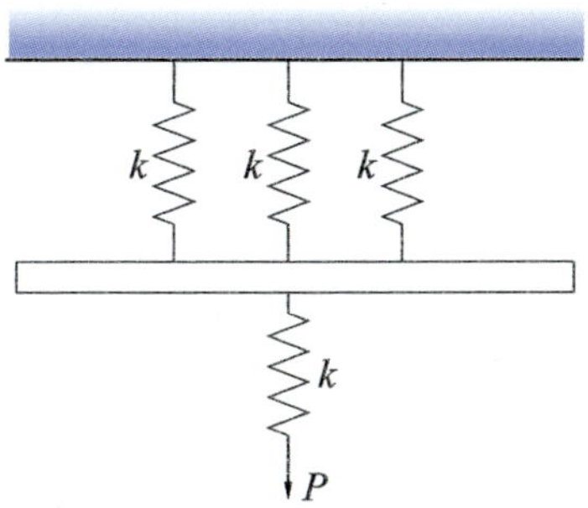

[그림 13.6] 병렬연결과 직렬연결

풀이 병렬 연결된 3개의 스프링의 상당 스프링 상수를 k_{eq1}이라 하면

$$k_{eq1}=k+k+k=3k$$

이다. 이 3개의 스프링과 나머지 하나의 스프링은 직렬 연결되어 있으므로 전체 스프링의 상당 스프링상수 k_{eq}는 다음과 같이 구해진다.

$$\frac{1}{k_{eq}}=\frac{1}{k_{eq1}}+\frac{1}{k}=\frac{1}{3k}+\frac{1}{k}=\frac{4}{3k}$$

$$\therefore\ k_{eq}=\frac{3k}{4}=\frac{3\times 6}{4}[\text{N/mm}]=4.5\ [\text{N/mm}]$$

따라서 하중이 작용하는 끝 지점의 변위 δ는 다음과 같다.

$$P=k_{eq}\delta$$

$$\therefore\ \delta=\frac{P}{k_{eq}}=\frac{180}{4.5}[\text{mm}]=40\ [\text{mm}]$$

[예제 13.4] 스프링 전체의 평균 지름 $D=60$[mm], 소선의 지름 $d=10$[mm], 유효 감김수 $N_a=10$인 압축 코일스프링에 4[kN]의 하중이 작용할 때, 스프링의 처짐[mm]과 최대 전단응력[MPa]을 구하여라. 단, 전단탄성계수 $G=8\times10^4$ [MPa]이다.

풀이 단위를 N, mm로 통일하여 계산한다. $\text{MPa}=\text{N/mm}^2$이다.

- 스프링의 처짐 δ :

$$\delta=\frac{8N_aD^3P}{Gd^4}=\frac{8\times10\times60^3\times(4\times10^3)}{(8\times10^4)\times10^4}=86.4[\text{mm}]$$

- 최대 전단응력 τ :

$$\tau=\frac{8PD}{\pi d^3}=\frac{8\times(4\times10^3)\times60}{\pi\times10^3}=\frac{1920}{\pi}=611.2[\text{MPa}]$$

[예제 13.5] 스프링지수가 10이고 소선의 지름이 2[mm]인 압축 코일스프링에서 하중이 70[kgf]에서 50[kgf]로 감소할 때 처짐의 변화가 50[mm]가 되는 스프링의 유효 감김수를 구하여라. 단, 전단탄성계수는 $8\times10^3[\text{kgf/mm}^2]$이다.

[공무원 임용시험]

풀이 압축 코일스프링의 스프링지수 $C=10$, 소선의 지름 $d=2$[mm], 전단탄성계수 $G=8\times10^3[\text{kgf/mm}^2]$이다. 스프링의 유효 감김수가 N_a이고 하중이 P[kgf]일 때 스프링의 처짐 δ[mm]는 다음과 같다. 단위를 kgf, mm로 통일하여 계산한다.

$$\delta=\frac{8N_aC^3P}{Gd}=\frac{8N_a\times(10)^3\times P}{(8\times10^3)\times2}=\frac{N_aP}{2}$$

따라서 하중 $P_1=70$[kgf]일 때와 $P_2=50$[kgf]일 때 스프링의 처짐은 각각

$$\delta_1=\frac{N_aP_1}{2}=\frac{N_a\times70}{2}=35N_a[\text{mm}]$$

$$\delta_2=\frac{N_aP_2}{2}=\frac{N_a\times50}{2}=25N_a[\text{mm}]$$

이므로 처짐의 변화 $(\delta_1 - \delta_2)$가 50[mm]가 되는 스프링의 유효 감김수(N_a)는 다음과 같다.

$$\delta_1 - \delta_2 = 35N_a - 25N_a = 10N_a = 50$$

$$\therefore \ N_a = 5$$

연습문제 13

01 선형 스프링에 2kN의 하중이 걸릴 때 늘어난 길이가 40cm이면 스프링 상수는 몇 N/cm인가?

02 탄성한계 내에서 단면적 A, 길이 L, 세로탄성계수 E인 강 봉에 인장 하중 P가 작용할 때 늘어난 길이 $\delta = \frac{PL}{AE}$일 때 이 봉의 스프링 상수를 구하여라.

03 그림과 같이 병렬연결된 스프링 세 개가 $P = 500\text{N}$의 하중을 받고 있다. 스프링상수 $k_1 = 4\text{N/mm}$, $k_2 = 6\text{N/mm}$, $k_3 = 10\text{N/mm}$일 때 하중 방향의 처짐을 구하여라. 단, 부재 AB는 수평을 유지하며 무게는 무시한다.

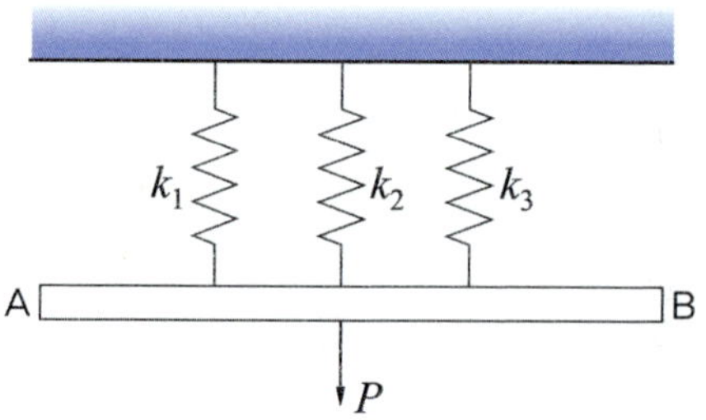

[문제 13.3]

04 그림과 같이 직렬연결된 스프링의 늘어난 전 길이가 30mm일 때 하중 W를 구하여라. 단, 스프링상수 $k_1 = 2\text{N/mm}$, $k_2 = 6\text{N/mm}$이다.

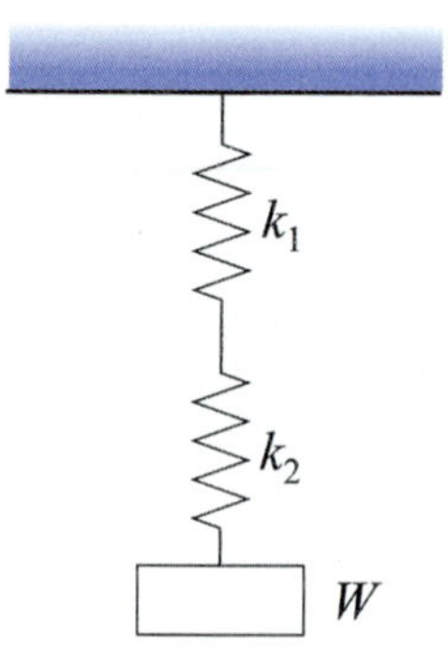

[문제 13.4]

05 강체 봉이 그림과 같이 수평 상태로 매달려 있다. $W = 9\text{N}$의 힘이 작용할 때 봉이 기울어지지 않기 위한 스프링 상수 k_3[kN/m]를 구하여라. (단, 봉과 스프링의 무게는 무시한다.)

[중등교사 임용시험-기계]

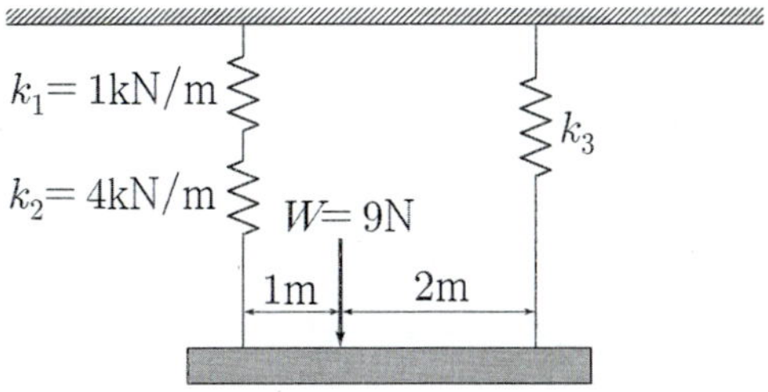

[문제 13.5]

06 그림 (A), (B)와 같이 동일한 스프링 상수 k를 갖는 스프링의 연결에 동일 하중 W가 작용하고 있다. (A)의 처짐량을 δ_1, (B)의 처짐량을 δ_2라 할 때 $\delta_1 : \delta_2$를 구하여라. (단, 스프링의 자중은 무시한다.)

[공무원 임용시험]

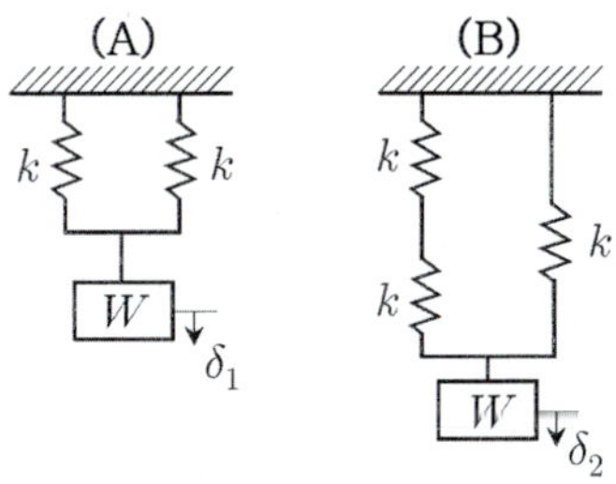

[문제 13.6]

07 스프링 상수가 10N/mm인 스프링을 직렬로 연결하여, 50N의 하중에 20mm의 변형이 생기게 하려고 한다. 필요한 스프링의 개수는? (단, 스프링의 자중은 무시한다.)

[공무원 임용시험]

① 4 ② 5 ③ 6 ④ 8

08 그림과 같은 스프링 장치에 2400[N]의 하중을 아래 방향으로 가할 때 스프링의 처짐량[mm]은? (단, k_1, k_2, $k_3 = 200$ [N/mm], k_4, k_5, $k_6 = 300$[N/mm]이다.)

[공무원 임용시험]

① 2
② 3
③ 6
④ 12

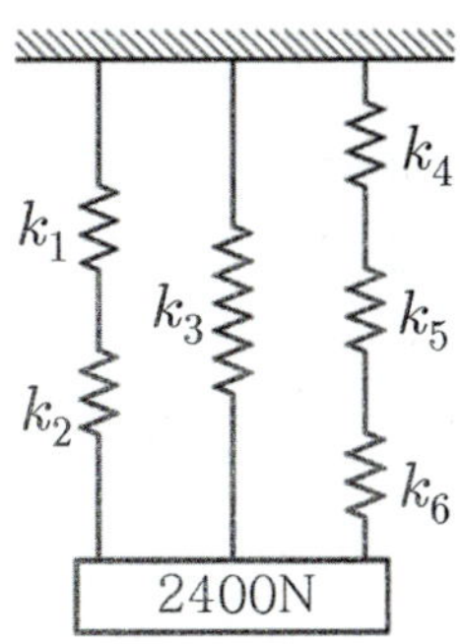

[문제 13.8]

09 두 개의 스프링이 직렬로 연결되어 P[N]의 하중이 작용될 때, 늘어난 길이를 계산한 식으로 가장 옳은 것은? [공무원 임용시험]

① $\dfrac{P(k_1+k_2)}{k_1k_2}$　② $\dfrac{Pk_1k_2}{(k_1+k_2)}$

③ $\dfrac{Pk_1}{k_2}$　④ $\dfrac{Pk_2}{k_1}$

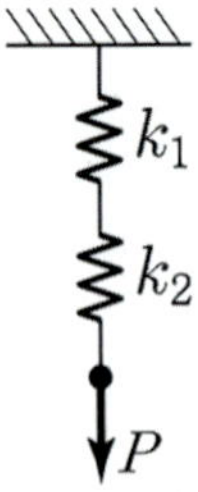

[문제 13.9]

10 그림과 같이 선형 스프링 장치에 물체 A를 연결하여 처짐량이 42mm일 때, 물체 A의 무게[N]는? (단, 스프링 상수는 $k_1=$4N/mm, $k_2=$5N/mm이고, 스프링의 자중은 무시한다.) [공무원 임용시험]

① 78
② 80
③ 82
④ 84

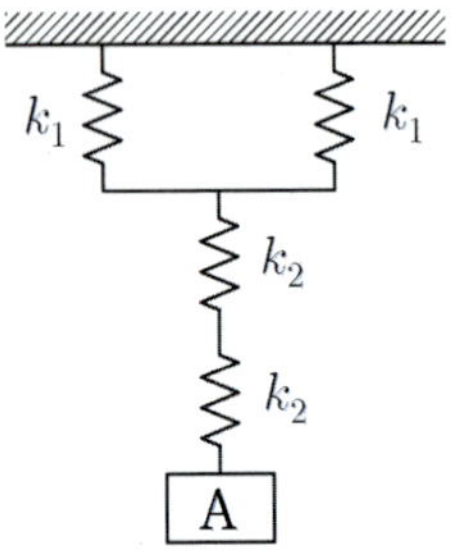

[문제 13.10]

11 다음 그림과 같이 A, B, C에 대해 같은 하중 W가 가해졌다면, 각 스프링의 변형된 길이의 비 $\delta_A:\delta_B:\delta_C$는? (단, 각 스프링의 강성은 동일하고, 스프링의 무게는 무시한다.) [공무원 임용시험]

① $9:1:3$　② $12:2:9$
③ $18:2:9$　④ $24:4:9$

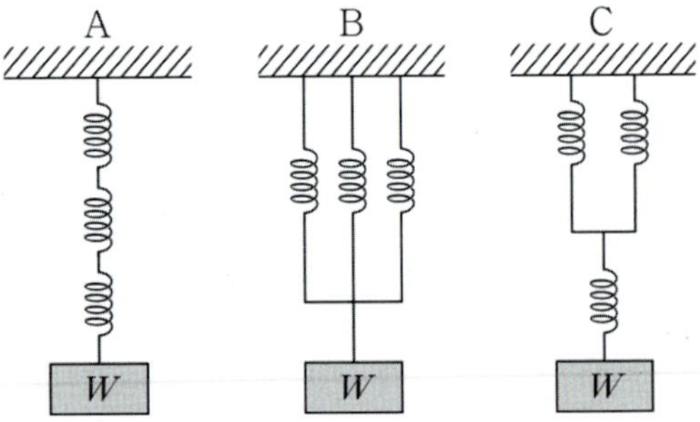

[문제 13.11]

12 다음 스프링 시스템에 같은 하중 F가 가해졌을 때, A점의 변형량이 가장 적은 것은 무엇인가? (단, k는 스프링 상수를 의미한다.) [공무원 임용시험]

①
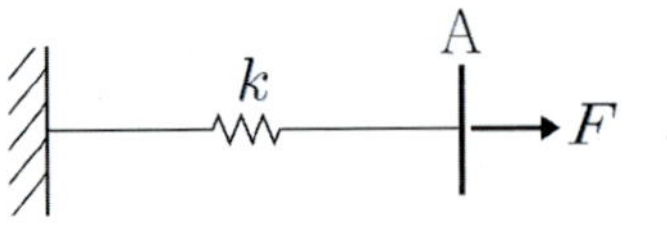

②
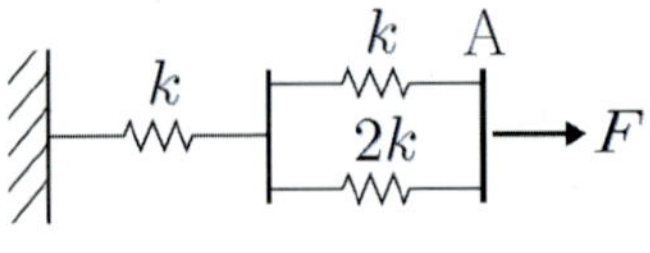

③
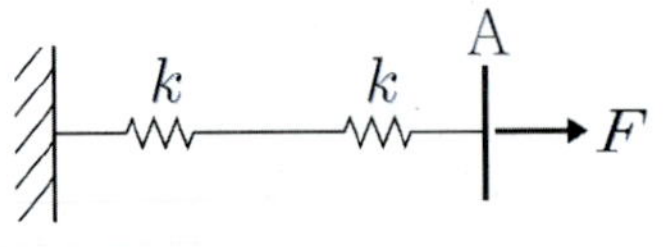

④
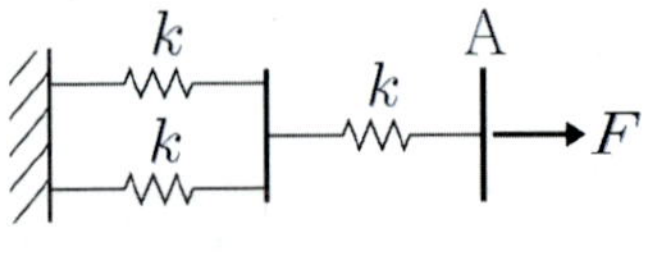

13 그림과 같은 단순보에 두 개의 스프링이 연결되어 있으며, 그 두 개의 스프링을 그림과 같이 아래로 5cm를 잡아당겼을 때 반력 R_A, R_B를 구하여라. (단, k_1 =10N/mm, k_2 = 20N/mm이다.) [공무원 임용시험]

① R_A =700N, R_B =800N

② R_A =800N, R_B =700N

③ R_A =750N, R_B =750N

④ R_A =850N, R_B =650N

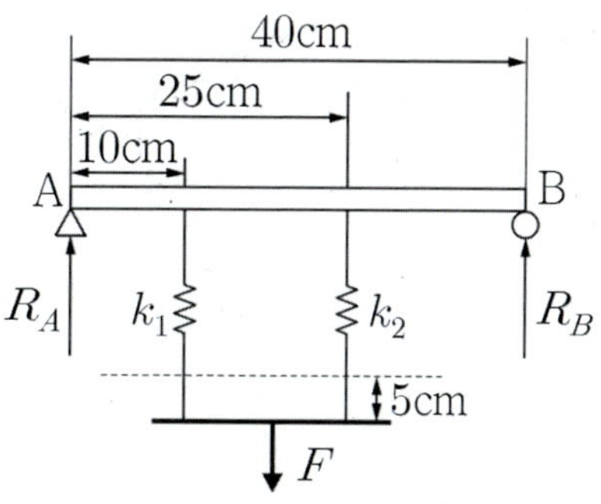

[문제 13.13]

14 그림과 같이 두 스프링을 직렬연결한 장치에서 하중 F가 9kgf이고 하중 방향 변형량이 7.5cm일 때, 스프링 상수 k_2의 값[kgf/cm]은? (단, 스프링 상수 k_1 =2kgf/cm이다.) [공무원 임용시험]

① 1 ② 2

③ 3 ④ 4

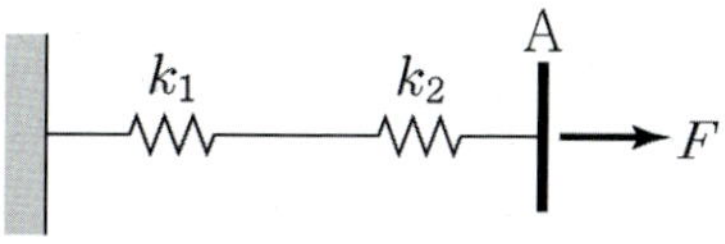

[문제 13.14]

15 좌우대칭으로 연결된 스프링에 하중 100N이 가해지고 있다. 상부 스프링 두 개의 스프링상수(k_a)는 각각 2N/mm이고, 하부 스프링의 스프링상수(k_b)는 4N/mm이다. 전체 늘어난 길이[mm]는? (단, 모든 부재의 자중은 무시한다.) [국가공무원 9급(2020)]

① 40 ② 50

③ 60 ④ 70

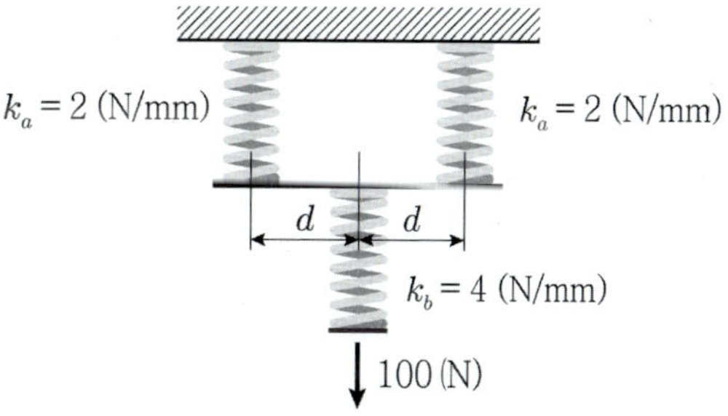

[문제 13.15]

16 스프링 전체의 평균지름이 32mm인 코일스프링이 하중 100N을 받아 처짐이 2mm 생겼을 때, 스프링 지수는? (단, 전단 탄성계수 $G = 80\,\mathrm{GPa}$, 스프링의 유효 감김수는 25이다.) [공무원 임용시험]

① 4 ② 8 ③ 16 ④ 32

17 압축 코일스프링의 유효 감김수, 소선지름, 스프링 전체 평균 지름만 각각 2배로 하면 스프링상수는 몇 배가 되는가? [공무원 임용시험]

① 1 ② 2 ③ 4 ④ 8

18 압축 코일스프링에서 유효 감김수를 2배, 소선의 지름을 2배로 증가시키면 동일 축방향 힘에 대하여 처짐은 몇 배가 되는가? (단, 코일의 평균지름, 가로 탄성계수는 같다.)

[공무원 임용시험]

① 4 배 ② 8 배 ③ $\frac{1}{4}$배 ④ $\frac{1}{8}$배

19 소선의 지름이 12mm이고, 스프링 전체의 평균 지름이 120mm인 스프링 상수 k_1과 소선의 지름을 2배로 하고, 스프링 전체의 평균 지름을 1.5배로 했을 때의 스프링 상수 k_2에서 스프링 상수의 비(k_1/k_2)는? (단, 감김수는 19회이고, 세로 탄성 계수는 $E=$210GPa이다.) [공무원 임용시험]

① $\frac{2^3}{3^7}$ ② $\frac{3^3}{2^7}$ ③ $\frac{2^7}{3^3}$ ④ $\frac{3^7}{2^3}$

20 소선의 지름이 10mm, 코일의 평균 지름이 50mm, 스프링 상수가 4kgf/mm인 원통 코일 스프링의 유효 감김수는 몇 회인가? (단, 소선의 전단탄성계수 $G=4\times10^3\,\mathrm{kgf/mm^2}$이다.) [공무원 임용시험]

① 6회 ② 8회 ③ 10회 ④ 12회

21 원통 코일스프링에 3kN의 힘이 작용하였을 때, 변형이 50mm가 되도록 설계하려면 유효 감김수는? (단, 소선의 지름은 15mm, 스프링지수는 10, 스프링 재료의 전단탄성계수(Shear modulus of elasticity)는 80GPa이다.) [지방공무원 9급(2020)]

① 2.5 ② 4 ③ 5.5 ④ 6

22 코일의 지름이 20mm, 소선의 지름이 4mm, 유효 감김수가 12인 코일스프링에 100kgf의 인장하중이 작용하여 3mm의 처짐이 발생할 때, 가로 탄성계수 $G[\mathrm{kgf/mm^2}]$는?

[국가공무원 7급(2021)]

① 10,000 ② 20,000
③ 100,000 ④ 200,000

23 코일스프링이 압축력에 의해 변형하여 저장한 탄성에너지가 $600\mathrm{N}\cdot\mathrm{mm}$일 때, 코일스프링에 작용한 압축력[N]은? (단, 스프링 상수는 3N/mm이다.) [국가공무원 9급(2021)]

① 40 ② 50
③ 60 ④ 70

제14장 압력용기

가스탱크, 보일러, 화학 공업용 반응 탱크, 수압기처럼 고압의 유체를 담고 있는 용기를 압력 용기(pressure vessel)라 한다. 압력 용기는 화학 공업을 비롯한 여러 산업 분야에서 이용되고 있으며, 사용 조건에 따라 구조가 다르지만 일반적으로 압력 용기에는 매우 넓은 온도 범위에서 내압과 외압이 동시에 존재한다. 고압을 받는 압력 용기가 파괴된다면 그 피해가 매우 크다는 것은 쉽게 상상할 수 있다. 특히 설계자는 압력 용기가 항상 내부의 유체에 의하여 높은 압력을 받고 있으며, 용도에 따라서는 높은 온도를 받고 있다는 것을 알고 압력과 재료 및 이음새의 강도 등을 고려하여 압력 용기를 설계해야 한다.

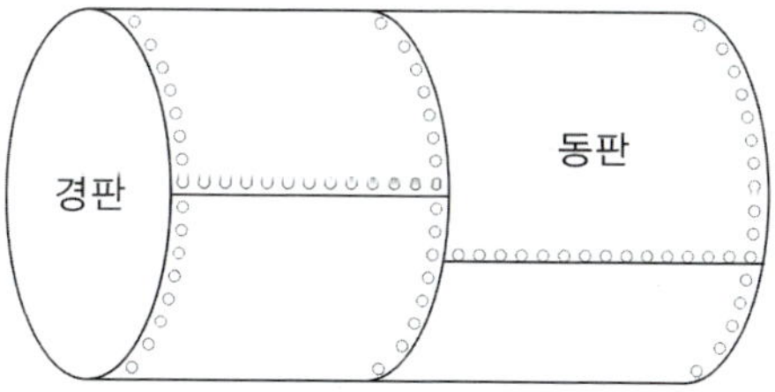

[그림 14.1] 원통형 압력용기

압력용기의 형태 중에서 가장 일반적인 것은 원통형이며, 이 중에서 보일러 탱크 등은 보통 리벳 이음 또는 용접 이음을 하여 만들어진다. [그림 14.1]과 같은 원통형 압력 용기의 몸체 부분을 동판(shell pate), 양 끝 바닥에 해당하는 부분을 경판(end plate)이라 한다.

14.1 원통형 압력용기의 강도

고압의 유체를 담고 있는 원통형 압력 용기의 동체에는 내부 유체 압력에 의해 원주방향과 축 방향으로 응력이 발생한다. 일반적으로 벽 두께가 두꺼운 경우에는 동체에 발생하는 응력이 균일하지 않지만 두께가 얇은 경우에는 응력이 균일하다고 가정하여도 무방하다. 여기에서는 벽 두께가 얇은 경우에 대해 벽에서의 강도를 알아본다.

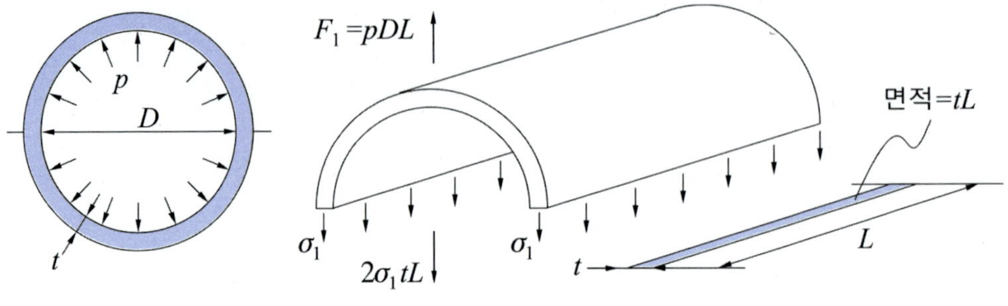

[그림 14.2] 원주 방향 응력과 압력 힘

(1) 원주 방향 강도

[그림 14.2]에서 원주 방향으로의 힘의 평형을 고려한다. 원통 내부의 투상 면적은 DL이므로 내부 압력 p에 의해 작용하는 원주 방향 힘 F_1은 다음과 같다.

$$F_1 = pA = pDL \quad \cdots\cdots (14.1)$$

이 원주 방향 힘 F_1은 두께 t, 길이 L인 양쪽 원통 벽 두께에 같은 방향의 응력 σ_1을 발생시킨다. 따라서 원주 방향 힘의 평형에 의해

$$F_1 = 2 \times (\sigma_1 tL)$$

$$pDL = 2\sigma_1 tL$$

$$\therefore \quad \sigma_1 = \frac{pD}{2t} \quad \cdots\cdots (14.2)$$

$$\therefore \quad t = \frac{pD}{2\sigma_1} \quad \cdots\cdots (14.3)$$

이다. 여기에서 $\sigma_1\,[\mathrm{N/mm^2}]$: 원주방향 응력

$p\,[\mathrm{N/mm^2}]$: 내부 사용 압력
$t\,[\mathrm{mm}]$: 원통 벽두께
$L[\mathrm{mm}]$: 원통 길이
$D[\mathrm{mm}]$: 원통의 안지름

이다. 이상에서 구한 응력 σ_1을 후프응력(hoop stress)이라 한다.

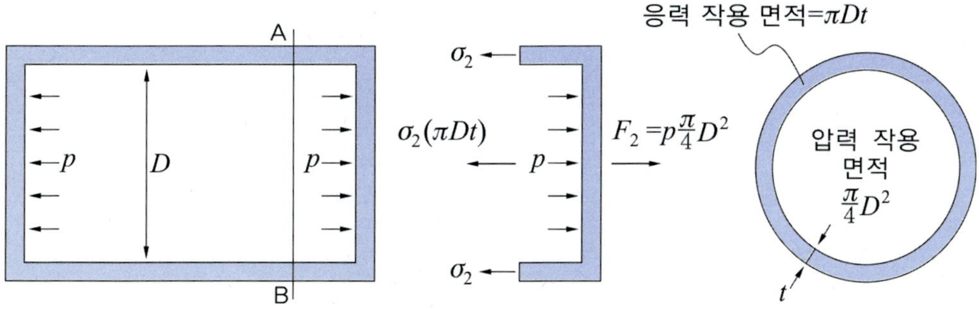

[그림 14.3] 축 방향 응력과 압력 힘

(2) 축 방향 강도

내부 압력 p에 의해 축 방향으로 작용하는 힘 F_2는 지름 D인 원판에 작용하는 압력 힘이므로

$$F_2 = pA = p \times \frac{\pi}{4}D^2 \qquad (14.4)$$

이다. 축 방향 힘 F_2는 두께 t, 지름 D인 고리 모양의 원통 벽 두께에 같은 방향의 응력 (σ_2)을 발생시킨다. 따라서 축 방향 힘의 평형에 의해 다음과 같이 σ_2가 구해진다.

$$F_2 = \sigma_2 \times (\pi Dt)$$

$$p \times \frac{\pi}{4}D^2 = \sigma_2 \times (\pi Dt)$$

$$\therefore \ \sigma_2 = \frac{pD}{4t} \qquad (14.5)$$

(3) 관 벽의 두께

관 벽에서 발생하는 인장응력은 재료의 인장강도 σ와 안전율 S로써 정해지는 허용 응력 σ_a보다 커서는 안 된다.

$$(\text{안전율}) = \frac{(\text{기준강도})}{(\text{허용응력})} \qquad (14.6)$$

로 정의되므로 허용응력은

$$\sigma_a = \frac{\sigma}{S} \quad \cdots\cdots (14.7)$$

이다. 원주 방향과 축 방향 응력 σ_1, σ_2를 비교해 보면 $\sigma_1 = 2\sigma_2$이므로 설계할 때는 원주 방향 응력 σ_1을 기준으로 한다. 따라서 $\sigma_1 \le \frac{\sigma}{S}$이므로 설계 점에서

$$\sigma_1 = \frac{\sigma}{S} \quad \cdots\cdots (14.8)$$

이다. 리벳 이음을 한 동판을 사용하는 경우 재료의 인장 강도가 이음에 의해 약해지므로 실제 동판 강도는 이음 효율 η를 곱한 것($\sigma_{real} = \sigma\eta$)이 된다.

$$\sigma_1 = \frac{\sigma\eta}{S} \quad \cdots\cdots (14.9)$$

이 식으로부터 $\sigma_1 = \frac{pD}{2t}$를 대입하면 다음과 같이 벽두께 t가 구해진다.

$$\frac{pD}{2t} = \frac{\sigma\eta}{S}$$

$$\therefore \quad t = \frac{pDS}{2\sigma\eta} \text{ [mm]} \quad \cdots\cdots (14.10)$$

이음매가 없는 경우 이음효율 $\eta = 1$이다. 일반적으로 압력 용기는 내부 유체에 의해 부식되므로 이에 대한 여유 치수 C[mm]를 더해준다.

$$t = \frac{pDS}{2\sigma\eta} + C \text{ [mm]} \quad \cdots\cdots (14.11)$$

강관을 사용할 때 여유 치수 C는 보통 1 mm 정도로 한다. 이 식에서 압력 p는 사용압력(또는 최대 내부 압력)을 나타낸다. 위 식을 재료의 허용인장 응력 $\sigma_a = \frac{\sigma}{S}$로 표현하면 다음과 같다.

$$t = \frac{pD}{2\sigma_a\eta} + C \text{ [mm]} \quad \cdots\cdots (14.12)$$

이상에서 두께(t)가 같고 같은 압력(p)을 받는 원통은 지름(D)이 클수록 응력이 크게 되므로 파괴되기 쉽다는 것을 알 수 있다. 즉 [그림]과 같이 지름이 클수록 파괴 부분이 크게 되므로 주의해야 한다.

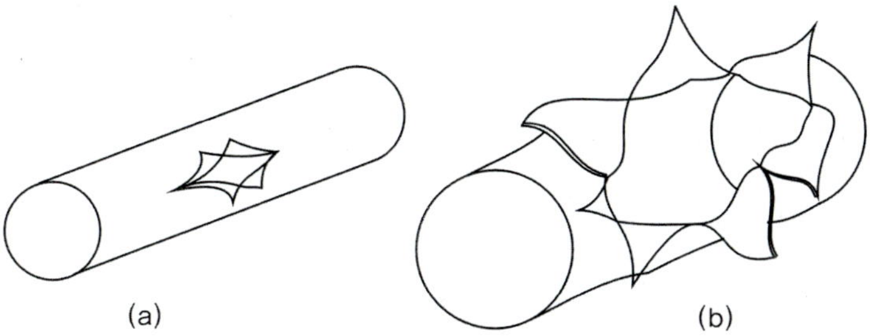

[그림 14.4] 관 지름에 따른 파손 정도

14.2 구형 압력용기의 강도

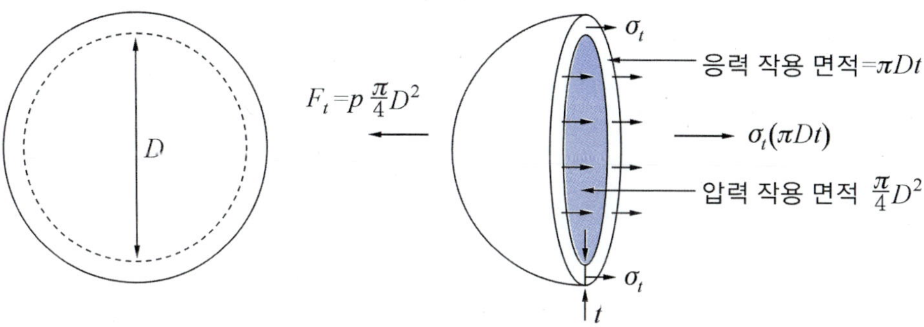

[그림 14.5] 구형 압력용기의 응력

[그림 14.5]와 같은 얇은 두께의 구형 압력 용기를 반으로 잘라서 용기의 강도를 구해본다. 용기의 안지름이 D일 때 내부 압력 p에 의해 반구의 접선 방향으로 작용하는 힘은

$$F_t = pA = p \times \frac{\pi}{4}D^2 \quad \cdots\cdots (14.13)$$

이다. 이 힘은 두께 t, 지름 D인 고리 모양의 반구의 벽 두께에 같은 방향의 응력(σ_t)을 발생시킨다. 따라서 접선 방향으로 힘의 평형 조건을 적용하면 다음과 같이 σ_t가 구해진다.

$$F_t = \sigma_t \times (\pi D t)$$

$$p \times \frac{\pi}{4}D^2 = \sigma_t \times (\pi D t)$$

$$\therefore \ \sigma_t = \frac{pD}{4t} \quad \cdots\cdots (14.14)$$

구형 압력 용기에서 발생하는 접선 방향 응력(σ_t)은 같은 지름과 벽 두께를 갖는 원통형 압력 용기의 축 방향 응력(σ_2)과 같다.

[예제 14.1] 안지름 300 mm, 두께 4 mm인 원통형 압력 용기의 사용 압력이 2 N/mm² 일 때 발생하는 원주 방향과 축 방향 응력을 구하여라.

풀이

- 원주 방향 응력 $\sigma_1 = \dfrac{pD}{2t} = \dfrac{2\times 300}{2\times 4}[\mathrm{N/mm^2}] = 75\ [\mathrm{N/mm^2}]$
- 축 방향 응력 $\sigma_2 = \dfrac{pD}{4t} = \dfrac{2\times 300}{4\times 4}[\mathrm{N/mm^2}] = 37.5\ [\mathrm{N/mm^2}]$

[예제 14.2] 최대 내부 압력 $p = 4\,\mathrm{N/mm^2}$, 안지름 $D = 150\,\mathrm{mm}$인 압력 용기의 관 벽 두께를 구하여라. 단, 재료의 허용 응력 $\sigma_a = 80\,\mathrm{N/mm^2}$, 여유 치수 $C = 1\,\mathrm{mm}$이고 이음매 없는 관을 사용한다.

풀이 이음매 없는 관이므로 이음효율 $\eta = 1$이다.

$$t = \frac{pD}{2\sigma_a \eta} + C = \frac{4\times 150}{2\times 80\times 1} + 1[\mathrm{mm}] = 4.75\,[\mathrm{mm}]$$

[예제 14.3] 안지름 $D = 100\,\mathrm{mm}$, 관 벽두께 $t = 8\,\mathrm{mm}$인 압력 용기가 견딜 수 있는 최대 내부 압력을 구하여라. 단, 재료의 허용 응력 $\sigma_a = 80\,\mathrm{N/mm^2}$, 여유 치수 $C = 1\,\mathrm{mm}$이고 이음매 없는 관을 사용한다.

풀이 이음매 없는 관이므로 이음효율 $\eta = 1$이다.

$$t = \frac{pD}{2\sigma_a \eta} + C$$

에서 최대 내부 압력 p를 구하면 다음과 같다.

$$p = \frac{2\sigma_a \eta (t - C)}{D} = \frac{2 \times 80 \times 1 \times (8-1)}{100} [\mathrm{N/mm^2}] = 11.2\,[\mathrm{N/mm^2}]$$

[예제 14.4] 바깥지름 110mm, 두께 5mm인 강관에 내부압력 40MPa이 작용한다. 강관의 두께가 얇다고 가정할 때, 축 방향으로 작용하는 힘 F_2[kN]과 축 방향 응력 σ_2[MPa]를 구하여라.

풀이 바깥지름 $D_o = 110\mathrm{mm}$, 두께 $t = 5\mathrm{mm}$, 내부압력 $p = 40\mathrm{MPa}$이다. 관의 안지름 D [mm]는

$$D = D_o - 2t = 110 - 2 \times 5\,[\mathrm{mm}] = 100\,[\mathrm{mm}]$$

이므로 축 방향 하중 F_2[kN]은

$$F_2 = pA = p \times \frac{\pi}{4} D^2$$

$$= 40 \times \frac{\pi}{4} \times 100^2\,[\mathrm{N}] = 10^5 \pi\,[\mathrm{N}] = 100\pi\,[\mathrm{kN}]$$

이고, 축 방향 응력 σ_2[MPa]은 다음과 같다.

$$\sigma_2 = \frac{F_2}{A} = \frac{F_2}{\pi D t}$$

$$= \frac{10^5 \pi}{\pi \times 100 \times 5}\,[\mathrm{MPa}] = 200\,[\mathrm{MPa}]$$

연습문제 14

01 허용 인장 응력 6MPa, 두께 10mm인 강판으로 만들 수 있는 0.5MPa의 내압이 작용하는 원통형 압력 용기의 최대 안지름은 몇 mm인가?

02 관 재료의 인장강도 $\sigma = 200\text{MPa}$, 안전율 $S = 4$, 부식에 대한 여유 치수 $C = 1\text{mm}$, 이음 효율 $\eta = 70\%$, 안지름 $D = 210\text{mm}$, 내부 압력 $p = 1\text{MPa}$일 때 두께 t를 구하여라.

03 두께 $t = 5\text{mm}$, 관 재료의 인장강도 $\sigma = 40\text{MPa}$, 안전율 $S = 4$, 부식에 대한 여유 치수 $C = 1\text{mm}$, 이음 효율 $\eta = 1$, 안지름 $D = 50\text{mm}$인 원통형 압력용기에 작용할 수 있는 최대 내부 압력을 구하여라.

04 안지름 400mm, 두께 5mm, 내부 압력 2MPa인 구형 압력 용기에 발생하는 응력을 구하여라.

05 원통형의 동체가 내부 압력 p를 받을 때, 원주 방향 응력(σ_1)과 축 방향 응력(σ_2)을 구하시오. [중등교사 임용시험-기계·금속]

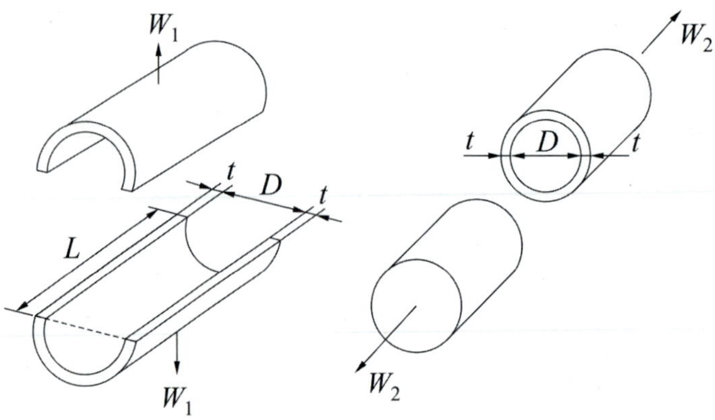

[문제 14.5]

06 내압을 받는 얇은 원통형 압력용기가 있다. 이 압력용기의 내부 게이지 압력이 1MPa이고, 용기 두께가 1mm, 내부지름이 2m, 용기 길이가 3m일 때, 이 압력용기에 걸리는 최대 응력[GPa]은? [공무원 임용시험]

① 0.5 ② 1 ③ 2 ④ 5

07 적절한 재료로 안전율 3을 적용하여 안지름이 600[mm], 공급 유체의 내압이 4 [N/mm^2]인 원통 용기를 설계한 결과, 용기의 두께가 8[mm]로 되었다. 이 재료의 기준 강도[N/mm^2]는? [공무원 임용시험]

① 75 ② 150 ③ 225 ④ 450

08 내경 1m, 두께 1cm의 강판으로 원통형 압력용기를 만들 경우 허용할 수 있는 압력[kPa]은? (단, 강판의 허용응력은 70MPa, 이음효율은 70%, 압력은 게이지 압력, 응력은 얇은 벽 응력으로 가정한다.) [공무원 임용시험]

① 98 ② 196 ③ 980 ④ 1,960

09 내압력 0.9N/mm^2를 받는 보일러 설계에서 안지름이 3m, 안전계수가 5, 이음효율이 50%, 부식여유가 1.0mm, 강판의 인장강도가 500N/mm^2일 때, 보일러 동체의 두께[mm]는? [공무원 임용시험]

① 26 ② 28 ③ 30 ④ 32

10 안지름 1.2m, 내압 1MPa이 작용하는 압력용기를 만들고자 할 때, 강판의 항복응력을 400MPa, 안전율을 4로 하면 압력 용기의 최소 두께는? (단, 부식여유량은 1mm, 이음효율은 75%로 한다.) [공무원 임용시험]

① 9mm ② 11mm ③ 13mm ④ 15mm

11 이음매 없는 강관에서 내부압력은 0.3[MPa], 유량이 0.3[m^3/s], 평균유속이 10[m/s]일 때 강관의 최소 바깥지름[mm]은? (단, 강관의 허용응력은 6[MPa], 부식여유는 2[mm], 이음효율은 100%, $\pi=3$으로 한다.) [공무원 임용시험]

① 207 ② 214 ③ 217 ④ 234

12 강판을 원통 형태로 말아서 피치 50mm, 리벳의 지름 25mm인 한줄 겹치기 리벳이음으로 원통형 압력용기를 제작한다. 안지름이 400mm이고 내압이 $10N/mm^2$인 원통형 압력용기를 인장강도 $4kN/mm^2$인 강판을 이용하여 제작할 때, 가장 적합한 판의 두께[mm]는? (단, 리벳이음 효율은 판의 효율만 고려하고, 안전계수 5, 부식여유 1mm를 적용한다.) [공무원 임용시험]

① 2.5 ② 3.5 ③ 5.0 ④ 6.0

13 두께가 얇은 내경 d, 두께 t를 갖는 원통형 압력용기에 내압 p가 작용하고 있다. 길이방향 응력이 벽 두께에 걸쳐 균일하게 분포할 때, 응력의 크기를 계산하는 식은? [공무원 임용시험]

① $\frac{pd}{2t}$ ② $\frac{p(d+t)}{2t}$ ③ $\frac{pd}{4t}$ ④ $\frac{p(d+t)}{4t}$

14 두께 6mm, 바깥지름 400mm인 두께가 얇은 원통형 압력용기의 최대 허용내압[MPa]은? (단, 압력용기 재료의 허용인장응력 100MPa, 이음효율 80%, 부식 여유 1mm이다.)

[공무원 임용시험]

① 1 ② 2 ③ $\dfrac{100}{97}$ ④ $\dfrac{200}{97}$

15 안지름이 800mm, 원통의 길이가 1,500mm, 두께가 8mm인 얇은 원통형 압력 용기에 사용 압력이 $4\mathrm{N/mm^2}$인 LNG가스가 들어 있다. 압력 용기에 생기는 최대 응력 $[\mathrm{N/mm^2}]$은?

[공무원 임용시험]

① 50 ② 100 ③ 150 ④ 200

16 내압을 받는 내경 1,200mm의 보일러 용기를 두께 12mm 강판을 사용하여 리벳이음으로 설계하고자 한다. 강판의 허용인장응력이 $10\mathrm{kgf/mm^2}$, 리벳이음의 효율이 0.5일 때 보일러 용기의 최대 설계내압$[\mathrm{N/m^2}]$은? (단, 판의 부식 등 주어지지 않은 조건은 고려하지 않으며, 중력가속도는 $9.8\mathrm{m/s^2}$이다.)

[공무원 임용시험]

① 19.6×10^5
② 19.6×10^6
③ 9.8×10^5
④ 9.8×10^6

17 재료의 허용응력 $\sigma_a=80\mathrm{N/mm^2}$, 여유치수 C=1mm이고 이음매가 없는 관을 사용할 때, 안지름 D=100mm, 관 벽 두께 t=8mm인 압력용기가 견딜 수 있는 최대 내부압력은 얼마인가?

[공무원 임용시험]

① $9.2\mathrm{N/mm^2}$
② $10.2\mathrm{N/mm^2}$
③ $11.2\mathrm{N/mm^2}$
④ $12.2\mathrm{N/mm^2}$

18 두께가 얇은 원통형 압력용기 내부에 일정한 압력이 작용할 때, 압력용기 원통 벽면에 발생하는 응력 중 원주방향 응력(σ_1)에 대한 길이방향 응력(σ_2)의 비(σ_2/σ_1)는?

[공무원 임용시험]

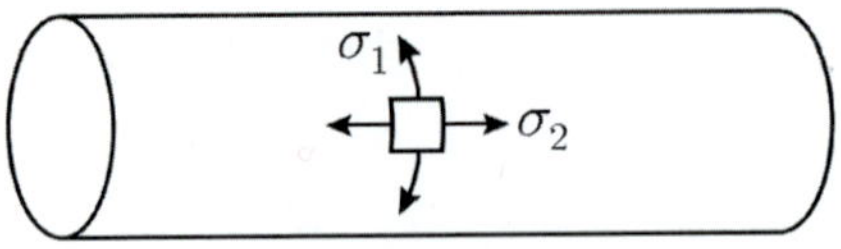

[문제 14.18]

① 0.5 ② 1 ③ 2 ④ 4

19 얇은 벽의 원통형 압력 용기 설계식으로 옳지 않은 것은? (단, 압력 p [N/cm^2], 원통의 안지름 D[mm], 원통길이 l[mm], 철판두께 t[mm], 부식에 대한 상수 C[mm], 허용인장응력 σ_a[MPa], 이음효율 η이다.) [지방공무원 9급(2020)]

① 원주방향 하중[N]$= \dfrac{pDl}{100}$ ② 길이방향 하중[N]$= \dfrac{\pi pDt}{400}$

③ 길이방향의 인장응력[MPa]$= \dfrac{Dp}{400t}$ ④ 용기 두께[mm]$= \dfrac{Dp}{200\sigma_a} + C$

20 안쪽 반지름이 2m이며 두께가 얇은 원통형 압력 용기에서 원통 벽면의 원주방향 허용응력이 80MPa이다. 다음 중 1,000kPa의 내압이 작용할 때, 원주방향 허용응력을 넘지 않는 조건에서 최소 벽 두께[mm]에 가장 가까운 값은? [지방공무원 9급(2021)]

① 15 ② 30 ③ 45 ④ 60

21 강판의 인장강도 40MPa, 두께 5mm, 안지름 50mm인 원통형 압력용기에 작용할 수 있는 최대 내부압력[MPa]은? (단, 얇은 벽으로 가정하고, 안전율 4, 부식여유 1mm, 이음효율 1이다.) [국가공무원 9급(2021)]

① 1.0 ② 1.3 ③ 1.6 ④ 2.0

제15장 기타 기계요소

15.1 커플링

축과 축을 연결하는 축 이음에는 운전 중에 두 축의 연결을 풀 수 없는 영구 축 이음인 커플링(coupling)과 운전 중에 두 축을 결합시키거나 분리할 수 있는 클러치(clutch)가 있다.

커플링은 다음과 같은 경우에 사용된다.

① 주로 전동기, 발전기, 감속기 등의 축 이음이나 긴 축 이음 등에 사용.

② 운전 중에 결합을 풀어 줄 필요가 없는 경우.

③ 재질이 서로 달라서 용접이 어려운 경우.

④ 연결 부위에 약간의 상대 변위가 요구되는 경우.

⑤ 한쪽 축에 문제가 생겼을 때 결합을 풀고 그 축만을 교환해야 할 때를 대비하여 일시적으로 결합해야 할 경우에 용접 대신에 사용.

[1] 고정 커플링(fixed coupling)

일직선상에 있는 두 축을 키 또는 볼트를 사용하여 결합하는 커플링이다. 두 축이 서로 고정되며, 축 방향 이동이 없고 축의 중심이 일치할 때 사용한다. 온도 변화 등에 의한 축의 팽창 및 수축으로 인해 발생하는 축 방향 하중을 흡수하는 능력이 작다.

고정 커플링은 크게 원통커플링(cylindrical coupling)과 플랜지 커플링(flange coupling)으로 나누어진다. 원통커플링은 외형이 원통형으로 된 커플링으로, 두 축의 중심이 일치하는 작은 동력의 축 이음에 사용된다. 원통커플링에는 슬리브 커플링, 반겹치기 커플링, 셀러 커플링, 분할원통 커플링 등이 있다.

(1) 슬리브 커플링(sleeve coupling) : 머프커플링(muff coupling)이라고도 한다. 주철제의 원통 속에서 두 축을 맞대어 맞추고 키로 고정하는 커플링이다. 구조가 간단하며

축 지름과 전달 동력이 아주 작은 기계의 축 이음에 사용된다. 그러나 축 방향 하중에 약하므로 인장력이 작용하는 축 이음에는 적합하지 않다.

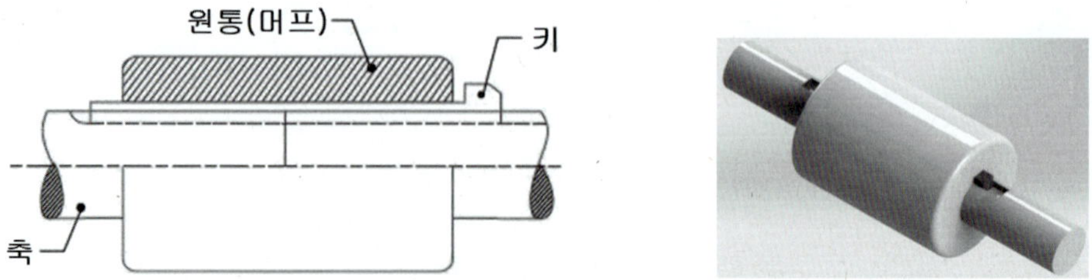

[그림 15.1] 슬리브 커플링(머프 커플링)

(2) 반겹치기 커플링(반중첩 커플링, half lap coupling) : 축의 끝부분 반지름을 크게 하고 끝을 경사지게 겹쳐서 주철제의 원통 속에서 키로써 고정한 커플링이다. 축 방향으로 인장력이 작용하는 축 이음에 사용된다.

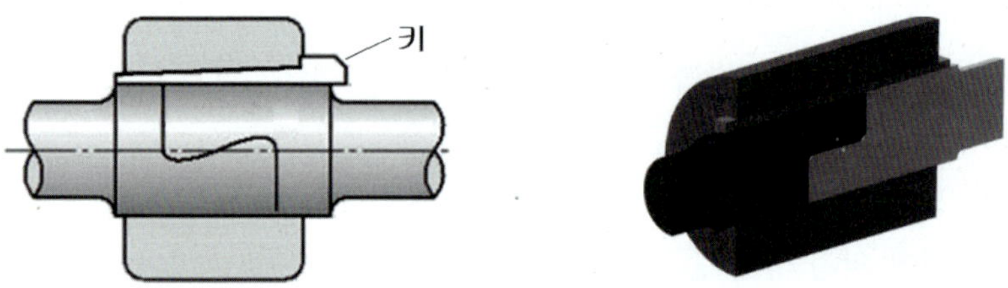

[그림 15.2] 반겹치기 커플링

(3) 셀러 커플링(seller coupling) : 안쪽은 원통형이고 바깥쪽은 원뿔형인 안통(내부 원통) 2개와 내경이 양쪽 방향으로 테이퍼진 바깥통(외부 원통) 1개로 구성된다. 안통 2개를 두 축 끝에 각각 끼우고 바깥통을 축에 끼운 후 안통과 바깥통을 관통하는 3개의 긴 볼트로 결합한 커플링이다.

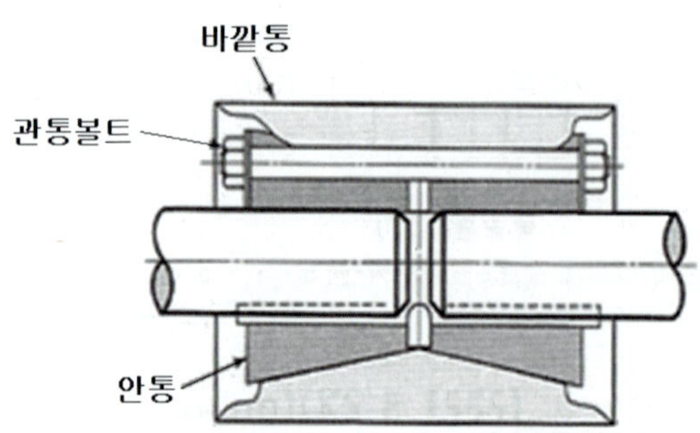

[그림 15.3] 셀러 커플링

(4) 분할원통 커플링(split muff coupling) : 축 방향으로 분할된 두 개의 반원통 커플링으로 축을 감싸는 형식으로 맞댄 후 볼트를 사용하여 두 반원통을 결합한다. 클램프 커플링(clamp coupling)이라고도 한다.

[그림 15.4] 분할원통 커플링

(5) 플랜지 커플링(flange coupling) : 두 축 끝에 플랜지를 끼워 키로 고정하고 리머볼트로 결합하는 커플링이다. 두 축을 정확하게 결합할 수 있고 확실하게 동력을 전달할 수 있다. 지름이 큰 축과 고속 정밀 회전축의 축 이음에 많이 사용된다. 일반적인 축에는 회주철로 만든 플랜지 축이 많이 사용된다. 그러나 큰 토크와 충격을 받는 축에는 탄소강 또는 단조강인 축과 일체로 만든 일체형 플랜지 커플링이 사용된다.

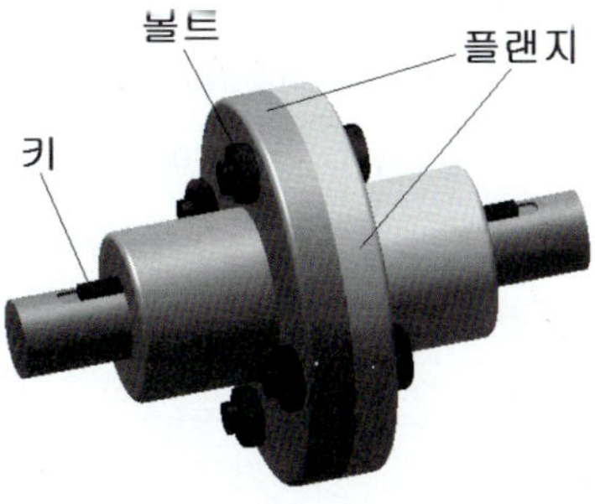

[그림 15.5] 플랜지 커플링

[2] 플렉시블 커플링(flexible coupling)

두 축의 중심을 일치시키기가 어려운 경우, 또는 전달 토크의 변동으로 충격을 받거나 고속 회전으로 진동을 일으키는 경우에는 고무, 강선, 가죽, 스프링 등을 이용하여 충격과 진동을 완화시켜주는 커플링이 사용되는데 이러한 커플링을 플렉시블 커플링(유연성 커플링, 유연성 축이음)이라 한다.

① 플랜지 플렉시블 커플링(flange flexible coupling) : 연결 볼트에 끼인 고무 부시(rubber bush)의 탄성을 이용한 커플링이다. 조립과 분해가 쉬워서 일반적인 축 이음에 널리 사용된다.

② 그리드 플렉시블 커플링(grid flexible coupling) : 경강선으로 된 그리드의 탄성을 이용한 커플링이다.

③ 고무 커플링(rubber coupling) : 방진고무의 탄성을 이용한 커플링이다. 두 축의 중심 사이가 크게 어긋난 경우 또는 진동과 충격이 심한 경우의 축 이음으로 사용할 수 있으나 큰 토크를 전달하는 축에는 사용할 수 없다.

④ 기어 커플링(gear coupling) : 한 쌍의 내접 기어로 이루어진 커플링이다. 두 축의 중심선이 다소 어긋나도 별 지장 없이 토크를 전달할 수 있으므로 고속 회전축의 축 이음에 사용된다.

⑤ 체인 커플링(chain coupling) : 롤러 체인과 스프로킷 휠이 조합된 커플링이다.

⑥ 유체 커플링(hydraulic coupling) : 원동축에 고정된 펌프 날개의 회전에 의해 에너지를 받은 유체(물 또는 기름)가 종동축에 고정된 터빈 임펠러에 들어가서 종동축을 회전시켜 동력을 전달하는 커플링이다. 시동이 쉽고, 진동과 충격이 유체에 흡수되어 종동축에 전달되지 않는다. 선박, 건설 기계 등의 주동력축의 축 이음에 사용된다.

[3] 올덤 커플링(오울드 햄 커플링, oldham coupling)

직각 모양(90°의 키 모양)의 돌출부가 양면에 있는 중간 원판을 양쪽 축의 플랜지 홈에 끼워 두 축을 연결한 축 이음이다. 두 축이 평행하며 두 축 사이가 비교적 가까운 경우에 사용한다. 중심선의 위치가 서로 약간 어긋나도 되며, 각속도의 변화 없이 회전동력을 전달할 수 있다. 그러나 윤활이 어렵고 원심력에 의하여 진동이 발생하므로 고속 회전축의 이음으로는 적합하지 않다.

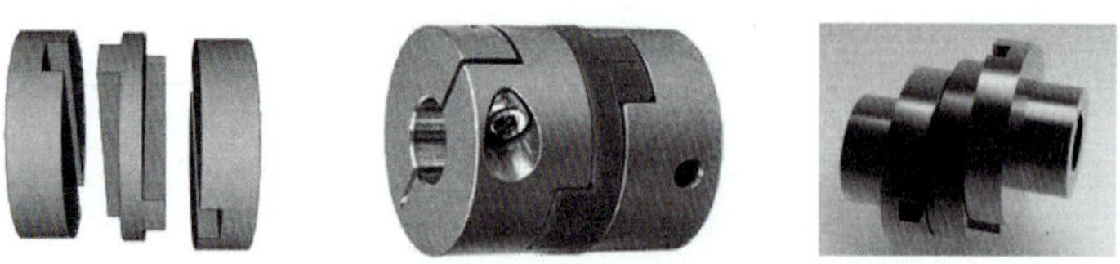

[그림 15.6] 올덤 커플링

[4] 유니버설 커플링(universal coupling)

유니버설 조인트(universal joint) 또는 훅 조인트(Hook's joint)라고도 한다. 두 축이 만나는 각도가 수시로 변화하는 경우에 사용하는 커플링으로 공작 기계, 자동차 등의 축 이음에 사용된다. 동력을 원활하게 전달하기 위해 축이 만나는 각을 30° 이하로 제한하는 것이 좋다.

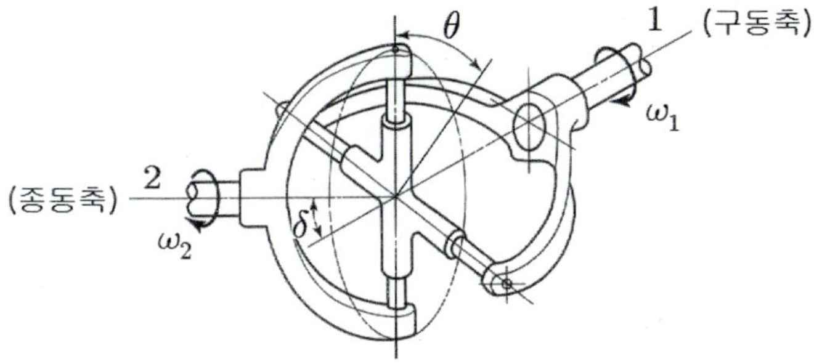

[그림 15.7] 유니버설 커플링

15.2 플라이휠

플라이휠(fly wheel, 관성차)은 운동하는 물체의 관성을 이용하는 장치이다. 플라이휠은 회전 속도 변동을 억제하고, 축적된 운동 에너지를 작업에 필요한 에너지로 바꾸어 주는 역할을 한다.

[그림 15.8] 절단기

회전 운동하는 장치에 설치된 플라이휠은 구동토크가 증가할 때는 운동에너지를 흡수하여 회전속도 증가를 둔화시키고, 회전력이 줄어들 때는 운동에너지를 방출하여 회전속도

감소를 둔화시킨다. 내연기관, 왕복펌프, 공기압축기 등에서 사용하는 플라이휠은 회전속도의 변동을 줄여주는 역할을 한다. 한편 절단기와 프레스 가공기 등에 설치된 플라이휠은 축적된 운동 에너지를 작업에 필요한 에너지로 바꾸어 주는 역할을 한다.

플라이휠의 출력은 질량관성모멘트(회전관성, 극관성모멘트, J)

$$J = \int r^2 dm \quad \cdots\cdots (15.1)$$

의 크기에 의존한다. 식 (15.1)에서 r은 회전중심(회전축)으로부터 거리이고 m은 질량이다. 가볍고 작은 플라이휠로써 큰 출력을 얻으려 할 때는 회전중심 쪽은 얇게 바깥쪽은 두껍게 만든다.

질량이 m이고 반지름이 R인 균일한 재료의 원판 중심에 대한 원판의 질량관성모멘트는 다음과 같다.

$$J = \frac{1}{2} m R^2 \quad \cdots\cdots (15.2)$$

플라이휠의 회전축에 대한 질량관성모멘트가 J이고, 각속도가 ω일 때 플라이휠의 운동 에너지 E_k는 다음 식으로 주어진다.

$$E_k = \frac{1}{2} J \omega^2 \quad \cdots\cdots (15.3)$$

플라이휠의 주된 역할은 각속도(ω) 변동을 줄여주는 것이다. 1사이클 동안의 평균 각속도(ω_m)는

$$\omega_m = \frac{\omega_{\min} + \omega_{\max}}{2} \quad \cdots\cdots (15.4)$$

이고, 1사이클 동안의 각속도 변동계수(δ)는 다음과 같다.

$$\delta = \frac{\omega_{\max} - \omega_{\min}}{\omega_m} = \frac{2(\omega_{\max} - \omega_{\min})}{\omega_{\max} + \omega_{\min}} \quad \cdots\cdots (15.5)$$

그리고 4사이클 기관이나 2사이클 기관에서 에너지 변동계수(ζ)는 다음과 같이 정의된다.

$$\zeta = \frac{\Delta E}{E} \quad \cdots\cdots (15.6)$$

여기에서 ΔE는 1사이클 동안의 변동에너지이고, E는 크랭크축 1사이클 동안 발생하는 에너지이다. 내연기관에서는 기관의 형식에 따라 ζ 값의 범위가 다르다. 동일한 사이클 기관에서는 직렬 기통 수가 증가하면 에너지 변동계수가 감소한다. 예를 들어 4사이클 기관의 에너지변동계수의 크기를 비교하면 다음과 같다.

(단기통) > (직렬 2기통) > (직렬 4기통) > (직렬 6기통)

이와 같은 사실은 물리적으로 볼 때 직렬 기통 수가 많아지면 에너지 변동이 작아진다는 것을 생각하면 알 수 있다.

[예제 15.1] 질량관성모멘트가 90[kg · m²]인 플라이휠의 회전속도가 400rpm에서 300rpm으로 감속되었을 때 플라이휠이 방출한 운동에너지[J]를 구하여라.

풀이 N[rpm]의 속도로 회전하는 플라이휠의 운동에너지(E_k)는

$$E_k = \frac{1}{2}J\omega^2 = \frac{1}{2}J\left(\frac{2\pi N}{60}\right)^2 = \frac{\pi^2 JN^2}{1800}$$

이므로 플라이휠의 회전속도가 $N_1 = 400$rpm에서 $N_2 = 300$rpm으로 감속되었을 때 플라이휠이 방출한 운동에너지(ΔE_k)는 다음과 같다.

$$\Delta E_k = E_{k,1} - E_{k,2} = \frac{\pi^2 J}{1800}\left(N_1^2 - N_2^2\right)$$

$$= \frac{\pi^2(90)}{1800}(400^2 - 300^2)[\mathrm{J}] = 3500\pi^2[\mathrm{J}]$$

이상에서 $[J\omega^2] = (\mathrm{kg \cdot m^2}) \times \frac{1}{\mathrm{s^2}} = \left(\mathrm{kg} \cdot \frac{\mathrm{m}}{\mathrm{s^2}}\right) \cdot \mathrm{m} = \mathrm{N \cdot m} = \mathrm{J}$이다.

15.3 밸브와 콕

밸브와 콕은 관로를 흐르는 유체의 흐름을 단속하거나 방향 전환 및 유량과 압력을 조정하는 데 사용된다. 밸브에는 주로 유량을 제어할 목적으로 사용되는 스톱밸브와 슬루스 밸브가 있고, 역류를 방지하기 위한 체크밸브, 유체 압력을 낮추는 감압밸브, 압력용기나

관로 내의 이상 고압을 방지하기 위한 안전밸브 등이 있다.

(1) 스톱밸브(stop valve)

[그림 15.9]와 같이 밸브 본체를 상하로 움직임으로써 유체의 흐름을 개폐하는 장치이다. 밸브 본체가 밸브 시트에 직각인 방향으로 이동하면서 작동한다.

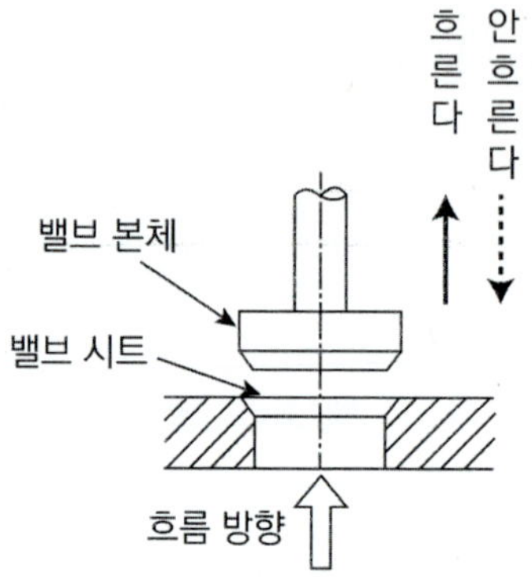

[그림 15.9] 스톱밸브 작동원리

스톱밸브에는 입구와 출구가 일직선인 글로브밸브(glove valve)와 입구와 출구가 직각이며 유체 흐름 방향이 90° 변화하는 앵글밸브(angle valve)가 있다.

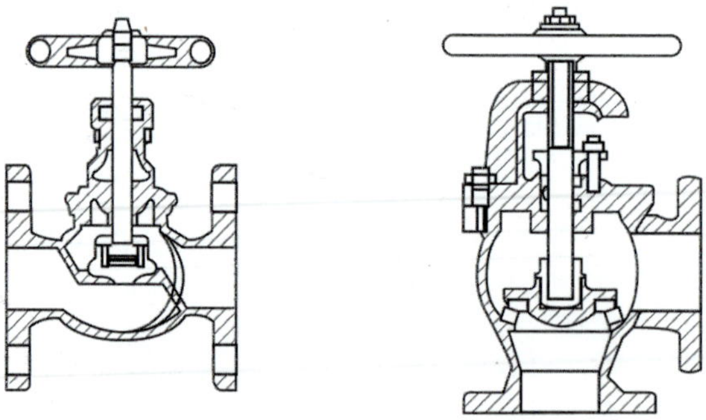

(a) 글로브 밸브 (b) 앵글 밸브

[그림 15.10] 스톱밸브 유형

(2) 슬루스밸브(sluice valve, 게이트 밸브)

유체의 흐름에 대하여 밸브 상자내의 디스크를 직각으로 이동하여 유로를 개폐한다. 밸브 시트는 쐐기형과 평행형이 있다. 게이트 밸브(gate valve)라고도 하며 대표적인 개폐용 밸브이다.

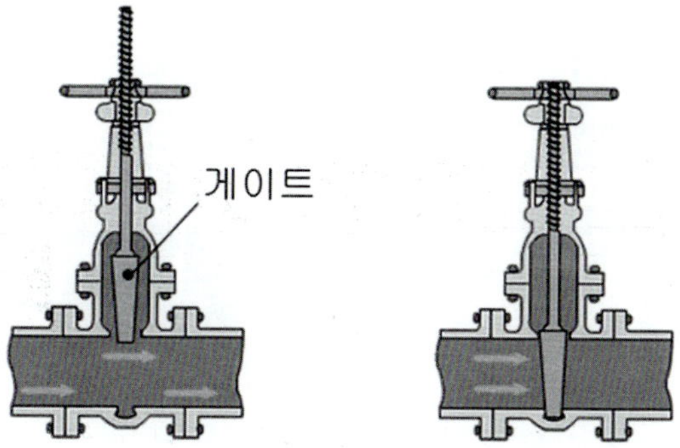

[그림 15.11] 슬루스밸브(게이트밸브)

(3) 체크밸브(check valve)

유체를 한쪽 방향으로만 흐르게 하고 반대방향으로는 흐르지 못하게 하는 밸브이다. 대부분 외력을 사용하지 않고 유체 자신의 압력으로 조작되며 밸브의 구조에 따라 스윙형(swing type)과 리프트형(lift type)이 있다.

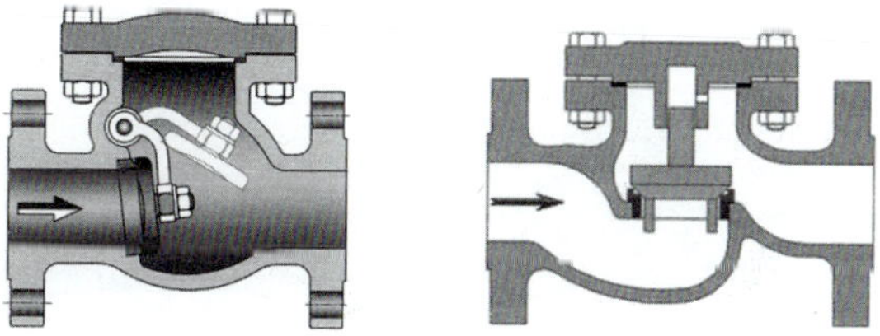

(a) 스윙형 (b) 리프트형

[그림 15.12] 체크밸브

(4) 안전밸브(safety valve)

회로의 압력이 규정한 한도 값에 도달하면 유체의 일부 또는 전량을 배출시켜 회로내의 압력을 규정치 이하로 유지하는 밸브이다. 즉, 회로내의 압력을 항상 안전한 수준으로 유지하는 장치이다. 릴리프밸브(relief valve)라고도 한다.

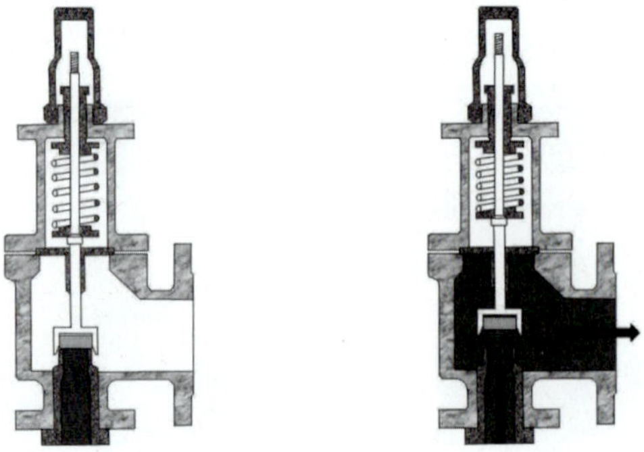

[그림 15.13] 안전밸브

(5) 격막밸브(diaphragm valve)

산과 같은 화학약품 흐름을 차단할 때 내약품성, 내열성의 고무제 격막을 밸브 시트에 밀어붙이는 격막밸브가 사용된다. 기밀을 유지하기 위한 패킹이 필요 없으며 금속 부분이 부식될 염려가 없다는 특징이 있다.

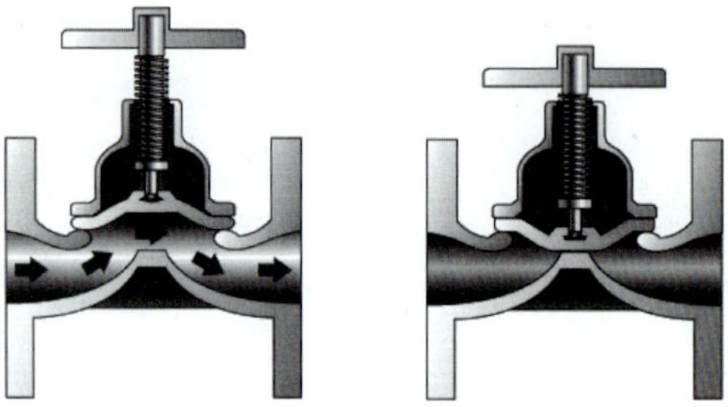

[그림 15.14] 격막밸브

(6) 나비형 밸브(버터플라이밸브, Butterfly Valve)

원판형의 밸브 디스크가 축을 중심으로 회전하여 관로를 개폐하는 밸브이다.

[그림 15.15] 나비형밸브

(7) 콕(cock)

[그림 15.16]과 같이 구멍이 뚫려 있는 원뿔모양 또는 볼모양의 플러그(plug)가 콕의 몸체 안에 끼워져 있다. 이것을 90° 회전시키면 플러그에 뚫려 있는 구멍과 콕 몸체의 구멍이 일직선이 되어 유체가 흐르게 되고, 다시 90° 본래 위치로 회전시키면 관로가 막혀서 유체가 흐르지 않게 된다. 일반적으로 마개를 90° 또는 그 이하로 회전시켜 개폐를 한다. 파이프 지름이 작은 경우에 사용된다.

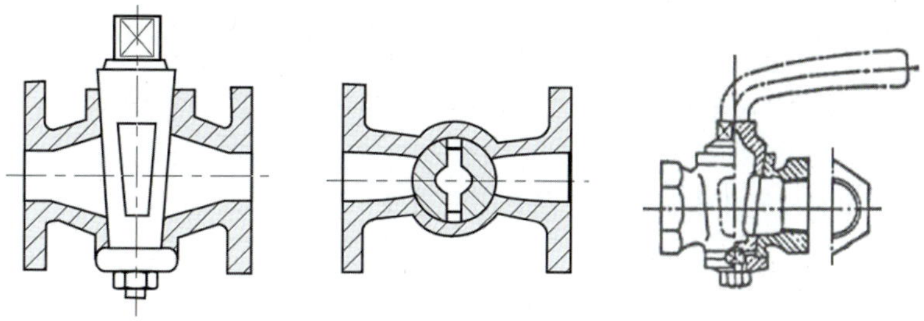

[그림 15.16] 콕

연습문제 15

01 축이음 중 두 축이 어떤 각도로 교차하면서 그 각이 다소 변화하더라도 자유롭게 운동을 전달할 수 있는 기계요소는? [공무원 임용시험]

① 플랜지 커플링 ② 맞물림 클러치
③ 올덤 커플링 ④ 유니버설 조인트

02 다음 글에 해당하는 커플링은? [공무원 임용시험]

2축이 평행하거나 약간 떨어져 있는 경우에 사용되고, 양축 끝에 끼어 있는 플랜지 사이에 90°의 키 모양의 돌출부를 양면에 가진 중간 원판이 있고, 돌출부가 플랜지 홈에 끼워 맞추어 작용하도록 3개가 하나로 구성되어 있다.

① 고정 커플링 ② 셀러 커플링
③ 유니버설 커플링 ④ 올덤 커플링

03 같은 평면 내에 있는 두 축이 서로 교차하여 이루는 각도가 일정 범위에서 수시로 변화하는 경우에 사용하는 커플링은? [공무원 임용시험]

① 올덤 커플링 ② 슬리브 커플링
③ 플랜지 커플링 ④ 유니버설 커플링

04 두 축이 서로 평행하고 중심선의 위치가 서로 약간 어긋났을 경우, 각속도의 변화 없이 회전동력을 전달시키려고 할 때 사용되는 커플링(coupling)은? [공무원 임용시험]

① 머프(muff) 커플링
② 오울드 햄(old ham) 커플링
③ 유니버설(universal) 커플링
④ 셀러(Seller) 커플링

05 축이음의 종류 중 일직선상에 놓여 있지 않은 두 개의 축을 연결하는 데 쓰이고, 축의 1회전 동안 회전각속도의 변동 없이 동력을 전달하며, 전륜 구동 자동차의 동력전달장치로 사용하기에 가장 적절한 것은? [공무원 임용시험]

① 클로 클러치(claw clutch)
② 올덤 커플링(oldham coupling)
③ 등속 조인트(constant-velocity joint)
④ 주름형 커플링(bellows coupling)

06 두 축의 중심선을 일치시키기 어려운 경우, 두 축의 연결 부위에 고무, 가죽 등의 탄성체를 넣어 축의 중심선 불일치를 완화하는 커플링은? [공무원 임용시험]

① 유체 커플링 ② 플랜지 커플링
③ 플렉시블 커플링 ④ 유니버설 조인트

07 다음 설명에 해당하는 커플링은? [공무원 임용시험]

훅 조인트(Hook's joint)라고도 하며, 두 축이 같은 평면 내에 있으면서 그 중심선이 서로 30° 이내의 각도를 이루고 교차하는 경우에 사용된다. 공작 기계, 자동차의 동력전달 기구, 압연 롤러의 전동축 등에 널리 쓰인다.

① 올덤 커플링 ② 슬리브 커플링
③ 플랜지 커플링 ④ 유니버설 커플링

08 축이음에 대한 설명으로 옳지 않은 것은? [공무원 임용시험]

① 클러치는 운전 중 필요에 따라 동력전달을 단속시킬 수 있는 축이음이다.
② 플랜지 커플링은 올덤 커플링이라고도 불린다.
③ 분할 원통형 커플링은 고정 커플링의 일종이다.
④ 유니버설 커플링은 두 축의 중심선이 같은 평면 내에서 어느 각도로 교차할 때 사용하는 축이음이다.

09 다음에 제시한 축이음 방법 중에서 두 축 간의 축경사나 편심을 흡수할 수 없는 축이음 방법은? [공무원 임용시험]

① 고무 커플링 ② 기어 커플링
③ 유니버설 조인트 ④ 플랜지 커플링

10 다음 그림은 두 축 사이에 동력을 전달하기 위한 플랜지(flange) 커플링의 개략도이다. 전달 토크가 T, 볼트의 개수가 N, 볼트의 중심 간 거리(볼트 중심을 지나는 원의 지름)가 D, 허용 전단응력이 τ_a일 때 볼트의 지름 δ는? (단, 플랜지 면(面)의 마찰은 무시한다.) [공무원 임용시험]

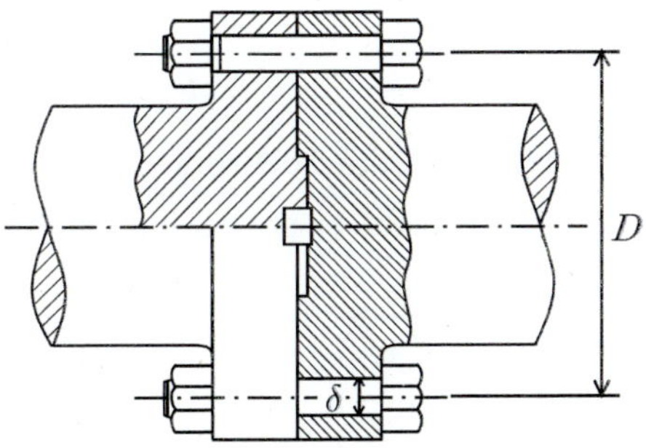

[문제 15.10]

① $\sqrt{\dfrac{32T}{\pi\tau_a DN}}$ ② $\sqrt{\dfrac{16T}{\pi\tau_a DN}}$
③ $\sqrt{\dfrac{8T}{\pi\tau_a DN}}$ ④ $\sqrt{\dfrac{4T}{\pi\tau_a DN}}$

11 볼트의 전단저항에 의해서만 동력을 전달하는 플랜지 커플링을 설계하려고 한다. 볼트의 지름이 5mm, 볼트의 개수가 8개, 볼트의 허용전단응력이 $5\mathrm{kgf/mm^2}$, 축 중심으로부터 볼트 중심까지의 거리가 200mm인 플랜지 커플링의 전달토크[kgf · mm]는?

[공무원 임용시험]

① $2\times10^4\pi$ ② $3\times10^4\pi$

③ $4\times10^4\pi$ ④ $5\times10^4\pi$

12 바깥지름 75mm인 플랜지 커플링을 지름 10mm짜리 볼트로 체결하여 2,000rpm으로 $2\pi^2$kW의 동력을 전달하려고 한다. 볼트의 허용전단응력이 10MPa일 때, 필요한 볼트의 최소 개수는? (단, 축 중심에서 볼트 중심까지의 거리는 30mm이고, 원주율 π는 3.14로 한다.) [공무원 임용시험]

① 7개 ② 6개

③ 5개 ④ 4개

13 플라이휠(flywheel)에 대한 설명으로 옳지 않은 것은? [공무원 임용시험]

① 내연기관, 왕복펌프, 공기압축기 등에서 흔히 사용된다.

② 구동토크가 많이 발생하면 운동에너지를 흡수하여 각속도 증가량이 둔화된다.

③ 동일 4행정기관에서는 직렬 기통 수가 많아질수록 에너지 변동계수도 커지므로 이를 고려하여 설계하여야 한다.

④ 축적된 운동에너지를 전단기 및 프레스 등의 작업에너지로 사용할 수 있으며, 그 출력은 극관성모멘트의 크기에 따라 결정된다.

14 절단기의 전동모터를 설계할 때 모터의 동력 용량을 최소화하기 위해 요구되는 기계요소는? [공무원 임용시험]

① 플라이휠 ② 체인

③ 기어 ④ 클러치

15 관성차의 각속도가 최소 ω_1에서 최대 ω_2로 변동한다면, 1사이클 동안에 각속도 변동계수(coefficient of speed fluctuation)는? [공무원 임용시험]

① $\dfrac{2(\omega_2-\omega_1)}{\omega_1+\omega_2}$ ② $\dfrac{\omega_2-\omega_1}{2(\omega_1+\omega_2)}$

③ $\dfrac{\omega_2-\omega_1}{\omega_1}$ ④ $\dfrac{\omega_2-\omega_1}{\omega_2}$

16 전단용 전단기(shearing machine)에 강철제 원판형 관성차(플라이 휠, fly wheel)가 설치되어 있다. 관성차의 극관성모멘트가 $J[\mathrm{kgf \cdot m \cdot s^2}]$이고, 최고 회전수가 N[rpm]일 때, 이 관성차의 최대 운동에너지[$\mathrm{kgf \cdot m}$]는? (단, $\pi = 3$으로 한다.)

[공무원 임용시험]

① $0.001\,JN^2$ ② $0.005\,JN^2$

③ $0.05\,JN^2$ ④ $0.01\,JN^2$

17 지름이 D, 두께가 b, 밀도가 ρ인 원판형 관성차가 각속도 ω로 회전하고 있을 때, 이 관성차의 운동에너지는? (단, 축의 운동 에너지는 무시한다.) [국가공무원 9급(2020)]

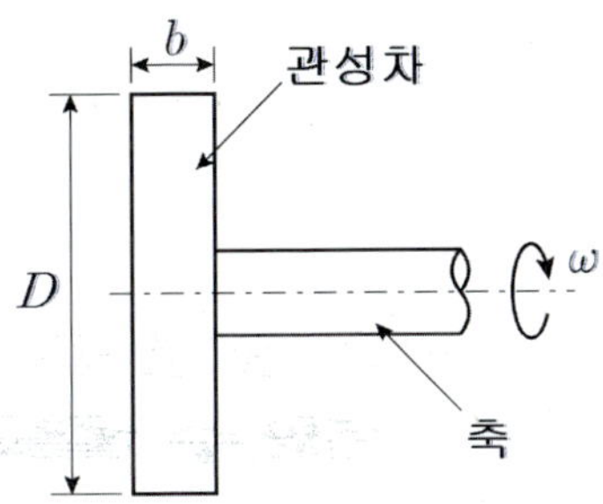

[문제 15.17]

① $\frac{1}{2}\rho b\pi D^2\omega^2$ ② $\frac{1}{16}\rho b\pi D^4\omega^2$

③ $\frac{1}{32}\rho b\pi D^2\omega^2$ ④ $\frac{1}{64}\rho b\pi D^4\omega^2$

18 두 축이 서로 평행하고 축 중심이 어긋나 있을 때 사용하기에 가장 적합한 커플링은?

[국가공무원 9급(2020)]

① 플랜지(flange) 커플링 ② 올덤(oldham) 커플링

③ 유니버설 조인트(universal joint) ④ 슬리브(sleeve) 커플링

19 축이음 중 유니버설 조인트에 대한 설명으로 옳지 않은 것은? [국가공무원 7급(2020)]

① 회전 중에 두 축이 이루는 각이 변하더라도 사용할 수 있어, 공작기계, 자동차의 동력축 등에 사용된다.

② 원동축 각속도에 대한 종동축 각속도비는 회전각도에 따라 주기적으로 변화한다.

③ 원동축과 종동축 사이에 중간축을 설치하여 원동축과 종동축의 각속도를 같게 할 수 있다.

④ 원동축과 종동축의 교차각이 클수록 각속도 변화가 작으므로, 주로 교차각이 30° 이상일 때 사용한다.

20 축이음에 대한 설명으로 옳지 않은 것은? [지방공무원 9급(2021)]

① 분할원통커플링은 고정커플링의 일종이다.

② 클러치는 운전 중에 단속이 가능한 축이음이다.

③ 플랜지커플링은 약간의 축심 어긋남과 축의 팽창 및 수축을 흡수할 수 있다.

④ 유니버설 조인트는 일반적으로 두 축이 30° 이하로 교차할 때 사용하는 축이음이다.

21 질량 40kg인 원판형 플라이휠이 장착된 절단기는 강판을 한 번 절단할 때 플라이휠의 회전속도가 2,000rpm에서 1,000rpm으로 줄어들어 30kJ의 운동에너지가 소모된다. 이 플라이휠의 반지름[m]은? (단, $\pi = 3$이고, 플라이휠의 재료는 균일하다.)

[지방공무원 9급(2021)]

① $\frac{1}{\sqrt{5}}$ ② $\frac{1}{\sqrt{10}}$

③ $\frac{1}{\sqrt{20}}$ ④ $\frac{1}{\sqrt{40}}$

22 전단을 위해 4,500$\mathrm{kgf \cdot m}$의 일이 필요한 강판을 전단할 수 있는 전단기를 제작하고자 한다. 전단기는 500rpm의 회전축에 플라이휠을 달아 플라이휠에 저장될 에너지로 전단 작업을 수행한다. 전단과정에서 플라이 휠 회전속도가 20% 저하된다고 할 때, 이 플라이휠의 질량관성모멘트 값[$\mathrm{kgf \cdot m \cdot s^2}$]은? (단, $\pi = 3$이다.) [국가공무원 7급(2021)]

① 3.6 ② 5 ③ 5.6 ④ 10

23 유체의 흐름을 조절하는 밸브와 콕에 대한 설명으로 옳지 않은 것은? [공무원 임용시험]

① 원판형 밸브판을 회전시켜 관로의 개폐를 가감하는 밸브는 나비형 밸브이다.

② 증기, 가스 등의 유체가 규정한도에 도달하면 자동적으로 밸브가 열리면서 유체를 밖으로 배출하는 밸브는 안전밸브이다.

③ 밸브 시트가 유체 흐름에 직각으로 미끄러져 유로를 개폐하며, 고압·고속으로 유량이 많고 자주 개폐하지 않는 곳에 사용하는 밸브는 슬루스 밸브이다.

④ 원통 또는 원뿔형 플러그를 90° 회전시켜 유체의 흐름을 조절하는 밸브는 정지 밸브이다.

24 밸브에 대한 설명으로 옳지 않은 것은? [공무원 임용시험]

① 스톱밸브(stop valve)는 밸브의 개폐가 빠르고 값이 싸다.

② 글로브밸브(glove valve)는 유체의 흐름이 S자 모양이 되므로 유체흐름 저항이 크다.

③ 게이트밸브(gate valve)는 밸브 디스크가 유체의 관로를 수평으로 막아서 개폐한다.

④ 콕(cock)은 구조가 간단하나 기밀성이 나쁘다.

25 밸브대를 축으로 원판형의 밸브 디스크가 회전함으로써 관로의 열림 각도가 변화하여 유량을 조절할 수 있는 밸브는? [공무원 임용시험]

① 체크 밸브(check valve) ② 안전 밸브(safety valve)
③ 버터플라이 밸브(butterfly valve) ④ 글로브 밸브(glove valve)

26 용기 내에서 유체의 압력이 일정 압을 초과하였을 때, 자동적으로 열리면서 유체를 외부로 방출하여 압력 상승을 억제하는 밸브는? [공무원 임용시험]

① 게이트밸브 ② 안전밸브
③ 체크밸브 ④ 스톱밸브

27 다음에서 설명하는 밸브의 종류는? [국가공무원 9급(2020)]

- 유체를 한쪽 방향으로만 흐르게 하고 역류를 방지한다.
- 외력을 사용하지 않고 자중이나 밸브에 작용하는 압력차에 의해 작동한다.
- 모양에 따라 리프트형(lift type)과 스윙형(swing type)이 있다.

① 스톱 밸브(stop valve) ② 게이트 밸브(gate valve)
③ 콕(cock) ④ 체크 밸브(check valve)

28 원통 또는 원뿔의 플러그를 90° 회전시켜 유체의 흐름을 개폐시킬 수 있는 밸브는? [지방공무원 9급(2021)]

① 콕 ② 스톱밸브
③ 슬루스밸브 ④ 버터플라이밸브

연습문제 풀이 및 정답

제1부 기 초

제2부 응 용

제1부 기초

연습문제 1

01. $2\frac{\text{g}}{\text{cm}^3} = 2\times\frac{10^{-3}\text{kg}}{(10^{-2}\text{m})^3} = 2\times10^3\frac{\text{kg}}{\text{m}^3} = 2000\,\text{kg/m}^3$

02. $W = mg = 10\,\text{kg}\times9.8\text{m/s}^2 = 98\,\text{kg}\cdot\text{m/s}^2 = 98[\text{N}]$

03. $1\,\text{kgf/cm}^2 = 1\times9.8\,\text{N}/(10^{-2}\text{m})^2 = 9.8\times10^4\,\text{N/m}^2 = 9.8\times10^4\,[\text{Pa}] = 98\,[\text{kPa}]$

04. 일률 $H = \frac{W}{t} = \frac{Fs}{t} = \frac{100\times20}{4}\left[\frac{\text{N}\cdot\text{m}}{\text{s}}\right] = 500\,[\text{W}]$

05. 물체를 끌어올리는데 걸리는 힘은 물체의 무게 $W = mg$이다.

$$\therefore\ H_W = Fv = mg\times v = (1000\times9.8)\times(0.2) = 1960\,[\text{W}]$$

$$H_{PS} = \frac{H_W}{735.5} = 2.67\,[\text{PS}]$$

또는, $W = 1000\text{kgf}$, $1\text{PS} = 75\text{kgf}\cdot\text{m/s}$이므로

$$H_{PS} = \frac{1000\times0.2}{75} = 2.67\,[\text{PS}]$$

06. 동력 $H = \frac{W}{t}$이므로 $W = Ht = 4\frac{\text{kJ}}{\text{s}}\times(10\times60\text{s}) = 2400\,[\text{kJ}]$

07. $\omega = \frac{2\pi N}{60} = \frac{2\pi\times400}{60} = 41.9\,[\text{rad/s}]$

08. 동력 $H_W = T\omega = T\times\frac{2\pi N}{60} = (2\times10^6\times10^{-3})\times\frac{2\pi\times300}{60}\,[\text{W}]$

$$= 62.83\times10^3\,[\text{W}]$$

$$\therefore\ H_{kW} = \frac{H_W}{1000} = \frac{62.83\times10^3}{1000} = 62.83\,[\text{kW}]$$

$$H_{PS} = \frac{H_W}{735.5} = \frac{62.83\times10^3}{735.5} = 85.42\,[\text{PS}]$$

09. $H = T\times\frac{2\pi N}{60}$

$$\therefore\ T = \frac{60H}{2\pi N} = \frac{60\times400}{2\pi\times120} = 31.8\,[\text{N}\cdot\text{m}] = 3.18\times10^4[\text{N}\cdot\text{mm}]$$

또는, $H_{kW} = \dfrac{TN}{9.55 \times 10^6}$ [kW]의 공식으로부터

$$T = \frac{9.55 \times 10^6 H_{kW}}{N} = \frac{9.55 \times 10^6 \times 0.4}{120} = 3.18 \times 10^4 [\mathrm{N \cdot mm}]$$

10. $H = T \times \dfrac{2\pi N}{60} \quad \therefore \ N = \dfrac{60}{2\pi} \times \dfrac{H}{T} = \dfrac{60}{2\pi} \times \dfrac{30 \times 10^3}{10^5 \times 9.8 \times 10^{-3}} = 292$ [rpm]

† 복잡한 공식을 굳이 기억하려 하지 말고 동력 $H = Fv$, $H = T\omega$와 단위환산 법을 잘 알아두도록 한다.

11. $[T] = [F][R] = FL = (ML/T^2)L = \dfrac{ML^2}{T^2}$

12. $[H] = \dfrac{[W]}{[t]} = \dfrac{[Fs]}{[t]} = \dfrac{(ML/T^2)L}{T} = \dfrac{ML^2}{T^3}$

13. SI 단위에서 힘과 거리를 CGS단위로 표현하면 $1\mathrm{N} = 10^5\,\mathrm{dyne}$, $1\mathrm{m} = 10^2\,\mathrm{cm}$ 이므로 $1\mathrm{J} = 1\mathrm{N \cdot m} = 10^5\,\mathrm{dyne} \cdot 100\mathrm{cm} = 10^7\,\mathrm{erg}$

14. $E_k = \dfrac{1}{2}mv^2 = \dfrac{1}{2} \times 400 \times \left(\dfrac{72 \times 1000}{3600}\right)^2 \times \dfrac{1}{1000} = 80$ [kJ]

15. 단위를 N, mm로 통일하여 계산한다.

$$T = 100\mathrm{N \cdot m} = 100 \times 10^3\,\mathrm{N \cdot mm}$$

$$\tau = 400\mathrm{MPa} = 400 \times 10^6 \frac{\mathrm{N}}{\mathrm{m}^2} = 400 \times 10^6 \frac{\mathrm{N}}{(10^3\mathrm{mm})^2} = 400 \frac{\mathrm{N}}{\mathrm{mm}^2}$$

$$d = \sqrt[3]{\frac{16T}{\pi \tau_a}} = \sqrt[3]{\frac{16T}{\pi(\tau/S)}} = \sqrt[3]{\frac{16ST}{\pi\tau}} = \sqrt[3]{\frac{16(2)(100 \times 10^3)}{\pi(400)}}$$

$$= \sqrt[3]{\frac{8 \times 10^3}{\pi}} = \sqrt[3]{\frac{2^3 \times 10^3}{\pi}} = \sqrt[3]{\frac{(2 \times 10)^3}{\pi}} = \frac{20}{\sqrt[3]{\pi}} \ [\mathrm{mm}]$$

16. $I = 4 \times 10^4 \mathrm{cm}^4 = 4 \times 10^4 (10^{-2}\mathrm{m})^4 = 4 \times 10^{-4} \mathrm{m}^4$.

$$\sigma_{max} = \frac{M}{I} y_{max} = \left(\frac{1400}{4 \times 10^{-4}}\right) \times 0.2 = 7 \times 10^5 [\mathrm{Pa}]$$

17. $d = 10\mathrm{mm} = 10^{-2}\mathrm{m}$. $\tau_{max} = \dfrac{T}{I_p} \times r_{max} = \dfrac{T}{(\pi d^4/32)} \times \dfrac{d}{2} = \dfrac{16T}{\pi d^3}$

$$= \frac{16 \times 25\pi}{\pi(10^{-2})^3} = 400 \times 10^6 [\mathrm{N/m^2}] = 400 \times 10^6 [\mathrm{Pa}] = 400 [\mathrm{MPa}]$$

18. 단위를 kgf, mm로 통일하여 계산한다. $L = 2\mathrm{m} = 2 \times 10^3 \mathrm{mm}$.

$$\delta_{max} = \frac{PL^3}{48EI} = \frac{PL^3}{48E \times (bh^3/12)} = \frac{PL^3}{4Ebh^3} = \frac{(12\times10^3)(2\times10^3)^3}{4(2\times10^4)(6\times10)(10^2)^3}[\text{mm}]$$
$$= 2\times10^{3+9-4-1-6}[\text{mm}] = 2\times10[\text{mm}] = 20[\text{mm}]$$

19. $\sigma = \dfrac{F}{A} = \dfrac{150\times10^3\text{N}}{40\text{mm}\times50\text{mm}} = 75\dfrac{\text{N}}{\text{mm}^2} = 75[\text{MPa}]$

20. $F = \sigma A = E\epsilon A = E\left(\dfrac{\Delta L}{L}\right)A = 200\times10^3\left(\dfrac{2}{400}\right)(30) = 30\times10^3[\text{N}] = 30[\text{kN}]$

여기에서 $1\text{GPa} = 10^3\text{MPa} = 10^3\text{N/mm}^2$이다.

21. [정답 : ④] 22. [정답 : ③]

23. [정답 : ②] 전달동력 $H = T\omega = T\times\dfrac{2\pi N}{60}$이므로

$$T = \frac{60H}{2\pi N} = \frac{60(2\times10^3\times10^3)}{2\pi(400)}\times\frac{1}{9.8} = 4872[\text{kgf}\cdot\text{mm}]$$

$1\text{kW} = 10^3\text{W} = 10^3\text{N}\cdot\text{m/s} = 10^3\times10^3\text{N}\cdot\text{mm/s}$, 1kgf=9.8N.

24. [정답 : ①] 그림과 같이 드럼 중심에 작용하는 토크 $T = F_W R$이므로 동력(H)은 다음과 같다.

$$H = T\omega = (F_W R)\times\frac{2\pi N}{60} = \frac{\pi R F_W N}{30}$$

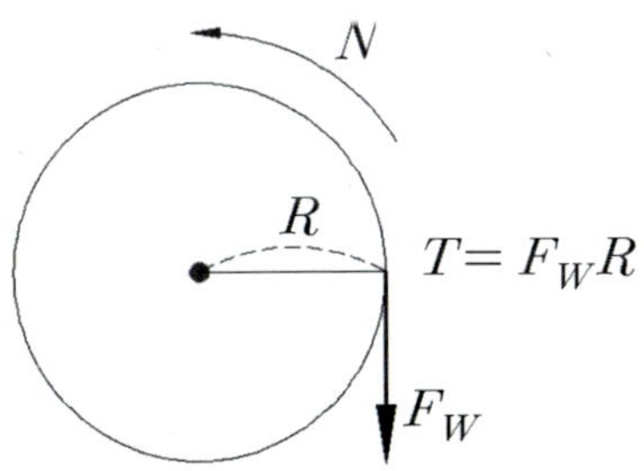

[그림] 드럼 중심에 작용하는 토크

25. [정답 : ②] 질량 $m = 1000\text{kg}$이고, 승용차의 속도는

$$v = \frac{108\text{km}}{\text{h}} = \frac{108\times1000\text{m}}{3600\text{s}} = 30\text{m/s}$$

이므로 브레이크를 밟기 전 승용차가 가지고 있는 운동에너지(E_k)는

$$E_k = \frac{1}{2}mv^2 = \frac{1}{2}\times1000\times30^2 = 450\times10^3[\text{J}] = 450[\text{kJ}]$$

이다. 그리고 정지할 때($v = 0$) 승용차의 운동에너지는 0이다. 따라서 $t = 5$초 동안에 제동에 의해 발산되어야 할 동력[kW]은 다음과 같다.

$$P = \frac{E_k}{t} = \frac{450\text{kJ}}{5\text{s}} = 90\,[\text{kW}]$$

26. [정답 : ①] 코터는 한쪽 또는 양쪽에 기울기를 갖는 평판 모양의 쐐기로서 두 축을 연결하는데 사용된다. 코터 이음은 [그림]과 같이 로드 엔드(rod end), 소켓, 코터의 세 부분으로 나누어지며 코터 구멍에 코터를 때려 박아서 끼운다. 피스톤 로드, 커넥팅 로드 등의 결합용 요소로 사용되고 있다.

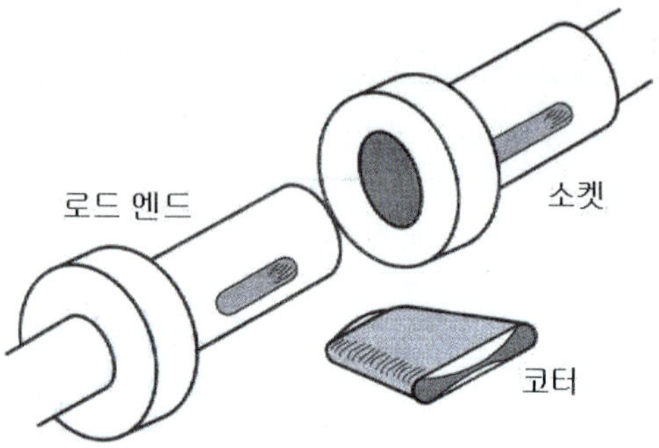

[그림] 코터 이음

27. [정답 : ④] SI 기본단위로 동력(H)의 단위를 나타내면 다음과 같다.

$$H = \frac{(\text{일})}{(\text{시간})} = \frac{\text{J}}{\text{s}} = \frac{\text{N}\cdot\text{m}}{\text{s}} = \frac{\left(\text{kg}\times\dfrac{\text{m}}{\text{s}^2}\right)\cdot\text{m}}{\text{s}} = \text{m}^2\cdot\text{kg}\cdot\text{s}^{-3}$$

28. [정답 : ②] 물체에 작용하는 힘 $F=100\text{N}$, 힘을 가한 시간 $t=2\text{s}$, 힘과 동일한 방향으로 이동한 거리 $s=10\text{m}$일 때 이동하기 위해 필요한 동력 H[W]

$$H = Fv = F\times\frac{s}{t} = 100\times\frac{10}{2} = 500\,[\text{W}]$$

29. [정답 : ①] SI 기본단위로 각 물리량의 단위를 구하면 다음과 같다.

① 동력 : 동력(H)은 단위 시간(t)당 일(W)로 정의된다.

$$H = \frac{W}{t} = \frac{\text{J}}{\text{s}} = \frac{\text{N}\cdot\text{m}}{\text{s}} = \frac{\left(\text{kg}\times\dfrac{\text{m}}{\text{s}^2}\right)\text{m}}{\text{s}} = \text{m}^2\cdot\text{kg}\cdot\text{s}^{-3}$$

② 응력 : 응력(σ)은 단위면적(A)에 작용하는 힘(F)으로 정의된다.

$$\sigma = \frac{F}{A} = \frac{\text{N}}{\text{m}^2} = \frac{\left(\text{kg}\times\dfrac{\text{m}}{\text{s}^2}\right)}{\text{m}^2} = \text{m}^{-1}\cdot\text{kg}\cdot\text{s}^{-2}$$

③ 에너지 : 일을 할 수 있는 능력을 에너지라 한다. 따라서 에너지(E)의 단위는 일의 단위와 같다.

$$E = Fs = \mathrm{N} \cdot \mathrm{m} = \left(\mathrm{kg} \times \frac{\mathrm{m}}{\mathrm{s}^2}\right) \cdot \mathrm{m} = \mathrm{m}^2 \cdot \mathrm{kg} \cdot \mathrm{s}^{-2}$$

④ 힘 : 1kg 의 물체에 $1\mathrm{m/s^2}$의 가속도를 내게 하는 힘을 1N이라 한다.

$$F = ma = \mathrm{kg} \cdot \left(\frac{\mathrm{m}}{\mathrm{s}^2}\right) = \mathrm{m} \cdot \mathrm{kg} \cdot \mathrm{s}^{-2}$$

30. [정답 : ③] 회전속도 $N = 300\mathrm{rpm}$, 전달동력 $H = 10\pi\,\mathrm{J/s}$이다. 축에 작용하는 비틀림 모멘트 $T[\mathrm{N \cdot m}]$는 다음과 같다.

$$H = T\omega = T \times \frac{2\pi N}{60} \quad \therefore \; T = \frac{60H}{2\pi N} = \frac{60 \times 10\pi}{2\pi \times 300} = 1\,[\mathrm{N \cdot m}]$$

31. [정답 : ①] 힘 $F = 100[\mathrm{N}]$으로 $t = 8$[초] 동안에 $s = 50[\mathrm{cm}]$를 이동했을 때 동력(H_{out})은 다음과 같다.

$$H_{out} = \frac{\text{일}}{\text{시간}} = \frac{Fs}{t} = \frac{100\mathrm{N} \times 0.5\mathrm{m}}{8\mathrm{s}} = 6.25\frac{\mathrm{J}}{\mathrm{s}} = 6.25\,[\mathrm{W}]$$

이때 잭에 투입한 동력 $H_{input} = 15[\mathrm{W}]$이므로 효율($\eta$)은 다음과 같다.

$$\eta = \frac{H_{out}}{H_{input}} = \frac{6.25}{15} \approx 0.417 = 41.7\,[\%]$$

32. [정답 : ④] 관성모멘트 $J = \int r^2 dm$으로 정의되며 SI 단위는 $\mathrm{kg \cdot m^2}$

33. [정답 : ②] 에너지의 차원은 $MT^{-2}L^2$

34. [정답 : ①] PS는 일률(일/시간)의 단위, J는 일의 단위.

연습문제 2

01. $\sigma_t = \frac{P}{A} = \frac{P}{\pi D^2/4} = \frac{4 \times 4000}{\pi \times (20)^2} = 12.73\frac{\mathrm{N}}{\mathrm{mm}^2} = 12.73\,[\mathrm{MPa}]$

02. $\sigma_c = \frac{P}{A} = \frac{P}{(\pi D_o^2 - \pi D_i^2)/4} = \frac{4 \times (60 \times 1000)}{\pi \times (80^2 - 50^2)} = 19.59\,[\mathrm{MPa}]$

03. 핀의 위와 아래에 전단하중이 작용하므로 전단면이 2개이다.

$$\tau = \frac{F}{A} = \frac{F}{2(\pi d^2/4)} = \frac{2F}{\pi d^2}$$

$$\therefore \; d = \sqrt{\frac{2F}{\pi\tau}} = \sqrt{\frac{2 \times (15 \times 10^3)}{\pi \times (30 \times 10^6)}} = 0.0178\,[\mathrm{m}] = 17.8\,[\mathrm{mm}]$$

04. $\sigma_{max} = \frac{M}{Z} = \frac{32 d_2 M}{\pi(d_2^4 - d_1^4)} = \frac{32 \times 100 \times (6 \times 10^6)}{\pi(100^4 - 70^4)} = 80.4[N/mm^2] = 80.4[MPa]$

05. $M = \sigma_{max} Z = \sigma_{max} \times \frac{\pi d^3}{16} \quad \therefore \ d = \sqrt[3]{\frac{32M}{\pi \sigma_{max}}} = \sqrt[3]{\frac{32 \times 4 \times 10^4}{\pi \times 3}} = 51.4[mm]$

06. $\tau_{max} = \frac{T}{Z_p} = \frac{16 d_2 T}{\pi(d_2^4 - d_1^4)} = \frac{16 \times 50 \times (2 \times 10^6)}{\pi(50^4 - 40^4)} = 138[N/mm^2] = 138[MPa]$

07. 단위를 kN, m로 통일하여 계산한다.

$$T = \tau_{max} Z_p = \tau_{max} \times \frac{\pi d^3}{16}$$

$$\therefore \ d = \sqrt[3]{\frac{16T}{\pi \tau_{max}}} = \sqrt[3]{\frac{16 \times 4000}{\pi \times (6000 \times 10^4)}} = 0.0698[m] = 69.8[mm]$$

08. $\epsilon = \frac{\Delta l}{l_0} = \frac{2mm}{500mm} = 0.004$ (변형률은 차원이 없는 무차원수이다.)

09. $\epsilon = \frac{l - l_0}{l_0} = \frac{l}{l_0} - 1 \quad \therefore \ l_0 = \frac{l}{1+\epsilon} = \frac{300}{1+0.005} = 298.507[mm]$

10. $\epsilon' = \frac{\Delta d}{d_0} = \frac{0.008}{20} = 4 \times 10^{-4}$

11. $\nu = \frac{\epsilon'}{\epsilon} = \frac{\Delta d/d_0}{\Delta l/l_0} = \frac{0.01/40}{0.5/500} = 0.25$

12. $\nu = \frac{\epsilon'}{\epsilon} = \frac{\Delta a/a_0}{F/AE} = \frac{\Delta a}{a_0} \times \frac{AE}{F} = \frac{4 \times 10^{-3}}{20} \times \frac{(0.02)^2 \times (200 \times 10^9)}{50 \times 10^3} = 0.32$

13. 훅의 법칙에서 $\sigma = E\epsilon$이므로 $\epsilon = \sigma/E$ 이다. 푸아송 수의 정의에 의해

$$m = \frac{1}{\nu} = \left|\frac{\epsilon}{\epsilon'}\right| = \frac{\epsilon}{\Delta d/d_0} = \frac{\sigma/E}{\Delta d/d_0} \quad \therefore \ \Delta d = \frac{\sigma d_0}{mE}$$

14. 전단변형률 $\gamma = \frac{\lambda}{l} = \frac{0.4mm}{100mm} = 0.004$, 전단각 $\phi \approx \gamma = 0.004$ Rad

15. $\Delta l = \frac{\sigma l_0}{E} = \frac{(100 \times 10^6 Pa) \times (500mm)}{200 \times 10^9 Pa} = 0.25[mm]$

16. $\Delta L = \frac{PL}{AE} \ \rightarrow \ E = \frac{PL}{A \Delta L} = \frac{4PL}{\pi d^2 \Delta L} = \frac{4 \times (140 \times 10^3 N) \times 500mm}{\pi(0.01)^2 m^2 \times (505 - 500)mm}$

$$= 178.25 \times 10^9 \frac{N}{m^2} = 178.25[GPa]$$

17. $\gamma=\frac{\tau}{G}=\frac{F/A}{G}=\frac{F}{AG}=\frac{100\times 10^3}{(1000\times 10^{-6})\cdot(80\times 10^9)}=1.25\times 10^{-3}$

18. $\tau=G\gamma$이고 $\tau=F/A$이므로 $\frac{F}{A}=G\gamma$

$\therefore\ F=GA\gamma=(80\times 10^9)\times(10\times 10^{-4})\times 10^{-3}=80\times 10^3[\mathrm{N}]=80[\mathrm{kN}]$

19. $\theta=\frac{32\,TL}{\pi Gd^4}\times\frac{180}{\pi}$ [° : deg]에서

$$d=\sqrt[4]{\frac{32\,TL}{\pi G\theta}\times\frac{180}{\pi}}=\sqrt[4]{\frac{32\times(5\times 10^3)\times 4}{\pi\times(8\times 10^4\times 10^6)\times 2}\times\frac{180}{\pi}}$$
$$=0.0924[\mathrm{m}]=92.4[\mathrm{mm}]$$

20. 훅의 법칙으로부터 축 방향 인장하중 F를 구한다.

$$\sigma=E\epsilon,\quad \frac{F}{A}=E\times\frac{\Delta L}{L},\quad \frac{F}{2}=(2\times 10^6)\times\frac{0.01}{200}\quad \therefore\ F=200\,[\mathrm{kgf}]$$

21. [정답 : ④] 22. [정답 : ③] 23. [정답 : ②]

24. [정답 : ②] $\sigma=E\epsilon=E\times\frac{\Delta L}{L}$

$\therefore\ \Delta L=\sigma\times\frac{L}{E}=3000\times\frac{10\times 100}{2\times 10^6}=1.5[\mathrm{cm}]$

25. [정답 : ②]

26. [정답 : ②] $\Delta L=\frac{PL}{AE}=\frac{PL}{\frac{\pi}{4}\times(D_2^2-D_1^2)\times E}$

$$=\frac{(9\times 10^3)\times 200}{\frac{\pi}{4}\times(100^2-80^2)\times(200\times 10^3)}=\frac{1}{100\pi}[\mathrm{mm}]$$

27. [정답 : ①] 면적이 같으므로 $a^2=\frac{\pi}{4}d^2\quad \therefore\ a=\frac{\sqrt{\pi}}{2}d$이고, 단면계수는

$$S_1=\frac{a\times a^2}{6}=\frac{a^3}{6}=\frac{1}{6}\left(\frac{\sqrt{\pi}}{2}d\right)^3=\frac{\pi\sqrt{\pi}}{48}d^3,\ S_2=\frac{\pi}{32}d^3\text{이다.}$$

$$\therefore\ \frac{S_1}{S_2}=\frac{\pi\sqrt{\pi}}{48}\times\frac{32}{\pi}=\frac{2\sqrt{\pi}}{3}$$

28. [정답 : ③] 폭 b, 높이 h인 직사각형 단면의 단면계수 $Z=bh^2/6$이므로 bh^2의 값이 최대가 될 때 단면계수가 최대가 된다. 전체 둘레 길이를 $2L$로 하면 $b=L-h$이므로 $y=bh^2=(L-h)h^2=Lh^2-h^3$이다. 이 식을 미분하여 y가 최대가 되는 h를 구한다.

$$y' = 2Lh - 3h^2 = h(2L - 3h) = 0 \quad \therefore \ h = \frac{2L}{3}, \ b = L - h = \frac{L}{3}$$

29. [정답 : ②] 비틀림 모멘트 $T = 1000\,\mathrm{N \cdot m} = 1000 \times 1000\,\mathrm{N \cdot mm}$, 축의 지름 $d =$ 40mm일 때 최대 전단응력 $\tau_{max}[\mathrm{N/mm^2}]$은 다음과 같다.

$$\tau_{max} = \frac{T}{Z_p} = \frac{16T}{\pi d^3} = \frac{16 \times (1000 \times 1000)}{\pi \times (40)^3} = 79.6[\mathrm{N/mm^2}]$$

30. [정답 : ③] 축의 지름이 d일 때 전달토크 $T_d = \tau_a Z_p = \tau_a \times \frac{\pi d^3}{16}$이고, 축의 지름이 $2d$일 때 전달토크

$$T_{2d} = \tau_a \times \frac{\pi (2d)^3}{16} = 2^3 \times \left(\tau_a \times \frac{\pi d^3}{16}\right) = 8T_d$$

이상에서 τ_a는 축 재료의 허용전단응력이다.

31. [정답 : ③] 직경 d를 갖는 중실축이 전달할 수 있는 토크(T_d)는

$T_d = \tau_a Z_p = \frac{\pi d^3}{16}\tau_a$이고 동일 재질의 직경 $\frac{d}{2}$인 중실축이 전달할 수 있는 토크

$$T_{d/2} = \frac{\pi (d/2)^3}{16}\tau_a = \left(\frac{1}{2}\right)^3 \times \frac{\pi d^3}{16}\tau_a = \frac{1}{8}T_d \quad \therefore \ \frac{T_{d/2}}{T_d} = \frac{1}{8}$$

32. [정답 : ②] $T = \tau Z_p = \tau \times \frac{\pi d^3}{16}$

33. [정답 : ②] 비틀림 모멘트 T를 받고 있는 길이 L, 지름 d인 중실축의 비틀림 각도 θ_1은 다음과 같다. G는 축의 전단탄성계수이다.

$$\theta_1 = \frac{TL}{GI_p} = \frac{TL}{G(\pi d^4/32)} = \frac{32TL}{\pi G d^4}$$

길이와 지름을 각각 2배로 하면 비틀림 각도 θ_2는 다음과 같다.

$$\theta_2 = \frac{32T(2L)}{\pi G(2d)^4} = \frac{32TL}{\pi G d^4} \times \frac{2}{2^4} = \frac{1}{8}\theta_1$$

34. [정답 : ②] $G = \frac{E}{2(1+\nu)}$

35. [정답 : ②] 신장량 $\Delta = \frac{PL}{EA}$로부터 탄성계수 E는 다음과 같다.

$$E = \frac{PL}{A\Delta} = \frac{PL}{\frac{\pi D^2}{4} \times \Delta} = \frac{4PL}{\pi D^2 \times \Delta} = \frac{4 \times (30 \times 10^3) \times 500}{3 \times 20^2 \times 0.5}$$

$$= 100 \times 10^3[\mathrm{MPa}] = 100[\mathrm{GPa}]$$

36. [정답 : ①] 먼저 재료의 푸아송 비(ν)를 구한다.

$$G=\frac{E}{2(1+\nu)} \quad \therefore \ \nu=\frac{E}{2G}-1=\frac{100}{2\times 40}-1=0.25$$

푸아송 비 $\nu=|\epsilon_r/\epsilon_z|$로 정의되므로 반경방향 변형률의 절댓값($|\epsilon_r|$)은

$$|\epsilon_r|=\nu\epsilon_z=\nu\times\frac{\Delta L}{L}=0.25\times\frac{1}{250}=10^{-3}$$

37. [정답 : ①] 강철봉의 단면적 $A=\frac{\pi}{4}d^2$이므로

$$\sigma_{\max}=\frac{1}{A}(W+\gamma V)=\frac{1}{A}(W+\gamma AL)=\frac{W}{A}+\gamma L$$

38. [정답 : ③] 전단되는 테두리 둘레(L)는

$$L=2\times 50+30+2\times 10+(30-10)+\frac{\pi}{2}\times 10=185[\text{mm}]$$

$$\therefore \ F=\tau_a A=\tau_a(tL)=2\times(1\times 185)=370[\text{kgf}]$$

39. [정답 : ④] 비틀림 각 $\theta=\frac{TL}{GI_p}=\frac{32TL}{\pi Gd^4}$

이 식으로부터 $L_1=2L,\ d_1=\frac{1}{2}d$일 때 비틀림 각도($\theta_1$)는

$$\theta_1=\frac{32T(2L)}{\pi G(d/2)^4}=\frac{32TL}{\pi Gd^4}\times 2^5 \cdots\cdots ①$$

이고, $L_2=\frac{1}{2}L,\ d_2=2d$일 때 비틀림 각도($\theta_2$)는

$$\theta_2=\frac{32T(L/2)}{\pi G(2)^4}=\frac{32TL}{\pi Gd^4}\times\frac{1}{2^5} \cdots\cdots ②$$

이다. ①, ②로부터 $\frac{\theta_1}{\theta_2}=2^{10}=1024$

40. [정답 : ③] 세로변형률 $\epsilon=\epsilon_d/\nu$이다.

$$E=\frac{\sigma}{\epsilon}=\frac{P/(\pi d^2/4)}{\epsilon_d/\nu}=\frac{4\nu P}{\pi d^2\epsilon_d}=\frac{4(0.3)(1200\times 10^3)}{3(20)^2(0.006)}[\text{MPa}]$$

$$=200\times 10^3[\text{MPa}]=200[\text{GPa}]$$

41. [정답 : ③] $T=\frac{GI_p\theta}{L}=\frac{\pi d^4 G\theta}{32L}$이므로 T는 $\frac{d^4}{L}$에 비례한다.

$$\frac{T_1}{T_2}=\frac{d^4/l}{(2d)^4/(2l)}=\frac{1}{2^3}=\frac{1}{8}$$

42. [정답 : ④] 비틀림 각 : $\theta = 0.18^\circ = \frac{0.18}{180}\pi[\text{rad}] = \frac{\pi}{1000}[\text{rad}]$이다. 단위를 N, m로 통일하여 계산한다. $\theta = \frac{TL}{GI_p}$ 로부터

$$\frac{\theta}{L} = \frac{T}{GI_p} = \frac{32T}{\pi d^4 G} = \frac{\pi}{1000} \rightarrow d^4 = \frac{32000T}{\pi^2 G}$$

$$\therefore\ d = \sqrt[4]{\frac{32000T}{\pi^2 G}}[\text{m}] = 1000\sqrt[4]{\frac{32000T}{\pi^2 G}}[\text{mm}]$$

연습문제 3

01. $A_0 L_0 = A_1 L_1$이므로 $\frac{L_1}{L_0} = \frac{A_0}{A_1}$이다. 따라서 변형률은

$$\epsilon = \frac{L_1 - L_0}{L_0} = \frac{L_1}{L_0} - 1 = \frac{A_0}{A_1} - 1 \quad \therefore\ \frac{A_0}{A_1} = 1 + \epsilon$$

에서 $\frac{A_1}{A_0} = \frac{1}{1+\epsilon}$이므로 단면수축률은 다음과 같다.

$$\eta = \frac{A_0 - A_1}{A_0} = 1 - \frac{A_1}{A_0} = 1 - \frac{1}{1+\epsilon} = 1 - \frac{1}{1+0.05} = 0.0476 = 4.76\%$$

02. • 구멍 부분의 최대 응력

$$\sigma_{\max} = \alpha_1 \sigma_{\text{m}} = \frac{\alpha_1 F}{(b-D)t} = \frac{2.2 \times (8 \times 1000)}{(100-50) \times 20} = 17.6\,[\text{N/mm}^2] = 17.6\,[\text{MPa}]$$

• 반원형 노치 부분의 최대 응력

$$\sigma_{\max} = \alpha_2 \sigma_{\text{m}} = \frac{\alpha_2 F}{(b-d)t} = \frac{1.9 \times (8 \times 1000)}{(100-20) \times 20} = 9.5\,[\text{N/mm}^2] = 9.5\,[\text{MPa}]$$

최대 응력 17.6[MPa]이 구멍 주위에서 발생한다.

03. 구속이 없을 때 온도 변화에 의해 늘어나는 봉의 길이

$$\Delta L = L_0 \alpha \Delta T = 1000 \times (1.2 \times 10^{-5}) \times (100-20) = 0.96[\text{mm}]$$

이다. 그런데 봉과 벽 사이에는 0.5mm의 공간이 있으므로 벽에 의해 늘어나지 못하는 봉의 길이 $\Delta L' = 0.96 - 0.5 = 0.46[\text{mm}]$이고, 이 $\Delta L'$에 의해 응력이 발생한다. 따라서 Hook의 법칙에 따라 다음과 같이 응력이 계산된다.

$$\sigma = E\epsilon = E \times \frac{\Delta L'}{L'} = (200 \times 10^9) \times \frac{0.46}{1000.5} = 91.95 \times 10^6\,[\text{Pa}] = 91.95[\text{MPa}]$$

04. $\sigma_{min} = \dfrac{F_{min}}{A} = \dfrac{4F_{min}}{\pi d^2} = \dfrac{4 \times (10 \times 1000)}{\pi \times 20^2} = 31.83\,[\text{N/mm}^2]$

$\sigma_{max} = \dfrac{F_{max}}{A} = \dfrac{4F_{max}}{\pi d^2} = \dfrac{4 \times (30 \times 1000)}{\pi \times 20^2} = 95.49\,[\text{N/mm}^2]$

- 평균응력 $\sigma_m = \dfrac{\sigma_{max} + \sigma_{min}}{2} = \dfrac{95.49 + 31.83}{2} = 63.66\,[\text{N/mm}^2]$
- 응력진폭 $\sigma_a = \dfrac{\sigma_{max} - \sigma_{min}}{2} = \dfrac{95.49 - 31.83}{2} = 31.83\,[\text{N/mm}^2]$

05. 재료의 허용 전단응력을 τ_a라 하면 두 축이 전달할 수 있는 최대 토크는 다음과 같다.

$$T_1 = \tau_a Z_p = \tau_a \times \frac{\pi d^3}{16}$$

$$T_2 = \tau_a Z_p = \tau_a \times \frac{\pi (d_2^4 - d_1^4)}{16 d_2} = \tau_a \times \frac{\pi [d^4 - (d/2)^4]}{16d} = \tau_a \times \frac{\pi d^3}{16}\left(1 - \frac{1}{2^4}\right)$$

따라서 축이 전달할 수 있는 최대 토크 비 T_1/T_2는 다음과 같이 구해진다.

$$\frac{T_1}{T_2} = \frac{1}{\left(1 - \dfrac{1}{2^4}\right)} = \frac{1}{\dfrac{15}{16}} = \frac{16}{15}$$

06. $\sigma = \dfrac{P}{A} = \dfrac{4P}{\pi d^2} = \dfrac{4 \times (40 \times 10^3)}{\pi (0.01)^2} = 5.093 \times 10^8\,[\text{Pa}] = 509.3\,[\text{MPa}]$

07. 허용응력 $\sigma_a = \dfrac{\sigma_s}{S} = \dfrac{49\,\text{MPa}}{7} = 7\,[\text{MPa}]$

최대 압축하중 $W = \sigma_a A = 7(20)(50) = 7000\text{N} = 7[\text{kN}]$

08. 허용전단응력 $\tau_a = \tau_w = \dfrac{F}{\pi d^2/4} = \dfrac{4F}{\pi d^2} = \dfrac{4(5000\text{N})}{\pi (8\text{mm})^2} = 99.47\,[\text{MPa}]$

∴ 안전율 $S = \dfrac{\tau}{\tau_a} = \dfrac{340}{99.47} = 3.42$

09. [정답 : ①] : SS400은 기준강도가 $\sigma = 400\text{N/mm}^2 = 400\text{MPa}$인 것을 나타낸다.

$S = \dfrac{\sigma}{\sigma_a} \quad \therefore\ \sigma_a = \dfrac{\sigma}{S} = \dfrac{400}{2} = 200\,[\text{MPa}]$

10. [정답 : ②]

11. [정답 : ③] : 처음 지름 $D_0 = 20\text{mm}$, 변형 후 지름 $D_1 = 10\text{mm}$이다.

$$\eta = \frac{A_0 - A_1}{A_0} \times 100\% = \left(1 - \frac{A_1}{A_0}\right) \times 100\% = \left[1 - \left(\frac{D_1}{D_0}\right)^2\right] \times 100\%$$

$$= \left[1-\left(\frac{10}{20}\right)^2\right] \times 100\% = 75\%$$

12. [정답 : ②]

13. [정답 : ③] : 진변형률(ϵ_T)과 공칭변형률(ϵ)은 다음 관계를 갖는다.

$$\epsilon_T = \ln(1+\epsilon) \cdots\cdots ①$$

그리고 진응력(σ_T)과 공칭응력(σ) 및 공칭변형률(ϵ)은 다음 관계를 갖는다.

$$\sigma_T = \sigma(1+\epsilon) \cdots\cdots ②$$

②에서 $(1+\epsilon) = \dfrac{\sigma_T}{\sigma}$를 ①에 대입하면 $\epsilon_T = \ln\left(\dfrac{\sigma_T}{\sigma}\right)$.

14. [정답 : ②] 15. [정답 : ①] 16. [정답 : ②]

17. [정답 : ③] 18. [정답 : ③]

19. [정답 : ②] : 소재의 부피가 일정하므로

$$\frac{\pi}{4}(20)^2 \times 100 = \frac{\pi}{4}(10)^2 \times L_1 \quad \therefore \; L_1 = 400[\text{mm}]$$

$$\epsilon = \frac{L_1 - L_0}{L_0} = \frac{400-100}{100} = 3, \quad \epsilon_t = \ln\frac{L_1}{L_0} = \ln\left(\frac{400}{100}\right) = \ln 4 = 2\ln 2 = 1.4$$

20. [정답 : ③] : 변형률(ϵ), 탄성변형률(ϵ_e), 소성변형률(ϵ_p)은

$$\epsilon = \frac{\Delta L}{L} = \frac{15}{1500} = 0.01, \quad \epsilon_e = \frac{\sigma}{E} = \frac{300}{200 \times 10^3} = 0.0015$$

$$\epsilon_p = \epsilon - \epsilon_e = 0.01 - 0.0015 = 0.0085$$

이므로 봉의 영구신장량(ΔL_p)은 다음과 같다.

$$\epsilon_p = \frac{\Delta L_p}{L} \quad \therefore \; \Delta L_p = \epsilon_p L = 0.0085 \times (1500) = 12.75[\text{mm}]$$

21. [정답 : ①] 22. [정답 : ①]

23. [정답 : ④] 열팽창 계수(선팽창 계수) α, 길이 L_0, 온도 변화 ΔT일 때 신축량은 $\Delta L = L_0 \alpha \Delta T$이다.

24. [정답 : ④] 온도를 높였을 때 발생하는 열응력의 크기는 재료의 열팽창계수, 온도 변화량 및 재료의 세로탄성계수에 비례한다. 그러나 열응력의 크기는 실린더 축 방향 길이와는 무관하다.

25. [정답 : ②] $\sigma_a = \dfrac{F}{bt} = \dfrac{36 \times 10^3}{30 \times 20} = 60[\text{MPa}] \quad \therefore \; S = \dfrac{\sigma_s}{\sigma_a} = \dfrac{240}{60} = 4$

26. [정답 : ①] 최대 주응력설 : 취성재료에 적합하다.

일반적으로 취성재료는 인장응력에 약하고, 연성재료는 전단응력에 약하다. 따라서 취성재료의 파손 예측에는 최대주응력설을 적용한다.

27. [정답 : ④] 단순 인장이나 압축 응력에 의한 파괴는 주응력이 항복 전단응력의 2배에 도달하면 파괴가 일어난다. 단순 인장이나 압축일 때 주응력은 σ_1, $\sigma_2 = 0$이므로 항복전단응력 $\tau_Y = \frac{\sigma_1}{2}$, 즉 $\sigma_1 = 2\tau_Y$이다. (모어원에서 반지름은 최대 전단응력이므로 $\tau_{max} = \frac{\sigma_1}{2}$이 된다.)

28. (1) A : 비례한도, B : 탄성한도, C : 항복점 또는 상항복점,
D : 하항복점, E : 극한강도, F : 파괴강도

(2) 재료에 힘을 가하면 응력과 변형이 발생한다. 이때 응력이 변형률에 비례한다는 법칙을 훅의 법칙이라 한다. 응력을 σ, 비례상수를 E, 변형률을 ϵ이라 하면 훅의 법칙은 $\sigma = E\epsilon$로 표현된다.

(3) 탄성률 $E = \frac{\sigma}{\epsilon} = \frac{F/A}{\Delta L/L_0} = \frac{2800/20^2}{2/5000} = 17500\,[\text{kgf/mm}^2]$

29. (1) 인장강도 : $\sigma_{max} = \frac{P_{max}}{A_0} = \frac{P_{max}}{\pi D_0^2/4} = \frac{4 \times 7850}{\pi \times 10^2} = 99.95\,[\text{kgf/mm}^2]$

(2) 연신율 : $\varepsilon = \frac{L_1 - L_0}{L_0} \times 100\,[\%] = \frac{58 - 50}{50} \times 100\,[\%] = 16\,[\%]$

30. (1) 항복강도 : $\sigma_y = \frac{P_y}{A_0} = \frac{4.5 \times 10^3}{(1.5) \cdot (20)}\,[\text{N/mm}^2] = 150\,[\text{MPa}]$

(2) 탄성계수 : 항복강도와 비례한도가 일치하므로 항복강도로부터 탄성계수를 구한다.

$$\epsilon_y = \frac{\Delta L}{L_0} = \frac{50.1 - 50}{50} = 0.002 \quad \therefore\ E = \frac{\sigma_y}{\epsilon_y} = \frac{150}{0.002}\,[\text{MPa}] = 75\,[\text{GPa}]$$

(3) 연신율 : $\epsilon = \frac{L_1 - L_0}{L_0} \times 100 = \frac{(70 - 50)}{50} \times 100 = 40\,[\%]$

31. (1) 평균응력의 식 : $\sigma_m = \frac{\sigma_{max} + \sigma_{min}}{2}$

(2) 응력비의 식 : $R = \frac{\sigma_{min}}{\sigma_{max}}$

(3) 최대응력 값 : $\sigma_{max} = 200\,[\text{MPa}]$

(4) 최소응력 값 : $\sigma_{min} = 20\,[\text{MPa}]$

응력비의 정의에서 $\sigma_{min} = R\sigma_{max}$이다. 이 식과 평균응력 식으로부터 σ_{max}과 σ_{min}을 구하면 다음과 같다.

$$\sigma_m = \frac{\sigma_{max} + \sigma_{min}}{2} = \frac{\sigma_{max} + R\sigma_{max}}{2} = \frac{(1+R)\sigma_{max}}{2}$$

$$\therefore\ \sigma_{max} = \frac{2\sigma_m}{1+R} = \frac{2 \times 110}{1+0.1} = 200\,[\mathrm{MPa}]$$

$$\sigma_{min} = R\sigma_{max} = 0.1 \times 200 = 20\,[\mathrm{MPa}]$$

32. [정답 : ④] 평균응력 $\sigma_m = \dfrac{P}{(b-d)t} = \dfrac{(5 \times 10^3)}{(50-10) \times 5} = 25[\mathrm{N/mm^2}]$이고, 응력집중계수 $\alpha = 2.0$이므로 구멍 부분에서 응력의 최댓값(σ_{max})은 다음과 같다. $\alpha = \dfrac{\sigma_{max}}{\sigma_m}$

$\therefore\ \sigma_{max} = \alpha\sigma_m = 2 \times 25 = 50[\mathrm{N/mm^2}]$

33. (1) 탄성구간의 직선 기울기 : 재료의 탄성계수(E)를 나타낸다. 훅의 법칙에서 $\sigma = E\epsilon$이다.
(2) 극한인장강도 : B
(3) 시험편 처음 지름 $D_0 = 10\mathrm{mm}$, 파단부 지름 $D_1 = 6\mathrm{mm}$이므로 단면감소율(η)은 다음과 같다.

$$\eta = \frac{A_0 - A_1}{A_0} = 1 - \frac{A_1}{A_0} = 1 - \left(\frac{D_1}{D_0}\right)^2 = 1 - \left(\frac{6}{10}\right)^2 = 0.64 = 64\,[\%]$$

34. ㉠ 피로파괴
㉡ S－N 곡선, 피로한도 곡선 (또는 S－N 선도, $\sigma - N$ 선도라 한다.)

35. [정답 : ②] 가해지는 반복하중의 크기가 작을수록 파괴가 일어날 때까지의 반복횟수가 늘어난다.

36. [정답 : ②]

37. (1) 직선 OP의 기울기가 의미하는 기계적 성질의 명칭 : 탄성구간에서 직선의 기울기는 재료의 탄성계수(modulus of elasticity, 세로탄성계수, E)를 나타낸다. 훅의 법칙에서 $\sigma = E\epsilon$이다.
(2) σ_y가 200[$\mathrm{N/mm^2}$]일 때 항복하중 P_y[N] : 초기 단면적 $A_0 = 78.5[\mathrm{mm^2}]$이고 공칭응력은 $\sigma = \dfrac{P}{A_0}$로 정의되므로

$$P_y = A_0\sigma_y = 78.5 \times 200 = 15{,}700\,[\mathrm{N}]$$

38. [정답 : ④] 푸아송 비 $\nu = \epsilon_h / \epsilon_v$

39. [정답 : ④] 크리프 속도가 0이 될 때 크리프 한계응력이 발생한다.

40. [정답 : ④] 동하중이 더 중요하다.

41. [정답 : ④] 42. [정답 : ②] 43. [정답 : ③]

44. [정답 : ①]

45. [정답 : ②] 전단변형에너지 기준이 연성재료의 항복을 판정할 때 실제 실험 결과와 더 잘 일치하므로 추천되고 있다.

46. [정답 : ④] $\sigma_x=120$[MPa], $\sigma_y=-80$[MPa]인 평면응력상태에서

$$\tau_{\max}=\frac{\sigma_x-\sigma_y}{2}=\frac{120-(-80)}{2}=100\,[\text{MPa}]$$

재료의 인장항복응력이 $\sigma_Y=400$[MPa]일 때 최대 전단응력설에 의한 재료의 항복전단응력 $\tau_Y=\frac{\sigma_Y}{2}=\frac{400}{2}=200[\text{MPa}]$ $\therefore$ $S=\frac{\tau_Y}{\tau_{\max}}=\frac{200}{100}=2.$

47. [정답 : ②] $\tau_{\max}=\frac{1}{2}(\sigma_1-\sigma_3)=\frac{1}{2}[10-(-20)]=15[\text{MPa}]$

48. [정답 : ①]

- 최대 전단응력설 : $\tau_Y=\frac{1}{2}\sigma_Y=0.5\sigma_Y$
- 전단변형률에너지설 : $\tau_Y=\frac{1}{\sqrt{3}}\sigma_Y\approx 0.577\sigma_Y$

49. [정답 : ③] $\sigma_x=2\text{kgf/mm}^2$, $\sigma_y=4\text{kgf/mm}^2$, $\tau_{xy}=0$

$$\sigma_{VM}=\sqrt{\sigma_x^2+\sigma_y^2-\sigma_x\sigma_y+3\tau_{xy}^2}=\sqrt{2^2+4^2-2\times4}=2\sqrt{3}\,[\text{kgf/mm}^2]$$

50. [정답 : ②] 굽힘 모멘트 M에 의해 발생하는 최대 굽힘응력(σ)과 비틀림 모멘트 T에 의해 발생하는 최대 전단응력(τ)은

$$\sigma=\frac{M}{Z}=\frac{32M}{\pi d^3},\quad \tau=\frac{T}{Z_p}=\frac{16T}{\pi d^3}$$

$$\therefore\ \sigma_{VM}=\sqrt{\sigma^2+3\tau^2}=\sqrt{\left(\frac{32M}{\pi d^3}\right)^2+3\times\left(\frac{16T}{\pi d^3}\right)^2}$$

$$=\frac{16}{\pi d^3}\sqrt{4M^2+3T^2}=\frac{32}{\pi d^3}\sqrt{M^2+\frac{3}{4}T^2}$$

51. 인장항복응력 $\sigma_Y=300\text{MPa}$이다.

$$\sigma_{VM}=\sqrt{\sigma_x^2+\sigma_y^2-\sigma_x\sigma_y+3\tau_{xy}^2}=\sqrt{110^2+30^2-(110\times30)+3\times30^2}\,[\text{MPa}]$$

$$=20\sqrt{31}\,[\text{MPa}]=111.4[\text{MPa}]$$

$$S = \frac{\sigma_Y}{\sigma_{VM}} = \frac{300}{111.4} = 2.69$$

52. [정답 : ③] $\sigma_x = 11\,\text{kgf/mm}^2$, $\sigma_y = 3\,\text{kgf/mm}^2$, $\tau_{xy} = 3\,\text{kgf/mm}^2$

$$\sigma_m = \frac{\sigma_x + \sigma_y}{2} = \frac{11+3}{2} = 7\,[\text{kgf/mm}^2]$$

$$R = \sqrt{\left(\frac{\sigma_x - \sigma_y}{2}\right)^2 + \tau_{xy}^2} = \sqrt{\left(\frac{11-3}{2}\right)^2 + (3)^2} = 5\,[\text{kgf/mm}^2]$$

$$\tau_{max} = R = 5\,[\text{kgf/mm}^2] \cdots\cdots ①$$

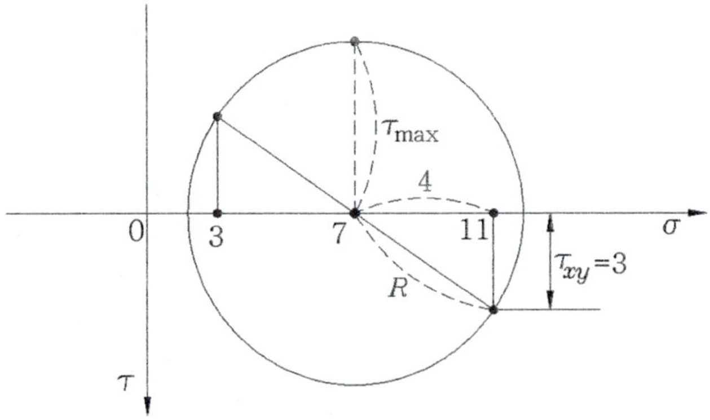

[모어원]

여기에서 항복응력 $\sigma_Y = 24\text{kgf/mm}^2$이면 항복 전단응력($\tau_Y$)은

$$\tau_Y = \frac{\sigma_Y}{2} = \frac{24}{2} = 12\,[\text{kgf/mm}^2] \cdots\cdots ②$$

①, ②로부터 최대 전단응력이론에 의한 안전계수 $S = \frac{\tau_Y}{\tau_{max}} = \frac{12}{5} = 2.4$.

[Note] 모어원에서 $\sigma_1 = \sigma_m + R = 7 + 5 = 12[\text{kgf/mm}^2]$,

$\sigma_2 = \sigma_m - R = 7 - 5 = 2[\text{kgf/mm}^2]$

이고, $\sigma_3 = 0$이므로 면 외 전단응력까지 고려한 절대 최대 전단응력은 $\tau_{max} = \frac{\sigma_1}{2} = 6$ $[\text{kgf/mm}^2]$이다. 이때 안전계수 $S = \frac{\tau_Y}{\tau_{max}} = \frac{12}{6} = 2$가 된다. 최대 전단응력이론을 적용할 때 위에 제시한 정답과 같이 면 내 최대 전단응력을 사용할 것인지, 아니면 면 외 전단응력까지 고려한 절대 최대 전단응력을 사용할 것인지 몇몇 책에서 조금씩 다르게 기술하고 있는데 절대 최대 전단응력을 사용하는 것이 옳다고 생각한다.

σ_1과 σ_2의 부호가 같을 때 최대 전단응력은 σ_1과 σ_2 중에 큰 값의 반이 된다. 이때 $S=2$이다.

53. [정답 : ①]

54. [정답 : ②] 그림에서 $d/D=40/100=0.4$일 때 $a_k=2.2$이다.

$$\sigma_{\max}=a_k\sigma_m=a_k\times\frac{P}{(D-d)t}=2.2\times\frac{(12\times1000)}{(100-40)(10)}=44[\mathrm{N/mm^2}]$$

55. [정답 : ①]

$$\sigma_{VM}=\sqrt{\sigma^2+3\tau^2}=\sqrt{\left(\frac{32M}{\pi d^3}\right)^2+3\left(\frac{16T}{\pi d^3}\right)^2}=\frac{16}{\pi d^3}\sqrt{4M^2+3T^2}$$

$$\therefore\ S=\frac{\sigma_y}{\sigma_{VM}}=\frac{\sigma_y\pi d^3}{16\sqrt{4M^2+3T^2}}$$

제2부 응용

연습문제 1

[객관식 정답 : 1~15]

01	02	03	04	05	06	07	08	09	10	11	12	13	14	15
②	①	③	②	③	②	④	③	④	④	②	③	①	②	①

16. $\lambda=\tan^{-1}\left(\frac{p}{\pi d_2}\right)=\tan^{-1}\left(\frac{1}{\pi\times10.35}\right)=1.762°$

17. 미터 가는나사, 수나사 바깥지름 6 mm, 피치 0.75 mm

18. 유니파이 보통나사, 수나사 바깥지름 $\frac{3}{8}$ inch, 1인치당 나사산 수 16개

19. 마찰각 $\rho=\tan^{-1}\mu=\tan^{-1}(0.1)=5.71°$

리드각 $\lambda=\tan^{-1}\left(\frac{p}{\pi d_2}\right)=\tan^{-1}\left(\frac{6}{\pi\times22.05}\right)=4.95°$

죌 때 나사효율 : $\eta=\frac{\tan\lambda}{\tan(\rho+\lambda)}=\frac{\tan(4.95°)}{\tan(5.71°+4.95°)}=0.46=46[\%]$

20. (1) $d_2 = \dfrac{d+d_1}{2} = \dfrac{50+44}{2} = 47\,[\text{mm}]$

(2) $\rho = \tan^{-1}\mu = \tan^{-1}(0.12) = 6.843°$

(3) $\lambda = \tan^{-1}\left(\dfrac{p}{\pi d_2}\right) = \tan^{-1}\left(\dfrac{10}{\pi \times 47}\right) = 3.874°$

(4) $\eta = \dfrac{\tan\lambda}{\tan(\rho+\lambda)} = \dfrac{\tan(3.874°)}{\tan(6.843°+3.874°)} = 0.358 = 35.8\,[\%]$

(5) 토크 $T = F \times L = \dfrac{Qd_2}{2}\tan(\rho+\lambda)$로부터

$$Q = \frac{2FL}{d_2\tan(\rho+\lambda)} = \frac{2\times 50\times 100}{47\times\tan(6.843°+3.874°)} = 1124\,[\text{N}]$$

21. 토크 $T = FL = \dfrac{Qd_2}{2}\left(\dfrac{p+\mu\pi d_2}{\pi d_2 - \mu p}\right)$로부터

$$F = \frac{Qd_2}{2L}\left(\frac{p+\mu\pi d_2}{\pi d_2-\mu p}\right) = \frac{(5000)\times 32}{2\times 300}\left(\frac{5+0.12\times\pi\times 32}{\pi\times 32-0.12\times 5}\right) = 45.53\,[\text{kgf}]$$

22. (1) 결합되어 있는 볼트와 너트가 진동과 충격을 받으면 순간적으로 접촉 압력이 감소되어 마찰력이 약해지고, 이와 같은 일이 반복되면 너트가 풀리게 된다. (너트는 진동, 충격, 반복 하중, 변형 등에 의하여 풀림 현상이 발생한다.)

(2) ① 와셔(스프링 와셔, 고무 와셔)에 의한 방법.

② 로크너트(고정 너트)에 의한 방법.

③ 작은 나사, 멈춤 나사에 의한 방법.

④ 강선(철사)에 의한 방법.

⑤ 플라스틱이 들어간 너트를 사용하는 방법.

⑥ 절입 너트에 의한 방법.

⑦ 홈붙이 너트와 분할핀 고정에 의한 방법.

[⑤, ⑥을 자동 죔 너트에 의한 방법이라고도 한다.]

23. [정답 : ④]

(ㄱ) 주어진 그림에서 삼각함수의 정의를 적용하면

$$\tan 60° = \frac{H}{(p/2)} \quad \therefore\ H = \frac{1}{2}\tan 60° \times p$$

(ㄴ) 주어진 그림에서

$$\frac{1}{4}H + H_1 + \frac{1}{8}H = H \quad \therefore\ H_1 = \frac{5}{8}H$$

(ㄷ) D, D_1, D_2는 암나사의 골지름, 안지름, 유효지름을 각각 나타내고, d, d_1, d_2

는 수나사의 바깥지름, 골지름, 유효지름을 각각 나타낸다.

• 유효 지름(d_2) : 수나사의 유효 지름(d_2)은 나사의 축에 평행한 방향으로 나사산의 길이와 나사 홈의 길이가 같아지는 곳의 가상 원통의 지름이다. $D_2 = d_2$이고 그림에서 $d_2 = d_1 + \dfrac{H}{2}$ 이다.

(ㄹ) 보통나사의 크기는 'M 호칭지름'으로 나타낸다. 호칭지름은, 수나사인 경우에는 바깥지름(d), 암나사인 경우에는 상대 수나사의 바깥지름으로 나타낸다. 따라서 $d = 8\text{mm}$ 일 때 호칭은 M8이 된다.

24. (a) 로크너트(고정 너트, 더블 너트)를 사용하는 방법
(b) 분할핀을 이용하는 방법
(c) 멈춤 나사(고정나사)를 이용하는 방법
(d) 와셔에 의한 방법 : 스프링 와셔

25. [정답 : ③] UNF는 유니파이 가는(Fine)나사이다. 유니파이 보통나사의 호칭 기호는 UNC이다.

26. [정답 : ①]
① 사다리꼴나사 : 사각나사에 비해 제작이 쉽고 나사산의 강도가 크다.
② 톱니나사 : 큰 하중이 한쪽 방향으로만 작용되는 경우에 적합하다.
③ 둥근나사 : 먼지와 모래 및 녹 가루 등이 나사산으로 들어갈 염려가 있는 곳에 사용된다.
④ 볼나사 : 나사 홈에 강구를 넣을 수 있도록 가공하여 볼의 구름 접촉을 통해 나사 운동을 시킨다.

27. [정답 : ①] 톱니나사

28. [정답 : ④] 마찰각 $\rho = 7°$, 리드각 $\lambda = 3°$인 사각나사를 조일 때의 효율(η)은 다음과 같다.

$$\eta = \frac{\tan\lambda}{\tan(\rho + \lambda)} = \frac{\tan 3°}{\tan(7° + 3°)} = \frac{\tan 3°}{\tan 10°} = \frac{0.05}{0.18} = \frac{5}{18}$$

29. [정답 : ①] 나사의 효율은 입력한 일에 대한 출력된 일의 비로써 정의된다. 입력한 일이란 외력(회전력) P가 나사를 회전시킬 때 한 일이며, 출력된 일이란 축 방향 하중 Q를 축 방향으로 이동시키는데 소요된 일이다. [그림]의 (b)와 같이 외력 P가 회전 방향으로 $2\pi r$만큼 이동할 때 축 방향 하중 Q는 전진길이(l)만큼 이동하므로 이때 한 일은 각각 $P \times 2\pi r$, $Q \times l$이다. 따라서 효율(η)은 다음과 같이 표현된다.

$$\eta = \frac{(\text{출력 일})}{(\text{입력 일})} = \frac{Q \times l}{P \times (2\pi r)} = \frac{Ql}{2\pi r P}$$

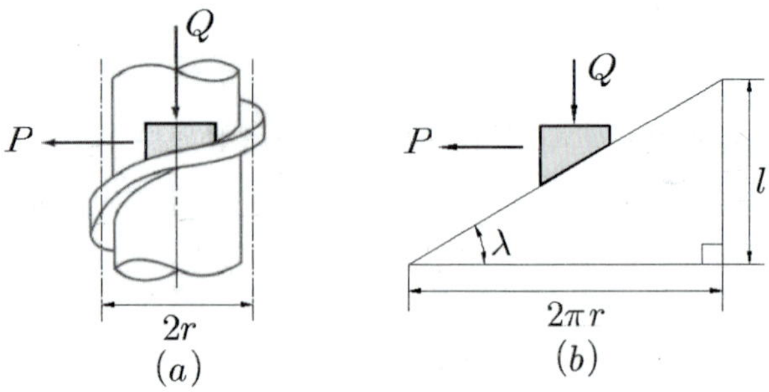

[그림] 나사가 한 일

30. [정답 : ③] • 결합용 나사 : 미터나사, 유니파이 나사, 관용나사.

31. [정답 : ①]

• 나사를 죌 때 회전력(P) : $P=Q\tan(\rho+\alpha)$

• 나사를 풀 때 회전력(P) : $P=Q\tan(\rho-\alpha)$

† 위 두 식은 그냥 외워두도록 한다.

32. [정답 : ③] 마찰계수 $\mu=\tan 10°$에서 마찰각 $\rho=10°$이므로 사각나사의 효율이 최대가 되는 리드각(λ)은 다음과 같다.

$$\lambda=45°-\frac{\rho}{2}=45°-\frac{10°}{2}=40°$$

33. [정답 : ③] 접선방향 회전력 P가 회전 방향으로 πd_2만큼 이동할 때 한 일은 $P\times\pi d_2$이고, 축 방향 하중 Q가 피치(p)만큼 이동할 때 한 일은 $Q\times p$이다. 따라서 나사의 효율(η)은 다음과 같다.

$$\eta=\frac{Q\times p}{P\times(\pi d_2)}=\frac{pQ}{\pi d_2 P} \quad \cdots\cdots ①$$

회전력 P, 유효지름 d_2일 때 회전토크 T와의 관계는 다음과 같다.

$$T=(\text{힘})\times(\text{팔의 길이})=P\times\frac{d_2}{2} \quad \therefore\ d_2P=2T$$

따라서 식 ①에 $d_2P=2T$를 대입하면

$$\eta=\frac{pQ}{\pi(d_2P)}=\frac{pQ}{\pi(2T)}=\frac{pQ}{2\pi T} \quad \cdots\cdots ②$$

나사역학에서 힘의 평형을 고려하면 나사를 죌 때 다음과 같은 접선방향 회전력 P와 축 방향 하중 Q의 관계식이 얻어진다.

$$P=Q\tan(\rho+\lambda) \quad \therefore\ \frac{Q}{P}=\frac{1}{\tan(\rho+\lambda)} \quad \cdots\cdots ③$$

식 ③을 식 ①에 대입하면 효율은 다음과 같이 표현된다.

$$\eta = \frac{p}{\pi d_2}\left(\frac{Q}{P}\right) = \frac{p}{\pi d_2}\left[\frac{1}{\tan(\rho+\lambda)}\right] = \frac{p}{\pi d_2 \tan(\rho+\lambda)} \quad \cdots\cdots\cdots\cdots\cdots ④$$

34. [정답 : ③] 반지름 $R=350$mm인 원 둘레(l)는

$$l = 2\pi R = 2(3)(350) = 2100\,[\text{mm}]$$

이므로, 볼트를 원호거리 100mm 이하로 배치할 때 필요한 볼트 개수(n)는

$$n \geq \frac{l}{100} = \frac{2100}{100} = 21$$

이다. 즉, 볼트의 최소 개수는 21개이다. 여기에서 볼트의 개수 $n=22$로 하고, 내압(p)에 의한 축 방향 인장하중(F_p)을 고려하면 볼트의 최소 골지름 d [mm]는 다음과 같다.

$$F_p = p \times \frac{\pi D^2}{4} = \left(\frac{\pi d^2}{4} \times \frac{\sigma}{S}\right)n$$

$$\therefore \ d = \sqrt{\frac{pS}{\sigma n}}\,D = \sqrt{\frac{(0.55)(8)}{(80)(22)}} \times 600 = 30\,[\text{mm}]$$

35. [정답 : ③]

36. [정답 : ④] 사각나사는 다른 나사에 비해 나사효율이 높다. 그러나 단면이 사각형이기 때문에 가공이 어려우므로 높은 정밀도를 요하는 부품에는 이용되지 않는다.

37. [정답 : ③] 먼저 나사의 리드(l)를 구하면

$$480° : 3 = 360° : l \quad \therefore \ l = \frac{360}{480} \times 3 = \frac{9}{4}\,[\text{mm}]$$

이고, 나사의 줄 수 $n=3$이므로 나사의 피치 p[mm]는 다음과 같다.

$$l = np \quad \therefore \ p = \frac{l}{n} = \frac{(9/4)}{3} = \frac{3}{4} = 0.75\,[\text{mm}]$$

38. [정답 : ④] 사각나사가 자립되는 한계 조건에서 $\beta = \rho$이다.

$$\eta = \frac{\tan\beta}{\tan(\rho+\beta)} = \frac{\tan\beta}{\tan 2\beta} = \frac{\tan\beta}{\dfrac{2\tan\beta}{1-\tan^2\beta}} = \frac{1}{2}(1-\tan^2\beta)$$

† 나사의 자립조건은 $\rho \geq \beta$이다.

39. [정답 : ④] 자립상태에서 나사효율 $\eta < 50\%$ 이다.

40. [정답 : ③] 바깥지름 $d=50$mm, 골지름 $d_1=44$mm인 한줄 사각나사이다. 나사를 2.5회전 시킬 때 25mm 전진하므로 나사를 1회전시킬 때 전진한 거리는 $l=10$mm 이고, [그림]에서 $\tan\alpha = l/\pi d_2$이다.

$$d_2 = \frac{d+d_1}{2} = \frac{50+44}{2} = 47\,[\text{mm}], \quad \tan\alpha = \frac{l}{\pi d_2} = \frac{10}{\pi \times 47} \approx 0.0677$$

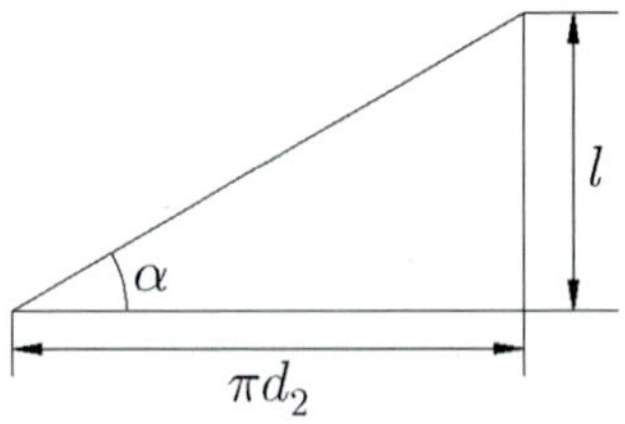

41. [정답 : ③] 인장하중 $W = 4.8[\text{ton}]$, 볼트 허용 인장응력 $\sigma_a = 6[\text{kgf/mm}^2]$

$$d = \sqrt{\frac{2W}{\sigma_a}} = \sqrt{\frac{2 \cdot (4.8 \times 1000)}{6}}[\text{mm}] = 40[\text{mm}]$$

42. [정답 : ②] 볼나사는 나사골에 강구를 넣어 만든 나사이다.

43. [정답 : ③] 허용응력으로부터 볼트의 골지름을 구하면

$$F = \frac{\pi d_1^2}{4} \times \sigma_a \rightarrow d_1 = \sqrt{\frac{4F}{\pi \sigma_a}} = \sqrt{\frac{4(9.6 \times 1000)}{\pi(100)}} = 11.06[\text{mm}]$$

이므로 $d = d_1/0.8 = 13.83[\text{mm}]$이다. 보기 중 13.83mm보다 큰 것 중 가장 가까운 것은 바깥지름이 16mm인 M16이다.

44. [정답 : ①]

45. [정답 : ③] 길이 방향 힘의 평형으로부터

$$4 \times \left(\frac{\pi d^2}{4} \times \sigma_a\right) = \frac{\pi D^2}{4} \times p \quad \therefore \ d = D\sqrt{\frac{p}{4\sigma_a}} = 8\sqrt{\frac{100}{4\sigma_a}} = \frac{40}{\sqrt{\sigma_a}}$$

46. [정답 : ①] 유니파이 나사는 나사호칭에 관한 숫자, 1인치(inch)당 나사산 수, 나사 종류의 순으로 표기한다. 나사의 크기를 정하기 위한 표준 치수를 1인치에서 나사산 수(n)로 정하였으므로 피치(p)는

$$p = \frac{25.4}{n}[\text{mm}] = \frac{25.4}{8}[\text{mm}]$$

가 된다. 따라서 2줄 나사이므로 나사의 리드(l)는 다음과 같다.

$$l = 2p = 2 \times \frac{25.4}{8} = 6.35[\text{mm}]$$

47. [정답 : ①]

- 골지름 : $d_1 = d - 2h = 40 - 2(2) = 36[\text{mm}]$
- 유효지름 : $d_2 = \dfrac{d + d_1}{2} = \dfrac{40 + 36}{2} = 38[\text{mm}]$
- 리드 : 2회전할 때 축 방향으로 8mm 이동하므로 리드 $l = 4[\text{mm}]$

• 나선각(λ) : $\tan\lambda = \frac{l}{\pi d_2} = \frac{4}{38\pi} \rightarrow \lambda = \tan\lambda^{-1}\left(\frac{4}{38\pi}\right)$

• 나사효율 : $\eta = \frac{\tan\lambda}{\tan(\rho+\lambda)} = \frac{\frac{4}{38\pi}}{\tan\left(\rho+\tan^{-1}\frac{4}{38\pi}\right)}$

48. [정답 : ④] 두 줄 나사이므로 리드 $l = np = 2p$이고,

$$\tan\lambda = \frac{l}{\pi d_2} = \frac{2p}{\pi d_2}$$

자립조건 $\mu \geq \tan\lambda$에 대입하면 $\mu \geq \frac{2p}{\pi d_2} \rightarrow \pi d_2 \mu - 2p \geq 0$

49. [정답 : ①] 나사를 조일 때이다. $\alpha = \rho$일 때 $\tan(\rho - \alpha) = \tan 0 = 0$

$$\eta = \frac{\tan\alpha}{\tan(\rho+\alpha)} = \frac{\tan\rho}{\tan(2\rho)} = \frac{\tan\rho}{\frac{2\tan\rho}{1-\tan^2\rho}} = \frac{1}{2}(1-\tan^2\rho)$$

50. [정답 : ②] 사각나사 효율이 삼각나사보다 높다.

연습문제 2

01. [정답 : ④] 잔류 응력이 존재하지 않는다.

02. [정답 : ③]

03. $W = 140\text{kN}$, $\tau_a = 70\text{N/mm}^2$, $d = 20\text{mm}$. 양쪽 덮개판 맞대기 이음이므로 전단면이 2개이다. 리벳의 개수를 n이라 하면 하나의 리벳에 W/n의 하중이 작용하므로

$$n = \frac{W}{f_s\left(\frac{\pi d^2}{4}\right)\tau_a} = \frac{4W}{1.8\pi d^2 \tau_a} = \frac{4\times(140\times1000)}{1.8\pi\times(20)^2\times(70)} \approx 3.54$$

따라서 요구되는 리벳의 최소 개수는 3.54보다 큰 자연수이므로 $n_{\min} = 4$가 된다. 여기에서 복전단면인 경우 $f_s = 1.8$이다.

04. $t = 14\text{mm}$, $d = 22\text{mm}$, 피치 $p = 54\text{mm}$, 인장하중 $W = 1350\,\text{kgf}$이다.

$$\sigma_t = \frac{W}{A} = \frac{W}{(p-d)t} = \frac{1350}{(54-22)(14)} = 3.01\,[\text{kgf/mm}^2]$$

05. [정답 : ③] 한 피치 구간에서 강판의 최소 면적 $A = (p-d)t$이므로

$$W = \sigma_t A = (p-d)t\sigma_t$$

06. [정답 : ④] 리벳의 최소 개수를 n이라 하면

$$P=\left[\left(\frac{\pi}{4}d^2\right)\tau_a\right]\times n \quad \therefore\ n=\frac{4P}{\pi d^2\tau_a}=\frac{4\times 750}{3\times 5^2\times 4}=10[\text{개}]$$

07. [정답 : ②] 리벳이음에서 인장하중이 작용할 때 리벳자루가 판을 압축하여 판의 압축 파괴가 일어난다. 리벳자루의 단면적 $A=dt$이므로

$$P=A\sigma_c=dt\sigma_c$$

08. [정답 : ④] 리벳의 전단저항= W이고, 압축저항= W이다. 이때 리벳의 전단응력 τ [kgf/mm^2]과 압축응력 σ_c[kgf/mm^2]은

$$\tau=\frac{W}{A_s}=\frac{4W}{\pi d^2} \quad \cdots\cdots ①$$

$$\sigma_c=\frac{W}{A_c}=\frac{W}{td} \quad \cdots\cdots ②$$

이다. ①÷②를 하면

$$\frac{\tau}{\sigma_c}=\frac{4W}{\pi d^2}\times\frac{td}{W}=\frac{4t}{\pi d} \quad \therefore\ t=\frac{\pi d\tau}{4\sigma_c} \quad \cdots\cdots ③$$

09. [정답 : ④] 하중 W=6ton=6000kgf이다. 1줄 겹치기 리벳 이음에서 하나의 리벳에 발생하는 전단면의 개수가 한 개다.

$$W=\tau_a A\times n=\tau_a\times\frac{\pi d^2}{4}\times n \quad \therefore\ n=\frac{4W}{\pi d^2\tau_a}=\frac{4\times(6000)}{\pi\times 12^2\times 6}\approx 8.8$$

따라서 주어진 하중을 버티기 위한 리벳의 최소 개수 $n_{\min}=9$이다.

10. 리벳 하나에는 상하 2부분에 전단력이 발생한다. 그리고 리벳의 개수가 5개이므로 리벳의 전단면적 $A=\frac{\pi}{4}d^2$에 작용하는 힘 $F=\frac{P}{2\times 5}=\frac{P}{10}$이다.

$$\tau=\frac{F}{A}=\frac{\left(\frac{P}{10}\right)}{\left(\frac{\pi}{4}d^2\right)}=\frac{4}{\pi d^2}\times\frac{P}{10}=\frac{4}{\pi(10\times 10^{-3}\text{m})^2}\times\frac{(1\times 10^3\text{N})}{10}$$

$$=\frac{4}{\pi}\times 10^6\left(\frac{\text{N}}{\text{m}^2}\right)=\frac{4}{\pi}[\text{MPa}]$$

11. [정답 : ④] 하중(W)을 받는 두께가 얇은 쪽의 가장 바깥에 있는 리벳(E)에 가장 큰 하중이 작용한다.

12. 전단면에서 판의 인장저항(인장력)과 리벳의 전단저항(전단력)이 같다고 하면 리벳의 피치 p[mm]는 다음과 같다.

$$W=(p-d)t\sigma_a=\frac{\pi}{4}d^2\tau_a$$

$$\therefore\ p=d+\frac{\pi d^2\tau_a}{4t\sigma_a}=10+\frac{\pi\times(10)^2\times80}{4\times5\times60}\approx30.9[\text{mm}]$$

13. [정답 : ③] 리벳 지름 d, 피치 p일 때 판의 효율 $\eta=1-\dfrac{d}{p}$이다. 즉 판의 효율은 강판의 두께와 허용 인장 응력과는 무관하고, 리벳지름이 감소하거나 피치가 증가할 때 증가한다.

14. 하나의 전단면에 작용하는 (전단력) $=A\tau_s=\left[\left(\frac{\pi}{4}d^2\right)\tau_s\right]$ 이고, 2줄 겹치기 리벳이음이므로 전단면이 2개이다.

$$\eta=\frac{(\text{전단력})}{(\text{인장력})}=\frac{2\times\left[\left(\frac{\pi}{4}d^2\right)\tau_s\right]}{(pt)\sigma_t}=\frac{2\times\left[\left(\frac{3}{4}\times20^2\right)\times(0.8\sigma_t)\right]}{(80\times10)\sigma_t}$$

$$=\frac{3}{5}=60[\%]$$

15. [정답 : ②] $\eta=1-\dfrac{d}{p}\quad\therefore\ p=\dfrac{d}{1-\eta}=\dfrac{20}{1-0.6}=50[\text{mm}]$

16. [정답 : ②] 강판의 효율 $\eta=75\%$, 피치 $p=20\text{mm}$이다. 리벳 구멍 지름을 $d[\text{mm}]$로 하면

$$\eta=1-\frac{d}{p}\quad\therefore\ d=(1-\eta)p=(1-0.75)\times20=5[\text{mm}]$$

17. • $Q=\dfrac{W}{n}=\dfrac{300}{3}=100[\text{N}]\ (\downarrow)$

• 왼쪽으로부터 오른쪽으로 세 리벳을 각각 리벳 1, 2, 3으로 한다. 리벳들의 도심은 2번 리벳이므로

$r_1=100\text{mm},\ r_2=0,\ r_3=100\text{mm},\ e=100+400=500[\text{mm}]$

$$K=\frac{We}{\sum r_i^2}=\frac{300\times500}{100^2+0+100^2}=\frac{15}{2}\ [\text{N/mm}]$$

$$F_1=Kr_1=\frac{15}{2}\times(100)=750[\text{N}]\ (\uparrow)$$

$$F_2=Kr_2=\frac{15}{2}\times(0)=0$$

$$F_3=Kr_3=\frac{15}{2}\times(100)=750[\text{N}]\ (\downarrow)$$

따라서 최대 전단력은 리벳 3에서 발생하며 그 크기는 다음과 같다.

$$R_{max} = Q + F_3 = 100 + 750 = 850[N](\downarrow)$$

18. [정답 : ④] 4개의 리벳이 정사각형을 이루고 있으므로 리벳군의 기하학적 중심은 정사각형 중심에 있고, 중심으로부터 각 리벳까지 거리가 모두 같다. 따라서 모멘트에 의해 각 리벳에 작용하는 전단력의 크기가 모두 같다. 이 전단력의 크기를 A라 하고 하중에 의해 각 리벳에 작용하는 직접 전단력의 크기를 B라 하여 각 리벳에 작용하는 힘을 도시하면 [그림]과 같다.

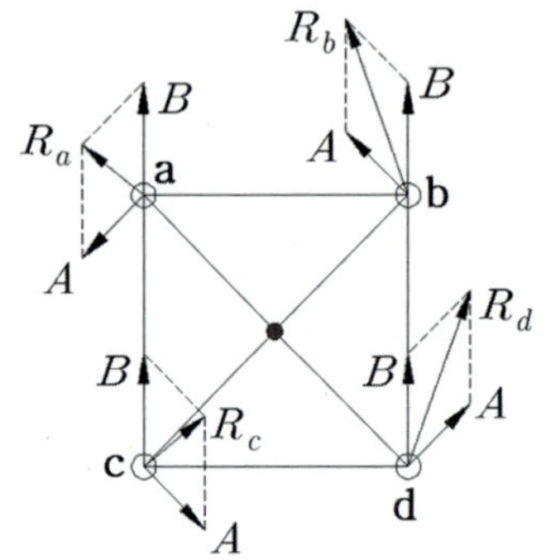

[그림] 각 리벳에 작용하는 전단력

[그림]에서 평행사변형법으로 각 리벳에서 합력을 구하면

$$(R_b = R_d) > (R_a = R_c)$$

이다. R_a, R_b, R_c, R_d는 각각 리벳 a, b, c, d에 작용하는 전단력의 크기이다.

19. [정답 : ②] 하중 W, 거리 r일 때 전단력의 비례상수는

$$K_1 = \frac{We}{\sum r_i^2} = \frac{We}{4 \times (r^2)} = \frac{We}{4r^2}$$

이고, 모멘트에 의한 전단하중의 크기는

$$F_1 = K_1 r = \left(\frac{We}{4r^2}\right) r = \frac{We}{4r} \quad \cdots\cdots ①$$

이다. 그리고 하중 $2W$, 거리 $2r$일 때 전단력의 비례상수는

$$K_2 = \frac{(2W) \times e}{\sum r_i^2} = \frac{2We}{4 \times (2r)^2} = \frac{We}{8r^2}$$

이고, 모멘트에 의한 전단하중의 크기는

$$F_2 = K_2(2r) = \left(\frac{We}{8r^2}\right)(2r) = \frac{We}{4r} \quad \cdots\cdots ②$$

이다. ①, ②로부터 $F_1 = F_2$이다.

20. 왼쪽 끝으로부터 오른쪽으로 차례로 리벳 1, 2, 3, 4라 한다. 리벳의 개수 $n = 4$이고 편심 하중 $W = 20\text{kN}$이다.

(1) $Q = \dfrac{W}{n} = \dfrac{20}{4} = 5\,[\mathrm{kN}]\,(\downarrow)$

(2) 리벳들의 도심은 2번과 3번 리벳 사이 중앙에 있으므로

$r_1 = 300\mathrm{mm},\ r_2 = 100\mathrm{mm},\ r_3 = 100\mathrm{mm},\ r_4 = 300\mathrm{mm},\ e = 100\mathrm{mm}$

$$K = \frac{We}{\sum r_i^2} = \frac{20 \times 100}{300^2 + 100^2 + 100^2 + 300^2} = 0.01\,[\mathrm{kN/mm}]$$

$$F_1 = Kr_1 = 0.01 \times (300) = 3\,[\mathrm{kN}]\,(\uparrow)$$

$$F_2 = Kr_2 = 0.01 \times (100) = 1\,[\mathrm{kN}]\,(\uparrow)$$

$$F_3 = Kr_3 = 0.01 \times (100) = 1\,[\mathrm{kN}]\,(\downarrow)$$

$$F_4 = Kr_4 = 0.01 \times (300) = 3\,[\mathrm{kN}]\,(\downarrow)$$

(3) (1), (2)로부터 각 리벳에 발생하는 총 전단력의 크기는 다음과 같다.

$$R_1 = 5 - 3 = 2\,[\mathrm{kN}]\,(\downarrow) \qquad R_2 = 5 - 1 = 4\,[\mathrm{kN}]\,(\downarrow)$$

$$R_3 = 5 + 1 = 6\,[\mathrm{kN}]\,(\downarrow) \qquad R_4 = 5 + 3 = 8\,[\mathrm{kN}]\,(\downarrow)$$

21. [정답 : ①] $W = 600\,\mathrm{N}$의 하중이 아래 방향($\downarrow$)으로 작용하고 있으며, 리벳의 개수 $n = 3$이다.

(1) 직접 전단력 : $Q = \dfrac{W}{n} = \dfrac{600}{3} = 200\,[\mathrm{N}]\,(\downarrow)$

(2) 편심에 의한 모멘트로 인하여 발생하는 전단력(F_i) : [그림]과 같이 왼쪽 끝으로 부터 오른쪽으로 세 리벳을 각각 리벳 1, 2, 3으로 한다. 리벳군의 기하학적 중심은 리벳 2이다.

$r_1 = 200\mathrm{mm},\ r_2 = 0,\ r_3 = 200\mathrm{mm},\ e = 200 + 100 = 300\,[\mathrm{mm}]$

$$K = \frac{We}{\sum r_i^2} = \frac{600 \times 300}{200^2 + 0 + 200^2} = \frac{9}{4}\,[\mathrm{N/mm}]$$

$$F_1 = Kr_1 = \frac{9}{4} \times (200) = 450\,[\mathrm{N}]\,(\uparrow)$$

$$F_2 = Kr_2 = \frac{9}{4} \times (0) = 0$$

$$F_3 = Kr_3 = \frac{9}{4} \times (200) = 450\,[\mathrm{N}]\,(\downarrow)$$

(1), (2)의 결과를 정리하면 [그림]과 같다.

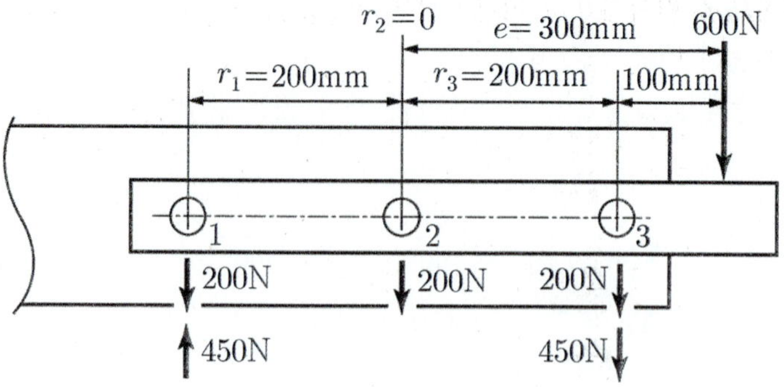

[그림] 리벳에 작용하는 힘

(3) 리벳에 작용하는 전단력(R_i)과 최대 전단응력(τ_{max}) :

[그림]으로부터 각 리벳에 작용하는 전단력은 다음과 같다. 아래 방향을 양(+)으로 잡으면

$$R_1 = Q+F_1 = 200-450 = -250[\text{N}]$$

$$R_2 = Q+F_2 = 200+0 = 200[\text{N}]$$

$$R_3 = Q+F_3 = 200+450 = 650[\text{N}]$$

따라서 최대 전단력은 $R_{max} = R_3 = 650$N이고, 최대 전단응력(τ_{max})은 다음과 같다.

$$\tau_{max} = \frac{R_{max}}{A} = \frac{R_{max}}{(\pi d^2/4)} = \frac{4\times 650}{\pi\times 10^2} = \frac{26}{\pi}[\text{N/mm}^2]$$

22. [정답 : ②] 리벳의 개수 $N=5$이고 하나의 리벳에 전단면이 하나이다. 리벳에 작용하는 전단력을 고려하면 다음과 같이 리벳의 최소 허용 지름 d[mm]가 결정된다.

$$P = N(\tau A) = N\tau\times\frac{\pi d^2}{4} \quad \therefore\ d=\sqrt{\frac{4P}{\pi N\tau}} = \sqrt{\frac{4\times 540}{3\times 5\times 4}} = 6[\text{mm}]$$

23. [정답 : ③] 리벳 구멍지름 $d=20$mm, 피치 $p=50$mm

$$\eta = 1-\frac{d}{p} = 1-\frac{20}{50} = 0.6 = 60[\%]$$

24. [정답 : ③] $\eta = 1-\dfrac{(\text{리벳지름})}{(\text{피치})} = 1-\dfrac{d}{2p} = \dfrac{2p-d}{2p}$

25. [정답 : ①] 양쪽 덮개판 한줄 맞대기 리벳이음에서

$$\eta_2 = \frac{F_S}{W_0} = \frac{\left[\left(\frac{\pi}{4}d^2\right)\tau_s\right]\times(1.8n)}{(pt)\sigma_t} = \frac{\left[\left(\frac{4}{4}\times 10^2\right)(0.5\sigma_t)\right]\times(1.8)}{(50\times 10)\sigma_t} = 0.18 = 18[\%]$$

26. [정답 : ③] 양쪽 덮개판 1줄 맞대기 리벳이음이므로 $W=1.8\tau\times\frac{\pi d^2}{4}\times n$

$$n=\frac{4W}{1.8\pi d^2\tau}=\frac{4(54\times1000)}{1.8(\pi)(10)^2(100)}=3.8 \qquad \therefore\ n_{\min}=4$$

연습문제 3

01. [정답 : ④]

02. ㉠의 결함은 '언더컷'이다. 언더컷은 용접의 변 끝을 따라 모재가 파여지고 용착 금속이 채워지지 않고 홈으로 남아 있는 부분이다. 언더컷의 원인에는 다음과 같은 것들이 있다.
   ① 용접 전류가 지나치게 높다. (용접 전류 과대)
   ② 용접 속도가 너무 빠르다. (용접 속도 과속)
   ③ 아크 길이가 너무 길다.
   ④ 용접봉의 운봉 각도가 부적합하다.

03. [정답 : ③]　　04. [정답 : ④]

05. [정답 : ①]　　06. [정답 : ①]

07. [정답 : ②]

$$W=\sigma_t tL=\left(10\frac{\text{kgf}}{\text{mm}^2}\right)\times(10\text{mm})\times(100\text{mm})=10\times10^3\,[\text{kgf}]=10\,[\text{ton}]$$

08. 용접부가 두 개이므로 인장하중과 허용전단응력의 관계식은 다음과 같다.

$$P=2\tau_a A=2\tau_a\left(\frac{t}{\sqrt{2}}l\right)=\sqrt{2}\,\tau_a tl$$

$$\therefore\ t=\frac{P}{\sqrt{2}\,\tau_a l}=\frac{5000\sqrt{2}}{\sqrt{2}\times(10)\times(50)}=10\,[\text{mm}]$$

09. [정답 : ②] $P=2\tau_a\left(\frac{hl}{\sqrt{2}}\right)=\sqrt{2}\,\tau_a(hl)$

$$\therefore\ l=\frac{P}{\sqrt{2}\,\tau_a h}=\frac{6,000}{\sqrt{2}\times(6)\times(10)}=50\sqrt{2}\,[\text{mm}]=70.7\,[\text{mm}]$$

10. [정답 : ②] $\tau=\frac{P}{A}=\frac{P}{hl/\sqrt{2}}=\frac{\sqrt{2}P}{hl}\fallingdotseq\frac{1.414P}{hl}$

11. [정답 : ④] $W=\sigma_a A=\sigma_a(tL)=20\times(5\times200)=20,000\,[\text{N}]$

12. [정답 : ④] 두께가 서로 다른 모재일 때 목두께 a의 길이는 두께가 얇은 쪽의 모재에서 덧붙임을 제외한 길이로 정한다. 용접부가 견딜 수 있는 인장하중은 다음과 같다.

$$P = A\sigma_t = (al)\sigma_t$$

여기에서 l은 용접 길이이고 a는 목 두께로서 t_1과 t_2 중 작은 것을 선택한다.

13. [정답 : ②] $F = 2\tau_a A = 2\tau_a\left(\dfrac{t}{\sqrt{2}}l\right) = \sqrt{2}\,\tau_a t l$

$$\therefore\ l = \frac{F}{\sqrt{2}\,\tau_a t} = \frac{50{,}000}{\sqrt{2}\times 50\times 10} = 70.7[\mathrm{mm}]$$

14. [정답 : ④] $P = \sigma A = \sigma(tL)$

$$\therefore\ t = \frac{P}{\sigma L} = \frac{(48\times 10^3)}{6\times(32\times 10)} = 25[\mathrm{mm}] = 2.5[\mathrm{cm}]$$

15. [정답 : ④] 양쪽 측면 용접이므로 용접부가 2개다.

$$P = 2A\tau_a = 2\left(\frac{t}{\sqrt{2}}L\right)\tau_a \quad \therefore\ L = \frac{\sqrt{2}\,P}{2t\tau_a} = \frac{1.414\times 500}{2\times 5\times 5} = 14.14[\mathrm{mm}]$$

16. [정답 : ②] $P = A\tau = \left(\dfrac{t}{\sqrt{2}}L\right)\tau = \left(\dfrac{t\tau}{\sqrt{2}}\right)L \quad \therefore\quad L = \dfrac{\sqrt{2}\,P}{t\tau}$

17. [정답 : ①] $P = A\tau_{\max} = \left(\dfrac{H}{\sqrt{2}}\times L\right)\tau_{\max} \quad \therefore\ \tau_{\max} = \sqrt{2}\,\dfrac{P}{HL}$

18. [정답 : ①] $P = 2A\tau_a = 2\left(\dfrac{t}{\sqrt{2}}L\right)\tau_a = \sqrt{2}\,tL\tau_a$

$$= \sqrt{2}\times 12\times 120\times 50 = 101{,}823\,[\mathrm{N}] = 101.8\,[\mathrm{kN}]$$

19. [정답 : ④] $\sigma_t = \dfrac{P}{A} = \dfrac{P}{tL} = \dfrac{(40\times 10^3\mathrm{N})}{10\mathrm{mm}\times 40\mathrm{mm}} = 100\,[\mathrm{MPa}]$

20. [정답 : ③] $W = 2A\tau_a = 2\left(\dfrac{h}{\sqrt{2}}\times l\right)\tau_a = \sqrt{2}\,hl\tau_a \quad \therefore\ l = \dfrac{W}{\sqrt{2}\,h\tau_a}$

21. [정답 : ①] 용접부위 굽힘 모멘트 $M_b = 1000\,\mathrm{kgf\cdot mm}$에 의해 용접부에 발생하는 최대 응력은

$$\sigma_{\max} = \frac{M_b}{I}y_{\max} = \frac{M_b}{\dfrac{lh^3}{12}}\times\frac{h}{2} = \frac{6M_b}{lh^2}$$

이다. 따라서 판 두께 $h = 10\mathrm{mm}$, 허용 인장응력 $\sigma_a = 10\mathrm{kgf/mm^2}$일 때 모멘트를 견딜 수 있는 최소 길이 $l[\mathrm{mm}]$은 다음과 같다.

$$\sigma_a = \frac{6M_b}{lh^2} \quad \therefore\ l = \frac{6M_b}{\sigma_a h^2} = \frac{6\times1000}{10\times10^2} = 6[\mathrm{mm}]$$

22. [정답 : ①] [그림]의 (a)에서 용접목의 두께 $a = \dfrac{f}{\sqrt{2}}$ 이다. 여기에서 용접 부위를 안지름 $d_1 = D$ 이고, 바깥지름이

$$d_2 = D + 2a = D + 2\times\left(\frac{f}{\sqrt{2}}\right) = D + \sqrt{2}f$$

인 속이 비어 있는 축(중공축)으로 가정한다.

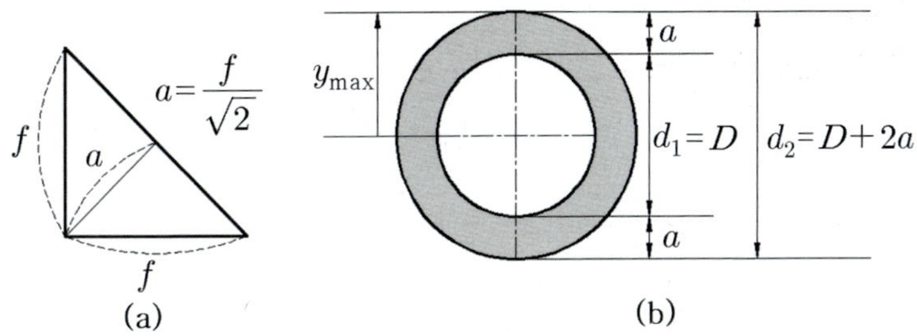

[그림] 용접목(a)과 중공축의 단면(b)

이때 최대 굽힘 응력($\sigma_{\max}$)의 크기는 다음과 같다.

$$\sigma_{\max} = \frac{M}{I}y_{\max} = \frac{M}{\frac{\pi}{64}\left(d_2^4 - d_1^4\right)}\times\left(\frac{d_2}{2}\right)$$

$$= \frac{32Md_2}{\pi\left(d_2^4 - d_1^4\right)} = \frac{32M\left(D+\sqrt{2}f\right)}{\pi\left[\left(D+\sqrt{2}f\right)^4 - D^4\right]}$$

23. [정답 : ④] 외력 10kN에 의해 두 용접부에 작용하는 전단력을 각각 F_m, F_n으로 하여 자유물체도를 그리면 [그림]과 같다. [그림]에서 외력의 작용선에 대한 모멘트 평형을 고려하면

$$F_m\times50 - F_n\times100 = 0 \quad \therefore\ F_m = 2F_n \cdots\cdots ①$$

이고, 수평방향 힘의 평형에서

$$F_m + F_n = 10\,\mathrm{kN} \cdots\cdots ②$$

이다. ①, ②를 연립하면 $F_n = \dfrac{10}{3}$kN이다. 여기에서 용접부의 허용전단응력 $\tau_Y = 10[\mathrm{N/mm^2}]$, 용접치수(판재두께) $t = 10$[mm]이므로 다음과 같이 용접부 최소길이 m, n이 구해진다.

$$F_n = \tau_Y \times A_s = \tau_Y \times \frac{tn}{\sqrt{2}}$$

$$\therefore \quad n = \frac{\sqrt{2}\,F_n}{t\tau_Y} = \frac{\sqrt{2}\times\left(\frac{10}{3}\times 1000\right)}{10\times 10} \approx 47.14[\text{mm}],\ \ m = 2n \approx 94.28[\text{mm}]$$

두 용접부의 단면 모양이 같으므로 $m = 2n$이다.

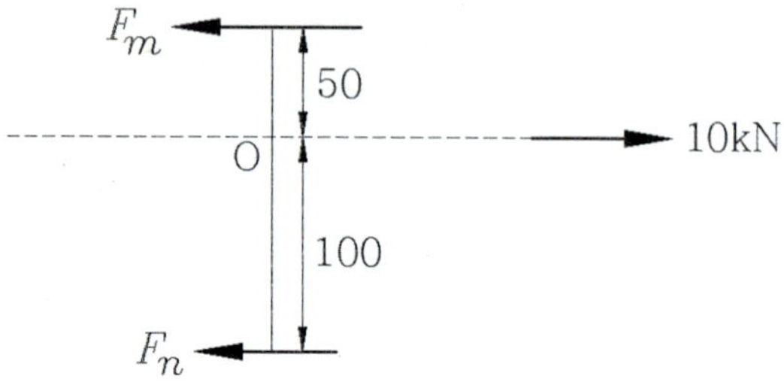

[그림] 용접부에 작용하는 힘의 평형

24. [정답 : ③] 강판 두께 $t = 5\text{mm}$, 용접부의 허용 전단응력 $\tau_a = 30\text{N/mm}^2$, 하중 $P = 6{,}000\text{N}$이다. 용접부가 두 군데이고, 용접부 목두께 $a = \frac{t}{\sqrt{2}}$이므로 강판의 최소 유효 길이(l)는 다음과 같다.

$$P = 2\tau_a A = 2\tau_a \times (al) = 2\tau_a \times \frac{t}{\sqrt{2}} \times l$$

$$\therefore \quad l = \frac{P}{\sqrt{2}\,\tau_a t} = \frac{6000}{\sqrt{2}\times 30\times 5} = 20\sqrt{2}\,[\text{mm}]$$

25. [정답 : ②] 용접목 두께 $a = f\cos 45° = 0.7f$이고, 양 측면 용접이음이므로 전단면이 두 개다.

$$P = 2\tau A = 2\tau(al) = 2\tau(0.7fl) = 1.4\tau fl$$

$$\therefore \quad l = \frac{P}{1.4\tau f} = \frac{560}{1.4\times 0.4\times 5} = 200\,[\text{mm}]$$

26. [정답 : ①] 용접부 이음효율의 정의로부터

$$\eta = \frac{(P/tl)}{\sigma} = \frac{P}{\sigma tl} \quad \therefore \quad P = \sigma tl\eta = 100\times 4\times 20\times 0.75 = 6000[\text{N}] = 6[\text{kN}]$$

27. [정답 : ④] 용접부 목두께 $a = \frac{f}{\sqrt{2}}$이고 용접부가 두 개이다.

$$W = 2\tau_a A = 2\tau_a \times (al) = 2\tau_a \times \frac{f}{\sqrt{2}} \times l = 2\tau_a fl \times \frac{1}{\sqrt{2}}$$

$$= 2\times 3\times 5\times 40\times 0.707\,[\text{kgf}] = 848.4\,[\text{kgf}]$$

28. [정답 : ④] 굽힘 모멘트(M)가 작용하는 용접부의 단면을 [그림]의 (b)와 같은 음영 부분이라고 가정한다. 여기에서 a는 용접목의 두께이며 $a=\dfrac{f}{\sqrt{2}}$이고, 중립축으로부터 최대 거리($y_{\max}$)는

$$y_{\max}=\frac{b}{2}+a=\frac{b}{2}+\left(\frac{f}{\sqrt{2}}\right)=\frac{b+\sqrt{2}f}{2}$$

이다. 그리고 (b)에서 음영 부분의 단면2차모멘트는 다음과 같다.

$$I=\frac{b(b+2a)^3}{12}-\frac{b(b)^3}{12}=\frac{b}{12}\left[(b+\sqrt{2}f)^3-b^3\right]$$

위 식에서 $2a=2\times\dfrac{f}{\sqrt{2}}=\sqrt{2}f$이다.

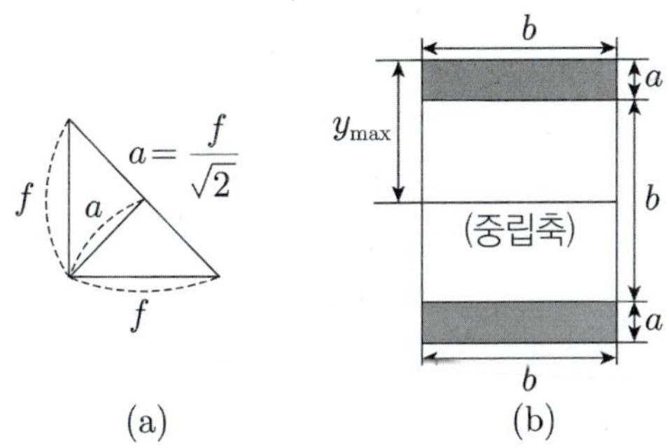

[그림] 용접목(a)과 굽힘 모멘트가 작용하는 단면(b)

이때 최대 굽힘 응력($\sigma_{\max}$)의 크기는 다음과 같다.

$$\sigma_{\max}=\frac{M}{I}y_{\max}=\frac{M}{\frac{b}{12}\left[(b+\sqrt{2}f)^3-b^3\right]}\times\left(\frac{b+\sqrt{2}f}{2}\right)$$

$$=\frac{M}{\left[(b+\sqrt{2}f)^3-b^3\right]}\times\frac{12}{b}\times\left(\frac{b+\sqrt{2}f}{2}\right)$$

$$=\frac{b+\sqrt{2}f}{(b+\sqrt{2}f)^3-b^3}\times\frac{6M}{b}=\frac{\sqrt{2}f+b}{(\sqrt{2}f+b)^3-b^3}\times\frac{6M}{b}$$

29. [정답 : ④] 목두께 $t=3\text{mm}$를 기준으로 하므로 응력이 작용하는 단면적은 $A=tL$이고, 용접부가 2개이다.

$$W=2A\sigma_a=2(tL)\sigma_a=2\times(3\times200)\times30[\text{N}]=36\times10^3[\text{N}]=36[\text{kN}]$$

30. [정답 : ②] 두께 $t=t_1$이다.

$$\sigma_b=\frac{M}{I}y_{\max}=\frac{6M}{bt_1^2}=\frac{6(20{,}000)}{60(10)^2}=20[\text{N/mm}^2]$$

31. [정답 : ②] 용접면이 2개이므로

$$P = 2\tau A = 2\tau(al) = 2\tau(f\sin 45° \times l)$$

$$\therefore \quad \tau = \frac{P}{2(f\sin 45° \times l)} = \frac{28 \times 1000}{2(10 \times 0.7 \times 100)} = 20\,[\mathrm{N/mm^2}]$$

32. [정답 : ②] 열응력에 의한 잔류변형이 발생한다.

33. [정답 : ②] 목두께는 두 판의 두께 중 작은 값을 선택한다.

$$P = A\sigma_a = (t_1 l)\sigma_a = 5(100)(5) = 2500\,[\mathrm{N}]$$

34. [정답 : ④] 용접 부위를 안지름 $d_1 = D$이고, 바깥지름 $d_2 = D + \sqrt{2}h$인 속이 비어 있는 중공축으로 가정한다.

$$\tau_{\max} = \frac{2T}{I_p} y_{\max} = \frac{2T}{\frac{\pi}{32}\left(d_2^4 - d_1^4\right)} \times \left(\frac{d_2}{2}\right) = \frac{32Td_2}{\pi\left(d_2^4 - d_1^4\right)}$$

여기에서 $D \gg h$이므로 $h^2 \approx 0$로 하면

$$d_2^4 = (D^2 + 2\sqrt{2}Dh)^2 = (D^4 + 4\sqrt{2}D^3h)$$

$$\therefore \quad d_2^4 - d_1^4 = 4\sqrt{2}D^3h$$

$$\tau_{\max} = \frac{32Td_2}{\pi\left(d_2^4 - d_1^4\right)} = \frac{32T(D + \sqrt{2}h)}{4\sqrt{2}\pi D^3h} = \frac{32T(1 + \sqrt{2}h/D)}{4\sqrt{2}\pi D^2h}$$

$$= \frac{32T}{4\sqrt{2}\pi D^2h} = \frac{5.66T}{\pi D^2h}$$

이상에서 $h/D \approx 0$이다.

연습문제 4

01. 굽힘 모멘트 선도는 [그림]과 같고 최대 굽힘 모멘트는

$$M = aW = 250 \times 20 = 5000\,[\mathrm{kN \cdot mm}]$$

이다. 따라서 축 지름은 다음과 같다.

$$d = \sqrt[3]{\frac{32M}{\pi\sigma_a}} = \sqrt[3]{\frac{32 \times (5000 \times 1000)}{\pi \times 50}} = 100.6\,[\mathrm{mm}]$$

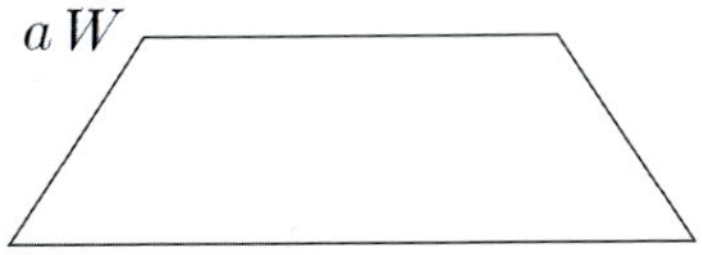

[그림] 굽힘 모멘트 선도

02. 속이 차 있는 축이 비틀림 모멘트만을 받으므로 축 지름은 다음과 같다.

$$d=\sqrt[3]{\frac{16T}{\pi\tau_a}}=\sqrt[3]{\frac{16\times(4\times1000\times1000)}{\pi\times50}}=74.1[\text{mm}]$$

03. 두 축의 최대 비틀림 모멘트가 같으므로

$$T=\tau_a\frac{\pi d^3}{16}=\tau_a\frac{\pi d_2^3}{16}(1-x^4)\quad\therefore\ d^3=d_2^3(1-x^4)$$

이다. $d=100\text{mm}$, $x=0.6$이 주어져 있으므로 속이 비어있는 축의 지름 d_1, d_2는 다음과 같이 구해진다.

$$d_2=d\sqrt[3]{\frac{1}{1-x^4}}=100\times\sqrt[3]{\frac{1}{1-0.6^4}}=104.7[\text{mm}]$$

$$d_1=xd_2=0.6\times104.7=62.8[\text{mm}]$$

04. 토크 $T=\dfrac{60H}{2\pi N}=\dfrac{60\times(20\times736)}{2\times\pi\times600}=234[\text{N}\cdot\text{m}]$

또는, $T=7.02\times10^6\dfrac{H_{PS}}{N}=7.02\times10^6\times\dfrac{20}{600}=0.234\times10^6\ [\text{N}\cdot\text{mm}]$

(1) $d=\sqrt[3]{\dfrac{16T}{\pi\tau_a}}=\sqrt[3]{\dfrac{16\times(234\times1000)}{\pi\times50}}=28.78[\text{mm}]$

(2) $d_2=\sqrt[3]{\dfrac{16T}{\pi\tau_a(1-x^4)}}=\sqrt[3]{\dfrac{16\times(234\times1000)}{\pi\times50\times(1-0.7^4)}}=31.54[\text{mm}]$

또는, $d_2=d\sqrt[3]{\dfrac{1}{(1-x^4)}}=28.78\times\sqrt[3]{\dfrac{1}{(1-0.7^4)}}=31.54[\text{mm}]$

$$d_1=xd_2=0.7\times31.54=22.08[\text{mm}]$$

05. 토크 $T=\dfrac{60H}{2\pi N}=\dfrac{60\times(40\times1000)}{2\times\pi\times300}=1273[\text{N}\cdot\text{m}]$

또는, $T=9.55\times10^6\dfrac{H_{kW}}{N}=9.55\times10^6\times\dfrac{40}{300}=1.273\times10^6\ [\text{N}\cdot\text{mm}]$

(1) $d=\sqrt[3]{\dfrac{16T}{\pi\tau_a}}=\sqrt[3]{\dfrac{16\times(1273\times1000)}{\pi\times50}}=50.61[\text{mm}]$

(2) $d_2 = d\sqrt[3]{\dfrac{1}{(1-x^4)}}$ 로부터 내외경비 x를 구한 후 안지름 d_1을 구한다.

$$d_2^3 = d^3 \times \frac{1}{1-x^4} \quad \rightarrow \quad 1-x^4 = \frac{d^3}{d_2^3} = \left(\frac{d}{d_2}\right)^3$$

$$\therefore \quad x = \sqrt[4]{1-\left(\frac{d}{d_2}\right)^3} = \sqrt[4]{1-\left(\frac{50.61}{60}\right)^3} = 0.795$$

$$d_1 = xd_2 = 0.795 \times 60 = 47.7\,[\text{mm}]$$

(3) 길이를 L이라 하면

$$(\text{무게 비}) = \frac{(\text{중공축 질량})}{(\text{중실축 질량})} = \frac{\frac{\pi}{4}(d_2^2 - d_1^2)L}{\frac{\pi}{4}d^2 L} = \frac{d_2^2 - d_1^2}{d^2} = \frac{60^2 - 47.7^2}{50.61^2}$$

$$= 0.517 = 51.7\,[\%]$$

즉, 중공축의 무게는 중실축의 51.7%이다.

06. (1) ① 강도, ② 강성(변형), ③ 진동, ④ 열응력, ⑤ 열팽창, ⑥ 부식.

(2) 먼저 다음과 같이 상당 비틀림 모멘트 T_e와 상당 휨 모멘트 M_e를 구한다.

$$T_e = \sqrt{M^2 + T^2}, \quad M_e = \frac{M + T_e}{2} = \frac{M + \sqrt{M^2 + T^2}}{2}$$

다음에 상당 휨 모멘트 M_e를 기준으로 하여 결정된 지름을 d_m, 상당 비틀림 모멘트 T_e를 기준으로 하여 결정된 지름을 d_t라 하면 이들은 각각 다음 식으로 구해진다.

$$d_m = \sqrt[3]{\frac{32M_e}{\pi\sigma_a}}, \quad d_t = \sqrt[3]{\frac{16T_e}{\pi\tau_a}}$$

이와 같이 구한 d_m과 d_t 중 큰 값을 선택하여 축을 설계한다.

07. 자유물체도를 그려보면 그림과 같이 양쪽에 걸리는 반력

$$R = \frac{24.8 + 40}{2} = 32.4\,[\text{kgf}]$$

가 구해진다. (중앙에 대해 좌우대칭이므로 양쪽에 걸리는 반력이 같다.)

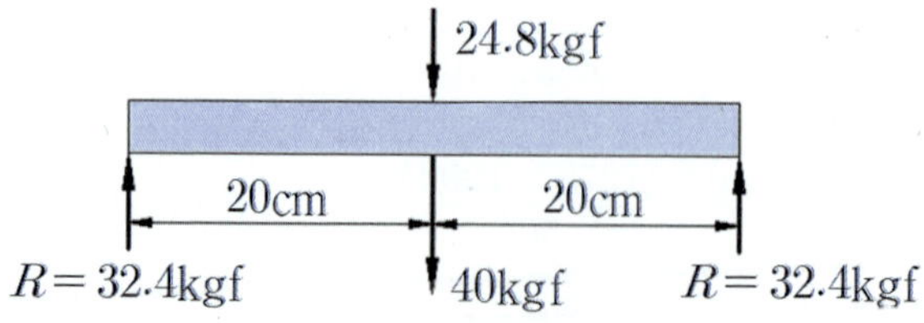

축의 최대 굽힘 모멘트는 축의 중앙에서 발생하며

$$M = 32.4 \times 20 = 648\ [\text{kgf} \cdot \text{cm}]$$

이고, 회전력에 의한 토크는

$$T = 40 \times \frac{D}{2} = 40 \times \frac{24.3}{2} = 486\ [\text{kgf} \cdot \text{cm}]$$

이다. 따라서 상당 비틀림 모멘트는

$$T_e = \sqrt{M^2 + T^2} = \sqrt{648^2 + 486^2} = 810\ [\text{kgf} \cdot \text{cm}]$$

이고, 이로써 축 지름을 구하면 다음과 같다.

$$d_t = \sqrt[3]{\frac{16T_e}{\pi \tau_a}} = \sqrt[3]{\frac{16 \times 810}{3 \times 160}} = 3\ [\text{cm}]$$

08. 동력 $H = T\omega = T \times \frac{2\pi N}{60}$ 이므로 토크는 다음과 같다.

$$T = \frac{60H}{2\pi N} = \frac{60 \times (10 \times 746 \times 1000\text{N} \cdot \text{mm/s})}{2\pi \times 1000/\text{s}} = 71{,}238\ [\text{N} \cdot \text{mm}]$$

† 영국 단위계에서는 1마력을 1HP (hp)로 표시하며 SI 단위와의 관계는 다음과 같다.

1kW = 1.341HP, 1HP = 746W

현재 주로 사용하는 마력의 단위는 1PS = 75kgf · m/s이다.

09. (1) $M = (150 + 50) \times 15 = 3000\ [\text{kgf} \cdot \text{cm}]$

(2) $T = (150 - 50) \times \frac{80}{2} = 4000\ [\text{kgf} \cdot \text{cm}]$

(3) $T_e = \sqrt{M^2 + T^2} = \sqrt{3000^2 + 4000^2} = 5000\ [\text{kgf} \cdot \text{cm}]$

(4) $\tau_{\max} = \frac{T_e}{Z_p} = \frac{T_e}{\pi D^3/16} = \frac{16T_e}{\pi D^3} = \frac{16 \times 5000}{\pi \times 4^3} = \frac{1250}{\pi}\ [\text{kgf/cm}^2]$

10. (1) $Q = Fs = F(r\theta) = Fr\theta = Fr(\omega t) = Fr\omega t\ [\text{J}]$

(2) $P = T\omega = (Fr)\omega = Fr\omega\ [\text{W}]$

(3) $P = T\omega = T \times \frac{2\pi n}{60} = \frac{2\pi n T}{60}\ [\text{W}]$

11. [정답 : ⑤] $P = T\omega = T \times \frac{2\pi n}{60}$, $d = \sqrt[3]{\frac{16T}{\pi \tau_a}}$

12. [정답 : ⑤] 전단응력 이론에 의해 축 지름을 결정하므로 상당 비틀림 모멘트(T_e)를 이용한다.

$$T_e = \sqrt{M^2 + T^2} = \sqrt{40{,}000^2 + 30{,}000^2} = 50{,}000\ [\text{kgf} \cdot \text{mm}]$$

최대 전단응력 이론에서 $\tau_Y = \dfrac{\sigma_Y}{2}$ 이므로 재료의 허용전단응력은

$$\tau_a = \frac{\tau_Y}{S} = \frac{(\sigma_Y/2)}{4} = \frac{\sigma_Y}{8}$$

이다. 따라서 중실축 지름의 세제곱(d_t^3)은 다음과 같다.

$$d_t^3 = \frac{16T_e}{\pi\tau_a} = \frac{16T_e}{\pi} \times \frac{8}{\sigma_Y}$$

$$= \frac{16 \times 50{,}000}{\pi} \times \frac{8}{25} = 8.15 \times 10^4\,[\mathrm{mm}^3] = 81.5\,[\mathrm{cm}^3]$$

13. [정답 : ③] 회전속도 $N = 300\mathrm{rpm}$, 전달동력 $H = 10\pi\,\mathrm{J/s}$ 이다. 축에 작용하는 비틀림 모멘트 T[N · m]는 다음과 같다. $1\mathrm{J} = 1\mathrm{N} \cdot \mathrm{m}$ 이다.

$$H = T\omega = T \times \frac{2\pi N}{60} \quad \therefore\ T = \frac{60H}{2\pi N} = \frac{60 \times 10\pi}{2\pi \times 300} = 1\,[\mathrm{N} \cdot \mathrm{m}]$$

14. [정답 : ①] 중실축과 중공축에 작용하는 최대 전단응력은 각각

$$\tau_{\max,\text{중실축}} = \frac{T}{Z_{p,\text{중실축}}} = \frac{16T}{\pi d^3}, \quad \tau_{\max,\text{중공축}} = \frac{T}{Z_{p,\text{중공축}}} = \frac{16T}{\pi d_o^3(1-x^4)}$$

이므로, $\tau_{\max,\text{중실축}} = \tau_{\max,\text{중공축}}$ 일 때 지름의 비 d_o/d는 다음과 같다.

$$d^3 = d_o^3(1-x^4)$$

$$\therefore\ \frac{d_o}{d} = \sqrt[3]{\frac{1}{1-x^4}} = \sqrt[3]{\frac{1}{1-(1/2)^4}} = \sqrt[3]{\frac{16}{15}}$$

이상에서 중공축의 내외경비 $x = d_i/d_o = 1/2$ 이다.

15. [정답 : ④] 축의 전달 토크 $T = 100\mathrm{N} \cdot \mathrm{m} = 100 \times 10^3\,\mathrm{N} \cdot \mathrm{mm}$, 축의 전단강도 $\tau = 400\,\mathrm{MPa}$, 안전계수 $S = 2$ 이다. 허용 전단응력 $\tau_a = \dfrac{\tau}{S}$ 이므로 다음과 같이 축의 최소 지름 d[mm]가 구해진다.

$$d = \sqrt[3]{\frac{16T}{\pi\tau_a}} = \sqrt[3]{\frac{16T}{\pi(\tau/S)}} = \sqrt[3]{\frac{16ST}{\pi\tau}} = \sqrt[3]{\frac{16(2)(100 \times 10^3)}{\pi(400)}}$$

$$= \sqrt[3]{\frac{8 \times 10^3}{\pi}} = \sqrt[3]{\frac{2^3 \times 10^3}{\pi}} = \sqrt[3]{\frac{(2 \times 10)^3}{\pi}} = \frac{20}{\sqrt[3]{\pi}}\,[\mathrm{mm}]$$

16. [정답 : ①] 상당 비틀림 모멘트(T_e)는

$$T_e = \sqrt{M^2 + T^2} = \sqrt{8^2 + 6^2} = 10\,[\mathrm{kN} \cdot \mathrm{m}]$$

이고, 상당 굽힘 모멘트(M_e)는 다음과 같다.

$$M_e = \frac{M+T_e}{2} = \frac{8+10}{2} = 9[\text{kN}\cdot\text{m}]$$

17. [정답 : ①] 지름이 d인 원형 중실축으로 전달할 수 있는 최대토크(T_1)는

$$T_1 = \tau_a Z_p = \frac{\pi d^3}{16}\tau_a \quad \cdots\cdots ①$$

이다. 원형 중공축의 바깥지름이 d이고 안지름이 $\frac{1}{3}d$이면 내외경비 $x = \frac{1}{3}$이므로 원형 중공축으로 전달할 수 있는 최대토크(T_2)는

$$T_2 = \tau_a Z_p = \frac{\pi d^3}{16}(1-x^4)\tau_a = \frac{\pi d^3}{16}\left[1-\left(\frac{1}{3}\right)^4\right]\tau_a = \frac{80}{81}\times\frac{\pi d^3}{16}\tau_a \cdots ②$$

이다. 식 ①, ②로부터

$$T_2 = \frac{80}{81}T_1 \quad \therefore\ T_1 = \frac{81}{80}T_2$$

18. [정답 : ④]

19. [정답 : ②] 축의 강성설계에서 축 길이 1m에 대하여 비틀림 각이 0.25° 이내가 되는 조건에서 축 지름을 구한다. 축 지름 $d = 120\sqrt[4]{\frac{H_{PS}}{N}}$ [mm]

20. [정답 : ②] $T = \tau Z_p = \tau \times \frac{\pi d^3}{16}$

21. [정답 : ③] 상당굽힘모멘트 $M_e = \frac{1}{2}\left(M+\sqrt{M^2+T^2}\right)$

$$M_e = \sigma_a Z = \sigma_a \times \frac{\pi d^3}{32} \quad \therefore\ d = \sqrt[3]{\frac{32M_e}{\pi\sigma_a}}$$

22. [정답 : ③] 동력 $H = T\omega = T\times\frac{2\pi N}{60}$에서 $T = \frac{60H}{2\pi N}$이므로 축의 최소 지름(d)은 다음과 같다.

$$T = \tau Z_p = \tau\times\frac{\pi d^3}{16} = \frac{60H}{2\pi N} \quad \therefore\ d = \sqrt[3]{\frac{16}{\pi\tau}\times\frac{60H}{2\pi N}} = \sqrt[3]{\frac{480H}{\pi^2\tau N}}\ [\text{m}]$$

23. [정답 : ①] 최대 전단응력 $\tau_{\max} = \frac{T}{Z_p} = \frac{16T}{\pi d^3}$

24. [정답 : ③] 25. [정답 : ④] 26. [정답 : ④]

27. [정답 : ③] 던커레이 공식을 사용한다.

$$\frac{1}{N_{cr}^2} = \frac{1}{N_0^2} + \frac{1}{N_A^2} + \frac{1}{N_B^2}$$

$$= \frac{1}{(3000)^2} + \frac{1}{(2000)^2} + \frac{1}{(1000)^2} = \left(\frac{1}{3^2} + \frac{1}{2^2} + \frac{1}{1^2}\right) \times \frac{1}{(1000)^2}$$

$$= \frac{49}{36} \times \frac{1}{(1000)^2}$$

$$\therefore \ N_{cr} = \sqrt{\frac{36}{49}} \times 1000 = \frac{6}{7} \times 10^3 \,[\text{rpm}]$$

28. [정답 : ①] 하나의 집중하중이 축의 중간에 설치되어 있고 처짐 $\delta_1 = 0.98\text{mm}$, $g = 9.8\text{m/s}^2 = 9.8 \times 10^3 \text{mm/s}^2$이다.

$$N_1 = \frac{30}{\pi}\sqrt{\frac{g}{\delta_1}} = \frac{30}{\pi}\sqrt{\frac{9.8 \times 10^3}{0.98}} = \frac{30}{\pi} \times \sqrt{10^4} = \frac{30}{\pi} \times 100 = \frac{3000}{\pi}[\text{rpm}]$$

29. [정답 : ③] 축의 운전속도가 회전축의 고유진동수로부터 25% 이상 떨어지게 할 것을 권장하고 있다.

30. [정답 : ④] 속이 찬 축(A)의 지름은 d이고, 속이 빈 축(B)의 안지름과 바깥지름은 각각 $d_1 = d/2$, $d_2 = d$이며 지름 비 $x = d_1/d_2 = 1/2$이다.

$$T_A = \tau_{\max} Z_p = \tau_{\max} \times \frac{\pi d^3}{16}$$

$$T_B = \tau_{\max} Z_p = \tau_{\max} \times \frac{\pi d^3}{16}(1 - x^4) = T_A(1 - x^4)$$

$$\therefore \ \frac{T_A}{T_B} = \frac{1}{1 - x^4} = \frac{1}{1 - (1/2)^4} = \frac{16}{15}$$

31. [정답 : ①] 지름이 d인 속이 찬 원형 단면 축의 비틀림 각 θ는 다음과 같다.

$$\theta = \frac{32\,TL}{\pi G d^4} \times \frac{180}{\pi} = \frac{C}{d^4}[^\circ : \text{deg, 도}], \quad C = \frac{32 \times 180\,TL}{\pi^2 G}$$

여기에서 지름이 d일 때 비틀림각이 4°이면

$$4 = \frac{C}{d^4} \quad \therefore \ C = 4d^4$$

이므로, 비틀림각이 1°일 때 축지름(D)은 다음과 같다.

$$1 = \frac{C}{D^4} \quad \therefore \ D = C^{1/4} = (4d^4)^{1/4} = (2^2)^{1/4} d = \sqrt{2}\,d$$

32. [정답 : ②] 축에 발생하는 굽힘 모멘트 $M = PL$이고 비틀림 모멘트 $T = Pa$이므로 상당비틀림 모멘트(T_e)는

$$T_e = \sqrt{M^2 + T^2} = \sqrt{(PL)^2 + (Pa)^2} = P\sqrt{L^2 + a^2}$$

$$= P\sqrt{400^2 + 300^2} = 500P\,[\text{N} \cdot \text{mm}]$$

이다. 따라서 상당비틀림 모멘트 T_e를 고려한 축의 최소 지름 d[mm]는 다음과 같다.

$$d=\sqrt[3]{\frac{16T_e}{\pi\tau_a}}=\sqrt[3]{\frac{16\times500P}{\pi\times8}}=\sqrt[3]{\frac{(10^3)P}{\pi}}=10\sqrt[3]{\frac{P}{\pi}}\text{ [mm]}$$

33. [정답 : ③] 안지름 d_1, 바깥지름 d_2인 중공축이 전달할 수 있는 토크(T)는 다음과 같다. 여기에서 $x=d_1/d_2$이다.

$$T=\tau_{\max}Z_p=\tau_{\max}\times\frac{\pi d_2^3}{16}(1-x^4)$$

축 A에서 $d_1=2$mm, $d_2=4$mm, $x=0.5$이므로

$$T_A=\tau_{\max}\times\frac{\pi(4)^3}{16}[1-(0.5)^4]=\frac{15}{4}\pi\tau_{\max}$$

이고, 축 B에서 $d_1=4$mm, $d_2=8$mm, $x=0.5$이므로

$$T_B=\tau_{\max}\times\frac{\pi(8)^3}{16}[1-(0.5)^4]=30\pi\tau_{\max}$$

$$\therefore\ \frac{T_B}{T_A}=\frac{4}{15}\times30=8$$

34. [정답 : ②] $T_e=\sqrt{M^2+T^2}=\sqrt{M^2+(\sqrt{3}M)^2}=2M$

$$M_e=\frac{M+T_2}{2}=\frac{M+2M}{2}=\frac{3}{2}M$$

35. [정답 : ③] $T_e=\sqrt{M^2+T^2}=\sqrt{100^2+100^2}=100\sqrt{2}$ [N · mm]

$$T_e=\tau_aZ_p=\tau_a\times\frac{\pi d^3}{16}$$

$$\therefore\ d=\sqrt[3]{\frac{16T}{\pi\tau_a}}=\sqrt[3]{\frac{16\times(100\sqrt{2})}{\pi\times\sqrt{2}}}=\sqrt[3]{\frac{1600}{\pi}}\text{ [mm]}$$

36. [정답 : ④] Bach의 축 공식은 연강으로 된 전동축에서 축에 작용하는 최대 비틀림 모멘트(T)에 의한 비틀림 각(θ)이 축 길이 1m에 대해 0.25° 이내에 있도록 하여 유도한 것이다. 비틀림각 $\theta=\frac{TL}{GI_p}$는 축의 길이(L)에 비례하므로

$$1\text{m}:0.25°=5\text{m}:\theta\quad\therefore\ \theta=\frac{5}{1}\times0.25°=1.25°$$

37. [정답 : ③] 축의 지름이 d일 때 전달토크(T_d)는

$$T_d=\tau_aZ_p=\tau_a\times\frac{\pi d^3}{16}$$

이고, 축의 지름이 $2d$일 때 전달토크(T_{2d})는 다음과 같다.

$$T_{2d} = \tau_a \times \frac{\pi(2d)^3}{16} = 2^3 \times \left(\tau_a \times \frac{\pi d^3}{16}\right) = 8\,T_d$$

38. [정답 : ④] 비틀림각 : $\theta = \dfrac{TL}{GI}$ (T : 비틀림 모멘트, L : 축의 길이, G : 전단탄성계수, I : 극단면 2차 모멘트)

39. [정답 : ③] 중공축에서 지름비 $x = \dfrac{2}{3}$ 이다.

$$T_{중실축} = \tau_a \times \frac{\pi d^3}{16}, \quad T_{중공축} = \tau_a \times \frac{\pi d^3}{16}(1 - x^4)$$

$$\therefore \frac{T_{중공축}}{T_{중실축}} = 1 - x^4 = 1 - \left(\frac{2}{3}\right)^4 = \frac{65}{81}$$

40. [정답 : ②] 각속도 $\omega = 2\pi f$ 이다. 단위를 N, mm로 통일하여 계산한다.

$$H = T\omega = \tau \times \frac{\pi d^3}{16} \times 2\pi f \rightarrow \tau = \frac{8H}{\pi^2 d^3 f} = \frac{8(1\times 10^6)}{\pi^2 (10)^3 (50)} = \frac{160}{\pi^2}\,[\text{MPa}]$$

$$\therefore \sigma_{VM} = \sqrt{3}\,\tau = \frac{160\sqrt{3}}{\pi^2}\,[\text{MPa}]$$

41. [정답 : ①] $H = T\omega = \left(\tau_a \times \dfrac{\pi d^3}{16}\right) \times \omega$

$$\therefore d = \sqrt[3]{\frac{16H}{\pi \tau_a \omega}}\,[\text{m}] = 1000\sqrt[3]{\frac{16H}{\pi \tau_a \omega}}\,[\text{mm}]$$

42. [정답 : ③] 연성재질이므로 최대 전단응력설(Tresca 항복조건)을 적용한다. 상당 비틀림 모멘트는

$$T_e = \sqrt{M^2 + T^2} = \sqrt{30^2 + 40^2} = 50\,[\text{N}\cdot\text{m}]$$

이므로 $T = \tau_a Z_p$로부터

$$1.5\,T_e = \tau_a \times \frac{\pi d^3}{16}$$

$$\therefore d = \left(\frac{16 \times 1.5\,T_e}{\pi \tau_a}\right)^{1/3} = \left(\frac{16 \times 1.5 \times 50 \times 10^3}{3 \times 50}\right)^{1/3} = 20\,[\text{mm}]$$

여기에서 $1\text{MPa} = \dfrac{1\text{N}}{\text{mm}^2}$ 이고, 단위를 N, mm로 통일하여 계산하였다.

43. [정답 : ④] 동력 $H = T \times \dfrac{2\pi N}{60}$ 으로부터 토크를 구한다.

$$T = \frac{60H}{2\pi N} = \frac{60(100\pi)}{2\pi(1000)}[\text{kN}\cdot\text{m}] = 3[\text{kN}\cdot\text{m}]$$

$$T_e = \sqrt{M^2 + T^2} = \sqrt{4^2+3^2} = 5[\text{kN}\cdot\text{m}]$$

$$M_e = \frac{M+T_e}{2} = \frac{4+5}{2} = 4.5[\text{kN}\cdot\text{m}] \quad \therefore \ \frac{M_e}{T_e} = \frac{4.5}{5} = 0.9$$

연습문제 5

01. 전단응력 $\tau = \frac{2T}{bdl} = \frac{2\times(126\times1000)}{15\times60\times70} = 4\,[\text{N/mm}^2]$

02. • 축에 걸리는 토크 $T = \frac{60H}{2\pi N} = \frac{60\times(12\times1000)}{2\pi\times400} = 286.5\,[\text{N}\cdot\text{m}]$

• 전단응력 $\tau = \frac{2T}{bdl} = \frac{2\times(286.5\times1000)}{22\times80\times70} = 4.65\,[\text{N/mm}^2]$

$h_2 = 0.75h_1$, $h_1 + h_2 = 1.75h_1 = h = 14$에서 $h_1 = 8\text{mm}$, $h_2 = 6\text{mm}$이므로 키의 아래와 위 면에는 다음과 같은 압축응력이 발생한다.

• 아래 면 $\sigma_{c1} = \frac{2T}{h_1 dl} = \frac{2\times(286.5\times1000)}{8\times80\times70} = 12.79\,[\text{N/mm}^2]$

• 위 면 $\sigma_{c2} = \frac{2T}{h_2 dl} = \frac{2\times(286.5\times1000)}{6\times80\times70} = 17.05\,[\text{N/mm}^2]$

† $T = 9.55\times10^6\frac{H_{kW}}{N} = 9.55\times10^6\times\frac{12}{400} = 286.5\times10^3\,[\text{N}\cdot\text{mm}]$

03. • 축에 걸리는 토크 $T = \frac{60H}{2\pi N} = \frac{60\times(15\times736)}{2\pi\times300} = 351.4\,[\text{N}\cdot\text{m}]$

• 전단응력 $\tau = \frac{2T}{bdl} = \frac{2\times(351.4\times1000)}{18\times50\times70} = 11.16\,[\text{N/mm}^2]$

• 압축응력 $\sigma_c = \frac{2T}{tdl} = \frac{2\times(351.4\times1000)}{(0.5\times12)\times50\times70} = 33.47\,[\text{N/mm}^2]$

† $T = 7.02\times10^6\frac{H_{PS}}{N} = 7.02\times10^6\times\frac{15}{300} = 351\times10^3\,[\text{N}\cdot\text{mm}]$

04. 압축응력 $\sigma_c = \frac{2T}{tdl} = \frac{2T}{(0.5\times h)dl}$ 로부터

토크 $T = \frac{\sigma_c\times(0.5hdl)}{2} = \frac{80\times(0.5\times8)\times40\times70}{2} = 4.48\times10^5[\text{N}\cdot\text{mm}]$

05. • 토크 $T = \frac{60H}{2\pi N} = \frac{60 \times (40 \times 736)}{2\pi \times 150} = 1874\,[\mathrm{N \cdot m}]$

전단응력 $\tau = \frac{2T}{bdl}$ 로부터

• 길이 $l = \frac{2T}{bd\tau_a} = \frac{2 \times (1874 \times 1000)}{18 \times 70 \times 30} = 99.2\,[\mathrm{mm}]$

† $T = 7.02 \times 10^6 \frac{H_{PS}}{N} = 7.02 \times 10^6 \times \frac{40}{150} = 1.872 \times 10^6\,[\mathrm{N \cdot mm}]$

06. 회전축에 대한 모멘트 평형으로부터 $F \times \frac{50}{2} = P \times \frac{100}{2}$ 이므로 키에 작용하는 힘 $F = 2P = 2 \times 600 = 1200\,[\mathrm{N}]$ 이다.

(1) 압축응력 $\sigma_c = \frac{F}{tl} = \frac{1200}{(8/2) \times 50} = 6\,[\mathrm{N/mm^2}]$

(2) 전단응력 $\tau = \frac{F}{bl} = \frac{1200}{12 \times 50} = 2\,[\mathrm{N/mm^2}]$

07. [정답 : ①]

$$H = T\omega = \left(F \cdot \frac{d}{2}\right) \times \frac{2\pi N}{60} = \left(\tau bl \cdot \frac{d}{2}\right) \times \frac{2\pi N}{60} = \frac{\pi \tau bldN}{60}$$

$$\therefore\ \tau = \frac{60H}{\pi bldN} = \frac{60 \cdot (15 \times 10^3)}{\pi \cdot (10^{-2}) \cdot (8 \times 10^{-2}) \cdot (5 \times 10^{-2}) \cdot 300}$$

$$= \frac{75}{\pi} \times 10^6\,[\mathrm{N/m^2}] \approx 24\,[\mathrm{MPa}]$$

08. [정답 : ④] 스플라인키(spline key)

09. [정답 : ①] 전단력(F)이 작용하는 면적 $A = bl$이므로 전단력 $F = \tau_0 A = \tau_0 bl$이고, 키가 전달할 수 있는 토크 T[N · mm]는 다음과 같다.

$$T = F \times \frac{d}{2} = (\tau_a A) \times \frac{d}{2} = (\tau_a bl) \times \frac{d}{2}$$

$$= 50 \times 10 \times 50 \times \frac{30}{2}\,[\mathrm{N \cdot mm}] = 375{,}000\,[\mathrm{N \cdot mm}]$$

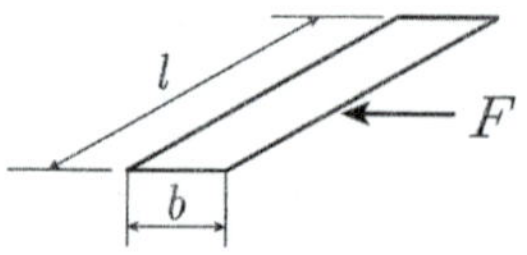

[그림] 전단력과 전단면

10. [정답 : ③] 키(Key)가 전달할 수 있는 동력 크기 :

(세레이션 〉 스플라인 〉 묻힘키 〉 평키 〉 안장키)

11. [정답 : ②] 축 지름 $d = 20\text{mm}$, 키의 폭 $b = 5\text{mm}$, 높이 $h = 7\text{mm}$, 길이 $L = 90\text{mm}$, 허용압축응력 $\sigma_a = 4\text{MPa}$이다. 회전력에 의해 압축 받는 부분의 면적은

$$A = \frac{h}{2} \times L = \frac{hL}{2}$$

이므로 압축응력만으로 전달할 수 있는 최대 토크는 다음과 같다.

$$T = F \times \frac{d}{2} = (A\sigma_a) \times \frac{d}{2} = \left(\frac{hL}{2}\sigma_a\right) \times \frac{d}{2} = \frac{hLd\sigma_a}{4}$$

$$= \frac{(7) \times (90) \times (20) \times (4)}{4} = 12{,}600[\text{N} \cdot \text{mm}]$$

12. [정답 : ①] $\sigma_a = \dfrac{\pi d^2 \tau_a}{8tl}$에서 $l = 1.5d$, $t = \dfrac{1}{2}h$이면

$$\sigma_a = \frac{\pi d^2 \tau_a}{8 \times \left(\frac{1}{2}h\right) \times (1.5d)} \quad \therefore \ h = \frac{\pi d \tau_a}{6\sigma_a} = \frac{\pi(100) \times (30)}{6 \times (80)} = \frac{25\pi}{4} [\text{mm}]$$

13. [정답 : ①] $l = \dfrac{\pi d^2}{8b}$에서 키의 길이 $l = 2d$이면

$$b = \frac{\pi d^2}{8l} = \frac{\pi d^2}{8 \times (2d)} = \frac{\pi}{16} d$$

14. [정답 : ②] 키의 폭 $b = 10\text{mm}$, 높이 $h = 10\text{mm}$, 길이 $l = 50\text{mm}$, 허용전단응력 $\tau_a = 5\text{kgf/mm}^2$, 선날 토크 $T = 50{,}000\text{kgf} \cdot \text{mm}$이다. 전달 토크($T$)로부터 축 지름 d[mm]는 다음과 같이 결정된다.

$$T = F \times \frac{d}{2} = \tau_a A \times \frac{d}{2} = \tau_a \times (bl) \times \frac{d}{2} \ \rightarrow \ d = \frac{2T}{\tau_a bl} = \frac{2 \times 50{,}000}{5 \times 10 \times 50} = 40[\text{mm}]$$

15. [정답 : ③] 전달토크가 T일 때 접선 방향 힘(F)는

$$T = F \times \frac{d}{2} \quad \therefore \ F = \frac{2T}{d} \quad \cdots\cdots ①$$

이므로 키의 전단응력(τ)은

$$\tau = \frac{F}{A} = \frac{2T/d}{bl} = \frac{2T}{bdl} \quad \cdots\cdots ②$$

이고, 축의 최대 비틀림 응력(τ_{max})은

$$\tau_{max} = \frac{T}{Z_p} = \frac{16T}{\pi d^3} \quad \cdots\cdots ③$$

이다. 식 ②, ③으로부터 $\tau = \tau_{max}$, $l = 2d$일 때

$$\frac{2T}{bdl} = \frac{2T}{bd \times (2d)} = \frac{16T}{\pi d^3}$$

$$\frac{1}{bd^2}=\frac{16}{\pi d^3} \quad \therefore \ b=\frac{\pi}{16}d$$

16. [정답 : ④] 키에 접선방향으로 작용하는 힘(F)은

$$F\times 40=200\times 300 \quad \therefore \ F=\frac{1}{40}\times 200\times 300=1500[\text{kgf}]$$

이다. 허용압축응력 $\sigma_a=10\text{kgf/mm}^2$을 고려할 때 최소 평행키의 길이 l_1[mm]는

$$F=\sigma_a(tl_1)=\frac{1}{2}\sigma_a hl_1 \quad \therefore \ l_1=\frac{2F}{\sigma_a h}=\frac{2(1500)}{(10)(6)}=50[\text{mm}]$$

이고, 허용전단응력 $\tau_a=5\text{kgf/mm}^2$을 고려할 때 최소 평행키의 길이 l_2[mm]는

$$F=\tau_a(bl_2) \quad \therefore \ l_2=\frac{F}{\tau_a b}=\frac{(1500)}{(5)(5)}=60[\text{mm}]$$

이다. 따라서 최소 평행키의 길이는 $l_{\min}=l_2=60$[mm]이다.

17. [정답 : ①] 회전토크 $T=F\times\frac{d}{2}$이므로 압축응력(σ_c)은

$$\sigma_c=\frac{F}{A}=\frac{2T/d}{tl}=\frac{2T/d}{(h/2)l}=\frac{4T}{hld}$$

18. [정답 : ①] $l=\frac{\pi d^2}{8b}$로부터 $b=\frac{\pi d^2}{8l}$이다. 여기에서 키의 길이 $l=1.5d$이고 $\pi=3$을 대입하면 $b=\frac{\pi d^2}{8l}=\frac{3\times d^2}{8\times 1.5d}=\frac{1}{4}d$

19. [정답 : ②] 토크 $T=F\times\frac{d}{2}$이므로 $F=\frac{2T}{d}$

$$\therefore \ \tau=\frac{F}{A}=\frac{2T/d}{bl}=\frac{2T}{bld}=\frac{2(60{,}000)}{(10)(50)(60)}=4[\text{kgf/mm}^2]$$

20. [정답 : ②] 전달 동력과 허용응력의 관계식으로부터 폭 b를 구한다.

- 허용전단응력 고려 : 전단면에 작용하는 힘 $F=\tau_a A=\tau_a bl$이다.

$$H=T\omega=\left(F\times\frac{d}{2}\right)\omega=\left(\tau_a bl\times\frac{d}{2}\right)\times\frac{2\pi N}{60}$$

$$\therefore \ b=\frac{60H}{\pi\tau_a dlN}=\frac{60\times(5\times 10^3\times 10^3)}{3\times(100)\times 20\times 50\times 100}=10[\text{mm}]$$

- 허용압축응력 고려 : 키 홈의 깊이를 t라고 하면 압축면에 작용하는 힘 $F=\sigma_a A=\sigma_a tl$이다.

$$H=T\omega=\left(F\times\frac{d}{2}\right)\omega=\left(\sigma_a tl\times\frac{d}{2}\right)\times\frac{2\pi N}{60}$$

$$\therefore \ t = \frac{60H}{\pi \sigma_a d l N} = \frac{60 \times (5 \times 10^3 \times 10^3)}{3 \times (200) \times 20 \times 50 \times 100} = 5[\text{mm}]$$

키 홈의 깊이 $t = \frac{h}{2}$라고 하면 키의 높이(h)는

$$h = 2t = 2 \times 5 = 10[\text{mm}]$$

이고 여기에서 $b = h = 10[\text{mm}]$가 된다.

이상에서 $\text{kW} = 10^3 \frac{\text{N} \cdot \text{m}}{\text{s}} = 10^3 \times 10^3 \frac{\text{N} \cdot \text{mm}}{\text{s}}$, $\text{MPa} = \frac{\text{N}}{\text{mm}^2}$

21. [정답 : ②] 힘 F에 의해 회전축에 작용하는 토크는 $T = FL$이고, 이것은 키에서 전단력 $F_S = \tau_0 A = \tau_0 bl$에 의해 한 토크

$$T = F_S \times \frac{d}{2} = \tau_0 bl \times \frac{d}{2}$$

와 같다. 따라서 레버에 작용할 수 있는 최대 힘 F는 다음과 같다.

$$FL = \tau_0 bl \times \frac{d}{2} \qquad \therefore \ F = \frac{\tau_0 bld}{2L}$$

22. [정답 : ③] 키에 작용하는 회전토크(T_1)는

$$T_1 = F_S \times \frac{d}{2} = \tau A \times \frac{d}{2} = \tau bl \times \frac{d}{2} = \frac{1}{2} \tau b d^2 \ \ (\leftarrow \ l = d)$$

이고, 축에 작용하는 회전토크(T_2)는

$$T_2 = \tau_{\max} Z_p = \frac{1}{2} \tau \times \frac{\pi d^3}{16} = \frac{\pi d^3 \tau}{32} \ \ (\leftarrow \ \tau_{\max} = 0.5\tau)$$

이므로 $T_1 = T_2$이면 $\frac{1}{2} \tau b d^2 = \frac{\pi d^3 \tau}{32} \qquad \therefore \ d = \frac{16}{\pi} b$

23. [정답 : ④] 회전수 N=600rpm, 전달 동력 H=20kW, 지름 d=50mm, 키의 폭 b=8mm, 높이 h=8mm, 키 재료의 허용압축응력 σ_a=25MPa, 키의 묻힘 깊이 $t = h/2$=4mm이다. 키의 길이를 l[mm]라고 하면

$$H = T\omega = \left(F \times \frac{d}{2}\right)\omega = \left(\sigma_a t l \times \frac{d}{2}\right) \times \frac{2\pi N}{60}$$

$$\therefore \ l = \frac{60H}{\pi t d \sigma_a N} = \frac{60 \times (20 \times 1000)}{\pi \times 4 \times 50 \times 25 \times 600} [\text{m}] \approx 0.127[\text{m}] = 127[\text{mm}]$$

24. [정답 : ①] 키 홈 깊이 $t = \frac{d}{8}$이다. $\sigma_c = \frac{\pi d^2 \tau_a}{8tl}$로부터

$$l = \frac{\pi d^2 \tau_a}{8t\sigma_c} = \frac{\pi d^2 (\sigma_Y / \sqrt{3})}{8(d/8)\sigma_Y} = \frac{\pi d}{\sqrt{3}}$$

25. [정답 : ④] 접선키〉묻힘키〉평키〉안장키

26. [정답 : ③] 스플라인에는 축방향으로 고정된 것도 있고 활동형도 있다.

연습문제 6

01. 기호 6209에서 안지름 번호는 09이고 이것은 안지름을 5로 나눈 것이다.

$$\therefore \ \text{안지름} = 9 \times 5 = 45\,[\text{mm}]$$

02. $L_n = 10^6\left(\frac{C}{P}\right)^3$ 이므로 P가 2배로 되면 수명은 $\left(\frac{1}{2}\right)^3 = \frac{1}{8}$배로 감소한다.

03. • 수명시간 : $L_h = 500 \times \dfrac{33\frac{1}{3}}{N}\left(\dfrac{C}{P}\right)^3 = 500 \times \dfrac{33\frac{1}{3}}{800}\left(\dfrac{30}{2}\right)^3 = 70{,}312\,[\text{hr}]$

• 속도계수 : $f_n = \left(\dfrac{33\frac{1}{3}}{N}\right)^{1/3} = \left(\dfrac{33\frac{1}{3}}{800}\right)^{1/3} = 0.347$

• 수명계수 : $f_h = \left(\dfrac{L_h}{500}\right)^{1/3} = \left(\dfrac{70312}{500}\right)^{1/3} = 5.20$

04. 볼베어링 수명 식 $L_h = \dfrac{10^6}{60N}\left(\dfrac{C}{P}\right)^3$의 양변을 $\dfrac{1}{3}$승 하여 P를 구한다.

$$(60NL_h)^{1/3} = 10^2\left(\frac{C}{P}\right)$$

$$\therefore \ P = \frac{10^2 \times C}{(60NL_h)^{1/3}} = \frac{10^2 \times 14}{(60 \times 300 \times 4 \times 10^4)^{1/3}} = 1.562\,[\text{kN}]$$

05. 롤러 베어링 수명 식 $L_h = \dfrac{10^6}{60N}\left(\dfrac{C}{P}\right)^{10/3}$을 $\dfrac{3}{10}$승 하여 C를 구한다.

$$(60NL_h)^{3/10} = 10^{9/5}\left(\frac{C}{P}\right)$$

$$\therefore \ C = \frac{(60NL_h)^{3/10} \times P}{10^{9/5}} = \frac{(60 \times 300 \times 36{,}000)^{3/10} \times 2}{10^{9/5}} = 13.95\,[\text{kN}]$$

06. (1) 이론적인 동등가하중

$$P_a = XF_r + YF_a = 0.6 \times 3 + 1.5 \times 2 = 4.8\,[\text{kN}]$$

이고, 하중계수를 고려한 등가 하중은 다음과 같다.

$$P = f_w P_a = 1.3 \times 4.8 = 6.24\,[\text{kN}]$$

(2) 수명 시간 : $L_h = \frac{10^6}{60N}\left(\frac{C}{P}\right)^r = \frac{10^6}{60 \times 1000}\left(\frac{40}{6.24}\right)^3 = 4390$ [시간]

(3) 속도계수 : $f_n = \left(\frac{33\frac{1}{3}}{N}\right)^{1/3} = \left(\frac{33\frac{1}{3}}{1000}\right)^{1/3} = 0.322$

(4) 수명계수 : $f_h = \left(\frac{L_h}{500}\right)^{1/3} = \left(\frac{4390}{500}\right)^{1/3} = 2.06$

07. $p = \frac{P}{dl} = \frac{4.8 \times 10^3}{0.06 \times 0.1} = 800 \times 10^3 [\mathrm{Pa}] = 0.8 [\mathrm{MPa}]$

08. $M_b = P \times \frac{l}{2} = \sigma_a \times \frac{\pi}{32} d^3$ 이고 $l = 2d$이므로 $P \times d = \sigma_a \times \frac{\pi}{32} d^3$

$$\therefore \ d = \sqrt{\frac{32P}{\pi\sigma_a}} = \sqrt{\frac{32 \times (15 \times 1000)}{\pi \times 45}} = 58.3 [\mathrm{mm}]$$

$$l = 2d = 2 \times 58.3 = 116.6 [\mathrm{mm}]$$

09. 허용압력 $p_a = \frac{P}{dl}$ 로부터 $P = p_a dl = 4 \times 50 \times 100 = 20{,}000 [\mathrm{N}] = 20 [\mathrm{kN}]$

10. 압력속도계수 $pv = \frac{P}{dl} \times \frac{\pi dN}{60 \times 1000} = \frac{\pi NP}{60 \times 1000 l} = \frac{\pi \times 300 \times (40 \times 1000)}{60 \times 1000 \times 300}$

$$= 2.09 [\mathrm{N/mm^2 \cdot m/s}]$$

11. 압력속도계수 $pv = \frac{P}{dl} \times \frac{\pi dN}{60 \times 1000} = \frac{\pi NP}{60 \times 1000 l}$ 이므로 베어링 하중

$$P = \frac{60 \times 1000 \times l \times pv}{\pi N} = \frac{60 \times 1000 \times (200) \times 0.8}{\pi \times 300} = 10186 [\mathrm{N}] = 10.2 [\mathrm{kN}]$$

12. 마찰 손실 동력 $H_{PS} = \frac{\mu P v}{736} = \frac{0.05 \times (400 \times 9.8) \times 0.4}{736} = 0.107 [\mathrm{PS}]$

또는, $H_{PS} = \frac{\mu P v}{75} = \frac{0.05 \times 400 \times 0.4}{75} = 0.107 [\mathrm{PS}]$

13. [정답 : ①, ⑦]

14. (1) 하중 $P = 1800\mathrm{kgf}$, $\frac{L}{D} = 2$, 베어링 압력 $p = 1\mathrm{kgf/mm^2}$이다.

$P = p \times DL$ 에서 $1800 = 1 \times DL \quad \therefore \ DL = 1800$ ························ ①

$\frac{L}{D} = 2 \rightarrow L = 2D$ ··· ②

②를 ①에 대입하면 $2D^2 = 1800 \quad \therefore \ D = \sqrt{900} = 30 [\mathrm{mm}]$

(2) $L = 2D = 2 \times 30 = 60 [\mathrm{mm}]$

(3) 비마찰작업량 $w_f = \mu pv = \mu p \times \frac{\pi DN}{60} = 0.01 \times 1 \times \frac{\pi \times 30 \times 500}{60}$

$$= 7.85\,[\text{kgf} \cdot \text{mm/mm}^2 \cdot \text{s}]$$

단위를 kgf, mm, s로 통일하여 계산하였다.

15. [정답 : ⑤]

16. [정답 : ①]

$$L_h = \frac{10^6}{60N}\left(\frac{C}{P}\right)^r = \frac{10^6}{60 \cdot 500}\left(\frac{1400}{1.4 \times 100}\right)^3 = \frac{10^6}{30} = \frac{10}{3} \times 10^4 \approx 33{,}000[\text{시간}]$$

17. [정답 : ③]

18. (가) • 명칭 : (ㄱ) 외륜 (ㄴ) 볼(강구, 전동체)
(ㄷ) 리테이너(유지기, 케이지) (ㄹ) 내륜
• (ㄷ)의 기능(역할) : 전동체를 부분적으로 감싸주어 전동체의 간격을 고르게 유지시키고 전동체끼리 서로 접촉하는 것을 방지하는 역할을 한다.
(나) • 볼베어링의 특징 : 충격에 약하다. 점접촉. 마찰저항이 작다.
• 미끄럼베어링의 특징 : 충격에 강하다. 면 접촉. 일반적으로 마찰이 크며 특히 기동 시 마찰저항이 크다.

19. [정답 : ③] 호칭번호 6203에서 '03'이 베어링의 안지름[mm]을 나타내는 숫자이며 이것은 베어링 안지름이 17[mm]라고 규정하고 있다.

20. [정답 : ③] 플랜지는 볼베어링의 구성 요소가 아니다. 볼베어링은 내륜, 외륜, 강구, 리테이너(retainer, 유지기) 등으로 구성되어 있다.

21. [정답 : ④] 동하중을 받는 내륜이 100만 회전을 견딜 수 있는 하중을 기본 동정격하중(동적 부하용량)이라 한다. 이것은 $33\frac{1}{3}$ rpm의 내륜속도에서 500시간의 수명을 얻을 수 있는 일정하중과 같다.

22. [정답 : ①] 회전속도를 N[rpm]이라 하면

$$L_h = \frac{10^6}{60N}\left(\frac{C}{P}\right)^3$$

$$\therefore\ N = \frac{10^6}{60L_h}\left(\frac{C}{P}\right)^3 = \frac{10^6}{60 \times 20{,}000} \times \left(\frac{10 \times 1000}{500}\right)^3 = 6666\,[\text{rpm}]$$

23. [정답 : ④] 정격 수명 $L_n = 10^6\left(\frac{C}{P}\right)^3$ [회전, rev]. 동일 조건에서 베어링의 하중을 2배로 증가시킬 때($P' = 2P$) 정격 수명을 L_n'이라고 하면

$$L_n{}' = 10^6\left(\frac{C}{P'}\right)^3 = 10^6\left(\frac{C}{2P}\right)^3 = 10^6\left(\frac{C}{P}\right)^3 \times \frac{1}{2^3} = \frac{1}{8}L_n \text{ [회전, rev]}$$

24. [정답 : ①] 볼베어링의 수명 계산식으로부터

$$L_h = \frac{10^6}{60N}\left(\frac{C}{P}\right)^3 \quad \rightarrow \quad P^3 = \frac{10^6}{60NL_h}(C)^3$$

$$\therefore \ P = C\left(\frac{10^6}{60NL_h}\right)^{\frac{1}{3}} = 1350 \times \left(\frac{10^6}{60 \times 150 \times 3000}\right)^{\frac{1}{3}}$$

$$= 1350 \times \left(\frac{1}{27}\right)^{\frac{1}{3}} = 1350 \times \frac{1}{3} = 450 \text{ [kgf]}$$

25. [정답 : ②] 베어링 직경을 d[mm]라고 하면

$$p_a = \frac{P}{dl} \quad \therefore \ d = \frac{P}{p_a l} = \frac{3,200}{20 \times 10} = 16 \text{ [mm]}$$

26. [정답 : ②] 베어링에서 발생하는 원주 방향 마찰력 $F = \mu P$ 이므로 마찰로 인한 소실 동력(H_f)은 다음과 같다.

$$H_f = Fv = \mu P \times \left(\frac{\pi DN}{60}\right) = 0.01 \times 5000 \times \left(\frac{3 \times 0.1 \times 1200}{60}\right) = 300 \text{ [W]}$$

27. [정답 : ③] 압력속도계수의 정의로부터

$$pv = \left(\frac{P}{dl}\right) \times \left(\frac{\pi dN}{60 \times 1000}\right) = \frac{\pi NP}{6 \times 10^4 l}$$

$$\therefore \ P = \frac{(pv) \times 6 \times 10^4 l}{\pi N} = \frac{(2) \times 6 \times 10^4 \times (125)}{3 \times (250)} \text{ [N]} = 2 \times 10^4 \text{ [N]}$$

28. [정답 : ④] 구름베어링에서 수명시간 L_h[hr]과 수명계수 f_h의 관계식은 다음과 같다.

$$f_h = \left(\frac{L_h}{500}\right)^{1/r} \quad \therefore \ L_h = 500 f_h^r$$

볼베어링에서 $r = 3$, 롤러베어링에서 $r = 10/3$이다.

29. [정답 : ②] 하중 $P = 20\text{kN} = 20 \times 10^3\text{N}$, 허용 최대 압력 $p_a = 4\text{N/mm}^2$이고, 저널의 길이 $l = 2d$이다. 저널의 투영면적 $A = dl$이므로

$$p_a = \frac{P}{A} = \frac{P}{dl} = \frac{P}{d \times (2d)} = \frac{P}{2d^2}$$

$$\therefore \ d = \sqrt{\frac{P}{2p_a}} = \sqrt{\frac{20 \times 10^3}{2 \times 4}} = 50 \text{ [mm]}$$

30. [정답 : ②] 허용베어링 압력 $p_a = 0.5\text{kgf/mm}^2$으로부터

$$p_a = \frac{W}{A} = \frac{W}{dl} \quad \therefore \ dl = \frac{W}{p_a} = \frac{1600}{0.5} = 3200$$

이다. 여기에서 폭지름비 $l/d = 2$이므로 $l = 2d$를 위 식에 대입하면

$$dl = 2d^2 = 3200 \quad \therefore \ d = \sqrt{\frac{3200}{2}} = 40\,[\text{mm}]$$

이고, $l = 2d = 80$[mm]이다.

31. [정답 : ①] 발열계수 $pv = 0.15\text{kgf/mm}^2 \cdot \text{m/s}$, 전달 하중 $P = 700\text{kgf}$, 회전속도 $N = 250\text{rpm}$이다. 발열계수의 정의로부터 저널의 길이(l)을 구한다.

$$pv = \left(\frac{P}{dl}\right) \times \left(\frac{\pi dN}{60 \times 1000}\right) = \frac{\pi NP}{6 \times 10^4 l}$$

$$\therefore \ l = \frac{\pi NP}{6 \times 10^4 (pv)} = \frac{3 \times 250 \times 700}{6 \times 10^4 \times (0.15)} \ [\text{mm}] \approx 58.3\,[\text{mm}]$$

32. [정답 : ②] 기본 동적 부하용량 $C = 64\text{kN}$, 동등가하중 $P = 8\text{kN}$일 때 롤러 베어링의 정격수명 L_n[회전]은 다음과 같다.

$$L_n = 10^6 \times \left(\frac{C}{P}\right)^{\frac{10}{3}} = 10^6 \times \left(\frac{64}{8}\right)^{\frac{10}{3}} = 10^6 \times (8)^{\frac{10}{3}} = 10^6 \times (2^3)^{\frac{10}{3}} = 10^6 \times 2^{10}$$

33. [정답 : ①] 볼베어링은 전동체가 점접촉을 한다, 이에 비해 롤러베어링은 전동체가 선 접촉을 하므로 볼베어링에 비해 하중을 지지하는 면적이 넓다.

① 볼베어링은 롤러베어링보다 고속회전에 적합하다.

② 볼베어링은 롤러베어링보다 작은 하중에 사용된다.

③ 볼베어링은 롤러베어링보다 마찰이 적다.

④ 볼베어링은 롤러베어링보다 내충격력이 작다.

34. [정답 : ①] 베어링 번호 '6310'에서 베어링 안지름 $d = 5 \times 10 = 50\text{mm}$이고, 한계속도지수 $dN = 200{,}000\text{mm} \cdot \text{rpm}$이므로 이 베어링의 최대 사용 가능한 회전속도 N [rpm]은 다음과 같다.

$$dN = 200{,}000 \quad \therefore \ N = \frac{200{,}000}{d} = \frac{200{,}000}{50} = 4{,}000\,[\text{rpm}]$$

35. [정답 : ③] 베어링 번호 6310으로부터 안지름 $d = 10 \times 5 = 50$[mm]이다. 여기에서 dN값이 200,000이므로 $N = \frac{200{,}000}{d} = \frac{200{,}000}{50} = 4{,}000$[rpm]이다. 베어링 수명식으로부터

$$L_h = \frac{10^6}{60N}\left(\frac{C}{P}\right)^3 \quad \therefore \ \frac{C}{P} = \sqrt[3]{\frac{1}{10^6}}\ \sqrt[3]{60NL_h} = \frac{1}{100}\sqrt[3]{60(4000)(900)} = 6$$

따라서 베어링 하중 $P = \frac{C}{6} = \frac{48}{6} = 8$[kN]이다.

36. [정답 : ③] 베어링의 정격수명식으로부터 수명시간 L_h[hr]은 다음과 같다.

$$L_h = \frac{10^6}{60N}\left(\frac{C}{P}\right)^3 = \frac{10^6}{60 \times 600} \times \left(\frac{2,400}{400}\right)^3 = 6,000[\text{hr}]$$

37. [정답 : ④] N=600rpm, P=3kN, C=18kN

$$L_h = \frac{10^6}{60N}\left(\frac{C}{P}\right)^3 = \frac{10^6}{60 \times 600} \times \left(\frac{18}{3}\right)^3 = 6,000[\text{시간}]$$

38. [정답 : ①] 베어링 하중 P=36kN, 허용 베어링 압력 $p_a = 5\text{N/mm}^2$이고, 지름비 $l/d = 2$에서 $l = 2d$이다. 투영면적 $A = dl$이므로 허용 베어링압력으로부터

$$p_a = \frac{P}{A} = \frac{P}{dl} = \frac{P}{d \times (2d)} = \frac{P}{2d^2}$$

$$\therefore \ d = \sqrt{\frac{P}{2p_a}} = \sqrt{\frac{36 \times 1000}{2 \times 5}} = 60[\text{mm}], \quad l = 2d = 120[\text{mm}]$$

39. [정답 : ④] 폭경비 $\frac{l}{d} = 1.5$에서 $l = 1.5d$이다. 하중 P =3,000kgf가 축의 중앙에 집중하여 작용하는 것으로 가정하면 단면에 작용하는 굽힘 모멘트는

$$M_b = P \times \frac{l}{2} = P \times \frac{1.5d}{2} = \frac{3Pd}{4}$$

이다. 따라서 축의 허용 굽힘 응력 $\sigma_a = 3\text{kgf/mm}^2$일 때

$$M_b = \sigma_a Z \ \rightarrow \ \frac{3Pd}{4} = \sigma_a \times \frac{\pi}{32} d^3$$

$$\therefore \ d = \sqrt{\frac{24P}{\pi \sigma_a}} = \sqrt{\frac{24 \times 3000}{\pi \times 3}} = 87.4[\text{mm}]$$

이고, 베어링 길이 $l = 1.5d = 1.5 \times 87.4 = 131.1$[mm]이다.

40. [정답 : ①] $L_h = \frac{10^6}{60N}\left(\frac{C}{P}\right)^3 = \frac{10^6}{60(900)}\left(\frac{900}{1.5 \times 200}\right)^3 = 500$[시간]

41. [정답 : ③] $L_h = \frac{10^6}{60N}\left(\frac{C}{P}\right)^3 = \frac{10^6}{60(1000)}\left(\frac{3000}{100}\right)^3 = 45 \times 10^4$[hour]

42. [정답 : ④] 평균압력 10MPa을 기준압력(p)으로 가정하면

$$p_a = \frac{p}{S} \ \rightarrow \ p_a = \frac{p}{S} = \frac{P}{DL}$$

$$\therefore \ L = \frac{SP}{pD} = \frac{2(15 \times 1000)}{10(50)} = 60[\text{mm}]$$

43. [정답 : ②] 구름 베어링이 회전 중에 견딜 수 있는 최대 하중을 동정격 하중이라 한

다. 외륜을 고정하고 내륜을 회전시키는 조건에서 베어링이 기본 정격 수명인 100만 번($L_n = 10^6$)을 회전할 수 있는 방향과 크기가 일정한 하중을 기본 동 정격하중(basic dynamic load rating, 동적 부하용량)이라 한다.

44. [정답 : ④] $M_b = P\times\frac{l}{2}=(p_m dl)\times\frac{l}{2}=\sigma_a\times\frac{\pi d^3}{32} \rightarrow \frac{l}{d}=\sqrt{\frac{\pi\sigma_a}{16p_m}}$

45. [정답 : ①] 안지름 번호 : 안지름이 25mm이면 05, 17mm이면 03이다.

46. [정답 : ④] P6은 정밀도 등급(6급)을 나타내며 5급보다 정밀도가 떨어진다. 정밀도 등급은 0급을 제외하고 숫자가 작을수록 정밀도가 높다.

연습문제 7

01. • 평균지름 $D_m = \frac{D_2+D_1}{2}=\frac{240+160}{2}=200\,[\text{mm}]$

• 전달 토크 $T=F\times\frac{D_m}{2}=\mu Q\times\frac{D_m}{2}=0.2\times 400\times\frac{200}{2}=8000\,[\text{N}\cdot\text{mm}]$

02. • 접촉너비 $b=\frac{D_2-D_1}{2}=\frac{200-140}{2}=30\,[\text{mm}]$

• 평균지름 $D_m = \frac{D_2+D_1}{2}=\frac{200+140}{2}=170\,[\text{mm}]$이므로 동력은 다음과 같다.

$$H_W=\frac{\pi^2\mu bpD_m^2 N}{60}=\frac{\pi^2\times 0.2\times(0.03)\times(0.3\times 170^2)\times 1200}{60}$$

$$=10{,}268\,[\text{W}]=10.3\,[\text{kW}]$$

[Note] 기본 관계식을 이용하면 다음과 같이 동력이 구해진다.

• 접촉면에 작용하는 축 방향 힘 :

$$Q=(\pi D_m b)p=\pi\times 170\times 30\times 0.3=4806.6\,[\text{N}]$$

• 토크 : $T=\mu Q\times\frac{D_m}{2}=0.2\times 4806.6\times\frac{0.17}{2}=81.712\,[\text{N}\cdot\text{m}]$

• 전달동력 : $H=T\omega=T\times\frac{2\pi N}{60}=81.712\times\frac{2\pi\times 1200}{60}=10{,}268\,[\text{W}]$

† 복잡해 보이지만 이와 같이 기본적인 식으로 문제가 해결되므로 문제의 물리적인 구조를 이해하도록 한다.

03. • 접촉너비 $b=\frac{D_2-D_1}{2}=\frac{70-50}{2}=10\,[\text{mm}]$

• 평균지름 $D_m = \dfrac{D_2 + D_1}{2} = \dfrac{70+50}{2} = 60\,[\text{mm}]$

• 토크 $T = \dfrac{\pi\mu bpD_m^2}{2}$ 로부터 접촉면 압력 p는 다음과 같이 계산된다.

$$p = \frac{2T}{\pi\mu bD_m^2} = \frac{2\times 5000}{\pi\times 0.2\times(10)\times 60^2} = 0.442\,[\text{N/mm}^2]$$

04. 전달동력 $H_W = \dfrac{\pi^2\mu bpD_m^2 N}{60} = \dfrac{\pi^2\times 0.3\times(0.05)\times(0.2\times 250^2)\times 300}{60}$

$$= 9253\,[\text{W}] = \frac{9253}{736}\,[\text{PS}] = 12.57\,[\text{PS}]$$

05. 전달 동력 $H_W = \dfrac{\pi^2\mu bpD_m^2 N}{60}$[W]로부터 다음과 같이 폭 b가 구해진다.

$$b = \frac{60\,H_W}{\pi^2\mu pD_m^2 N} = \frac{60\times(20\times 1000)}{\pi^2\times 0.2\times(0.3\times 360^2)\times 350} = 0.0447\,[\text{m}] = 44.7\,[\text{mm}]$$

06. (1) $Q = (\pi D_m b)p = \pi\times 150\times 40\times 0.4 = 7539.8\,[\text{N}]$

(2) $P = Q(\sin\alpha + \mu\cos\alpha) = 7539.8\times(\sin 10 + 0.1\times\cos 10) = 2051.8\,[\text{N}]$

(3) $T = \mu Q\times\dfrac{D_m}{2} = 0.1\times 7539.8\times\dfrac{150}{2} = 56{,}548\,[\text{N}\cdot\text{mm}]$

• 유도된 공식 이용 : 접촉면 압력 $p = \dfrac{2T}{\pi\mu D_m^2 b}$ 로부터

$$T = \frac{\pi\mu bpD_m^2}{2} = \frac{\pi\times 0.1\times 40\times(0.4\times 150^2)}{2} = 56{,}548\,[\text{N}\cdot\text{mm}]$$

(4) $H = T\omega = T\times\dfrac{2\pi N}{60} = 56.548\times\dfrac{2\pi\times 600}{60} = 3{,}553\,[\text{W}] = 3.55\,[\text{kW}]$

07. (1) 평균지름 $D_m = \dfrac{D_2 + D_1}{2} = \dfrac{320+280}{2} = 300\,[\text{mm}]$

$$T = \frac{\pi\mu bpD_m^2}{2} = \frac{\pi\times 0.2\times 90\times(0.3\times 300^2)}{2} = 763{,}407\,[\text{N}\cdot\text{mm}]$$

(2) $H = T\times\dfrac{2\pi N}{60} = 763.407\times\dfrac{2\pi\times 600}{60} = 47{,}966\,[\text{W}] = 47.97\,[\text{kW}]$

(3) $\sin\alpha = \dfrac{D_2 - D_1}{2b} \quad \therefore\ \alpha = \sin^{-1}\left(\dfrac{D_2 - D_1}{2b}\right) = \sin^{-1}\left(\dfrac{320-280}{2\times 90}\right) = 12.84°$

(4) $P = Q(\sin\alpha + \mu\cos\alpha) = \pi D_m bp(\sin\alpha + \mu\cos\alpha)$

$= \pi\times 300\times 90\times 0.3\times(\sin 12.84° + 0.2\times\cos 12.84°)$

$$= 10{,}617[\text{N}] = 10.6[\text{kN}]$$

08. • 접촉면에서 전압력 $Q = (\pi D_m b)p$

• 토크 $T = \mu Q \times \dfrac{D_m}{2}$

• 전달동력 $H = T\omega = T \times \dfrac{2\pi N}{60}$

이므로 세 식을 종합하면 다음과 같이 동력이 구해진다. 단위를 kgf, m, s로 통일하여 계산한다.

$$H = \frac{\pi^2 \mu b p D_m^2 N}{60} = \frac{\pi^2(0.2)(0.04)(0.6\times10^4)(0.5)^2(800)}{60}$$

$$= 1579\left[\frac{\text{kgf}\cdot\text{m}}{\text{s}}\right] = 1579 \times \frac{1}{75}[\text{PS}] = 21.05[\text{PS}]$$

09. [정답 : ④]

$$H = T\omega = \left(F \times \frac{D_m}{2}\right) \times \frac{2\pi N}{60} = \left(\mu Q \times \frac{D_m}{2}\right) \times \frac{2\pi N}{60} = \frac{\pi\mu Q D_m N}{60}$$

$$\therefore\ Q = \frac{60H}{\pi\mu D_m N} = \frac{60\times(1.6\times1000)}{\pi\times(0.3)\times(200\times10^{-3})\times(1600)} = \frac{1000}{\pi}[\text{N}]$$

10. [정답 : ③]

$$H = T\omega = (F \times R) \times \frac{2\pi N}{60} = \frac{2\pi FRN}{60}$$

$$= \frac{2\times3\times(100)\times(200\times10^{-3})\times(600)}{60}$$

$$= 1200\left[\frac{\text{kgf}\cdot\text{m}}{\text{s}}\right] = 1200 \times \frac{1}{75}[\text{PS}] = 16[\text{PS}]$$

11. [정답 : ②] 안지름 $D_1 = 30\text{mm}$, 바깥지름 $D_2 = 50\text{mm}$, 접촉압력 $p = 0.5\text{N/mm}^2$, 마찰계수 $\mu = 0.3$이다. 접촉너비(b)와 마찰면 중심 지름(D_m)은

$$b = \frac{D_2 - D_1}{2} = \frac{50-30}{2} = 10[\text{mm}],\quad D_m = \frac{D_1 + D_2}{2} = \frac{30+50}{2} = 40[\text{mm}]$$

이므로 전달할 수 있는 최대토크 $T[\text{N}\cdot\text{mm}]$는 다음과 같다.

$$T = F \times \frac{D_m}{2} = (\mu Q) \times \frac{D_m}{2} = [\mu(\pi D_m b p)] \times \frac{D_m}{2}$$

$$= (0.3\times3\times40\times10\times0.5)\times\frac{40}{2}[\text{N}\cdot\text{mm}] = 3{,}600[\text{N}\cdot\text{mm}]$$

12. [정답 : ④] 평균지름은 다음과 같다.

$$D_m = \frac{1}{2}(D_1 + D_2) = \frac{1}{2} \times (20 + 40) = 30[\text{mm}]$$

디스크 접촉면의 평균압력을 p라 하면 축 방향으로 누르는 힘(Q)은

$$Q = pA = p \times \frac{\pi}{4}(D_2^2 - D_1^2)$$

이고, 접촉면에 작용하는 마찰력 $f = \mu Q$가 평균지름의 위치에 작용한다고 가정하면 토크는 다음과 같다.

$$T = f \times \frac{D_m}{2} = (\mu Q) \times \frac{D_m}{2} = \frac{\pi}{4}\mu p\left(D_2^2 - D_1^2\right) \times \frac{D_m}{2}$$

위 식으로부터 다음과 같이 접촉면압(p)이 구해진다.

$$p = \frac{8T}{\pi\mu\left(D_2^2 - D_1^2\right)D_m} = \frac{8 \times (450)}{\pi\mu\left(40^2 - 20^2\right) \times (30)}$$

$$= \frac{1}{10\pi\mu}[\text{N/mm}^2] = \frac{1}{10\pi\mu}[\text{MPa}]$$

13. [정답 : ④] 안지름 $D_1 = d$, 바깥지름 $D_2 = 2d$이므로 평균지름은

$$D_m = \frac{1}{2}(D_1 + D_2) = \frac{1}{2}(d + 2d) = \frac{3}{2}d$$

이고, 토크는 다음과 같다.

$$T = f \times \frac{D_m}{2} = (\mu Q) \times \frac{1}{2}\left(\frac{3}{2}d\right) = \frac{3\mu Qd}{4} \quad \cdots\cdots ①$$

여기에서 디스크 접촉면의 평균압력을 p라 하면 축 방향으로 누르는 힘 Q는 다음과 같다.

$$Q = pA = p \times \frac{\pi}{4}(D_2^2 - D_1^2) = \frac{\pi p}{4}\left[(2d)^2 - d^2\right] = \frac{3\pi p d^2}{4} \quad \cdots\cdots ②$$

식 ②를 ①에 대입하면 다음과 같이 평균압력 p가 구해진다.

$$T = \frac{3\mu Qd}{4} = \frac{3\mu d}{4} \times \left(\frac{3\pi p d^2}{4}\right) \quad \therefore\ p = \frac{16T}{9\mu\pi d^3}$$

14. [정답 : ③] 원추 클러치 접촉면에 수직으로 작용하는 힘(Q)은

$$Q = \frac{P}{\sin\alpha + \mu\cos\alpha}$$

이고, 전달토크(T)는 다음과 같다.

$$T = f \times \frac{D_m}{2} = (\mu Q) \times \frac{D_m}{2} = \frac{\mu D_m P}{2(\sin\alpha + \mu\cos\alpha)}$$

$$= \frac{(0.3) \times (230) \times (160)}{2 \times (0.315 + 0.3 \times 0.95)} = 9{,}200[\text{kgf} \cdot \text{mm}]$$

15. [정답 : ④] 원추 클러치에서 접촉면에 수직으로 작용하는 힘을 Q라 하면 마찰력 $f=\mu Q$이고 전달토크(T)와의 관계식으로부터

$$T=f\times\frac{D_m}{2}=\frac{\mu QD_m}{2}\quad\therefore\ Q=\frac{2T}{\mu D_m}$$

이므로 축 방향으로 밀어 붙이는 힘(P)은 다음과 같다.

$$P=Q(\sin\alpha+\mu\cos\alpha)=\frac{2T}{\mu D_m}(\sin\alpha+\mu\cos\alpha)$$

16. [정답 : ②] 원판 클러치를 축 방향으로 누르는 힘(Q)은

$$Q=pA=p\times\frac{\pi}{4}(D_2^2-D_1^2)=1\times\frac{3}{4}\times(100^2-60^2)=4800[\mathrm{N}]$$

이고, 접촉면에 작용하는 마찰력 $f=\mu Q$가 평균지름(D_m)

$$D_m=\frac{D_1+D_2}{2}=\frac{(60+100)}{2}\times\frac{1}{1000}=0.08[\mathrm{m}]$$

의 위치에 작용한다고 가정하면 최대 전달토크 T[N · m]는 다음과 같다.

$$T=f\times\frac{D_m}{2}=(\mu Q)\times\frac{D_m}{2}=(0.2\times4800)\times\frac{0.08}{2}=38.4[\mathrm{N\cdot m}]$$

17. [정답 : ④] 접촉너비와 평균지름은 각각

$$b=\frac{D_2-D_1}{2}=\frac{80-60}{2}=10[\mathrm{mm}]$$

$$D_m=\frac{D_2+D_1}{2}=\frac{80+60}{2}=70[\mathrm{mm}]$$

이다. 마찰력 $f=\mu Q=\mu(pA)=\mu p(\pi D_m b)$이므로

$$T=f\times\frac{D_m}{2}=\pi\mu pbD_m\times\frac{D_m}{2}=\frac{\pi\mu pbD_m^2}{2}$$

$$\therefore\ p=\frac{2T}{\pi\mu bD_m^2}=\frac{2(200)}{\pi(0.3)(10)(70)^2}=\frac{4}{147\pi}[\mathrm{kgf/mm^2}]$$

18. [정답 : ④] 마찰면 평균지름은

$$D_m=\frac{D_1+D_2}{2}=\frac{90+110}{2}=100[\mathrm{mm}]$$

이고, 마찰력 $f=\mu Q=\mu(pA)=\mu p(\pi D_m b)$이므로 최대전달토크는

$$T=f\times\frac{D_m}{2}=\pi\mu pbD_m\times\frac{D_m}{2}=\frac{\pi\mu pbD_m^2}{2}$$

$$=\frac{3(0.2)(0.1)(20)(100)^2}{2}=6{,}000[\mathrm{N\cdot mm}]$$

19. [정답 : ③] 마찰면의 접촉너비 b와 평균지름 D_m은 다음과 같다.

$$b = \frac{D_2 - D_1}{2} = \frac{300 - 100}{2} = 100[\text{mm}]$$

$$D_m = \frac{D_1 + D_2}{2} = \frac{100 + 300}{2} = 200[\text{mm}]$$

이때 전달토크(T)로부터 다음과 같이 필요한 접촉면의 최소 개수 Z[개]가 구해진다.

$$T = \left(\mu Q \times \frac{D_m}{2}\right) Z = \left[\mu(\pi D_m bp) \times \frac{D_m}{2}\right] Z = \left(\frac{\pi \mu D_m^2 bp}{2}\right) Z$$

$$\therefore \ Z = \frac{2T}{\pi \mu D_m^2 bp} = \frac{2 \times 50{,}000}{3 \times 0.2 \times (200)^2 \times 100 \times 0.01} \approx 4.17 \text{ [개]}$$

따라서 필요한 접촉면의 최소 개수 $Z_{\min} = 5$개다.

20. [정답 : ②] $T = f \times \frac{D_m}{2} = \mu Q \times \left(\frac{D_1 + D_2}{4}\right)$

$$= 0.25 \times 100 \times \left(\frac{80 + 120}{4}\right) = 1250[\text{kgf} \cdot \text{mm}]$$

† 클러치판의 수가 증가하여도 같은 크기의 축 방향 하중에 대해 단판 클러치와 같은 크기의 토크를 전달한다. 그러나 클러치 판 수가 증가하면 축 방향 하중이 여러 개의 클러치에 분산될 수 있다. 즉, 다판 클러치는 클러치 면이 지지할 수 있는 면압력의 한계를 고려하여 축 방향으로 미는 힘을 증가시켜 최대 전달 토크를 증가시키기 위한 것이다.

21. [정답 : ③] 전달토크 $T = 70\text{N} \cdot \text{m}$, 마찰계수 $\mu = 0.35$, 축 방향 힘 $Q = 2\text{kN}$, 접촉부의 바깥지름 $D_2 = 260\text{mm}$이다. 마찰력 $f = \mu Q$이고, 접촉부 안지름을 D_1으로 하면 접촉부 평균지름 $D_m = \frac{D_1 + D_2}{2}$이므로

$$T = f \times \frac{D_m}{2} = \mu Q \times \left(\frac{D_1 + D_2}{4}\right)$$

$$\therefore \ D_1 = \frac{4T}{\mu Q} - D_2 = \frac{4 \times (70 \times 1000)}{0.35 \times 2000} - 260 = 140[\text{mm}]$$

22. [정답 : ①] 클러치 접촉면적 $A = \frac{\pi}{4}(D_2^2 - D_1^2)$, 마찰력 $f = \mu Q = \mu p A$

$$T = f \times \frac{D_m}{2} = \mu p A \times \frac{D_m}{2} = \mu p \times \frac{\pi}{4}(D_2^2 - D_1^2) \times \frac{(D_1 + D_2)}{4}$$

$$= 0.2 \times 0.2 \times \frac{\pi}{4} \times (80^2 - 40^2) \times \frac{(40 + 80)}{4} [\text{N} \cdot \text{mm}]$$

$$= 1{,}440\pi [\text{N} \cdot \text{mm}]$$

23. [정답 : ④] $D_1=150\text{mm}$, $D_2=250\text{mm}$, $Q=4000\text{N}$, $N=1000\text{rpm}$, 마찰계수 $\mu=0.2$

$$T=f\times\frac{D_m}{2}=\frac{\mu Q}{2}\times\frac{(D_1+D_2)}{2}$$

$$=\frac{0.2\times(4000)\times(150+250)}{2\times2}=80{,}000\,[\text{N}\cdot\text{mm}]$$

24. [정답 : ①] 접촉면의 바깥지름 $D_2=300\text{mm}=0.3\text{m}$, 안지름 $D_1=100\text{mm}=0.1\text{m}$, 회전수 $N=974\text{rpm}$, 전달동력 $H=1\text{kW}$, 마찰계수 $\mu=0.2$이다. 축 방향으로 밀어 붙이는 힘이 Q일 때 마찰력 $f=\mu Q$이므로

$$H=T\omega=\left(\mu Q\times\frac{D_m}{2}\right)\times\frac{2\pi N}{60}$$

$$\therefore\ Q=\frac{60H}{\pi\mu D_m N}=\frac{60\times1000}{\pi\times0.2\times\left(\frac{0.1+0.3}{2}\right)\times974}=490\,[\text{N}]$$

$$=490\times\frac{1}{9.8}\,[\text{kgf}]=50\,[\text{kgf}]$$

25. [정답 : ②] 마찰면 바깥지름 $D_2=300\text{mm}$, 안지름 $D_1=220\text{mm}$, 축 방향으로 밀어 붙이는 힘 $Q=1\text{kN}$, 마찰계수 $\mu=0.3$이다.

$$T=f\times\frac{D_m}{2}=\mu Q\times\frac{(D_1+D_2)/2}{2}$$

$$=0.3\times1000\times\frac{(0.22+0.3)}{4}\,[\text{N}\cdot\text{m}]=39\,[\text{N}\cdot\text{m}]$$

26. [정답 : ③] 바깥지름 $D_2=500\text{mm}$, 안지름 $D_1=250\text{mm}$, 마찰면의 접촉압력 $p=1\text{MPa}$, 마찰계수 $\mu=0.3$이다. 전달 가능한 최대 회전력 F[kN]은 다음과 같다.

$$F=\mu Q=\mu(pA)=\mu p\frac{\pi}{4}(D_2^2-D_1^2)$$

$$=0.3\times1\times\frac{\pi}{4}\times(500^2-250^2)\,[\text{N}]=44.2\,[\text{kN}]$$

27. [정답 : ①] $T=f\times\dfrac{D_m}{2}=\mu P\times\left(\dfrac{D_1+D_2}{4}\right)$

$$=0.2\times10\times\left(\frac{0.1+0.2}{4}\right)=0.15\,[\text{N}\cdot\text{m}]$$

28. [정답 : ②] 접촉면의 안지름 $D_1=60\text{mm}=0.06\text{m}$, 바깥지름 $D_2=100\text{mm}=0.1\text{m}$, 접촉면 수 $Z=8$개, 각 클러치면에 작용하는 축방향 힘 $Q=50\text{kgf}$, 축의 회전속도 $N=2{,}435\text{rpm}$, 마찰계수 $\mu=0.1$이다.

$$H = T\omega = Z\left(\mu Q \times \frac{D_m}{2}\right) \times \frac{2\pi N}{60}$$

$$= 8 \times 0.1 \times (50 \times 9.8) \times \left(\frac{0.06 + 0.1}{4}\right) \times \frac{2\pi \times 2{,}435}{60}[\text{W}] = 4[\text{kW}]$$

29. [정답 : ④] $T = \mu Q \times \frac{D_m}{2} = \mu(\pi D_m bp) \times \frac{D_m}{2}$

$$\therefore\ b = \frac{2T}{\pi\mu D_m^2 p} = \frac{2(80\pi \times 1000)}{\pi(0.2)(200)^2(0.2)} = 100[\text{mm}]$$

30. [정답 : ②] 원심력에 의해 클러치 슈가 종동축에 접촉된다.

연습문제 8

01. 속도비 $i = \frac{N_2}{N_1} = \frac{D_1}{D_2} = \frac{100}{D_2} = \frac{1}{4}$ $\quad \therefore\ D_2 = 4 \times 100 = 400[\text{mm}]$

02. 동력 $H = Fv = \mu Qv$이므로 마찰차를 누르는 힘 Q는 다음과 같다.

$$Q = \frac{H}{\mu v} = \frac{2}{0.2 \times 4} = 2.5[\text{kN}]$$

03. (1) 축 간 거리 $C = \frac{D_1 + D_2}{2} = 250$에서 $D_1 + D_2 = 500[\text{mm}]$

속도비 $i = \frac{N_2}{N_1} = \frac{D_1}{D_2} = 1.5$에서 $D_1 = 1.5D_2$

따라서 $D_1 + D_2 = 1.5D_2 + D_2 = 2.5D_2 = 500[\text{mm}]$

$\therefore\ D_2 = 200[\text{mm}],\ D_1 = 300[\text{mm}]$

(2) 원주속도 $v = \frac{\pi D_1 N_1}{60} = \frac{\pi \times 300 \times 400}{60} \times \frac{1}{1000} = 6.283[\text{m/s}]$

(3) 최대 전달 동력 $H = \mu Qv = 0.2 \times 900 \times 6.283 = 1130.94[\text{W}] = 1.13[\text{kW}]$

04. 동력 $H = \mu Qv$에서 $v = \frac{H}{\mu Q} = \frac{6}{0.3 \times 5} = 4[\text{m/s}]$

05. 동력 $H = \mu Qv = \mu Q \times \frac{\pi DN}{60}$에서

$$D = \frac{60H}{\pi\mu QN} = \frac{60 \times 16}{\pi \times 0.3 \times 1.4 \times 1200} = 0.6063[\text{m}] = 606.3[\text{mm}]$$

06. 동력 $H = \frac{\mu Qv}{75} = \frac{\mu Q}{75} \times \frac{\pi DN}{60} = \frac{0.3 \times 200}{75} \times \frac{\pi \times 0.4 \times 300}{60} = 5.027[\text{PS}]$

07. 동력 $H = Fv = (\mu Q)v = \mu(bp_a)v$ 이므로 마찰차의 폭

$$b = \frac{H}{\mu p_a v} = \frac{1.4 \times 75}{0.3 \times (7/10) \times 8} = 62.5\,[\mathrm{mm}]$$

08. (1) ① 작은 동력을 조용하게 전달한다.
② 정확한 속도비가 필요하지 않다.
③ 속도비가 매우 커서 기어로 동력을 전달하기 어렵다.
④ 운전 중에 동력을 자주 연결하거나 차단할 필요가 있다.
⑤ 무단 변속이 필요하다.

(2) ① 원뿔 마찰차 ② 원판 마찰차 ③ 구면 마찰차

09. (1) 원주속도 $v = \frac{\pi DN}{60 \times 1000} = \frac{\pi \times 160 \times 800}{60 \times 1000} = 6.7\,[\mathrm{m/s}]$

(2) 마찰차를 누르는 힘을 Q라 하면 마찰력 $F = \mu Q$이고 동력 $H = Fv$이므로 $H = \mu Q v$이다. 따라서 (1)에서 구한 속도 v의 값을 사용하면 다음과 같이 Q가 구해진다.

$$Q = \frac{H}{\mu v} = \frac{(5 \times 735.5)}{0.2 \times 6.7} = 2744\,[\mathrm{N}]$$

10. 중심거리 $C = \frac{D_A + D_B}{2} = 300\,[\mathrm{mm}]$, $\frac{D_B}{D_A} = \frac{N_A}{N_B} = \frac{600}{300} = 2$

$$\therefore\ D_A = 200\,[\mathrm{mm}],\ D_B = 400\,[\mathrm{mm}]$$

(가) 원동차 A의 원주속도 :

$$v_A = \frac{\pi D_A N_A}{60} = \frac{\pi \times (200 \times 10^{-3}) \times (600)}{60} = 2\pi\,[\mathrm{m/s}]$$

(나) 최대 전달동력 :

$$H = Fv = \mu Q v = \mu p b v$$
$$= (0.2) \times (10) \times (200) \times (2\pi) = 800\pi\,[\mathrm{W}] = 0.8\pi\,[\mathrm{kW}]$$

11. [정답 : ③] 원동차의 지름 $D_1 = 400$mm, 회전속도 $N_1 = 300$rpm, 종동차의 회전 속도 $N_2 = 200$이다. 종동차의 지름을 D_2[mm]라 한다. 미끄러짐이 없다고 가정하면 두 마찰차의 접점에서 선속도(v)가 같으므로

$$N_1 D_1 = N_2 D_2 \ \rightarrow\ D_2 = \frac{N_1}{N_2} D_1 = \frac{300}{200} \times 400 = 600\,[\mathrm{mm}]$$

이다. 따라서 두 마찰차 축 중심 사이의 거리 C[mm]는 다음과 같다.

$$C = \frac{D_1 + D_2}{2} = \frac{400 + 600}{2} = 500\,[\mathrm{mm}]$$

12. [정답 : ③] 원동차 지름 $D=300$[mm], 회전수 $N=600$[rpm], 단위 길이[mm]당 허용수직힘 $p=2.5$[kgf/mm], 마찰계수 $\mu=0.15$이고 최대전달동력 $H=9[PS]=9\times 75\times 1000[kgf\cdot mm/s]$이다. 단위를 kgf, mm로 통일하여 계산한다. 바퀴의 최소 폭을 b[mm]라고 하면

$$H=T\omega=\left(F\times\frac{D}{2}\right)\omega=\left(\mu pb\times\frac{D}{2}\right)\times\frac{2\pi N}{60}$$

$$\therefore\ b=\frac{60H}{\pi\mu pDN}=\frac{60\times(9\times 75\times 1000)}{3\times 0.15\times 2.5\times 300\times 600}=200[mm]$$

13. [정답 : ③] 회전속도 $N=200$rpm, 접촉력 $Q=200$kgf, 마찰계수 $\mu=0.3$, 지름 $D=750$mm이다. 마찰력 $F=\mu Q$이므로 마찰차의 최대 전달동력 H[PS]는 다음과 같다.

$$H=T\omega=\left(F\times\frac{D}{2}\right)\omega=\left(\mu Q\times\frac{D}{2}\right)\times\frac{2\pi N}{60}=\frac{\pi\mu QDN}{60}$$

$$=\frac{3\times 0.3\times 200\times 0.75\times 200}{60}\times\frac{1}{75}[PS]=6[PS]$$

14. [정답 : ②] 축간거리 $C=300$mm, 원동축 회전수 $N_1=1200$rpm, 종동축 회전수 $N_2=600$rpm, 마찰차를 미는 힘 $Q=500$N, 마찰계수 $\mu=0.2$이다.

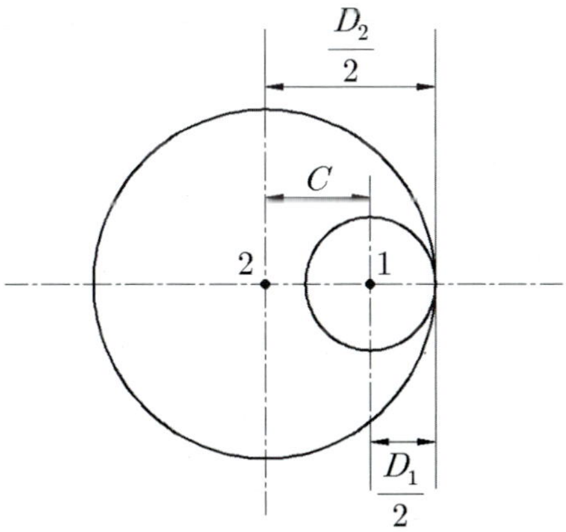

[그림] 내접 원통 마찰차

원동축과 종동축의 지름을 각각 D_1, D_2라 하면 [그림]의 내접 마찰차에서 축간 거리(C)로부터

$$C=\frac{D_2-D_1}{2}\quad\therefore\ D_2-D_1=2C=2\times 300=600[mm]\ \cdots\cdots\ ①$$

이고, 회전 속도비로부터

$$\frac{N_2}{N_1}=\frac{600}{1200}=\frac{1}{2}=\frac{D_1}{D_2}\qquad\therefore\ D_2=2D_1\ \cdots\cdots\ ②$$

이다. 식 ①, ②로부터 $D_1 = 600\text{mm} = 0.6\text{m}$이고 최대 전달동력 H[W]는 다음과 같다.

$$H = T\omega = \left(\mu Q \times \frac{D_1}{2}\right) \times \frac{2\pi N_1}{60} = 0.2 \times 500 \times \frac{0.6}{2} \times \frac{2\pi \times 1200}{60} = 1200\pi[\text{W}]$$

15. [정답 : ①] 원동차 지름 $D_1 = 200\text{mm}$, 종동차 지름 $D_2 = 300\text{mm}$이다. 원동차와 종동차의 회전속도를 각각 N_1[rpm], N_2[rpm]으로 하면

$$N_1 = \frac{600}{10} = 60[\text{rpm}]$$

$$\frac{N_2}{N_1} = \frac{D_1}{D_2} = \frac{200}{300} = \frac{2}{3} \quad \therefore\ N_2 = \frac{2}{3}N_1 = \frac{2}{3} \times 60 = 40[\text{rpm}]$$

이다. 여기에서 [rpm]은 1분당 회전수이므로 회전속도 $N_2 = 40$[rpm]인 종동차가 20분간 회전하는 수는 다음과 같다.

$$20 \times N_1 = 20 \times 40 = 800[\text{회전}]$$

16. [정답 : ④] 축의 지름 $D = 400\text{mm} = 0.4\text{m}$, 회전수 $N = 250\text{rpm}$, 마찰차를 수직으로 누르는 힘 $Q = 160\text{kgf}$, 마찰계수 $\mu = 0.3$이다. 마찰력 $F = \mu Q$이므로 마찰차의 전달마력 H[PS]는 다음과 같다.

$$H = T\omega = \left(\mu Q \times \frac{D}{2}\right) \times \frac{2\pi N}{60}$$

$$= 0.3 \times 160 \times \frac{0.4}{2} \times \frac{2 \times 3.14 \times 250}{60} \times \frac{1}{75}[\text{PS}] = 3.35[\text{PS}]$$

17. [정답 : ②] 종동차의 회전속도와 지름을 각각 N_2[rpm], $D_2 = 800$ mm로 하면 전달동력(H)의 관계식으로부터

$$H = T\omega = \left(\mu Q \times \frac{D_2}{2}\right) \times \frac{2\pi N_2}{60}$$

$$\therefore\ N_2 = \frac{60H}{\pi\mu Q D_2} = \frac{60(30\pi \times 10^3)}{\pi(0.3)(10 \times 10^3)(0.8)} = 750[\text{rpm}]$$

18. [정답 : ③] 종동차의 지름 $D = 200\text{mm} = 20\text{cm}$, 마찰계수 $\mu = 0.2$, 마찰차를 수직으로 누르는 힘 $Q = 50\text{N}$이다. 마찰력 $f = \mu Q$이므로 종동차의 최대 회전 토크 T는 다음과 같다.

$$T = f \times \frac{D}{2} = \mu Q \times \frac{D}{2} = 0.2 \times 50 \times \frac{20}{2} = 100[\text{N} \cdot \text{cm}]$$

19. [정답 : ③] 전달 동력 $H = fv = (\mu Q)v$이므로

$$Q = \frac{H}{\mu v} = \frac{(5)}{(0.25)(2)} = 10[\text{kN}]$$

동력 H의 단위가 kW이므로 Q의 단위는 kN이다.

20. [정답 : ③] 원동차의 지름 $D_1 = 300$mm, 종동차의 지름 $D_2 = 500$mm이고, 원동차가 15분 동안 600회전을 하므로 원동차의 회전속도(N_1)는

$$N_1 = \frac{600}{15} = 40\,[\text{rpm}]$$

이다. 이때 종동차의 회전속도(N_2)는

$$N_1 D_1 = N_2 D_2 \quad \therefore \;\; N_2 = \frac{D_1}{D_2} \times N_1 = \frac{300}{500} \times 40 = 24\,[\text{rpm}]$$

이므로 종동차는 20분 동안 $20 \times N_2 = 20 \times 24 = 480$[회전]을 한다.

21. [정답 : ④] 마찰차의 너비가 b[mm]일 때 마찰차를 수직으로 누르는 힘 $Q = p_0 b$[kgf]이고, 마찰력 $F = \mu Q = \mu p_0 b$[kgf]이다. 따라서 마찰차 지름이 D[mm]일 때 토크 T[kgf · m]는 다음과 같다.

$$T = F \times \frac{D}{2} = \mu p_0 b \times \frac{D}{2} \times \frac{1}{1000}\,[\text{kgf} \cdot \text{m}]$$

이상에서 마찰차의 지름이 [mm]단위이므로 [m]단위로 맞추기 위해 1000을 나누어 주었다. 이때 N[rpm]의 회전속도로 동력 H[PS]를 전달하기 위해 필요한 마찰차의 최소 너비 b[mm]는 다음과 같다.

$$H = T\omega = \left(\mu p_0 b \times \frac{D}{2} \times \frac{1}{1000}\right) \times \frac{2\pi N}{60} \times \frac{1}{75} = \frac{\pi \mu p_0 b D N}{4.5 \times 10^6}$$

$$\therefore \;\; b = \frac{4.5 \times 10^6 H}{\pi \mu p_0 D N}$$

22. [정답 : ②] 원동차 회전수 $N_1 = 600$rpm, 종동차 회전수 $N_2 = 300$rpm, 두 축 사이의 중심거리 $C = 300$mm이다. 원동차와 종동차의 지름을 각각 D_1, D_2로 하면 접촉점에서 선속도($v = \frac{\pi D N}{60}$)가 같으므로

$$N_1 D_1 = N_2 D_2 \quad \therefore \;\; D_2 = \left(\frac{N_1}{N_2}\right) D_1 = \left(\frac{600}{300}\right) D_1 = 2D_1 \;\cdots\cdots\cdots\cdots\; ①$$

이고, 중심거리로부터

$$C = \frac{D_1 + D_2}{2} \quad \therefore \;\; D_1 + D_2 = 2C = 2 \times 300 = 600 \;\cdots\cdots\cdots\cdots\; ②$$

이다. ①을 ②에 대입하면 $D_1 = 200\text{mm} = 0.2\text{m}$이다. 따라서 최대 전달동력 H[kW]은 다음과 같다. 마찰력 $f = \mu Q$이다.

$$H = T\omega = \left(\mu Q \times \frac{D_1}{2}\right) \times \frac{2\pi N_1}{60}$$
$$= \left(0.2 \times 1 \times \frac{0.2}{2}\right) \times \frac{2\pi \times 600}{60}[\mathrm{kW}] = 0.4\pi[\mathrm{kW}]$$

23. [정답 : ④] 반경방향 힘 $Q=2{,}000$[N], 마찰계수 $\mu=0.2$, 전달 토크 $T=200{,}000$ [N · mm]이다. 마찰력 $f=\mu Q$이므로

$$T = f \times \frac{D}{2} = \mu Q \times \frac{D}{2} \quad \therefore \; D = \frac{2T}{\mu Q} = \frac{2 \times 200{,}000}{0.2 \times 2{,}000} = 1{,}000[\mathrm{mm}]$$

24. [정답 : ③] 원동차 지름 $D=300\mathrm{mm}=0.3\mathrm{m}$, 회전속도 $N=600\mathrm{rpm}$, 마찰차의 폭 $b=100\mathrm{mm}$, 마찰계수 $\mu=0.4$, 단위길이 당 허용 수직 힘 $p=30\mathrm{N/mm}$이다. 접촉부를 수직으로 누르는 힘 $Q=pb$이므로 마찰력(F)과 토크(T)는

$$F = \mu Q = \mu pb, \qquad T = F \times \frac{D}{2} = \mu pb \times \frac{D}{2}$$

이다. 따라서 종동 마찰차에 전달되는 전달동력 H[kW]은 다음과 같다.

$$H = T\omega = \left(\frac{\mu pbD}{2}\right)\left(\frac{2\pi N}{60}\right) = \frac{0.4(30)(100)(0.3)}{2} \times \frac{2\pi(600)}{60}[\mathrm{W}]$$
$$= 3600\pi[\mathrm{W}] = 3.6\pi[\mathrm{kW}]$$

25. [정답 : ②] 원동차 지름 $D=400$mm, 회전수 $N=600$rpm, 전달동력 $H=2\pi$kW, 접촉면 허용압력 $p=10$N/mm, 마찰계수 $\mu=0.2$이다. 전달동력(H)으로부터 마찰차의 최소 너비(b)는 다음과 같다.

$$H = T\omega = \left(f \times \frac{D}{2}\right) \times \frac{2\pi N}{60} = \left(\mu pb \times \frac{D}{2}\right) \times \frac{2\pi N}{60}$$
$$\therefore \; b = \frac{60H}{\pi\mu pDN} = \frac{60 \times (2\pi \times 1000 \times 1000)}{\pi \times 0.2 \times 10 \times 400 \times 600} = 250[\mathrm{mm}]$$

이상에서 $1\mathrm{kW} = 1000\mathrm{W} = 1000 \times \frac{\mathrm{N \cdot m}}{\mathrm{s}} = 1000 \times 1000 \frac{\mathrm{N \cdot mm}}{\mathrm{s}}$.

26. [정답 : ②] 두 마찰차의 접촉점에서 원주방향 속도가 같으므로

$$xN_B = \frac{D_A}{2} \times N_A \quad \therefore \; x = \frac{D_A}{2} \times \frac{N_A}{N_B} = \frac{400}{2} \times \frac{1200}{800} = 300[\mathrm{mm}]$$

27. [정답 : ③] 두 원판의 접촉점에서 선속도가 같으므로

$$N_A x = N_B \times \frac{D_B}{2} \quad \therefore \; N_B = 2N_A \times \frac{x}{D_B} = 2(500) \times \frac{40}{40} = 1{,}000[\mathrm{rpm}]$$

28. [정답 : ③]

29. [정답 : ④] 중심거리와 속도로부터 마찰차의 지름을 구한다.

$$C = \frac{D_1 + D_2}{2} = 400[\text{mm}] \quad \rightarrow \quad D_1 + D_2 = 800[\text{mm}] \cdots\cdots ①$$

$$D_1 N_1 = D_2 N_2 \rightarrow 150 D_1 = 50 D_2 \quad \therefore\ D_2 = 3D_1 \cdots\cdots ②$$

①, ②로부터 $D_1 = 200[\text{mm}]$이고 동력으로부터 마찰계수를 구한다.

$$H = Fv = \mu Q \times \frac{\pi D_1 N_1}{60}$$

$$\therefore\ \mu = \frac{60H}{\pi D_1 N_1 Q} = \frac{60(3 \times 735.5)}{3(0.2)(150)(5 \times 1000)} = 0.2942$$

이상에서 단위를 m, N, W로 통일하여 계산하였다.

30. [정답 : ③] 단위를 kN, m, s로 하므로 동력은 kW이다.

$$H = Fv = \mu Q \times \frac{\pi D_1 N_1}{60} = 0.2(10) \times \frac{\pi(0.2)(1200)}{60}[\text{kW}] = 8\pi[\text{kW}]$$

31. [정답 : ②]

연습문제 9

[객관식 정답 : 1~5]

01	02	03	04	05
②	①	④	③	②

06. (1) 중심거리 $C = \frac{m(Z_1 + Z_2)}{2} = \frac{4 \times (Z_1 + Z_2)}{2} = 100$에서

$$Z_1 + Z_2 = 50 \cdots\cdots ①$$

속도비 $i = \frac{N_2}{N_1} = \frac{Z_1}{Z_2} = \frac{2}{3}$에서 $3Z_1 = 2Z_2$ $\cdots\cdots$ ②

①, ②를 연립하여 풀면 $Z_1 = 20$개, $Z_2 = 30$개.

(2) 바깥지름 : $D_{o1} = m(Z_1 + 2) = 4 \times (20 + 2) = 88[\text{mm}]$

$D_{o2} = m(Z_2 + 2) = 4 \times (30 + 2) = 128[\text{mm}]$

07. (1) 모듈 : 바깥지름 $D_{o1} = m(Z_1 + 2)$에서 $m = \frac{D_{o1}}{Z_1 + 2} = \frac{168}{40 + 2} = 4[\text{mm}]$

(2) • 잇수 : 속도비 $i = \frac{N_2}{N_1} = \frac{Z_1}{Z_2} = \frac{1}{3}$에서 $Z_2 = 3Z_1 = 3 \times 40 = 120$[개]

• 피치원 지름 : $D_2 = mZ_2 = 4 \times 120 = 480[\text{mm}]$

08. $p_n = \dfrac{\pi D_b}{Z} = \dfrac{\pi \times 150}{40} = 11.78\,[\mathrm{mm}]$

09. (1) • 원주피치 : $p = \pi m = \pi \times 4 = 12.57[\mathrm{mm}]$

• 법선피치 : $p_n = p\cos\alpha = 12.57 \times \cos 20° = 11.81[\mathrm{mm}]$

(2) • 피치원 지름 : $D_1 = mZ_1 = 4 \times 200 = 800[\mathrm{mm}]$

$D_2 = mZ_2 = 4 \times 50 = 200[\mathrm{mm}]$

• 이끝원 지름 :

$D_{o1} = D_1 + 2h_a = (Z_1 + 2)m = (200 + 2) \times 4 = 808[\mathrm{mm}]$

$D_{o2} = (Z_2 + 2)m = (50 + 2) \times 4 = 208[\mathrm{mm}]$

(3) 중심거리 : $C = \dfrac{D_1 + D_2}{2} = \dfrac{m(Z_1 + Z_2)}{2} = \dfrac{4 \times (200 + 50)}{2} = 500\,[\mathrm{mm}]$

10. $\epsilon = \dfrac{l}{p_n} = \dfrac{l}{\dfrac{\pi D_b}{Z}} = \dfrac{8\pi}{\dfrac{\pi D_b}{Z}} = \dfrac{8Z}{D_b} = \dfrac{8 \times 50}{250} = 1.6$

11. $Z_g = \dfrac{2}{\sin^2\alpha} = \dfrac{2}{\sin^2 14.5°} = 31.9$이므로 최소 잇수는 32개다.

12. (1) ① 피니언의 잇수가 적다.

② 기어와 피니언의 잇수비가 크다.

③ 압력각이 작다.

④ 유효 이 높이가 크다.

(2) ① 낮은 이 기어를 사용한다.

② 전위 기어를 사용한다.

③ 피니언의 잇수를 최소 잇수 이상으로 한다.

④ 기어의 잇수를 한계 잇수 이하로 한다.

⑤ 상대 기어와의 잇수비를 낮게 한다.

⑥ 압력각을 크게 한다.

⑦ 치형 수정을 한다.

13. 원동축과 종동축을 각각 1, 2로 나타낸다.

(1) $N_1 = 1200\,\mathrm{rpm}$, $N_2 = 600\,\mathrm{rpm}$, $Z_1 = 20$, 모듈 $m = 3$이다.

• 종동축 기어의 잇수 : 속도비에서

$$i = \frac{N_2}{N_1} = \frac{600}{1200} = \frac{Z_1}{Z_2} \quad \therefore\ Z_2 = 2Z_1 = 2 \times 20 = 40[\text{개}]$$

• 종동축 기어의 피치원 지름 : $D_2 = mZ_2 = 3 \times 40 = 120\,[\mathrm{mm}]$

• 종동축 기어의 이끝원 지름 :

$$D_{2a} = D_2 + 2m = 120 + 2 \times 3 = 126 [\text{mm}]$$

(2) 원동축 기어의 피치원 지름 $D_1 = mZ_1 = 3 \times 20 = 60 [\text{mm}]$이므로

중심거리 $C = \dfrac{D_1 + D_2}{2} = \dfrac{60 + 120}{2} = 90 [\text{mm}]$

14. ㉮ 바깥지름(D') : $D' = D + 2h_a = (Z + 2)m = (33 + 2) \times 2 = 70 [\text{mm}]$

㉯ 피치원지름(D) : $D = mZ = 2 \times 33 = 66 [\text{mm}]$

15. 원동치차와 종동치차를 각각 1, 2라 한다. $m = 8$, $Z_1 = 40$이므로

$$D_1 = mZ_1 = 8 \times 40 = 320 [\text{mm}]$$

축간거리 $C = \dfrac{D_1 + D_2}{2}$ 로부터

$$D_2 = 2C - D_1 = 2 \times 400 - 320 = 480 [\text{mm}]$$

$$\therefore \ Z_2 = \frac{D_2}{m} = \frac{480}{8} = 60 [\text{개}]$$

16. [정답 : ③]

$$C = \frac{D_A + D_B}{2} = 200 [\text{mm}], \quad \frac{D_B}{D_A} = \frac{N_A}{N_B} = \frac{360}{120} = 3$$

$$\therefore \ D_A = 100 [\text{mm}], \quad D_B = 300 [\text{mm}]$$

$$\therefore \ D_{B,o} = D_B + 2h_a = D_B + 2m = 300 + 2 \times 4 = 308 [\text{mm}]$$

17. [정답 : ①]

18. (1) 속도비 $i = \dfrac{N_2}{N_1} = \dfrac{Z_1}{Z_2}$ $\quad \therefore \ N_2 = N_1 \times \dfrac{Z_1}{Z_2} = 100 \times \dfrac{40}{100} = 40 [\text{rpm}]$

(2) 전달동력 $H = T_1\omega_1 = T_2\omega_2$이고 $\omega = \dfrac{2\pi N}{60}$이므로

$$T_1 \times \frac{2\pi N_1}{60} = T_2 \times \frac{2\pi N_2}{60} \quad \therefore \ T_2 = T_1 \times \frac{N_1}{N_2} = 10 \times \frac{100}{40} = 25 [\text{kgf} \cdot \text{m}]$$

19. (가) $m = \dfrac{D}{Z} [\text{mm}]$

(나) 중심거리 $C = \dfrac{D_1 + D_2}{2} = \dfrac{mZ_1 + mZ_2}{2} = \dfrac{m(Z_1 + Z_2)}{2}$

$$\therefore \ m = \frac{2C}{Z_1 + Z_2} = \frac{2 \times 150}{25 + 50} = 4 [\text{mm}]$$

20. [정답 : ④]

① 랙과 피니언 ② 스퍼 기어 : 두 축이 평행할 때 사용한다.

③ 베벨 기어 : 두 축이 교차할 때 사용한다.

④ 웜과 웜 기어 : 두 축이 평행하지도 교차하지도 않는 경우에 사용한다.

21. [정답 : ③] 원통 위에 감은 실을 풀 때, 실 위의 한 점이 그리는 궤적을 곡선으로 한 기어 치형은 인벌류트 치형이다. 인벌류트 치형은

① 변형시킨 전위기어를 사용할 수 있다 : 전위기어를 사용하여 언더컷을 방지하고 물림률을 증가시킨다.

② 맞물리는 두 기어의 중심거리가 다소 틀려도 속도비에는 영향이 없다 : 사이클로이드 치형은 중심거리가 정확해야 하지만 인벌류트 치형은 중심거리 오차에 민감하지 않다.

③ 미끄럼률의 변화가 크고 마멸이 불균일하다.

④ 제작상의 오차 및 조립상의 오차가 다소 있더라도 사용에 큰 영향을 미치지 않는다.

22. [정답 : ①] 기어와 피니언의 잇수비를 작게 한다.

23. [정답 : ①] 피치원 지름을 D, 이끝원지름을 D_0, 잇수를 Z, 이끝 높이를 h_a, 지름 피치를 p_d, 원주 피치를 p, 모듈을 m이라 한다.

① $m = \dfrac{D}{Z} = \dfrac{240}{60} = 4$

② $D_0 = D + 2h_a = mZ + 2m = m(Z+2) \quad \therefore \quad m = \dfrac{D_0}{Z+2} = \dfrac{246}{80+2} = 3$

표준스퍼기어에서 이끝 높이는 모듈과 같다.

③ $m = \dfrac{25.4}{p_d} = \dfrac{25.4}{12.7} = 2$

④ $p = \dfrac{\pi D}{Z} = \pi m \quad \therefore \quad m = \dfrac{p}{\pi} \approx \dfrac{4.712}{3.14} \approx 1.5$

24. [정답 : ④] 피치원 지름 $D = mZ$이므로

$$C = \frac{D_1 + D_2}{2} = \frac{m(Z_1 + Z_2)}{2} = \frac{3 \times (60 + 36)}{2} = 144[\text{mm}]$$

25. [정답 : ①] 잇수 $Z = 30$, 모듈 $m = 4$이다. 표준기어에서 이끝 높이(h_a)는 모듈과 같으므로 $h_a = m = 4[\text{mm}]$이다. 바깥지름(D_o)은 피치원 지름($D = mZ$)에 양쪽의 이끝 높이 $2h_a$를 더한 값이다.

$$D_o = D + 2h_a = mZ + 2m = m(Z+2) = 4 \times (30+2) = 128[\text{mm}]$$

26. [정답 : ②] 피치원 지름 D, 잇수 Z일 때 모듈 $m=\frac{D}{Z}$이다.

① $D=mZ$이므로 모듈(m)이 같은 경우 피치원 지름(D)과 잇수(Z)는 비례한다.

② 모듈은 피치원 지름을 잇수로 나눈 값이다.

③ $m=\frac{D}{Z}$이므로 피치원 지름(D)이 같은 경우 잇수(Z)와 모듈(m)은 반비례한다.

④ $Z=\frac{D}{m}$이므로 피치원 지름(D)이 같은 경우 모듈(m)이 커지면 잇수(Z)가 적어진다. 따라서 이의 크기는 커진다.

27. [정답 : ③] 원동기어 잇수 $Z_1=40$개, 종동기어 잇수 $Z_2=60$, 압력각 $\alpha=30°$, 모듈 $m=2$이다.

① $m=\frac{D_1}{Z_1}$ $\therefore$ $D_1=m\,Z_1=2\times40=80$[mm] : 원동기어의 피치원 지름(D_1)은 80mm이다.

② $C=\frac{D_1+D_2}{2}=\frac{m(Z_1+Z_2)}{2}=\frac{2\times(40+60)}{2}=100$[mm] : 두 기어의 중심거리($C$)는 100[mm]이다.

③ $p_n=p\cos\alpha=2\pi\cos30°=\sqrt{3}\pi$: 두 기어의 법선피치(p_n)는 $\sqrt{3}\pi$이다.

④ $p=\frac{\pi D_2}{Z_2}=\pi m=2\pi$: 종동기어의 원주피치(p)는 2π이다.

28. [정답 : ②]

① 작용선은 두 개의 기초원의 공통접선과 일치한다.

② 법선 피치(p_n)의 길이는 기초원 피치(p_b)와 같다 : $p_n=p_b$.

③ 한 쌍의 기어는 압력각이 같아야 작동한다.

④ 기초원의 지름은 피치원의 지름보다 항상 작다.

압력각 α일 때 기초원 지름 $D_b=D\cos\alpha$이다. 따라서 $D_b<D$이다.

29. [정답 : ③] 압력각 $\alpha=20°$일 때 간섭을 일으키지 않는 한계 잇수

$$Z_1\geq\frac{2}{\sin^2\alpha}=\frac{2}{\sin^2 20°}$$

30. [정답 : ③] 기어의 모듈을 m이라고 하면

$$C=\frac{D_1+D_2}{2}=\frac{m(Z_1+Z_2)}{2}\quad\therefore\ m=\frac{2C}{Z_1+Z_2}=\frac{2\times200}{80+20}=4[\text{mm}]$$

31. [정답 : ②] 인벌류트 치형은 압력각이 일정하고, 사이클로이드 치형은 압력각이 변화한다.

32. [정답 : ③] 중심거리 C와 속도비 1/2로부터

$$C=\frac{D_1+D_2}{2}=\frac{m(Z_1+Z_2)}{2} \quad \therefore \ Z_1+Z_2=\frac{2C}{m}=\frac{2\times 180}{3}=120 \cdots ①$$

$$i=\frac{N_2}{N_1}=\frac{Z_1}{Z_2}=\frac{1}{2} \quad \therefore \ Z_2=2Z_1 \cdots\cdots ②$$

①, ②를 연립해서 풀면 $Z_1=40$, $Z_2=80$.

33. [정답 : ②] '카미의 정리'로부터 "서로 맞물려서 돌아가는 두 개의 기어가 일정 각속도 비로 회전하려면 접촉점의 공통 법선은 어느 일정한 점(피치점)을 통과해야 한다."

34. [정답 : ②] 피치원 지름 $D=mZ$이고, 이끝원지름(D_o)은 피치원 지름(D)에 양쪽의 이끝높이 $2h_a$를 더한 것이다. 표준 스퍼기어에서 $h_a=m$이므로

$$D_o=D+2h_a=mZ+2m=m(Z+2) \quad \therefore \ m=\frac{D_o}{Z+2}=\frac{132}{42+2}=3$$

35. [정답 : ④] 잇수의 합 $Z_1+Z_2=72$, 모듈 $m=5$mm이므로 기어 사이 중심거리 C [mm]는 다음과 같다.

$$C=\frac{D_1+D_2}{2}=\frac{m(Z_1+Z_2)}{2}=\frac{5\times 72}{2}=180[\text{mm}]$$

36. [정답 : ①] 회전각속도비가 1/4이므로

$$\frac{D_1}{D_2}=\frac{1}{4} \quad \therefore \ D_2=4D_1 \cdots\cdots ①$$

이고, 중심거리(C)로부터

$$C=\frac{D_1+D_2}{2} \quad \therefore \ D_1+D_2=2C=2(100)=200[\text{mm}] \cdots\cdots ②$$

이다. ①을 ②에 대입하면 $D_1=40\text{mm}$, $D_2=160\text{mm}$.

$$\therefore \ Z_1=\frac{D_1}{m}=\frac{40}{5}=8 \ ; \ Z_2=\frac{D_2}{m}=\frac{160}{5}=32$$

37. [정답 : ④] 주축 회전수 $N_1=3000$rpm, 종동축 회전수 $N_2=2000$rpm이므로 주축과 종동축의 잇수를 각각 Z_1, Z_2로 하면

$$N_1Z_1=N_2Z_2 \quad \therefore \ Z_2=\left(\frac{N_1}{N_2}\right)Z_1=\left(\frac{3000}{2000}\right)Z_1=\frac{3}{2}Z_1 \cdots\cdots ①$$

이다. 그리고 양축의 중심 거리 $C=300$mm, 기어 모듈 $m=3$이므로

$$C = \frac{D_1 + D_2}{2} = \frac{m(Z_1 + Z_2)}{2} \quad \therefore\ Z_1 + Z_2 = \frac{2C}{m} = \frac{2 \times 300}{3} = 200 \cdots ②$$

이 된다. 식 ①을 ②에 대입하면

$$Z_1 + \frac{3}{2} Z_1 = 200 \quad \therefore\ Z_1 = \frac{2}{5} \times 200 = 80$$

이고, $Z_2 = \frac{3}{2} Z_1 = \frac{3}{2} \times 80 = 120$ 이다.

38. [정답 : ③] 구동기어와 종동기어의 피치원 지름을 각각 D_1, D_2 라 하고, 회전속도를 각각 N_1, N_2 라 한다. 중심거리 $C = 120\text{mm}$, 모듈 $m = 2$ 이다.

$$C = \frac{D_1 + D_2}{2} \quad \therefore\ D_1 + D_2 = 2C = 2 \times 120 = 240\,[\text{mm}] \cdots\cdots\cdots\cdots ①$$

회전각속도가 3배로 증속되었으므로

$$N_1 D_1 = N_2 D_2 \quad \therefore\ D_1 = \left(\frac{N_2}{N_1}\right) D_2 = 3D_2 \cdots\cdots\cdots\cdots\cdots\cdots\cdots\cdots ②$$

식 ②를 ①에 대입하면

$$D_1 + D_2 = 3D_2 + D_2 = 240\,[\text{mm}] \quad \therefore\ D_2 = 60\,[\text{mm}]$$

따라서 종동기어의 바깥지름 D_{o2}[mm]은 다음과 같다.

$$D_{o2} = D_2 + 2m = 60 + (2 \times 2) = 64\,[\text{mm}]$$

39. [정답 : ①]

① 물림률(contact ratio)은 물림길이를 법선피치로 나눈 값이다.

② 언더컷을 방지하려면 압력각을 크게 한다.

③ 하이포이드기어는 두 축이 평행하지도 교차하지도 않을 때 사용하는 기어의 종류이다.

④ 사이클로이드 치형은 인벌류트 치형에 비해 강도가 약하다.

⑤ 전위기어는 표준기어에 비해 호환성이 떨어진다.

40. [정답 : ③] 스퍼기어의 바깥지름(이끝원 지름) $D_0 = 250\text{mm}$, 이끝원의 원주피치 $p_0 = 15.7\text{mm}$ 이다. 이끝원의 원주피치(p_0)에서

$$p_0 = \frac{\pi D_0}{Z} \quad \therefore\ Z = \frac{\pi D_0}{p_0} = \frac{3.14 \times 250}{15.7} = 50$$

이고, 바깥지름(D_0)에서

$$D_0 = D + 2h_a = D + 2m = mZ + 2m = m(Z + 2)$$

$$\therefore\ m = \frac{D_0}{Z + 2} = \frac{250}{50 + 2} \approx 4.8$$

41. [정답 : ④] 중심거리 $C=70$mm, 피니언 잇수 $Z_1=24$, 기어 잇수 $Z_2=46$이다. 기어의 모듈을 m이라고 하면

$$C=\frac{D_1+D_2}{2}=\frac{m(Z_1+Z_2)}{2} \quad \therefore\ m=\frac{2C}{Z_1+Z_2}=\frac{2\times 70}{24+46}=2[\text{mm}]$$

따라서 잇수 $Z_2=46$인 기어의 이끝원 지름 D_o[mm]는 다음과 같다.

$$D_o=D_2+2m=mZ_2+2m=m(Z_2+2)=2\times(46+2)=96[\text{mm}]$$

42. [정답 : ③] 회전각속도비(i)와 잇수의 합으로부터

$$i=\frac{N_2}{N_1}=0.5=\frac{Z_1}{Z_2} \quad \therefore\ Z_2=2Z_1 \cdots\cdots ①$$

$$Z_1+Z_2=72 \cdots\cdots ②$$

식 ①, ②를 연립해 풀면 $Z_1=24$, $Z_2=48$이다. 그리고 원주피치(p)가 15.70mm이므로 모듈(m)은 다음과 같다.

$$p=\frac{\pi D}{Z}=\pi m \quad \therefore\ m=\frac{p}{\pi}=\frac{15.7}{3.14}=5$$

43. [정답 : ②] 중심 거리 C[mm]는

$$C=\frac{D_1+D_2}{2}=\frac{m(Z_1+Z_2)}{2}=\frac{4\times(25+65)}{2}=180[\text{mm}]$$

이고, 압력각 $\alpha=20°$일 때 피니언의 기초원 지름 D_{g1}[mm]는 다음과 같다.

$$D_{g1}=D_1\cos\alpha=mZ_1\cos\alpha=4\times 25\times\cos 20°=4\times 25\times 0.9=90[\text{mm}]$$

44. [정답 : ①] 기어 2와 3은 같은 축에 연결되어 있으므로 회전속도가 같다.
$N_2=N_3=N$으로 하면

- 기어 1과 2의 회전속도비에서 $\frac{N_2}{N_1}=\frac{Z_1}{Z_2} \rightarrow \frac{N}{N_1}=\frac{Z_1}{Z_2}$ $\cdots\cdots$ ①
- 기어 3과 4의 회전속도비에서 $\frac{N_4}{N_3}=\frac{Z_3}{Z_4} \rightarrow \frac{N_4}{N}=\frac{Z_3}{Z_4}$ $\cdots\cdots$ ②
- ①×②를 하면 $\frac{N_4}{N_1}=\frac{Z_1Z_3}{Z_4Z_2}=\frac{(\text{원동차 잇수들 곱})}{(\text{종동차 잇수들 곱})}$

45. [정답 : ④] 회전속도로부터 큰 기어의 잇수를 구하면

$$Z_2=Z_1\left(\frac{N_1}{N_2}\right)=20\left(\frac{300}{100}\right)=60[\text{개}]$$

$$D_{1,o}=m(Z_1+2)=5(20+2)=110[\text{mm}]$$

$$D_{2,o}=m(Z_2+2)=5(60+2)=310[\text{mm}]$$

46. [정답 : ②] 중심거리로부터 모듈을 구한다.

$$m = \frac{2C}{Z_1 + Z_2} = \frac{2(96)}{24+40} = 3[\text{mm}]$$

$$D_o = m(Z+2) = 3(24+2) = 78[\text{mm}]$$

47. [정답 : ③] 표준 스퍼기어의 이끝높이 $h_a = m$이다.

$$D_o = D + 2h_a = mZ + 2m = m(Z+2) = 5(50+2) = 260[\text{mm}]$$

$$p = \frac{\pi D}{Z} = \pi m = 5\pi[\text{mm}]$$

48. [정답 : ②] 원주피치 $p = \pi m$으로부터 모듈을 구한다.

$$m = \frac{p}{\pi} = \frac{3\pi}{\pi} = 3$$

$$C = \frac{m(Z_1 + Z_2)}{2} = \frac{3(40+60)}{2} = 150[\text{mm}]$$

49. [정답 : ③] 물림률을 증가시키려 할 때 사용한다.

50. [정답 : ③] 이높이를 줄인다.

51. [정답 : ②] 접촉점에서 선속도가 같으므로 $N_A Z_A = N_B Z_B$이다.

- 기어 1과 2에서 $N_2 = N_1\left(\frac{Z_1}{Z_2}\right) = N_3$
- 기어 2와 3은 같은 축이므로 $N_2 = N_3$
- 기어 3과 4에서 $N_4 = N_3\left(\frac{Z_3}{Z_4}\right) = N_1\left(\frac{Z_1}{Z_2}\right)\left(\frac{Z_3}{Z_4}\right) = 600\left(\frac{44}{36}\right)\left(\frac{60}{20}\right) = 2200[\text{rpm}]$

52. [정답 : ②] 모듈 $m = 2\text{mm} = 0.002\text{m}$. 단위를 kN, m, s로 계산한다.

$$H = Fv = F \times \frac{\pi DN}{60} = F \times \frac{\pi(mZ)N}{60}$$

$$= 2 \times \frac{3(0.002 \times 30)(400)}{60}[\text{kW}] = 2.4[\text{kW}]$$

연습문제 10

01. (1) • 벨트 길이 : $L = 2C + \frac{\pi}{2}(D_1 + D_2) + \frac{(D_2 - D_1)^2}{4C}$

$$= 2 \times 2 + \frac{\pi}{2}(0.3 + 0.7) + \frac{(0.7 - 0.3)^2}{4 \times 2}$$

$$= 5.5908[\mathrm{m}] = 5590.8[\mathrm{mm}]$$

$$\phi = \sin^{-1}\left(\frac{D_2 - D_1}{2C}\right) = \sin^{-1}\left(\frac{0.7 - 0.3}{2 \times 2}\right) = 5.74°$$

- 작은 풀리 : $\theta_1 = 180° - 2\phi = 180° - 2 \times 5.74° = 168.52°$
- 큰 풀리 : $\theta_2 = 180° + 2\phi = 180° + 2 \times 5.74° = 191.48°$

(2) • 벨트 길이 : $L = 2C + \frac{\pi}{2}(D_1 + D_2) + \frac{(D_2 + D_1)^2}{4C}$

$$= 2 \times 2 + \frac{\pi}{2}(0.3 + 0.7) + \frac{(0.7 + 0.3)^2}{4 \times 2}$$

$$= 5.6958[\mathrm{m}] = 5695.8[\mathrm{mm}]$$

- 접촉각 : $\theta_1 = \theta_2 = 180° + 2\sin^{-1}\left(\frac{D_2 + D_1}{2C}\right)$

$$= 180° + 2\sin^{-1}\left(\frac{0.7 + 0.3}{2 \times 2}\right) = 209°$$

02. (1) 원주속도 $v = \frac{\pi D_1 N_1}{60} = \frac{\pi \times 0.3 \times 500}{60} = 7.854[\mathrm{m/s}]$

(2) 동력 $H = Pv = 400 \times 7.854[\mathrm{W}] = 3142[\mathrm{W}] = 3.142[\mathrm{kW}]$

(3) • 벨트 길이 $L = 2C + \frac{\pi}{2}(D_1 + D_2) + \frac{(D_2 - D_1)^2}{4C}$

$$= 2 \times 3 + \frac{\pi}{2}(0.3 + 1.2) + \frac{(1.2 - 0.3)^2}{4 \times 3}[\mathrm{m}]$$

$$= 8.424[\mathrm{m}] = 8424[\mathrm{mm}]$$

$$\phi = \sin^{-1}\left(\frac{D_2 - D_1}{2C}\right) = \sin^{-1}\left(\frac{1.2 - 0.3}{2 \times 3}\right) = 8.63°$$

- $\theta_1 = 180° - 2\phi = 180° - 2 \times 8.63° = 162.74°$
- $\theta_2 = 180° + 2\phi = 180° + 2 \times 8.63° = 197.26°$

(4) θ_1, θ_2 중 작은 값 $\theta = \theta_1 = 162.74° = 162.74 \times \frac{\pi}{180} = 2.84[\mathrm{rad}]$

장력비 $k = e^{\mu\theta} = e^{0.25 \times 2.84} = 2.034$

(5) 원주속도 $v = 7.854 < 10[\mathrm{m/s}]$이므로 벨트의 원심력을 고려하지 않는다. 이때 장력은 다음과 같다.

- 긴장측 장력 : $F_t = \frac{e^{\mu\theta}}{e^{\mu\theta} - 1}P = \frac{2.034}{2.034 - 1} \times 400 = 786.8[\mathrm{N}]$
- 이완측 장력 : $F_s = \frac{1}{e^{\mu\theta} - 1}P = \frac{1}{2.034 - 1} \times 400 = 386.8[\mathrm{N}]$

(6) • 허용응력 $\sigma_a = \dfrac{\sigma}{S} = \dfrac{10}{5} = 2\,[\mathrm{N/mm^2}]$

• 벨트 너비 $b = \dfrac{F_t}{t\sigma_a\eta} = \dfrac{786.8}{5\times2\times0.8} = 98.35\,[\mathrm{mm}]$

03. 전달동력 $H = Pv = (F_t - F_s)v = (2-0.5)\times4 = 6\,[\mathrm{kW}]$

04. 부가장력(원심장력) $F_c = \overline{m}v^2 \quad \therefore \quad \overline{m} = \dfrac{F_c}{v^2} = \dfrac{4000}{20^2} = 10\,[\mathrm{kg/m}]$

05. 안전율의 정의 $S = \dfrac{\sigma_f}{\sigma_a}$ 로부터 허용응력 $\sigma_a = \dfrac{\sigma_f}{S}$ 이다. 벨트의 이음효율을 1로 하면 다음과 같이 벨트 두께 t가 구해진다.

$$\sigma_a = \frac{\sigma_f}{S} = \frac{F_t}{bt} \quad \therefore \quad t = \frac{SF_t}{b\sigma_f} = \frac{8\times350}{100\times2} = 14\,[\mathrm{mm}]$$

06. [정답 : ②] 속도 v=5m/s, 전달 동력 H=0.1kW, 긴장측 장력 F_t=40N이다. 유효장력을 P[N]이라 하면

$$H = Pv \quad \therefore \quad P = \frac{H}{v} = \frac{0.1\times1000}{5} = 20\,[\mathrm{N}]$$

이다. 편의상 장력비를 $e^{\mu\theta} = k$로 놓으면

$$F_t = \frac{e^{\mu\theta}}{e^{\mu\theta}-1}P = \frac{k}{k-1}P \quad \rightarrow \quad (k-1)F_t = kP$$

$$\therefore \quad k = \frac{F_t}{F_t - P} = \frac{40}{40-20} = 2$$

07. [정답 : ②] 아이텔바인(Eytelwein) 공식 $\dfrac{F_t - \overline{m}v^2}{F_s - \overline{m}v^2} = e^{\mu\theta}$에서 $F_c = \overline{m}v^2$은 벨트의 단위 길이 당 질량에 의해 생기는 단위 길이 당 원심력이며 이것을 원심장력 또는 부가장력이라 한다.

08. [정답 : ③] $\dfrac{T_t}{T_s} = 4$에서 $T_s = \dfrac{T_t}{4}$이므로 유효장력 T_e[kgf]는

$$T_e = T_t - T_s = T_t - \frac{T_t}{4} = \frac{3}{4}T_t\,[\mathrm{kgf}]$$

이고, 최대 전달동력 H[PS]는 다음과 같다.

$$H = T_e v = \left(\frac{3}{4}T_t\right)v = \frac{3T_t v}{4}\left[\frac{\mathrm{kgf\cdot m}}{\mathrm{s}}\right] = \left(\frac{3}{4}T_t v\right)\times\frac{1}{75}\,[\mathrm{PS}]$$

$$= \frac{T_t v}{100} \text{[PS]}$$

09. [정답 : ②] 벨트에서 장력비(k)와 유효장력(T_e)의 정의는 다음과 같다.

$$\frac{T_t}{T_s} = k \quad \cdots\cdots ①$$

$$T_e = T_t - T_s \quad \cdots\cdots ②$$

식 ①에서

$$T_t = kT_s \quad \cdots\cdots ③$$

이고, 이 식을 식 ②에 대입하면

$$T_e = T_t - T_s = kT_s - T_s = (k-1)T_s \quad \cdots\cdots ④$$

이다. 식 ③, ④로부터

$$\frac{T_t + T_s}{T_e} = \frac{kT_s + T_s}{(k-1)T_s} = \frac{(k+1)T_s}{(k-1)T_s} = \frac{k+1}{k-1}$$

10. [정답 : ②] 유효장력 $P = F_t - F_s$이므로 전달되는 동력 H는 다음과 같다.

$$H = Pv = (F_t - F_s)v = (100-50) \times 6 \times \frac{1}{75}\text{[PS]} = 4\text{[PS]}$$

11. [정답 : ①] 원심력을 무시할 때 장력비 $e^{\mu\theta} = \frac{T_t}{T_s}$이므로 $T_t = e^{\mu\theta}T_s$이다.

이때 베어링에 전달되는 하중(F_d)은 다음과 같다.

$$F_d = \sqrt{T_t^2 + T_s^2 - 2T_tT_s\cos\theta} = \sqrt{\left(e^{\mu\theta}T_s\right)^2 + (T_s)^2 - 2\left(e^{\mu\theta}T_s\right)T_s\cos\theta}$$

$$= T_s\sqrt{e^{2\mu\theta} + 1 - 2e^{\mu\theta}\cos\theta}$$

$$\therefore \frac{F_d}{T_s} = \sqrt{e^{2\mu\theta} - 2e^{\mu\theta}\cos\theta + 1}$$

12. [정답 : ②] (가)는 바로걸기(평행걸기)라고 하고, (나)는 엇걸기(십자걸기)라 한다. 바로걸기는 두 축의 회전 방향이 같다. 엇걸기는 두 축의 회전 방향이 반대이며, 접촉각이 커서(미끄럼이 작아서) 큰 동력을 전달하고자 할 때 사용된다.

13. [정답 : ③] 유효장력 $P = T_t\left(\frac{e^{\mu\theta}-1}{e^{\mu\theta}}\right)$

$$H = \frac{Pv}{1000} = \frac{T_t v}{1000}\left(\frac{e^{\mu\theta}-1}{e^{\mu\theta}}\right) \text{ [kW]}$$

14. [정답 : ①] 장력비(k)와 속도(v)는 각각

$$k=\frac{F_t}{F_s}=\frac{2.4}{2}=1.2,\quad v=\frac{\pi DN}{60}=\frac{\pi\times0.2\times300}{60}=\pi[\text{m/s}]$$

이므로 벨트가 전달하는 동력(H)은 다음과 같다.

$$H=Pv=F_t v\left(1-\frac{1}{k}\right)=2.4\times\pi\times\left(1-\frac{1}{1.2}\right)=0.4\pi[\text{kW}]$$

F_t의 단위가 [kN]이고 v의 단위가 [m/s]이므로 H의 단위는 [kW]이다.

15. [정답 : ④] 속도 $v=10$m/s, 전달동력 $H=10\text{kW}=10\times10^3\text{W}$이다. 먼저 전달동력으로부터 유효장력 P를 구한다.

$$H=Pv\quad\therefore\ P=\frac{H}{v}=\frac{10\times10^3}{10}=1000[\text{N}]$$

따라서 유효장력 $P=F_t-F_s$이므로

$$F_t-F_s=1000[\text{N}]\ \cdots\cdots\ ①$$

이고, 긴장측 장력(F_t)이 이완측 장력(F_s)의 2배이므로

$$F_t=2F_s\ \cdots\cdots\ ②$$

이다. 식 ①, ②를 연립해서 풀면 $F_s=1000$N, $F_t=2000$N.

16. [정답 : ②] 평행걸기와 엇걸기의 벨트 길이 L_1과 L_2는 각각

$$L_1=2C+\frac{\pi}{2}(D_1+D_2)+\frac{(D_2-D_1)^2}{4C}$$

$$L_2=2C+\frac{\pi}{2}(D_1+D_2)+\frac{(D_2+D_1)^2}{4C}$$

$$\therefore\ L_2-L_1=\frac{2D_1D_2-(-2D_1D_2)}{4C}=\frac{D_1D_2}{C}=\frac{(300)(500)}{(1500)}=100[\text{mm}]$$

17. [정답 : ②] 마찰계수가 μ일 때 장력비(k_1), $\mu_2=2\mu$일 때 장력비(k_2)

$$k_1=\frac{T_t}{T_s}=e^{\mu\theta},\quad k_2=e^{2\mu\theta}\quad\therefore\ \frac{k_2}{k_1}=\frac{e^{2\mu\theta}}{e^{\mu\theta}}=e^{\mu\theta}$$

18. [정답 : ③] 벨트 두께 $t=2$mm, 폭 $b=20$mm, 유효장력 $P=400$N, 장력비 $k=e^{\mu\theta}=3$이다. 최대 인장력 F_t는

$$F_t=\left(\frac{k}{k-1}\right)P=\left(\frac{3}{3-1}\right)\times400=600[\text{N}]$$

$$\therefore\ \sigma_t=\frac{F_t}{A}=\frac{F_t}{bt}=\frac{600}{20\times2}=15[\text{MPa}]$$

19. [정답 : ①] 벨트 속도 $v=7.5$m/s, 이완측 장력 $F_s=30$kgf, 전달동력 $H=4$PS이다. 긴장측 장력을 F_t라고 하면 유효장력 $P=F_t-F_s$이므로

$$H = Pv = (F_t - F_s)v \quad \therefore \; F_t = \frac{H}{v} + F_s = \frac{4 \times 75}{7.5} + 30 = 70\,[\mathrm{kgf}]$$

20. [정답 : ④] 속도 $v = 6\mathrm{m/s}$, 전달동력 $H = 6\mathrm{kW}$, 긴장측 장력 $F_t = 2000\mathrm{N}$이다. 유효 장력 $P = F_t - F_s$이므로 이완측의 장력(F_s)은 다음과 같다.

$$H = Pv = (F_t - F_s)v \quad \therefore \; F_s = F_t - \frac{H}{v} = 2000 - \frac{6 \times 10^3}{6} = 1000\,[\mathrm{N}]$$

따라서 이완측에 대한 긴장측의 장력비는 $\dfrac{F_t}{F_s} = \dfrac{2000}{1000} = 2$이다.

21. [정답 : ①] 벨트의 선속도 $v = 10\mathrm{m/s}$, 전달동력 $H = 10\mathrm{PS}$, $T_t = 2T_s$이다. 유효 장력 $P = T_t - T_s = (2T_s) - T_s = T_s$이므로

$$H = Pv = T_s v \quad \therefore \; T_s = \frac{H}{v} = \frac{10 \times (75 \times 9.8)}{10} = 735\,[\mathrm{N}]$$

22. [정답 : ①] 벨트의 폭 $b = 100\mathrm{mm}$, 두께 $t = 5\mathrm{mm}$, 벨트속도 $v = 8\mathrm{m/s}$, 벨트의 허용 인장응력 $\sigma = 2.5\mathrm{MPa}$, 장력비 $k = e^{\mu\theta} = 3$이다.

긴장측 장력은 $F_t = \sigma A = \sigma bt$ 이므로 유효장력(P)은 $F_t = \dfrac{k}{k-1}P$로부터

$$P = \left(\frac{k-1}{k}\right)F_t = \left(\frac{k-1}{k}\right)(\sigma bt) = \left(\frac{3-1}{3}\right) \times (2.5 \times 100 \times 5)[\mathrm{N}] = 833.3[\mathrm{N}]$$

이다. 따라서 전달동력 H[kW]는 다음과 같다.

$$H = Pv = 833.3 \times 8\,[\mathrm{W}] = 6.67\,[\mathrm{kW}]$$

23. [정답 : ①] $P = F_t - F_s = 500 - 300 = 200\,[\mathrm{N}]$

24. [정답 : ③] 유효장력 $P = 1.5\mathrm{kN}$, 이완측 장력이 F_s일 때 긴장측 장력 $F_t = 2F_s$, 벨트의 허용인장응력 $\sigma_a = 5\mathrm{N/mm^2}$, 벨트 두께 $t = 10\mathrm{mm}$, 이음효율 $\eta = 0.8$이다. 유효장력(P)의 정의로부터

$$P = F_t - F_s = 2F_s - F_s = F_s \quad \rightarrow \quad F_s = P = 1.5\,[\mathrm{kN}]$$

$$\therefore \; F_t = 2F_s = 2 \times 1.5 = 3\,[\mathrm{kN}]$$

이고, 벨트의 폭을 b라 하면 벨트 단면적 $A = bt$이며 이음효율(η)을 고려한 허용응력($\sigma\eta$)으로부터 다음과 같이 b가 구해진다.

$$\sigma\eta = \frac{F_t}{A} = \frac{F_t}{bt} \quad \therefore \; b = \frac{F_t}{\sigma\eta t} = \frac{3 \times 1000}{5 \times 0.8 \times 10} = 75\,[\mathrm{mm}]$$

25. [정답 : ④] $N_A = 2{,}000\mathrm{rpm}$, $N_D = 375\mathrm{rpm}$. 벨트의 선속도 $v = \dfrac{\pi DN}{60}$가 같다는 조건을 적용하면

$$N_A D_A = N_B D_B \cdots\cdots ①$$

$$N_C D_C = N_D D_D \cdots\cdots ②$$

식 ①과 ②를 곱하고 동일 축으로 회전하고 있는 B와 C의 회전속도는 같다는 조건 ($N_B = N_C$)을 적용한다.

$$N_A D_A N_C D_C = N_B D_B N_D D_D$$

$$N_A D_A D_C = D_B N_D D_D \ (\leftarrow \ N_B = N_C)$$

$$\therefore \ D_D = \left(\frac{N_A}{N_D}\right) \times \frac{D_A D_C}{D_B} = \left(\frac{2000}{375}\right) \times \frac{20 \times 30}{80} = 40\,[\mathrm{mm}]$$

26. [정답 : ③] 허용 인장응력 $\sigma_a = 1.5\mathrm{MPa}$, 이음효율 $\eta = 0.8$, 장력비 $k = 2$

$$F_t = (\eta\sigma_a)A = (\eta\sigma_a)bt = 0.8(2.5)(70)(5) = 700\,[\mathrm{N}]$$

$$F_s = \frac{F_t}{k} = \frac{700}{2} = 350\,[\mathrm{N}]$$

$$H = Pv = (F_t - F_s)v = (700 - 350)(8)[\mathrm{W}] = 2800[\mathrm{W}] = 2.8[\mathrm{kW}]$$

27. [정답 : ①] 미끄럼이 없을 때 종동풀리의 회전속도 N_2를 구한다.

$$N_2 = \left(\frac{D_1 + t}{D_2 + t}\right) N_1 = \left(\frac{750 + 6}{450 + 6}\right)(600) = 994.7\,[\mathrm{rpm}]$$

$$N_{2,r} = 0.98 N_2 = 974.8\,[\mathrm{rpm}]$$

28. [정답 : ②] 회전속도로부터 종동축 풀리의 직경을 구한다.

$$D_2 = D_1 \times \frac{N_1}{N_2} = 200 \times \frac{1500}{300} = 1000\,[\mathrm{mm}]$$

$$L = 2C + \frac{\pi}{2}(D_1 + D_2) + \frac{(D_2 + D_1)^2}{4C}$$

$$= 2(1000) + \frac{3}{2}(200 + 1000) + \frac{(200 + 1000)^2}{4(1000)}\,[\mathrm{mm}] = 4160\,[\mathrm{mm}]$$

29. [정답 : ①] 아이텔바인 공식에서 속도가 10[m/s] 이하일 때 원심력을 무시하며, 이 경우 장력의 관계식은 $\frac{T_t}{T_s} = k = e^{\mu\theta}$이다. 이 식으로부터 $T_t = e^{\mu\theta} T_s$ 또는 $T_s = T_t / e^{\mu\theta}$이므로

$$T_e = T_t - T_s = (e^{\mu\theta} - 1) T_s = \left(1 - \frac{1}{e^{\mu\theta}}\right) T_t$$

이다. 그리고 긴장측 장력 T_t[N]과 이완측 장력 T_s[N]를 유효장력 T_e[N]으로 나타내면 다음과 같다.

$$T_t = \frac{e^{\mu\theta}}{e^{\mu\theta}-1} T_e = \frac{k}{k-1} T_e, \quad T_s = \frac{1}{e^{\mu\theta}-1} T_e = \frac{1}{k-1} T_e$$

$$\therefore \ T_t + T_s = \left(\frac{k+1}{k-1}\right) T_e$$

$$\frac{T_0}{T_e} = \frac{(T_t + T_s)/2}{T_e} = \frac{1}{2}\left(\frac{k+1}{k-1}\right) = \frac{1}{2}\left(\frac{3+1}{3-1}\right) = 1$$

30. [정답 : ①] 평행걸기(바로걸기)에서 벨트길이

$$L_p = 2C + \frac{\pi}{2}(D_1 + D_2) + \frac{(D_2 - D_1)^2}{4C}$$

십자걸기(엇걸기)에서 벨트길이

$$L_c = 2C + \frac{\pi}{2}(D_1 + D_2) + \frac{(D_2 + D_1)^2}{4C}$$

$$\Delta L = L_c - L_p = \frac{(D_2 + D_1)^2}{4C} - \frac{(D_2 - D_1)^2}{4C}$$

$$= \frac{D_1 D_2}{C} = \frac{400 \times 800}{5 \times 10^3} = 64[\text{mm}]$$

31. [정답 : ②] 긴장측 장력 $F_t = kF_s$ 이다.

$$\sigma_a \eta = \frac{F_t}{bt} = \frac{kF_s}{bt} \quad \rightarrow \quad t = \frac{kF_s}{b\sigma_a \eta} = \frac{1.6(500)}{(10 \times 10)(1)(0.8)} = 10[\text{mm}]$$

32. [정답 : ④]

$$\theta_{1,\text{엇걸기}} = 180° + 2\sin^{-1}\left(\frac{D_2 + D_1}{2C}\right)$$

$$\theta_{1,\text{바로걸기}} = 180° - 2\sin^{-1}\left(\frac{D_2 - D_1}{2C}\right)$$

$$\theta_{1,\text{엇걸기}} - \theta_{1,\text{바로걸기}} = 2\sin^{-1}\left(\frac{D_2 + D_1}{2C}\right) + 2\sin^{-1}\left(\frac{D_2 - D_1}{2C}\right)$$

33. [정답 : ③] 유효장력 $P = F_t - F_s = 1.5F_s - F_s = 0.5F_s$ 이다. 동력으로부터

$$H = Pv = 0.5F_s v \quad \rightarrow \quad F_s = \frac{H}{0.5v} = \frac{50 \times 1000}{0.5(50)} = 20{,}000[\text{N}]$$

$$P = 0.5F_s = 10{,}000[\text{N}] \quad \therefore \ P + F_s = 30{,}000[\text{N}]$$

34. [정답 : ①] $\mu\theta = 0.2 \times \frac{6}{5}\pi = 0.24\pi$

$$H = Pv = F_t v(1 - e^{-\mu\theta}) = 10(5)(1 - e^{-0.24\pi}) = 50(1 - e^{-0.24\pi})[\text{kW}]$$

연습문제 11

01. (1) • 링크 수 $L_n = \dfrac{2C}{p} + \dfrac{Z_1 + Z_2}{2} + \dfrac{(Z_2 - Z_1)^2 p}{4\pi^2 C}$

$$= \frac{2\times500}{12.7} + \frac{30+80}{2} + \frac{(80-30)^2\times12.7}{4\pi^2\times500}$$

$$= 135.3 \fallingdotseq 136[\text{개}]$$

• 체인 길이 $L_p = pL_n = 12.7\times136 = 1727.2\,[\text{mm}]$

(2) 평균 속도 $v_m = \dfrac{pZ_1N_1}{1000\times60} = \dfrac{12.7\times30\times600}{1000\times60} = 3.81\,[\text{m/s}]$

(3) • 유효 장력 $F_e = \dfrac{F_f}{S} = \dfrac{30}{15} = 2\,[\text{kN}]$

• 전달동력 $H_{kW} = F_e v_m = (2\text{kN})\times(3.81\text{m/s}) = 7.62\,[\text{kW}]$

02. 전달 동력 $H_{PS} = \dfrac{F_e v_m}{75}$ 에서 $F_e = \dfrac{75H_{PS}}{v_m} = \dfrac{75\times4}{3} = 100\,[\text{kgf}]$

03. 동력 $H = F_e v_m$ 에서 $F_e = \dfrac{H}{v_m} = \dfrac{3\times1000}{2} = 1500\,[\text{N}]$

파단 하중 $F_f = SF_e = 10\times1500 = 15000\,[\text{N}]$

$$= \frac{15000}{9.8}\,[\text{kgf}] = 1530.6\,[\text{kgf}]$$

04. • 유효장력 $F_e = \dfrac{F_f}{S} = \dfrac{3000}{15} = 200\,[\text{kgf}]$

• 평균속도 $v_m = \dfrac{pZ_1N_1}{1000\times60} = \dfrac{19.05\times40\times300}{1000\times60} = 3.81\,[\text{m/s}]$

• 전달동력 $H_{PS} = \dfrac{F_e v_m}{75} = \dfrac{200\times3.81}{75} = 10.16\,[\text{PS}]$

05. 파단 하중 $F_f = 3000\text{kgf}$, 안전계수 $S = 15$ 이므로 최대 유효장력은

$$F_{e,\max} = \frac{F_f}{S} = \frac{3000}{15} = 200\,[\text{kgf}]$$

이다. 사용 시 전달 동력 $H_{PS} = \dfrac{F_e v_m}{75}$ 에서 긴장측 장력(유효장력)은

$$F_e = \frac{75H_{PS}}{v_m} = \frac{75\times6}{3} = 150\,[\text{kgf}]$$

이고, 이것은 최대 유효장력보다 작으므로 체인은 안전하다. 평균속도

$$v_m = \frac{pZN}{1000 \times 60} \ [\mathrm{m/s}]$$

에서 풀리의 잇수는 다음과 같이 구해진다.

$$Z_1 = \frac{1000 \times 60 \times v_m}{pN_1} = \frac{1000 \times 60 \times 3}{19.05 \times 600} = 15.7 \fallingdotseq 16[\text{개}]$$

$$Z_2 = \frac{1000 \times 60 \times v_m}{pN_2} = \frac{1000 \times 60 \times 3}{19.05 \times 200} = 47.2 \fallingdotseq 48[\text{개}]$$

06. [정답 : ①] 잇수 $Z=30$, 피치 $p=15.88\,\mathrm{mm}$, 회전속도 $N=500\,\mathrm{rpm}$이다. 체인의 평균속도(v_m)는 다음과 같다.

$$v_m = pZN = (15.88 \times 10^{-3}\mathrm{m}) \times (20) \times \left(\frac{500}{60\,\mathrm{s}}\right) \approx 2.65\ [\mathrm{m/s}]$$

07. [정답 : ②] 체인전동의 단점으로는 피치단위로 치수를 조절해야 한다는 것과 속도 변동이 있다는 것 등이 있다.

08. [정답 : ①] 체인의 탄성으로 인해 어느 정도의 충격을 흡수할 수 있고, 체인은 인장강도가 크므로 큰 동력을 전달하는데 사용된다.

09. [정답 : ①] 체인의 피치를 p', 스프로킷 휠의 회전속도와 잇수를 각각 n', Z'라 하면 스프로킷 휠이 1 회전할 때 Z'개의 링크가 맞물려 돌아가므로 체인의 평균속도 $v_m' = p'Z'n'$이다. 여기에서 회전속도를 n[rpm], 잇수를 Z[개], 피치를 p[cm]일 때 체인의 평균속도 v_m[m/s]은 다음과 같다.

$$v_m = \frac{pZn}{100 \times 60} \ [\mathrm{m/s}]$$

이상에서 p의 단위가 [cm]이므로 100을 나누어주고, n의 단위가 [rpm]이므로 60을 나누어 준다. 이때 v_m의 단위는 [m/s]가 된다.

† 단위 환산 문제이다. p의 단위가 [mm]이면 1000을 나누어준다.

$$v_m = \frac{pZn}{1000 \times 60} \ [\mathrm{m/s}]$$

[rpm]은 1분(=60초)당 회전수이다.

10. [정답 : ③] 스프로킷 휠의 회전수 $N=250$[rpm], 체인의 피치 $p=20$[mm], 유효장력 $F_e=2$[kN], 전달 동력 $H=5$[kW]이다. 스프로킷 휠의 잇수를 Z라고 하면 체인의 평균속도는 $v_m = \dfrac{pZN}{1000 \times 60}$ [m/s]이므로 전달동력은 $H = F_e v_m = F_e \times \dfrac{pZN}{1000 \times 60}$ [kW]이다. 이 식으로부터 다음과 같이 스프로킷 휠의 잇수(Z)가 구해진다.

$$Z = \frac{1000 \times 60H}{F_e pN} = \frac{1000 \times 60 \times 5}{2 \times 20 \times 250} = 30[\text{개}]$$

11. [정답 : ③]

① 최대 회전반지름 $R_{\max} = \frac{D}{2}$, 최소 회전반지름 $R_{\min} = \frac{D}{2}\cos\left(\frac{\pi}{Z}\right)$이므로 $\frac{R_{\min}}{R_{\max}} = \cos\left(\frac{\pi}{Z}\right)$이다. D는 스프로킷 휠의 피치원 지름이다.

② 회전반지름 변화와 관련된 속도변동률 ϵ[%]은

$$\epsilon = \frac{v_{\max} - v_{\min}}{v_{\max}} \times 100 = \frac{R_{\max} - R_{\min}}{R_{\max}} \times 100 = \underline{\left[1 - \cos\left(\frac{\pi}{Z}\right)\right] \times 100[\%]}$$

③ $v_{\max} = R_{\max}\omega$, $v_{\min} = R_{\min}\omega$이므로 각속도($\omega$)가 일정한 경우

$$\frac{v_{\min}}{v_{\max}} = \frac{R_{\min}}{R_{\max}}$$

이다. 즉, 각속도가 일정한 경우 회전반지름 변동에 따른 체인의 최대 속도에 대한 최소속도의 비는 최대 회전반지름에 대한 최소 회전반지름의 비와 같다.

④ 스프로킷 휠이 1 회전할 때 Z개의 링크가 맞물려 돌아가므로 N회전하면 ZN개의 링크가 맞물려 돌아간다. 따라서 체인의 피치가 p[mm]이면 체인의 평균속도 v_m[m/s]는 다음과 같다.

$$v_m = \frac{pZN}{1000 \times 60} = \underline{\frac{pZN}{60{,}000}}\,[\text{m/s}]$$

12. [정답 : ③] 굴곡각 $\alpha = \frac{2\pi}{Z} = \frac{360°}{Z}$이고 피치원 지름($D$)은 다음과 같다.

$$\sin\left(\frac{\alpha}{2}\right) = \frac{p/2}{D/2} = \frac{p}{D} \quad \therefore\ D = \frac{p}{\sin\left(\frac{\alpha}{2}\right)} = \frac{p}{\sin\left(\frac{180°}{Z}\right)}$$

13. [정답 : ①] 체인의 최대속도($V_{\max}$)와 최소속도($V_{\min}$)

$$V_{\max} = R_{\max}\omega = R\omega,\quad V_{\min} = R_{\min}\omega = R\cos\left(\frac{180°}{Z}\right)\omega$$

$$V_{\max} - V_{\min} = R\omega - R\omega\cos\left(\frac{180°}{Z}\right)$$

14. [정답 : ④] 15. [정답 : ②]

16. [정답 : ③] $v_m = \frac{pZN}{1000 \times 60} = \frac{10 \times 20 \times 700}{1000 \times 60} = \frac{7}{3} \approx 2.33[\text{m/s}]$

17. [정답 : ①] $Z = 20$, $p = 12.5\text{mm}$, $v_m = 3\text{m/s}$

$$v_m = \frac{pZN}{60\times 1000}[\text{m/s}]$$

$$\therefore\ N = \frac{60\times 1000 v_m}{pZ} = \frac{60\times 1000\times 3}{12.5\times 20} = 720[\text{rpm}]$$

18. [정답 : ①] $p = 24\text{mm},\ Z = 25,\ N = 200\text{rpm}$

$$v_m = pZN = (24\text{mm})\times 25\times\left(\frac{200}{60\text{s}}\right) = 2000[\text{mm/s}] = 2[\text{m/s}]$$

19. [정답 : ②]

$$H_1 = F_e v_m,\quad H_2 = F_{e2} v_{m2} = (2F_e)(2v_m) = 4(F_e v_m) = 4H_1$$

20. [정답 : ①] $F_f = 1{,}000\text{N},\ p[\text{mm}],\ Z = 20,\ N = 300\text{rpm},\ S = 2.$

$$H = F_e v = \frac{F_f}{S}\times\frac{pZN}{1000\times 60}$$

$$= \frac{1000}{2}\times\frac{p\times 20\times 300}{1000\times 60}[\text{W}] = 50p[\text{W}] = 0.05p[\text{kW}]$$

21. [정답 : ②] 최대속도 $V_{max} = R\omega$ 이고 최소속도는 주어진 그림과 같은 위치에서 발생한다. $V_{min} = R\cos(60°/2)\omega$

$$\left(\frac{V_{min}}{V_{max}}\right) = \cos(30°) = \frac{\sqrt{3}}{2}$$

22. [정답 : ①] $D = \dfrac{p}{\sin(\pi/Z)} = \dfrac{p}{\sin(180°/Z)}$

연습문제 12

01. 제동토크 $T = f\times\dfrac{D}{2} = \mu Q\times\dfrac{D}{2} = 0.3\times(2000)\times\dfrac{0.4}{2} = 120[\text{N}\cdot\text{m}]$

02. 제동토크 $T = f\times\dfrac{D}{2}$ 에서 제동력

$$f = \frac{2T}{D} = \frac{2\times 600}{0.5} = 2400[\text{N}] = 2.4[\text{kN}]$$

03. 브레이크 용량 $\mu qv = \dfrac{H_W}{A} = \dfrac{H_W}{be} = \dfrac{60\times 1000}{25\times 120} = 20\,[\text{N/mm}^2\cdot\text{m/s}]$

04. 블록을 수직으로 누르는 힘

$$Q = \frac{aF}{b-\mu c} = \frac{2300\times 150}{200 - 0.3\times 50} = 1865\,[\text{N}]$$

이므로 제동토크 $T = f \times \frac{D}{2} = \mu Q \times \frac{D}{2}$ 에서 드럼의 지름 D는 다음과 같이 구해진다.

$$D = \frac{2T}{\mu Q} = \frac{2 \times 70}{0.3 \times 1865} = 0.2502[\text{m}] = 250.2[\text{mm}]$$

제동동력 $H = T\omega = T \times \frac{2\pi N}{60} = 70 \times \frac{2\pi \times 300}{60} = 2199[\text{W}] = 2.2[\text{kW}]$

05. (1) 자유물체도에서 브레이크 레버의 축에 대한 모멘트 평형 조건을 적용하여 드럼을 누르는 힘 Q를 구한다.

$$40 \times 80 + (0.2Q) \times 5 - Q \times 21 = 0 \quad \therefore \ Q = 160\,[\text{N}]$$

따라서 마찰력은 다음과 같다.

$$f = \mu Q = 0.2 \times 160 = 32\,[\text{N}]$$

(2) 제동 토크 $T = f \times \frac{D}{2}$ 이므로 지름은 다음과 같다.

$$D = \frac{2T}{f} = \frac{2 \times 3200}{32} = 200[\text{mm}]$$

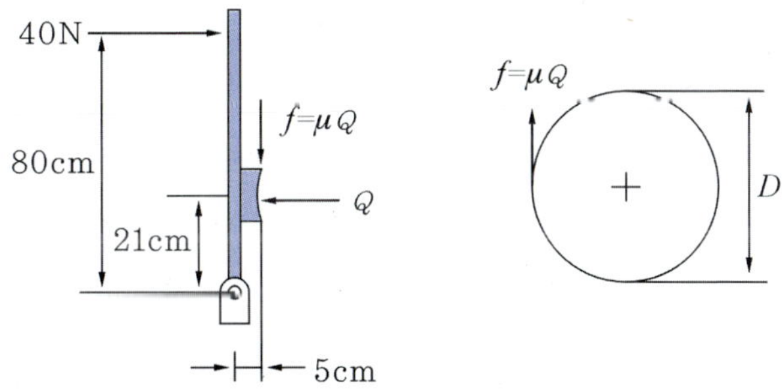

06. [정답 : ④]

• 브레이크 드럼에 걸리는 제동 토크로부터 드럼에 작용하는 수직력 Q를 구한다.

$$T = f \times \frac{d}{2} = \mu Q \times \frac{d}{2} \quad \therefore \ Q = \frac{2T}{\mu d} = \frac{2 \cdot 100}{0.2 \cdot 250} = 4\,[\text{kN}]$$

• 힘 F를 수평, 수직 성분으로 분해하여 F의 회전축에 대한 모멘트를 구한다.

$$M_F = F\sin\beta \times (a + c) + F\cos\beta \times \left(\frac{c}{\tan\beta} + e\right)$$

$$= F \times \frac{1}{\sqrt{2}} \times (800 + 75) + F \times \frac{1}{\sqrt{2}} \times (75 + 50) = 500\sqrt{2}\,F$$

• 회전축에 대한 모멘트 평형 원칙을 적용하여 F를 구한다.

$$M_F = Qb \ \rightarrow \ 500\sqrt{2}\,F = (4 \times 1000) \cdot (200)$$

$$\therefore \ F = 800\sqrt{2}\ [\text{N}]$$

07. [정답 : ②] 브레이크 드럼이 시계방향(↷)으로 회전하므로 마찰력 $f=\mu Q$의 방향은 [그림]과 같다. 여기에서 브레이크 레버의 회전중심(O)에 대해 모멘트 평형조건 ($\sum M=0$)을 적용하면

$$F\times a-Q\times b-\mu Q\times c=0 \qquad \therefore \; F=\frac{Q}{a}(b+\mu c) \cdots\cdots ①$$

이다. 그리고 브레이크 드럼에 걸리는 제동토크(T)로부터

$$T=f\times\frac{d}{2}=\frac{\mu Qd}{2} \qquad \therefore \; Q=\frac{2T}{\mu d} \cdots\cdots ②$$

이다. ②를 ①에 대입하면 다음과 같이 브레이크 레버에 가해야 할 힘 F[N]이 구해진다. 토크 $T=200\,\text{kN}\cdot\text{mm}$이다.

$$F=\frac{Q}{a}(b+\mu c)=\frac{2T}{\mu ad}(b+\mu c)$$

$$=\frac{2\times200}{0.2\times1500\times400}(280+0.2\times100)\,[\text{kN}]=1\,[\text{kN}]=1000\,[\text{N}]$$

이상에서 토크(T)의 단위는 [kN · mm]이고, a, b, c, d의 단위는 모두 [mm]이다.

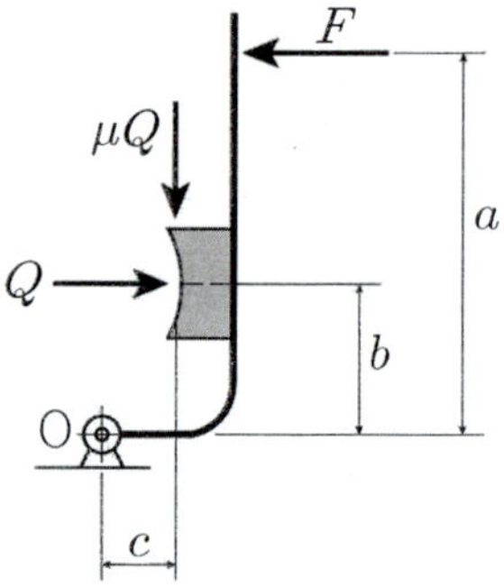

[그림] 브레이크 레버 자유물체도

08. [정답 : ④] 그림에서 $a=200\text{mm}+800\text{mm}=1000\text{mm}$, $b=200\text{mm}$, $c=100\text{mm}$로 놓는다. 제동토크 $T=100\text{N}\cdot\text{m}$, 드럼 지름 $D=500\text{mm}=0.5\text{m}$, 마찰계수 $\mu=0.2$이므로 블록이 드럼을 수직으로 누르는 힘(Q)은 다음과 같다.

$$T=f\times\frac{D}{2}=(\mu Q)\times\frac{D}{2}$$

$$\therefore \; Q=\frac{2T}{\mu D}=\frac{2\times(100)}{0.2\times(0.5)}=2000\,[\text{N}]$$

레버의 회전축에 대한 모멘트 평형($\sum M_o=0$)을 적용하여 F를 구한다.

(1) 브레이크 드럼이 시계 방향(cw)으로 회전할 때 :

$$Fa-Qb-(\mu Q)c=0$$

$$\therefore\ F = \frac{Q(b+\mu c)}{a} = \frac{2000(200+0.2\times 100)}{1000} = 440[\mathrm{N}]$$

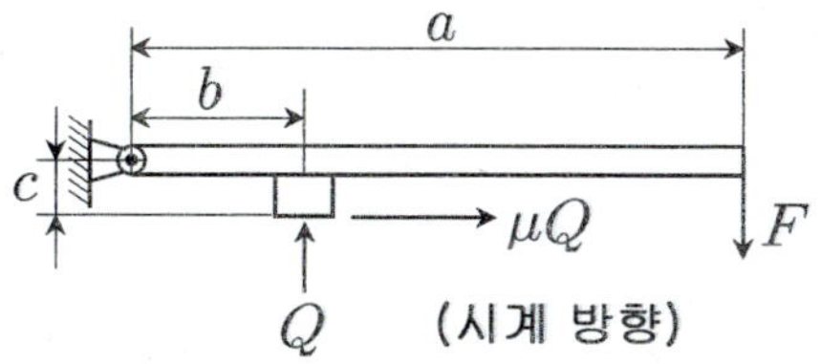

(시계 방향)

(2) 브레이크 드럼이 반시계 방향(ccw)으로 회전할 때 :

$$Fa - Qb + (\mu Q)c = 0$$

$$\therefore\ F = \frac{Q(b-\mu c)}{a} = \frac{2000(200-0.2\times 100)}{1000} = 360[\mathrm{N}]$$

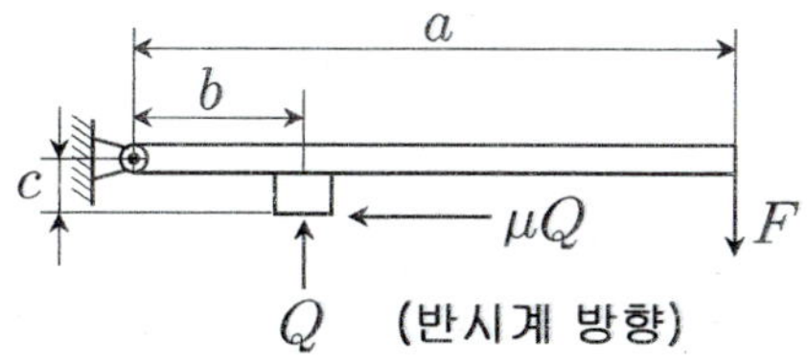

(반시계 방향)

09. [정답 : ③] 브레이크 길이 $e=150$mm, 폭 $b=50$mm, 제동동력 $H=20$PS이다. 브레이크 용량(w_f)은 단위 마찰 면적에 대한 일률(제동동력)으로 정의된다.

$$w_f = \frac{H}{A} = \frac{H}{be} = \frac{20\times 75}{150\times 50} = 0.2[\mathrm{kgf/mm^2\cdot m/s}]$$

10. [정답 : ①] 브레이크 용량(w_f)

$$w_f = \frac{H_W}{A} = \frac{\mu Q v}{A} = \mu\times\frac{Q}{A}\times v = \mu q v\ \ [\mathrm{N/mm^2\cdot m/s}]$$

여기에서 $A[\mathrm{mm^2}]$는 브레이크 블록의 마찰 면적($A=be$)이고 $q=\dfrac{Q}{A}$는 압력이다.

즉, 브레이크 용량 μqv는 (마찰계수×압력×속도)이다.

11. [정답 : ①] 브레이크 드럼의 원주속도 $v=20$[m/s], 블록을 드럼에 밀어붙이는 힘 $Q=50$[kgf], 블록의 폭 $b=100$[mm], 길이 $e=20$[mm], 마찰계수 $\mu=0.2$이다. 브레이크 용량 $w_f[\mathrm{kgf/mm^2\cdot m/s}]$은 단위 마찰 면적에 대한 일률로 정의된다.

$$w_f = \frac{H}{A} = \frac{\mu Q v}{be} = \frac{0.2\times 50\times 20}{100\times 20} = 0.1[\mathrm{kgf/mm^2\cdot m/s}]$$

12. [정답 : ②] 브레이크 용량은 브레이크 블록의 접촉 면적 $1\mathrm{mm^2}$마다 1초 동안에 흡수하고 방출해야 하는 에너지를 나타낸다. 따라서 냉각이 잘 되지 않으면 브레이크 용량을 작게 해야 한다.

13. [정답 : ③] 먼저 레버의 회전축에 대한 모멘트 평형조건을 적용하여 F_1과 F_2를 구한다. 문제의 그림과 같이 드럼이 시계방향으로 회전할 때

$$F_1 \times a - P \times b + \mu P \times c = 0 \quad \therefore \; F_1 = \frac{P(b-\mu c)}{a}$$

드럼이 반시계방향으로 회전할 경우 마찰력 μP가 아래 방향으로 작용한다.

$$F_2 \times a - P \times b - \mu P \times c = 0 \quad \therefore \; F_2 = \frac{P(b+\mu c)}{a}$$

따라서 $F_1 - F_2$[N]는 다음과 같다.

$$F_1 - F_2 = \frac{P(b-\mu c)}{a} - \frac{P(b+\mu c)}{a} = -\frac{2\mu Pc}{a} = -\frac{2\mu(100)c}{10c} = -20\mu\,[\mathrm{N}]$$

14. [정답 : ③] 제동력 $f = 60$N이므로 브레이크 드럼에 수직으로 작용하는 힘 Q는 다음과 같다.

$$f = \mu Q \quad \therefore \; Q = \frac{f}{\mu} = \frac{60}{0.3} = 200\,[\mathrm{N}]$$

브레이크 레버에 작용하는 힘을 도시하면 그림과 같고, 여기에서 레버의 회전축(O)에 대한 모멘트 평형 방정식($\sum M_O = 0$)을 적용하여 레버의 최소 길이 a를 구한다.

$$Fa - Qb - fc = 0$$

$$\therefore \; a = \frac{Qb + fc}{F} = \frac{200 \times 150 + 60 \times 50}{100} = 330\,[\mathrm{mm}]$$

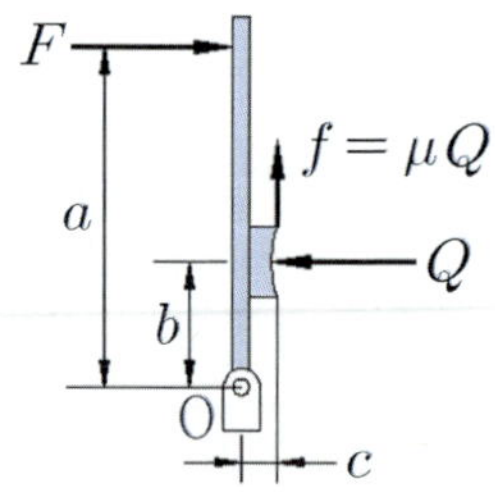

[그림] 레버에 작용하는 힘

15. [정답 : ②] [그림]에서 힌지점 A에 대한 모멘트 평형 방정식($\sum M_A = 0$)을 적용하여 블록을 수직으로 누르는 힘(Q)을 구한다.

$$F(a+b) - Qb - \mu Qc = 0 \quad \therefore \; Q = \frac{F(a+b)}{b + \mu c}$$

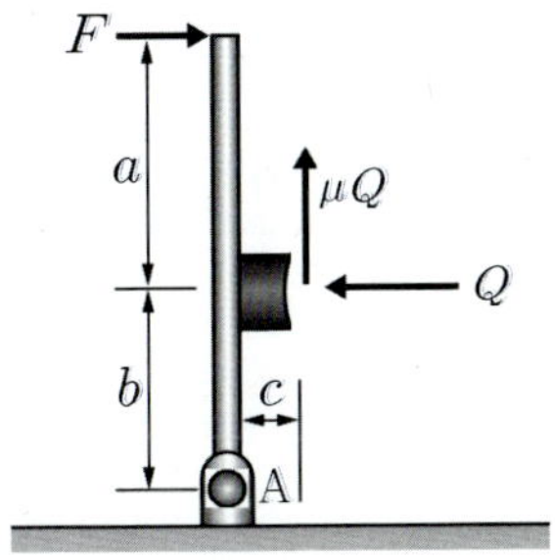

[그림] 레버에 작용하는 힘

이때 제동토크(T)는 다음과 같다.

$$T = \mu Q \times \frac{D}{2} = \frac{\mu F(a+b)}{b+\mu c} \times \frac{D}{2}$$

$$= \frac{0.2 \times 120 \times (850+250)}{250+0.2 \times 50} \times \frac{300}{2} = 1.52 \times 10^4 [\text{N} \cdot \text{mm}]$$

16. [정답 : ③] 내작용선형 브레이크의 $a = 380\text{mm}$, $b = 200\text{mm}$, $c = 50\text{mm}$이고, 드럼의 지름 $D = 200\text{mm}$, 레버에 가하는 힘 $F = 200\text{N}$, 드럼과 블록 사이의 마찰계수 $\mu = 0.2$이다. 좌회전이므로 브레이크 드럼이 블록을 미는 힘은

$$Q = \frac{aF}{b - \mu c}$$

이고 제동토크(T)는 다음과 같다.

$$T = f \times \frac{D}{2} = (\mu Q) \times \frac{D}{2} = \left(\frac{\mu a F}{b - \mu c}\right) \times \frac{D}{2}$$

$$= \frac{0.2 \times (380) \times (200)}{(200 - 0.2 \times 50)} \times \frac{200}{2} = 8{,}000 [\text{N} \cdot \text{mm}]$$

17. [정답 : ①] 원주속도 $v = 10\text{m/s}$, 브레이크 압력 $q = 500\text{kPa}$, 마찰계수 $\mu = 0.3$다. 여기에서

$$1\text{kPa} = \frac{10^3 \text{N}}{\text{m}^2} = \frac{10^3 \text{N}}{(10^3 \text{mm})^2} = 10^{-3} \frac{\text{N}}{\text{mm}^2}$$

이므로 $q = 500\text{kPa} = 0.5\text{N/mm}^2$이다. 따라서 브레이크 용량($\mu q v$)은 다음과 같다.

$$\mu q v = 0.3 \times 0.5 \times 10 = 1.5 [\text{N/mm}^2 \cdot \text{m/s}]$$

18. [정답 : ②] $\theta = 60°$이므로 브레이크 패드의 높이 $h = r$이다.

$$p = \frac{Q}{A} = \frac{Q}{bh} = \frac{Q}{br} = \frac{1000}{20(50)} = 1.0 [\text{N/mm}^2]$$

19. [정답 : ①] 레버 회전축에 대한 모멘트 평형방정식을 적용하면

$$50F - 14P - 5\mu P = 0$$

$$\therefore\ F = \frac{14P + 5\mu P}{50} = \frac{P(14 + 5\mu)}{50} = \frac{20(14 + 5 \times 0.2)}{50} = 6\,[\mathrm{N}]$$

20. [정답 : ③] 브레이크에서 레버의 회전축에 대한 모멘트 평형조건을 적용하면

$$aF + \mu Qc - Qb = 0 \ \rightarrow\ Q = \frac{aF}{b - \mu c} = \frac{1000(40)}{110 - 0.2(50)} = 400\,[\mathrm{kgf}]$$

원통에 대한 자유물체도에서 중심에 대한 모멘트 평형조건을 적용하면

$$150\,W - 750\mu Q = 0 \ \rightarrow\ W = \frac{750\mu Q}{150} = \frac{750(0.2)400}{150} = 400\,[\mathrm{kgf}]$$

연습문제 13

01. 스프링 상수 $k = \frac{P}{\delta} = \frac{2000}{40} = 50\,[\mathrm{N/cm}]$

02. 스프링 상수 $k = \frac{P}{\delta} = \frac{P}{PL/EA} = \frac{AE}{L}$

03. 병렬 연결된 3개 스프링의 상당 스프링 상수는

$$k_{eq} = k_1 + k_2 + k_3 = 4 + 6 + 10 = 20\,[\mathrm{N/mm}]$$

이다. 따라서 하중이 작용하는 끝 지점의 변위 δ는 다음과 같다.

$$P = k_{eq}\delta \quad \therefore\ \delta = \frac{P}{k_{eq}} = \frac{500}{20} = 25\,[\mathrm{mm}]$$

04. 2개의 스프링의 상당 스프링상수 k_{eq}는 다음과 같다.

$$\frac{1}{k_{eq}} = \frac{1}{k_1} + \frac{1}{k_2} = \frac{1}{2} + \frac{1}{6} = \frac{4}{6} = \frac{2}{3} \quad \therefore\ k_{eq} = \frac{3}{2}\,[\mathrm{N/mm}]$$

따라서 하중 W는 다음과 같다.

$$W = k_{eq}\delta = \frac{3}{2} \times 30 = 45\,[\mathrm{N}]$$

05. 먼저 왼쪽 두 스프링과 오른쪽 스프링에 걸리는 힘을 구한다.

그림의 자유물체도에서 모멘트 평형 조건($\sum M = 0$)을 적용하면

$$\sum M_B = 0\ :\ (F_1 \times 3) - (W \times 2) = 0 \quad \therefore\ F_1 = \frac{2}{3}W = \frac{2}{3} \times 9 = 6\,[\mathrm{N}] \ \cdots\cdots \text{①}$$

$$\sum M_A = 0\ :\ (F_2 \times 3) - (W \times 1) = 0 \quad \therefore\ F_2 = \frac{1}{3}W = \frac{1}{3} \times 9 = 3\,[\mathrm{N}] \ \cdots\cdots \text{②}$$

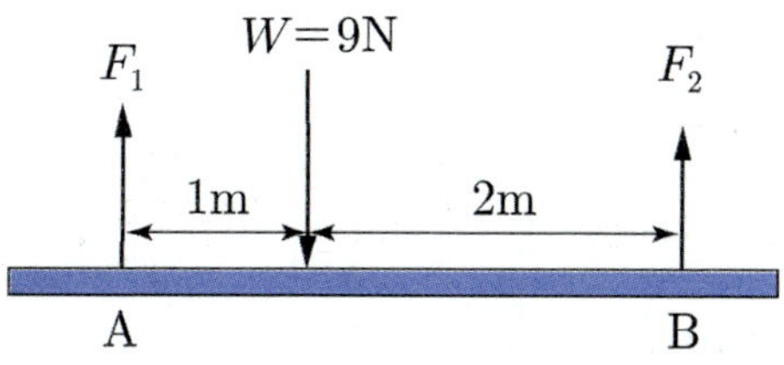

[그림] 봉의 자유물체도

직렬연결인 왼쪽 두 스프링(k_1, k_2)의 상당 스프링상수(k_{eq})를 구하면

$$\frac{1}{k_{eq}}=\frac{1}{k_1}+\frac{1}{k_2}=\frac{1}{1}+\frac{1}{4}=\frac{5}{4} \quad \therefore\ k_{eq}=\frac{4}{5}\,[\text{kN/m}] \cdots\cdots ③$$

이다. 여기에서 봉이 수평 상태로 매달려 있으므로 왼쪽 두 스프링(k_{eq})에서 늘어난 길이와 오른쪽 스프링(k_3)에서 늘어난 길이가 같다. 따라서 스프링 상수 k인 스프링이 힘 F를 받을 때 늘어난 길이 $\delta=F/k$이므로 다음과 같이 스프링 상수 k_3가 구해진다.

$$\delta=\frac{F_1}{k_{eq}}=\frac{F_2}{k_3} \quad \therefore\ k_3=\left(\frac{F_2}{F_1}\right)k_{eq}=\left(\frac{3}{6}\right)\times\frac{4}{5}=0.4\,[\text{kN/m}] \cdots\cdots ④$$

06. (A)의 상당 스프링상수를 k_1이라 하면, (A)는 병렬연결이므로

$$k_1=k+k=2k$$

(B)에서 왼쪽의 직렬 연결된 두 스프링의 상당 스프링상수를 k'이라 하면

$$\frac{1}{k'}=\frac{1}{k}+\frac{1}{k}=\frac{2}{k} \quad \therefore\ k'=\frac{k}{2}$$

(B)의 왼쪽과 오른쪽 스프링(k)은 병렬연결이므로 (B)의 상당 스프링상수를 k_2이라 하면 $k_2=k'+k=\frac{k}{2}+k=\frac{3}{2}k$

(A)와 (B)에 동일 하중 W가 작용할 때

$$\delta_1=\frac{W}{k_1}=\frac{W}{2k}=\frac{1}{2}\left(\frac{W}{k}\right),\quad \delta_2=\frac{W}{k_2}=\frac{W}{(3k/2)}=\frac{2}{3}\left(\frac{W}{k}\right)$$

$$\therefore\ \delta_1:\delta_2=\frac{1}{2}:\frac{2}{3}=\left(\frac{1}{2}:\frac{2}{3}\right)\times 6=3:4$$

07. [정답 : ①] 스프링 한 개의 스프링 상수 $k=10\text{N/mm}$, 하중 $P=50\text{N}$, 변형량 $\delta=20\text{mm}$이다. 직렬로 연결한 스프링의 개수를 n이라고 하면 전체 스프링의 상당 스프링상수(k_{eq})는

$$\frac{1}{k_{eq}}=\frac{1}{k}\times n \quad \therefore\ k_{eq}=\frac{k}{n}$$

이므로 필요한 스프링의 개수(n)는 다음과 같다.

$$P = k_{eq}\delta = \frac{k}{n}\times\delta \quad \therefore\ n = \frac{k\delta}{P} = \frac{10\times 20}{50} = 4[\text{개}]$$

08. [정답 : ③] 먼저 직렬연결된 두 스프링 k_1과 k_2의 상당 스프링상수를 구하면

$$\frac{1}{k_{12}} = \frac{1}{k_1} + \frac{1}{k_2} = \frac{1}{200} + \frac{1}{200} = \frac{1}{100} \quad \therefore\ k_{12} = [100\,\text{N/mm}]$$

이고, 직렬연결된 세 스프링 k_4, k_5, k_6의 상당 스프링상수를 구하면

$$\frac{1}{k_{456}} = \frac{1}{k_4} + \frac{1}{k_5} + \frac{1}{k_6} = \frac{1}{300} + \frac{1}{300} + \frac{1}{300} = \frac{1}{100}$$

$$\therefore\ k_{456} = 100\,[\text{N/mm}]$$

이다. 따라서 주어진 문제는 [그림]의 (a)와 같이 스프링 상수 k_{12}, k_3, k_{456}인 세 개의 스프링이 병렬연결된 것과 같다.

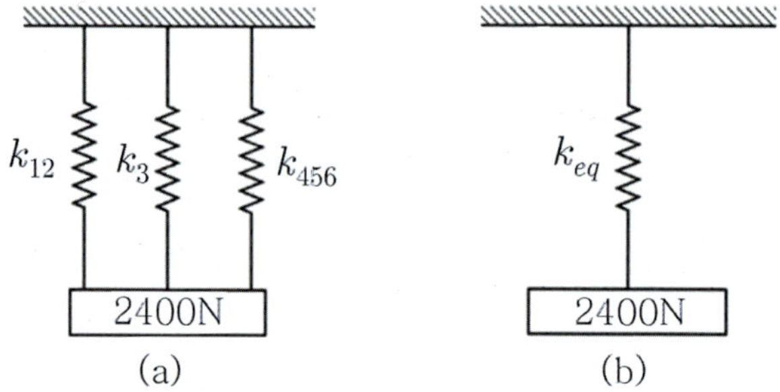

[그림] 상당 스프링상수

여기에서 상당 스프링상수[그림의 (b)]는

$$k_{eq} = k_{12} + k_3 + k_{456} = 100 + 200 + 100 = 400[\text{N/mm}]$$

이고 하중 $F = 2400\text{N}$이므로 다음과 같이 스프링의 처짐량(δ)이 구해진다.

$$\delta = \frac{F}{k_{eq}} = \frac{2400}{400} = 6[\text{mm}]$$

09. [정답 : ①] 상당 스프링상수(k_{eq})는 $\frac{1}{k_{eq}} = \frac{1}{k_1} + \frac{1}{k_2} = \frac{k_1 + k_2}{k_1 k_2}$이므로 늘어난 길이($\delta$)는 다음과 같다.

$$\delta = \frac{P}{k_{eq}} = \frac{P(k_1 + k_2)}{k_1 k_2}$$

10. [정답 : ②] 병렬연결인 두 스프링 k_1과 k_1의 상당스프링 상수 $k_{1,eq} = k_1 + k_1 = 2k_1$이고, $k_{1,eq}$와 k_2 및 k_2는 직렬연결이므로 전체 스프링의 상당스프링 상수(k_{eq})는 다음과 같다.

$$\frac{1}{k_{eq}}=\frac{1}{2k_1}+\frac{1}{k_2}+\frac{1}{k_2}=\frac{1}{2\times4}+\frac{1}{5}+\frac{1}{5}=\frac{21}{40} \quad \therefore\ k_{eq}=\frac{40}{21}$$

따라서 물체 A의 무게 W[N]는 다음과 같다.

$$W=k_{eq}\delta=\frac{40}{21}\times42=80\,[\mathrm{N}]$$

11. [정답 : ③] 상당스프링 상수가 k_{eq}일 때 스프링의 변형된 길이 $\delta=W/k_{eq}$이므로 변형된 길이는 $1/k_{eq}$에 비례한다. 그림에서 스프링 한 개의 스프링상수를 k로 하고 A, B, C의 상당스프링 상수를 각각 k_A, k_B, k_C라 하면

- A : 직렬연결 $\dfrac{1}{k_A}=\dfrac{1}{k}+\dfrac{1}{k}+\dfrac{1}{k}=\dfrac{3}{k} \quad \therefore\ k_A=\dfrac{1}{3}k$
- B : 병렬연결 $k_B=k+k+k=3k$
- C : 병렬연결인 위 두 스프링의 상당스프링 상수 $k_2=2k$이므로

$$\frac{1}{k_C}=\frac{1}{k}+\frac{1}{k_2}=\frac{1}{k}+\frac{1}{2k}=\frac{3}{2k} \quad \therefore\ k_C=\frac{2}{3}k$$

따라서 각 스프링의 변형된 길이의 비는 다음과 같다.

$$\delta_A:\delta_B:\delta_C=\frac{1}{k_A}:\frac{1}{k_B}:\frac{1}{k_C}=3:\frac{1}{3}:\frac{3}{2}=18:2:9$$

12. [정답 : ①] 상당스프링 상수가 k_{eq}일 때 스프링의 변형량 $\delta=F/k_{eq}$이므로 변형량(δ)은 $1/k_{eq}$에 비례한다.

① $k_{eq}=k$

② 병렬연결된 두 스프링(k, $2k$)의 상당스프링 상수는 $k+2k=3k$이고, 전체 스프링의 상당스프링 상수는 다음과 같다.

$$\frac{1}{k_{eq}}=\frac{1}{k}+\frac{1}{3k}=\frac{4}{3k} \quad \therefore\ k_{eq}=\frac{3}{4}k$$

③ 직렬연결이므로

$$\frac{1}{k_{eq}}=\frac{1}{k}+\frac{1}{k}=\frac{2}{k} \quad \therefore\ k_{eq}=\frac{1}{2}k$$

④ 병렬연결된 두 스프링(k, k)의 상당스프링 상수는 $k+k=2k$이고, 전체 스프링의 상당스프링 상수는 다음과 같다.

$$\frac{1}{k_{eq}}=\frac{1}{k}+\frac{1}{2k}=\frac{3}{2k} \quad \therefore\ k_{eq}=\frac{2}{3}k$$

이상에서 k_{eq}가 가장 큰 ①번의 변형량이 가장 적다.

13. [정답 : ③] 두 스프링의 변위 $\delta = 5\text{cm} = 50\text{mm}$이므로 k_1 스프링과 k_2 스프링에 작용하는 힘은 각각

$$F_1 = k_1 \delta = \left(10 \frac{\text{N}}{\text{mm}}\right) \times 50\text{mm} = 500\text{N}$$

$$F_2 = k_2 \delta = \left(20 \frac{\text{N}}{\text{mm}}\right) \times 50\text{mm} = 1000\text{N}$$

이고, 단순보에 대한 자유물체도는 [그림]과 같다.

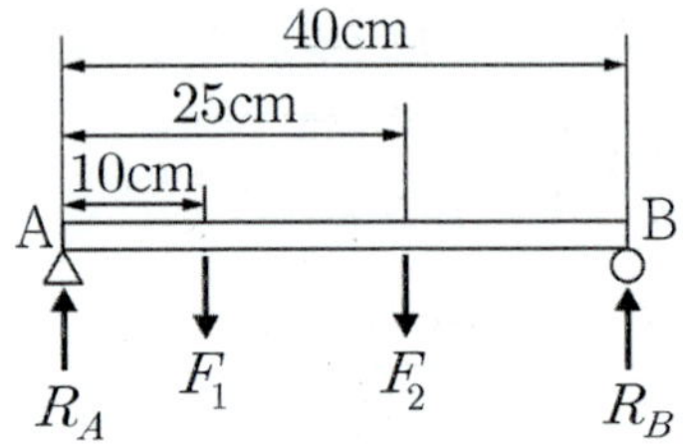

[그림] 자유물체도

자유물체도에서 A점에 대한 모멘트 평형($\sum M_A = 0$)을 적용하면

$$F_1 \times 10 + F_2 \times 25 - R_B \times 40 = 0$$

$$\therefore \ R_B = \frac{F_1}{4} + \frac{5F_2}{8} = \frac{500}{4} + \frac{5 \times 1000}{8} = 750[\text{N}]$$

이고, 힘의 평형($\sum F_y = 0$)에서

$$R_A - F_1 - F_2 + R_B = 0$$

$$\therefore \ R_A = F_1 + F_2 - R_B = 500 + 1000 - 750 = 750[\text{N}]$$

14. [정답 : ③] 두 스프링의 상당스프링 상수(k_{eq})는

$$k_{eq} = \frac{F}{\delta} = \frac{9}{7.5} = 1.2[\text{kgf/cm}]$$

이므로 직렬연결에서 스프링 상수 k_2의 값[kgf/cm]은 다음과 같다.

$$\frac{1}{k_{eq}} = \frac{1}{k_1} + \frac{1}{k_2} \quad \rightarrow \quad \frac{1}{k_2} = \frac{1}{k_{eq}} - \frac{1}{k_1} = \frac{1}{1.2} - \frac{1}{2} = \frac{1}{3}[\text{cm/kgf}]$$

$$\therefore \ k_2 = 3[\text{kgf/cm}]$$

15. [정답 : ②] 병렬 연결된 두 스프링의 상당 스프링상수

$$k_{2a} = k_a + k_a = 2 + 2 = 4[\text{N/mm}]$$

전체 스프링의 상당 스프링상수

$$\frac{1}{k_{eq}} = \frac{1}{k_{2a}} + \frac{1}{k_b} = \frac{1}{4} + \frac{1}{4} = \frac{1}{2} \quad \rightarrow k_{eq} = 2[\text{N/mm}]$$

$$\therefore\ \delta = \frac{F}{k_{eq}} = \frac{100}{2} = 50\,[\mathrm{mm}]$$

16. [정답 : ①] 스프링 전체의 평균지름 $D = 32\,\mathrm{mm}$, 처짐량 $\delta = 2\,\mathrm{mm}$, 축방향 하중 $P = 100\mathrm{N}$, 전단탄성계수 $G = 80\,\mathrm{GPa} = 80 \times 10^3 \dfrac{\mathrm{N}}{\mathrm{mm}^2}$, 스프링의 유효 감김수 $N_a = 25$이다. 소선의 지름을 d라 하면

$$\delta = \frac{8N_a D^3 P}{Gd^4} \rightarrow d^4 = \frac{8N_a D^3 P}{G\delta}$$

이다. 여기에서 단위를 N, mm로 통일하여 계산한다.

$$d^4 = \frac{8N_a D^3 P}{G\delta} = \frac{8(25)\left[(2^5)^3\right](100)}{(80\times 10^3)(2)} = \frac{25\times 2^{15}}{100\times 2} = \frac{2^{14}}{4} = 2^{12} = (2^3)^4$$

$$\therefore\ d = 2^3 = 8\,[\mathrm{mm}],\ \text{스프링 지수}\ C = \frac{D}{d} = \frac{32}{8} = 4$$

17. [정답 : ①] 유효 감김수 N, 소선지름 d, 스프링 전체 평균 지름 D, 소선의 전단탄성계수가 G일 때 압축 코일스프링의 처짐량(δ)과 스프링상수(k)는 $\delta = \dfrac{8ND^3P}{Gd^4} \rightarrow$

$$k = \frac{P}{\delta} = \frac{Gd^4}{8ND^3}$$

이고, $N_2 = 2N$, $d_2 = 2d$, $D_2 = 2D$일 때 스프링상수(k_2)는 다음과 같다.

$$k_2 = \frac{G(2d)^4}{8(2N)(2D)^3} = \frac{Gd^4}{8ND^3} = k$$

18. [정답 : ④] 스프링 전체의 평균지름 D, 축 방향 하중 P, 전단탄성계수 G, 스프링의 유효 감김수 N_a, 소선의 지름 d일 압축 코일스프링의 처짐(δ)은 다음과 같다.

$$\delta = \frac{8N_a D^3 P}{Gd^4}$$

유효 감김수 $N_a{}' = 2N_a$, 소선의 지름 $d' = 2d$일 때 처짐(δ')은

$$\delta' = \frac{8(2N_a)D^3P}{G(2d)^4} = \frac{1}{2^3}\times\frac{8N_aD^3P}{Gd} = \frac{1}{8}\delta$$

19. [정답 : ②] 유효 감김수 N, 소선지름 d, 스프링 전체 평균 지름 D, 소선의 가로탄성계수가 G일 때 압축 코일스프링의 변형량(δ)과 스프링상수(k_1)는 다음과 같다.

$$\delta = \frac{8ND^3P}{Gd^4} \quad\rightarrow\quad k_1 = \frac{P}{\delta} = \frac{Gd^4}{8ND^3}$$

따라서 $d_2 = 2d$, $D_2 = 1.5D = \frac{3}{2}D$일 때 스프링상수($k_2$)는

$$k_2 = \frac{G(2d)^4}{8N\left(\frac{3}{2}D\right)^3} = \frac{Gd^4}{8ND^3} \times \frac{2^7}{3^3} = \frac{2^7}{3^3}k_1 \quad \therefore \quad \frac{k_1}{k_2} = \frac{3^3}{2^7}$$

20. [정답 : ③] 코일스프링 처짐 $\delta = 8ND^3P/Gd^4$, 스프링상수 $k = P/\delta$

$$k = \frac{P}{\delta} = \frac{Gd^4}{8ND^3} \quad \therefore \quad N = \frac{Gd^4}{8D^3k} = \frac{(4\times10^3)(10)^4}{8(50)^3(4)} = 10$$

21. [정답 : ①] N, mm로 통일하여 계산한다. 1kN=1000N, 1GPa= $1000\frac{\text{N}}{\text{mm}^2}$

$$\delta = \frac{8NC^3P}{Gd} \rightarrow N = \frac{\delta Gd}{8C^3P} = \frac{50(80\times1000)(15)}{8(10)^3(3\times1000)} = 2.5$$

22. [정답 : ③] 단위를 kgf, mm로 통일하여 계산한다.

$$\delta = \frac{8N_aD^3P}{Gd^4} \rightarrow G = \frac{8N_aD^3P}{\delta d^4} = \frac{8(12)(20)^3(100)}{3(4)^4} = 100{,}000[\text{kgf/mm}^2]$$

23. [정답 : ③]

$$U = \frac{P\delta}{2} = \frac{P}{2} \times \frac{P}{k} = \frac{P^2}{2k} \rightarrow P = \sqrt{2kU} = \sqrt{2(3)(600)} = 60[\text{N}]$$

연습문제 14

01. $\sigma_a = \frac{pD}{2t}$에서 $D = \frac{2t\sigma_a}{p} = \frac{2\times10\times6}{0.5} = 240[\text{mm}]$

02. 두께 $t = \frac{pDS}{2\sigma\eta} + C = \frac{1\times210\times4}{2\times200\times0.7} + 1 = 4[\text{mm}]$

03. $t = \frac{pDS}{2\sigma\eta} + C$에서 $p = \frac{2\sigma\eta}{DS}(t-C) = \frac{2\times40\times1}{50\times4}\times(5-1) = 1.6[\text{MPa}]$

04. 응력 $\sigma_t = \frac{pD}{4t} = \frac{2\times400}{4\times5} = 40[\text{MPa}]$

05. 원주 방향 힘의 평형에 의해

$$W_1 = 2\times(\sigma_1 tL) \rightarrow pDL = 2\sigma_1 tL \quad \therefore \quad \sigma_1 = \frac{pD}{2t}$$

이고, 축 방향 힘의 평형에 의해 다음과 같이 σ_2가 구해진다.

$$W_2 = \sigma_2\times(\pi Dt) \rightarrow p\times\frac{\pi}{4}D^2 = \sigma_2\times(\pi Dt) \quad \therefore \quad \sigma_2 = \frac{pD}{4t}$$

06. [정답 : ②] 압력용기의 내부 게이지 압력 $p = 1\text{MPa}$, 용기 두께 $t = 1\text{mm}$, 용기 내부지름 $D = 2\text{m} = 2000\text{mm}$ 이다. 압력용기에 걸리는 최대 응력은 원주방향 응력 (σ_θ)이며 그 값은 다음과 같다.

$$\sigma_\theta = \frac{pD}{2t} = \frac{1\text{MPa} \times (2000\text{mm})}{2 \times (1\text{mm})} = 1000[\text{MPa}] = 1\,[\text{GPa}]$$

07. [정답 : ④] 안전율 $S=3$, 안지름 $D=600[\text{mm}]$, 내압 $P=4[\text{N/mm}^2]$, 용기의 두께 $t=8[\text{mm}]$이다. 재료의 기준강도를 $\sigma[\text{N/mm}^2]$라고 하면 허용응력 $\sigma_a = \frac{\sigma}{S}$ 이므로

$$\frac{\sigma}{S} = \frac{PD}{2t} \quad \therefore\ \sigma = \frac{PDS}{2t} = \frac{4 \times 600 \times 3}{2 \times 8} = 450\ [\text{N/mm}^2]$$

08. [정답 : ③] 내경 $D = 1\text{m}$, 두께 $t = 1\text{cm}$, 허용응력 $\sigma_a = 70\text{MPa}$, 이음효율 $\eta = 0.7$ 이다. 원통형 압력용기에서 발생하는 최대 응력은 원주 방향 응력 $\sigma = \frac{pD}{2t}$ 이므로 다음과 같이 허용압력(p)이 구해진다.

$$\sigma_a \eta = \frac{pD}{2t}$$

$$\therefore\ p = \frac{2t\sigma_a\eta}{D} = \frac{2 \times (1 \times 10^{-2}) \times (70 \times 10^6) \times (0.7)}{1}$$

$$= 98 \times 10^4[\text{Pa}] = 980[\text{kPa}]$$

09. [정답 : ②] 내입력 $p = 0.9\text{N/mm}^2$, 안지름 $D=3\text{m}$, 안전계수 $S=5$, 이음효율 $\eta = 0.5$, 부식여유 $C=1.0\text{mm}$, 인장강도 $\sigma = 500\text{N/mm}^2$이다. 보일러 두께가 얇다고 가정할 때 원주방향 응력 $\sigma_1 = \frac{pD}{2t}$를 기준으로 두께를 결정한다 : $t = \frac{pD}{2\sigma_1}$. 여기에서 안전율(S)과 이음효율(η)을 고려한 보일러 두께 t[mm]는 다음과 같다.

$$t = \frac{pDS}{2\sigma\eta} + C = \frac{0.9 \times 3000 \times 5}{2 \times 500 \times 0.5} + 1 = 28\,[\text{mm}]$$

10. [정답 : ①] 안지름 $D=1200\text{mm}$, 내압 $p=1\text{MPa}$, 강판의 항복응력 $\sigma = 400\text{MPa}$, 안전율 $S=4$, 부식여유 $C=1\text{mm}$, 이음효율 $\eta = 0.75$이다. 압력 용기의 최소 두께(t)는 다음과 같다.

$$t = \frac{pDS}{2\sigma\eta} + C = \frac{1 \times (1200) \times 4}{2 \times 400 \times 0.75} + 1 = 9\,[\text{mm}]$$

11. [정답 : ②] 유량 $Q = 0.3\text{m}^3/\text{s}$, 평균유속 $V = 10\text{m/s}$이므로 강관의 안지름(D_1)은 다음과 같다.

$$Q = AV = \left(\frac{\pi}{4}D_1^2\right)V$$

$$\therefore\ D_1 = \sqrt{\frac{4Q}{\pi V}} = \sqrt{\frac{4\times 0.3}{3\times 10}} = 0.2\,[\mathrm{m}] = 200\,[\mathrm{mm}]$$

여기에서 내부압력 $p = 0.3\mathrm{MPa}$, 강관의 허용응력 $\sigma_a = 6\mathrm{MPa}$이므로 이론적인 강관의 최소 두께는 다음과 같이 구해진다.

$$\sigma_a = \frac{pD_1}{2t} \quad \therefore\ t = \frac{pD_1}{2\sigma_a} = \frac{0.3\times 200}{2\times 6} = 5\,[\mathrm{mm}]$$

따라서 부식여유(C)를 고려한 강관의 최소 바깥지름(D_2)은 다음과 같다.

$$D_2 = D_1 + 2(t + C) = 200 + 2\times(5+2) = 214\,[\mathrm{mm}]$$

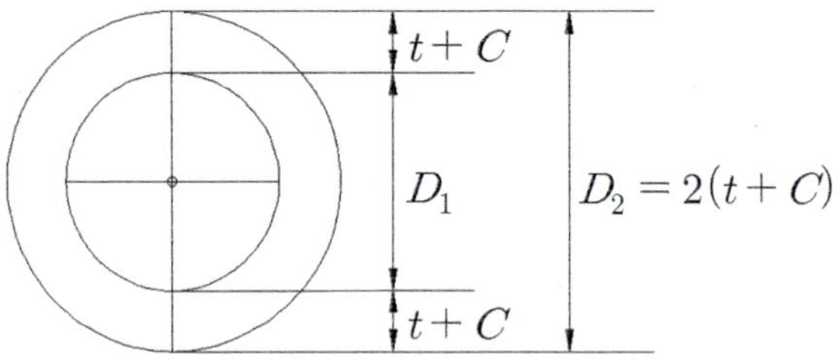

[그림] 바깥지름(D_2)

12. [정답 : ④] 리벳이음에서 판의 효율(η)

$$\eta = 1 - \frac{d}{p} = 1 - \frac{25}{50} = 0.5$$

$$\therefore\ t = \frac{pDS}{2\sigma\eta} + C = \frac{(10)(400)(5)}{2(4\times 10^3)(0.5)} + 1 = 6\,[\mathrm{mm}]$$

13. [정답 : ③] 길이(z) 방향으로 압력 힘과 응력에 의한 힘의 평형을 고려하면

$$\sigma_z(\pi dt) = p\times\frac{\pi d^2}{4} \quad \therefore\ \sigma_z = \frac{pd}{4t}$$

14. [정답 : ④] 두께 $t = 6\mathrm{mm}$, 바깥지름 $D_O = 400\mathrm{mm}$, 허용인장응력 $\sigma_a = 100\mathrm{MPa}$, 이음효율 $\eta = 0.8$, 부식 여유 $C = 1\mathrm{mm}$이다.

$$t = \frac{pD}{2\sigma_a\eta} + C$$

$$\therefore\ p = \frac{2\sigma_a\eta}{D}(t - C) = \frac{2\sigma_a\eta}{(D_O - 2t)}(t - C)$$

$$= \frac{2\times 100\times 0.8}{(400 - 2\times 6)}\times(6-1) = \frac{200}{97}\,[\mathrm{MPa}]$$

이상에서 압력용기의 안지름 $D = D_O - 2t$이다.

15. [정답 : ④] 두께가 얇은 원통형 압력 용기에 생기는 최대 응력(σ_{max})은 원주방향 응력(σ_θ)이다.

$$\sigma_{max} = \sigma_\theta = \frac{pD}{2t} = \frac{4\times 800}{2\times 8} = 200[\mathrm{N/mm^2}]$$

16. [정답 : ③] 리벳이음에 의해 재료의 인장강도가 약해지므로 실제 강판 강도는 이음효율 η를 곱한 것($\sigma_{real} = \sigma\eta$)이 된다. 따라서

$$\sigma\eta = \frac{pD}{2t}$$

$$\therefore\ p = \frac{2t\sigma\eta}{D} = \frac{2(12)(10)(0.5)}{1200}\times 9.8\times 10^6 = 9.8\times 10^5[\mathrm{N/m^2}]$$

$$1\mathrm{kgf/mm^2} = 9.8\mathrm{N/mm^2} = 9.8\mathrm{N/(10^{-3}m)^2} = 9.8\times 10^6\mathrm{N/m^2}$$

17. [정답 : ③] 여유치수(C)를 고려한 두께(t)에 대한 식으로부터 최대 내부압력(p)을 구한다.

$$t = \frac{pD}{2\sigma_a} + C \quad\rightarrow\quad \frac{pD}{2\sigma_a} = t - C$$

$$\therefore\ p = \frac{2\sigma_a}{D}(t - C) = \frac{2\times 80}{100}\times(8-1) = 11.2[\mathrm{N/mm^2}]$$

18. [정답 : ①] $\sigma_1 = \dfrac{pd}{2t},\quad \sigma_2 = \dfrac{pd}{4t}\quad \therefore\ \dfrac{\sigma_2}{\sigma_1} = 0.5$

19. [정답 : ②] 압력 $p[\mathrm{N/cm^2}] = p[\mathrm{N/100mm^2}]$이다. 길이방향 하중

$$F_z = (\text{면적})\times(\text{압력}) = \frac{\pi D^2}{4}\times\frac{p}{100} = \frac{\pi D^2 p}{400}[\mathrm{N}]$$

D의 단위가 mm이므로 압력의 단위를 $\mathrm{N/mm^2}$로 한다.

20. [정답 : ②] 안지름 $D = 2R = 4[\mathrm{m}] = 4000[\mathrm{mm}]$, $p = 1{,}000\mathrm{kPa} = 1\mathrm{MPa}$.

$$t = \frac{pD}{2\sigma} = \frac{1(4000)}{2(80)} = 25[\mathrm{mm}]$$

21. [정답 : ③] 두께 $t = \dfrac{pDS}{2\sigma\eta} + C$로부터

$$p = \frac{2\sigma\eta}{DS}(t - C) = \frac{2(40)(1)}{50(4)}(5-1) = 1.6\,[\mathrm{MPa}]$$

연습문제 15

01. [정답 : ④]   02. [정답 : ④]   03. [정답 : ④]

04. [정답 : ②]

05. [정답 : ③]

① 클로 클러치(claw clutch, 맞물림 클러치) : 두 플랜지에 턱을 만들어서 원동축과 종동축에 설치하고 미끄럼 키를 이용하여 한쪽의 플랜지를 이동시켜 동력을 전달하거나 차단한다. 턱을 만들어 결합하므로 턱 클러치(jaw clutch)라고도 한다.

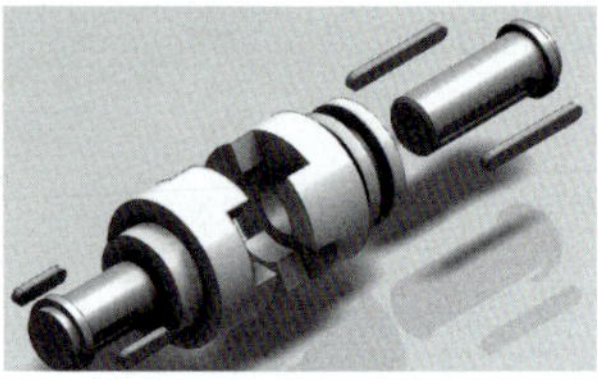

[그림] 맞물림 클러치

② 올덤 커플링(oldham's coupling) : 직각 모양(90°의 키 모양)의 돌출부가 양면에 있는 중간 원판을 양쪽 축의 플랜지 홈에 끼워 두 축을 연결한 축 이음이다. 두 축이 평행하며 두 축 사이가 비교적 가까운 경우에 사용한다.

③ 등속 조인트(constant-velocity joint) : 조인트(joint)에 입력하는 회전 속도와 출력하는 회전 속도가 같은 조인트를 말한다. 즉, 각속도의 변화 없이 회전력을 전달하는 축 이음을 말하며, 자동차 앞바퀴 구동축(전륜 구동 자동차) 등에 사용한다. 주행 중 자동차에서는 노면의 충격에 의해 앞바퀴 중심축이 수시로 변화할 수 있다. 따라서 자동차에 사용되는 등속조인트는 앞바퀴 중심축과 변속기 출력축이 일치하지 않아도 유연하게 대응할 수 있어야 한다.

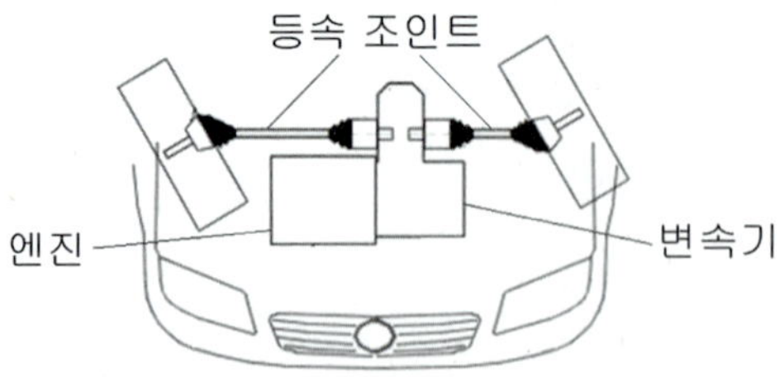

[그림] 등속 조인트

④ 주름형 커플링(bellows coupling) : 연결하는 두 축의 중간에 벨로우즈(bellows)를 넣어 유연성을 갖게 한 축 이음. 두 축의 미스 얼라인먼트(misalignment)에 효과적으로 대처할 수 있다. NC 공작기 등에 사용된다.

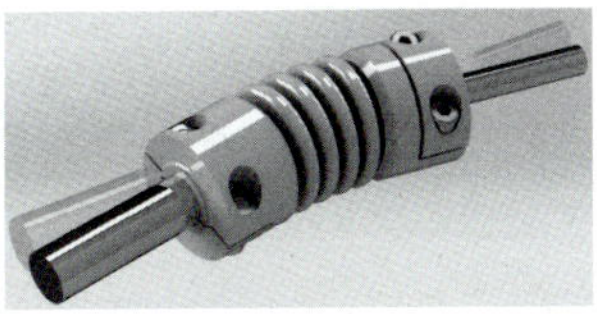

[그림] 주름형 커플링

† 벨로우즈(bellows) : 기기의 일부에서 유연성 및 밀봉성이 필요한 경우에 이용하는 주름상자 모양의 물체를 벨로우즈(bellows)라 한다. 신축이음, 굽은 관이음, 진동 방지 이음에 응용하고, 또 자동 제어, 자동 조정 스위치, 진공 기기 등에도 이용된다.

06. [정답 : ③] 플렉시블 커플링 : 두 축의 중심을 일치시키기가 어려운 경우에 사용하며 고무, 강선, 가죽, 스프링 등을 이용하여 충격과 진동을 완화시켜주는 커플링이다.

07. [정답 : ④] 08. [정답 : ②]

09. [정답 : ④] 플랜지 커플링은 고정 커플링의 한 종류로서 두 축이 일직선상에 있을 때 사용한다.

10. [정답 : ③] [그림]과 같이 하나의 볼트에 작용하는 원주방향 전단력을 F라고 하면 전달토크 T는 다음과 같다.

$$T=(NF)\times\frac{D}{2}=\frac{DNF}{2} \quad\cdots\cdots ①$$

그리고 하나의 볼트에 대한 허용 전단응력이 τ_a이므로

$$F=A\tau_a=\frac{\pi\delta^2}{4}\tau_a \quad\cdots\cdots ②$$

이다. ②를 ①에 대입하면 다음과 같이 볼트지름 δ가 구해진다.

$$T=\frac{DNF}{2}=\frac{DN}{2}\times\frac{\pi\delta^2}{4}\tau_a \qquad \therefore\ \delta=\sqrt{\frac{8T}{\pi\tau_a DN}}$$

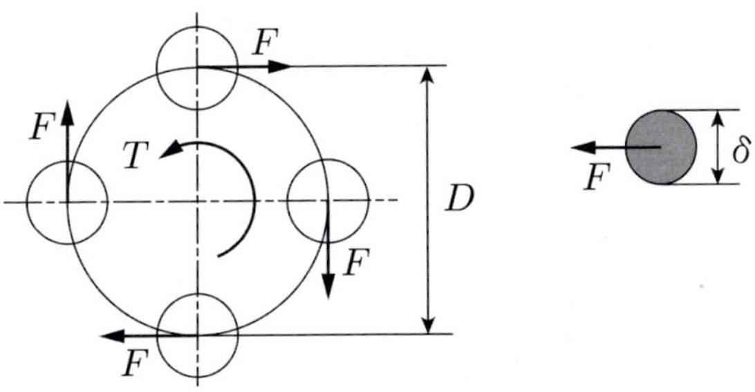

[그림] 볼트에 작용하는 힘 : $N=4$인 경우

11. [정답 : ④] 볼트의 지름 $d=5$mm, 볼트 개수 $Z=8$, 허용전단응력 $\tau_a=5\text{kgf/mm}^2$, 축 중심에서 볼트 중심까지 거리 $R=200$mm이다. [그림]에서 볼트의 전단저항(F)에 의한 커플링의 전달토크 T[kgf · mm]는 다음과 같다.

$$T = (FR)Z = (\tau_a A)RZ = \frac{\pi}{4}d^2\tau_a RZ$$

$$= \frac{\pi}{4} \times 5^2 \times 5 \times 200 \times 8[\text{kgf} \cdot \text{mm}] = 5 \times 10^4 \pi[\text{kgf} \cdot \text{mm}]$$

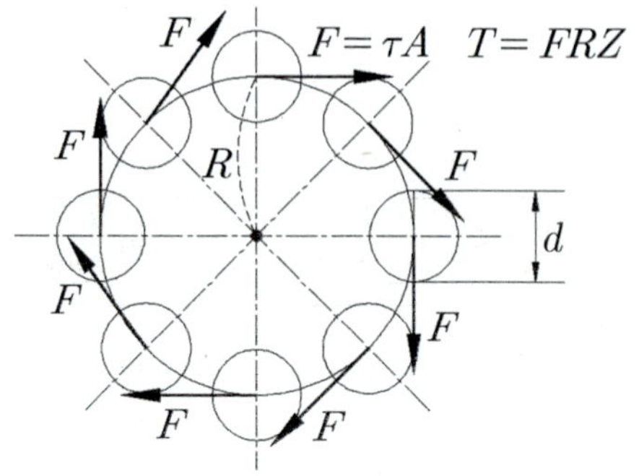

[그림] 볼트에 작용하는 전단력(F)과 토크(T)

12. [정답 : ④] 볼트의 지름 d=10mm, 회전수 N=2,000rpm, 전달동력 $H=2\pi^2$kW, 볼트의 허용전단응력 τ_a=10MPa, 축 중심에서 볼트 중심까지의 거리 R=30mm =0.03m이다. 필요한 볼트의 최소 개수를 Z라 하면 볼트의 전단력(F)에 의한 토크(T)는

$$T = FRZ = (\tau_a A)RZ = \frac{\pi}{4}d^2\tau_a RZ \quad \cdots\cdots ①$$

이고, 전달동력(H)로 부터

$$H = T\omega = T \times \frac{2\pi N}{60} \qquad \therefore\ T = \frac{60H}{2\pi N} \quad \cdots\cdots ②$$

이다. ①, ②로부터 볼트의 최소 개수 Z는 다음과 같다.

$$\frac{\pi}{4}d^2\tau_a RZ = \frac{60H}{2\pi N}$$

$$\therefore\ Z = \frac{120H}{\pi^2 d^2 \tau_a RN} = \frac{120 \times (2\pi^2 \times 1000)}{\pi^2 \times (10)^2 \times 10 \times (0.03) \times 2000} = 4$$

13. [정답 : ③] 동일 4행정기관에서는 직렬 기통 수가 많아질수록 에너지 변동계수가 작아진다.

14. [정답 : ①]

15. [정답 : ①] 1사이클 동안 평균 각속도 $\omega_m = \dfrac{\omega_1 + \omega_2}{2}$

$$\delta = \frac{\omega_2 - \omega_1}{\omega_m} = \frac{2(\omega_2 - \omega_1)}{\omega_1 + \omega_2}$$

16. [정답 : ②] 회전하는 관성차의 최대 운동에너지(E_k)는 다음과 같다.

$$E_k = \frac{1}{2}J\omega^2 = \frac{1}{2}J \times \left(\frac{2\pi N}{60}\right)^2 = \frac{1}{2}J \times \left(\frac{2 \times 3N}{60}\right)^2 = 0.005JN^2$$

17. [정답 : ④] 원판의 질량 $m = \rho V = \rho \times \left(\frac{\pi D^2}{4} \times b\right) = \frac{\rho b \pi D^2}{4}$

$$J = \frac{1}{2}mR^2 = \frac{\rho b \pi D^2}{8} \times \left(\frac{D}{2}\right)^2 = \frac{\rho b \pi D^4}{32}$$

$$\therefore \ E_k = \frac{1}{2}J\omega^2 = \frac{\rho b \pi D^4 \omega^2}{64}$$

18. [정답 : ②]

19. [정답 : ④] 축이 만나는 각을 30° 이하로 제한하는 것이 좋다.

20. [정답 : ③] 플랜지 커플링은 고정 커플링이며 축의 중심이 일치할 때 사용한다.

21. [정답 : ②] 단위를 m, kg, J로 통일. 소모된 운동에너지

$$\Delta E_k = 30[\text{kJ}] = 30 \times 1000[\text{J}]$$

$$E_k = \frac{1}{2}J\omega^2 = \frac{1}{2}\left(\frac{1}{2}mR^2\right)\left(\frac{2\pi N}{60}\right)^2 = \frac{1}{4}mR^2\left(\frac{2 \times 3N}{60}\right)^2$$

$$= \frac{1}{4}(40)R^2\left(\frac{N}{10}\right)^2 = \frac{R^2N^2}{10}[\text{J}]$$

$$\Delta E_k = \frac{R^2}{10}(2000^2 - 1000^2) = 30 \times 1000[\text{J}]$$

$$\therefore \ R = \sqrt{\frac{(30 \times 1000) \times 10}{2000^2 - 1000^2}}[\text{m}] = \sqrt{\frac{1}{10}}[\text{m}]$$

22. [정답 : ④] 처음 회전속도 $N_1 = 500\text{rpm}$, 작업 후 회전속도

$$N_2 = 0.8N_1 = 400\text{rpm}$$

$$E_k = \frac{1}{2}J\omega^2 = \frac{1}{2}J\left(\frac{2\pi N}{60}\right)^2 = \frac{1}{2}J\left(\frac{2 \times 3N}{60}\right)^2 = \frac{JN^2}{200}$$

$$\Delta E_k = \frac{J}{200}\left(N_1^2 - N_2^2\right)$$

$$\therefore \ J = \frac{200\Delta E_k}{\left(N_1^2 - N_2^2\right)} = \frac{200(4500)}{(500^2 - 400^2)} = 10[\text{kgf} \cdot \text{m} \cdot \text{s}^2]$$

23. [정답 : ④] 24. [정답 : ③] 25. [정답 : ③]

26. [정답 : ②] 27. [정답 : ④] 28. [정답 : ①]

참고문헌

[1] 교육부, 기계설계, 대한교과서(주), 1998.
[2] 교육인적자원부, 기계설계, 대한교과서(주), 2003.
[3] 박정선 외 공역, J. M. Gere & B. J. Goodno 저, 재료역학, 교보문고, 2011.
[4] 배원병 외 공역, A. C. Ugural 저, 기계설계, 한티미디어, 2005.
[5] 위을복, 이상협 공저, 기계설계, 삼성북스, 2011.
[6] 유주식, 알기 쉽게 설명한 공무원 시험 기계설계 문제-9급 지방직, 교육과학사, 2018.
[7] 유주식, 알기 쉽게 설명한 공무원 시험 기계설계 문제-7급 국가직, 교육과학사, 2018.
[8] 유주식, 알기 쉽게 설명한 공무원 시험 기계설계 문제-9급 국가직, 교육과학사, 2019.
[9] 유주식, 쉽게 배우는 기본 재료역학, 경문사, 2020.
[10] 이종원 외 공역, J. M. Gere 저, 재료역학, 교보문고, 2010.
[11] 정선모 원저, 김남웅 외 편저, 기계설계학, 북스힐, 2011.
[12] 최상훈, 최신기계설계연습, 청문각, 1998.
[13] 홍장표, 기계설계, 교보문고, 2011.
[14] 홍장표, 기계요소설계-포인트, 교보문고, 2017.
[15] R. C. Juvinall & K. M. Marshek, Fundamentals of Machine Component Design, Wiley, 2000.
[16] 사이버국가고시센터(www.gosi.go.kr)
[17] 서울시 인터넷 원서접수센터(gosi.seoul.go.kr)
[18] 서울특별시 인재개발원(hrd.seoul.go.kr)
[19] 한국교육과정평가원(www.kice.re.kr)

찾아보기

『ㄱ』

『ㄴ』

『ㄷ』

『 ㄹ 』

『 ㅁ 』

『 ㅂ 』

『 ㅅ 』

『 ㅎ 』

『 기타 』

지은이 소개

유주식

서울대학교 공과대학 기계공학과 졸업
한국과학기술원 기계공학과 석 · 박사
University of Michigan 연구교수
(현재) 안동대학교 기계교육과 교수

쉽게 배우는 기계요소설계

2022년 3월 10일 1판 1쇄 발행
2023년 9월 25일 1판 2쇄 발행

지은이와 협의하에 인지생략

지은이 : 유 주 식
펴낸이 : 한 정 주
펴낸곳 : 교육과학사

경기도 파주시 광인사길 71
전화 (031)955-6956~8/팩스 (031)955-6037
Home-page : www.kyoyookbook.co.kr
E-mail : kyoyook@chol.com
등록 : 1970년 5월 18일 제2-73호

낙장 · 파본은 교환해 드립니다.
Printed in Korea.

정가 28,000 원
ISBN 978-89-254-1650-2